中国土壤环境基准理论方法与实践

马 瑾等 著

科 学 出 版 社
北 京

内 容 简 介

本书在学习借鉴世界主要发达国家土壤环境基准理论方法及实践经验基础上，基于我国国情及土壤环境管理的现实需求，初步建立我国土壤环境基准制定技术框架与方法体系。重点对土地利用方式、暴露情景、敏感受体、暴露途径、暴露参数等进行本土化研究，在人体健康和生态安全土壤环境基准推导方法与关键技术等方面进行创新及优化，并开展典型案例研究。同时，对我国土壤环境分区、优先控制污染物筛选、机器学习等新技术在土壤环境基准研究中的应用等方面进行有益探索。

本书可为从事土壤环境基准、土壤环境保护、环境毒理、环境化学研究的科研人员提供借鉴，同时对相关环境管理部门也具有重要参考价值。

审图号：GS 京(2023)2111 号

图书在版编目(CIP)数据

中国土壤环境基准理论方法与实践 / 马瑾等著. —北京：科学出版社，2023.12

ISBN 978-7-03-074982-6

Ⅰ. ①中… Ⅱ. ①马… Ⅲ. ①土壤环境-研究-中国 Ⅳ. ①X21

中国国家版本馆 CIP 数据核字(2023)第 035955 号

责任编辑：郭允允 李 洁/责任校对：郝甜甜
责任印制：徐晓晨/封面设计：无极书装

科学出版社 出版
北京东黄城根北街 16 号
邮政编码：100717
http://www.sciencep.com
北京中科印刷有限公司印刷
科学出版社发行 各地新华书店经销
*
2023 年 12 月第 一 版 开本：787×1092 1/16
2023 年 12 月第一次印刷 印张：24
字数：566 000

定价：268.00 元

（如有印装质量问题，我社负责调换）

《中国土壤环境基准理论方法与实践》
作者名单

主 笔 人 马 瑾

副主笔人 屈雅静 刘奇缘

其他作者 (按姓氏汉语拼音排序)

蔡宇轩 陈 颖 陈海燕 陈芝含 程红光 段小丽

侯 红 胡献刚 李 娜 栗钰洁 林春野 罗晶晶

吕占禄 马赛炎 穆 莉 孙 怡 田 彪 田雨欣

王贝贝 王美英 王晓南 王晓宇 吴琳琳 吴荣山

吴颐杭 徐 建 袁 勇 张加文 赵洪芝 赵文浩

序

良好生态环境是实现中华民族永续发展的内在要求，是增进民生福祉的优先领域，是建设美丽中国的重要基础。当前，我国生态环境保护结构性、根源性、趋势性压力总体上尚未得到根本缓解，重点区域、重点行业污染问题仍然突出，生态环境保护任重道远。

为进一步加强生态环境保护，2021 年 11 月 2 日，中共中央、国务院印发的《中共中央 国务院关于深入打好污染防治攻坚战的意见》指出，以精准治污、科学治污、依法治污为工作方针，以更高标准打好蓝天、碧水、净土保卫战。针对深入打好净土保卫战，要求深入推进农用地土壤污染防治和安全利用，有效管控建设用地土壤污染风险。要做到精准、科学打好净土保卫战，亟须土壤环境基准的有力支撑。《中华人民共和国土壤污染防治法》第十二条明确指出，"国家支持对土壤环境背景值和环境基准的研究"，从法律层面强调土壤环境基准对净土保卫战的重要作用。

事实上，欧美发达国家和地区从 20 世纪 80 年代起，就陆续开展了基于本国国情的土壤环境基准科学研究，为制定土壤环境标准和管控土壤污染风险提供了科学依据。我国土壤环境基准研究起步较晚，但发展迅速。众多学者在参考借鉴国外土壤环境基准理论方法的基础上，也对我国土壤环境基准研究进行了有益探索，有力促进了我国土壤环境基准研究的发展。但总体上，我国土壤环境基准研究仍处于起步阶段，研究基础薄弱，尚不能有效支撑我国土壤环境管理和土壤环境标准制修订工作。

为了解决这一问题，切实推动我国土壤环境基准研究工作高质量发展，在国家重点研发计划项目"场地土壤污染物环境基准制定方法体系及关键技术"（2019YFC1804600）支持下，马瑾研究员组织中国环境科学研究院、南开大学、北京师范大学、广东工业大学、北京科技大学、中国科学院生态环境研究中心、农业农村部环境保护科研监测所等优势团队，在系统梳理世界主要发达国家土壤环境基准理论方法及实践经验的基础上，学以致用，充分结合我国国情和土壤环境管理的现实需求，撰写了《中国土壤环境基准理论方法与实践》一书。

该书是将发达国家土壤环境基准理论方法本土化的最新研究成果，对我国土壤环境基准技术框架与方法体系进行有益探索，内容涵盖土壤环境基准理论、技术和方法，特别是在本土化方面进行诸多创新，包括土地利用方式、敏感受体、受试物种、优先控制污染物筛选、暴露参数、建筑物参数等。此外，还对包括机器学习等在内的新技术在土壤环境基准中的应用进行探讨。该书可为从事土壤环境基准和土壤环境保护研究的科研工作者提供重要参考。同时，也将在推动我国土壤环境基准研究和土壤环境管理工作方面发挥重要作用。

土壤环境基准研究是一项长期、系统和艰巨的工作任务，尚有诸多科学问题亟待解决。我期待有更多的学者加入这一研究领域，共同推动土壤环境基准研究工作可持续发展，为深入打好净土保卫战提供强大科技支撑，以高水平保护推动高质量发展、创造高品质生活，努力建设人与自然和谐共生的美丽中国。

吴丰昌

中国工程院院士

环境基准与风险评估国家重点实验室主任

国家生态环境基准专家委员会主任委员

2023 年 7 月 20 日

前　言

土壤是经济社会可持续发展的物质基础，关系人民群众身体健康，关系美丽中国建设，保护好土壤环境是推进生态文明建设和维护国家生态安全的重要内容。

2021 年 11 月 2 日，中共中央、国务院印发的《中共中央　国务院关于深入打好污染防治攻坚战的意见》明确指出，以精准治污、科学治污、依法治污为工作方针，以更高标准打好蓝天、碧水、净土保卫战，以高水平保护推动高质量发展、创造高品质生活，努力建设人与自然和谐共生的美丽中国。这对我国土壤环境管理和土壤污染防治提出了新的更高要求。

面向精准、科学打好净土保卫战的国家需求，本研究团队在系统收集、梳理、研读世界主要发达国家在土壤环境基准研究领域的法律法规、标准、技术文件等文献资料原文的基础上，于 2021 年 6 月编制出版了《世界主要发达国家土壤环境基准与标准理论方法研究》（ISBN：978-7-03-068281-9）一书，该书展现荷兰、美国、英国、加拿大、澳大利亚和新西兰 6 个发达国家土壤环境基准研究背景、发展历程及主要研究成果。该书的编制进一步加深了人们对土壤环境基准内涵和外延的认识，同时人们对我国土壤环境基准研究也有了更深入的思考。

在上述工作的基础上，在国家重点研发计划项目“场地土壤污染物环境基准制定方法体系及关键技术”（2019YFC1804600）支持下，本研究团队结合我国国情和国家土壤环境管理的现实需求，开展了大量土壤环境基准本土化研究工作，在土壤环境基准理论方法、土地利用方式、暴露情景构建、推导模型、关键参数、敏感受体、优先控制污染物筛选、暴露参数、建筑物参数、土壤环境分区等方面进行了有益探索，并开展典型案例研究。同时，还探讨了机器学习等新技术在土壤环境基准中的应用。本书内容反映该项目的最新研究进展，并收录部分研究成果。希望本研究团队的初步研究成果有助于推动我国土壤环境基准研究更好更快地发展，为我国土壤环境管理提供科技支撑。

本书撰写工作由马瑾研究员统筹、策划和负责。全书共分 14 章，第 1 章主要由赵文浩和马瑾完成，第 2 章主要由田雨欣、刘奇缘、吴颐杭和马瑾完成，第 3 章主要由赵文浩和马瑾完成，第 4 章和第 11 章主要由段小丽、王贝贝和栗钰洁完成，第 5 章主要由吴琳琳、吴荣山和徐建完成，第 6 章和第 14 章主要由王晓南、张加文、罗晶晶和田彪完成，第 7 章和第 12 章主要由吕占禄完成，第 8 章主要由吴颐杭和马瑾完成，第 9 章主要由屈雅静和马瑾完成，第 10 章主要由胡献刚和穆莉完成，第 13 章主要由吴颐杭和马瑾完成。本书由屈雅静统稿，马瑾定稿。

谨以本书献给从事土壤环境基准、土壤环境管理、环境暴露、风险评估、毒理学、生态学、环境健康等相关领域的同行，若能对大家的工作有所裨益，自感由衷愉快与欣慰。

由于著者学识有限，书中难免有不足之处，恳请读者朋友不吝赐教，以便于本研究团队不断改进，共同推动土壤环境基准研究这项重要工作，更好地服务于国家土壤环境管理重大需求。

马　瑾

2023 年 7 月于北京

目　　录

第二篇 理 论 篇

第三篇　技　术　篇

第一篇

背　景　篇

第1章 绪 论

1.1 我国地理、气候等自然条件概况

1.1.1 我国地形、地貌基本特征概况

1）地势的三大阶梯

我国位于亚欧大陆向太平洋的东向倾斜面上，整个地势以青藏高原为最高点，自西向东，逐级下降，形成了地形上的三级阶梯，习惯上常以“三大阶梯”来概括全国的地势基本特征（朱膺，1989）。三大阶梯形象地刻画了中国地势变化的总体特征，然而对三大阶梯的具体分界线只有大致描述，一直比较模糊。传统上对三大阶梯的划分以定性描述为主，如《中国自然地理》（赵济，1995）一书中，对三大阶梯划分描述如下。

第一阶梯：横亘于中国西南的青藏高原，平均海拔在 4000 m 以上，是中国地势第一阶梯，号称“世界屋脊”。青藏高原上分布着许多高山冰川，主要有昆仑山、冈底斯山、喜马拉雅山等。

第二阶梯：从青藏高原向北跨越昆仑山和祁连山，向东越过横断山脉（图 1-1），地势显著下降，大部分地区平均海拔为 1000～2000 m，局部地区海拔在 500 m 以下，属于地势的第二阶梯。阶梯上分布着许多巨大的高原和盆地。著名的高原有内蒙古高原、黄土高原、云贵高原，这三大高原和青藏高原并称中国的四大高原。主要大盆地有塔里木盆地、四川盆地和准噶尔盆地。

第三阶梯：从第二阶梯向东，越过大兴安岭—太行山—巫山—雪峰山一线，直至海滨，海拔多在 1000 m 以下，主要是丘陵、低山和平原交错分布的地区，属于地势的第三阶梯。自北向南有几乎连成一片的东北平原、华北平原和长江中下游平原，这三个平原并称为中国的三大平原。

为进一步刻画三大阶梯具体分界线，我国学者基于1：1000000数字高程模型（DEM）数据，利用 GIS 空间分析方法，实现了对三大阶梯的划分，确定了具体的分界线（蒋捷和杨昕，2009）（图 1-1）。

2）山地高原众多

我国是一个多山的国家，山地、高原和丘陵约占陆地面积的 67%，盆地和平原约占陆地面积的 33%，走向不同的高大山脉，构成我国地貌的基本格局，并且控制各类主要

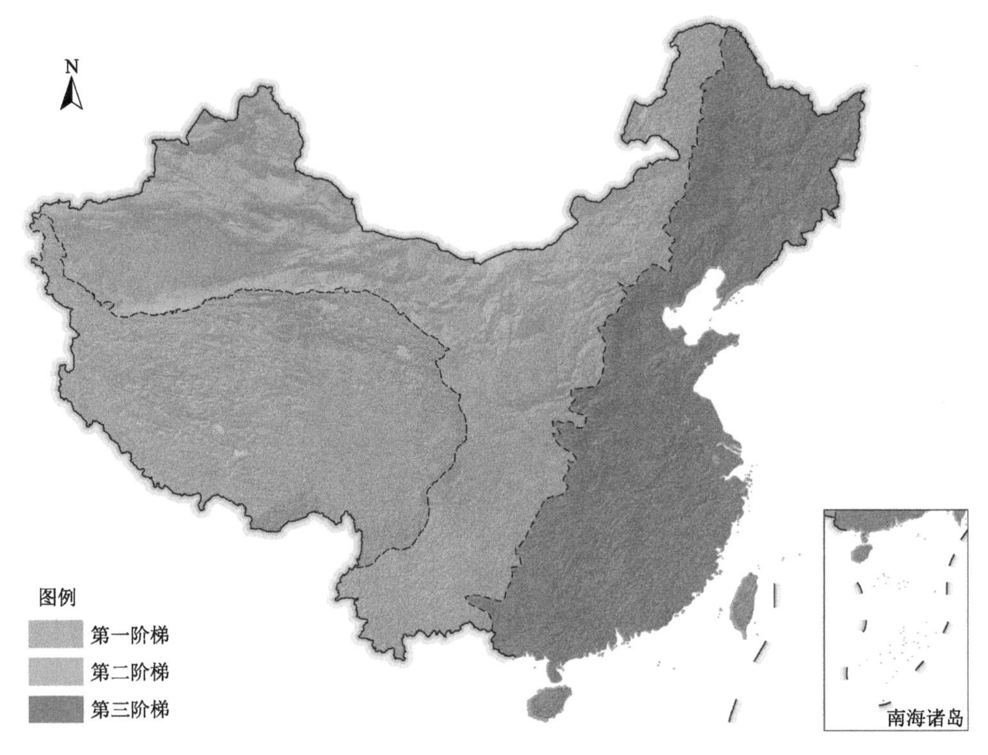

图 1-1 根据 1∶1000000 DEM 生成的我国三大阶梯分界线

资料来源：蒋捷和杨昕，2009

的空间配置及其平面轮廓。隆起程度不等的各个高原的主体部分往往仍以山地为基础，青藏高原实际由许多东西向、北西向的巨大山脉交叉组成。在第二阶梯的一些高原上，山地也占有重要位置，即使在地势相对较低的四川盆地，除局部断陷平原外，仍然以山地、丘陵为主。在我国东部第三阶梯上，不仅东北平原、黄淮海大平原本身被山地围绕，长江以南广大地区也以山地、丘陵占优势（刘爱利，2004）。正是不同高程和不同性质的山地、高原同其他各类地貌的地域组合差异，才体现全国地形的上述三大阶梯。地貌学者在研究中国多尺度地貌类型分类时，提出中国基本地貌形态类型由 4 个海拔分级和 7 个地势起伏特征共同组成，包括 25 种类型。分析这 25 种基本形态类型相似性组合，东部以平原、丘陵为主，西部以山地为主，其组合特征与我国的三大阶梯存在着相当好的耦合关系（孙根年和余志康，2014）。

我国地形以山地和高原为主体，由西向东逐级下降。青藏高原雄踞西部，其上耸立着多条著名的高大山系；位于西南边境的喜马拉雅山，是地球上最新隆起的年轻山系之一，其地势高耸，主峰珠穆朗玛峰有“地球之巅”之称；我国西北部是高山与巨大盆地相间分布的地区，山体上部均有现代冰川发育；我国东部分布着纵横交错的山系，其间为高原、盆地和平原（蒋复初和吴锡浩，1993）。在我国广袤的领土上，分布着许多高大的山脉及被这些山脉围绕或隔开的大型地貌单元，这种围绕或分隔具有一定的规律，呈现出近东西向与北东向或北北东向两大主要地貌走向的交叉分布特征。形成这两大特征的根本原因是地质构造，它们都是经过构造变动所表现出来的构造形态，是顺应地质构造的结果（周成虎，2006）。

我国地貌的基本类型，按形态可分为平原、丘陵、低山、中山、高山、极高山。极高山上有永久积雪覆盖，并有现代冰川发育。高山寒冻风化作用强烈，并有古冰川作用形成的地貌遗迹。中山一般山坡陡峻，河谷深切。低山在我国多处于东部温和湿润的气候条件下，化学风化作用显著，并有强烈的流水侵蚀作用，河谷渐宽，山坡变平缓，地形破碎，山体受构造走向的影响已不甚明显。丘陵形态和缓，切割破碎，其间有平原分布（周成虎等，2009）。

3）地貌形态与内外营力

我国地处亚欧大陆板块的东南隅，东部为西太平洋和菲律宾板块，西南为印度板块。受这些板块相互作用的影响，中国形成了完全不同的三种大地构造单元分布格局，即地槽褶皱区、地台区和大陆边缘活动带，从而造就了中国地貌总体呈西高东低的三大阶梯特征。同时，中国的一些山地、高原、平原和盆地等构造地貌类型的排列组合也被地质构造控制，尤其是山脉的延伸与构造线的走向几乎一致。因我国各地地质发育历史和构造应力作用差异较大，故不同地区的构造地貌展布存在明显的不同（程维明等，2019）。

在内营力形成构造地貌骨架的控制下，外营力持续地改造着地貌的外部形态，起到削高补低的作用。由于自然地域条件的不同，气候因素成为改造地貌的主导因素，其通过降水和温度的区域差异来影响风化、搬运和堆积作用。受大陆度和三大阶梯的影响，我国自西向东形成了明显的几条降雨等值线，如与半荒漠与草原界线大致相同的250 mm年降雨等值线、与森林与草原界线大致相同的400 mm年降雨等值线、沿秦岭南麓与淮河一线的800 mm年降雨等值线等。水文条件是地貌发育的一个重要因素。其中，水流的数量和侵蚀基面的高低是影响地貌发育速度及高低地被分割、填塞程度的重要因素。特别是在沿大兴安岭西麓至青海、西藏的内流区和外流区界线地区，水文条件对地貌发育影响更为显著。地面自然植被的性质与完整程度及人类对土地的利用情况，也在很大程度上影响着地貌的发育状况（程维明等，2019）。

1.1.2 我国典型气候特征概况

1）基于气象数据的气候特征划分

我国幅员辽阔，气候复杂多样，跨纬度较广，距海远近差距较大，加之地势高低不同，地形类型及山脉走向多样，因而气温、降水的组合多种多样，形成了丰富的气候类型，包括温带季风气候、亚热带季风气候、热带季风气候、温带大陆性气候和高原山地气候等气候类型，从南到北跨热带、亚热带、暖温带、中温带、寒温带等温度带。郑景云等（2013）基于我国658个气象监测站1981～2010年日气象观测数据将我国划分为12个温度带（图1-2）。

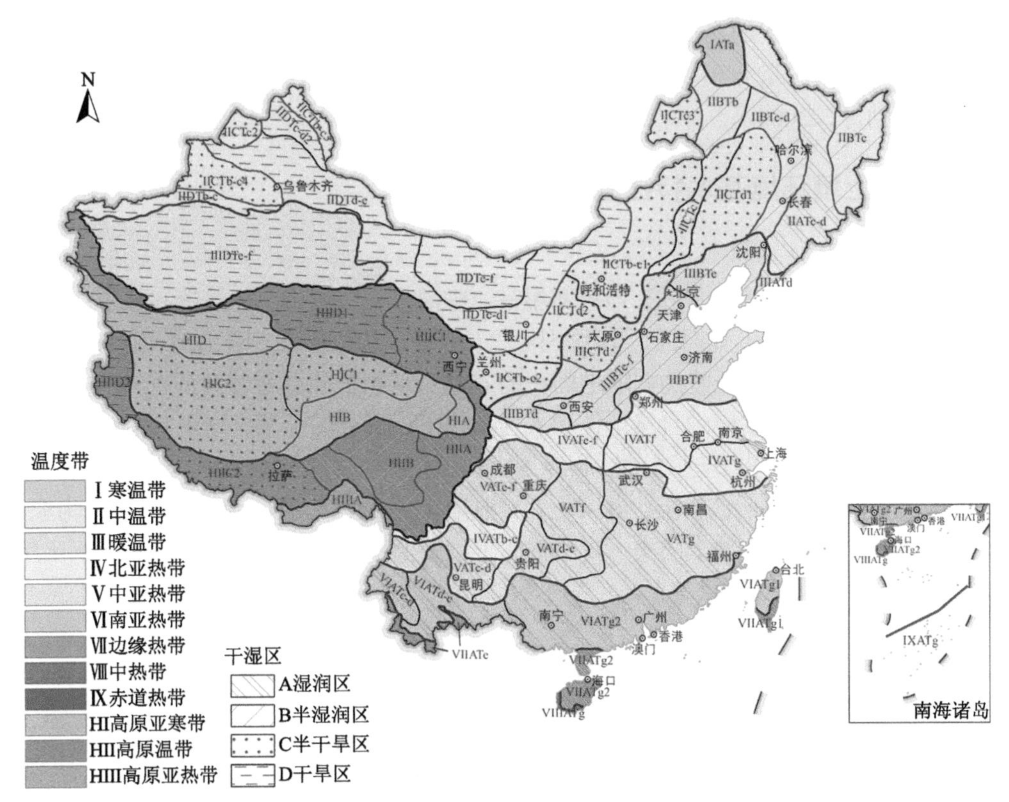

图 1-2 基于 1981～2010 年日气象观测数据的中国气候区划简图

资料来源：郑景云等，2013

2）基于柯本气候分类的气候特征划分

除此之外，许多学者基于柯本气候分类法讨论了我国气候时空分布的主要特征（王婷等，2020；李一曼和叶谦，2019）。朱耿睿（2017）利用此方法对我国气候特征进行划分，柯本气候分类共可划分为热带（A）、干带（B）、温暖带（C）、冷温带（D）、极地带（E）5 种气候带，以及热带雨林气候（Af）、热带季风气候（Am）、热带疏林草原气候（Aw）等 12 种气候型和 Af、Am、Aw 等 28 种气候副型（朱耿睿和李育，2015；朱耿睿，2017）。从划分结果来看，我国大陆地区 5 种气候带齐全，12 种气候型中没有热带雨林气候（Af）。我国主要有干带（B）、温暖带（C）、冷温带（D）和以高低气候为主的极地带（E）4 种气候带，而热带（A）分布较少；主要有草原气候（Bs）、沙漠气候（Bw）、冬干温暖气候（Cw）等 6 种气候型，而热带季风气候（Am）、热带疏林草原气候（Aw）等 5 种气候副型分布较少（朱耿睿，2017）。

我国 1961～2010 年气候型分布主要表现为以下几点特征：我国几乎没有热带气候分布，不存在热带雨林气候，仅有很少的热带疏林草原气候和热带季风气候分布在海南南部（王遵娅等，2004）。我国的干带气候都属于寒冷副型，并广泛分布于西藏、新疆、青海、甘肃、内蒙古等地区，其中沙漠气候主要分布在青藏高原北部、甘肃北部、内蒙古西北部和新疆中南部，而草原气候主要分布于青藏高原西部、新疆北部、内蒙古东部、黄土高原东北部，华北和东北地区的西北部也有分布（葛全胜等，2014）。我国的极地带都属于出现在高海拔的高地地区，高地苔原气候广泛分布于青藏高原地区，在新疆的天山、阿尔泰山有少量分布。高地冰原气候分布较少，都集中分布于新疆的天山和阿尔泰山（陈隆勋等，2004）。

1.1.3 我国土壤环境基本特征概况

1）土壤类型多样

我国土地辽阔，从热量带看，地跨寒温带、中温带、暖温带、亚热带和热带；从湿度条件看，包括湿润区、半湿润区、半干旱区、干旱区；从地形看，有山地、丘陵、平原、高原，其中山地、高原、丘陵约占陆地面积的67%；从植被状况看，有森林、草原、经济林木、果园和农地。在这样的自然条件和人为条件下，形成的土壤类型极其多样（张维理等，2014）。根据我国现行土壤分类标准《中国土壤分类与代码》（GB/T 17296—2009），我国土壤类型划分为包括铁铝土、淋溶土、半淋溶土等12个土纲，其下又可细分为亚纲、土类、亚类、土属、土种5个层次。我国整体土壤资源极其丰富，各个土纲的面积比例如表1-1所示（徐建明，2019）。

表1-1 中国土壤各土纲面积及比例

土纲名称	面积/10^3 hm^2	占总面积的比例/%
铁铝土	10185.3	11.62
淋溶土	9911.3	11.31
半淋溶土	4247.4	4.85
钙层土	5806.9	6.63
干旱土	3186.9	3.64
漠土	5959.1	6.80
初育土	16110.6	18.38
半水成土	6114.9	6.98
水成土	1408.8	1.61
盐碱土	1613.1	1.84
人为土	3222.2	3.68
高山土	19883.3	22.68

2）土壤资源区域差异大

如1.1.1节和1.1.2节所述，我国地形地貌及水热条件存在较大的区域差异性，这些差异都将作用在成土过程中，再加上人为活动的影响，致使我国土壤资源也存在明显的区域差异性。例如，以400 mm年降雨等值线（从东北大兴安岭西坡起，向西南延伸直至西藏高原东部）为界，其西侧绝大部分地区为草原、沙漠、戈壁和高寒高原地区，东侧为适于林木生长的地区，但由于人口密集，生产活动强度较大，过度开垦林木资源导致自然林较少。

按照《中国土壤分类与代码》（GB/T 17296—2009）中对12个土纲的划分，我国各土壤类型的分布也存在显著的地域差异性（图1-3）。同时，土壤类型通常是一系列具有相似性质的土壤的总称，反映在具体处则是我国土壤的形成特点、主要特征及主要理化性质均存在一定的区域差异性。例如，铁铝土主要分布在我国湿润温带及亚热带，铁铝土主要包括红壤、砖红壤及赤红壤，其共同性状包括：发生强烈的富铁铝化过程，土壤中原生矿物的分解强烈，硅酸和盐基大量淋失，铁铝土的pH通常为4.5～5.5。干旱土主要分布在我国黄土高原西部、鄂尔多斯高原西部、内蒙古高原西部、新疆准噶尔盆地及天山北麓，干旱土属于草原向荒漠过渡的土壤，其典型性状：有较多的石灰积累，盐分淋失严重，且只有少量的腐殖质积累，干旱土地区的年均降水量通常只有100～300 mm，干旱土pH通常为8.5～9.0等。

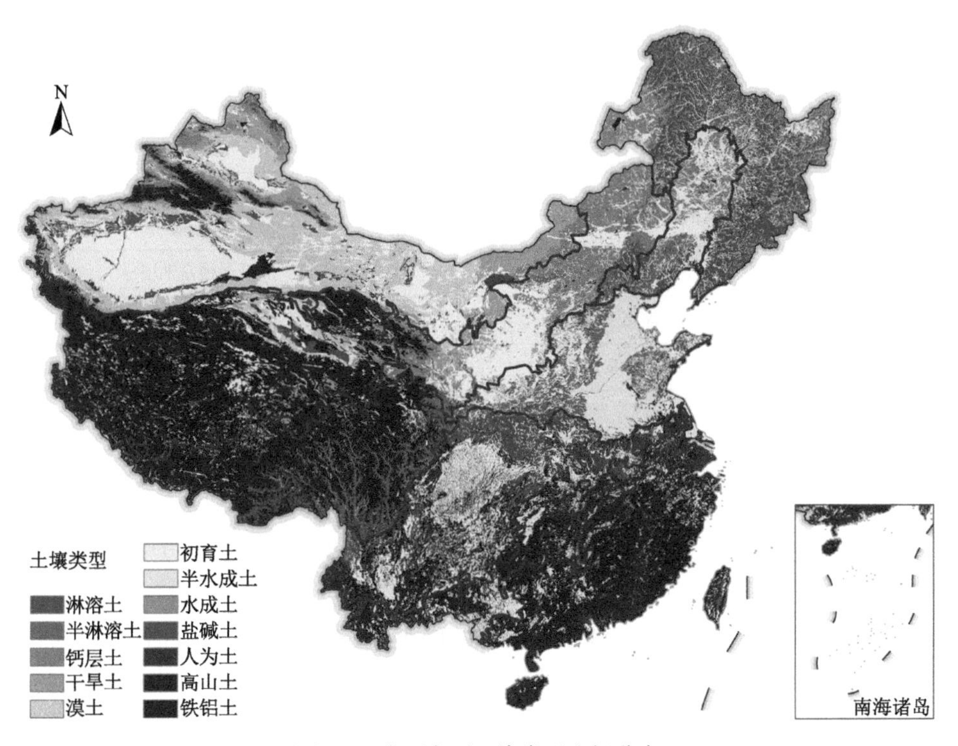

图1-3 中国主要土壤类型空间分布

除以国家标准形式确立的分类系统外，我国许多学者在土壤分类问题上做出了深入探索与巨大贡献。例如，龚子同等（2005）进行了中国土壤系统分类研究，创建了一个以诊断层和诊断特性为基础的、全新的谱系式土壤分类。整个系统共划分出14个土纲、39个亚纲、138个土类和588个亚类，他们着手建立了750个土系。前4级为较高分类级别，主要供中小尺度比例尺土壤调查与制图确定制图单元。

在14个土纲中，除火山灰土纲和变性土纲是根据影响成土过程的火山灰物质与由高胀缩性黏土物质造成的变性特征划分外，其他12个土纲均是依据主要成土过程产生的性质划分的（表1-2）（龚子同和陈志诚，1999；龚子同和张甘霖，2006）。

表 1-2　中国土壤系统分类土纲划分依据

土纲名称	主要成土过程或影响成土过程的性状	主要诊断层、诊断特性
有机土（Histosols）	泥炭化过程	有机土壤物质
人为土（Anthrosols）	水耕或旱耕人为过程	水耕表层和水耕氧化还原层或灌淤表层、土垫表层、泥垫表层、肥熟表层和磷质耕作淀积层
灰土（Spodosols）	灰化过程	灰化淀积层
火山灰土（Andosols）	影响成土过程的火山灰物质	火山灰特性
铁铝土（Ferralosols）	高度铁铝化过程	铁铝层
变性土（Vertosols）	高胀缩性黏土物质造成的土壤扰动过程	变性特征
干旱土（Aridosols）	干旱水分状况下，弱腐殖化过程，以及钙化、石膏化、盐渍化过程	干旱表层、钙积层、石膏层、 盐积层
盐成土（Halosols）	盐渍化过程	盐积层、碱积层
潜育土（Gleyosols）	潜育化过程	潜育特征
均腐土（Isohumosols）	腐殖化过程	暗沃表层、均腐殖质特性
富铁土（Ferrosols）	中度富铁铝化过程	低活性富铁层
淋溶土（Argosols）	黏化过程	黏化层
雏形土（Cambosols）	矿物蚀变过程	雏形层
新成土（Primosols）	无明显发育	淡薄表层

资料来源：龚子同等，2005。

中国土壤系统分类与国际土壤分类有所不同，如人为土纲，中国土壤学家通过对水耕和旱耕熟化过程的研究，认为它已使原有土壤及其成土过程发生重大改变，形成了有别于原有土壤的新的性质（张甘霖等，2018）。富铁土纲，是指在我国中、南亚热带及热带地区，单个土体的 B 层具有低活性富铁层的土壤，它是中度富铁铝化过程的产物，富铁土可能有黏化层，也可能不存在黏化层，但均具有富铁特性和低活性黏粒特征（张甘霖等，2018）。据此划分出的土壤包括我国红壤和大部分赤红壤，非常切合我国实际。淋溶土纲和雏形土纲，因为富铁土选用低活性黏粒特征，所以在划分淋溶土钢和雏形土纲时，就必须以高活性黏粒特征为指标，有黏化层的土壤均归入淋溶土，无黏化特征的土壤则归入雏形土（龚子同和张甘霖，2006）。干旱土纲的鉴别特征是干旱表层具有低腐殖质特性和孔泡结皮。关于潜育土纲、盐成土纲，这些土纲均有各自的成土条件，一定程度上主导成土过程，且形成相应的土壤诊断层和诊断特性（龚子同，1989）。

3）土地利用类型多样

土地利用类型是反映人类活动对陆地表层系统作用的重要因素，被认为是导致全球环境变化的主要决定性因素之一，对生态系统、全球生物地球化学循环、气候变化和生物多样性产生重大影响。我国具有多种土地利用类型，同时由于气候变化、人类活动等因素影响，土地利用类型并非一成不变，而是呈现出不断变化的空间格局。

我国学者匡文慧等（2022）基于 Landsat 8 OLI、GF-2 等卫星遥感数据，融合遥感大数据云计算和专家知识辅助人机交互解译方法，研发了中国土地利用变化（2015～2020年）和 2020 年土地利用现状矢量数据，其中我国 2020 年土地利用现状图如图 1-4 所示。研究表明，2010～2015 年全国耕地面积保持减少态势，空间分异特征为“耕地南减北增”，东北松嫩平原及其与三江平原交界区大规模的旱地向水田转移，西北新疆南部开垦和北部退耕/撂荒并存；全国城乡建设用地持续增加，空间分异特征表现为“由以往的沿海地区和超大、大城市集聚转向中西部地区的大中小城镇周边蔓延为主”。全国范围的林草自然生态用地面积持续减少，但强度与 2010～2015 年比较有所下降；受气候变化的持续影响，青藏高原地区的水域湖泊面积显著增加。

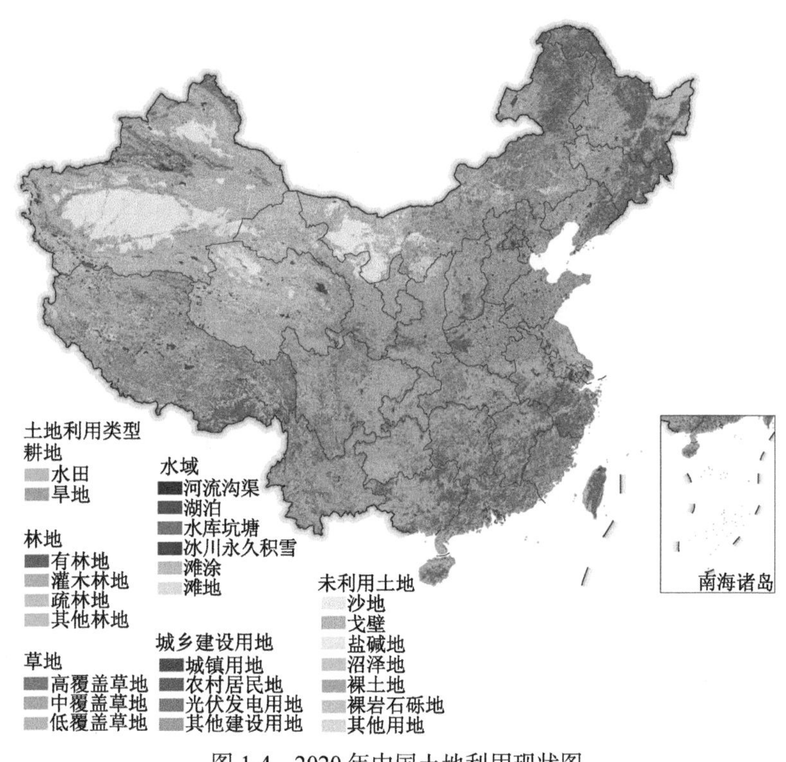

图 1-4 2020 年中国土地利用现状图

资料来源：匡文慧等，2022

1.2 我国土壤污染概况

土壤是人类赖以生存的基础资源，是经济社会可持续发展的物质基础，关系人民群众身体健康，关系美丽中国建设，因而保护好土壤环境是推进生态文明建设和维护国家生态安全的重要内容。2014 年《全国土壤污染状况调查公报》指出，我国土壤环境状况总体不容乐观，部分地区土壤污染较重，耕地土壤环境质量堪忧，工矿业废弃地土壤环境问题突出。我国面对这样的土壤环境形势，需要加大力度开展土壤环境基础研究和监管工作。因此，我国也高度重视土壤环境保护工作，并采取了一系列措施加强土壤环境保护和污染治理。目前，全国土壤环境风险得到基本管控，土壤污染加重趋势也得到初步遏制。

1.2.1 我国土壤污染调查历程

土壤污染具有隐蔽性和滞后性，通常不易被发现，其治理修复也存在较大的难度。土壤污染调查可以帮助了解土壤资源在质量方面的“家底”，是开展土壤污染防治与监管工作的重要基础。因此，开展土壤污染调查具有十分重要的意义。

自 20 世纪 50 年代以来，我国多次开展了土壤污染状况调查工作（图 1-5）。第一

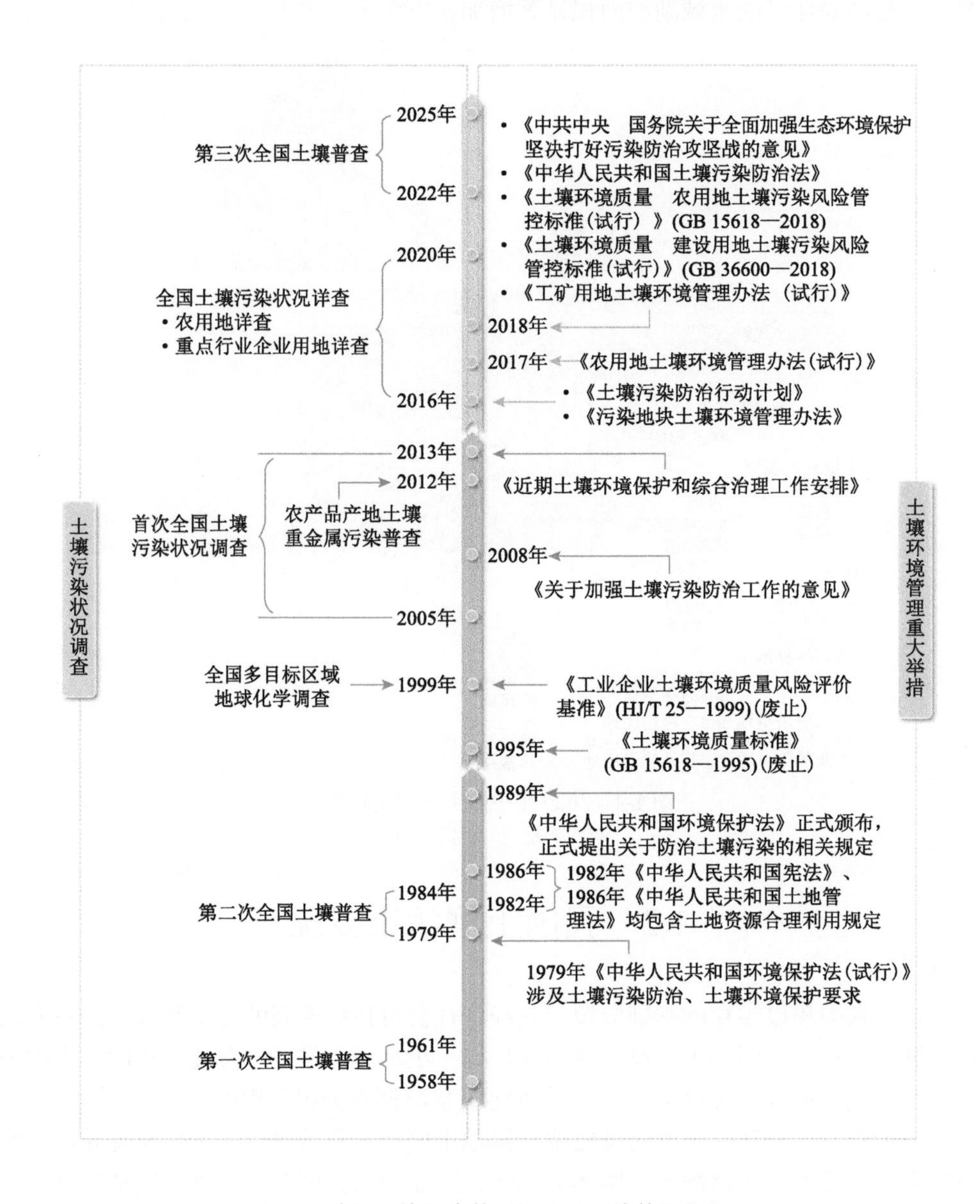

图 1-5 我国土壤污染状况调查及环境管理历程

次全国土壤普查始于1958年，该项工作主要针对农耕用地进行调查，以了解全国农耕用地分布情况、各地土壤肥沃程度情况及各地农耕用地使用率情况，没有对其他非农业土地展开深入调查，因此内容和范围都不够完善（凤星宇，2019）。1979～1984年，我国开展了第二次全国土壤普查，涉及的基础设施及人员储备都更加完善，普查内容和范围更加丰富，同时应用了遥感、测试和微型计算机等技术，但是由于我国国土辽阔，各地土壤污染程度不同，第二次全国土壤普查的数据依旧不够均衡（黄雅楠等，2020）。

自20世纪80年代以来，随着中国工业的快速发展和城市化进程的加快，土壤地球化学模式可能由于农业和工业过程中的废物处理等人类活动而发生了改变。现有的土壤地球化学数据已无法完全满足土地使用管理部门、环境管制机构和公共卫生部门日益增长的需求（Li et al.，2014）。在此背景下，国土资源部中国地质调查局于1999年启动了1：25万比例尺多目标区域地球化学调查。多目标区域地球化学调查是针对第四系覆盖区开展的基础性调查工作，以系统开展土壤地球化学测量为主，以水地球化学测量为辅，测定54种无机和有机地球化学指标。该调查分区域地球化学调查、区域生态地球化学评价、局部生态地球化学评价和综合研究四个层次进行（成杭新等，2004；杨忠芳等，2005）。

获取的海量地球化学指标高质量高精度数据信息，形成了大批地球化学图集，系统展示了我国重要地区元素地球化学分布和分配规律（奚小环，2006；刘荣梅等，2012）。截至2019年底，全国已完成1：25万比例尺多目标区域地球化学调查面积261.5万km^2，其中调查耕地面积约15.26亿亩[①]，占全国耕地总面积的75%。我国初步查明了调查区耕地的质量状况，在此基础上，在部分重点区域试点开展了1：5万和1：1万比例尺土地质量地球化学调查工作，启动了针对影响土地质量关键指标的地球化学监测工作。

2005～2013年，我国开展了首次全国土壤污染状况调查，调查范围为中华人民共和国境内（未含香港特别行政区、澳门特别行政区和台湾地区）的陆地国土，调查点位覆盖全部耕地，部分林地、草地、未利用地和建设用地，实际调查面积约630万km^2。调查采用统一的方法、标准，基本掌握了全国土壤环境质量的总体状况。根据调查结果，环境保护部、国土资源部于2014年4月联合发布了《全国土壤污染状况调查公报》。

为保障农产品质量安全，2012年农业部启动了农产品产地土壤重金属污染普查，调查面积为16.5亿亩，并启动了重点地区土壤污染加密调查和农作物与土壤的协同监测，以摸清农产品产地重金属污染底数，实施农产品产地分级管理。

2016年，国务院制定了《土壤污染防治行动计划》（简称“土十条”），土壤污染防治也开启了新的节点。根据“土十条”相关规定，2016年12月，环境保护部同财政部、国土资源部、农业部、国家卫生和计划生育委员会联合编制了《全国土壤污染状况详查总体方案》，并在现有相关调查的基础上，开展了土壤污染状况详查，2018年底前查明农用地土壤污染的面积、分布及其对农产品质量的影响；2020年底前掌握重点行业企业用地中的污染地块分布及其环境风险情况。同时，“土十条”还要求建立土壤环境质量状况定期调查制度，每10年开展1次土壤污染状况详查。此外，“土十条”指出要开展建设用地土壤污染状况调查。自2017年起，对拟收回土地使用权的有色金属冶炼、

① 1亩≈666.7m^2，下同。

石油加工、化工、焦化、电镀、制革等行业企业用地，以及用途拟变更为居住和商业、学校、医疗、养老机构等公共设施的上述企业用地，由土地使用权人负责开展土壤环境状况调查评估；已经收回的，由所在地市、县级人民政府负责开展调查评估。自 2018 年起，重度污染农用地转为城镇建设用地的，由所在地市、县级人民政府负责组织开展调查评估。2018 年颁布的《中华人民共和国土壤污染防治法》也对土壤污染状况调查做出了相应的规定：国务院生态环境主管部门会同国务院农业农村、自然资源、住房城乡建设、林业草原等主管部门，每十年至少组织开展一次全国土壤污染状况普查。对土壤污染状况普查、详查和监测、现场检查表明有土壤污染风险的农用地地块，地方人民政府农业农村、林业草原主管部门应当会同生态环境、自然资源主管部门进行土壤污染状况调查。对土壤污染状况普查、详查和监测、现场检查表明有土壤污染风险的建设用地地块，地方人民政府生态环境主管部门应当要求土地使用权人按照规定进行土壤污染状况调查。

为全面掌握我国土壤资源情况，2022 年 2 月 16 日，国务院印发了《关于开展第三次全国土壤普查的通知》。《第三次全国土壤普查工作方案》提出进度安排：2022 年启动土壤三普工作，开展普查试点；2023～2024 年全面铺开普查；2025 年进行成果汇总、验收、总结。“十四五”期间全部完成普查工作，形成普查成果报国务院。此次普查的总体要求是全面查明我国土壤类型及分布规律、土壤资源现状及变化趋势，真实准确掌握土壤质量、性状和利用状况等基础数据，提升土壤资源保护和利用水平，为守住耕地红线、优化农业生产布局、确保国家粮食安全奠定坚实基础，为加快农业农村现代化、全面推进乡村振兴、促进生态文明建设提供有力支撑。

1.2.2 我国土壤污染现状

2014 年《全国土壤污染状况调查公报》显示，全国土壤环境状况总体不容乐观，部分地区土壤污染较重，工矿业废弃地土壤环境问题突出。全国土壤总的点位超标率为 16.1%，其中轻微、轻度、中度和重度污染点位比例分别为 11.2%、2.3%、1.5%和 1.1%。从污染类型看，以无机型为主，有机型次之，复合型污染比例较小，无机污染物超标点位数占全部超标点位数的 82.8%。从污染物超标情况看，镉、汞、砷、铜、铅、铬、锌、镍 8 种无机污染物点位超标率分别为 7.0%、1.6%、2.7%、2.1%、1.5%、1.1%、0.9%、4.8%；六六六、滴滴涕（DDT）、多环芳烃 3 类有机污染物点位超标率分别为 0.5%、1.9%、1.4%。从污染分布情况看，南方土壤污染重于北方；长江三角洲、珠江三角洲、东北老工业基地等部分区域土壤污染问题较为突出，西南、中南地区土壤重金属超标范围较大；镉、汞、砷、铅 4 种无机污染物含量分布呈现从西北到东南、从东北到西南方向逐渐升高的态势。但经过一系列土壤环境监管工作的展开，我国的土壤环境问题已得到改善。

农用地土壤污染状况详查结果显示，全国农用地土壤环境状况总体稳定。影响农用地土壤环境质量的主要污染物是重金属，其中镉为首要污染物。受污染耕地安全利用率达到 90%左右，污染地块安全利用率达到 90%以上。截至 2019 年底，全国耕地质量平均等级为 4.76 等，其中一～三等、四～六等、七～十等耕地面积分别占耕地总面积的

31.24%、46.81%和 21.95%。

我国一些典型地块及周边土壤中也存在着不同程度的污染（图 1-6），其中，重污染企业用地、工业废弃地、采矿区等污染场地是导致我国土壤污染的主要原因。一些专家学者也对我国场地的污染状况进行了统计分析。污染场地数量最多的行业是化学工业（占 32.9%），其次为金属制品、黑色冶炼、有色冶炼、电气制造和医药制造。污染场地中特征污染物多样，共出现 60 种污染物，包括重金属、多环芳烃、苯系物、农药及石油烃等（于靖靖等，2022）。其中，重金属和多环芳烃是污染场地中最为主要的污染物，其污染场地个数分别占总数的 36.2%和 11.5%，且被重点关注的重金属主要是镉、铅、锌、铜等（梁竞等，2021；严康等，2021）。在有机污染场地中，主要贡献行业为化学原料及化学品制造行业，贡献率为 37.9%；污染类型中以各类有机污染物复合污染为主；除了不同有机污染物之间的相互复合，有机污染物与重金属复合污染特征明显，占总场地的 58.5%。有机污染物种类分布中多环芳烃类污染场地最多，占比为 54.9%；其次为总石油烃和苯系物，占比分别为 49.5%和 36.8%。从污染分布来看，总体上南方有机污染场地个数多于北方，东部经济发达地区有机污染场地个数明显多于经济发展中地区，西南和中南地区有机污染与重金属复合污染特征明显（葛锋等，2021）。

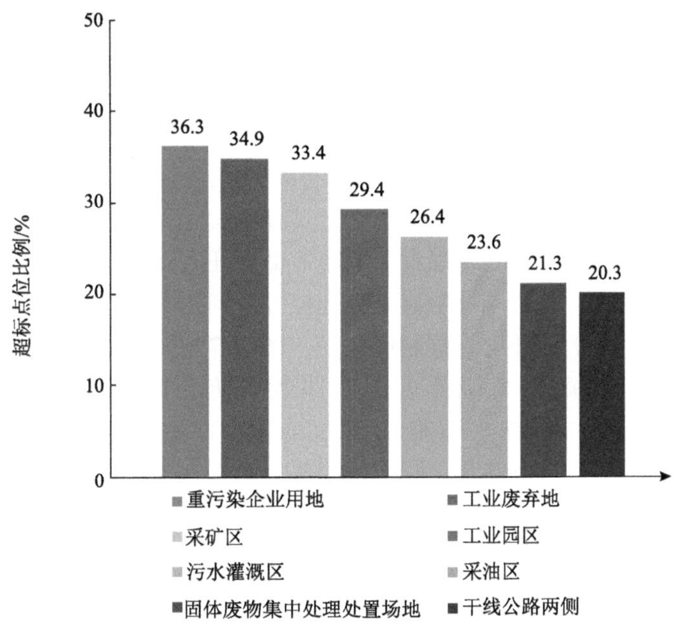

图 1-6 典型地块及周边土壤超标点位污染状况

资料来源：2014 年《全国土壤污染状况调查公报》

1.2.3 我国土壤环境管理政策

我国土壤环境保护与环境管理虽然起步较晚，但一直与时俱进，不断顺应时代的发展。从最开始仅仅关注土壤肥力质量到同时关注土壤环境质量与污染，再到关注土壤污染防控、风险管理及分级分类管理，充分体现了我国土壤环境保护与环境管理的不断进步（胡文友等，2021）。

自改革开放以来，随着国民经济的迅速发展，中国的土壤环境保护也开始受到越来越多的重视。我国1979年颁布的《中华人民共和国环境保护法（试行）》最早在立法中涉及土壤污染防治、土壤环境保护的要求。1982年《中华人民共和国宪法》、1986年《中华人民共和国土地管理法》均包含土地资源合理利用的规定。1989年12月《中华人民共和国环境保护法》正式颁布，正式提出关于防治土壤污染的相关规定。

此后，土壤污染防治逐渐成为环境保护工作的重点。1995年我国出台了《土壤环境质量标准》（GB 15618—1995），该标准在我国土壤环境保护和环境管理上发挥了重要作用。此外，我国还发布了《工业企业土壤环境质量风险评价基准》（HJ/T 25—1999），以保护在工业企业中工作或在工业企业附近生活的人群以及工业企业界区内的土壤和地下水。2008年，环境保护部在《关于加强土壤污染防治工作的意见》中指出要加强土壤污染防治工作，明确提出开展全国土壤污染状况调查、农用土壤与污染场地环境保护监督管理、污染土壤修复与综合治理试点示范等具体任务。

近年来，我国土壤污染防治相关法律法规和标准体系逐步完善，土壤污染风险管控及分级分类管理也在逐步落实。2016年，国务院印发的“土十条”作为我国土壤环境管理的行动纲领，为今后的土壤污染防治工作规划了中长期任务目标。2018年，《中共中央 国务院关于全面加强生态环境保护 坚决打好污染防治攻坚战的实施意见》中提出要扎实推进净土保卫战，全面实施土壤污染防治行动计划，突出重点区域、行业和污染物，有效管控农用地和城市建设用地土壤环境风险。同年，《中华人民共和国土壤污染防治法》正式颁布，这是我国第一部专门针对土壤污染防治领域的专项法律，填补了我国土壤环境管理法律的空白，在我国环境保护史上具有重大意义。随着农用地、污染地块、工矿用地土壤环境管理办法等部门规章，土壤污染责任人认定办法，农用地、建设用地土壤污染风险管控标准，以及建设用地风险管控等系列技术导则陆续出台，我国也初步建立了基于风险管控的土壤环境管理制度体系（图 1-7）（刘瑞平等，2021）。此外，地方也自主进行创新性探索，积极开展土壤污染综合防治工作。例如，福建、湖北、山东、山西、天津、江西、内蒙古、甘肃、河南、河北、江苏等多个省（自治区、直辖市）相继颁布了《土壤污染防治条例》。四川、江西、河南、河北、安徽、辽宁、广西、广东、浙江等省（自治区）纷纷制定了农用地、污染地块、工矿用地土壤环境管理办法或建设用地土壤污染风险管控和修复监督管理办法等地方性部门规章。同时，大多数省（自治区、直辖市）也出台了有关农用地或建设用地风险管控的地方标准和技术导则。但我国土壤污染防治仍面临诸多问题和挑战，监管政策不够完善、技术标准体系尚不健全等是土壤污染防治工作中的瓶颈性问题（孙宁等，2016）。土壤环境管理需逐步从防控风险向改善生态环境质量、优质生态产品供给、可持续利用土壤资源转变（刘瑞平等，2022）。根据环境管理制度现状和需求，强化基于风险管理的分级分类核心思想、“以管代治”推动土壤污染防治责任落实、逐步推动多要素多领域系统治理、创新绿色可持续风险管控技术体系、提高技术标准的精细化和针对性将成为我国土壤污染防治政策制度和标准体系建设的主要方向（孙宁等，2016；刘瑞平等，2021，2022）。

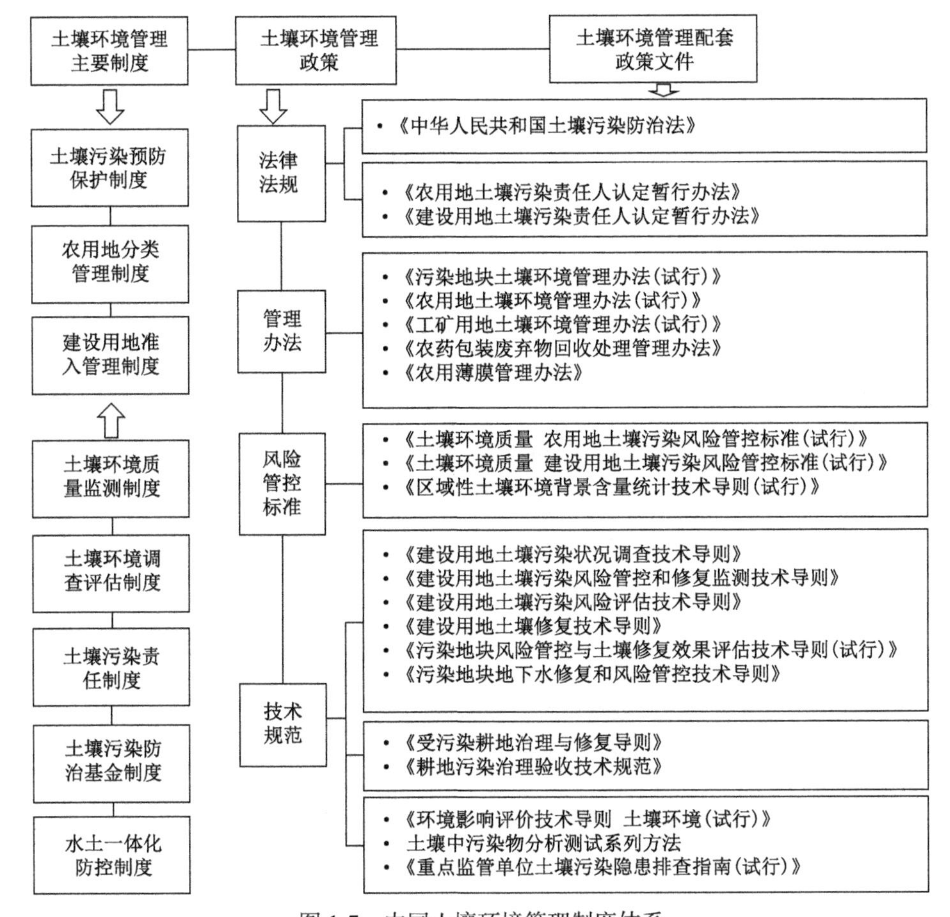

图 1-7 中国土壤环境管理制度体系

资料来源：刘瑞平等，2021

1.3 我国土壤环境基准与标准研究

土壤环境基准是指一个综合的理论方法与技术体系，用于推导土壤中的污染物在特定土地利用模式和保护水平下不会对人体健康和/或生态安全产生不利影响的理论阈值，其表现形式为土壤环境基准值。土壤环境基准是制定土壤环境标准的基础，是土壤环境保护和管理的基石，为土壤污染防治提供科学依据（吴丰昌，2020）。因此，我国十分重视土壤环境基准的研究。2010 年，环境保护部启动了国家环境保护公益性行业科研专项“我国环境基准技术框架与典型案例预研究”，2014 年我国修订的《中华人民共和国环境保护法》中提出“鼓励开展环境基准研究”，2016 年国务院印发的《土壤污染防治行动计划》中明确提出“系统构建标准体系”，《“十三五”生态环境保护规划》要求重点建立“以人体健康为目标的环境基准和标准体系”；2018 年第十三届全国人民代表大会常务委员会第五次会议通过的《中华人民共和国土壤污染防治法》中提出“国家支持对土壤环境背景值和环境基准的研究”。2019 年，生态环境部成立国家生态环境基准专家委员会。这一系列措施表明土壤环境基准研究已经成为我国的重大国家需求，也为我国开展土壤环境基准研究奠定了基础。

然而，建立土壤环境基准是一个极具挑战性的过程，需要对环境科学、生态学、毒理学和流行病学等多个学科的成果进行集成。此外，我国过去的环境管理意识薄弱，导致与发达国家相比，我国土壤环境基准研究相对滞后。我国从 20 世纪 70 年代开始研究土壤环境背景值、土壤环境容量等相关问题。自 20 世纪 80 年代末起，周启星等（2011）提出了基于作物生态效应法、土壤环境背景值方法和食品卫生标准反推法，并基于这些方法开展了少数污染物的土壤环境基准研究。此后，环境地球化学法也是许多学者研究土壤环境基准的重要方法之一，并确定了浙江、成都、宜宾及冀东地区的土壤中以重金属为主要元素的土壤环境基准值。随着人们对科学理论认识的逐步加深，风险评估法已经成为国际上建立土壤环境基准的主要方法。进入 21 世纪，工业化进程的加速导致城市场地污染问题突出，国内逐渐引进国外的污染场地风险评估和基于风险评估的土壤环境基准体系。根据保护对象的不同，基于风险的土壤环境基准通常分为保护人体健康和保护生态受体，下面将从这两方面对我国土壤环境基准研究现状进行介绍。

1.3.1 保护人体健康的土壤环境基准

1）理论方法与风险评估模型研究

我国学者从 21 世纪初开始探索基于健康风险评估建立保护人体健康的土壤环境基准（Soil Environmental Criteria for Human Health，SEC_{HH}）。由于国外在二十世纪八九十年代便已经开展土壤环境基准研究，并形成了相对成熟的环境基准体系，因此我国在开展 SEC_{HH} 研究之初，主要是参考和学习发达国家的经验，探索我国 SEC_{HH} 建立的理论方法。周启星（2010）、周启星等（2011，2014）总结了法国、加拿大和意大利等国在环境基准研究中的先进做法，对我国土壤环境基准的概念和内涵进行了深刻阐述与辨析，指出了我国土壤环境基准研究需要解决的基础性问题，并为我国今后土壤环境基准的研究方向提出了建议。徐猛等（2013）从土地利用类型划分、暴露情景与暴露途径的设定等多方面对不同国家场地土壤环境基准的差异进行了深入比较与分析，为我国 SEC_{HH} 制定过程中暴露情景的划分提供了建议，探讨了考虑区域差异制定我国 SEC_{HH} 的对策与方略。刘阳泽等（2021）以农用地为例，分析了德国、加拿大、日本和荷兰等国家土壤环境基准制定的方法与差异，并对我国农用地土壤环境质量标准体系的建立提出了建议。

随着对发达国家土壤环境基准研究的逐步深入，我国学者开始提出建立我国自己的土壤环境基准体系的必要性。在实践中，我国土壤环境与发达国家存在着较大的差异性，如土地利用方式、人口密度、环境背景值等，因此需要建立符合国情、适用于我国的土壤环境基准。该基准体系的建立对保护土壤环境、推动可持续发展等具有重要意义。陈梦舫等（2011）探讨了污染场地土壤通用评估基准建立过程中的关键问题，并提出了土壤环境基准建立的模型框架。2015 年，中国科学院南京土壤研究所与中国科学院烟台海岸带研究所的有关科研人员联合出版了《中国土壤环境质量基准与标准制定的理论和方法》，该书提出了我国的土壤环境质量标准制定的框架与方法学体系，还提出了基于生物有效性制定土壤环境基准与质量标准的新思路和新方法。此外，针对一些特定的土地利用类型，我国学者也开展了相应研究。宋静等（2016）提出了我国农用地土壤环境基准制定方法学的建议以及我国农用地土壤环境标准体系的框架建议，他们认为对于农用地需要建立保护农用地使用人健康的土壤环境基准、保护生态受体的土壤环境基准、保护地下水的土壤环境基准及保护农产品安全（普通消费者人体健康）的土壤环境基准。Li（2021）基于健康风险评估推导出多种居住用地类型下农药的 SEC_{HH}，为不同类型的居住用地土壤中农药的管理提供了监管建议。这些研究为我国 SEC_{HH} 推导理论方法的建立以及重点研究方向的确定打下了坚实的基础。然而值得关注的是，由于我国的 SEC_{HH} 理论方法研究较为零散，缺乏系统性，我国迄今为止还未建立国家层面上统一的 SEC_{HH} 制定技术指南。在土壤环境监管体系仍不完善的背景下，这阻碍了我国建立规范、合理和科学的 SEC_{HH}。因此，我国从国家层面上出台统一的技术指南的需求极为迫切。目前，我国正在开展“场地土壤环境风险评估方法和基准”“场地土壤污染物环境基准制定方法体系及关键技术”等多个国家重点研发计划项目，为我国土壤环境基准制定的理论方法体系奠定基础。

随着科学技术的发展，部分发达国家开始采用风险评估模型推导 SEC_{HH}。目前，国际上使用较为广泛的风险评估模型主要包括 CLEA、CSOIL 以及 RBCA 等模型。由于一开始我国还没有建立自己的风险评估模型，因此部分学者采用国外的风险评估模型开展了我国典型污染物的 SEC_{HH} 研究。杨彦等（2014）采用 IEUBK 和 ALM 模型推导出我国温岭地区铅的土壤环境基准。陈雨（2019）采用美国的 RBCA 模型推导出河北适用于住宅用地、公园绿地及商服/工业用地的土壤筛选值。Cheng 等（2019）采用英国的 CLEA 模型对江苏农业用地情景进行了分析，并推导出 13 种常见物质的 SEC_{HH}。

然而，随着对风险评估模型研究的不断深入，我国学者发现不同模型的土壤环境基准计算方法存在一定差异，国外的风险评估模型不完全适用于我国，且操作复杂，因此我国便逐渐开展本土的风险评估模型研究。中国科学院南京土壤研究所的陈梦舫团队于 2012 年研发出我国首个污染场地风险评估模型——HERA 模型。HERA 模型以后向模式即预先对目标污染物的风险水平进行设定，再通过污染物实测和既定毒理学参数、人体接触污染物的主要暴露途径及敏感受体的特征参数来反推污染物筛选值（陈梦舫，2014）。符小菲（2019）分析比较了 HERA、RBCA 和 CLEA 模型的土壤筛选值的结果差异，并认为 HERA 模型更适用于我国土壤筛选值的计算。由此可见，HERA 模型的研发对实现污染场地风险管控与可持续修复以及土壤环境基准的计算起到了重要的支撑作用，促进了我国健全的污染场地可持续环境管理框架体系的建立。

2）暴露参数研究

暴露参数是进行环境健康风险评价及 SEC_{HH} 推导的重要基础，也是 SEC_{HH} 存在差异的重要原因。1989 年，美国环境保护局（USEPA）发布了第一版暴露参数手册，然后于 1997 年、2011 年、2017 年、2019 年等进行多次修订。日本、韩国、欧盟等均于 2007 年左右参考美国的暴露参数手册框架编制了各自的暴露参数手册。在 21 世纪初，由于我国尚未进行过大规模的人群暴露参数调查，因此在进行健康风险评估或推导 SEC_{HH} 时以引用国外的参数为主。然而，由于人种、文化及生活方式的差异，其他国家的暴露参数并不能表征我国人群的典型暴露特征，采用 USEPA 的暴露参数进行健康风险评估将导致健康风险评估结果存在 5%～45%的偏差。

我国部分学者于“十一五”末期陆续开展了暴露参数相关研究。段小丽等（2009）分析了美国、欧盟及日本等暴露参数的研究现状，对我国暴露参数研究提出了建议。另外，王宗爽等（2009）、赵秀阁等（2012）对我国居民的呼吸速率暴露参数、皮肤暴露参数等开展了初步研究。“十二五”期间，我国开展了大量的暴露参数调查工作，如土壤皮肤黏附因子、土壤摄入率、行为模式暴露参数及呼吸暴露参数等。基于大量的科学研究成果，环境保护部分别于2013年和2016年发布了《中国人群暴露参数手册（成人卷）》和《中国人群暴露参数手册（儿童卷）》，这对深入了解我国人群环境暴露行为模式特点、提高环境风险评价准确性、防范环境健康风险以及SEC_{HH}的推导具有重要意义。2017年，环境保护部发布了《儿童土壤摄入量调查技术规范 示踪元素法 》（HJ 876—2017）、《暴露参数调查技术规范》（HJ 877—2017）等技术规范，为我国暴露参数调查奠定了坚实的方法学基础。

自我国首个暴露参数手册发布至今已经接近十年，人群行为模式可能已经存在变化，因此，为了能够更好地服务于生态环境管理，中国环境科学研究院目前正在组织开展中国人群暴露参数手册的更新工作。此外，近年来我国部分学者仍在积极地开展我国不同地区的主要暴露参数研究（表1-3）。Wang等（2021）采用美国的土壤和粉尘随机人体暴露与剂量模拟（Stochastic Human Exposure and Dose Simulation Soil and Dust，SHEDS-S/D）模型估算台湾儿童土壤摄入率的平均值为90.7 mg/d。Tsou等（2018）测量了台湾儿童进行不同类型活动后的土壤皮肤黏附因子。刘程成（2019）通过问卷调查等方法研究了我国广东和江苏地区人群的土壤摄入率、呼吸速率及土壤/尘皮肤黏附系数等典型暴露参数。这些研究为我国暴露参数的确定提供了坚实的基础。然而，目前我国关于暴露参数的研究主要集中在东部发达地区，总体较为零散，缺乏系统性，现有的科学研究成果并未有效地应用于SEC_{HH}的制定过程中，我国对部分重要的暴露参数如不同用地类型的暴露频率、停留时间等参数并未开展相关研究，缺乏对特殊人群如建筑工人及农民等的暴露参数研究工作。因此，我国仍需加强开展不同区域的暴露参数调研工作，重点关注对健康风险评估影响较大的参数研究工作，关注不同人群暴露行为模式的差异，尽快制定出适用于不同地区及不同特殊人群的暴露参数推荐值。

表1-3 我国部分地区的暴露参数研究

地区	暴露参数	数值
台湾	土壤皮肤黏附因子/（mg/cm^2）	直接接触沙土（手部：0.19；前臂：0.10；脚：0.07；小腿：0.04）
	儿童土壤摄入率/（mg/d）	沙土：90.7；黏土：29.8
广东	儿童土壤摄入率/（mg/d）	106.5
江苏	长期呼吸速率/（m^3/d）	0～6岁儿童：7.7；成人：16.1
广东	长期呼吸速率/（m^3/d）	0～6岁儿童：5.8；成人：15.6
广东和江苏	成人皮肤黏附系数/（$\mu g/cm^2$）	115.1
北京	长期呼吸速率/（m^3/d）	6～17岁男性：11.98；6～17岁女性：9.98； 成年男性：14.49；成年女性：12.24
江苏	长期呼吸速率/（m^3/d）	苏南地区（男性：20.3；女性：13.7）； 苏中地区（男性：20.0；女性：13.7）； 苏北地区（男性：20.1；女性：13.4）

续表

地区	暴露参数	数值
南京	室内活动时间/（h/d）	小学生（男性：14.51；女性：14.62）； 中学生（男性：16.35；女性：16.09）； 大学生（男性：15.82；女性：15.52）
	长期呼吸速率/（m^3/d）	小学生（男性：5.58；女性：5.59）； 中学生（男性：6.70；女性：6.02）； 大学生（男性：6.79；女性：4.64）

1.3.2 保护生态受体的土壤环境基准

土壤污染物对土壤中的生态受体如土壤植物、无脊椎动物及微生物等构成了长期有害的威胁，因此在开展 SEC_{HH} 研究之初，我国学者同样重视保护生态受体的土壤环境基准（Soil Environmental Criteria for Ecological，SEC_E）研究。章海波等（2007）是我国较早关注 SEC_E 研究的学者，他们建议我国应建立适合国情的污染土壤生态风险评估方法与体系，并在一些重点污染区域，针对需要优先控制且具有足够数据积累的污染物开展 SEC_E 研究。方法学是建立 SEC_E 的基础，因此我国学者首先对 SEC_E 建立的方法学进行了大量研究。颜增光等（2008）通过分析国际上 SEC_E 的发展现状，系统阐述了建立 SEC_E 的方法学，包括毒性数据的收集与质量评估、适用数据的选择、数据外推与阈值估算和 SEC_E 的最终确立，并对构建适用于我国使用的 SEC_E 时可能遇到的关键问题进行了探讨。滕涌和周启星（2015）探讨了平衡分配法在推导 SEC_E 的过程中可能存在的相关问题，他们认为我国应该从毒性数据选择的争议、分配系数的确定方法及平衡分配法的不确定性等方面开展相关研究工作，以促进 SEC_E 研究的发展。曾庆楠等（2018）综述了国内外基于物种敏感性分布（Species Sensitivity Distribution，SSD）法建立 SEC_E 的相关研究，建议目前关于 SSD 的研究还需要进行深入分析，并应基于物种特性和土壤类型开展污染物的 SEC_E 研究。郑丽萍等（2021）对美国和澳大利亚 SEC_E 制定关键技术进行了系统分析，为我国 SEC_E 的建立提供了参考，并建议我国加强面向不同区域的 SEC_E 针对性研究。然而，我国关于 SEC_E 建立理论方法的研究仍停留在科学研究层面，未从国家层面上发布统一、规范的生态风险评估技术导则，理论方法以引进国外的方法为主，不利于制定适用于我国的科学、合理的 SEC_E。因此，我国需要在具有一定的技术基础上，将现有的科学研究结果进行集成，从国家层面发布统一的生态风险评估技术指南，为 SEC_E 的制定提供指导。

生态毒性数据是推导 SEC_E 的重要支撑，因此，我国学者也正在积极开展多种污染物对土壤生物的毒性效应研究。例如，部分学者研究了有机磷酸酯、重金属、多环芳烃、全氟辛烷磺酸盐、抗生素、多氯联苯（PCBs）等污染物对土壤动物（跳虫、蚯蚓）、植物、微生物的毒性效应机制。刘振京（2019）的研究结果表明土壤汞对小白菜、空心菜及小麦的半抑制毒害浓度分别为 72.24 mg/kg、183.83 mg/kg 和 10.69 mg/kg，同时土壤汞污染对植物根际土壤中的微生物多样性及微生物群落种群分布产生明显影响。程金金等

（2014）研究发现，PCBs对土壤微生物的毒性效应受土壤性质的影响，并建议将呼吸强度、硝化作用和脱氢酶活性作为PCBs污染土壤生态毒理评价中的首选敏感指标。此外，我国幅员辽阔，土壤类型多样，而土壤类型是影响污染物毒性效应的重要参数，因此我国部分学者也开展了不同土壤类型下污染物对生态受体的毒性研究。中国环境科学研究院侯红团队就我国多种典型土壤中Zn、Cu、Sb等污染物对白符跳虫的毒性进行了研究，并基于土壤pH和有机质建立了污染物对白符跳虫的毒性预测模型（王巍然，2021）。然而，总的来说，我国目前关于土壤污染物的毒性数据仍然较少，推导SEC_E所采用的毒性数据大部分来源于国外的毒性数据库，且我国已有的数据大多是基于短期毒性试验的结果（郑丽萍等，2018）。因此加强对土壤生物的毒性数据研究仍是以后建立SEC_E的重点研究方向之一。

建立SEC_E需要大量的生态毒性数据，然而受体毒性数据与受试物种、毒性终点、时空变异性及暴露复杂性等多个因素相关，如何从大量的研究中筛选出合适的毒性数据是制定SEC_E的关键环节。因此，建立规范的毒性数据筛选原则是推导合理可靠的SEC_E的基础。美国、荷兰等均建立了推导基准毒性数据的筛选原则，然而，我国部分学者在进行污染物的SEC_E研究时大多采用国外毒性数据筛选原则，迄今为止我国还没有建立规范的毒性数据筛选指南，也未说明毒性数据的优先选择顺序与合理的生态毒性相关终点。这可能会使得相关研究结果不统一，使其具有较大的可变性与不确定性，难以整合应用。

此外，不同物种对污染物的敏感性存在较大差异，在理想情况下，应测试污染物对所有潜在暴露物种的生态毒性。然而由于生态系统的复杂性，不可能对组成生态系统的所有生物物种进行研究，因此基于代表性本土生物的毒性数据制定SEC_E是国际上形成的共识，选择合适的有代表性的生物物种也是SEC_E推导的重要环节。代表性试验物种的筛选原则一般包括：①被选择的试验物种属于不同的分类类群，具有不同的发育特征，覆盖不同的营养级；②试验物种应广泛分布且易在实验室中进行处理和维护。推导SEC_E所考虑的相关受体一般包括土壤无脊椎动物、植物和微生物，对于具有生物富集性的污染物还可考虑将陆生脊椎动物作为敏感受体（Rodríguez and Lafarga，2011）。从2008年开始，中国科学院联合环境保护部组织100多位分类学专家，基于已有文献，对我国已知物种进行编研，以年度名录的形式每年更新，并向社会公开发布。《中国生物物种名录》2021版共收录物种及种下单元127950个，其中，动物界56000种、植物界38394种、真菌界15095种。这一系列研究成果为推导SEC_E时生态敏感受体的筛选提供了重要参考。在水质基准研究方面，中国环境科学研究院对水生植物、两栖类生物、鱼类及水生昆虫等进行了筛选研究，其主编的《淡水生物水质基准推导技术指南》（HJ 831—2022）中给出了我国淡水生物水质基准推导受试物种推荐名录。然而，在土壤环境基准研究方面，我国关于受试物种的筛选研究比较匮乏，只有少数学者开展了相关研究。罗晶晶等（2021）根据敏感性评估的结果建议植物中的蒲公英、黑麦草、紫苜蓿等，动物中赤子爱胜蚓等可作为土壤环境基准制定中的受试生物。由于关于土壤环境基准制定的受试生物筛选研究较为缺乏，不足以支撑受试生物推荐名录的制定工作，因此我国至今还没有从国家层面上给出推导SEC_E的推荐敏感受体。

在SEC_E的制定过程中，污染物的生态毒性阈值是建立SEC_E的基础，因此，我国学者在毒性阈值方面开展了大量的相关工作。Zhao 等（2022）采用物种敏感度分布法推导了 4 种土壤类型 Zn 的 HC_5 为：酸性土壤 38 mg/kg、中性土壤 106 mg/kg、碱性土壤 217 mg/kg、碱性钙质土 155 mg/kg，并根据土壤性质建立了 Zn 生态风险阈值的预测模型。中国农业科学院马义兵团队开展了我国土壤中 Cu、Ni、Cr、Cd、Hg 和 As 等多种污染物的毒性阈值研究（王小庆，2012；Gao et al.，2021）。Ding 等（2015）以根类蔬菜为受试物种，推导了农业土壤中 Pb 的生态毒性阈值。基于毒性阈值的研究结果，我国学者也制定出部分污染物的 SEC_E（表 1-4）。由表 1-4 可知，我国学者主要对重金属污染物的 SEC_E 进行了相关的研究，尤其是有关 Pb 的 SEC_E 研究相对较多，而目前关于有机污染物的 SEC_E 研究仍较为缺乏，只有部分学者对石油烃、滴滴涕等有机污染物开展了研究。此外，不同用地情景下的生态受体可能存在差异，且不同的土地用途可能不需要支持相同的生态服务和功能多样性，因此制定 SEC_E 时考虑土地利用类型是十分必要的。然而，我国只有少数学者研究了不同土地利用下的 SEC_E。李勖之等（2021）通过调研国内外 Pb 的陆生生态毒性研究，推导出我国自然保护地与农用地土壤 Pb 的生态基准范围为 51.1～153 mg/kg，公园用地 Pb 的生态基准范围为 172～342 mg/kg，住宅和商服/工业用地 Pb 的生态基准范围分别为 342～537 mg/kg 和 440～634 mg/kg。

表 1-4 我国部分污染物的 SEC_E （单位：mg/kg）

污染物	土壤/用地类型	毒性阈值	SEC_E
Pb	保定潮土	142（HC_5）	31.7～158
Cr（Ⅵ）	保定市农田潮土	7.7（HC_5）	1.5～7.7
Cu	酸性土壤	13.1（HC_5）	13.1
	碱性非钙质土	51.9（HC_5）	51.9
Sb	酸性土	55.12（HC_5）	28.96
	中性土	28.28（HC_5）	15.54
	碱性土	28.08（HC_5）	15.44
	石灰性土	14.55（HC_5）	8.68
Cu	酸性土	7.94（HC_5）	7.94
	中性土	29.73（HC_5）	29.73
	碱性非石灰性土	48.3（HC_5）	48.3
	石灰性土	21.88（HC_5）	21.88
Pb	酸性土	35.57（HC_5）	35.57
	中性土	115.07（HC_5）	115.07
	碱性非石灰性土	98.84（HC_5）	98.84
	石灰性土	149.35（HC_5）	149.35
Ni	酸性土壤	6.5（HC_5）	6.5
	碱性土壤	218.8（HC_5）	218.8
Pb	未明确土壤类型	50～70（HC_5）	80.5～105.6

续表

污染物	土壤/用地类型	毒性阈值	SEC_E
Pb	自然保护地和农业用地	51.1～153（HC_5）	51.1～153
	公园用地	172～342（HC_{20}）	172～342
	住宅用地	342～537（HC_{40}）	342～537
	商服/工业用地	440～634（HC_{50}）	440～634
滴滴涕	种植油料作物的土壤	0.083（HC_5）	0.083
	种植非油料作物的土壤	0.29（HC_5）	0.29
石油烃	未明确土壤类型	29000（LC_{50}）	29

通过以上综合分析，尽管我国已经较早认识到基于保护生态受体制定土壤环境基准的重要性，但与基于健康的土壤环境基准研究相比，我国基于生态的土壤环境基准研究发展较为缓慢，并未建立生态风险评估指南。此外，我国生态毒性数据仍然较为匮乏，缺乏对我国本土生物的毒性研究。我国目前对 SEC_E 的研究主要集中在重金属方面，关于有机污染物的研究较少。由于土壤污染物种类繁多，加快开展多种污染物的 SEC_E 研究迫在眉睫。此外，即使对于同种污染物，不同研究的结果也会存在较大差异，这与我国没有统一的 SEC_E 制定方法以及毒性数据筛选原则等相关。SEC_E 的制定同样与用地类型相关，而我国关于这方面的研究十分缺乏，在以后的研究中有必要考虑用地类型对 SEC_E 的影响。

1.3.3 我国已发布的土壤环境标准

基于土壤环境基准研究的基础，1995 年我国颁布了首个《土壤环境质量标准》（GB 15618—1995）（简称 95 标准），根据保护目标和土壤性质，规定了 10 种污染物（Cd、Hg、As、Cu、Pb、Cr、Zn、Ni、六六六、滴滴涕）的最大允许浓度。该标准自发布以来一直被认为是我国土壤质量保护和污染防治最重要的法律依据和标准。但该标准并未采用基于风险的方法，而是采用的生态环境效益法。此外，该标准的制定只选取了我国十几个具有代表性的土壤，通过检测各个污染途径对受体的危害临界值推导出土壤基准值，并选择其中的最低值作为土壤标准值（夏家淇，2019）。随着工业化和城市化的快速发展，95 标准存在多个问题，如不适用于建设用地，且存在过分强调一致性、二类标准应用困难以及 Pb 临界值过高等问题，不能有效地反映污染物的真实污染情况和满足如今土壤环境管理的需求（Chen et al.，2018）。因此，95 标准应用十多年之后，越来越多的学者提出该标准的不足，并建议对其进行修订。

2006 年，国家环境保护总局正式下达了《土壤环境质量标准》修订任务。经过长达十多年的修订过程，2018 年，生态环境部正式发布了《土壤环境质量 农用地土壤污染风险管控标准（试行）》（GB 15618—2018）和《土壤环境质量 建设用地土壤污染风险管控标准（试行）》（GB 36600—2018）。与 95 标准相比，《土壤环境质量 农用地土壤污染风险管控标准（试行）》（GB 15618—2018）分别制定了农用地土壤污染风险筛选值和管制值，为农用地分类管理提供技术支持。《土壤环境质量 建设用地土壤污染风险管控标准（试行）》（GB 36600—2018）中规定了85种污染物的土壤含量限值。这两项标准是我国首个国家层面发布的基于风险管控的土壤环境标准，在我国土壤环境管理历程中具有里程碑意义。

早在《土壤环境质量 农用地土壤污染风险管控标准（试行）》（GB 15618—2018）和《土壤环境质量 建设用地土壤污染风险管控标准（试行）》（GB 36600—2018）颁布以前，我国就已经有部分省市及地区发布了适用于当地的土壤环境标准。2007年12月，香港发布了《按风险厘定的土地污染整治标准的使用指引》，规定了54种污染物保护人体健康的按风险厘定的土壤污染整治标准（Risk-Based Remediation Goal for Soil，$RBRG_{soil}$），该文件于2023年4月修订。在发布$RBRG_{soil}$之前，香港采用的是荷兰的*B*值，没有本地的土壤环境标准。推导$RBRG_{soil}$的理念是，根据特定土地用途的风险水平调整所需的修复程度。由于不同类型的土地利用上存在不同的暴露途径，且人们接触污染土壤的方式如暴露强度和频率在很大程度上取决于土地利用的类型，因此香港为四种土地利用类型（城市住宅、乡村住宅、工业用地和公园用地）开发了$RBRG_{soil}$。

2008年，福建发布了《福建省农业土壤重金属污染分类标准》（DB35/T 859—2008），该标准是我国首个制定了以土壤重金属有效态为指标的土壤环境质量标准。2016年，福建对该标准进行了修订，标准名称修改为《农产品产地土壤重金属污染程度的分级》（DB35/T 859—2016），改变了原标准中各级指标的名称和含义，将原来的三级指标名称分别调整为安全值、限制值和高危值，并且调整了重金属控制项目。

2011年，基于美国的RBCA模型，北京发布了《场地土壤环境风险评价筛选值》（DB11/T 811—2011），进一步完善了北京土壤污染防治的地方标准体系。该标准规定了适用于住宅用地、公园与绿地以及工业/商服用地的88种污染物的土壤含量限值，适用于判定开发利用潜在污染场地时是否开展土壤环境风险评价。

2014年，广东发布了《土壤重金属风险评价筛选值 珠江三角洲》（DB/T 1415—2014），该标准适用于珠江三角洲区域内自然土壤、农业用地土壤以及建设用地土壤，并将建设用地进一步细分为居住和公共用地、商服用地以及工业用地。

2015年，为了保障场地开发利用过程中的用地安全，保护土壤环境与人体健康，上海市环境保护局印发了《上海市场地土壤环境健康风险评估筛选值（试行）》。

2016年，重庆发布了《场地土壤环境风险评估筛选值》（DB50/T 723—2016），该标准中规定了居住用地、商服/工业用地以及公园绿地三种用地方式下107种污染物的土壤含量限值。

2020年，深圳、河北和江西分别发布了《建设用地土壤污染风险筛选值和管制值》（DB4403/T 67—2020）、《建设用地土壤污染风险筛选值》（DB13/T 5216—2020）和《建设用地土壤污染风险管控标准（试行）》（DB36/1282—2020），这三项标准主要对《土壤环境质量 建设用地土壤污染风险管控标准（试行）》（GB 36600—2018）中未列出的部分污染物项目进行了补充，分别规定了68种、78种和132种污染物的土壤含量限值。2023年2月四川也制定了《四川省建设用地土壤污染风险管控标准》（DB51/2978—2023），规定了49种污染物适用于一类用地和二类用地的土壤筛选值与管制值。

2023 年 10 月 10 日，中国环境科学研究院等单位制定了《建设用地土壤生态安全环境基准制定技术指南》（T/ACEF 087—2023）、《建设用地土壤人体健康环境基准制定技术指南》（T/ACEF 088—2023）、《建设用地土壤环境基准制定基本数据集 保护生态安全》（T/ACEF 089—2023）、《建设用地土壤环境基准制定基本数据集 保护人体健康》（T/ACEF 090—2023）系列团体标准，由中华环保联合会正式发布。上述技术指南对规范我国土壤环境基准研究具有重要参考价值，未来，还需要从国家层面发布相关技术指南，建立健全我国土壤环境基准研究技术方法体系，从而进一步推动我国土壤环境基准研究工作的深入开展。

1.3.4 土壤环境基准发展趋势

总体来讲，近些年我国在土壤环境基准研究方面取得了一定的成就，但与发达国家相比，我国土壤环境基准的研究起步较晚，主要是参考和借鉴发达国家的经验，研究区域较为分散，缺乏系统性，难以满足我国环境保护工作的需求。未来需要重点在以下几方面加强研究。

（1）建立我国本土化的土壤环境基准理论方法体系。环境基准理论方法与方法学研究是科学确定基准的核心内容（吴丰昌，2020），建立规范、统一的理论方法十分必要，有利于促进我国土壤环境基准体系的形成，为我国的土壤环境管理提供技术支撑。基于风险评估理论制定土壤环境基准是当今国际上的主要方法。对于保护人体健康方面，我国已经出台了《建设用地土壤污染风险评估技术导则》（HJ 25.3—2019），但该标准未能与《土壤环境质量 建设用地土壤污染风险管控标准（试行）》（GB 36600—2018）进行良好的衔接，《建设用地土壤污染风险评估技术导则》（HJ 25.3—2019）中只给出了计算风险控制值的推荐模型，而《土壤环境质量 建设用地土壤污染风险管控标准（试行）》（GB 36600—2018）中规定了土壤污染物的筛选值与管控值，这导致对具体标准的计算方法不明确。此外，不同研究学者研究土壤环境基准的方法也各异，一些学者采用国外的风险评估模型，另有部分学者采用《建设用地土壤污染风险评估技术导则》（HJ 25.3—2019）中推荐的方法，导致不同研究结果差异较大，基准研究结果的实际应用性差，难以支撑我国土壤环境标准的制修订。对于保护生态受体方面，尽管我国较早关注到对生态受体的保护，但由于土壤生态风险评估的复杂性，我国对 SEC_E 的研究进展缓慢，迄今为止仍未建立系统的推导方法。生态毒性数据的选择及外推方法并未明确，受试物种的选择不统一，导致目前推导的 SEC_E 可能存在较大的不确定性。因此，我国需要建立本土化的理论与方法体系，在基于我国实际调查数据的基础上，编制土壤环境基准推导技术指南，统一土壤环境基准推导模型，规范生态毒性数据与受试物种的选择标准。

（2）加强不同区域的土壤环境基准研究。我国土壤类型多样，土壤性质差异大，土壤的异质性是影响 SEC_E 结果的重要原因。此外，不同区域的本土物种、人群土壤暴露行为模式、污染物背景浓度、土地利用方式及气象条件等存在较大差异，这些因素导致适用于不同区域的 SEC_E 可能不同。荷兰、美国等都鼓励地方政府在充分考虑当地的具体情况下制定适用于区域的 SEC_E，地方政府是制定和实施环境标准的主体。《中华人民共和国土壤污染防治法》中明确提出，省级人民政府对国家土壤污染风险管控标准中未做规定的项目，可以制定地方土壤污染风险管控标准。与此同时，对于国家土壤污染风险管控标准中已做规定的项目，我国也明确规定可以制定严于国家土壤污染风险管控标准的地方土壤污染风险管控标准。因此，我国也应根据区域土壤特点，加强不同区域的土壤环境基准研究，以支撑更加具体细致的地级标准的制定。地级标准不仅可以满足不同地区土壤环境质量标准评价的需要,也可以为国家标准的发展与完善提供数据支撑(郎笛等，2021）。实际上，由于不同地区的多个因素都存在显著差异，适用于地方的土壤环境基准不一定严于国家标准，荷兰也曾指出适用于地方的最大值既可以高于通用的最大值，同时也可以低于通用的最大值。因此，我国关于地方土壤环境基准研究的思路有待转变。

（3）强化基础数据支撑。土壤环境基准是基于一系列的基础暴露参数和毒性数据展开的，因此基础性研究是土壤环境基准研究的基石。基于我国人群特征的暴露参数是推导我国土壤环境基准的基础，然而，尽管我国已经在暴露参数调查方面开展了相关工作，但目前这些研究结果还不足以支撑我国精细化的土壤环境基准研究，一些重要的暴露参数如土壤摄入率、不同用地下的暴露频率、暴露期以及皮肤表面土壤黏附系数等大多参照其他国家的推荐值，我国本土研究较为缺乏。推导 SEC_E 所需的生态毒性数据大多也是从国外的毒性数据库以及各种文献中获得的,关于我国本土物种的毒性数据更是缺乏，导致应用国外的毒性数据推导出的 SEC_E 可能存在较大的不确定性。此外，随着工业技术的发展，越来越多的新兴污染物逐渐进入环境中，然而我国现在关于这些污染物的研究较为缺乏，对于这些污染物可能产生的潜在风险以及迁移转化机制没有清晰的认识，不利于对这些污染物进行管理。因此，加强本土暴露参数与生态毒性参数的基础研究，结合区域人群环境暴露行为模式给出暴露参数的推荐值，更加关注污染物对本土生态物种的慢性与亚慢性毒性研究，建立污染物的剂量-效应关系，强化对新兴污染物的研究是建立 SEC_E、支撑土壤环境管理的重要基础。

（4）关注土壤环境基准向土壤环境标准转化技术研究。土壤环境基准研究的最终落脚点是用于支撑土壤环境标准的制修订，荷兰在土壤环境管理方面，明确提出了基准向标准的转化过程。例如，在干预值的制定过程中，荷兰环境保护部门委托国家公共卫生与环境研究所（RIVM）首先进行科学评估，并成立人体毒理学和生态毒理学风险评估专家组发挥咨询作用，然后土壤保护技术委员会（TCB）对基于科学制定出的 SRC_{eco} 和 SRC_{human} 进行政治讨论和技术评估，并提出干预值的建议值。美国、澳大利亚及加拿大等国家也都建立了环境基准向环境标准转化的机制（毕岑岑等，2012）。我国现行的土壤污染风险管控标准大多以风险评估模型推算出的土壤污染物含量限值为基础，部分污染物的风险管控标准在计算值的基础上参考发达国家相关标准进行了调整，然而对其中具体的转化机制并没有详细的说明。此外，环境基准研究中的不确定性、自然条件的不稳定性导致目标达成的不确定性、公众对更高环境价值的追求以及环境现状与技术的可得性等原因，都迫使环境基准向环境标准进行转化（毕岑岑等，2012）。因此，我国也应关注土壤环境基准向标准的转化机制研究。专家意见法和费用-效益分析法是环境基准向环境标准转化过程中涉及的核心方法，由于环境资源的费用-效益核算应包含的项目种类、量化方法等尚存在较多争议，专家意见法在实施过程中也需要设法避免或尽量降低主观判断对结果的影响。因此，环境基准向环境标准转化的技术方法学和案例研究是环境基准研究的一项重要内容（吴丰昌，2020）。

参考文献

毕岑岑, 王铁宇, 吕永龙. 2012. 环境基准向环境标准转化的机制探讨. 环境科学, 33(12): 4422-4427.

陈隆勋, 周秀骥, 李维亮, 等. 2004. 中国近 80 年来气候变化特征及其形成机制. 气象学报, 62(5): 634-646.

陈梦舫. 2014. 污染场地健康与环境风险评估软件(HERA). 中国科学院院刊, 29(3): 335, 344, 399.

陈梦舫, 骆永明, 宋静, 等. 2011. 污染场地土壤通用评估基准建立的理论和常用模型. 环境监测管理与技术, 23(3): 19-25.

陈雨. 2019. 河北省典型行业污染场地土壤风险筛选值拟定研究. 石家庄: 河北科技大学.

成杭新, 杨忠芳, 赵传冬, 等. 2004. 区域生态地球化学预警:问题与讨论. 地学前缘, 2: 607-615.

程金金, 宋静, 吕明超, 等. 2014. 多氯联苯对我国土壤微生物的生态毒理效应. 生态毒理学报, 9(2): 273-283.

程维明, 周成虎, 李炳元, 等. 2019. 中国地貌区划理论与分区体系研究. 地理学报, 74(5): 839-856.

段小丽, 聂静, 王宗爽, 等. 2009. 健康风险评价中人体暴露参数的国内外研究概况. 环境与健康杂志, 26(4): 370-373.

凤星宇. 2019. 我国土壤环境调查、评价与监测. 科技创新与应用, (4): 61-62.

符小菲. 2019. 安徽省典型行业污染场地土壤风险筛选值拟定研究. 合肥: 安徽农业大学.

葛锋, 张转霞, 扶恒, 等. 2021. 我国有机污染场地现状分析及展望. 土壤, 53(6): 1132-1141.

葛全胜, 郑景云, 郝志新, 等. 2014. 过去 2000 年中国气候变化研究的新进展. 地理学报, 69(9): 1248-1258.

龚子同. 1989. 中国土壤分类四十年. 土壤学报, 26(3): 217-225.

龚子同, 陈志诚. 1999. 中国土壤系统分类参比. 土壤, 31(2): 57-63.

龚子同, 张甘霖. 2006. 中国土壤系统分类：我国土壤分类从定性向定量的跨越. 中国科学基金, (5): 293-296.

龚子同, 张甘霖, 陈志诚. 2005. 中国土壤系统分类: 建立, 发展和应用. 重庆: 中国土壤科学学术研讨会.

胡文友, 陶婷婷, 田康, 等. 2021. 中国农田土壤环境质量管理现状与展望. 土壤学报, 58(5): 1094-1109.

黄雅楠, 薛梦雨, 姚泽生, 等. 2020. 土壤污染状况的调查进展. 安徽农学通报, 26(15): 121-123.

蒋复初, 吴锡浩. 1993. 中国大陆阶梯地貌的基本特征. 海洋地质与第四纪地质, 13(3): 10.

蒋捷, 杨昕. 2009. 基于 DEM 中国地势三大阶梯定量划分. 地理信息世界, 7(1): 6.

匡文慧, 张树文, 杜国明, 等. 2022. 2015-2020 年中国土地利用变化遥感制图及时空特征分析. 地理学报, 77(5): 16.

郎笛, 王宇琴, 张芷梦, 等. 2021. 云南省农用地土壤生态环境基准与质量标准建立的思考及建议. 生态毒理学报, 16(1): 74-86.

李勖之, 郑丽萍, 张亚, 等. 2021. 应用物种敏感分布法建立铅的生态安全土壤环境基准研究. 生态毒理学报, 16(1): 107-118.

李一曼, 叶谦. 2019. ENSO 背景下基于柯本分类法的我国气候分类. 气候变化研究进展, 15(4): 352-362.

梁竞, 王世杰, 张文毓, 等. 2021. 美国污染场地修复技术对我国修复行业发展的启示. 环境工程, 39(6): 173-178.

刘爱利. 2004. 基于 1∶100 万 DEM 的我国地形地貌特征研究. 西安: 西北大学.

刘程成. 2019. 环境健康风险评估中土壤摄入、呼吸和皮肤暴露参数研究. 常州: 常州大学.
刘荣梅, 吴轩, 向运川, 等. 2012. 中国多目标区域地球化学调查数据库建设及应用展望. 现代地质, 26(5): 989-995.
刘瑞平, 宋志晓, 崔轩, 等. 2021. 我国土壤环境管理政策进展与展望. 中国环境管理, 13(5): 93-100.
刘瑞平, 魏楠, 季国华, 等. 2022. "双碳"目标下中国土壤环境管理路径研究. 环境科学与管理, 47(2): 5-8.
刘阳泽, 刘毅, 李天魁, 等. 2021. 部分国家农用地土壤环境质量标准体系研究. 生态毒理学报, 16(1): 66-73.
刘振京. 2019. 土壤汞对植物生长和微生物群落的生物学效应研究. 北京: 北京化工大学.
罗晶晶, 张加文, 田彪, 等. 2021. 土壤生态风险与环境基准受试生物筛选研究. 贵阳: 中国毒理学会环境与生态毒理学专业委员会第七届学术研讨会议.
宋静, 骆永明, 夏家淇. 2016. 我国农用地土壤环境基准与标准制定研究. 环境保护科学, 42(4):29-35.
孙根年, 余志康. 2014. 中国 30°N, 35°N 线城市气候舒适度与地形三级阶梯的关系. 干旱区地理, 37(3): 447-457.
孙宁, 马睿, 朱文会, 等. 2016. 我国土壤环境管理政策制度分析及发展趋势. 中国环境管理, 8(5): 50-56.
滕涌, 周启星. 2015. 平衡分配法在土壤环境质量基准推导中的相关问题研究. 生态毒理学报, 10(1): 58-65.
王婷, 周道玮, 神祥金, 等. 2020. 中国柯本气候分类. 气象科学, 40(6): 752-760.
王巍然, 林祥龙, 赵龙, 等. 2021. 我国 20 种典型土壤中锌对白符跳虫的毒性阈值及其预测模型. 农业环境科学学报, 40(4): 766-773.
王小庆. 2012. 中国农业土壤中铜和镍的生态阈值研究. 北京: 中国矿业大学(北京).
王晓南, 陈丽红, 王婉华, 等. 2016. 保定潮土铅的生态毒性及其土壤环境质量基准推导. 环境化学, 35(6): 1219-1227.
王宗爽, 武婷, 段小丽, 等. 2009. 环境健康风险评价中我国居民呼吸速率暴露参数研究. 环境科学研究, 22(10): 1171-1175.
王遵娅, 丁一汇, 何金海, 等. 2004. 近 50 年来中国气候变化特征的再分析. 气象学报, 62(2): 9.
吴丰昌. 2020. 中国环境基准体系中长期路线图. 2 版. 北京: 科学出版社.
奚小环. 2006. 多目标区域地球化学调查. "十五"重要地质科技成果暨重大找矿成果交流会材料四——"十五"地质行业重要地质科技成果资料汇编. 北京: 中国地质学会, 国土资源部地质勘查司.
夏家淇. 2019. 农用地块土壤污染分类标准制订方法探讨. 生态与农村环境学报, 35(3): 4.
徐建明. 2019. 土壤学. 4 版. 北京: 中国农业出版社.
徐猛, 颜增光, 贺萌萌, 等. 2013. 不同国家基于健康风险的土壤环境基准比较研究与启示. 环境科学, 34(5): 1667-1678.
严康, 楼骏, 汪海珍, 等. 2021. 污染场地研究现状与发展趋势：基于知识图谱的分析. 土壤学报, 58(5): 1234-1245.
颜增光, 谷庆宝, 周娟, 等. 2008. 构建土壤生态筛选基准的技术关键及方法学概述. 生态毒理学报, 5: 417-427.
杨彦, 李晓芳, 王琼, 等. 2014. 基于人体健康模型（IEUBK、ALM）的温岭地区土壤环境铅基准值研究. 环境科学学报, 34(7): 1808-1817.
杨忠芳, 成杭新, 奚小环, 等. 2005. 区域生态地球化学评价思路及建议. 地质通报, 8: 687-693.
于靖靖, 梁田, 罗会龙, 等. 2022. 近 10 年来我国污染场地再利用的案例分析与环境管理意义. 环境科学研究, (5): 1110-1119.
曾庆楠, 安毅, 秦莉, 等. 2018. 物种敏感性分布法在建立土壤生态阈值方面的研究进展. 安全与环境学报, 18(3): 1220-1224.
张甘霖, 朱阿兴, 史舟, 等. 2018. 土壤地理学的进展与展望. 地理科学进展, 37(1): 57-65.

张维理, 徐爱国, 张认连, 等. 2014. 土壤分类研究回顾与中国土壤分类系统的修编. 中国农业科学, 47(16): 3214-3230.

章海波, 骆永明, 李志博, 等. 2007. 土壤环境质量指导值与标准研究Ⅲ.污染土壤的生态风险评估. 土壤学报, 2: 338-349.

赵济. 1995. 中国自然地理. 北京: 高等教育出版社.

赵秀阁, 黄楠, 段小丽, 等. 2012. 环境健康风险评价中的皮肤暴露参数. 环境与健康杂志, 29(2): 124-126.

郑景云, 卞娟娟, 葛全胜, 等. 2013. 1981～2010 年中国气候区划. 科学通报, 58(30): 12.

郑丽萍, 王国庆, 李勖之, 等. 2021. 基于保护生态的土壤基准值制订关键技术研究——以美国和澳大利亚为例. 生态毒理学报, 16(1): 165-176.

郑丽萍, 王国庆, 龙涛, 等. 2018. 不同国家基于生态风险的土壤筛选值研究及启示. 生态毒理学报, 13(6): 39-49.

周成虎. 2006. 地貌学辞典. 北京: 中国水利水电出版社.

周成虎, 程维明, 钱金凯, 等. 2009. 中国陆地 1∶100 万数字地貌分类体系研究. 地球信息科学学报, 11(6): 707-724.

周启星. 2010. 环境基准研究与环境标准制定进展及展望. 生态与农村环境学报, 26(1): 1-8.

周启星, 安婧, 何康信. 2011. 我国土壤环境基准研究与展望. 农业环境科学学报, 30(1): 1-6.

周启星, 滕涌, 展思辉,等. 2014. 土壤环境基准/标准研究需要解决的基础性问题. 农业环境科学学报, 33(1): 1-14.

朱耿睿. 2017. 基于柯本气候分类的中国大陆气候变化研究（1961-2010 年）. 兰州: 兰州大学.

朱耿睿, 李育. 2015. 基于柯本气候分类的 1961-2013 年我国气候区类型及变化. 干旱区地理, 38(6): 1121-1132.

朱膺. 1989. 试析三级阶梯式的中国地形. 华南师范大学学报：自然科学版, 22: 7.

Chen S B, Wang M, Li S S, et al. 2018. Overview on current criteria for heavy metals and its hint for the revision of soil environmental quality standards in China. Journal of Integrative Agriculture, 17(4): 765-774.

Cheng Y Y, Nathanail C P, Ja'afaru S W. 2019. Generic assessment criteria for human health risk management of agricultural land scenario in Jiangsu Province, China. Science of the Total Environment, 697: 134071.

Ding C, Ma Y, Li X, et al. 2015. Derivation of soil thresholds for lead applying species sensitivity distribution: A case study for root vegetables. Journal of Hazardous Materials, 303: 21.

Gao J T, Ye X X, Wang X Y, et al. 2021. Derivation and validation of thresholds of cadmium, chromium, lead, mercury and arsenic for safe rice production in paddy soil. Ecotoxicology and Environmental Safety, 220: 112404.

Li M, Xi X, Xiao G, et al. 2014. National multi-purpose regional geochemical survey in China. Journal of Geochemical Exploration, 139: 21-30.

Li Z J. 2021. Regulation of pesticide soil standards for protecting human health based on multiple uses of residential soil. Journal of Environmental Management, 297: 113369.

Rodríguez M D F, Lafarga J V T. 2011. Encyclopedia of Environmental Health. 2nd ed. Oxford: Elsevier.

Tsou M C, Hu C Y, Hsi H C, et al. 2018. Soil-to-skin adherence during different activities for children in Taiwan. Environmental Research, 167: 240-247.

Wang Y L, Tsou M C M, Pan K H, et al. 2021. Estimation of soil and dust ingestion rates from the Stochastic Human Exposure and Dose Simulation Soil and Dust Model for children in Taiwan. Environmental Science & Technology, 55(17): 11805-11813.

Zhao S W, Qin L Y, Wang L F, et al. 2022. Ecological risk thresholds for Zn in Chinese soil. Science of the Total Environment, 833: 155182.

第2章　世界主要发达国家场地土壤环境基准研究进展

2.1　主要发达国家土壤环境基准发展概况

自20世纪80年代起，欧美发达国家和地区就陆续开展了基于本国国情的土壤环境基准科学研究，先后建立了以风险评估为核心、各具特色的土壤环境基准理论方法体系，为制定土壤环境标准和管控土壤污染风险提供了科学依据。发达国家在土壤环境基准研究理论和方法上的探索和实践对我国土壤环境基准研究具有重要的参考价值。因此，本章以荷兰、美国、加拿大、英国、澳大利亚、新西兰作为代表，探讨各国土壤环境基准研究的发展历程和理论方法差异（图2-1）。

2.1.1　荷兰

荷兰是最早关注土壤污染的国家之一，其土壤污染可以追溯到1979年莱克尔克地区新开发住宅区的化学废弃物污染（Souren，2006）。该事件发生后，公众和荷兰政府开始高度重视当地土壤环境保护，同时加快了荷兰的环境管理和监管，并启动了土壤环境基准的研究（Semenkov and Koroleva，2019；吴颐杭等，2022）。荷兰的土壤环境基准在实际应用过程中经过多次修正和更新（图2-1），其方法学已经从最初的计量统计转变为基于风险的评估。1983年荷兰发布的*A*、*B*、*C*值成为世界上发表的第一套土壤环境标准（Souren，2006），对全球土壤环境基准的制定和推导产生了很大影响。*A*值和*C*值分别基于土壤背景浓度和专家判断，*B*值为*A*值和*C*值的平均值（Swartjes et al.，2012）。随着科学方法的改进，*A*值和*C*值修订为基于风险的目标值（Target Values，TVs）和干预值（Intervention Values，IVs）（Lijzen et al.，2001）。污染物浓度超过干预值意味着土壤污染严重，需要修复（MIWM，2014）。

2006年，目标值被背景值取代（Swartjes et al.，2012）。背景值是根据荷兰自然和农业用地表层0～10 cm处土壤中不受当地污染源污染的物质的含量来确定的。污染物浓度未超过背景值的土壤被认为是清洁或未受污染的、可持续利用的土壤。背景值和健康风险没有科学关系，但在背景值水平上，健康风险被认为是可以忽略的，并保证食品安全生产（Roels et al.，2014）。随着土壤管理政策的变化，RIVM提出了土壤利用特定修复目标值（Soil-Use-Specific Remediation Objectives，SRO）。同时，随着土地可持续利

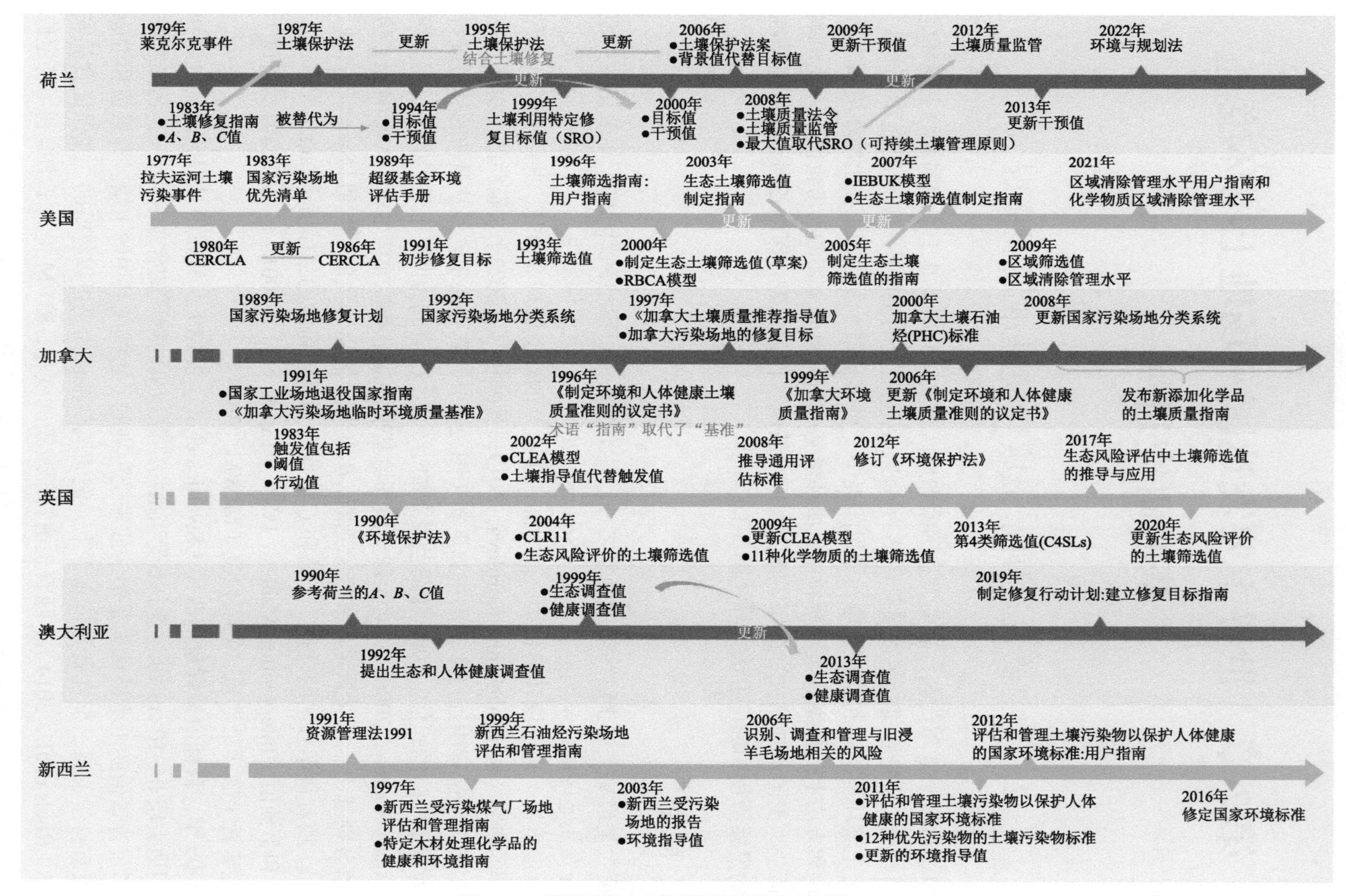

图 2-1　不同国家土壤环境管理的发展历程

资料来源：Liu et al.，2023

用理念的引入，SRO 被最大值（Maximal Values，MVs）取代（Lijzen et al.，2002；MIWM，2013）。MVs 可用于管理异地土壤再利用，以及作为居住和工业用地修复目标（Swartjes et al.，2012）。MVs 和 IVs 分别基于参考值（Reference Values，RVs）和严重风险浓度（Serious Risk Concentration，SRC），相当于不同管理水平的土壤环境基准值。2012 年，RIVM 基于 2006 年更新的 CSOIL 模型，对土壤和地下水中 16 种污染物的建议干预值进行了修订（Brand et al.，2013）。

环境风险限值（Environmental Risk Limit，ERL）是用于推导保护生态安全监管值的科学基础（van Vlaardingen and Verbruggen，2015），等同于本书的土壤环境基准值。ERL 包括可忽略浓度（Negligible Concentration，NC）、最大允许浓度（Maximum Permissible Concentration，MPC）和生态毒理学严重风险浓度（Ecotoxicological Serious Risk Concentration，SRC_{eco}）（van Leeuwen and Aldenberg，2012）。NC 和 MPC 的生态物种保护比例分别为 5%和 50%。在 ERL 的基础上，基于专家意见和社会经济因素制定陆生生物保护的环境质量标准（Environmental Quality Standard，EQS，包括 TVs 和 IVs）（Bodar et al.，2010；van Vlaardingen and Verbruggen，2015）（表 2-1）。保护生态安全的 TVs 和 IVs 分别基于 NC 和 SRC_{eco} 制定，其中最终 IVs 取 SRC_{eco} 和人体毒理学严重风险浓度（Human-Toxicological Serious Risk Concentration，SRC_{human}）的最小值（Traas，2001）。因此，在荷兰，基于科学的 ERL 和最终的 EQS 之间一直存在着明显的区别（van Vlaardingen and Verbruggen，2015）。这为各国建立科学的土壤环境基准值和土壤环境监管值提供了参考与指导。

表 2-1　部分国家土壤环境基准值与监管值的差异

国家	保护目标	土壤环境基准值	土壤环境监管值
荷兰	人体健康	—	BV
		RV	MV
		SRC_{human}	IV_{human}
	生态安全	NC=MPC/100	TV_{eco}
		MPC	—
		SRC_{eco}	IV_{eco}
加拿大	人体健康	SQG_{HH}	特定场地的 SQG
	生态安全	SQG_{E}	
英国	生态安全	PNEC	SSV

2.1.2　美国

拉夫运河土壤污染事件引起的人类健康和生态环境安全威胁引起美国民众和政府对土壤污染问题的广泛关注。1980 年，美国国会颁布了《综合环境反应、赔偿和责任法》（Comprehensive Environmental Response，Compensation，and Liability Act，CERCLA），又称为《超级基金法》。CERCLA 对美国开展土壤污染防治具有里程碑式的意义。为了加快国家优先清单(National Priorities List，NPL)中场地土壤修复的步伐，1993 年 USEPA 宣布将“土壤触发水平”（Soil Trigger Levels）的发展作为超级基金计划的管理改善措施之一，并发布了 30 种化学品的土壤筛选值(Soil Screening Levels，SSLs)草案(USEPA，1991，1994)。SSLs 被用于识别和筛选不需要政府进一步关注的地区(USEPA，2002)。1996 年，USEPA 发布了 SSLs 指导和技术文件来规范 SSLs 的推导和使用（USEPA，1996a）。

最初，USEPA 只制定了保护人体健康的 SSLs。对于生态风险，美国鱼类及野生动物管理局于 1990 年公布了一份土壤生态筛选值，不过该指导值主要是收集了日本、荷兰、加拿大、美国和苏联 200 多种污染物中考虑生态受体（部分只考虑人体健康）的指导值（颜增光等，2008）。随后，通过比较生态毒性阈值和污染物的最大浓度来确定场地是否需要进一步评估生态风险（USEPA，1996b）。然而，由于在早期没有统一有效的方法来确定毒性阈值，对野生动物的间接不良影响也没有解决（USEPA，2003a）。1997 年，美国能源部橡树岭国家实验室制定了针对陆生植物、土壤无脊椎动物和微生物及沉积物的毒理学基准值，用于特定场地的风险评估（Efroymson et al.，1997a，1997b）。随着推导方法的不断完善和毒理数据的积累，USEPA 于 2003 年发布了推导生态土壤筛选值（Ecological Soil Screening Levels，Eco-SSLs）的通用方法，用于保护陆地生态环境（USEPA，2003b）。

除在国家层面发布指导方针外，USEPA 还鼓励地方政府独立进行土壤污染管控和治理。美国加州发布了基于人类健康风险的筛查水平来评估污染场地，然而，这些筛查水平仅为建议值，不具有强制性（Siegel，2010）。与此同时，USEPA 第 9 区、第 3 区和第 6 区分别发布了初步修复目标值（PRGs）、基于风险的浓度值（RBC）和人体健康介质特定筛选水平（HHMSSL）。2009 年 USEPA 将这些值整合成区域筛选值（RSLs）（USEPA，2009）。RSLs 是对土壤、空气、水和鱼类中化学物质制定的筛选值，而 SSLs 是仅针对土壤制定的筛选值。2011 年，USEPA 公布的 RSLs 也对之前九区制定 PRGs 的推导公式进行了部分更新，并在《区域筛选值用户指南》中增加了娱乐用地的暴露情景，增加了不同暴露情景下污染物致基因突变的风险计算(USEPA，2011)。迄今为止，USEPA 为了提高 RSLs 的代表性和准确性，对毒性值、暴露参数、化学特性参数、方程公式等进行了一系列的调整，并将一些新出现的对人体健康存在威胁的污染物的 RSLs 添加到《区域筛选值用户指南》中。

2.1.3 加拿大

加拿大最早的国家指导值是由加拿大资源环境部长理事会[CCREM，1964 年更名为加拿大环境部长理事会（Canadian Council of Ministers of the Environment，CCME）]制定的。1987 年，CCME 发布了 PCBs 的临时指导值（Environment Canada，1987）。由于全球土壤污染事件的频繁发生和公众对土壤污染的日益关注，CCME 于 1989 年发起了国家污染场地修复计划（National Contaminated Sites Remediation Program，NCSRP）。在《国家环境保护计划》下，CCME 发布了《国家工业用地退役指导方针》，旨在确定工业用地环境污染，并制定场地清理标准。随后，CCME 于 1991 年就废弃煤焦油场地的 9 种有机化合物发布了《加拿大污染场地临时环境质量基准》（简称临时基准）用于保护人类健康和生态环境质量，不过该临时基准是采用土壤和水中污染物的近似背景浓度或金属分析检测限值，很多术语都没有支持依据（CCME，1991）。

1996 年，CCME 发布了《制定环境和人体健康土壤质量准则的议定书》（简称《议定书》）。《议定书》提出了为保护和维持水、沉积物或土壤的特定用途而建议的数值限制或叙述陈述，其被定义为土壤质量指导值（Soil Quality Guideline，SQG）。它是仅根据毒理学信息和其他科学数据（迁移转化等）推导的，而不考虑社会经济、技术或政治因素，是近似于“从无到低”的效应水平（或阈值水平），因此 SQG 在科学意义上等同于土壤环境基准。《议定书》还将 1991 年的“基准值”（Criteria）改为“指导值”（Guideline）（CCME，1996）。1997 年 CCME 发布了《加拿大土壤质量推荐指导值》（CCME，1997），取代了 1991 年的临时基准中 20 种污染物在 4 种用地类型的土壤质量指导值。该指导值是基于当时关键受体的毒性阈值发布的一套全新的科学指导值，仅基于毒性阈值和科学数据（污染物行为、迁移），而不考虑社会经济、技术和政治制定。为了便于统一管理，1999 年，CCME 发布了《加拿大环境质量指南》，并在该文件中新增加了 12 种化学物质的最新土壤环境质量指导值（CCME，1999）。

2006 年，CCME 基于制定 SQG 和土壤中石油烃加拿大标准（Petroleum Hydrocarbons in Soil-Canada-Wide Standard，PHC CWS）时获得的经验，以及在理解污染物的转化、迁移和毒理学方面取得的最新进展，对《议定书》进行了修订，主要对制定通用指导值的方法进行了改进。2014 年，CCME 发布了《通过吸入蒸气保护人体暴露的土壤蒸气质量指南的方案》，它作为《议定书（修订）》（CCME，2006）的配套文件，为制定人类健康土壤蒸气质量指南提供了基本原理和指导，是 CCME 对 1996 年发布、2006 年修订的《议定书》中土壤指导值的多受体和多路径情景的补充（CCME，2014）。2006～2018 年，CCME 针对具体的污染物发布了一系列基于环境保护和人体健康的 SQG，包括二异丙醇胺、磺化烷、三氯乙烯、丙二醇（2006 年）、铀（2007 年）、硒（2009 年）、多环芳烃（2010 年）、正己烷（2011 年）、钡（2013 年）、铍、镍（2015 年）、甲醇（2017 年）、锌（2018 年）和全氟辛烷（2021 年）。

加拿大土壤质量指导值的制定，主要基于保护生态和保护人体健康原则。保护生态包括对无脊椎动物、植物和微生物的保护；保护人体健康则主要针对敏感人群。通过模型的推导，分别得出基于环境的土壤质量指导值（SQG_E）和基于人体健康的土壤质量指导值（SQG_{HH}），取两者中较小的值作为不同土地利用方式下的最终土壤质量指导值（SQG_F）。当推导出的指导值远低于土壤背景水平，或者低于实际的定量限值时，应根据土壤背景浓度建立临时指导值。

2.1.4 英国

由于第一次工业革命造成了大量的土地污染，英国成为世界上最早设立土壤环境标准，对土壤污染进行管理的国家之一（Niu and Lin，2021）。20 世纪 80 年代，英国提出了污染物的触发值（包括阈值和行动值）。随着科学方法的不断完善和数据的积累，2002 年，英国环境署提出用 CLEA 模型来推导土壤指导值（Soil Guideline Values，SGVs）（EA，2002）（图 2-1）。SGVs 是人类长期暴露于土壤中而不会产生不可容忍风险或对人类健康构成最小风险的单一化学物质的浓度，是基于科学的通用评估基准（EA，2009a）。鉴于 SGVs 在实际应用中缺乏有效性和实用性，2013 年英国启动了第 4 类筛选值（Category 4 Screening Levels，C4SLs）项目研究。与 SGVs 相比，C4SLs 对应的可接受风险水平更高（CL：AIRE，2014，2021）。

2004 年，英国环境署在《用于英国生态风险评估的土壤筛选值》中首次提出筛选值的概念（EA，2004）。2008 年，英国环境署在《关于在生态风险评估中使用筛选值的指导》中首次明确提出土壤筛选值（Soil Screening Values，SSVs）这一概念（EA，2008）。SSVs 是一种触发值，并不代表土壤中污染物的最大允许浓度。超过 SSVs 可能对土壤生态造成不可接受的风险，它的值直接等于预测无效应浓度（Predicted No Effect Concentration，PNEC）（表 2-1）。在将 PNEC 发展为 SSVs 的过程中，加入了一些非科学的考虑（如对现行监管框架效用的不确定性）。因此，并非所有通过毒性试验获得的 PNEC 都可以直接作为 SSVs 使用。2020 年，英国环境署对 SSVs 进行了更新，其中包括修订相关的科学基础和推导方法，增加更多化学物质的 SSVs（EA，2020）。

2.1.5 澳大利亚

20 世纪 70 年代，由于工业化，场地污染被认为是澳大利亚的主要环境问题之一。因此，澳大利亚非常重视土壤环境标准的制定。最初，澳大利亚推荐使用荷兰的 *A*、*B*、*C* 值。但是 *A*、*B*、*C* 值所反映的环境和土壤条件与澳大利亚不同，缺乏合理性（Naidu et al., 1996）。因此，国家环境保护委员会（National Environment Protection Council，NEPC）提出了生态调查值（Ecological Investigation Level，EIL）和人体健康调查值（Health Investigation Levels，HILs）。随后，在 2005～2006 年，NEPC 要求对《国家环境保护措施》中的环境影响评价体系和健康保障体系进行审查，建议修改相关内容包括：①根据现有知识修改现行的 HILs；②为优先控制污染物推导 HILs；③说明 HILs 不被用作修复基准；④为一系列优先致癌污染物推导 HILs；⑤为初始国家环境保护措施（National Environment Protection Measure，NEPM）中未提及的持久性优先污染物推导 HILs。2013 年澳大利亚发布了更新的 EIL 和 HILs（NEPC，2013a，2013b）。

从根本上说，HILs 是基于科学的一般标准，用于长期暴露于污染物的人体健康风险评估的第一阶段，但 HILs 不是理想的土壤质量标准（NEPC，2013a）。EIL 是基于生态风险的土壤质量指导值，用于确定是否需要对污染场地采取进一步调查措施（NEPC，2013b），它们不是清洁水平或行动水平。虽然 SEC 研究在澳大利亚起步较晚，但它借鉴欧美发达国家和地区的经验并结合澳大利亚的国情，形成了一套具有本国特色的 SEC 理论和方法体系。

2.1.6 新西兰

与其他工业化国家相比，新西兰土壤污染程度较低，对污染土地问题的认识也较晚。起初，新西兰主要使用国际标准来评估土地污染。然而，这些标准是用不同的方法推导出来的，所以并不一定适用于新西兰（MfE，2012）。因此，新西兰为受污染场地制定土壤标准做出了重大努力（MfE，2011a）。由于一些工业过程可能会对周围的土地造成很大的危害，并限制其未来的使用，新西兰环境部（Ministry for the Environment，MfE）发布了针对受污染煤气厂场地、石油烃污染场地、特定木材处理场地和旧浸羊毛场地的特别指导值（MfE，1997a，1997b，1999，2006）。直到 MfE 发布《（NO.1）关于新西兰受污染场地的报告》，新西兰才建立了较为系统的土壤环境质量管理体系（MfE，2011b）。2003 年，MfE 提出了环境指导值（Environmental Guidance Value，EGV）的概念。EGV 是用于保护生态环境和人体健康所设置的污染物的浓度值，包括环境质量指导值、触发值、干预值、最大可接受值、修复目标值、筛选值和可接受标准等一系列数值（MfE，2011b），这些 EGV 的使用需要根据特定污染场地进行选择。

由于 MfE 提出的用于评估受污染场地人体健康风险的土壤环境标准不统一，MfE 随后开发了一套用于优先污染物的土壤环境标准，并于 2011 年发布了 12 个优先污染物的土壤污染物标准（Soil Contaminant Standards，SCSs）（MfE，2011c）。这些 SCSs 是强制性的、旨在取代土壤可接受标准的土壤污染物浓度，它们可以作为保守的清理目标。如果超过了 SCSs，土壤中的污染物可能会造成不可接受的健康风险，需要对受污染地点进行进一步调查（MfE，2011c，2021）。

2.2 保护人体健康的土壤环境基准研究进展

基于健康风险的土壤环境基准（SEC_{HH}）推导方法在不同国家之间一般是相似的。首先需要确定可接受的人体健康风险。可接受风险水平是由各个国家的政策决定的（Ipek and Unlu，2020）。对于阈值污染物，几乎所有国家的可接受危害商（Hazard Quotient，HQ）为 1。对于无阈值污染物，可接受致癌风险（Acute-to-Chronic Ratio，ACR）的范围为 10^{-6}～10^{-4}，但具体取值取决于各国的社会、经济和政治因素。美国在推导 SEC_{HH} 时使用 10^{-6} 作为 ACR（USEPA，2002）。荷兰采用 10^{-4} 和 10^{-6} 作为 ACR 推导不同保护水平的 SEC_{HH}（Swartjes et al.，2012）。加拿大将 10^{-5} 和 10^{-6} 用作 ACR 来推导 SQG（CCME，2006，2021）。英国最初采用 10^{-5} 作为 ACR 来推导 SGVs，后来使用 2×10^{-5} 来推导 C4SLs（CL：AIRE，2014）。澳大利亚尚没有统一的 ACR 标准，一些州在评估污染地点时使用的 ACR 为 10^{-5}，因此用于制定 HILs 的 ACR 也为 10^{-5}（NEPC，2013a，2013c）。在确定可接受风险水平的基础上，各国将根据具体的国情建立不同土地利用情景下的通用概念模型，并结合暴露参数构建不同暴露路径的 SEC_{HH} 推导模型。当污染物暴露量等于可接受健康风险的暴露量时，污染物浓度为 SEC_{HH}。SEC_{HH} 推导的主要差异如下所述。

2.2.1 场地概念模型

场地概念模型（Conceptual Site Model，CSM）的建立是推导 SEC_{HH} 的一个关键步骤，它可以描述潜在污染物的来源和迁移，并确定关键受体的暴露途径（Health Canada，2010）。CSM 指用文字或图形的形式表示环境系统和确定的污染物从污染源通过环境介质到系统内环境受体的生物、物理和化学过程。建立 CSM 的基本步骤包括（没有顺序之分）：①潜在污染物的识别；②污染物来源的识别与表征；③通过地下水、地表水、土壤、沉积物、空气和生物群落等介质确定潜在的暴露途径；④建立各污染介质的污染背景区；⑤潜在环境受体（人类和生态）的识别和表征；⑥确定研究区域或系统边界的界限。大多数国家制定了五种土地利用类型的概念模型来推导 SEC_{HH}，包括低密度住宅、高密度住宅、商业/工业、公园/娱乐和农业用地。但是，不同国家建立的概念模型所涉及的具体内容不尽相同。

1. 土地利用类型

土地利用类型决定了场地上可能的暴露情景、敏感人群、暴露程度及土壤环境的保护程度（EU，2017），所以大多数国家在制定 SEC_{HH} 时均考虑了不同的土地利用类型（表 2-2）。其中，住宅用地、工业用地、商业用地和公园/娱乐用地等是大部分国家主要考虑的土地利用类型。不过，各个国家对这些通用土地利用类型的划分、表述和范围依然存在差异。

表 2-2 世界上主要发达国家制定土壤环境基准时主要考虑的土地利用类型

国家	基准名称	住宅用地	农业用地	工业用地	商业用地	公园/娱乐用地	自然用地	施工用地	配额地
荷兰	干预值	√	√	√	—	√	√	—	—
美国	土壤筛选值	√	—	√	√	—	—	√	—
英国	土壤指导值	√	—	—	√	√	—	—	√
加拿大	土壤质量指导值	√	√	√	√	√	—	—	—
澳大利亚	土壤调查值	√	—	√	√	√	—	—	—
新西兰	土壤指导值	√	—	√	√	√	—	—	—

对于住宅用地，荷兰、英国、澳大利亚和新西兰根据自产作物的消费情况、与土壤接触机会、有无禽类等，在制定 SEC_{HH} 时划分了不同的暴露情景（表 2-3）。英国的住宅用地分为有自产作物的住宅和无自产作物的住宅，而荷兰和新西兰在此基础上根据自产作物的比例进一步进行了划分：荷兰划分为带花园的住宅（10%自产作物消费）和带菜园的住宅（50%叶类和 25%根茎自产作物消费）（VROM，2008）；新西兰划分为标准住宅、高密度住宅和乡村住宅/生活式街区，对于乡村住宅/生活式街区情景，会逐个考虑自产作物的比例（上限为 50%），但在信息缺乏的情况下默认自产作物的消费比例

为 25%。澳大利亚根据接触土壤机会的大小，将住宅用地划分为低密度住宅和高密度住宅。低密度住宅可以是较小的城市用地，也可以是较大的农村用地；高密度住宅用地通常是场地上的大型建筑。而底层商业用途的住宅商业混合建筑或带有地下停车场的建筑用地归为商服/工业用地。此外，新西兰对有无禽类的特定场地也予以了考虑。

表 2-3　部分发达国家对住宅土地利用类型下不同暴露情景的划分

国家	住宅用地类型下不同暴露情景的划分
荷兰	带花园的住宅（10%自产作物消费） 带菜园的住宅（50%叶类和 25%根茎自产作物消费） 儿童玩耍的地方（无自产作物消费）
英国	有自产作物的住宅 无自产作物的住宅
澳大利亚	低密度住宅（带花园的住宅，包括托儿中心、幼儿园和小学） 高密度住宅（接触土壤机会小的住宅）
新西兰	标准住宅（带花园的单户住宅，10%自产作物消费） 高密度住宅（无自产作物消费） 乡村住宅/生活式街区（＜50%的自产作物消费，有家禽） 乡村住宅/生活式街区（＜50%的自产作物消费，无家禽）

商服/工业用地是另一个重要的土地利用类型，工人通常在这一区域停留大量的时间。公园/娱乐用地是场地风险评估中常见的土地利用类型，城市居民可能会在此停留较长时间。荷兰和英国对公园/娱乐用地采用了不同的表述方式。荷兰提出的具有自然价值的绿地包括了许多娱乐用地，如运动场、城市公园等，如果这种土地利用类型中还有供儿童玩耍的特殊场所，则这些场所应被视为儿童玩耍的地方。英国则将这类土地利用类型称为公共用地，它包括住宅附近的绿地及公园用地。

此外，有些国家还会根据国情和当地土壤环境管理的特殊需求，考虑一些特殊的土地利用类型。例如，荷兰、美国和英国还分别制定了自然用地、施工用地、配额地（指承租人可种植水果和蔬菜供其和家人食用的小块土地）暴露情景下的基准值。与其他发达国家不同的是，新西兰针对一些具体行业的土地利用类型也进行了相应的划分，包括煤气厂场地、木材处理厂场地、旧浸羊毛场地及石油工业场地（表 2-4）（MfE and MoH，1997；MfE，1997a，1999，2006）。

表 2-4　不同行业通用值中的暴露情景

行业指南	情景
特定木材处理化学品的健康和环境指南	农业/园艺（包括自产作物） 住宅（考虑标准的和高的自产作物摄入量） 工业（铺砌，未铺砌） 维修工人

续表

行业指南	情景
新西兰受污染煤气厂场地评估和管理指南	农业/园艺（包括自产作物） 标准住宅 高密度住宅（有限的土壤接触，无菜园） 商业/工业 公园/娱乐 维修工人
新西兰石油烃污染场地评估和管理指南	农业/园艺（包括自产作物） 住宅 商业/工业 维修工人 饮用水水源保护
识别、调查和管理与旧浸羊毛场地相关的风险	生活区（包括自产作物） 标准住宅（包括自产作物） 高密度城市住宅 公园/娱乐 商业/工业（未铺砌）

资料来源：MfE，2011c。

2. 暴露途径

暴露途径的选择是推导模型构建及参数取值的关键，不同国家制定 SEC_{HH} 时考虑的暴露途径各有异同，因而各国之间推导的 SEC_{HH} 也有所不同（徐猛等，2013）。下面将具体介绍各个国家在制定 SEC_{HH} 时所选暴露途径的异同点（表 2-5）。

表 2-5 世界上主要发达国家制定 SEC_{HH} 时考虑的暴露途径

暴露途径	荷兰	美国	英国	加拿大	澳大利亚	新西兰
经口摄入土壤	★	★	★	★	★	★
吸入（室外）尘土	★	★	★	★	★	★
吸入室内尘土颗粒	★	★	★	☆	★	☆
（室外）皮肤接触土壤	★	★	★	★	★	★
室内皮肤接触土壤	★	☆	★	☆	☆	☆
吸入室外挥发物蒸气	★	★	★	☆	★	★
吸入室内挥发物蒸气	★	★	★	★	★	★
摄入渗入污染物的地表/下水	★	★	☆	★	☆	★
皮肤接触渗入污染物的地表水	☆	★	☆	☆	☆	☆
淋浴时蒸气吸入	★	☆	☆	☆	☆	☆
淋浴时皮肤接触	★	☆	☆	☆	☆	☆

续表

暴露途径	荷兰	美国	英国	加拿大	澳大利亚	新西兰
摄入自产作物	★	☆	★	★	★	★
摄入附着在自产作物上的土壤	☆	☆	★	☆	★	☆
消费鱼类	☆	★	☆	☆	☆	☆
消费肉类、蛋类、乳制品	☆	☆	☆	★	☆	☆

注：★表示有该暴露途径，☆表示无该暴露途径。

经口摄入土壤、吸入尘土、皮肤接触土壤、吸入挥发物蒸气、摄入自产作物是六个国家在制定 SEC_{HH} 时所主要考虑到的暴露途径。成人、儿童（尤其是儿童）会有意或无意地摄入土壤，因而经口摄入是人体接触土壤污染物的一个潜在的重要途径，对人体接触污染物的总暴露量有很大的贡献。因此，六个国家在不同暴露情景下都考虑了该暴露途径。吸入途径的相对重要性取决于污染物的类型。金属和非挥发性污染物易与尘土颗粒结合，并能通过颗粒吸入进入人体，而挥发性污染物或半挥发性污染物更容易蒸发并以气体的形式被人体吸入。因而，吸入挥发物蒸气是接触挥发性和半挥发性污染物的重要途径。摄入自产作物途径考虑人群通过食用种植在土壤中的蔬菜和水果而暴露于污染物的可能性。大多数国家都将摄入自产作物作为制定 SEC_{HH} 所需考虑的暴露途径之一，但这一暴露途径通常只适用于住宅用地暴露场景。摄入污染土壤、吸入室内空气中的挥发性化合物及食用受污染作物这三种途径对总暴露量具有较大的贡献，几乎所有化合物90%的暴露量都是由这三种暴露途径产生的（van Breemen et al.，2020）。

除上述共同的暴露途径外，部分国家还会基于其特定的国情、社会文化和土壤环境管理政策的差异考虑一些特定的暴露途径。虽然所有国家都考虑了吸入途径，但因为粉尘和土壤颗粒在室内和室外环境中的浓度不同，荷兰、美国、英国和澳大利亚区分了室内和室外吸入途径。由于室内暴露的皮肤面积低于室外，且室内皮肤单位面积接触的微粒数量也低于室外，荷兰和英国也区分了室内和室外皮肤接触污染土壤两种暴露途径。大部分国家考虑了吸入室外挥发物蒸气和吸入室内挥发物蒸气两种暴露途径，而加拿大只考虑了吸入室内挥发物蒸气。此外，由于土壤液相中的污染物可以从孔隙水迁移到地下水、地表水中或直接渗入饮用水管道中进而污染饮用水，人类会通过摄入这些受污染的水而暴露于污染物中（图 2-2）。因此，荷兰、美国、加拿大和新西兰都考虑了摄入渗入污染物的地表水或地下水的暴露途径，但这条途径不适用于难溶污染物和不直接将地下水作为饮用水的地区。荷兰开发的 CSOIL 模型还考虑到人类会通过饮用受污染的水、在淋浴时吸入水蒸气及在淋浴时通过皮肤接触而暴露于污染物。由于无机化合物和金属不容易渗入管道中，因此渗入管道污染饮用水途径通常只考虑有机物质。淋浴时自来水中的挥发性有机化合物会蒸发出来并随水蒸气一起被人体吸入。淋浴时，水中的污染物还可以被皮肤吸收，尽管这一途径的暴露量较小，但 CSOIL 模型仍将其考虑在内。此外，美国和加拿大考虑了一种特殊的场外迁移暴露途径，该途径假定土壤可以通过风和雨的作用从较不敏感的土地利用类型迁移到较敏感的土地利用类型。

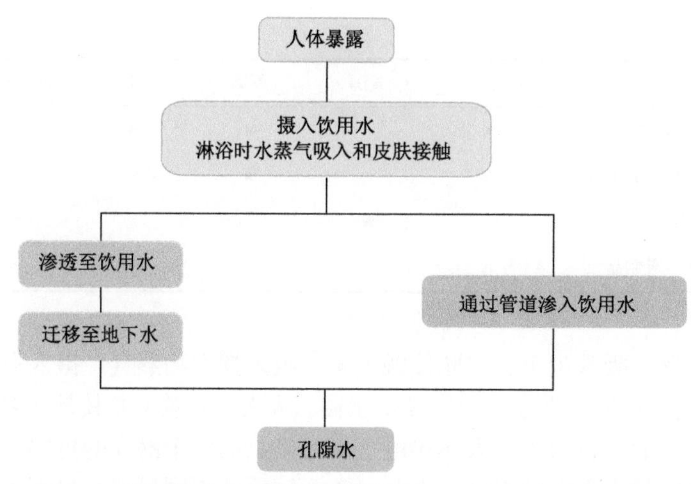

图 2-2 通过饮用和皮肤接触饮用水及吸入水蒸气的暴露途径

资料来源：Brand et al.，2007

在摄入自产作物的过程中，人体也可能无意摄入附着在水果和蔬菜上的土壤而暴露于污染物中。英国和澳大利亚都考虑了摄入附着在自产作物上的土壤这一暴露途径，其中英国考虑了有自产作物的住宅用地和配额地情景下的暴露途径，而澳大利亚认为该途径只适用于低密度的住宅用地情景。加拿大除考虑摄入自产作物暴露途径外，也认为土壤中的一些污染物会通过食物链迁移到食草动物，因而在推导农业用地情景下的 SQG_{HH} 时额外考虑了消费肉类、蛋类、乳制品这一种暴露途径（CCME，2021）。美国的 CSM 中包括了 SSG 未提及的其他暴露途径，如通过垂钓摄入受污染的鱼类。

3. 受体选择

在推导 SEC_{HH} 时，敏感受体的选择也是很重要的一部分。选择合适的敏感受体可以使 SEC_{HH} 更具可实施性。不同土地利用类型上敏感受体的选择与不同受体存在的可能性、受体对土壤污染的敏感性、受体直接或间接接触污染物的程度、污染物的毒性作用机制等因素紧密相关，因而在选择关键受体时一般会将不同土地利用类型下最敏感的人群（如儿童、孕妇）作为研究对象。然而，由于各个国家土地利用类型划分的不同、土壤管理政策等方面的差异，不同国家选择的敏感受体也有所差别（表 2-6）。

表 2-6 世界上主要发达国家制定 SEC_{HH} 时所选择的敏感受体

用地类型		荷兰	美国	英国	加拿大	澳大利亚	新西兰
住宅用地	（非致癌污染物）	儿童+成人	儿童	女童	儿童	儿童	儿童
	（致癌污染物）		儿童+成人		成人	儿童+成人	儿童+成人
农业用地	（非致癌污染物）	儿童+成人	—	—	儿童	—	—
	（致癌污染物）				成人		
商业用地	（非致癌污染物）	—	成人	女性工作者	儿童	成人	成人
	（致癌污染物）				成人		

续表

用地类型		荷兰	美国	英国	加拿大	澳大利亚	新西兰
公园/娱乐用地	（非致癌污染物）	儿童+成人	儿童	女童	儿童	儿童	儿童
	（致癌污染物）		儿童+成人		成人	儿童+成人	儿童+成人
工业用地		成人	成人	—	成人	成人	成人
配额地		—	—	女童	—	—	—
施工用地		—	成人	—	—	—	—

荷兰对 SRC_{human} 的推导是基于带花园的住宅用地这一暴露场景，并同时考虑了对儿童与成人的保护。SRC_{human} 的推导是基于 70 年的终生平均暴露，包括 6 年的儿童期和 64 年的成人期。需要注意的是，在推导铅的 SRC_{human} 时，若场地上有儿童，则选择儿童作为敏感受体推导铅的 SRC_{human}，否则以成人为敏感受体进行推导（Swartjes et al., 2012）。RIVM 为七种土地利用类型分别制定了参考值，多数土地利用类型下的参考值都是基于人群的终生平均暴露得出的。对于其他绿地、建筑、基础设施和工业用地，如果场地上只有成人存在，则不考虑儿童暴露。

美国在住宅用地和公园/娱乐用地这两种暴露情景下考虑的受体包括了儿童和成人。对于致癌污染物，应考虑终生暴露，敏感受体是儿童和成人的组合；对于非致癌污染物，敏感受体为儿童。许多研究表明，无意地摄入土壤在 6 岁及以下的儿童中很常见。因此，土壤摄入因子（Ingestion Factor，IF）根据年龄进行了调整，考虑了 1～6 岁儿童和 7～31 岁成人每日土壤摄入率、体重和暴露时间的差异。商业/工业用地暴露情景的敏感受体仅限于工人，因为他们停留的时间更长，因而有更高的接触风险。根据现场工作类型的不同，可将工人分为室外工作者和室内工作者。施工情景下的敏感受体包括两种：一种是整个施工项目中的建筑工人，其在一个施工项目期间（通常是一年或更短的时间）暴露于污染土壤中；另一种是非现场的居民，该敏感受体与现场土壤没有直接接触，唯一的暴露途径是扬尘的吸入。澳大利亚、新西兰这两个国家在住宅用地、公园/娱乐用地、商业用地和工业用地中对敏感受体的选择与美国高度一致。

加拿大在农业用地、住宅用地、公园/娱乐用地和商业用地情景下，选择的非致癌污染物的敏感受体为 6 个月到 4 岁的儿童，致癌污染物的敏感受体为成人。工业用地情景下，通常在现场时间最多的是工作的成人，因而敏感受体设为工作的成人（CCME，2006）。对于致癌污染物，通常评估其终生致癌风险，因而将成人作为敏感受体，假定暴露的时间为 70 年以上。同时，加拿大认为当信息充足时也应评估儿童对致癌物的潜在易感性，以确保评估考虑了最敏感的生命阶段。对于非致癌污染物，暴露量是对整个最敏感生命阶段（6 个月到 4 岁）取平均值，而每日耐受摄入量（Tolerable Daily Intake，TDI）是在最敏感生命阶段进行测量的。然而，如果存在其他的更敏感年龄阶段，例如，如果受体的其他年龄阶段的 TDI 低于已设定的年龄阶段，那么受体的这个更敏感年龄阶段应该作为其最敏感生命阶段使用。

目前国际上大多只将受体分为儿童与成人，对女性与男性受体并未做出区分。而英国仅以女性为敏感受体（表 2-7），这是因为男性与女性的身体特征及行为方式都存在较大差异，将两者分开考虑更符合实际（CL：AIRE，2014）。住宅用地情景下，当儿童和成人同时出现时，通常将儿童视为敏感受体，这是因为儿童通常具有更高的暴露量，对某些化学物质的毒性更敏感，而且女童具有更轻的体重，受到的风险更大。因此，住宅用地情景下的敏感受体通常为 0～6 岁的女童。配额地情景下，一个重要的假设是，在配额地定期会有儿童出现，且配额地的园丁倾向于年轻化。由于有儿童存在，因此配额地的敏感受体也通常为 0～6 岁的女童。商业用地情景下，儿童通常不被允许进入工作场所，即便他们经常暴露于商店或休闲场所，其暴露的时间和频率也比全职雇员低得多，所以在大多数情况下，成人（16～65 岁）更有可能成为敏感受体。公共开放空间情景中，公园用地选择的敏感受体为 0～6 岁的女童；但住宅附近绿地情景下考虑的敏感受体为 3～9 岁的女童，这是因为年龄较小的儿童接触此种土地利用类型的频率较低。

表 2-7　CLEA 模型中不同土地利用类型下推导 pC4SLs 所选择的敏感受体

土地利用类型	敏感受体	年龄范围/岁	年龄段（AC）/岁
有自产作物的住宅	女童	0～6	1～6①
无自产作物的住宅	女童	0～6	1～6①
配额地	女童	0～6	1～6①
商业用地	女性工作者	16～65	17
公共用地（住宅附近绿地）	女童	3～9	4～9②
公共用地（公园用地）	女童	0～6	1～6①

①对于住宅用地、配额地及公园用地，当考虑终生平均暴露时（如镉），敏感受体是女童或成年女性工作者，年龄段为 1～18 岁。

②对于公共用地（住宅附近绿地），当考虑终生平均暴露时（如镉），敏感受体是女童或成年女性工作者，年龄段为 4～18 岁。

2.2.2　关键参数

1. 土壤摄入率

土壤摄入率（Soil Ingestion Rate，SIR）是直接摄入途径的一个重要参数。表 2-8 显示不同国家在推导 SEC_{HH} 中使用的 SIR。SIR 是通过回顾现有的土壤摄入研究或使用当地的土壤摄入研究结果来确定的。对于住宅用地的儿童，大多数国家的 SIR 为 100 mg/d，美国的 SIR 最高，为 200 mg/d。美国、英国、荷兰和澳大利亚都是通过审查现有的土壤摄入研究来确定 SIR 的。不同之处在于，美国使用的是研究结果的第 95 个百分位点，而其他国家使用的是中心趋势值。加拿大采用的 SIR（80 mg/d）是基于本国进行的研究确定的。相比之下，新西兰认为将儿童的 SIR 设为 100 mg/d 可能会远大于中心趋势值，因而采用的 SIR 为 50 mg/d。此外，由于行为模式的差异，成人的 SIR 通常低于儿童。

表 2-8　不同国家土壤摄入率（SIR）的比较　　（单位：mg/d）

国家	用地类型	儿童	成人	定值依据
美国	住宅用地	200	100	国际土壤摄入研究的第 95 个百分位点
	商业/工业用地	—	100（室外工作者） 50（室内工作者）	室外工作者：参考《人体健康评估手册》中的建议值； 室内工作者：假设与住宅用地的 SIR 相等
	施工用地	—	330	选择 SIR 的最高值
英国	住宅用地	100	50	国际土壤摄入研究的中心趋势值
	商业用地	—	50	基于对现有土壤摄入研究的审查
	公园用地	50	20	儿童：假设为住宅用地 SIR 的 50%； 成人：USEPA 的推荐值
	农业用地	100	50	基于对现有土壤摄入研究的审查和专业判断
加拿大	—	80	20	基于加拿大进行的土壤摄入研究
荷兰	住宅用地	100	50	国际土壤摄入研究的中心趋势值
	公园/娱乐用地	20	10	假设为住宅用地 SIR 的 20%
	工业用地	20	10	假设为住宅用地 SIR 的 20%
	农业用地	100	50	假设与住宅用地的 SIR 相等
澳大利亚	住宅用地	100	50	国际土壤摄入研究的中心趋势值
	高密度住宅用地	25	12.5	假设为住宅用地 SIR 的 25%
	公园用地	50	25	假设为住宅用地 SIR 的 50%
	商业/工业用地	—	25	假设为住宅用地 SIR 的 50%
新西兰	住宅用地	50	25	基于专业判断
	高密度住宅用地	25	12.5	假设为住宅用地 SIR 的 50%
	公园/娱乐用地	25	25	儿童：根据专业判断，假设为住宅用地 SIR 的 50%；成人：假设为较高的 SIR
	商业/工业用地	—	50	基于专业判断

资料来源：Liu et al.，2023。

SIR 通常随着土地利用类型的变化而变化。SIR 的研究主要是基于住宅用地场景确定的，其他土地利用类型的 SIR 是在住宅用地 SIR 的基础上，结合假设或专业判断而确定的。与住宅用地相比，高密度住宅用地与土壤接触的概率较小，其 SIR 较低。澳大利亚和新西兰基于假设或专业判断，将高密度住宅用地的 SIR 分别设为住宅用地的 25%和 50%（MfE，2011c；NEPC，2013a）。人们摄入的土壤与灰尘的比例约为 50∶50（USEPA，2017），且人们只摄入户外土壤，所以公园/娱乐用地的 SIR 一般也较低，大多数国家假设公园/娱乐用地的 SIR 为住宅用地的 50%。但荷兰采用了不同的假设，即公园/娱乐用地的 SIR 为住宅用地的 20%。新西兰公园/娱乐用地情景下儿童和成人的 SIR 都是 25 mg/d。这与新西兰成人可能会从事高土壤摄入率的活动有关（MfE，2011c）。由于暴露情景存在相似性，商业/工业用地和农业用地的 SIR 通常与住宅用地相同。除加拿大外，多数国家对不同土地利用类型采用了不同的 SIR。

2. 暴露频率

暴露频率（Exposure Frequency，EF）通常表示为每年的天数，并与给定的土地利用类型有关。不同国家都针对住宅用地制定了相似的 EF，通常为 350 d/a 或 365 d/a。然而，不同国家公园用地的 EF 存在较大差异。澳大利亚和加拿大公园用地的 EF 与住宅用地相同。澳大利亚认为公园的 EF 设为 365 d/a 可以为人群提供足够的保护，而加拿大不区分公园用地和住宅用地。英国和新西兰公园用地的 EF 是通过假设人们每周去公园的次数来确定的。

加拿大和英国农业用地的 EF 分别为 365 d/a 和 258 d/a，差异较大。加拿大认为人们可以在农业用地生活，因此 EF 相对较高。而英国的农业用地被认为只用于种植蔬菜，没有建筑，导致 EF 很低。多数国家根据工作时间确定的商业/工业用地的 EF 为 230～250 d/a。但加拿大认为工人每天只在这些地区停留 10h，因而，商业/工业用地的 EF 约为 100 d/a。英国使用的 EF 与暴露途径有关，对 5～6 岁的儿童，农业用地情景下土壤和粉尘摄入、皮肤接触、粉尘和蒸气吸入的 EF 均为 65 d/a，而自产作物摄入的 EF 为 365 d/a（EA，2015）。

3. 自产作物消耗率

自产作物消耗率是根据作物的消耗量和自产作物的消耗比例来确定的。由于儿童的体重较轻，他们的作物消耗率通常高于成人（表 2-9）。其中，英国的自产作物消耗率最高，其次是澳大利亚。这可能是因为英国和澳大利亚不仅考虑蔬菜的摄入量，还考虑水果的摄入量，而其他国家考虑的作物主要是蔬菜。此外，不同国家的自产作物消耗率是根据每个国家进行的研究确定的（CL：ALRE，2014；van Breemen et al.，2020），不同国家的饮食数据有所差异，因而造成自产作物消耗率不同。

表 2-9　不同国家自产作物的消耗率和消耗比例

国家	自产作物消耗率/（g/kg）		自产作物消耗比例/%	
	儿童	成人	住宅用地	农业用地
英国	32.07	10.93	2～9	为住宅用地的 6.6 倍
荷兰	6.9（带花园的住宅） 7.95（带菜园的住宅）	3.01（带花园的住宅） 4.27（带菜园的住宅）	10（带花园的住宅） 50（带菜园的住宅，根茎类） 100（带菜园的住宅，叶菜类）	10
澳大利亚	18.67	5.71	10（低密度住宅用地） 0（高密度住宅用地）	—
加拿大	10.42	4.6	10	50
新西兰	5.62	3.47	10（标准住宅） 50（乡村住宅）	—

资料来源：Liu et al.，2023。

由于多数国家获取的自产作物消耗比例的数据有限，因此该参数是根据调查结果和一定的假设确定的（MfE，2011c；Swartjes，2015）。荷兰、澳大利亚和新西兰对不同类型的住宅用地采用了不同的比例（表 2-9），一般消耗比例为 10%或 50%。澳大利亚自产作物消耗比例较低，低密度和高密度住宅用地分别为 10%和 0%（NEPC，2013a）。由于人们的饮食结构不同，英国和荷兰对不同种类的农作物采取了不同的消耗比例。在农业用地上，人们可能会消费更多的自产作物，因此农业用地的自产作物消耗比例普遍高于住宅用地。在英国和加拿大，农业用地的自产作物消耗比例分别约为住宅用地的 6.6 倍和 5 倍。而荷兰农业用地和带花园的住宅用地的自产作物消耗比例则相同，均为 10%。

2.2.3 暴露评估模型

暴露评估模型是推导土壤环境基准值的重要工具。不同国家根据本国的技术发展开发了不同的暴露评估模型，如荷兰基于健康风险开发了 CSOIL 和 RISK-HUMAN 等模型，英国开发了 CLEA、SNIFFER 等模型，美国开发了 RBCA、IEUBK 和 ALM 等模型。其中，CSOIL、CLEA 和 RBCA 模型是目前国际上认可度较高的暴露评估模型，在世界上多个国家和地区得到了广泛应用。下面将对这三个模型的发展、模型概念和理论方法进行简要阐述。

1. CSOIL 模型

RIVM 于 1994 年开发了 CSOIL 模型，它也是荷兰官方推荐使用的暴露评估模型，其目的是用来推导干预值。CSOIL 模型的开发促进了荷兰 SEC_{HH} 的发展。随着风险评估、毒理学等方面技术方法的发展，RIVM 对 CSOIL 模型进行了修订，开发了 CSOIL 2000（van Breemen et al., 2020）。2020 年，RIVM 对 CSOIL 模型再次进行了更新（CSOIL 2020），将其重新编程为与新操作系统兼容的形式。CSOIL 2020 根据人类活动和特定场地的特征来量化局部尺度上居住环境中人类接触土壤污染物的程度，暴露程度表示为每人每天暴露于污染物的剂量。CSOIL 2020 的大多数更新与暴露途径有关，包括摄食花园里的蔬菜、渗入饮用水途径、通过淋浴和沐浴进行皮肤接触、呼吸吸入途径。

CSOIL 模型对土壤利用类型的划分较为详细，共分为七种，包括带花园的住宅（标准暴露场景），儿童玩耍的地方，带菜园的住宅，不带农场的农用地，自然用地，具有自然价值的绿地，其他绿地、建筑、基础设施和工业用地。CSOIL 模型总体包括三部分：①污染物在土壤相中的分配（逸度计算、质量分数计算、污染物在三相中浓度的计算）；②污染物从不同的土壤相转移到接触介质中；③人类直接和间接接触污染物。CSOIL 模型中的暴露途径可分为四个模块，即经土壤暴露模块、经空气暴露模块、经水相暴露模块及经作物暴露模块，相应的暴露途径总共有 11 种。除其他国家普遍考虑的暴露途径外，荷兰还考虑了淋浴时的蒸气吸入及皮肤接触途径。虽然这两种暴露途径对总暴露量的贡献很小，但 CSOIL 模型的基本原则就是将所有暴露途径纳入考虑范围。虽然这种原则会增加暴露评估的难度和相关成本，但这也增强了对人体健康的保护，提高了风险评估的准确性，减弱了不确定性。

2. CLEA 模型

2002 年，EA 和环境、食品和农村事务部（Department for Environment，Food and Rural Affairs，DEFRA）共同开发了住宅用地、配额地和商业/工业用地下的污染场地暴露评估模型——CLEA（Contaminated Land Exposure Assessment）模型（DEFRA and EA，2002）。CLEA 模型是英国官方推荐用来进行污染场地评价及获取土壤指导值（SGVs）的模型，还可用于推导英国的通用评估基准（Generic Assessment Criteria，GAC）和 C4SLs。2009 年，EA 对 CLEA 模型的技术基础（数据集、模型算法等）进行了更新，并重新考虑了用于推导 SGVs 的通用土地利用情景和默认假设（EA，2009b）。

CLEA 模型主要通过考虑化学物质的环境归趋和迁移、场地条件及人群行为模式的通用情景来评价儿童和成人在生活与工作中长期暴露于受污染土壤的风险。CLEA 模型考虑多种土地利用类型和十几种暴露途径，并对推导通用筛选基准时所需要建立的暴露情景进行详细描述，系统阐述不同土地利用类型上生活与工作的人群行为特征。CLEA 模型也是为数不多考虑背景暴露但基于线性化学分区假设的模型之一。此外，CLEA 模型是一个多介质的概率风险评价模型，它既可以进行确定性的评价，又可以进行概率评价。CLEA 模型中的参数不仅能以确定的数值输入模型，还能以概率分布函数的形式输入模型，其输出结果也是一个概率分布函数，可以削减模型参数的不确定性。CLEA 模型虽然是基于英国的情况来开发的，但它是一个开放式的模型，可以根据需要对其中的模型参数进行修正，因而 CLEA 模型在其他国家也被广泛使用。

3. RBCA 模型

RBCA（Risk-Based Corrective Action）模型是由美国 GSI 公司融合了美国测试与材料协会（American Society for Testing and Materials，ASTM）的风险评价管理理念及最新的科学研究理论和模型开发的。该模型采用层次分析方法，整合大量数据，对整个评价过程进行监管，使评价结果更符合实际。该模型除可以实现污染场地的风险评估外，还可以用来制定基于风险的 SSLs 与 PRGs，RBCA 模型在美国各州以及世界上多个国家和地区得到了广泛应用，是目前国际上环境风险评估模型领域最高水平的典型代表之一。

RBCA 模型按照 USEPA 的化学物质分类，将化学物质分为致癌和非致癌两类。对于非致癌物质，计算危害商，判定标准设定为 1；对于致癌物质，计算风险值，将 10^{-6} 和 10^{-4} 分别设为可接受致癌风险的下限和上限。RBCA 模型将污染场地健康风险评价分为三个层次，评价层次越高，则需要对污染场地进行更加深入全面的调查。第一层评价是根据对比模型提供的基于风险的筛选水平（Risk-Based Screening Levels，RBSLs）和监测场地污染水平来确定是否有污染物超过 RBSLs，以及决定是否按照 RBSLs 进行一级修复。第二层评价相比第一层评价更符合污染物实际迁移转化途径，在 RBSLs 的基础上，得到特定场地目标值（Site-Specific Target Levels，SSTLs）。第三层评价是在 SSTLs 的基础上，完善和丰富一些特定数据，得出更符合实际的修复目标值。

CSOIL、CLEA 和 RBCA 模型虽然都是基于健康风险评估，但在土地利用类型划分、受体选择、暴露途径划分、参数制定等方面有所不同，这些差异在 2.2.2 节和 2.2.3 节均已有所比较。此外，这三种模型对某些暴露途径的计算仍有一些差别。例如，对于吸入颗粒物途径的计算，CLEA 模型和 RBCA 模型都将 PM_{10} 作为粉尘暴露的重要指标，而 CSOIL 模型则将总悬浮颗粒物（TSP）作为粉尘暴露的一个重要指标（化勇鹏，2012）。对于室外蒸气的吸入，在模拟空气扩散方面，CLEA 模型采用地面空气扩散系数（Q/C），但 RBCA 模型使用箱形模型来预测室外大气中污染物蒸气的浓度。CSOIL 模型主要采用帕斯基尔弥散系数、呼吸时的高度和 10 m 高度处的风速来模拟室外空气的扩散与稀释。CLEA 模型和 RBCA 模型在计算室内蒸气吸入暴露时都采用 Johnson-Ettinger（J-E）模型（其三相平衡计算采用能斯特分布定律，适用于带地下室的建筑）（李宏伟，2014）。CSOIL 模型则引入 VOILSOIL 模型计算室内蒸气吸入（其三相平衡计算采用逸度模型，更适用于带管道空间的建筑）（Waitz et al.，1996）。

2.3　保护生态安全的土壤环境基准研究进展

通常，在推导 SEC_{eco} 时，需要建立场地生态概念模型来确定保护目标和保护水平。不同国家主要制定了三种土地利用类型的概念模型来推导 SEC_{eco}，包括农业用地、住宅/公园用地和工业/商业用地。由于维持农业生态系统的物种丰富度相对较高，农业用地概念模型所考虑的生态物种保护水平和暴露途径相对复杂。而住宅/公园用地和工业/商业用地地表硬化，物种丰富度相对较低，其概念模型的保护水平和暴露途径相对简单。建立概念模型有利于识别潜在的敏感受体和食物链途径（CCME，2020）。不同国家在推导土壤生态基准值时，在生态保护水平、代表性生态受体、毒性数据和推导方法方面都考虑了相似的因素与做法。然而，由于上述因素在不同场地中存在差异，SEC_{eco} 的变化往往相差一个数量级到几个数量级。下面将对这些因素产生的差异进行讨论。

2.3.1　生态保护水平

生态保护水平是根据受保护物种的比例来界定的。在推导 SEC_{eco} 时，根据各国环境管理的要求，设定不同的生态保护水平（图 2-3）（颜增光等，2008；郑丽萍等，2018）。一般来说，不同国家的保护水平介于 50%～95%。荷兰采用物种敏感性分布（SSD）法选择第 5 个百分位点（HC_5）作为目标值（达到 95%的物种保护水平）；USEPA 则将计算的 EC_{10}（10%的效应浓度值）和最大可接受有毒物浓度（MATC）的几何平均值作为生态土壤筛选值（相当于 50%的物种保护水平）；美国能源部橡树岭国家实验室选择 EC_{20}（20%的效应浓度值）排序分布的第 10 个百分位点作为生态土壤筛选值；英国根据未观察到效应浓度（NOEC）、EC_{10}、EC_{30}（30%的效应浓度值）和 EC_{50}（50%的效应浓度值），将生态敏感区、住宅/公园用地和工业/商业用地的保护等级分别定为 99%、80%和 60%；加拿大采用排序分布法选择 NOEC 的第 25 个百分位点作为 SQG_E。

澳大利亚在设置 SEC_{eco} 时，考虑了不同土地利用类型的物种保护水平，将住宅用地、公共开放区域及未种植作物的农用地物种保护水平定为 80%，将工业/商业用地物种保护水平定为 60%，将种植农作物的农用地物种保护水平定为 95%，将生态敏感区物种保护水平定为 99%。新西兰由于缺乏国家层面的 SEC_{eco}，将澳大利亚提出的不同土地利用类型的生态受体的保护水平用于本国土壤生态安全管理中（Cavanagh，2015）。

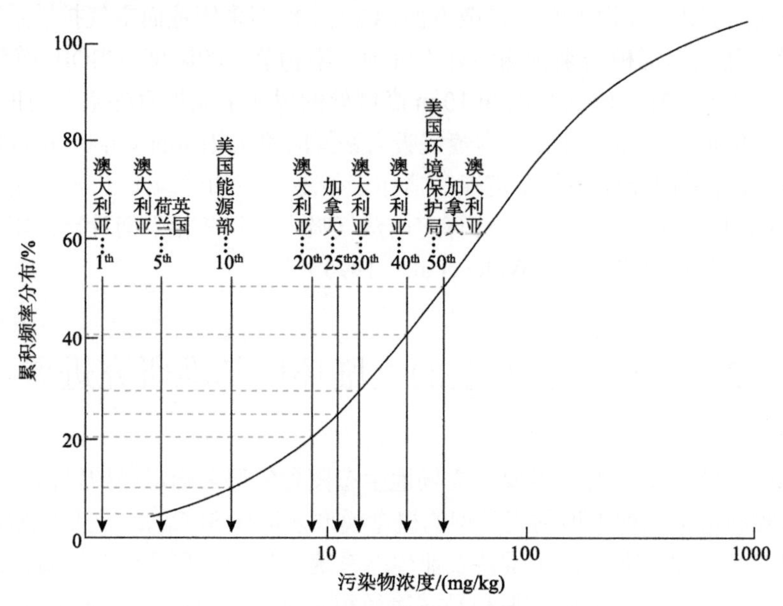

图 2-3　不同国家物种保护水平截取点选择

资料来源：颜增光等，2008

2.3.2　代表性生态受体

用于推导 SEC_{eco} 的毒性数据在很大程度上依赖于代表性的生态受体。然而，由于地理差异，土壤动植物、微生物和野生动物的多样性存在显著差异（Oliverio et al.，2020），一些国家在推导 SEC_{eco} 时选择了具有代表性的本土物种，如美国的北美短尾鼩鼱、加拿大的驯鹿（表 2-10）。

事实上，国际标准化组织（ISO）推荐了用于毒理学实验的模式物种。例如，赤子爱胜蚓是一种毒性实验的模式物种（ISO，1998）。但赤子爱胜蚓在天然土壤中并未广泛存在，主要生活在富含有机质的土壤中（Nahmani et al.，2007）。Langdon 等（2005）也指出赤子爱胜蚓与欧洲的许多蚯蚓种类不同，并且相对于其他种类的蚯蚓，赤子爱胜蚓对污染物的敏感度也相对较低。白符跳是污染物毒性实验的另一种模式物种（ISO，2011），但实际上不同跳虫对重金属的耐受性和敏感性存在显著差异。例如，镍对曲毛裸长跳（*Sinella curviseta*）、四刺泡角（*Ceratophysella duplicispinosa*）、小原等节（*Proisotoma minuta*）、茉莉花长角（*Entomobrya* sp.）、符氏直棘（*Orthonychiurus folsomi*）的 LC_{50}（72 h）相差 3～10 倍（苗秀莲等，2017）。

表 2-10 主要发达国家用于推导土壤生态基准的代表性物种

国家	初级生产者	无脊椎动物	哺乳动物				鸟类				两栖动物	爬行动物
			食草	食肉	食虫	杂食	食草	食肉	食虫	杂食		
荷兰[①]	植物、微生物群落	消费者（蚯蚓等）	家鼠、田鼠、欧洲兔子、褐家鼠	—	—	短尾猿物种（猴子）	—	—	—	鸡	—	—
美国[②]	微生物群落	蚯蚓、线虫、跳虫、螨虫、陆生甲壳类动物（木虱）、陆生腹足类动物（蜗牛、鼻涕虫）	草甸田鼠	长尾鼬	北美短尾鼩鼱	—	哀鸠	红尾鹰	美洲丘鹬	—	—	
英国[③]	植物（大麦、小麦、燕麦、莴苣、油菜、西加云杉、番茄、萝卜）、微生物群落	无脊椎动物（蚯蚓）、白符跳、东洋棘跳	—				—				—	—
加拿大[④]	苔藓、灌木、树、草、微生物	无脊椎动物群落、特定物种（蚯蚓、椿尾巴、甜菜）、蜻蜓	田鼠、老鼠、松鼠、野兔、牛、羊、鹿、驯鹿	鼩鼱、鼹鼠、蝙蝠	貂、鼬鼠、家猫、家养狗、土狼、山猫	狐狸、臭鼬、浣熊、熊	加拿大鹅	莺、捕蝇草、燕子	猫头鹰、鹰、隼	黑鹂、麻雀、乌鸦、松鸡、山雀、知更鸟	青蛙、蟾蜍、蝾螈	蛇、蜥蜴
澳大利亚[⑤]	莴苣、微生物群落、藻类	蜗牛、蛞蝓、肠线虫、土虫、线虫、跳虫、蜈蚣、千足虫、螨虫、蜘蛛、木虱、变形虫、纤毛虫、鞭毛虫、水熊虫	—				—				—	—
新西兰[⑥]	草、植物	无脊椎动物（昆虫）	脊椎动物（牛）				—				—	—

①TK, 1989; ②Efroymson et al., 1997a, 1997b; ③Ashton, 2004; ④CCME, 2006; ⑤NEPC, 2013b; ⑥Cavanagh, 2015。

对于高营养级别的物种，不同物种对污染物的敏感度相差甚至上千倍。当暴露于多氯联苯硫化物（PCDPSs-17 和 PCDPSs-19）时，环颈野鸡和日本鹌鹑的 *AHR-LRG*（荧光素酶报告基因）检测的平均相对效应分别为鸡的 2～34 倍和 4～400 倍（张睿，2014）。由此可见，不同受体对毒性作用存在显著差异，选择模式物种推导 SEC_{eco} 并不能准确反映当地的实际水平。因此，在推导 SEC_{eco} 时，基于当地生态系统选择合适的代表性物种尤为重要（CCME，2020）。

2.3.3 毒性终点与毒性数据选择

确定生态受体后，需要选择合适的生态毒性终点和毒性数据来推导 SEC_{eco}。对于相同的污染物，不同数据库中的毒性值往往相差一个数量级以上。亚致死毒性或慢性毒性数据是推导 SEC_{eco} 的首选数据，如 NOEC 和观察到效应的最低浓度（LOEC）常用于推导 SEC_{eco}。但由于 NOEC 和 LOEC 主要通过室内实验得到，其结果本身会受到实验设计的影响；同时，NOEC 和 LOEC 是保护亚致死效应的终点，由此推出的 SEC_{eco} 也相对偏保守（Fishwick，2004；颜增光等，2008）。此外，考虑到 NOEC 和 LOEC 测试数据有限，效应浓度数据或急性毒性数据也被用于推导 SEC_{eco}。但 Rodríguez 和 Lafarga（2011）认为，用于推导 SEC_{eco} 的最佳毒性数据的效应构成应为 5%～20%，然而，由于不同国家的污染物毒性效应研究进展差异，污染物毒性效应数据往往不完善，因此，EC_{30}、EC_{50} 和其他毒性效应数据也被用于推导 SEC_{eco}。

在毒性终点的选择方面，荷兰将生态受体的生存、生长和繁殖作为首选毒性终点，微生物过程和酶活性也可作为毒性终点获取毒性数据（Traas，2001）。在美国，如果土壤无脊椎动物的研究报告中有多个效应值，最理想的毒性终点是：繁殖>数量>生长。而对于植物，美国首选的毒性终点是生物量产量和生长。通常，EC_{20}、EC_{10} 和 MATC 是优先选择的毒性数据（USEPA，2003）。加拿大首选基于生态受体的死亡率、繁殖和生长作为毒性终点，EC_{25} 和 EC_{50} 是推导 SQG_E 的首选毒性数据。英国除了使用 NOEC，也使用 $L(E)C_{50}$ 来推导 SSVs（Fishwick，2004）。澳大利亚则采用 LOEC 和 EC_{30} 来推导 EIL。

2.3.4 二次中毒

具有生物富集和生物放大性的污染物可能会通过食物链传递，对高级捕食者产生间接的有害影响，这种间接影响即“二次中毒”（Traas，2001）。在荷兰，具有很强吸附性、辛醇-水分配系数大于 3（$\log K_{ow}>3$）、半衰期小于 12 h、分子量小于 700 的污染物可能会通过食物链发生生物富集，对高营养级生物（鸟类和哺乳动物）产生毒性影响（van Vlaardingen and Verbruggen，2015）。因此，针对陆地环境荷兰考虑了以下食物链过程中生态受体的二次中毒。

陆地环境：土壤—蠕虫—以蚯蚓为食的鸟类或哺乳动物。

通过将陆地食物链中的所有个体的 NOEC 除以生物浓缩因子（Bioconcentration Factor，BCF），获得土壤中污染物阈值浓度。然后将这些值与土壤生物的 $L(E)C_{50}$ 或 NOEC 作为外推方法的输入数据，推出最终的 ERL。

加拿大在推导农业用地的 SQG_E 时，在有足够数据的情况下，对于具有生物累积或生物放大性的污染物，还应考虑二级和三级消费者二次中毒；在住宅/公园用地有足够数据的情况下，则要考虑初级、二级和三级消费者的二次中毒（表2-11）（CCME，2006）。加拿大推导初级、二级和三级消费者时考虑的食物链如下：①土壤—植物—初级消费者；②土壤—初级消费者—二级消费者；③土壤—植物—初级消费者—二级消费者；④土壤—无脊椎动物—二级消费者—三级消费者。

表2-11 不同土地利用类型受体暴露途径

暴露途径	农业用地	住宅/公园用地
土壤接触	土壤养分循环过程、土壤无脊椎动物、作物/植物、牲畜/野生动物	土壤养分循环过程、土壤无脊椎动物、植物、野生动物
土壤和食物摄入	食草动物、二级和三级消费者	食草动物、二级和三级消费者

一旦计算出食物链中最敏感物种的直接毒性阈值，则收集最敏感物种的体重、生长速度、土壤摄入率、食物摄入率及污染物的生物利用度；将土壤接触的 SQG_E 与经食物链推导的 SQG_E 中较低值作为最终的 SQG_E（供农业用地使用）（Fishwick，2004）。

USEPA针对野生动物二次中毒制定了单独的推导模型，该模型基于体重或异速生长尺度模型及测试物种的口服剂量推导出野生动物的暴露剂量。但由于每个污染场地的生物物种不同，USEPA在推导野生动物的Eco-SSLs时建议了特定的代表物种及相关参数用于暴露模型（表2-12）（USEPA，2003c）。

表2-12 野生动物代表物种及暴露途径

受体组（代表物种）	假设的饮食
草食类哺乳动物（草甸田鼠）	100%植物
食昆虫类哺乳动物（北美短尾鼩鼱）	100%蚯蚓
肉食类哺乳动物（长尾鼬）	100%小型哺乳动物
草食类鸟类（哀鸠）	100%种子
食昆虫类鸟类（美洲丘鹬）	100%蚯蚓
肉食类鸟类（红尾鹰）	100%小型哺乳动物（以100%蚯蚓为食）

英国在生态风险评估中，也较为重视二次中毒的影响。在陆地环境主要考虑的食物链是土壤蚯蚓和以蚯蚓为食的鸟类或哺乳动物。澳大利亚当局在如何从筛选值层面保护鸟类和哺乳动物存在一些分歧。一般有四种基本的选择（Fishwick，2004）：①不考虑二次中毒；②制定土壤内生物区系 SEC_{eco}，并使用直接毒性数据作为陆生脊椎动物的保护值；③用直接毒性数据推导保护微生物、无脊椎动物、植物、鸟类和哺乳动物的 SEC_{eco}，但最终以一个统一的值作为 SEC_{eco}；④为食物链建立一个吸收模型，并将吸收模型推导的结果与直接毒性数据比较，选择两个值中的较低值作为最终的 SEC_{eco}。

本研究中除新西兰外，其他国家在推导 SEC_{eco} 时都考虑了二次中毒的影响，但各国对二次中毒考虑的角度有所不同。关于如何在筛选值水平保护鸟类和哺乳动物，各国之间仍存在一定的分歧。

2.3.5 推导方法

推导植物和土壤无脊椎动物 SEC_{eco} 的方法主要有三种，即物种敏感分布（SSD）法、评估因子（AF）法和统计排序（SR）法。SSD 法是目前世界上最流行的方法之一。它不仅充分利用现有的毒性数据，而且还可以用来计算特定效应值的置信范围。此外，它还有利于评估人员快速识别最敏感的物种。

SSD 法被荷兰、英国和澳大利亚推荐用于推导 SEC_{eco}。然而，由于 SSD 法选择保护物种的水平不同，推导出的 SEC_{eco} 也有所不同。在美国和加拿大，利用植物和土壤无脊椎动物推导 SEC_{eco} 主要是基于 SR 法（USEPA，2003c；CCME，2006）。在英国和澳大利亚，当毒性数据不充分时，可以使用 AF 法来推导 SEC_{eco}（NEPC，2013b；EA，2017）。AF 法的特点是推导过程透明、使用历史悠久、相对成熟，但其最大的缺点是毒性数据利用率低。在加拿大，当缺乏毒性数据时，使用中值效应法和 LOEC 法推导 SEC_{eco}。

此外，英国在制定本国的 SSVs 时，若所关注的污染物没有或只有少量毒性数据，且通过非特定的暴露方式发挥其毒性时，可以使用定量构效关系（QSAR）推导 SEC_{eco}（EA，2004）。QSAR 是污染物对特定测试生物体的毒性与污染物的一种或多种理化性质之间的关系，是针对具有相同作用机理或相似结构的污染物得出的。新西兰由于其环境指导值多借鉴于其他国家，因此还没有合适的方法推导本国的 EGV。

对于高营养级别的生态受体，除新西兰外，大多数国家开发了相应的推导方法来确定鸟类和野生动物的暴露途径。荷兰采用统计外推法，根据鸟类和野生动物的生物积累来确定土壤污染物的浓度（Traas，2001）。USEPA 主要采用风险评估模型，将暴露剂量等于无效应剂量的土壤污染物浓度作为高级别生态受体的阈值浓度。CCME 对不同营养水平的野生动物建立了详细的暴露和吸收模型，只有当数据充足时，才能推导出不同土地利用类型下间接途径的 SQG_E，否则只能推导出农业用地情景下间接途径的 SQG_E（CCME，2006）。澳大利亚由于缺乏当地模型和数据，因此没有使用复杂的二次中毒模型来推导高营养生态受体的 EIL，而是将直接途径推导的添加污染物浓度除以生物放大因子得到二次中毒可添加浓度限值。由此可见，对于直接暴露和间接暴露的受体，不同国家对推导方法的选择不同，这也导致了 SEC_{eco} 的差异。

2.3.6 背景浓度

金属和部分有机物是土壤中自然存在的物质，在不同的地理区域内浓度差异很大。SEC_{eco} 的推导使用了非常保守的假设，这导致 SEC_{eco} 非常接近背景值或在背景值范围内。事实上，由于高背景地区土壤性质差异，很多物质即使高于基准值，也不会对生物体产生不利影响。因此，对于自然产生的物质，特别是金属和类金属，部分国家在制定土壤环境基准值时考虑了背景浓度的问题。

荷兰在推导 ERL 时考虑了自然背景浓度（C_b），采用附加风险法推导了 MPC、NC 和 SRC_{eco}。该方法根据实验室毒性实验（有毒物添加量）的现有数据计算了添加的最大允许浓度（MPA）、可忽略添加浓度（NA）和严重风险添加浓度（SRA_{eco}），见式（2-1）～式（2-4）（RIVM，1998）。

$$MPC = C_b + MPA \tag{2-1}$$

$$NC = C_b + NA \tag{2-2}$$

$$NA = MPA / 100 \tag{2-3}$$

$$SRC_{eco} = C_b + SRA_{eco} \tag{2-4}$$

澳大利亚在推导 EIL 时明确区分了自然背景浓度和环境背景浓度（Ambient Background Concentration，ABC）。采用附加风险法将添加污染物限值（Added Contaminant Limit，ACL）作为毒性数据，利用背景浓度和 ACL 推导污染物的 EIL。

$$EIL = ABC + ACL \tag{2-5}$$

加拿大在确定 SQG_E 前也考虑了背景浓度，不过加拿大主要采用主观判断，即如果污染物的背景浓度高于根据毒性数据推算出来的 SQG_E，则自动采用背景浓度作为 SQG_E，而且对于农业、公园和住宅用地等类型，还要交互核查推算值是否低于植物的营养需求，如果 SQG_E 低于植物营养需求，则将植物的营养需求浓度作为指导值。

2.4 小　　结

通过对主要发达国家土壤环境基准制定技术要点进行比较可以发现，由于各国地理环境、社会文化和行政法规及基准制定的科学基础差异，各国在制定土壤环境基准时考虑的因素和制定方法各有特色，导致土壤环境基准值的数值之间存在差异。大部分国家在制定土壤环境基准值的同时考虑了人体健康和生态安全，但对保护生态安全的土壤环境基准重视不够。目前，我国还未制定系统的土壤环境基准值，因此亟待构建适合我国国情的土壤环境基准值理论方法和技术框架。在参考国外成熟方法的同时，结合我国地理环境、社会文化和行政法规等国情对土壤环境基准制定的方法进行改进，构建一套我国本土化的土壤环境基准值。

参 考 文 献

化勇鹏. 2012. 污染场地健康风险评价及确定修复目标的方法研究. 武汉: 中国地质大学.
李宏伟. 2014. 污染场地风险评价的模型修正研究与应用. 辽宁: 大连理工大学.
苗秀莲, 刘传栋, 贾少波, 等. 2017. 中国 5 种土壤跳虫对重金属镍的毒性响应. 生态毒理学报. 12(1):

268-276.

吴颐杭, 杨书慧, 刘奇缘, 等. 2022. 荷兰人体健康土壤环境基准与标准研究及对我国的启示. 环境科学研究, 35(1): 265-275.

徐猛, 颜增光, 贺萌萌, 等. 2013. 不同国家基于健康风险的土壤环境基准比较研究与启示. 环境科学, 34(5): 1667-1678.

颜增光, 谷庆宝, 周娟, 等. 2008. 构建土壤生态筛选基准的技术关键及方法学概述. 生态毒理学报, 5(3): 417-427.

张睿. 2014. 类二噁英有机污染物毒性的鸟类种间敏感性差异研究. 南京: 南京大学.

郑丽萍, 王国庆, 龙涛, 等. 2018. 不同国家基于生态风险的土壤筛选值研究及启示. 生态毒理学报, 13(6): 39-49.

Bodar C W M, Janssen M P M, Zweers P G P C, et al. 2010. Road-map Quality Standard Setting. Interactions REACH and Other Chemical Legislation. Amsterdam: Rijksinstituut voor Volksgezondheid en Milieuhygiine.

Brand E, Lijzen J, Peijnenburg W, et al. 2013. Possibilities of implementation of bioavailability methods for organic contaminants in the Dutch Soil Quality Assessment Framework. Journal of Hazardous Materials, 261: 833-839.

Brand E, Otte P F, Lijzen J P A. 2007. CSOIL 2000: An Exposure Model for Human Risk Assessment of Soil Contamination. Bilthoven: National Institute for Public Health and the Environment.

Cavanagh J. 2015. Developing Soil Guideline Values for the Protection of Soil Biota in New Zealand. Wellington: Ministry for the Environment.

CCME. 1991. Interim Canadian Environmental Quality Criteria for Contaminated Sites. Winnipeg: Canadian Council of Ministers of the Environment.

CCME. 1996. A Protocol for the Derivation of Environmental and Human Health Soil Quality Guidelines. Winnipeg: Canadian Council of Ministers of the Environment.

CCME. 1997. Recommended Canadian Soil Quality Guidelines. Winnipeg: Canadian Council of Ministers of the Environment.

CCME. 1999. Canadian Soil Quality Guidelines for the Protection of Environmental and Human Health. Winnipeg: Canadian Council of Ministers of the Environment.

CCME. 2006. A Protocol for the Derivation of Environmental and Human Health Soil Quality Guidelines. Winnipeg: Canadian Council of Ministers of the Environment.

CCME. 2014. A Protocol for the Derivation of Soil Vapour Quality Guidelines for Protection of Human Exposures via Inhalation of Vapours. Winnipeg: Canadian Council of Ministers of the Environment.

CCME. 2020. Ecological Risk Assessment Guidance Document. Winnipeg: Canadian Council of Ministers of the Environment.

CCME. 2021. Scientific Criteria Document for the Development of the Canadian Soil and Groundwater Quality Guidelines for the Protection of Environmental and Human Health: Perfluorooctane Sulfonate (PFOS). Winnipeg: Canadian Council of Ministers of the Environment.

CL: AIRE. 2014. Development of Category 4 Screening Levels for Assessment of Land Affected by Contamination. London: Contaminated Land: Applications in Real Environments.

CL: AIRE. 2021. Category 4 Screening Levels: Tetrachloroethene (PCE). London: Contaminated Land: Applications in Real Environments.

CRC CARE. 2019. Remediation Action Plan: Development — Guideline on Establishing Remediation Objectives, National Remediation Framework. Adelaide: CRC for Contamination Assessment and Remediation of the Environment.

DEFRA, EA. 2002. The Contaminated Land Exposure Assessment (CLEA) Model: Technical basis and

algorithms. Bristol: Department for Environment, Food and Rural Affairs and the Environment Agency.
EA. 2002. Assessment of Risks to Human Health from Land Contamination: An Overview of the Development of Soil Guideline Values and Related Research. Bristol: Environment Agency.
EA. 2004. Soil Screening Values for Use in UK Ecological Risk Assessment. Bristol: Environment Agency.
EA. 2008. An Ecological Risk Assessment Framework for Contaminants in Soil. Bristol: Environment Agency.
EA. 2009a. Using Soil Guideline Values. Bristol: Environment Agency.
EA. 2009b. Updated Technical Background to the CLEA Model. Bristol: Environment Agency.
EA. 2015. CLEA Software (Version 1.05) Handbook. Bristol: Environment Agency.
EA. 2017. Derivation and Use of Soil Screening Values for Assessing Ecological Risks. Bristol: Environment Agency.
EA. 2020. Derivation and Use of Soil Screening Values for Assessing Ecological Risks (Revised). Bristol: Environment Agency.
Efroymson R A, Will M E, Suter Ⅱ G W. 1997a. Toxicological Benchmarks for Contaminants of Potential Concern for Effects on Soil and Litter Invertebrates and Heterotrophic Process. Oak: U.S. Department of Energy.
Efroymson R A, Will M E, Suter Ⅱ G W, et al. 1997b. Toxicological Benchmarks for Screening Contaminants of Potential Concerns for Effects on Terrestrial Plants. Oak: U.S. Department of Energy.
enHealth. 2012a. Environmental Health Risk Assessment: Guidelines for Assessing Human Health Risks from Environmental Hazards. Canberra: Environmental Health Subcommittee (enHealth) of the Australian Health Protection Principal Committee.
enHealth. 2012b. Australian Exposure Factor Guidance. Canberra: Environmental Health Subcommittee (enHealth) of the Australian Health Protection Principal Committee.
Environment Canada. 1987. Summary of Environmental Criteria for Polychlorinated Biphenyls (PCBs). Ottawa: Environmental Analysis Branch, Environmental Protection Conservation and Protection, Environment Canada.
EU (European Union). 2017. EQS Limit and Guideline Values for Contaminated Sites. Brussels: European Union.
Fishwick S, 2004. Soil Screening Values for Use in UK Ecological Risk Assessment. Bristol: Environment Agency.
Health Canada. 2010. Federal Contaminated Site Risk Assessment in Canada, Part V: Guidance on Human Health Detailed Quantitative Risk Assessment for Chemicals ($DQRA_{Chem}$). Ottawa: Health Canada.
Ipek M，Unlu K. 2020. Development of human health risk-based Soil Quality Standards for Turkey: Conceptual framework. Environmental Advances，1: 100004.
ISO. 1998. Soil Quality-Effects of Pollutants on Earthworms (*Eisenia fetida*) - Part Ⅱ: Method for the Determination of Effects on Reproduction. Geneva: International Standard Organization.
ISO. 2011. Soil Quality-Avoidance Test for Determining the Quality of Soils and Effects of Chemicals on Behaviour-Part Ⅱ: Test with Collembolans (*Folsomia candida*). Geneva: International Standard Organization.
Langdon C，Hodson M E，Arnold R E，et al. 2005. Survival，Pb-uptake and behavior of three species of earthworm in Pb treated soils determined using an OECD-style toxicity test and a soil avoidance test. Environmental Pollution，138: 368-375.
Lijzen J P A, Barrs A J, Otte P F, et al. 2001. Technical Evaluation of the Intervention Values for Soil/Sediment and Groundwater. Bilthoven: National Institute for Public Health and the Environment.
Lijzen J P A, Mesman M, Aldenberg T, et al. 2002. Underpinning Soil-Use-Specific Remediation Objectives

(SROs): An Evaluation (in Dutch). Bilthoven: National Institute for Public Health and the Environment.

Liu Q Y, Wu Y H, Zhao W H, et al. 2023. Soil environmental criteria in six representative developed countries: Soil management targets, and human health and ecological risk assessment. Critical Reviews in Environmental Science and Technology, 53(5): 577-600.

MfE, MoH. 1997. Health and Environmental Guidelines for Selected Timber Treatment Chemicals. Wellington: Ministry for the Environment, Ministry of Health.

MfE. 1997a. Guidelines for Assessing and Managing Contaminated Gasworks Sites in New Zealand. Wellington: Ministry for the Environment.

MfE. 1997b. Health and Environmental Guidelines for Selected Timber Treatment Chemicals. Wellington: Ministry for the Environment.

MfE. 1999. Guidelines for Assessing and Managing Petroleum Hydrocarbon Contaminated Sites in New Zealand. Wellington: Ministry for the Environment.

MfE. 2003. Contaminated Land Management Guidelines No.2: Hierarchy and Application in New Zealand of Environmental Guideline Values. Wellington: Ministry for the Environment.

MfE. 2006. Identifying, Investigating and Managing Risks Associated with Former Sheep-Dip Sites. Wellington: Ministry for the Environment.

MfE. 2011a. Guidelines for Assessing and Managing Petroleum Hydrocarbon Contaminated Sites in New Zealand (Revised 2011). Wellington: Ministry for the Environment.

MfE. 2011b. Reporting on Contaminated Sites in New Zealand (Revised 2011). Contaminated Land Management Guidelines. Wellington: Ministry for the Environment.

MfE. 2011c. Methodology for Deriving Standards for Contaminants in Soil to Protect Human Health. Wellington: Ministry for the Environment.

MfE. 2012. National Environmental Standard for Assessing and Managing Contaminants in Soil to Protect Human Health: Users' Guide. Wellington: Ministry for the Environment.

MfE. 2021. Contaminated Land Management Guidelines No.1: Reporting on Contaminated Sites in New Zealand (Revised 2021). Wellington: Ministry for the Environment.

MIWM. 2013. Soil Remediation Circular 2013. Hague: Ministry of Infrastructure and Water Management.

MIWM. 2014. Into Dutch Soils. Hague: Ministry of Infrastructure and Water Management.

Nahmani J, Hodson M E, Blask S. 2007. A review of studies performed to assess metal uptake by earthworms. Environmental Pollution, 145: 402-424.

Naidu R, Kookuna R S, Oliver D P, et al. 1996. Contaminants and the Soil Environment in the Australasia-Pacific Region. Dordrecht: Kluwer Academic Publishers.

NEPC. 1999. National Environment Protection (Assessment of Site Contamination) Measure 1999. Schedule B (1) Guideline on the Investigation Levels for Soil and Groundwater. Canberra: National Environment Protection Council.

NEPC. 2006. National Environment Protection (Assessment of Site Contamination) Measure Review. Canberra: National Environment Protection Council.

NEPC. 2009. The Australian Methodology to Derive Ecological Investigation Levels in Contaminated Soils. Commonwealth Scientific and Industrial Research Organisation (CSIRO) Land and Water Science Report 43/09. Canberra: National Environment Protection Council.

NEPC. 2013a. Schedule B7 Guideline on Derivation of Health-Based Investigation Levels. Canberra: National Environment Protection Council.

NEPC. 2013b. Schedule B (5b) Guideline on Methodology to Derive Ecological Investigation Levels in Contaminated Soils. Canberra: National Environment Protection Council.

NEPC. 2013c. Schedule B4 Guideline on Site-Specific Health Risk Assessment Methodology. Canberra: National Environment Protection Council.

Niu A Y, Lin C X. 2021. Managing soils of environmental significance: A critical review. Journal of Hazardous Materials, 417: 125990.

Oliverio A M, Geisen S, Delgado B M, et al. 2020. The global-scale distributions of soil protists and their contributions to belowground systems. Science Advance, 6: eaax8787.

RIVM. 1998. Environmental Risk Limits in the Netherlands. Amsterdam: Rijksinstituut voor Volksgezondheid en Milieuhygiine.

Rodríguez M D F, Lafarga J V T. 2011. Soil quality criteria for environmental pollutants//Nriagu J. Encyclopedia of Environmental Health. 2nd ed. New York: Elsevier: 736-752.

Roels J M, Verweij W, van Engelen J G M, et al. 2014. Gezondheid en Veiligheid in de Omgevingswet: Ratio en Onderbouwing Huidige Normen Omgevingskwaliteit. Bilthoven: National Institute for Public Health and the Environment.

Semenkov I N, Koroleva T V. 2019. International environmental legislation on the content of chemical elements in oils: Guidelines and schemes. Eurasian Soil Science, 52(10): 1289-1297.

Siegel D. 2010. California Human Health Screening Levels for Perchlorate. California: Office of Environmental Health Hazard Assessment, California Environmental Protection Agency.

Souren A F M M. 2006. Standards, Soil, Science and Policy: Labelling Usable Knowledge for Soil Quality Standards in the Netherlands 1971-2000. Amsterdam: Vrije University Amsterdam.

Swartjes F A, Rutgers M, Lijzen J P A. 2012. State of the art of contaminated site management in the Netherlands: Policy framework and risk assessment tools. Science of the Total Environment, 427: 1-10.

Swartjes F A. 2015. Human health risk assessment related to contaminated land: State of the art. Environmental Geochemistry and Health, 37(4): 651-673.

Traas T. 2001. Guidance Document on Deriving Environmental Risk Limits. Bilthoven: National Institute for Public Health and the Environment.

USEPA. 1991. Risk Assessment Guidance for Superfund, Volume Ⅰ: Human Health Evaluation Manual (Part B). Washington DC: United States Environmental Protection Agency.

USEPA. 1992a. Guidelines of Exposure Assessment. Washington DC: United States Environmental Protection Agency.

USEPA. 1992b. Guidance on Risk Characterization for Risk Managers and Risk Assessors. Washington DC: United States Environmental Protection Agency.

USEPA. 1994. Soil Screening Guidance. Review draft. Washington DC: United States Environmental Protection Agency.

USEPA. 1996a. Soil Screening Guidance: Technical Background Document. Washington DC: United States Environmental Protection Agency.

USEPA. 1996b. Ecotox Thresholds. Washington DC: United States Environmental Protection Agency.

USEPA. 2002. Supplemental Guidance for Developing Soil Screening Levels for Superfund Sites. Washington DC: United States Environmental Protection Agency.

USEPA. 2003a. Guidance for Developing Ecological Soil Screening Levels (Eco-SSLs): Executive Summary. Washington DC: United States Environmental Protection Agency.

USEPA. 2003b. Guidance for Developing Ecological Soil Screening Levels. Washington DC: United States Environmental Protection Agency.

USEPA. 2003c. Guidance for Developing Ecological Soil Screening Levels. Washington DC: United States Environmental Protection Agency.

USEPA. 2009. Regional Screening Levels. Washington DC: United States Environmental Protection Agency.

USEPA. 2011. Regional Screening Levels Table (RSL Table) User's Guide. Washington DC: United States Environmental Protection Agency.

USEPA. 2017. Update for Chapter 5 of the Exposure Factor Handbook, Soil and Dust Ingestion. Washington DC: United States Environmental Protection Agency.

van Breemen P M F, Quick J, Brand E, et al. 2020. CSOIL 2020: Exposure Model for Human Health Risk Assessment through Contaminated Soil. Bilthoven: National Institute for Public Health.

van Leeuwen L C, Aldenberg T. 2012. Environmental Risk Limits for Antimony. Amsterdam: Rijksinstituut voor Volksgezondheid en Milieuhygiine.

van Vlaardingen P L A, Verbruggen E M J. 2015. Guidance for the Derivation of Environmental Risk Limits Part 1. Introduction and Definitions. Bilthoven: National Institute for Public Health and the Environment.

VROM. 2008. Substantiation and Policy Choices for Soil Standards in 2005, 2006 and 2007 (in Dutch). Amsterdam: Ministry of Housing, Spatial Planning and the Environment.

Waitz M F W, Freijer J I, Kreule P, et al. 1996. The VOLASOIL Risk Assessment Model Based on CSOIL for Soils Contaminated with Volatile Compounds. Bilthoven: National Institute for Public Health and the Environment.

第3章　土壤分区、分类与分级管控

环境规划是解决突出环境问题的有效手段，土壤污染风险管控规划作为生态环境保护规划的重要组成部分，是近年来新兴的领域之一（刘瑞平等，2021）。近年来，随着经济社会的快速发展，我国土壤污染呈现区域化态势，2014年环境保护部和国土资源部联合发布的《全国土壤污染调查公报》显示，我国Cd、Hg、As、Pb四种无机污染物含量分布呈现从西北到东南、从东北到西南方向逐渐升高的态势，且南方土壤污染状况较北方更为严重。因此，有必要在系统认识我国土壤污染区域化特征的基础上，探究区域土壤污染成因，进而真正落实分区治理修复策略（骆永明和滕应，2018）。2018年，国务院发布的《土壤污染防治行动计划》明确指出“开展污染治理与修复，改善区域土壤环境质量”，进一步强调了土壤污染精细化管理的需求。

分级管控是通过基础评价、形势研判、目标指标、重点任务、落地实施等程序，构建国家、省、地市、区县不同尺度的规划技术体系及相关土壤环境标准；分类管控是基于不同土地利用类型，分别实施农用地分类管理和建设用地准入管理；分区管控是基于土壤环境特征、质量状况等，将空间区域划分为具有多级结构的区域单元，使同一区域单元内的目标特征具有相对一致性，而不同区域间存在较为明显的异质性，从而进一步深化区域性管控。目前，我国的土壤污染监管仅考虑到分类、分级治理，尚未形成分区治理概念与行动方案。为完善和健全我国土壤污染防治规划技术体系，实施精细化管控，采用基于分级分类分区的土壤污染风险管控总体思路势在必行（骆永明和滕应，2018）。

3.1　土壤分区治理

3.1.1　背景介绍

土壤是人类赖以生存和国家文明建设的基础性自然资源，土壤分区基于土壤的区域差异性（Amundson et al.，2015）。土壤环境的区域差异性体现在自然条件及人为污染带来的差异，例如，我国地势整体呈现出西高东低的格局，南方土壤污染整体较北方地区更为严重等。而我国现行的2018年生态环境部发布的《土壤环境质量 农用地土壤污染风险管控标准（试行）》（GB 15618—2018）和《土壤环境质量 建设用地土壤污染风险管控标准（试行）》（GB 36600—2018）在试行过程中存在着一些问题。例如，忽视了我国土壤类型及其背景值的区域差异，以及土壤利用的多样化等特点，导致管控过程中易产生过度保护和保护不足的问题。因此，有必要针对我国自然生态环境及土壤污染的差异，制定针对性和区域差异性的土壤保护战略措施。当前，我国土壤质量和功能研究仍处于分类、分级区划的探索阶段，尚未真正实行分区管理和分区治理的政策，这既不符合土壤质量区域差异的客观性，也不利于区域土壤资源的可持续利用（骆永明和滕应，2018）。

土壤的分区管理工作需要结合我国自然地理条件及土壤污染状况的区域分布差异综合考虑。从自然地理条件来看，我国自然地域分异有两大主要特点：一是水热条件随纬度和海陆位置而变化，并横跨温带、亚热带、热带等众多温度带；二是整体地势西高东低，呈三级阶梯状分布，具有大地貌的分异特点。我国三级地貌区划如图 3-1 所示（程维明等，2019）。我国地理条件和气候条件概况可参见 1.1 节内容。

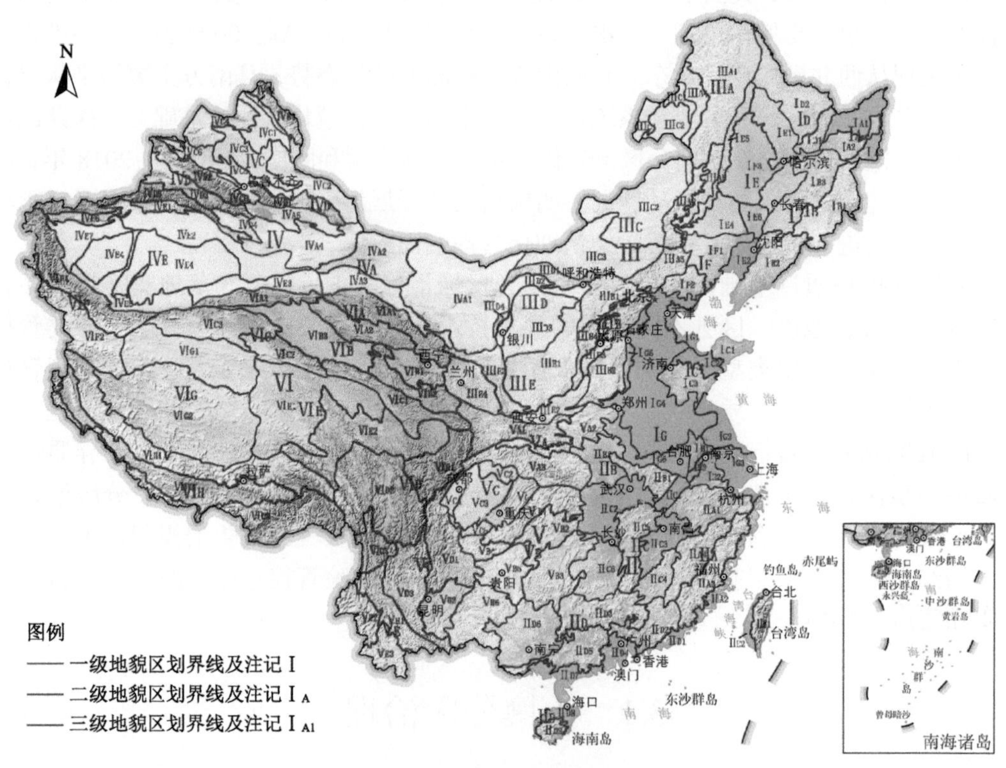

图 3-1　中国三级地貌区划图

资料来源：程维明等，2019

从我国土壤类型分布上来看，我国主要的土壤发生类型包括红壤、棕壤、褐土、黑土、栗钙土、漠土、潮土（包括砂姜黑土）、灌淤土、水稻土、湿土（草甸、沼泽土）、盐碱土、岩性土和高山土等（龚子同和张甘霖，2006）。我国土壤类型分布具有水平和垂直地带性规律。但是在地带性基础上，地形及母质、水文地质条件等方面的变异，又可以造成显著的区域性分布特点（徐咏文等，2005）。例如，红壤系列中的燥红土主要分布于海南岛的西南部和云南南部红水河河谷等地，土壤富铝化程度较低，土体或具石灰性反应；棕壤系列中的黄棕壤分布在东北地区的东部山地和丘陵，腐殖质累积作用较明显，淋溶淀积过程较强烈；黑土系列中的灰黑土主要分布在湿润地区，以大兴安岭的西坡最为集中，植被为森林类型，林下草灌植物繁茂，生草过程较强，有机质累积量大，土壤存在较明显的淋溶作用和黏粒移动淀积现象等。

我国土壤类型繁多、分布广泛。不同土壤类型之间在 pH、有机质含量、土壤质地等土壤性质上也存在较大差异。例如，分布在长江下游的黄棕壤为典型的弱富铝化、黏化、酸性土壤，分布在大兴安岭中北部的漂灰土呈强酸性且盐基高度不饱和等（张俊民等，1986）。此外，我国地势地貌、植被类型、气候带等自然地理条件的分布也具有极强的区域差异性（程维明等，2019；冯琦胜等，2013；李一曼和叶谦，2019）。在不同的地区，各因素具体产生作用的方式和特点不同，不同因素间还以不同方式互相作用和配合，从而形成各种各样的土壤（龚子同和张甘霖，2006）。

除上述自然地理条件外，我国环境污染问题也呈现出区域化的格局。2014 年 4 月，环境保护部和国土资源部联合发布了《全国土壤污染调查公报》，全国土壤环境状况总体不容乐观，部分地区土壤污染较为严重。例如，西南、中南地区重金属点位超标范围较大，Cd、Hg、As、Pb 四种无机污染物含量分布呈现从西北到东南、从东北到西南方向逐渐升高的态势。其中 Cd 污染主要集中在辽东半岛、东北和长江以南的华南地区等地。受江、湖流域沿岸的采矿、冶炼和污水灌溉等活动的影响，土壤污染的流域性特征也十分明显。例如，湖南湘、资、沅、澧四水流域土壤重金属超标现象十分严重。另外，在土壤重金属高背景值地区（如西南地区），土壤性质对成土母质具有继承性，造成西南地区土壤重金属含量的严重超标。

实际上，由于污染分布的空间差异，相应的人体安全水平也存在明显的区域差异性。例如，As 被认为是危害最为严重的污染物之一（Heikens，2006；Zhu et al.，2008），稻米中的无机 As 对人体的皮肤、神经系统、心血管、肝脏及肾脏等都具有明显损伤（李景岩和张爱君，2011）。我国江西、湖南、四川、广西四个省（自治区）的稻米中无机 As 平均含量超过了 100 μg/kg，而江苏、安徽、浙江和黑龙江等地则相对较低，导致相应地区人群对 As 的暴露水平也存在较大差异（黄亚涛，2014），As 分布具有明显的空间分布特征。我国有一条自东北向西南延伸的低 Se 带，在地理位置上主要包含东北平原、黄土高原等地，而克山病被认为是与当地 Se 含量分布有紧密联系的一种地方病，克山病患者头发和血液中的 Se 含量明显低于非病区居民，由于元素 Se 分布的地域差异，克山病患者的分布也存在明显的区域差异，几乎全部分布在低 Se 带。PCBs 是典型的难降解有机氯污染物（张光明，2014），土壤及底泥中的 PCBs 污染治理是最难解决的环境污染问题之一（WHO，1976），相较于许多工业发达国家，我国土壤中的 PCBs 整体污染水平并不高，但各区域间存在明显的差异，局部地区如一些发达城市土壤中 PCBs 污染较严重（阙明学，2007）。此外，众多研究表明，我国多种污染物如有机污染物多溴联苯醚（PBDEs）、二噁英、多环芳烃（PAHs）等都存在明显的空间分异特征（张娟等，2018；路雪柏和王雪菊，2019）。

鉴于上述自然地理条件及人为造成污染的地域性差异，为响应国家《土壤污染防治行动计划》中加强区域风险管控的号召，有必要建立科学完整的分区方法理论体系，实现我国土壤污染分区管理和分区治理的精准管控目标。

目前国内许多学者都意识到土壤污染分区治理的重要性，并提出了相应的策略与构想。例如，赵其国和骆永明（2015）在《论我国土壤保护宏观战略》中将“突出区域特点，加强保护对策”定义为六大宏观战略之一。骆永明和滕应（2018）指出，土壤的空间格局和利用状态与可流动的大气和水体存在显著差异，所以不能以大气、水污染管控和修复的思路与标准规范来指导土壤污染的管控和修复。也因此，在面对现阶段和未来相当长一段时期显现的或潜在的土壤环境污染问题上，必须健全国家及地方土壤环境质量标准，创新土壤环境科技，构建我国土壤污染分区防治体系，支持区域土壤环境监管，确保区域土壤环境安全。具体措施包括：积极推进制定地方土壤污染防治法、允许地方制修订土壤环境质量标准、加强支持土壤污染的分区治理修复与安全利用的科技创新。环境问题是区域发展系统的有机组成部分，分区是区域管理的基础。环境分区管理的两个核心问题是如何进行环境分区，以及分区后如何进行环境管理。并且由于土壤污染的自身特点，在解决土壤污染问题时，要避免照搬大气、水污染治理思路和技术路径，需要考虑土地利用类型、污染程度、污染物类别、技术经济条件等因素，系统分析污染成因和形成机理，以便综合确定土壤污染防治思路（杜栋和陈燕丽，2019）。我国的环境管理已经从最初的要素管理，转变到从区域发展系统的角度进行的区域环境管理，为了实现区域环境管理，首先需要对国土进行全覆盖的连片规划，进而提出相应的区域环境管理引导政策，而不仅仅是划出我国生态环境发展的关键点（李颖明和黄宝荣，2010）。各地区社会经济发展的阶段和模式各异，对生态环境的胁迫强度不一，这些因素的共同作用使我国各地区环境管理面临的主要矛盾和需要优先解决的生态环境问题不同。不同区域需要根据其面临的主要生态环境问题，以及区域自然、社会、经济背景，采取针对性的环境管理对策，才能促进区域生态环境的持续改善（黄宝荣等，2010）。

3.1.2 国外分区研究概况

从 18 世纪末到 19 世纪初，国外开展了较为系统的区划的相关研究。首先进行的是自然地理学区划，一系列以气候、生物、土壤等要素为指标的区划研究逐步展开。例如，德国近代地理学创始人 A. 冯·洪堡（A. von Humboldt）发现气候受到距海距离、海拔、风向，尤其是纬度高低因素影响，他第一次绘制了世界等温线图，并尝试进行植被的地域划分，依据植被景观的不同将世界分为 16 个区（余谋昌，2018；Huxley，2007）。同一时期，Huxley（2007）也提出了地表自然区划的概念，认为可在主要地理单元内部进行逐级分区，并提出小区（Ort）、地区（Gegend）、区域（Landschaft）和大区域（Land）四级单元的地理区划，从而开创了现代自然地域划分研究。近代地理学区划奠基人 Hettner（2009）提出，区域就其概念而言是对整体的不断分解，地理区划就是将整体不断地分解成它的部分，这些部分必然在空间上互相连接，而类型则是可以分散分布的。

国外早期区划研究仅初步认识了地球的表层特征，而缺乏对内在规律的探究，并且区划指标较为单一。从 20 世纪开始，国际上对区划有了更深入的探究。英国生态学家 Tansley（1935）提出了生态系统（Ecosystem）的概念，并指出生态系统是各个环境因子综合作用的表现。美国学者 Bailey（1983）对区划原则、方法和因子等进行反复研究，从生态系统的观点提出了生态区域的等级系统，首次提出了生态区划方案并绘出了第一张生态区域地图。Wiken 等（1996）在对加拿大提出了第一个全国生态区划方案的基础上，进一步完善了全国生态区域划分，并指出每一等级的划分标准和每一等级制图所要求的比例尺。USEPA 于 1989 年发布了《区域化：管理环境资源的工具》（*Regionalization as a Tool for Managing Environmental Resources*），文件指出由于环境资源的自然和人为特征在全国各地都有所不同，许多环境资源管理人员已经认识到有必要建立区域管理框架（Gallant et al.，1989）。同时，文件提出在某些区域内环境特征和关注点是相对相同的，通过映射这些领域，可以开发一个区域管理框架。

3.1.3　国内分区研究概况

我国是世界上较早开展现代区划研究的国家之一，从理论到方法均开展了深入研究。1954 年，林超等（1954）在《中国自然地理区划大纲》中根据地形构造将全国划分为 4 部分，又根据气候状况将全国划分为 10 个“大地区”，最后根据地形划分为 31 个“地区”和 105 个“亚地区”。同年，罗开富（1954）在《中国自然地理分区草案》中将全国划分为季风影响显著的东部区域和季风影响微弱或完全无季风影响的西部区域，然后将全国划分为 7 个基本区，最后以地形为主要依据，将其划分为 23 个副区；并强调基本区是自然区，而非行政区或经济区，又明确提出将自然综合体或景观作为区划对象，将植被与土壤作为区划标志，如果标志不清楚，则将气候界线或地形界线作为主要标志。

1959 年，黄秉维（1958）的《中国综合自然区划的初步草案》将全国划分为三大自然区、6 个热量带、18 个自然地区和亚地区、28 个自然地带和亚地带、90 个自然省。该研究系统说明了全国自然区划在实践中的作用及在科学认识上的意义。1965 年该方案进行了补充修改，明确将热量带改为温度带。1989 年，该方案简化了区划体系，重申温度与热量的不同，将全国划分 12 个温度带、21 个自然地区和 45 个自然区。该研究比较全面详细，对指导我国分区实践具有重要的意义。

1961 年，任美锷等（1979）的《中国自然地理纲要》对黄秉维 1959 年的《中国综合自然区划的初步草案》提出了不同见解，依照自然情况差异性和改造自然的不同方向，将全国划分为 8 个自然区、23 个自然地区和 65 个自然省，将大兴安岭南段划入内蒙古区，将辽河平原划入华北区，将横断山脉北段划入青藏区，以及将柴达木盆地划入西北区等。1979 年，在自然区中把非地带性和地带性规律相结合统一，对上述方案进行了补充和完善。

1963 年，侯学煜（1963）按温度指标，将全国划分为 6 个带和 1 个区域，然后根据大气水、热条件结合状况不同，又将全国划分为 29 个自然区。并从大农业出发，对各个自然区的农业生产、安排和改造利用等提出了轮廓性意见。1983 年，赵松乔（1983）的《中国综合自然地理区划的一个新方案》在以主导因素和综合性相结合、多级体系划分、以服务农业为目标的三原则基础上，将全国划分为青藏高寒区、西北干旱区和东部季风区三大自然区，又按照水分与温带指标的组合和它们在植被、土壤等方面的作用，划分出 7 个自然地区，最后按非地带性和地带性因素的综合指标，划分出 33 个自然区。

1984 年，席承藩和张俊民（1984）在《中国自然区划概要》中把全国划分为西北干旱区域、东部季风区域和青藏高寒区域三大区域，再按温度状况将其划分为 14 个带，根据地貌条件将全国划分为 44 个区。2001 年，傅伯杰等（2001）的《中国生态区划方案》在充分考虑我国自然生态地域、生态系统服务功能、生态敏感性等要素的基础上，将全国生态区分为 3 级体系，包括 3 个生态大区、13 个生态地区和 57 个生态区，该区划为我国生态环境建设和环境管理政策的制定提供了科学依据。

我国区划研究发展的过程逐步呈现出两个总体趋势：一是在研究内容上，由自然地理区划转变为结合特定需求的部门区划；二是在技术方法上，由早期的依据水热条件、土壤类型等指标分布的理论划分，转变为基于数据驱动的客观聚类。

2017 年，郭书海等（2017）在传统区划理论的基础上，通过对土壤重金属背景值与地球化学值及有机物等污染物信息的数据挖掘和叠加验证，阐明了全国土壤环境质量的空间格局，进一步分析了区域环境质量的形成机制，并进行了全国土壤环境质量区域等级评估，从而构建了土壤环境区划指标体系，提出了全国尺度的土壤环境质量区划方案，将我国划分为 4 个一级区、22 个二级区、57 个三级区，如图 3-2 所示，三级区划具体命名方案见表 3-1。

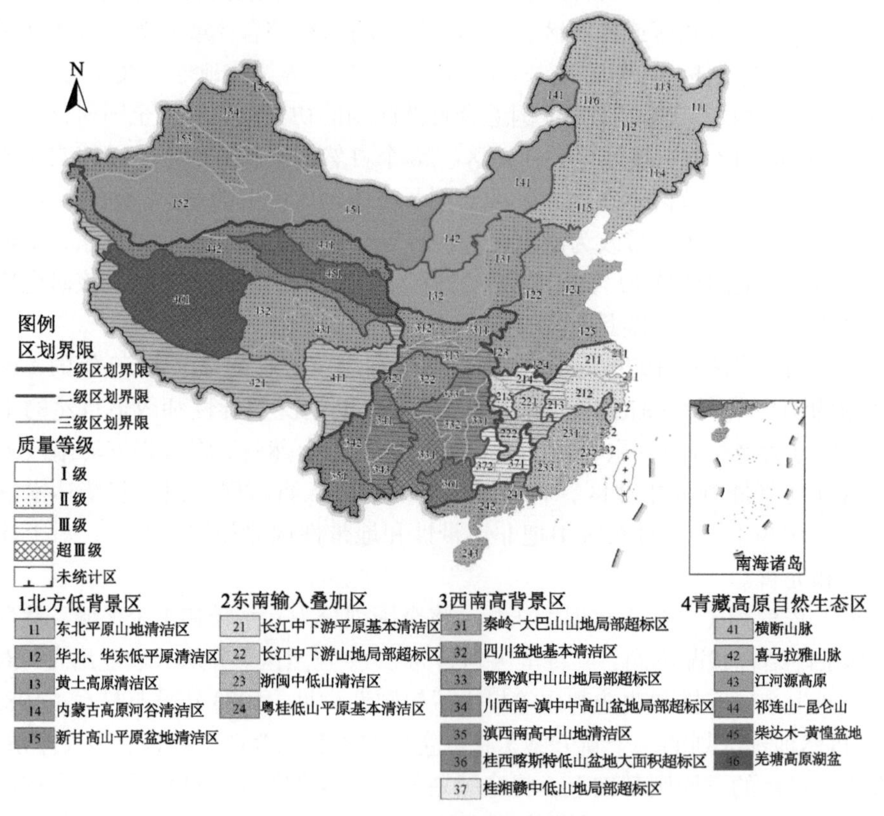

图 3-2　中国土壤环境质量区划

资料来源：郭书海等，2017

表 3-1　中国土壤环境质量区划分区

一级区	二级区	三级区
1 北方低背景区	11 东北平原山地清洁区	111 三江平原Ⅰ级区；112 松辽平原Ⅱ级区；113 小兴安岭山地Ⅱ级区；114 长白山山地Ⅱ级区；115 燕山山地-辽西丘陵Ⅱ级区；116 大兴安岭山地Ⅱ级区
	12 华北、华东低平原清洁区	121 鲁东南低山丘陵Ⅱ级区；122 华北平原Ⅱ级区；123 南阳盆地Ⅱ级区；124 大别山山地Ⅱ级区；125 苏北-黄淮平原Ⅱ级区
	13 黄土高原清洁区	131 山西山地盆地Ⅱ级区；132 黄土高原Ⅰ级区
	14 内蒙古高原河谷清洁区	141 内蒙古高原Ⅰ级区；142 河套-鄂尔多斯高原Ⅰ级区
	15 新甘高山平原盆地清洁区	151 新甘平原Ⅰ级区；152 塔里木盆地Ⅰ级区；153 天山高山盆地Ⅱ级区；154 准噶尔盆地Ⅱ级区；155 阿尔泰山山地Ⅲ级区
2 东南输入叠加区	21 长江中下游平原基本清洁区	211 江浙冲积平原Ⅱ级区；212 浙皖山地Ⅱ级区；213 鄱阳湖冲积湖积平原Ⅲ级区；214 江汉平原Ⅲ级区；215 洞庭湖冲积湖积平原Ⅱ级区
	22 长江中下游山地局部超标区	221 幕阜山地Ⅱ级区；222 湘赣丘陵Ⅲ级区
	23 浙闽中低山清洁区	231 武夷山山地Ⅱ级区；232 闽东南山地Ⅱ级区；233 粤闽山地Ⅱ级区
	24 粤桂低山平原基本清洁区	241 珠江三角洲Ⅲ级区；242 粤桂山地、粤西沿海台地Ⅱ级区；243 海南台地、山地Ⅱ级区
3 西南高背景区	31 秦岭-大巴山山地局部超标区	311 豫西汉中山地谷地Ⅱ级区；312 秦岭山地Ⅱ级区；313 大巴山山地Ⅲ级区
	32 四川盆地基本清洁区	321 成都冲积平原Ⅲ级区；322 川东中东北低山丘陵Ⅱ级区
	33 鄂黔滇中山山地局部超标区	331 雪峰山山地Ⅲ级区；332 武陵山山地Ⅲ级区；333 大娄山山地Ⅲ级区；334 川南、黔中北山地丘陵超Ⅲ级区
	34 川西南-滇中中高山盆地局部超标区	341 乌蒙山、凉山山地Ⅲ级区；342 盐源楚雄山地盆地Ⅱ级区；343 滇中喀斯特山地盆地Ⅲ级区
	35 滇西南高中山地清洁区	351 滇西南山地Ⅱ级区
	36 桂西喀斯特低山盆地大面积超标区	361 桂西喀斯特低山盆地超Ⅲ级区
	37 桂湘赣中低山地局部超标区	371 罗霄山山地Ⅲ级区；372 桂湘山地、喀斯特盆地Ⅲ级区
4 青藏高原自然生态区	41 横断山脉	411 横断山脉山地Ⅲ级区
	42 喜马拉雅山脉	421 喜马拉雅山脉山地Ⅲ级区
	43 江河源高原	431 江河上游山地谷地Ⅱ级区；432 江河源山地盆地Ⅱ级区
	44 祁连山-昆仑山	441 阿尔金-祁连山山地Ⅱ级区；442 昆仑山山地Ⅱ级区
	45 柴达木-黄湟盆地	451 柴达木-黄湟盆地Ⅱ级区
	46 羌塘高原湖盆	461 羌塘高原湖盆超Ⅲ级区

资料来源：郭书海等，2017。

2018 年，吴波等（2018）通过对土壤环境功能的定位与分析，以土壤环境质量区划为基础，结合环境质量适宜性和土壤环境功能分类划分空间区域，并归纳土壤环境功能类型，提出了全国土壤环境功能区划方案，从而建立了土壤环境功能区划的体系与方法。该研究归纳了 4 个一级功能类型、10 个二级功能类型，将我国划分为 75 个土壤环境功能区，并根据不同区域的功能分区现状，提出了相应的管理对策。

2023 年，Zhao 等（2023）提出了针对我国基准研究的土壤分区思路。该研究使用文献计量的方法统计汇总 304 篇与“土壤”和“分区”有关的文章，以期了解在土壤分区工作中最受重视的指标，并参考各个指标出现的频次，使用层次分析法建立赋予权重的指标体系（表 3-2）。基于空间数据与已建立的指标体系，分别使用 *K* 均值聚类（*K*-Means Clustering，*K*-Means）、模糊 *C* 均值聚类（Fuzzy *C*-Means，FCM）、自组织特征映射（Self-Organizing Feature Map，SOFM）三种聚类算法对土壤数据进行聚类分析，对聚类结果进行分析比较，结果表明当聚类个数为 13 时，FCM 聚类算法的聚类结果最优，最终将中国自然土壤环境划分为 12 个具有明显特征的区域（图 3-3）。

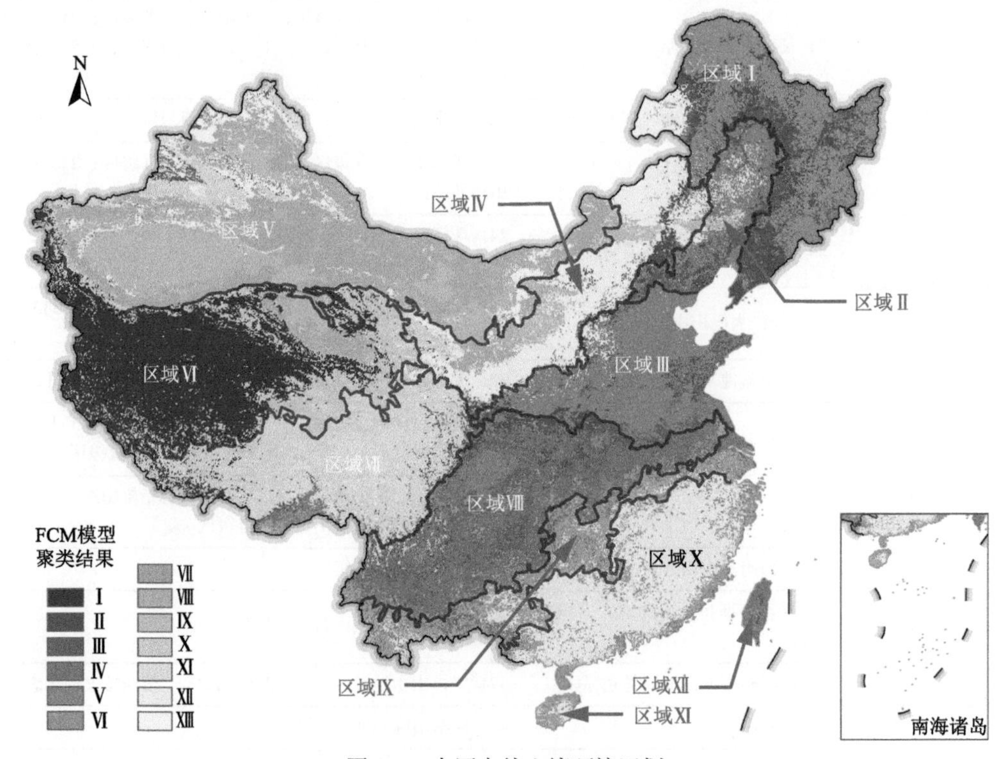

图 3-3　中国自然土壤环境区划

表 3-2　基于自然条件的中国自然土壤环境分区指标体系

考虑因素	权重	指标	权重
地理条件	0.1314	海拔	0.7892
		坡度	0.2108
气候条件	0.2623	年降水	0.483
		年均温	0.2614
		积温	0.1415

续表

考虑因素	权重	指标	权重
气候条件	0.2623	干旱度	0.0739
		蒸散发	0.0402
土壤性质	0.5147	pH	0.3337
		黏粒含量	0.1888
		有机质	0.2055
		容重	0.1117
		CEC	0.1117
		砂粒含量	0.0486
土地利用	0.0916	植被覆盖	1

3.2　土壤场地分类

分类工作致力于对研究对象的发现、表征、命名与归类，其目的是鉴别、认识并建立一个分类对象的有序体系（龚子同和张甘霖，2006）。对于土壤环境基准，分类工作主要体现在土地利用类型的差异上,因为不同的土地利用类型可能涉及不同的人群类型、人群所从事的活动类型,以及这种活动模式涉及的直接或间接接触土壤程度(EA,2009)。因而，分类工作是进一步开展土壤污染精准管控的重要依据。

3.2.1　国外场地分类研究概况

在国际上，制定土壤环境基准值时，各个国家依据场地未来土地用途的假设，对土地利用类型进行了划分。以下以六个基准体系较为成熟的发达国家为例，分别介绍其对土地利用类型的划分。

（1）在荷兰 CSOIL 模型中，确定了 7 种不同土地利用类型的暴露情景，分别为带花园的住宅，儿童玩耍场地，带菜园的住宅，不带农场的农用地，自然用地，具有自然价值的绿地，其他绿地、建筑、基础设施和工业用地。其中，带花园的住宅是推导干预值的标准暴露场景，带花园的住宅主要指一个住宅区域，并假设该住宅带有花园，花园可以用来种植作物，但应具备更显著的休闲功能，而不是种植功能。儿童玩耍场地则包括操场、草地、学校附近的花园和其他儿童使用的绿地。带菜园的住宅与带花园的住宅类似，差异在于其具备一个菜园，其中种植的蔬菜比普通花园多，菜园拥有者的饮食中很可能包含菜园种植的大部分作物。不带农场的农用地主要指农业生产用地，包括草地、耕地和农作物种植地等。自然用地则主要指自然保护区。具有自然价值的绿地包括许多娱乐设施，如运动场、城市公园等，如果这种土地利用类型中还有供儿童玩耍的特殊场所，则这些场所应被视为儿童玩耍场地。

（2）美国对土地利用类型的划分基于场地未来土地利用类型的假设，通常分为 3 类：

住宅用地、非住宅用地（商服/工业）和施工用地。1996 年土壤筛选指南仅考虑了住宅用地这一种暴露情景，这可能导致筛选值过于保守（USEPA，1996a，1996b），因此，2002 年 USEPA 发布的补充指南增加了非住宅用地和施工用地两种暴露情景（USEPA，2002）。“非住宅用地”一词可能包括广泛的相关土地用途，如商服、工业、农业和娱乐等，而 EPA 的非住宅用地特指一种单一的非住宅用地类别，即商服和工业用地。USEPA 选择这种做法有两个原因：第一，很难根据潜在的暴露来区分商服和工业用地。商服和工业类别都有广泛的潜在暴露水平，由于这些范围重叠，不能认为其中一种类别的潜在暴露始终高于另一种。第二，筛选过程主要关注未来的土地使用，对于许多国家污染场地优先清单 NPL 中的场地，未来可能发生的具体活动存在相当大的不确定性。因此，非住宅用地筛选框架包括一套通用的适用于商服和工业用地的 SSLs 和推导公式。而对于预期未来土地用途为农业或娱乐用地的场地，通常需要场地管理者应用更详细的针对特定场地的建模方法来制定 SSLs。由于许多工地需要考虑在施工过程中的暴露，USEPA 设计了施工用地筛选方案以补充住宅和非住宅的暴露情景。施工用地 SSLs 和住宅或非住宅用地 SSLs 的三个关键区别为：没有通用的 SSLs、基于亚慢性暴露、关注深层土壤（表层土以下）。

（3）英国在推导土壤环境基准时将暴露场景分为 4 类：住宅用地、配额地、商业用地（图 3-4）及公共开放空间。一般情况下住宅用地的暴露情景是假设一个典型的建在一块承重板上的住宅，包括一栋两层的房子和私人花园，花园由草坪、花坛和一小块果蔬种植地组成，并假设居住者是经常使用花园的有小孩的父母。配额地指个人可以种植水果、蔬菜供自己和家人食用的一小块土地，通常由地方当局提供给承租人种植水果和蔬菜。商业用地的暴露情景是假设一个典型的由一栋三层楼的建筑组成的商业或轻工业场地，不包括托儿所等儿童频繁出现的场地。公共开放空间包括住宅附近的绿地及公园用地。住宅附近的绿地包括靠近高密度住宅区的主要草地区域以及 20 世纪 30～70 年代住宅附近的中央绿地，住宅附近的绿地通常是一个面积达 500 m^2 的草地，其中相当一部分（高达 50%）可能是裸土，儿童会经常在此玩耍，该地也会开展一些非正式的体育活动。公园用地有草地，可能包含景观区和儿童游乐场所。公园用地进行的主要活动包括家庭聚会和野餐、儿童玩耍、非正式的体育活动及遛狗等，并假设公园是一个主要种植草且相对较大的开放空间（>0.5hm^2），裸露的土壤不超过 25%（EA，2009）。

（4）加拿大在推导通用 SQG 时将土地利用类型分为 4 类：农业用地、住宅/公园用地、商业用地和工业用地，如图 3-5 所示。农业用地指主要土地用途为种植作物或饲养牲畜，以及为野生动物和本地植物提供栖息地的场地。住宅/公园用地中主要人群活动为居住或娱乐活动，公园指居住地之间的缓冲区，也包括露营地，但不包括像国家或省级公园这样的荒地（林野）。商业用地指主要土地用途为商业而非住宅或制造业的场地（如购物中心），且不包括种植作物的区域。工业用地指主要活动包括生产商品、制造或建筑的区域（CCME，2006）。

(a)住宅用地

(b)配额地

(c)商业用地

图 3-4　英国住宅用地、配额地、商业用地

资料来源：EA，2009

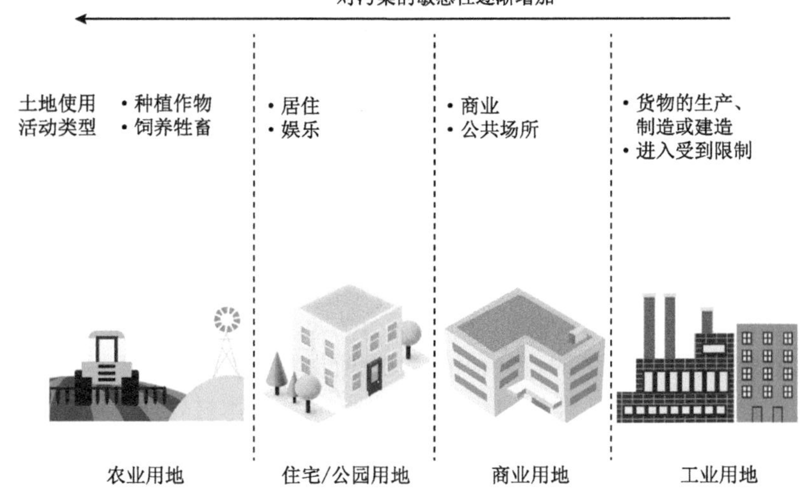

图 3-5　加拿大通用土地利用类型

资料来源：CCME，2006

（5）澳大利亚在 2013 年的《国家环境保护措施》（National Environment Protection Measure，NEPM）修订版中，将土地利用类型分为 4 类。A 类为带花园的住宅，属于低密度住宅，其拥有一个包含草坪、小菜园和果树区的大花园，但不含家禽（NEPC，2013a，2013b）。A 类土地利用类型假设的典型住宅情景：由地板支撑的单层住宅或起居区域在一层的多层住宅，在住宅前院和后院有可接触的土壤，儿童和成人每天都可以接触到土壤。B 类为接触土壤机会较小的住宅，属于高密度住宅用地，不包含私人花园。B 类土地利用类型假设一个典型包括多层建筑的住宅单元块，这些建筑的居民直接接触土壤的

机会很小，但居民可能吸入、摄入或直接接触场地土壤中产生的粉尘颗粒。C 类为公共开放空间，包括多种土地利用方式，如公园、操场、娱乐场所和运动场，这些都是完全开放给公众的地方，而且公众可能会在这些地方花费大量时间。D 类为商服/工业用地，假定典型的商业和轻工业用地由单层或多层的建筑组成，工作区域在一层或地下室，这类用地情景并不包括位于商服/工业用地中的敏感用地。商服/工业用地的户外区域大部分进行了土地硬化，仅有一些有限的绿化或草坪。

（6）新西兰将普通的受污染场地的土地用途分为以下 5 类：标准住宅、高密度住宅、农村住宅及生活街区、公园及娱乐场所、商服/工业用地。标准住宅指大多带有花园的独立住宅，可用于种植蔬菜。新西兰其余的私人住宅主要是多单元住宅、多单元联排住宅、公寓楼和高层公寓。与独立住宅相比，单层多单元住宅一般没有花园，即使有往往也是小型的观赏花园，居民与土壤接触的机会较少。因此，与标准住宅相比，高密度住宅的土壤摄入量较低，且不包括自产蔬菜的摄入。农村住宅及生活街区指随着社会的发展，以前用于农业或园艺用途的土地越来越多地被细分为生活街区。这些土地可能被历史上广泛使用的持久性农用化学品和/或废弃的涤羊毛液污染。与城市住宅相比，生活街区种植自产蔬菜的可能性也更大。对于公园及娱乐场所，由于新西兰人喜欢与大自然接触，因此公园和城市绿地非常普遍。此外，新西兰人无意或有意地将受污染的土地用作公园或自然保护区的情况也很常见。由于城市化的发展，在对以前的农业或园艺用地进行细分时，通常会留出一些土地作为自然保护区和公共通行区。对于商服/工业用地，新西兰存在大量的废弃工业污染场地，这类场地可继续用作工业用地，或可改作商业用地，如购物中心、仓库及办公园区，有时也用作住宅。一些工业用地可能存在相当大范围的裸露土壤，而许多商业用地的地面被完全铺砌或覆盖着建筑物。虽然工厂的工作人员或商业用地上的人群几乎不会直接接触到土壤，但可能会接触到挥发性污染物（MfE，2011a）。

此外，新西兰还对一些特殊行业场地进行了划分，包括煤气厂场地、木材处理厂场地、旧浸羊毛场地和石油工业场地（MfE，1997a，1997b，1997c，1999，2006，2011b）。

煤气厂场地按照其未来可能的土地用途又分为 6 类，分别是农业、园艺用地；50%所摄入的食物来源于标准住宅的自家种植；10%所摄入的食物来源于标准住宅的自家种植；高密度住宅区；商业、工业用地；公园、娱乐场所。木材处理厂场地按照其未来可能的用途进行了划分，并根据可能接触到土壤介质的程度，进一步对工业用地进行分类，因此对铺砌的和未铺砌的场地进行了单独划分，主要包括以下 4 类：农业用地、住宅用地、未铺砌的工业用地、铺砌的工业用地。石油工业场地按照其未来可能的土地用途可以划分为以下 3 类：农业、园艺用地；住宅区；商业、工业用地。旧浸羊毛场地按照其未来可能的土地用途又划分为 5 类，分别是生活区域；标准住宅用地；高密度城市住宅；公园、娱乐场所；商业、工业用地。

3.2.2 国内场地分类研究概况

在我国建设用地土壤风险管控中，《土壤环境质量 建设用地土壤污染风险管控标准（试行）》（GB 36600—2018）依据保护对象暴露情况的不同将建设用地划分为第一类与第二类用地。第一类用地包括城市建设用地中的居住用地、公共管理与公共服务用地中的中小学用地、医疗卫生用地和社会福利设施用地，以及公园绿地中的社区公园或儿童公园用地。第二类用地包括城市建设用地中的工业用地、物流仓储用地、商业服务业设施用地、道路与交通设施用地、公共设施用地、公共管理与公共服务用地，以及绿地与广场用地等。

基于国家出台的《土壤环境质量 建设用地土壤污染风险管控标准（试行）》（GB 36600—2018）、《城市用地分类与规划建设用地标准》等文件，我国许多学者对场地分类问题进行了更加细致深入的研究。例如，嵇囡囡（2020）按照城市建设用地的八大类土地利用类型（居住用地、公共管理与公共服务用地、商业服务业设施用地、工业用地、物流仓储用地、道路与交通设施用地、公用设施用地、绿地与广场用地），进行暴露情景和暴露途径的分析。同时，按我国土壤类型将我国划分为六大区域，调研了不同土壤类型区域的暴露参数和土壤参数，并对结果进行了不同区域、不同土地利用类型的比较分析。陈仲文（2020）构建了建设用地和农产品产地环境风险管控指标体系框架，并将建设用地细分为第一类建设用地、第二类建设用地两类，将农产品产地分为菜地、水田、旱地和草地/林地四类，确定了不同土地利用类型的指标基准值。刘瑞平等（2021）基于“国家-省-地市-区县”不同尺度、农用地与建设用地不同土地利用类型，提出了基于分级分类分区的土壤污染风险管控规划的总体思路及技术方法，为中国土壤环境管理提供参考（图 3-6）。

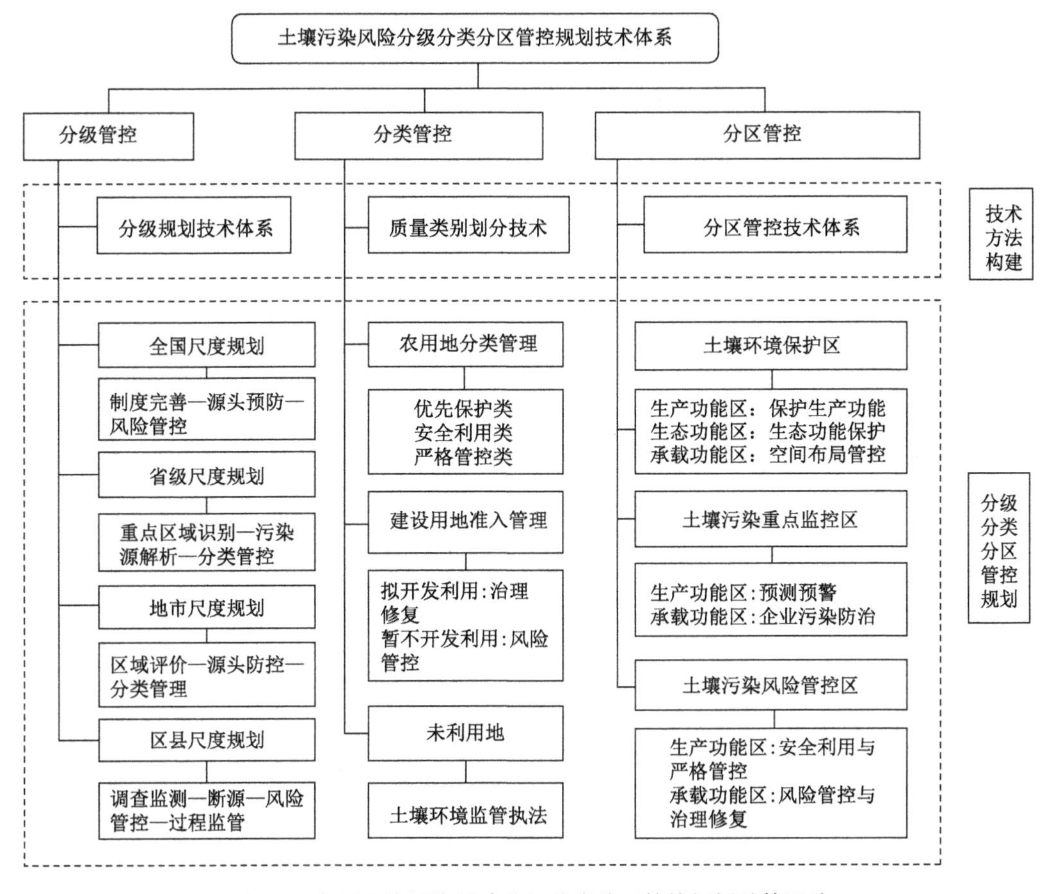

图 3-6 中国土壤污染风险分级分类分区管控规划总体思路

资料来源：刘瑞平等，2021

3.3 土壤分级管控

污染地块综合风险分级管理指对污染地块进行风险等级划分，从而根据风险等级判定此场地是亟须修复治理还是可采用暂时的风险管控措施，对污染地块的风险管控和修复区别对待，从而有效缓解污染地块修复资金和资源紧缺的局面，优化修复资金的使用。

3.3.1 国外土壤分级管控研究概况

出于对不同的暴露保护目标和暴露风险水平的考虑，以满足精准风险防控需求，世界上许多国家制定了不同保护级别的土壤环境基准限值。下面以 5 个基准体系较为成熟的发达国家为例，分别介绍其对土壤环境基准的分级研究及各自的保护水平。

1）荷兰

1983 年荷兰政府颁布了《临时土壤修复法》及支持该法案的《土壤修复指南》。《土壤修复指南》中概述如何对污染土壤采取行动，并提出 *A*、*B*、*C* 三个级别的指导值。*A* 值是基于荷兰的土壤背景值制定的，低于 *A* 值意味着没有土壤污染；*C* 值是根据专家评判得出的，当污染物浓度超过 *C* 值时，需要采取修复行动；*B* 值是 *A* 值和 *C* 值的平均值，当超过 *B* 值时需要进行进一步的场地调查。1987 年荷兰开始对《土壤修复指南》进行评估，并对该指南的部分内容进行了重大修订，其中主要修订内容包括使用风险评估和毒理学信息来评估与调整之前的 *A*、*B*、*C* 值，根据环境政策定义框架将 *C* 值重新命名为干预值（Fast et al.，1987）。

1994 年荷兰对《土壤保护法》进行了修订，并正式确定将 *A* 值和 *C* 值分别修订为基于风险的目标值和干预值，目标值具有与 *A* 值类似的功能，干预值与 *C* 值的功能相似。虽然不再有正式的中间值（*B* 值），但实际上仍用中间值来确定是否需要进行进一步调查，中间值（Intermediate Value）是目标值和干预值的平均值。当污染物浓度高于中间值而低于干预值时，意味着需要展开进一步的调查。如果调查结果显示土壤浓度仍然高于中间值而低于干预值则可以对土地利用加以限制。另外，荷兰还基于 CSOIL 模型推导出干预值，并发布了第一系列共 70 种化合物的干预值。干预值主要用于严重污染土壤的界定，即如果有至少 25 m^3 的土壤中污染物浓度超过干预值，则表明土壤处于严重污染状态。土壤中污染物浓度超过干预值还表明会对人体和/或环境造成不可接受的风险。不过土壤污染浓度超过干预值并不意味着需要立即进行修复，而是需要通过修复标准判断修复的紧急性。

2006 年，在荷兰政府更新的文件中，以土壤背景值代替目标值，并更新了 CSOIL 模型（van Wijnen and Lijzen，2006）。2009 年荷兰政府修订发布了 19 种无机污染物和 67 种有机污染物在标准土壤条件下的干预值（Rodrigues et al.，2009）。由于干预值仅是用来界定荷兰土壤是否处于严重污染，因此为了制定一项将土地归类为轻度污染场地的管理战略，2008 年的《土壤质量法令》中引入了可持续的土壤管理原则（VROM，2008）。轻度污染土壤可以采用可持续的方式管理，允许在一个地区内对其进行再利用。为了解决这一问题，根据不同的土地利用类型制定了全国的最大值，不过最大值仅适用于难迁移物质。最大值的用途是管理土壤的再利用以及在土壤修复情况下为土壤设定特定土地用途的修复目标。背景值、最大值和干预值将污染场地划分为与土地利用类型相关的 4 个质量等级，分别为适合多种用途、适合居住用地、适合工业用地和不适合使用（图 3-7）。当污染物浓度介于工业用地的最大值和干预值之间时，则该土壤不能进行再利用。

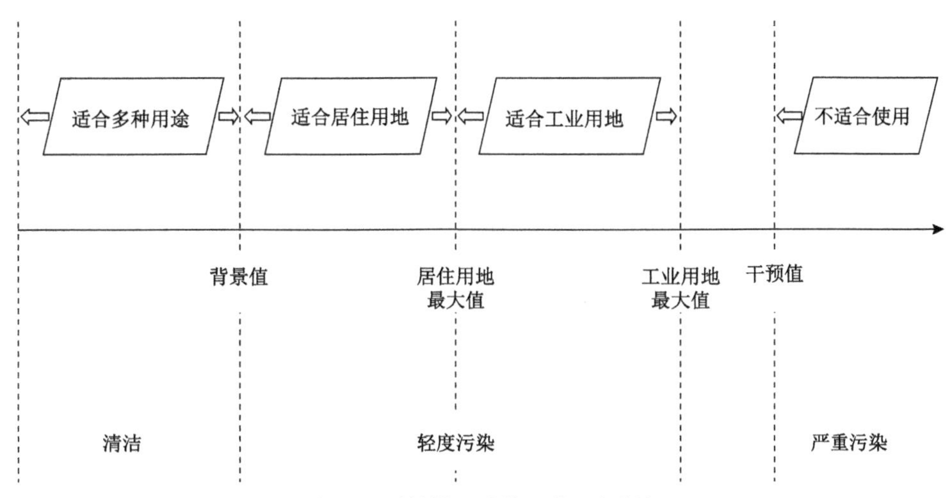

图 3-7　可持续土地管理的一般框架

资料来源：Swartjes et al.，2012

除全国通用的最大值之外，荷兰还鼓励各地方当局制定符合当地具体情况的最大值，《土壤质量法令》规定主管部门可以设定地方最大值，且任何确定的地方最大值都具有法律地位。原则上地方当局可以使用全国通用的最大值来评估轻微污染土壤的再利用，并将其作为污染表土的修复目标。但是在某些情况下，这些通用值并不适用，如大面积土壤为轻微污染或当地自然背景浓度高于全国水平时。在这些情况下，为了将土壤政策与当地土壤问题联系起来，荷兰地方当局可以制定地方最大值，然后用该值代替国家的最大值。

2）美国

1994 年 USEPA 提出土壤筛选指南审查草案，经过公众评论和同行审查后，1996 年 6 月，USEPA OERR 发布了《土壤筛选指南：情况说明书》，随后发布了《土壤筛选指南：用户指南》（USEPA，1996a，1996b）。该指南是 USEPA 为环境科学与工程专业人员提供的一种标准化的方法，用于计算土壤中污染物基于风险的、特定场地的 SSLs。当场地污染物的浓度低于 SSLs 时，根据《综合环境反应、赔偿和责任法》（CERCLA），没有必要采取进一步的研究和调查；当场地污染物的浓度等于或者超过 SSLs 时，则需要进一步地研究和调查，但并不一定需要清理。

为了支持 USEPA 做出根据 CERCLA 采取清洁行动的决定，USEPA 制定了区域清除管理水平（RMLs）。当污染物的浓度高于 RMLs 时，则需要对污染场地采取清洁行动（具体还要考虑背景浓度、特定场地暴露情景等因素）；但污染物浓度低于 RMLs 的场地也不一定是清洁的。RMLs 用于帮助确定区域、污染物和条件，以确保在现场采取清洁行动。

2009 年，USEPA 将九区的 PRGs、三区的 RBC 和六区的 HHMSSL 整合为 RSLs（USEPA，2009）。特定场地土壤污染物浓度超过 RSLs，需要采取进一步的行动，但不一定是清洁行动。相对于 RMLs 而言，RSLs 是对个别化学品更为保守的基于风险的值。在联邦超级基金项目中，“筛选”指确定某一特定场地可能引起关注或不需要联邦进一步关注的区域、污染物和条件的过程。一般来说，在污染物浓度低于筛选值的场地，联邦超级基金计划不需要进一步行动或研究。如果污染物浓度等于或超过筛选值，可能需要进一步研究或调查，但不一定要清理。而 RSLs 与 SSLs 的区别是 RSLs 是土壤、空气、水和鱼中个别化学物质的特定场地浓度值，SSLs 仅针对土壤。

PRGs 为建立特定场地的清洁水平提供参考。特定化学物质的 PRGs 一般有两个来源：①根据适用或相关和适当要求（如联邦或州饮用水标准）的浓度；②基于风险的浓度。在满足适当条件的情况下（如特定场地的条件与推导 SSLs 时假定的条件相似），SSLs 可以用作 PRGs。基于风险的 RMLs、RSLs、PRGs 和特定场地的清洁水平可被视为用于评估场地化学物质浓度的连续水平的一部分。它们的关系如图 3-8 所示。

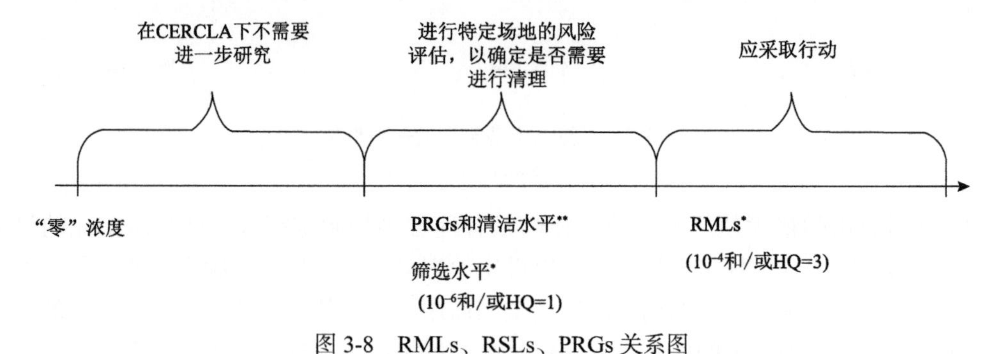

图 3-8　RMLs、RSLs、PRGs 关系图

资料来源：USEPA，2009

* 筛选水平和 RMLs 针对个别化学品；** 清洁水平考虑到暴露于多种化学物质

3）英国

英国是第一批提出用于再开发土地的土壤中某些污染物浓度标准的国家之一，并于 1983 年提出了污染物的触发值，1987 年英国对触发值进行了更新并确定了 17 种污染物的触发值。触发值包括阈值和行动值。当污染物浓度低于阈值时，认为不会产生危害，不需要采取任何措施；当污染物介于阈值与行动值之间时，有必要考虑是否需要采取修复措施；当污染物浓度高于行动值时，需要采取修复措施或改变土地利用方式。

1990 年，英国环境署组织相关人员对人体健康风险评估法及生态风险评估法进行了多年研究，最终于 2002 年开发了居住用地、配额地和商服/工业用地下的污染场地暴露评估模型（CLEA 模型），并以 CLEA 模型推导出的 SGVs 代替触发值。SGVs 是人类长期暴露于土壤中单一化学物质而不会产生不可容忍风险或对人类健康构成最小风险的化学物质浓度，是科学的基于风险的通用评估基准，不是具有约束力的标准。

通常土壤环境基准有两种用途：决定是否对特定场地采取行动或确定修复目标。第一种用途的土壤环境基准符合对问题场地采取行动的监管背景，当超过此类基准时土壤污染可能会对人体健康造成不可接受的风险。第二种用途的土壤环境基准可以用来评判土地何时需要修复，也可以作为整个土地的长期目标。英国对这两种用途的土壤环境基准做出了明确区分，并指出 SGVs 是作为第一种用途的土壤环境基准。SGVs 并不能作为修复标准，其主要目的是作为评估与土地使用相关的人类健康风险的新监管框架中的"干预值"，即当土壤中污染物浓度超过 SGVs 时，需要对场地进行调查或评估，以确保土地的新用途不会对预期使用者造成任何不可接受的健康风险。SGVs 可作为评估土壤中化学物质对人类健康的长期风险的起点，也可作为土壤中化学污染物的一个指标，在这种情况下，长期人类健康风险被认为是可接受的或最小的。SGVs 本身并不代表存在重大损害的重大可能性的阈值，也不代表造成不可接受的摄入量。

2013 年，为了对《2A 部分法定指南》提供技术指导，英国环境、食品和农村事务部进行了 SP1010 项目的研究，并提出了第 4 类筛选值（C4SLs）。C4SLs 研究的总体目标是对环境、食品和农村事务部修订《1990 年环境保护法》（第 2A 部分）的法定指南（SG）提供技术指导。然而，C4SLs 仅代表了研究项目的结果，不是环境、食品和农村事务部的正式指导值。C4SLs 和 SGVs 均属于英国的通用筛选基准，并可用于污染场地的风险评估中。

4）加拿大

1991 年 9 月，为了评估和修复受污染场地的一致性，CCME 发布了一套《加拿大污染场地临时环境质量基准》（*Interim Canadian Environmental Quality Criteria for Contaminated Sites*），它提出了旨在维持、改善或保护环境质量和人体健康的土壤与水中污染物的数值限制。这些临时环境质量基准包括评估和修复农业、住宅/公园和商服/工业用地的水与土壤的数值。该基准是采用加拿大各司法管辖区现有的土壤和水质基准，为确定的土地用途制定的。因为许多基准没有完整的支撑原理，所以基准被认为是临时性的（CCME，1991）。

临时基准（Interim Criteria）包括评估基准和修复基准，它可作为基准，是制定特定场地目标值和具有法律效力的标准值的基础。以前 CCME 关于 NCSRP 的出版物使用了"Criteria"一词，不过，这一术语已被与其他环境介质（水、沉积物等）一致的"Guidelines"取代。临时基准采用的是加拿大其他司法管辖区的土壤和水质基准，不以效应为基础。

1996 年，CCME 提出了为保护和维持水、沉积物或土壤的特定用途而建议的数值限制或叙述陈述，定义为指导值（Guidelines），其功能与之前提出的临时基准一致。土壤修复目标值是为保护和维持某一特定场地的土壤或水的特定用途而制定的限值或叙述说明。它是以指导值为基础得来的，考虑了特定场地条件的差异及非科学因素（社会经济、技术或政治）。此外，目标值还可以直接采用指导值或者使用风险评估程序来制定（CCME，1996a，1996b）。

自 1996 年以来，CCME 的土壤质量指导值工作组（SQGTG）与其他工作组和委员会一直致力于为所有环境介质（水、土壤、沉积物、组织残留物、空气）制定一套综合的国家环境质量准则。1997 年，SQGTG 发布了《推荐的加拿大土壤质量指导值》（*Recommended Canada Soil Quality Guidelines*），该文件包括根据 1996 年议定书确定的 20 种物质和 4 种土地用途的 SQG，取代了 1991 年关于这些物质的临时基准（CCME，1997）。1999 年，在一份名为《加拿大环境质量指导值》（*Canadian Environmental Quality Guidelines*）的文件中首次公布了这些标准。该文件包含了根据 1996 年议定书确定的另外 12 种物质的最新 SQG，自 1999 年以来，土壤质量指南已经确定了其他物质的指导值，并被采用作为相应的 1991 年临时基准的替代（CCME，1999）。SQG 是为保护和维持水、沉积物或土壤的特定用途而推荐的通用限值或叙述陈述。

5）澳大利亚

1992 年，澳大利亚和新西兰环境保护理事会（ANZECC）与国家卫生和医学研究理事会 NHMRC 发布了《澳大利亚和新西兰污染场地评估和管理指南》，该文件提出了基于人体健康和环境土壤承载力参数的调查值。

1999 年澳大利亚 NEPC 出版了《国家环境保护（场地污染评估）措施》（NEPM），NEPM 的目的是建立一种全国统一的场地污染评估方法，以确保监管机构、场地评估人员、环境审计人员、土地所有者和开发商等能够采取健全的环境管理措施（NEPC，1999）。在 NEPM 的发展过程中，澳大利亚于 1999 年正式建立了 HILs，当土壤中污染物浓度超过 HILs 时就需要进行进一步适当的调查和评估，超过 HILs 并不意味着存在不可接受或可能存在重大的健康风险，低于 HILs 也不意味着存在可接受或不太可能产生健康危害。从根本上说，HILs 是一种基于科学的通用基准，用于长期接触污染物对人类健康产生潜在风险的第一个评估阶段。HILs 也不是理想的土壤质量标准。

石油碳氢化合物是澳大利亚最常见的环境污染物，在澳大利亚当局管理或管制污染场所中，至少有 50%的场地存在石油碳氢化合物的污染，因而土壤和地下水中的石油污染也是澳大利亚重点关注的问题。2008 年 12 月，环境污染评估与修复合作研究中心（CRC CARE）编写了一份石油碳氢化合物的健康筛选值（HSLs）的技术文件草案，该文件主要包括对 HSLs 中主要假设的详细敏感性分析，以及其他基于风险的国际石油碳氢化合物标准的比较（CRC CARE，2008）。2011 年，CRC CARE 出版了 HSLs 的正式文件（Friebel and Nadebaum，2011）。HSLs 指在对人类健康和任何当地生态受体的安全产生不利影响的风险非常低时的土壤石油碳氢化合物的浓度。当土壤中石油碳氢化合物的浓度低于该水平时就不需要进一步的调查或补救，并能对人体健康提供合理的保护，以防止石油碳氢化合物污染。HSLs 的目的是评估慢性人类健康风险，对石油蒸气、降解产物（如甲烷）积聚造成的爆炸危险应单独评估。

3.3.2 国内土壤分级管控研究概况

在我国的土壤环境质量管理中，也十分重视标准的分级制定与土壤环境质量的差别管控。1995 年，我国国家环境保护局批准并发布了《土壤环境质量标准》（GB 15618—1995），此文件根据不同的土壤应用功能和保护目标划分了三类土壤环境质量，并分别制定了三级标准，Ⅰ类适用于国家规定的自然保护区（原有背景重金属含量高的除外）、集中式生活饮用水源地、茶园、牧场和其他保护地区的土壤，土壤质量基本上保持自然背景水平，Ⅰ类执行一级标准，一级标准是为保护区域自然生态，维持自然背景的土壤环境质量设置的限制值；Ⅱ类适用于一般农田、蔬菜地、茶园、果园、牧场等土壤，土壤质量基本上对植物和环境不造成危害和污染，Ⅱ类执行二级标准，二级标准是为保障农业生产，维护人体健康而设置的土壤限制值；Ⅲ类适用于林地土壤及污染物容量较大的高背景值土壤和矿产附近等地的农田土壤（蔬菜地除外）。土壤质量基本上对植物和环境不造成危害和污染。Ⅲ类执行三级标准，三级标准是为保障农林业生产和植物正常生长设置的土壤临界值（表3-3）。

表3-3　土壤环境质量标准值　　（单位：mg/kg）

污染物项目	一级标准	二级标准			三级标准
	自然背景	pH<6.5	6.5≤pH≤7.5	pH>7.5	pH>6.5
镉	0.20	0.30	0.30	0.60	1.0
汞	0.15	0.30	0.50	1.0	1.5
砷-水田	15	30	25	20	30
砷-旱地	15	40	30	25	40
铜-农田等	35	50	100	100	400
铜-果园	—	150	200	200	400
铅	35	250	300	350	500
铬-水田	90	250	300	350	400
铬-旱地	90	150	200	250	300
锌	100	200	250	300	500
镍	40	40	50	60	200
六六六	0.05		0.50		1.0
滴滴涕	0.05		0.50		1.0

注：重金属（铬主要是三价）和砷均按元素量计，适用于CEC>5 cmol(+)/kg的土壤，若CEC≤5 cmol(+)/kg，其标准值为表内数值的半数；六六六为四种异构体总量，滴滴涕为四种衍生物总量；对于水旱轮作地的土壤环境质量标准，砷采用水田值，铬采用旱地值。

2018年，我国生态环境部与国家市场监督管理总局联合发布了《土壤环境质量 农用地土壤污染风险管控标准（试行）》（GB 15618—2018）和《土壤环境质量 建设用地土壤污染风险管控标准（试行）》（GB 36600—2018），这两个文件是目前我国现行土壤污染风险管控标准，并都为土壤环境监管设定了筛选值和管制值的分级标准（表3-4和表3-5）。

农用地土壤污染风险筛选值指农用地土壤中污染物含量等于或低于该值时，对农产品质量安全、农作物生长或土壤生态环境的风险低，一般情况下可忽略；超过该值时，对农产品质量安全、农作物生长或土壤生态环境可能存在风险，应当加强土壤环境监测和农产品协同监测，原则上应当采用安全利用措施。农用地土壤污染风险管制值指农用地土壤中污染物含量超过该值的，食用农产品不符合质量安全标准等农用地土壤污染风险高，原则上应当采取严格管控措施。

表 3-4　农用地土壤污染风险筛选值与管制值　（单位：mg/kg）

污染物项目	pH≤5.5	5.5<pH≤6.5	6.5<pH≤7.5	pH>7.5
		风险筛选值		
镉-水田	0.3	0.4	0.6	0.8
镉-其他	0.3	0.3	0.3	0.6
汞-水田	0.5	0.5	0.6	1.0
汞-其他	1.3	1.8	2.4	3.4
砷-水田	30	30	25	20
砷-其他	40	40	30	25
铅-水田	80	100	140	240
铅-其他	70	90	120	170
铬-水田	250	250	300	350
铬-其他	150	150	200	250
铜-果园	150	150	200	200
铜-其他	50	50	100	100
镍	60	70	100	190
锌	200	200	250	300
六六六		0.10		
滴滴涕		0.10		
苯并[*a*]芘		0.55		
		风险管制值		
镉	1.5	2.0	3.0	4.0
汞	2.0	2.5	4.0	6.0
砷	200	150	120	100
铅	400	500	700	1000
铬	800	850	1000	1300

建设用地土壤污染风险筛选值指在特定土地利用方式下，建设用地土壤中污染物含量等于或低于该值时，对人体健康的风险可以忽略；超过该值时，对人体健康可能存在风险，应当开展进一步的详细调查和风险评估，确定具体污染范围和风险水平。建设用

地土壤污染风险管制值指在特定土地利用方式下，建设用地土壤中污染物含量超过该值时，对人体健康通常存在不可接受风险，应当采取风险管控或修复措施。

表3-5　建设用地土壤污染风险筛选值与管制值（基本项目）　（单位：mg/kg）

污染物项目	筛选值		管制值	
	第一类用地	第二类用地	第一类用地	第二类用地
重金属和无机物				
砷	20	60	120	140
镉	20	65	47	172
铬（六价）	3.0	5.7	30	78
铜	2000	18000	8000	36000
铅	400	800	800	2500
汞	8	38	33	82
镍	150	900	600	2000
挥发性有机物				
四氯化碳	0.9	2.8	9	36
氯仿	0.3	0.9	5	10
氯甲烷	12	37	21	120
1,1-二氯乙烷	3	9	20	100
1,2-二氯乙烷	0.52	5	6	21
1,1-二氯乙烯	12	66	40	200
顺-1,2-二氯乙烯	66	596	200	2000
反-1,2-二氯乙烯	10	54	31	163
二氯甲烷	94	616	300	2000
1,2-二氯丙烷	1	5	5	47
1,1,1,2-四氯乙烷	2.6	10	26	100
1,1,2,2-四氯乙烷	1.6	6.8	14	50
四氯乙烯	11	53	34	183
1,1,1-三氯乙烷	701	840	840	840
1,1,2-三氯乙烷	0.6	2.8	5	15
三氯乙烯	0.7	2.8	7	20
1,2,3-三氯丙烷	0.05	0.5	0.5	5
氯乙烯	0.12	0.43	1.2	4.3
苯	1	4	10	40
氯苯	68	270	200	1000

续表

污染物项目	筛选值		管制值	
	第一类用地	第二类用地	第一类用地	第二类用地
挥发性有机物				
1,2-二氯苯	560	560	560	560
1,4-二氯苯	5.6	20	56	200
乙苯	7.2	28	72	280
苯乙烯	1290	1290	1290	1290
甲苯	1200	1200	1200	1200
间二甲苯+对二甲苯	163	570	570	570
邻二甲苯	222	640	640	640
半挥发性有机物				
硝基苯	34	76	190	760
苯胺	92	260	211	663
2-氯酚	250	2256	500	4500
苯并[*a*]蒽	5.5	15	55	151
苯并[*a*]芘	0.55	1.5	5.5	15
苯并[*b*]荧蒽	5.5	15	55	151
苯并[*k*]荧蒽	55	151	550	1500
䓛	490	1293	4900	12900
二苯并[*a*,*h*]蒽	0.55	1.5	5.5	15
茚并[1,2,3-*cd*]芘	5.5	15	55	151
萘	25	70	255	700

除国家层面对土地的分级监管之外，许多学者通过学习、比较发达国家的土地管理模式对我国土壤监管体系的建立提出了建议。例如，单艳红等（2009）详细介绍了加拿大污染地块管理的步骤，从管理角度提出了许多建议（如出台污染场地追责政策、尽快制定系列指导性文件和土壤环境标准体系等）。张俊丽等（2016）从我国污染地块分级管理需求出发，结合发达国家的场地管理方法设计了污染地块的管理制度，提出了先建立污染地块名录的建议。此外，还有部分学者着力于探索适宜的评价指标和计算方法。例如，余勤飞等（2013）在加拿大国家分类体系的基础上建立了更适合的指标体系，并用层次分析法结合数值加和法对污染地块进行了评估；吕星辰（2017）采用三角模糊函数法对污染地块进行了分类评价研究等。分级管控除体现在管控值的分级设定外，还体现在据国家、省、地市、区县等不同尺度的土壤污染防治工作中，目前我国已经形成较为完备的土壤污染防治分级管控思想和方案。

参考文献

阿尔夫雷特·赫特纳. 2009. 地理学: 它的历史、性质和方法. 王兰生, 译. 北京: 商务印书馆.
陈仲文. 2020. 土壤环境风险管控指标体系研究. 济南: 山东大学.
程维明, 周成虎, 李炳元, 等. 2019. 中国地貌区划理论与分区体系研究. 地理学报, 74(5): 839-856.
杜栋, 陈燕丽. 2019. 土壤环境管理,如何科学分区?. 中国生态文明, (1): 45-47.
冯琦胜, 修丽娜, 梁天刚. 2013. 基于 CSCS 的中国现存自然植被分布研究. 草业学报, 22(3): 16-24.
傅伯杰, 刘国华, 陈利顶, 等. 2001. 中国生态区划方案. 生态学报, 21(1): 1-6.
龚子同, 张甘霖. 2006. 中国土壤系统分类：我国土壤分类从定性向定量的跨越. 中国科学基金, (5): 293-296.
郭书海, 吴波, 李宝林, 等. 2017. 中国土壤环境质量区划方案. 环境科学学报, 37(8): 3127-3138.
侯学煜. 1963. 对于中国各自然区的农、林、牧、副、渔业发展方向的意见. 科学通报, 8(9):8-26.
黄宝荣, 李颖明, 张惠远, 等. 2010. 中国环境管理分区:方法与方案. 生态学报, 30(20): 5601-5615.
黄秉维. 1958. 中国综合自然区划的初步草案. 地理学报, 24(4): 348-365.
黄亚涛. 2014. 我国稻米中无机砷的污染分布研究及风险评估. 北京: 中国农业科学院.
嵇囡囡. 2020. 基于用地类型的土壤风险评估及分级方法研究. 大连: 大连理工大学.
李景岩, 张爱君. 2011. 砷代谢与砷毒性作用机制的关系. 中国地方病防治杂志, 26(5): 345-347.
李一曼, 叶谦. 2019. ENSO 背景下基于柯本分类法的我国气候分类. 气候变化研究进展, 15(4): 352-362.
李颖明, 黄宝荣. 2010. 我国的分区实践与环境管理分区研究. 生态经济, (2): 169-172.
林超, 冯绳武, 关伯仁. 1954. 中国自然地理区划大纲(草案). 北京: 北京大学地质地理系(油印稿).
刘瑞平, 魏楠, 王夏晖, 等. 2021. 中国土壤污染风险管控规划技术体系研究. 环境科学与管理, 46(1): 17-21.
路雪柏, 王九菊. 2019. 持久性有机污染物污染分布及防治对策探讨. 山西科技, 34(1): 140-141, 146.
罗开富. 1954. 中国自然地理分区草案. 地理学报社, 20(4): 379-394.
骆永明, 滕应. 2006. 我国土壤污染退化状况及防治对策. 土壤, 38(5): 505-508.
骆永明, 滕应. 2018. 我国土壤污染的区域差异与分区治理修复策略. 中国科学院院刊, 33(2) : 145-152.
吕星辰. 2017. 基于三角模糊函数的污染场地分类评价研究. 合肥: 合肥工业大学.
阙明学. 2007. 我国土壤中多氯联苯污染分布及源解析. 哈尔滨: 哈尔滨工程大学.
任美锷. 1979. 中国自然地理纲要. 北京: 商务印书馆.
单艳红, 林玉锁, 王国庆. 2009. 加拿大污染场地的管理方法及其对我国的借鉴. 生态与农村环境学报, 25(3): 90-93, 108.
吴波, 郭书海, 李宝林, 等. 2018. 中国土壤环境功能区划方案. 应用生态学报, 29(3): 961-968.
席承藩, 张俊民. 1984. 中国自然区划概要. 北京: 科学出版社.
徐咏文, 段萍, 罗志华. 2005. 浅析中国土壤分类的发生与现状. 安徽农业科学, (10): 225-226.
余谋昌. 2018. 近代植物地理学的创始人——洪堡德. 科学家, (11): 66-68.
余勤飞, 侯红, 白中科, 等. 2013. 中国污染场地国家分类体系框架构建. 农业工程学报, 29(12): 228-234.
张光明. 2014. 超声波处理多氯联苯微污染技术研究. 给水排水, (3): 30-33.
张娟, 王海芳, 李颖, 等. 2018. 我国土壤中多溴联苯醚污染分布特征及其风险评估. 环境工程, 36(11): 166-171.
张俊丽, 臧文超, 温雪峰, 等. 2016. 关于建设用地分类管理及污染场地分级管理的建议. 环境保护科学, 42(2): 8-12, 37.
张俊民, 过兴度, 张玉庚, 等. 1986. 试论土壤的地带性和土壤分类——以棕壤、褐土为例. 土壤, (1):

38-43, 47.
赵其国. 2003. 发展与创新现代土壤科学. 土壤学报, 40(3): 321- 327.
赵其国, 骆永明. 2015. 论我国土壤保护宏观战略. 中国科学院院刊, 30(4): 452-458.
赵其国, 史学正, 等. 2007. 土壤资源概论. 北京: 科学出版社.
赵松乔. 1983. 中国综合自然地理区划的一个新方案. 地理学报, 38(1): 1-10.
中国科学院. 2014. 东南沿海发达地区环境质量演变与可持续发展. 北京: 科学出版社.
Amundson R, Berhe A A, Hopmans J W, et al. 2015. Soil and human security in the 21st century. Science, 348(6235): 647.
Bailey R G. 1983. Delineation of ecosystem regions. Environmental Management, 7: 365-373.
CCME. 1991. Interim Canadian Environmental Quality Criteria for Contaminated Sites. Winipe: Canadian Council of Ministers of the Environment.
CCME. 1996a. A Framework for Ecological Risk Assessment: General Guidance. Winnipeg: Canadian Council of Ministers of the Environment.
CCME. 1996b. Guidance Manual for Developing Site-Specific Soil Quality Remediation Objectives for Contaminated Sites in Canada. Winnipeg: Canadian Council of Ministers of the Environment.
CCME. 1997. Recommended Canadian Soil Quality Guidelines. Winnipeg: Canadian Council of Ministers of the Environment.
CCME. 1999. Canadian Soil Quality Guidelines for the Protection of Environmental and Human Health. Winnipeg: Canadian Council of Ministers of the Environment.
CCME. 2006. A Protocol for the Derivation of Environmental and Human Health Soil Quality Guidelines. Winnipeg: Canadian Council of Ministers of the Environment.
CRC CARE. 2008, Report for Derivation of HSLs for Petroleum hydrocarbons in Soil and Groundwater, Summary of Exposure and Modelling Parameters. Adelaide: Cooperative Research Centre for Contamination Assessment and Remediation of the Environment.
EA. 2009. Updated Technical Background to the CLEA Model. London: Environment Agency.
Fast T, Kliest J, Wiel H V D. 1987. De Bijdrage Van Verontreiniging Van De Lucht in Woningen. Leidschendam, The Netherlands: UROM.
Friebel E, Nadebaum P. 2011. Health Screening Levels for Petroleum Hydrocarbons in Soil and Groundwater. Adelaide: Cooperative Research Centre for Contamination Assessment and Remediation of the Environment.
Gallant A L, Whittier T R, Larsen D P, et al. 1989. Regionalization as a tool for managing environmental resources. Nature, 282(6): xvii.
Heikens A. 2006. Arsenic Contamination of Irrigation Water, Soil and Crops in Bangladesh: Risk Implications for Sustainable Agriculture and Food Safety in Asia. Bangkok: Food and Agriculture Organization.
Huxley R. 2007. The Great Naturalists. London: Thames & Hudson.
MfE. 1997a. Guidelines for Assessing and Managing Contaminated Gasworks Sites in New Zealand. Wellington: Ministry for the Environment.
MfE. 1997b. Health and Environmental Guidelines for Selected Timber Treatment Chemicals. Wellington: Ministry for the Environment.
MfE. 1997c. Draft Guidelines for Assessing and Managing Petroleum Hydrocarbon Contaminated Sites in New Zealand. Wellington: Ministry for the Environment.
MfE. 1999. Guidelines for Assessing and Managing Petroleum Hydrocarbon Contaminated Sites in New Zealand. Wellington: Ministry for the Environment.
MfE. 2006. Identifying, Investigating and Managing Risks Associated with Former Sheep-dip Sites.

Wellington: Ministry for the Environment.

MfE. 2011a. Hierarchy and Application in New Zealand of Environmental Guideline Values (Revised 2011). Contaminated Land Management Guidelines No. 2. Wellington: Ministry for the Environment.

MfE. 2011b. Guidelines for Assessing and Managing Petroleum Hydrocarbon Contaminated Sites in New Zealand (Revised 2011). Wellington: Ministry for the Environment.

NEPC. 1999. National Environment Protection (Assessment of Contaminated Sites) Measure 1999, Australia. Canberra: National Environment Protection Council.

NEPC. 2013a. Schedule B (7) Guideline on Derivation of Health-based Investigation Levels. Canberra: National Environment Protection Council.

NEPC. 2013b. Schedule B (1) Guideline on Investigation Levels for Soil and Groundwater. Canberra: National Environment Protection Council.

Rodrigues S M, Pereira M E, E. da Silva E F, et al. 2009. A review of regulatory decisions for environment protection: Part Ⅰ—Challenges in the implementation of national soil policies. Environment International, 35(1): 202-213.

Swartjes F A, Rutgers M, Lijzen J P A, et al. 2012. State of the art of contaminated site management in The Netherlands: Policy framework and risk assessment tools. Science of the Total Environment, 427:1-10.

Tansley A G. 1935. The use and abuse of vegetational concepts and terms. Ecology, 16(3): 284-307.

USEPA. 1996a. Soil Screening Guidance: User's Guide. 2nd ed. Washington DC: Office of Soild Waste and Emergency Response, USEPA.

USEPA. 1996b. Soil Screening Guidance: Technical Background Document. Washington DC: Office of Soild Waste and Emergency Response, USEPA.

USEPA. 2002. Supplemental Guidance for Developing Soil Screening Levels for Superfund Sites. Washington DC: United States Environmental Protection Agency.

USEPA. 2009. Regional Screening Levels. Washington DC: Office of Soild Waste and Emergency Response, USEPA.

van Wijnen H J, Lijzen J P A. 2006. Validation of the VOLASOIL Model Using Air Measurements from Dutch Contaminated Sites. Amsterdam: RIVM.

VROM. 2008. Normstelling en Bodemkwaliteitsbeoordeling. Onderbouwing en Beleidsmatige Keuzes Voor De Bodemnormen in 2005, 2006 en 2007. Amsterdam: Ministry of Housing, Spatial Planning and the Environment.

WHO. 1976. Polychlorinated Biphenyls and Terphnyls. Geneva: WHO.

Wiken E B, Gauthier D, Marshall L, et al. 1996. A Perspective on Canada's Ecosystems: An Overview of the Terrestrial and Marine Ecozones. Ottawa: Canadian Council on Ecological Areas.

Zhao W H, Ma J, Liu Q Y, et al. 2023. Comparison and application of SOFM, fuzzy *C*-means and *K*-means clustering algorithms for natural soil environment regionalization in China. Environmental Research, 216: 114519.

Zhu Y G, Sun G X, Lei M, et al. 2008. High percentage inorganic arsenic content of mining impacted and nonimpacted chinese rice. Environmental Science & Technology, 42(13): 5008-5013.

第二篇

理　论　篇

第 4 章　场地人体健康土壤环境基准中的人群暴露参数

4.1　背　　景

4.1.1　引言

暴露参数是用来描述人体暴露环境介质的特征和行为的基本参数，是决定环境健康风险评价准确性的关键因子。在环境介质中对污染物浓度准确定量的情况下，暴露参数值的选取越接近评价目标人群的实际暴露状况，则暴露剂量的评价结果越准确，环境健康风险评价的结果也就越准确。人体健康土壤环境基准是以保护人体健康为目的制定的土壤环境基准，通常采用人体健康风险评估的方法反推而得，其制定一般包括数据收集和筛选、暴露评估、基准值的推导、基准的审核四步。其中，暴露评估是极为重要的一步，而暴露参数又是暴露评估的基础与前提。因此，暴露参数的选择对土壤环境基准值的推导十分关键。

4.1.2　暴露参数的分类

1. 根据暴露途径分类

人体暴露于环境介质（空气、水、土壤/尘）以及食品中的污染物主要是通过三种途径：呼吸道、消化道和皮肤。因此，根据不同的暴露途径，暴露参数可以分为以下三种。

（1）经呼吸道的暴露参数：长期呼吸量、短期呼吸量、室内活动时间、室外活动时间、体重、期望寿命等。

（2）经消化道的暴露参数：饮食摄入量、饮水摄入量、土壤/尘摄入量、体重、期望寿命等。

（3）经皮肤的暴露参数：皮肤暴露表面积、皮肤与水接触时间、皮肤与水接触频次、皮肤与土壤接触时间、皮肤与土壤接触频次、体重、期望寿命等。

2. 根据参数类别分类

暴露参数根据类别可分为摄入量参数、时间活动模式参数和其他暴露参数三类。

（1）摄入量参数：指对每种环境介质的摄入量，如呼吸量、饮水摄入量、饮食摄入量、土壤/尘摄入量等。

（2）时间活动模式参数：指与每种环境介质接触的行为方式，如室内活动时间、洗澡时间、游泳时间、皮肤与土壤接触频次和时间等。

（3）其他暴露参数：指皮肤暴露表面积、体重和期望寿命等。

3. 根据土地利用类型分类

由于人群接触污染土壤的方式（包括接触程度和频率）在很大程度上取决于土地利用类型，大部分国家在制定土壤环境基准时，按照土地利用类型分别建立相应的场地概念模型，并据此推导不同土地利用类型的土壤基准值。其中，住宅用地、商服/工业用地和公园用地等是各国土壤环境基准框架中主要考虑的土地利用类型。因此，暴露参数也可按照土地利用类型进行分类。

1）住宅用地

对于住宅用地，对土壤污染物的暴露途径受居民生活和饮食习惯、住宅类型等因素的影响，与住宅用地相关的暴露参数见表 4-1。

表 4-1　与住宅用地相关的暴露参数

可能暴露途径		暴露参数		
		摄入量参数	时间活动模式参数	其他暴露参数
经口摄入	经口摄入表层土壤	土壤/尘摄入量	物口接触频次和时间 手口接触频次和时间	体重 期望寿命 居住流动性
	摄入自产食物	自产食物摄入量		
	饮用地下水	饮水摄入量		
经皮肤接触	皮肤接触土壤		皮肤与土壤接触频次 皮肤与土壤接触时间	皮肤暴露表面积 体重 期望寿命 居住流动性
经呼吸吸入	吸入土壤颗粒物	呼吸量	住宅的室内活动时间 住宅的室外活动时间	体重 期望寿命 居住流动性
	吸入室外空气中来自表层土壤的气态污染物			
	吸入室外空气中来自下层土壤的气态污染物			
	吸入室内空气中来自表层土壤的气态污染物			
	吸入室内空气中来自下层土壤的气态污染物			
	吸入室内空气中来自地下水的气态污染物			
	吸入室外空气中来自地下水的气态污染物			

2）公园用地

在公园用地中，敏感人群包括手口接触频次高、自身免疫力低的儿童以及接触土壤频次高且暴露持续时间长的园艺工。对于普通大众，这类用地常常作为娱乐休闲区，仅涉及室外的一些暴露情景，且暴露时间一般较短；对于园艺工，他们暴露持续时间和暴露频率较高，要特殊考虑。与公园用地相关的暴露参数见表 4-2。

表 4-2　与公园用地相关的暴露参数

可能暴露途径		暴露参数		
		摄入量参数	时间活动模式参数	其他暴露参数
经口摄入	经口摄入表层土壤	土壤/尘摄入量	手口接触频次 手口接触时间	体重 期望寿命
经皮肤接触	皮肤接触表层土壤		皮肤和土壤接触频次 皮肤土壤接触时间	皮肤暴露表面积 体重 期望寿命
经呼吸吸入	吸入土壤颗粒物 吸入室外空气中来自表层土壤的气态污染物 吸入室外空气中来自下层土壤的气态污染物	呼吸量	公园用地的活动时间	体重 期望寿命

3）商服/工业用地

对于商服/工业用地，主要敏感人群为职业人群。商服/工业用地主要包括两类：一类是已经建成的工业场所；另一类是建设开发期间的场地，这类用地中建筑工人是敏感人群，在施工过程不仅可能接触到表层土壤，还可能接触到下层土壤，土壤接触时间、接触频率等参数十分重要。与商服/工业用地相关的暴露参数见表 4-3。

表 4-3　与商服/工业用地相关的暴露参数

可能暴露途径		暴露参数		
		摄入量参数	时间活动模式参数	其他暴露参数
经口摄入	经口摄入表层土壤	土壤/尘摄入量	物口接触频次和时间 手口接触频次和时间	体重 期望寿命 职业流动性
	饮用地下水	饮水摄入量		
经皮肤接触	皮肤接触土壤		皮肤与土壤接触频次 皮肤与土壤接触时间	皮肤暴露表面积 体重 期望寿命 职业流动性

续表

可能暴露途径		暴露参数		
		摄入量参数	时间活动模式参数	其他暴露参数
经呼吸吸入	吸入土壤颗粒物 吸入室外空气中来自表层土壤的气态污染物 吸入室外空气中来自下层土壤的气态污染物 吸入室内空气中来自表层土壤的气态污染物 吸入室内空气中来自下层土壤的气态污染物 吸入室内空气中来自地下水的气态污染物 吸入室外空气中来自地下水的气态污染物	呼吸量	商业/工厂的室内活动时间 商业/工厂的室外活动时间	体重 期望寿命 职业流动性

4.2　国内外暴露参数研究进展

4.2.1　中国

为了解我国人群环境暴露行为特点，提高环境健康风险评价的科学性，根据《环境保护部关于印发〈国家环境保护“十二五”环境与健康工作规划〉的通知》（环发〔2011〕105 号），环境保护部科技标准司委托中国环境科学研究院分别于 2011～2012 年、2013～2014 年开展了成人和儿童环境暴露行为模式研究，在此基础上，综合国内其他相关调查、研究及统计信息，形成了《中国人群暴露参数手册（成人卷）》《中国人群暴露参数手册（儿童卷：0～5 岁）》《中国人群暴露参数手册（儿童卷：6～17 岁）》。

《中国人群暴露参数手册（成人卷）》共 13 章。第 1 章是编制说明，介绍编制的背景目的、工作过程、适用范围及使用方法等。第 2～13 章是主体内容，根据参数类别分为三部分：第一部分为第 2～5 章，是摄入量参数，包括呼吸量、饮水摄入量、饮食摄入量、土壤/尘摄入量；第二部分为第 6～9 章，是时间活动模式参数，包括与空气暴露相关的时间活动模式参数（室内外活动时间、交通出行方式和时间）、与水暴露相关的时间活动模式参数（洗澡时间、游泳时间等）、与土壤暴露相关的时间活动模式参数（土壤接触时间），与电磁暴露相关的时间活动模式参数（与手机、电脑的接触时间等）；第三部分为第 10～13 章，是其他暴露参数，包括体重、皮肤暴露参数、期望寿命和住宅相关参数。

《中国人群暴露参数手册（儿童卷）》的两本手册共 12 章。第 1～5 章内容设置与《中国人群暴露参数手册（成人卷）》相同：第 1 章是编制说明，第 2～5 章（第一部分）

是摄入量参数。在第二部分时间活动模式参数中，儿童卷增加了手/物口接触参数（手/物口接触频次和接触时间），其他暴露参数设置类似，包括空气暴露相关的时间活动模式参数（室内外活动时间、交通出行方式和时间、与烟气接触时间）、与水暴露相关的时间活动模式参数（洗澡时间、游泳时间等）、与土壤暴露相关的时间活动模式参数（土壤接触时间）。第三部分为第 11～12 章，仅包括体重和皮肤暴露参数。

对于每类参数，均先介绍该参数的定义、影响因素和获取方法，然后介绍数据和资料的来源及参数的推荐值，最后是与国外相关参数的比较。此外，每章都以附表的形式列出了分地区（东中西、片区和省）、分城乡、分性别、分年龄的数据，有个别参数还列出了分季节的数据。附表中列出了样本量、算数均值，以及百分位数值（P5、P25、P50、P75、P95），读者可以根据需要选择。

4.2.2 美国

美国是世界上最早开展暴露参数研究并发布暴露参数数据库和手册的国家。USEPA 在基于一些全国性大规模调查和零星科学研究数据的基础上，于 1989 年出版了第一版《美国暴露参数手册》，后又于 1997 年和 2011 年进行修订。该手册详细地规定了不同人群呼吸、饮食、饮水和皮肤接触的各种参数，给出了各参数在不同情况下的均值、中位值、最大值、最小值和范围值等，并提出了在各种情况和需求下暴露参数选用原则的建议。自 2017 年 10 月以来，USEPA 已开始单独发布章节更新，如表 4-4 所示。

表 4-4 《美国暴露参数手册》章节概况

章节	修订日期
前言	2011 年 10 月 3 日
第一章：介绍	2011 年 10 月 3 日
第二章：不确定性分析	2011 年 10 月 3 日
第三章：水和其他特定液体的摄入量	2019 年 2 月 6 日
第四章：非饮食摄入参数	2011 年 10 月 3 日
第五章：土壤和尘摄入量	2017 年 10 月 15 日
第六章：呼吸量	2011 年 10 月 3 日
第七章：皮肤暴露参数	2011 年 10 月 3 日
第八章：体重	2011 年 10 月 3 日
第九章：水果和蔬菜摄入量	2018 年 8 月 15 日
第十章：鱼类和贝类摄入量	2011 年 10 月 3 日
第十一章：肉类、乳制品和脂肪摄入量	2018 年 6 月 28 日
第十二章：谷物摄入量	2018 年 7 月 30 日
第十三章：自产食物摄入量	2011 年 10 月 3 日
第十四章：食物总摄入量	2011 年 10 月 3 日

续表

章节	修订日期
第十五章：母乳摄入量	2011 年 10 月 3 日
第十六章：活动参数	2011 年 10 月 3 日
第十七章：消费品	2011 年 10 月 3 日
第十八章：终生寿命	2011 年 10 月 3 日
第十九章：建筑特征	2018 年 7 月 17 日
术语表	2011 年 10 月 3 日

为了更好地完成暴露参数工作，提高环境健康风险评价的准确性和效率，USEPA 还启动了专门的“暴露参数项目”（Exposure Factors Programe），事务性工作基本是通过“项目”(Program)来推动的，某项目往往指日常事务性工作，项目的实施往往贯穿 USEPA 总部及全国十大区各相关办公室，由此达到某项环境保护工作的目标，即将暴露参数作为一项常规性事务工作来推动。该项目除包括《美国暴露参数手册》的编写和修订工作外，还包括若干科研项目，如“年龄分组方法”“暴露参数的统计学分布”“暴露场景分析”“食品摄入量分析”“儿童研究中的年龄分组方法指南”“空气交换率”“成人和儿童的土壤摄入量”“基于尿中砷的土壤摄入量研究”等。此外，该项目还将“人口统计学”“CSFII 食品摄入量统计学分布”“室内空气污染暴露”等数据库和相关信息纳入其中（USEPA，2000），如在人口统计学资料中，还提供了如何根据化合物毒性来识别潜在的高风险人群的方法等（USEPA，1999）。

《美国暴露参数手册》为美国的环境健康科研和管理工作者提供了很好的参考，在化学品管理、环境空气质量标准修订等环境管理过程中都发挥了重要的作用。与此同时，自发布后也成为世界各国进行健康风险评价的科研和管理人员广泛引用的依据，为世界各国制定适合各自国家特色的暴露参数手册提供参考。

4.2.3　韩国

《韩国暴露参数手册》是由韩国环境部于 2009 年发布的。该手册是在参考《美国暴露参数手册》框架的基础上，根据韩国居民的特点编制的，包括人体特征参数（体重、平均寿命、皮肤暴露表面积等）、呼吸量、土壤摄入量、食物消费、淋浴和盆浴、时间活动参数、人口流动、居住容积和住宅变更等。

儿童对环境污染物的暴露量大于成人，所以使用成人参数进行儿童的健康风险评价将产生一定误差，在此背景下，韩国针对儿童群体发布专门手册。韩国《儿童暴露参数手册》提供了以下儿童暴露参数数据：生理暴露参数（包括身高、体重和皮肤暴露表面积），以及呼吸量、摄入暴露参数（包括谷物摄入量、蔬菜摄入量、水果摄入量、肉类摄入量、鸡蛋摄入量、鱼和贝类摄入量、坚果和籽类摄入量、海藻摄入量、乳制品摄入量、脂肪和油类摄入量、饮料和酒精饮料摄入量、调味料摄入量、糖和甜味剂摄入量、加工食品摄入量、饮水摄入量）、活动模式参数（包括特定地点花费时间、特定行为花费时间、交通出行时间以及手口接触频次和物口接触频次）。

4.2.4 日本

《日本暴露参数手册》是日本国立产业技术综合研究所化学物质风险管理研究中心于2007年参考USEPA的框架编制的，《日本暴露参数手册》中包括人体特征参数、经口暴露参数、皮肤暴露参数、时间活动模式等。《日本暴露参数手册》与《美国暴露参数手册》的不同之处在于，其还包括苯、甲苯、氯苯、甲醛等常见污染物的暴露浓度和二噁英、镉、汞等污染物在母乳、血、尿液、头发等中的体内负荷。此外，《日本暴露参数手册》只提供了简表和对表中参数的解释，篇幅比较短，采用日文及英文两种语言在网上发布。

4.2.5 加拿大

《加拿大暴露参数手册》是由加拿大斯坦泰克咨询有限公司和G. M. Richardson博士联合发布的，该手册在1997年加拿大风险评估暴露因子纲要的基础上进行了更新，并取代了1997年的纲要。加拿大与美国不同的是，USEPA定期编辑和公布风险评估的暴露因子，加拿大没有任何一个监管机构会对这类信息进行编写或更新。2013年的手册中的分析和统计数据是基于公共数据文件与其他数据的，来自加拿大各种统计数据的数据包括2000～2010年加拿大社区健康调查数据及2005年、2010年的社会调查数据和2007年加拿大卫生措施调查数据，包含成人和儿童的体重、呼吸量、皮肤表面积、土壤摄入量、时间-活动行为模式参数等暴露参数。

4.2.6 澳大利亚

澳大利亚2012年发布了《澳大利亚暴露参数指南》。该指南按照暴露途径设定章节，包括解剖学和生理特征参数（身高、体重、生长、期望寿命等）、估算皮肤途径暴露的相关参数（皮肤暴露表面积、土壤黏附系数、皮肤的生物有效利用性、游泳和洗澡的频率和持续时间）、估算摄入途径暴露的相关参数（饮水摄入量、饮食摄入量、母乳摄入量、土壤摄入量、游泳吞水量）、估算呼吸途径暴露的相关参数（呼吸量、住宅空气交换率、室内积尘率）、活动参数、住宅和人口流动性。每个参数提供了澳大利亚数据和国外相关数据，然后给出了澳大利亚推荐值。

4.2.7 欧洲

欧洲Expofacts数据库提供了食物摄入量、时间活动模式等暴露参数，同时提供住房和人口统计数据，主要用于公共卫生和环境问题的欧洲暴露评估和风险管理，特别是在室内空气质量、饮食暴露和消费品与物品安全方面。Expofacts数据库涵盖奥地利、比利时、丹麦、芬兰、法国、德国等30个欧洲国家的数据。Expofacts数据库涵盖的国家种类多，但暴露参数数据并不全面，如Expofacts数据库未提供呼吸量数据、仅部分国家有行为模式数据等。此外，部分欧洲国家以其他方式提供暴露参数，如德国建立了本国暴露参数数据库RefXP，包含食物和饮用水消费、时间位置活动模式、土壤和尘摄入、人体测量数据暴露参数。法国发布的本国暴露参数手册中包含体重、活动模式、自来水用量，以及儿童对土壤和灰尘的摄取数据。

4.3　典型暴露参数的研究方法及推荐值

4.3.1　土壤呼吸暴露相关的参数

1. 呼吸量

1）简介

呼吸量（Inhalation Rate）指单位时间内吸入空气的体积，分为长期呼吸量和短期呼吸量。短期呼吸量按每分钟或每小时吸入空气的体积计算，按照活动强度分为休息、坐、轻度运动、中度运动和剧烈运动下的呼吸量；长期呼吸量按照每天吸入空气的体积计算。

呼吸量受年龄、身体条件、生理状况和活动强度等因素的影响。年龄是重要的影响因素之一，婴儿和儿童成长迅速并且单位体质量有相对较大的肺表面积用于降低体温，故其单位体质量的静息代谢速率和呼吸量比成人高。出生 1 周～1 岁婴儿的静息耗氧速率为 7 mL/(kg·min)，而相同条件下成人的静息耗氧速率为 3～5 mL/(kg·min)。因此，虽然在单位时间内成人比儿童呼吸空气的绝对量大，但是单位体质量下静息婴儿肺部的空气体积约为成人的两倍（王叶晴等，2012）。性别与活动强度也是呼吸量重要的影响因素。董静梅等（2016）对我国青少年不同体力活动下呼吸暴露参数进行比较研究，得到青少年在休息、坐和轻、中、高度活动强度以及极高强度体力活动下的呼吸量，结果表明青少年呼吸量均随活动强度加强而增大，且男孩呼吸量高于女孩。刘平等（2014）对我国成人呼吸量进行了研究，结果表明我国居民在休息、坐及轻微、中度、重度体力活动下的短期呼吸量逐渐增加。呼吸量的调查研究方法主要包括直接测量法、心率-呼吸量回归法和人体能量代谢估算法。

2）研究方法

A. 直接测量法

直接测量法是在各种活动强度水平下，采用肺活量计和一个收集系统或其他装置直接测量。这种方法的优点是准确性高，但较为烦琐，不适合大规模的调查研究。直接测量法包括双重标记水测量法及仪器直接测量法。

受试者口服一定剂量的 $^{2}H_2O$ 和 $H_2{}^{18}O$，经过 7～21 天后，检测受试者尿液、唾液或血液中稳定同位素氘（^{2}H）和重氧（^{18}O）的分解速率。^{2}H 的分解速率反映水的产率，^{18}O 的分解速率反映水和二氧化碳的产率，通过两者分解速率的差值可以计算出二氧化碳的产率。每日总能量消耗中，呼吸商值取决于各研究期间膳食组成。

双重标记水（Doubly Labelled Water，DLW）测量法同样用于测量生长发育消耗的能量。每日总能量消耗和每日生长发育能量消耗量可转化为每日生理呼吸量，利用 Layton 方程式[式（4-1）]计算：

$$\mathrm{PDIR} = (\mathrm{TDEE} + \mathrm{ECG}) \times H \times \mathrm{VQ} \times 10^{-3} \quad (4\text{-}1)$$

式中，PDIR 为每日生理呼吸量，m^3；TDEE 为每日总能量消耗，kcal[①]；ECG 为每日生长发育能量消耗量，kcal；H 为消耗单位能量的耗氧量，一般取 0.21 L/kcal；VQ 为通气当量，一般取 27；10^{-3} 为转化因子，L/m^3。

直接测量法目前尚不普及，但是现在有一些仪器可以直接用来测量心率和呼吸量，如 Cortex MetMax 3B 仪器，它是一款移动式便携的心肺功能测试系统，凭借其易操作、功能全面和灵活的特性，满足医学诊断、治疗、康复、运动能力诊断和预防等多方面用户的需要。系统连续测量氧浓度、二氧化碳浓度、流量和心率等指标，数据自动保存到设备内部存储空间内，同时通过最新蓝牙技术实时无线传输到电脑或手持控制端，最后通过专用软件 Metasoft Studio 进行运动能力、能量消耗、肺功能等分析评估，是运动能力分析和功能诊断的专业解决工具。

B. 心率-呼吸量回归法

心律-呼吸量回归法是选择具有代表性的人群，同时测量其呼吸量和心律，通过回归分析建立二者的一元或多元线性关系模型，然后根据各类人群的心律推测其呼吸量。

这种方法应用广泛，只要样本选择得当，适合大规模的调查。《韩国暴露参数手册》选择的就是这种方法。韩国呼吸量的测量方法如下：以 10～40 岁的 193 人为调查对象，根据实验室协议在多种运动负荷的情况下对其进行呼吸率和心脏搏动次数的测量，测量以 15s 为间隔。运动负荷分为休息、步行和跑步。休息包括躺着、坐着、站着；步行分为慢走和快走两种。使用心脏搏动次数推测呼吸量的回归式。根据心脏搏动次数的变化，可得出呼吸率的一个曲线关系，再通过二次方程式、三次方程式或线性方程式等回归方程式的修正，得出最佳推测方程式。最佳模式的选定是通过与多元回归模式的赤池信息量准则（Akaike Information Criterion，AIC）值进行比较，选择其最低值的模型。对呼吸量和心脏搏动次数之间的关系进行统计分析，得出计算各年龄、性别、活动水平的呼吸率的最佳方法。

C. 人体能量代谢估算法

人体能量代谢估算法是根据各类人群每天或每种类型活动单位时间内消耗的能量和耗氧量来确定呼吸量。这种方法的特点是计算较为简单、容易获取，缺点是准确性需要进一步提高。这种方法的原理：根据生物化学原理，人们在消耗能量的同时需要吸入氧气参与体内的生化反应，因此可以根据消耗能量数据计算消耗的氧气量，再根据空气中氧气的含量，核算出吸入的空气量。依据我国《暴露参数调查技术规范》（HJ 877—2017），长期呼吸量和短期呼吸量的计算方法如下。

长期呼吸量计算方法见式（4-2）：

$$\mathrm{IR_L} = \frac{\mathrm{BMR} \times E \times \mathrm{VQ} \times A}{1000} \quad (4\text{-}2)$$

式中，IR_L 为长期呼吸量，m^3/d；BMR 为基础代谢率，k/d，基础代谢是维持机体生命活

① 1 cal=4.184J，下同。

动最基本的能量消耗，相当于平躺休息时的活动强度水平，不同性别、年龄段人群 BMR 的计算公式见表 4-5；E 为单位能量代谢耗氧量，0.05 L/k；VQ 为通气当量，无量纲，取 27；A 为长期呼吸量计算系数，不同性别、年龄人群长期呼吸量计算系数取值见表 4-6。

表 4-5　不同性别、年龄人群基础代谢率计算公式

性别	年龄段/岁	BMR 计算公式
男	0～3	$0.249W-0.127$
	3～6	$0.095W+2.110$
	6～10	$0.095W+2.110$
	10～18	$0.074W+2.754$
	18～31	$0.063W+2.896$
	31～60	$0.048W+3.653$
	>60	$0.370 + 0.020H + 0.052W - 0.025B$
女	0～3	$0.244W-0.130$
	3～6	$0.085W+2.033$
	6～10	$0.085W+2.033$
	10～18	$0.056W+2.898$
	18～60	$0.062W+2.036$
	3～60	$0.034W+3.538$
	>60	$1.873 + 0.013H + 0.039W - 0.018B$

注：H 为身高，cm；W 为体重，kg；B 为年龄，岁。

短期呼吸量计算方法见式（4-3）：

$$\mathrm{IR_S} = \frac{\mathrm{BMR} \times H \times \mathrm{VQ} \times N}{1440} \tag{4-3}$$

式中，$\mathrm{IR_S}$ 为短期呼吸量，L/min；N 为各类活动强度水平下的能量消耗量，是基础代谢率的倍数，无量纲，随着活动强度的变化而变化。成人在休息、坐、轻微活动、中体力活动、重体力活动和极重体力活动时 N 值分别为 1、1.2、1.5、4、6 和 10，儿童在休息、坐、轻度运动、中度运动和剧烈运动时 N 值分别为 1、1.2、2、4 和 10。

表 4-6　不同性别、年龄人群长期呼吸量计算系数取值

年龄段/岁		长期呼吸量计算系数 A
0～1（男，女）		1.9
1～3（男，女）		1.6
3～6（男，女）		1.7
6～9（男，女）		1.7
9～12（男，女）		1.9
12～15	男	1.8
	女	1.6

续表

年龄段/岁		长期呼吸量计算系数 A
15～18	男	1.7
	女	1.5
≥18（男，女）		1.9

3）国内外参数推荐值

A. 中国

我国人群暴露参数手册中呼吸量推荐值来自我国人群环境暴露行为模式调查，在身高、体重实测的基础上采用人体能量代谢估算法得到。我国成人、儿童呼吸量推荐值分别见表 4-7 和表 4-8。

表 4-7　成人长期呼吸量推荐值　（单位：m^3/d）

年龄段	城乡			城市			农村		
	平均值	男	女	平均值	男	女	平均值	男	女
全年龄段	15.7	18.0	14.5	15.8	18.1	14.6	15.6	17.6	14.5
18～44 岁	16.0	18.4	14.6	16.1	18.7	14.6	16.0	18.2	14.6
45～59 岁	16.0	18.3	14.9	16.0	18.6	15.0	15.9	18.1	14.9
60～79 岁	13.7	14.3	13.3	14.0	14.7	13.4	13.4	13.8	12.9
≥80 岁	12.0	12.4	11.7	12.3	12.6	11.9	11.6	12.0	11.3

表 4-8　儿童长期呼吸量推荐值　（单位：m^3/d）

年龄段	平均值	性别		城乡	
		男	女	城市	农村
0～3 个月	3.7	4.0	3.4	3.9	3.6
3～6 个月	4.7	5.0	4.4	4.8	4.6
6～9 个月	5.4	5.7	5.1	5.6	5.3
9～12 个月	5.9	6.1	5.6	6.0	5.8
1～2 岁	5.7	5.9	5.4	5.8	5.6
2～3 岁	6.3	6.5	6.0	6.4	6.2
3～4 岁	8.0	8.3	7.6	8.1	7.9
4～5 岁	8.4	8.8	8.1	8.6	8.3
4～5 岁	8.8	9.2	8.4	9.0	8.7
6～9 岁	10.1	10.6	9.5	10.1	10.1
9～12 岁	13.2	13.9	12.3	13.3	13.2
12～15 岁	13.5	15.1	11.6	13.7	13.4
15～18 岁	14.0	16.2	11.7	14.0	14.0

B. 美国

美国进行了大量人群呼吸量的研究，其暴露参数手册中人群长期呼吸量推荐值（表 4-9）主要基于四个重要的研究。其中，Arcus-Arth 和 Blaisdell（2007）使用代谢能量转换法和能量摄入数据推导出 0～18 岁儿童呼吸量，能量摄入数据来自 1994～1996 年和 1998 年的个人食物摄入持续调查（CSFII）；Brochu 等（2006）使用双重标记水测量法，估算了 2210 名年龄在 3～96 岁人群的日呼吸量。Stifelman（2007）利用稳定同位素标记 ^2H_2O 和 $H_2{}^{18}O$，将同位素消失率的差异代表人体消耗能量，进而转换为呼吸量；USEPA 提出了一种改进的呼吸量方法，利用个体耗氧量推导出呼吸量。该研究使用了 1999～2002 年美国国家健康和营养调查（NHANES）中的体重数据和 USEPA 人类活动数据库（CHAD）中的代谢当量工作（METS）数据，得到不同年龄段不同活动模式下的人群呼吸量值。

表 4-9　美国人群长期呼吸量推荐值　（单位：m^3/d）

人群	年龄段	长期呼吸量	
		平均值	P95
儿童	0～1 个月	3.6	7.1
	1～3 个月	—	—
	3～6 个月	4.1	6.1
	6～12 个月	5.4	8.1
	1～2 岁	8.0	12.8
	2～3 岁	9.5	15.9
	3～6 岁	10.9	16.2
	6～11 岁	12.4	18.7
	11～16 岁	15.1	23.5
	16～21 岁	16.5	27.6
成人	21～31 岁	15.7	21.3
	31～41 岁	16.0	21.4
	41～51 岁	16.0	21.2
	51～61 岁	15.7	21.3
	61～71 岁	14.2	18.1
	71～81 岁	12.9	16.6
	≥81 岁	12.2	15.7

C. 澳大利亚

澳大利亚于 2012 年发布《澳大利亚暴露参数指南》，在其第五章对呼吸量参数进行了详细讨论，在参考美国不同年龄段呼吸量数据的基础上，给出了儿童、成人总呼吸量推荐值，见表 4-10。此外，还给出了敏感人群（户外工人等）的呼吸量推荐值，见表 4-11，该数据来自 2002 年国际辐射防护委员会（ICRP）（Anonymous，2002）。

表 4-10　澳大利亚人群长期呼吸量推荐值　（单位：m^3/d）

人群	长期呼吸量	
	平均值	P95
成人	15	20
儿童	9.3	15.9

表 4-11　澳大利亚敏感人群呼吸量推荐值　（单位：m^3/d）

活动	呼吸量		
	久坐		重体力活动
	男性	女性	男性
睡觉（8 h）	3.6	2.6	3.6
工作（8 h）	9.6	7.9	13.5
睡觉、工作以外的活动（8 h）	9.7	8	9.7
总呼吸量	22.9	18.5	26.8

D. 加拿大

加拿大最新版呼吸量推荐值主要来自 2008 年的一项研究（Allan et al.，2008），见表 4-12。该研究采用了直接测量中的时间加权活动方法，包含休息活动、极轻度活动、轻度活动、轻度至中度活动和中度至重度活动五类活动模式，使用蒙特卡罗模拟方法开发出人群呼吸量的概率密度函数。

表 4-12　加拿大人群呼吸量推荐值　（单位：m^3/d）

年龄段	呼吸量（平均值±标准差）		
	合计	男性	女性
0～1 岁	2.7±0.6	—	—
1～4 岁	7.9±2.2	8.5±2.3	7.4±2.0
4～12 岁	14.2±3.4	14.9±3.4	16.1±4.2
12～20 岁	14.2±3.4	17.1±4.1	14.0±3.2
20～65 岁	14.2±3.4	17.1±4.1	15.3±3.5
≥65 岁	14.2±3.4	16.1±4.2	13.9±3.3

2. 呼吸暴露相关的时间活动模式参数

1）简介

时间活动模式是指人们在不同地点进行各种活动的时间和行为，它包括三个基本要素：地点、持续时间和行为。与空气暴露相关的时间-活动模式参数包括人体暴露于空气的频率和时间，包括室内、室外的停留时间等。与文化、种族、爱好、住址、性别、年龄、社会经济条件及个人喜好等因素有关。根据人群在各种不同环境（微环境）的时间活动模式情况及微环境的空气污染物浓度，通过时间加权活动方法评估空气污染物暴露水平是空气污染物暴露评估中非常重要的一种方法。当人们处于不同环境或进行不同行为活动时，其对污染物的暴露水平通常也不相同。因此，时间活动模式参数是影响不同个体或群体空气污染物暴露水平的重要因素。

2）研究方法

A. 问卷调查法

问卷调查法是通过调查对象填写时间-活动日志及相关问卷的方式收集调查对象时间-活动模式信息的方法。该类方法目前应用最为广泛，具有方法简单、成本低、可以直接得到分类详尽的活动信息等优点，但也存在应答误差（回忆偏倚）、时空分辨率低和参与者报告负担大等不足（莫杨等，2018）。

问卷调查法按照获得时间-活动信息的方式又可以分为两类：实时日志记录法和回顾性问卷调查法。前者要求调查对象实时记录出入各类微环境的时间、地点、行为活动及周围环境状况，而后者是通过调查对象回忆获得过去一段时间（通常为 24h）或特定时间点的上述信息。虽然实时日志记录法相对更为准确，但被调查对象负担更大，通常只适用于小样本量的个体监测研究，而在大规模的人群调查中通常采用回顾性问卷调查。

实际调查当中被广泛采用的方法主要有：电话调查、面对面调查和网络调查。其中，电话调查是最常用的调查方式之一。例如，USEPA 在 1992～1994 年开展了美国国家人类活动模式调查（National Human Activity Pattern Survey，NHAPS），以收集美国全国范围的人群暴露相关时间-活动模式信息。该调查由马里兰大学调查中心采用计算机辅助的电话采访设备进行，共调查 48 个州 9386 名受访者。其采用的调查问卷共分为记录 24 h 活动状况的时间表和补充问卷两部分，前者是调查问卷的核心，在时间表中调查对象按照时间先后顺序报告前一天的所有活动开始和结束时间、详细的位置（83 种位置编码）、行为（91 种位置编码），并且根据回忆填写在每个场所是否存在人员吸烟；在补充问卷部分，通过询问相关问题辅助调查对象回忆是否发生高暴露行为，如加油、干洗衣物等。此外，在 1994～1999 年，USEPA 使用美国国家人群暴露评价调查（National Human Exposure Assessment Survey，NHEXAS）日志对其所属的 4 个区域的近 600 名调查对象进行了时间-活动模式调查。NHEXAS 日志同样分为两部分，其中时间表部分要求调查对象回顾过去 24 h 在 7 类场所（交通出行、住宅、工作场所/学校、其他室内及上述场所的相应室外）的行为和时间，而补充问卷部分包括 29 个指示各种暴露和事件的问题，如加油、游泳、被动吸烟、使用杀虫剂等。在大范围调查前，对问卷效度和信度进行了测试，其中通过检查所有微环境时间加和是否为 24 h，评价时间表部分的效度及完整性；通过在补充问卷和时间表中对某一特殊场所驻留时间或行为持续时间（交通出行时间）设置重复的问题检查 NHEXAS 日志的信度与一致性，结果表明在补充问卷和时间表中回答的时间具有高度相关性（R 值为 0.811～0.922，$p<0.001$）。

在 2013 年中国人群（成人）环境暴露相关活动模式研究中，采用多阶段分层整群随机抽样方式抽取调查对象，通过面对面问卷调查方式，调查了中国人群在室内、室外和出行时间，出行方式又分为步行、自行车、电动车、摩托车、小汽车、公交和火车/地铁。有研究认为在采用电话调查时，有可能高估人群在家庭的时间，因为在家庭时间多的人群理论上倾向于具有更好的应答率，但在加利福尼亚州进行的一项采用网络调查的结果表明，电话调查法并不一定会高估在家庭室内时间。

B. 全球导航卫星系统法

全球导航卫星系统（GNSS）泛指所有的卫星导航系统，如美国的 GPS、俄罗斯的 Glonass、欧洲的 Galileo、中国的北斗卫星导航系统等，可以实现对地面点的精确定位。该方法通过佩戴定位设备，有时还结合加速度计或其他设备，实时连续记录受访者的时间、位置、速度、活动状态等其他信息，然后使用工具解析受访者的时间-活动模式状态，如地理信息系统（GIS）和专门的统计软件包。GNSS 技术越来越多地用于时间-活动模式调查，与传统的时间-活动模式调查方法（如自我报告的纸质日记和电话访谈）相比，GNSS 技术具有记录连续性好、高时间分辨率和减少受试者负担等优点。但是 GNSS 技术往往存在一定的位置误差，常与日志法或传感器等方法结合提高其准确性。

在早期应用 GNSS 技术进行人群时间-活动模式监测时，需人工将 GNSS 记录的海量的时间、位置坐标、速度等信息解析为时间-活动状态分类，在操作上费时费力（Phillips et al.，2001）。近年来，越来越多的研究者尝试利用统计模型和软件，建立基于 GNSS 数据的时间-活动状态分类、汇总模型，实现时间-活动模式的自动解析，其中随机森林模型和多元 Logistic 回归是最常用的统计模型。美国加利福尼亚州大学的一支研究队伍采用 GPS 记录仪和加速度计收集数据，开发出基于随机森林模型的自动化模型，成功预测了调查对象在室内静态、室外静态、室外步行和车内旅行四种活动模式。结果表明，四种活动模式预测灵敏度分别达到 84.62%、97.55%、97.55%、97.55%（Hu et al.，2016）。另有研究基于多阶段逻辑判断方法建立了针对 GPS 数据的微环境分类模型，对微环境分类整体准确度为 99.5%（Breen et al.，2014）。

大多数研究采用招募受试者，佩戴 GNSS 设备定位跟踪的方法进行行为模式的研究。例如，美国的一项研究招募了 47 名受试者，随身携带 GPS 设备跟踪一段时间，得到跟踪数据，最终通过数据编码得到不同行为方式的活动时间（Wu et al.，2011）。另有一些研究利用已有调查数据，通过提取其中的分类数据进行人群行为模式的研究。例如，在中国环境科学研究院进行的一项研究中，以北京市的 86 个公园为研究对象，通过手机运营商基站数据获得了用户的位置信息，叠加公园边界数据分析出人群在公园的停留时间。结果表明，大多数游客在公园里停留了 1～2h，从游客家到公园的距离是影响停留时间的最重要因素之一（Wu et al.，2022）。这种数据获取方式具有耗时短、数据面大、研究人群广泛、代表性强的优点，适用于研究某一时段内处于稳定状态的某一行为方式的活动时间。

C. 传感器法

当前，多种传感器技术已经被用于室内识别中，常用的传感器包括光传感器、加速度计、陀螺仪、压力传感器等。例如，有学者将温室内、外的温度不同作为室内外识别的依据之一，设计并实现了一种基于该方法室内外场景识别系统 TempIO。这种系统通过测量环境温度并通过网络查找当前外部温度进行工作，实现了 81%的时间正确分类

（Lee B C and Lee K，2017）。对于基于传感器的活动识别，由于智能手机和便携式可穿戴设备的出现，现在可以使用不同的传感器收集数据，且无须固定的基础设施。传感器可以由用户携带或嵌入智能手机、智能手表等设备中。

可穿戴设备是实现传感器搭载的一种手段。在一项研究中，研究人员使用一种安装在头部的可穿戴设备，使受试者在不同天气和不同时间佩戴，跟踪受试者的室内、室外、半室内及半室外的活动时间。这种可穿戴设备包含四种传感器，分别是光传感器、加速度计、陀螺仪和压力传感器，由研究人员事先在不同地点采集训练数据集并将每个样本点位置标记在不同传感器上，再将跟踪受试者得到的测试数据集进行自动分类，从而识别出不同行为的活动时间（Martire et al.，2020）。此外，便携式设备可以同时搭载监测污染物浓度的传感器与识别室内外模式的传感器，实现室内外场景下污染物浓度的实时监测。

目前，智能手机成为人们的常用设备，其搭载的多种传感器可以为室内外场景识别技术提供丰富的数据，因此可以对这些数据进行特征挖掘，提取出高相关性的室内外场景特征数据，并将多源数据、多种算法进行有效融合，使其优势互补，以形成性能优良的室内外场景识别系统。一项研究在不需要用户携带任何特殊设备的条件下，仅使用智能手机加速度计数据进行特征提取，利用机器学习方法检测详细的活动。该方法可检测到精细的静态行为（坐在椅子上）和动态行为（快速步行），最终可实现 95%的准确性（RoyChowdhury et al.，2018）。Zeng 等（2018）基于智能手机自带传感器，设计并实现了一个基于百度地图 SDK（百度公司的地图软件开发工具包）的智能手机实时 android 平台，实现用户轨迹的实时跟踪。

3）国内外参数推荐值

A. 中国

环境保护部科技标准司于 2011～2012 年委托中国环境科学研究院在我国 31 个省、自治区、直辖市（不包括香港、澳门特别行政区和台湾地区）的 159 个县/区针对 18 岁及以上常住居民 91527 人（有效样本量为 91121 人）开展了中国人群环境暴露行为模式研究。此外，环境保护部于 2013～2014 年组织完成了儿童环境暴露行为模式研究，研究选取了我国 30 个省（自治区、直辖市）的 55 个县/区、165 个乡镇/街道和 316 所学校的 0～17 岁儿童共 75519 人作为调查对象。这两项研究调查了人群的室内、室外活动时间和各种交通工具的使用时间，研究数据被纳入暴露参数手册中，我国成人、儿童室内外活动时间推荐值分别见表 4-13、表 4-14。

表 4-13　我国成人室内外活动时间推荐值　（单位：min/d）

年龄段	室外活动时间			室内活动时间		
	平均值	男	女	平均值	男	女
全年龄段	221	236	209	1200	1185	1215
18～44 岁	219	231	208	1201	1188	1216
45～59 岁	235	248	223	1185	1172	1200
60～79 岁	210	233	195	1203	1187	1223
≥80 岁	150	180	130	1260	1230	1270

表 4-14 我国儿童室内外活动时间推荐值 （单位：min/d）

年龄段	室外活动时间			室内活动时间		
	平均值	男	女	平均值	男	女
0～3 个月	50	48	51	1390	1392	1389
3～6 个月	90	84	96	1350	1356	1344
6～9 个月	119	117	120	1321	1323	1320
9～12 个月	137	140	134	1303	1300	1306
1～2 岁	155	157	152	1285	1283	1288
2～3 岁	157	156	157	1279	1280	1277
3～4 岁	150	152	149	1275	1274	1275
4～5 岁	138	143	132	1284	1279	1289
5～6 岁	134	134	133	1286	1285	1288
6～9 岁	104	105	103	1297	1294	1299
9～12 岁	106	108	104	1298	1296	1301
12～15 岁	102	106	96	1300	1295	1306
15～18 岁	96	99	92	1302	1296	1308

B. 美国

《美国暴露参数手册》第十六章给出了不同年龄段人群的室内外活动时间，美国人群室内外活动时间推荐值见表 4-15。儿童数据主要参考 Wiley 等（1991）的研究，该研究在 1989～1990 年采取电话调查的方式选择 1200 名 11 岁以下加利福尼亚州儿童，并通过时间日志确定儿童在 24h 活动中花费的时间。对于 18 岁以上成人，参数主要取自 1992～1994 年美国人类活动模式调查（NHAPS），这是一项为期两年的基于概率的电话调查（n=9386 人），通过受试者回顾日志得到不同活动模式（住宅-室内、住宅-室外、车内、近车、其他室外、办公室/工厂、购物中心/商店、公共建筑、酒吧/餐厅、其他室内）下的时间活动数据（Tsang and Klepeis，1996）。

表 4-15 美国人群室内外活动时间推荐值 （单位：min/d）

年龄段	室外活动时间	室内活动时间
0～1 个月	0	1440
1～3 个月	8	1432
3～6 个月	26	1414
6～12 个月	139	1301
1～2 岁	36	1353
2～3 岁	76	1316

续表

年龄段	室外活动时间	室内活动时间
3～6 岁	107	1278
6～11 岁	132	1244
11～16 岁	100	1260
16～21 岁	102	1248
18～65 岁	281	1159
≥65 岁	298	1142

C. 澳大利亚

澳大利亚成人室外时间模式参考澳大利亚统计局 2006 年发布的数据，平均值为 1.5 h/d，男性、女性分别为 1.7 h/d、1.2 h/d；儿童数据参考 Brinkman 等（1999）在 1995～1997 年对澳大利亚皮里港儿童活动模式的问卷分析，汇总儿童室内外活动时间，给出<1 岁、1～2 岁和 2～3 岁儿童的室外活动时间分别为 0.4 h/d、1.4 h/d 和 2 h/d。此外，《澳大利亚暴露参数手册》还提供了成人不同交通活动时间，主要包括轿车和公共交通方式。

D. 加拿大

加拿大 2013 年发布的《加拿大暴露参数手册》提供了青少年、成人、老年人在室内和室外花费的时间，见表 4-16。该研究数据来自加拿大统计局 2010 年社会综合调查，这些调查报告详细记录了受试者日常活动方式（包括工作、教育活动、个人护理、休闲活动等）及时间。

表 4-16　加拿大人群室内外活动时间推荐值　（单位：min/d）

人群	室外活动时间（平均值±标准差）			室内活动时间（平均值±标准差）		
	平均值	男性	女性	平均值	男性	女性
青少年	51±123	57±124	44±122	1389±123	1383±124	1396±122
成人	61±116	71±132	53±101	1379±116	1369±132	1387±101
老年人	72±128	98±143	54±112	1368±128	1342±143	1386±112

需要指出的是，当前各国暴露参数手册中的室内外活动时间并未划分不同土地利用类型。然而，不同土地利用类型的暴露评估中涉及的室内外活动差异很大。例如，在住宅用地、商服用地、工业用地（室内）暴露评估中，主要考虑人群在室内停留时间；在工业用地（室外）暴露评估中，则主要考虑户外工作时间；在公园用地的暴露评估中，仅需考虑人群在户外公园活动的时间。因此，针对不同土地利用类型，利用的活动时间参数差异很大，有必要进一步研究不同土地利用类型下的活动时间情况。

4.3.2 土壤皮肤暴露相关的参数

1. 土壤/尘皮肤黏附系数

1）简介

土壤/尘皮肤黏附系数，指单位皮肤面积吸附土壤/尘的质量。土壤/尘皮肤黏附系数的调查方法主要包括直接测量和间接计算的方式。不同情况下土壤/尘在体表的黏附系数相差很大。人体不同部位对土壤/尘的黏附系数不同，不同种类或场所土壤/尘（如室内尘土与室外土壤/尘）对皮肤的黏附系数变化也很大，在进行暴露评价时，需要区分不同暴露场景，以便选取正确的黏附参数。可将不同场景下土壤/尘皮肤黏附系数分为不同种类土壤的黏附系数、身体不同部位的土壤黏附系数、不同行为下的土壤黏附系数（王宗爽等，2012）。USEPA 关于特定情境下加权后土壤/尘皮肤黏附系数的计算见式（4-4）。

$$AF_{wtd} = \frac{(AF_1)(SA_1) + (AF_2)(SA_2) + \cdots + (AF_i)(SA_i)}{SA_1 + SA_2 + \cdots + SA_i} \tag{4-4}$$

式中，AF_{wtd} 为加权黏附系数，mg/cm^2；AF 为黏附系数，mg/cm^2；SA 为皮肤表面积，cm^2。在进行实际计算时，USEPA 假设人脸部占头部表面积的 1/3，前臂面积占整个手臂面积的 45%，小腿表面积占整个腿部面积的 40%。

2）研究方法

A. 质量测定法

质量测量法又分为两种方式：一种是人为接触土壤/尘，通过接触总量和干预活动后皮肤黏附量的质量差得到；另一种是自然活动接触，通过活动前后黏附在皮肤上的土壤/尘质量差值得出。

早期的研究往往采用前一种质量测量方法。例如，Driver 等（1989）通过预先称重的土壤与受试者手部接触 30 s 来完成模拟暴露过程，之后通过轻轻摩擦双手去除多余的污染物后称重，通过比较前后质量差获得土壤黏附系数。另有研究通过事先接触 5 g 左右的灰尘，通过握手除去多余灰尘，测量前后质量差得到附着在手掌上的灰尘量，进而推出灰尘皮肤黏附系数（Hee et al.，1985）。

后一种方法通过模拟不同活动方式的真实接触情况得到结果，得到的数据更为真实、准确。Kissel 等（1996）在工作/玩耍前后，对受试者不同部位进行清洗，将清洗液经过过滤、冷冻等过程后称重，从而得到不同活动下的土壤/尘皮肤黏附系数。Shoaf 等（2005）通过研究儿童在湿地玩耍前后的土壤负荷值，得出皮肤对底泥的黏附系数。

B. 荧光标记法

利用物质的荧光特性，在活动前后识别出具有荧光性的某种物质的皮肤接触情况，推算出土壤/尘的皮肤黏附系数。例如，Kissel 等（1998）事先对活动土壤进行了荧光标记，让受试者在标记过的土壤中进行活动，测量手、前臂、小腿和脸部的前后荧光标记情况得到皮肤负荷量并与质量测量法相比较，以改善皮肤暴露途径的经验基础方法。

Rodes 等（2001）采用荧光标记法测定了从活动地转移到手皮肤中的标记灰尘量，并给出不同表面类型和不同手部含水率的尘皮肤黏附系数。

C. 国内外参数推荐值

关于土壤/尘皮肤黏附系数的研究，目前仅有美国研究者开展并获得了不同情境下美国人群身体各部位土壤/尘皮肤黏附系数的推荐值，见表 4-17。我国暴露参数手册中该参数的推荐值参考取自《美国暴露参数手册》。

表 4-17　土壤/尘皮肤黏附系数推荐值　　（单位：mg/cm^2）

分类		脸	手臂	手	腿	脚
儿童	居所内	—	0.0041	0.011	0.0035	0.010
	托儿所（室内和室外）	—	0.024	0.099	0.020	0.071
	室外运动	0.012	0.011	0.11	0.031	—
	室内运动	—	0.0019	0.0063	0.0020	0.0022
	涉土运动	0.054	0.046	0.17	0.051	0.20
	泥地玩耍	—	11	47	23	15
	湿土地	0.040	0.17	0.49	0.70	21
成人	室外运动	0.0314	0.0872	0.1336	0.1223	—
	涉土活动	0.0240	0.0379	0.1595	0.0189	0.1393
	建筑工地	0.0982	0.1859	0.2763	0.0660	—

2. 土壤接触时间

1）简介

土壤接触时间（暴露时间）是评价皮肤暴露土壤健康风险的重要参数，因文化、种族、经济水平、性别、年龄、兴趣爱好及个人习惯的变化而不同。

对于成人，土壤接触时间主要包括务农性接触、其他生产性接触、健身休闲性接触三种接触方式下的总时间。其中，务农性接触指规律性农业生产活动中与土壤的接触行为，如田间劳动等，不包括在家中种植盆栽植物的行为，接触时间指务农期间平均每天的工作时间；其他生产性接触指由于工作需要而接触土壤或扬尘，如建筑工人等，接触时间指平均每天的工作时间；健身休闲性接触指在裸露土壤上进行跑步、健身等运动中有明显可见扬尘的情况，接触时间指平均每天在这些场所运动休闲的总时间（王贝贝等，2014）。

对于儿童，土壤接触时间主要包括儿童玩土、坐在地上、在地上爬等与土壤/尘接触的活动时间。其中，土地指具有裸露土壤的地（环境保护部，2016）。土壤接触时间的研究方法主要包括问卷调查法、视频法和实时手工记录法。

2）研究方法

A. 问卷调查法

问卷调查包括问卷设计、预调查和现场调查三部分，主要通过调查人群的人口学特征、生活习惯和家庭环境来获得人口暴露特征。问卷调查法是采用统一设计问卷，通过问卷调查的方式，向被选取的调查对象了解日常活动情况的一种熟练调查方法。儿童可由其父母或照看者或儿童本人通过回顾的方式回答儿童的日常活动情况。该方法比较简单，易执行，使用广泛，但准确性较差。对于儿童，调查研究依赖于孩子的父母或看护人对受试者的口腔行为问题的回答。这些研究中的测量误差可能由多种原因造成，包括访谈者和受访者之间的语言/方言差异、问卷调查中问卷设计措辞和问卷设计内容中使用的术语缺乏定义、受访者对问题的解释差异及回忆/记忆效应等。

土壤接触时间应包括分季节的生产生活过程中人体裸露皮肤与土壤直接接触的频次和次均时间。现场调查过程中，对于 0～17 岁人群，调查员应向调查对象或抚养人解释其可能接触土壤的活动场所，包括裸露土壤地面、草地、砂石、矿/煤渣地等。对于 18 岁及以上人群，调查员应向调查对象解释其可能接触土壤的方式，包括务农性、生产性、健身休闲性等。

B. 视频法

视频法是由训练有素的摄影师摄录受试者在一定时期内的活动情况，并采用手动或计算机软件来提取受试者相关数据的方法。这种方法的准确性和可靠性较高，但在录像的过程中应该考虑摄影师或者相机的存在不影响受试者的行为。

进行视频调查时，除首先要获得受试者的许可外，还要确保受试者全程的参与配合。对于一些视频影像不能提供的信息，还要通过音频信息来收集。拍摄过程中要保证拍摄区域的照明和摄像机的稳定。通常情况下，摄像系统运行的时间为几个小时左右。一些研究中设定了标准的操作流程以保证视频采集和影像翻译的准确性，如美国 CTEPP（Center for Transformational Educator Preparation Programs）研究提供的儿童活动视频录制操作标准程序和翻译儿童活动录像标准操作程序，其主要是对在 48h 采样期间收集参与者（成人和儿童）家中的多媒体样本和问卷数据进行研究。为了补充儿童活动日记和其他问卷，在研究中增加了 10%这些儿童的录像活动，即在 48h 的采样期间，最多 26 名学龄前儿童将在俄亥俄州的家中录像 2～3h，然后编码员将使用虚拟计时设备计算机软件程序翻译研究中的录像带。

通过视频法，假设摄像师或摄像机的存在不会影响孩子的行为。这种假设可能在当儿童看不到相机和摄像师时或者在拍摄新生儿时引入的偏差最小。但是如果被研究的孩子比新生儿年龄大，可以看到相机或摄像师，则可能会引入偏差。Ferguson 等（2006）描述了由录像引起及儿童对录像人员的认识，导致“戏剧表演”发生情况的忧虑，或者父母表示孩子在录音期间表现不同，尽管儿童在一段时间过后往往忽略相机的存在。当儿童的动作或姿势导致他们行为不被摄像机捕获时，也可能会引入另一种可能的测量误差源。数据转录错误可能会导致负面或正面方向的偏差。最后，测试如果在录像过程中出现护理人员不存在的情况，研究人员必须停止录像并进行干预以防止危险行为（Zartarian et al.，1995）。

C. 实时手工记录法

实时手工记录法就是让训练有素的观察员（非父母）手工记录受试者的土壤接触行为信息。通过实时手工记录，由经过培训的专业人员而非父母进行的观察可以提供解释可见行为一致性的优点，并且可能比与孩子保持照顾关系的人所做的观察更为客观。但是这种方法可靠性较差，过程烦琐，容易造成观察员的疲劳，从而影响记录的结果。另外，在观察期间，非家庭成员的观察员的存在会影响受试者的行为活动。

3）国内外参数推荐值

A. 中国

《中国人群暴露参数手册（成人卷）》中按照不同接触土壤方式分组提供了分性别、城乡、片区和年龄的推荐值，表 4-18 列出我国成人分性别和城乡的土壤接触时间推荐值。由表 4-18 可见，农村、城乡、城市具有土壤接触行为的人群比例分别为 68.7%、47.1%、21.6%；土壤接触时间分别为 214 min/d、204 min/d、168 min/d。此外，从表 4-18 可以看出，男性较女性土壤接触行为的人群比例偏高，土壤接触时间偏长。

表 4-18　中国人群与土壤接触时间推荐值

	农村			城乡			城市		
	平均值	男	女	平均值	男	女	平均值	男	女
具有土壤接触行为的人群比例/%	68.7	69.4	68.1	47.1	48.5	46	21.6	22.5	20.8
土壤接触时间①/（min/d）	214	223	204	204	212	195	168	172	164

①具有土壤接触行为的人群土壤接触时间。

我国儿童暴露参数手册中按照年龄分组提供了分性别、城乡、片区和各省（自治区、直辖市）的推荐值，表 4-19 列出我国儿童分性别、城乡和年龄的土壤接触时间推荐值。

表 4-19　中国儿童（0～17 岁）与土壤接触时间推荐值

年龄段/岁	户外活动土壤接触人数比例/%	土壤接触时间①/（min/d）								
		平均值	性别		城市			农村		
			男	女	平均值	男	女	平均值	男	女
1～2	62.6	38	41	35	34	36	31	41	44	37
2～3	66.3	37	40	34	31	33	28	41	43	37
3～4	67	40	40	40	33	32	34	45	45	44
4～5	63.4	39	41	36	33	34	33	41	45	37
5～6	55.1	37	39	32	30	32	27	41	44	36
6～9	63.8	24	25	23	23	24	22	24	25	24
9～12	54.9	19	20	19	20	20	19	19	20	18
12～15	48.7	19	20	19	18	18	19	20	21	19
15～18	41.3	21	22	21	22	24	21	21	21	20

①具有户外活动土壤接触行为儿童的土壤接触时间。

B. 美国

《美国暴露参数手册》中，提供了不同年龄段人群的土壤接触时间推荐值，如表 4-20 所示。依据活动场地不同，分为沙地、草地和有灰尘的地方三类接触场所。

表 4-20　美国不同年龄段人群的土壤接触时间推荐值　　　（单位：min/d）

年龄段	土壤接触时间					
	在沙地上活动		在草地上活动		在有灰尘的地方活动	
	平均值	P95	平均值	P95	平均值	P95
0～1 岁	18	—	52	—	33	—
1～2 岁	43	121	68	121	56	121
2～3 岁	53	121	62	121	47	121
3～6 岁	60	121	79	121	63	121
6～11 岁	67	121	73	121	63	121
11～16 岁	67	121	75	121	49	120
16～21 岁	83	—	60	—	30	—
21～64 岁	0	121	50	121	0	120
>64 岁	0	—	121	—	0	—

4.3.3　土壤经口暴露相关的参数

1. 土壤摄入量

1）简介

土壤摄入量指人群单位时间内无意识或有意识地摄入土壤的质量。土壤中的污染物可以通过呼吸吸入、经口摄入和经皮肤接触暴露等多种途径到达人体，进而对人体产生健康危害。其中，无意识地经口直接摄入土壤是人群暴露土壤污染物的重要途径之一，特别是对于儿童。儿童经常在地上活动，具有频繁的手口和物口接触行为，比成人更容易直接摄入土壤。因此，土壤摄入是儿童暴露污染物的主要途径之一。

人体通过土壤摄入途径对土壤中污染物的暴露剂量计算见式（4-5）。

$$ADD = \frac{C_s \times SIR \times CF \times AF \times EF \times ED}{BW \times AT} \tag{4-5}$$

式中，ADD 为经口摄入途径对土壤中污染物的日均暴露剂量，mg/d；C_s 为土壤中污染物浓度，mg/g；SIR 为土壤摄入量，mg/d；CF 为转换因子，取 10^{-6} kg/mg；AF 为污染物吸收系数；EF 为暴露频率，d/a；ED 为暴露持续时间，a；BW 为体重，kg；AT 为平均暴露时间，d。

从式（4-5）可以看出，土壤摄入量是开展土壤污染物暴露评价，以及进一步开展健康风险评价的必备暴露参数，其准确程度直接决定着健康风险评价结果的准确性。

美国《超级基金风险评价技术指南》（Risk Assessment Guidance for Superfund）以及我国《建设用地土壤污染风险评估技术导则》（HJ 25.3—2019）中的健康风险评估都需要用到土壤摄入量参数。土壤摄入量参数的准确性直接影响到土壤修复目标的设置及修复的经济投入。如果参数选取不合理导致土壤修复目标值过松，则不利于保护人体健康；如果土壤修复目标值过严，则带来的可能是上百万元、上千万元甚至上亿元的不必要的经济投入。

2）研究方法

A. 活动模式法

活动模式法基于手口接触是摄入土壤的最主要途径，一般通过擦拭或冲洗方法测定调查对象的手尘负荷（手部黏附的尘土质量），通过观察或询问调查对象的手口接触频次来估算每天的土壤摄入量。土壤摄入量的计算方法如下（Wilson et al.，2013）：

$$SIR = SL \times SA \times FSA \times FQ \times HMTE \times ET \tag{4-6}$$

式中，SIR 为土壤摄入量，mg/d；SL 为手尘负荷，mg/cm^2；SA 为手表面积，cm^2；FSA 为手口接触面积占手面积的比例，无量纲；FQ 为活动时手口接触频次，次/h；HMTE 为手口接触时尘从手转移到口的效率，无量纲；ET 为每天活动时间，h。

对于活动模式法，手尘负荷和手口接触频次是估算土壤摄入量的关键参数，这两类参数的具体研究方法如下。

手尘负荷的测定方法有直接法和间接法。直接法一般采用冲洗或黏附的方法收集手尘，然后通过称重直接测定手尘总量及手尘负荷。例如，Lepow 等（1975）把称过质量的带胶标签贴到手掌表面以获取手掌表面黏附的土或尘的质量，发现儿童手尘总量平均值为 11 mg，因而得出这些儿童的平均手尘负荷为 0.51 mg/cm^2。Kissel 等（1996）采用水冲洗手部，收集冲洗水，用 0.5 m 滤膜过滤冲洗水，滤膜使用前后的质量差即为手尘总量，除以被冲洗的手面积得到手尘负荷。间接法一般通过测量手尘中某种元素质量间接计算出整个手尘负荷，基本过程如下：采用稀酸溶液冲洗手部或采用纸巾擦拭手表面，测定冲洗液或纸巾中某元素的总量；某元素的总量除以被冲洗或擦拭过的手面积，得到单位手面积元素含量；单位手面积元素含量除以儿童活动场所土壤或尘中元素含量，得到单位手面积土壤或尘的含量，即手尘负荷。

早期的研究采用问卷调查法、观测法获取儿童手口接触和物口接触频次。Lepow 等（1975）连续 3～6h 观察了 22 名 1～5 岁儿童手口和物口接触行为，观察到这些儿童每天手口和物口接触的总次数平均值为 10 次。Tulve 等（2002）观测了 186 名 10 个月～5 岁儿童的手口接触行为，结果表明手口接触频次的平均值和中位值分别为 16 次/h 和 11 次/h，95%置信区间为 9～14 次/h。

随着录像技术及其解译技术的发展，20 世纪 90 年代研究人员开始采用视频解译法调查儿童手口和物口接触行为。Reed 等（1999）采用问卷调查法和视频解译法调查了 30 名 2～6 岁儿童的手口接触行为，发现视频解译法得到的儿童手口接触频次的平均值为 9.5 次/h。对于问卷调查中父母回答没有吃手指或手掌行为的孩子，视频解译表明该组儿童手口接触频次范围为 0～10 次/h；而对于问卷调查中父母回答有吃手指或手掌行为的孩子，视频解译表明该组儿童手口接触频次范围为 8.8～20.5 次/h。虽然问卷调查结果与视频解译结果呈正相关关系，但是也存在很大的差异。这一定程度表明问卷调查法获得的儿童手口接触频次可能存在较大的误差和不确定性。Beamer 等（2008）采用视频解译法调查了 23 名 0.5～2.3 岁儿童的手口接触行为，结果表明手口接触频次中位值为

15.2 次/h，平均值为 18.4 次/h，范围为 2～62 次/h。

B. 生物动力学模型法

生物动力学模型是基于特定污染物进入人体后的代谢过程，模拟人体组织或排泄物中的代谢物浓度的模型。在土壤和灰尘是该污染物的主要摄入介质的情况下，通过比较组织或排泄物中代谢物的实测浓度和预测浓度，验证模型的实用性。模型验证通过后，即可根据实测的代谢物浓度推算土壤和灰尘的摄入量。生物动力学模型法用于估测土壤摄入量时，需要满足如下条件：污染物主要通过土壤/灰尘摄入；生物动力学模型能足够准确地建立污染物摄入量与所检测的代谢物浓度之间的关系；模型必须经过实际污染物暴露验证。因此，生物动力学模型法是将实际直接测量的生物标志物（血液或尿液）中污染物的浓度水平与生物动力学模型预测出的结果进行比较，来推算出适宜的土壤摄入量。常用的模型包括血铅生物动力学模型和尿砷生物动力学模型。

综合暴露吸收生物动力学（IEUBK）模型是 USEPA 推荐使用的儿童血铅预测模型，包含暴露、摄入、体内代谢动力学过程和血铅浓度的概率分布四个模块，通过对描述上述过程的一组复杂方程的综合计算，来预测儿童暴露于铅污染介质后的血铅水平。IEUBK 模型能够对儿童血铅浓度进行合理无偏差估计，适用于儿童多途径暴露，并且能够准确地描述个体之间的差异，从而为风险评价提供有利的信息。与其他的环境评价模型相比，IEUBK 模型经过了已有数据的检验，随着环境铅暴露以及铅在人体中的迁移转化数据的不断完善，IEUBK 模型能够很好地评价环境铅风险。

尿砷模型假设摄入人体的砷经人体代谢之后部分通过尿液排出，通过测定土壤、尘、食物等外环境中的砷浓度来预测尿液砷含量。有研究采用 USEPA 暴露评估模型通过输入该场地的若干测定参数，估算了蒙大拿州超级基金场地儿童尿液中总砷和各形态砷的含量，通过比较分析得到儿童的土壤摄入量为 100～200 mg/d（Walker and Griffin，1998）。Cohen 等（1998）发展了简化的砷生物动力学模型（Monter Carlo 模型），用其定量模拟无机砷的吸收。通过比较测定儿童尿液中无机砷的含量和该模型估算的儿童尿液中无机砷的含量，估算出 600 名 6 岁儿童的土壤和尘摄入量为 20 mg/d。

C. 示踪元素法

示踪元素法通过利用不被人体吸收的示踪元素，根据一定时间内摄入示踪元素和排泄示踪元素平衡的原理（图 4-1），摄入示踪元素的途径主要是通过饮水、饮食和土壤，

图 4-1 示踪元素法原理图

排泄的途径主要是粪便和尿液。测定一定时段内人体经过非土壤摄入途径（主要包括饮食、饮水等）摄入的示踪元素的质量和经粪便/尿液排出的该示踪元素的质量，计算出经过土壤摄入途径摄入的该示踪元素的质量，再除以该元素在土壤中的浓度，推算出土壤摄入量。其具体计算见式（4-7）。

$$C_{\text{soil}}W_{\text{soil}} + C_{\text{food}}W_{\text{food}} + C_{\text{water}}W_{\text{water}} + \cdots = C_{\text{feces}}W_{\text{feces}} + C_{\text{urine}}W_{\text{urine}} \tag{4-7}$$

式中，W_{soil}为土壤摄入量，mg/d；C_{soil}为土壤中示踪元素的浓度，mg/g；W_{food}为食物摄入量，mg/d；C_{food}为食物中示踪元素的浓度，mg/g；W_{water}为饮水摄入量，L/d；C_{water}为水中示踪元素的浓度，g/L；W_{feces}为粪便排泄量，mg/d；C_{feces}为粪便中示踪元素的浓度，mg/g；W_{urine}为尿液排泄量，L/d；C_{urine}为尿液中示踪元素的浓度，g/L。

示踪元素法经过逐渐改进和完善，从最早期的定量方法发展到物质平衡法，以及现在的最优示踪元素法。

3）国内外参数推荐值

A. 中国

当前，我国暴露参数手册中的土壤摄入量推荐值取自环境保护公益性行业科研专项“环境健康风险评价中的儿童土壤摄入率及相关暴露参数研究”的研究成果。研究选取湖北武汉和宜昌、甘肃兰州、广东深圳三个代表性地区的 240 名 3～17 岁儿童为研究对象，以 Al、Ce、Sc、V 和 Y 为最优示踪元素，采用示踪元素法开展了我国儿童的土壤摄入量研究。整个调查时间持续 52 h，采用“双份饭”的方法采集 24h 儿童所摄入的全部食物和经 24h 代谢后所排泄的全部粪便与尿液，此外采集采样期间儿童经常活动室外场所的土壤、所摄入的饮用水和使用的牙膏，分析所有样品中的 Al、Ce、Sc、V 和 Y 这 5 种示踪元素的含量，在此基础上估算出我国儿童的土壤摄入量推荐值为 85 mg/d，具体见表 4-21（林春野等，2016）。

表 4-21　我国儿童土壤摄入量推荐值　（单位：mg/d）

年龄段	平均值	性别		湖北			甘肃			广东		
		男	女	平均值	城市	农村	平均值	城市	农村	平均值	城市	农村
3～17 岁	85	89	81	70	81	58	150	123	173	53	57	49
3～6 岁	72	76	68	56	65	45	139	103	164	40	41	39
6～12 岁	103	108	99	79	87	74	161	140	182	66	77	58
12～17 岁	86	99	75	86	110	63	—	—	—	—	—	—

B. 美国

美国是开展土壤摄入量研究较早的国家，美国于 2017 年 9 月对暴露参数手册中土壤摄入量这一章节进行了更新。手册中对土壤摄入量的调查方法和现有研究进行了详细综述，给出了美国各年龄段人群的土壤摄入量推荐值，包括中值和上限值两类参数，还给出了具有异食癖和食土癖人群的摄入量上限，具体见表 4-22（USEPA，2017）。

表 4-22 《美国暴露参数手册》中的土壤摄入量推荐值 （单位：mg/d）

年龄段	土尘		土壤				灰尘	
	中值	上限	中值	上限	异食癖（上限）	食土癖（上限）	中值	上限
<6 个月	40	100	20	50	—	—	20	60
6～12 个月	70	200	30	90	—	—	40	100
1～2 岁	90	200	40	90	1000	50000	50	100
2～6 岁	60	200	30	90	1000	50000	30	100
1～6 岁	80	200	40	90	1000	50000	40	100
6～12 岁	60	200	30	90	1000	50000	30	100
≥12 岁	30	100	10	50	—	50000	20	60

C. 澳大利亚

澳大利亚没有关于本土土壤摄入量的研究，其在基于其他国家土壤摄入量研究进行综述的基础上，主要参考《美国暴露参数手册》中的土壤摄入量推荐值给出了本国人群的土壤摄入量推荐值，具体见表 4-23。

表 4-23 澳大利亚人群的土壤摄入量推荐值 （单位：mg/d）

年龄段	土壤摄入量	
	室外土壤	室外土壤+室内灰尘
0～1 岁	30	60
1～15 岁	50	100
≥15 岁	—	50

D. 法国

2008～2010 年，法国国家工业环境和风险研究所成立工作组，旨在建立 6 岁以下儿童每日土壤和灰尘摄入量。工作组审查了所有可用的数据后，选择了 Stanek 等（2001）的研究作为推荐研究，该研究来源于对 1997 年开展的一项研究的重新分析，这项研究是对 64 名年龄在 1～4 岁、生活在污染地区附近的儿童采用示踪元素法进行了连续 7 天的土壤摄入量调查。在此基础上，研究表明 1～4 岁儿童土壤摄入量的平均值是 31 mg/d，中位值是 24 mg/d，95%分位数是 91 mg/d。

2. 饮水摄入量

1）简介

饮水摄入量指单位时间内经口摄入水的体积，可分为直接饮水摄入量（以白水形式饮用的水，如开水、生水、桶/瓶装水等，以及以咖啡、茶、奶粉等形式冲饮的水）、间接饮水摄入量（指通过粥、汤摄入水的量）和总饮水摄入量（直接饮水摄入量和间接饮水摄入量之和）。

根据水的来源不同，可将日均饮水摄入量分为当地水源水摄入量和总饮水摄入量。当地水源水指饮用水、饮料、食品制作过程中从水龙头流出的水，还包括地下水、泉水等通过水龙头流出作为日常供给的水。这里所指的水可以反映当地地理环境状态，需要与商业上贩卖的饮料区分开来。总饮水摄入量包括当地水源水、牛奶、汽水饮料、酒及食品材料中包含的水分等，指所有液体的摄入量。总液体摄入量所得的饮用水毒性物质暴露存在过高评价的可能性，因此，通常使用当地水源水的摄入量作为饮用水摄入量数据。除直接饮水摄入外，饮食、洗浴过程中都有可能伴有水的摄入，这些过程中水的来源和成分不一，所含化合物浓度不同，因此在调查饮水摄入时，还应区分不同摄入类型。

饮水摄入量与性别、年龄、人种及运动量等因素有关，并受季节、气候、地域等地理气象学条件，以及饮食习惯和饮食文化等因素的影响。每个国家的饮水摄入量都不一样，因此应以各国居民为对象进行饮水摄入量调查，根据调查资料得出暴露参数。

2）研究方法

A. 问卷访谈法

问卷访谈法是目前国内外社会调查中较为广泛使用的一种方法。问卷访谈法指由经过严格培训的调查员采用一对一、面对面的方式进行询问。通过问卷调查的形式对目标人群的饮水习惯进行调查和访问，然后对问卷数据进行分析，最终得到各类人群饮水率信息的方法。问卷访谈法主要包含三个技术环节：问卷设计、预调查及现场调查。问卷设计主要是从问卷结构及问卷内容两方面开展的。调查问卷应包括问卷封面、问卷前言和问卷内容三部分，问卷内容应包括调查对象基本信息：姓名、性别、年龄、民族、职业、文化程度、家庭经济状况等；饮水信息：日常使用饮水器具的容积，分季节的直接饮水（以白水形式摄入的水，如开水、生水、桶/瓶装水，以奶粉、咖啡、茶叶等形式冲饮的水）和间接饮水（以粥或汤等形式摄入的水）的频次，根据饮水频次和饮水器具容积可计算饮水摄入量。

问卷访谈法的优点主要包括以下几点：①富有弹性。所谓弹性指访问员对受访问者的回答有疑问或没有确认受访者的意见时，可以当即追问下去，及时解决这些问题。②回卷率高。假如采用邮寄或其他方式进行问卷发放，回卷率比较低。进行访问调查，受访者不好当面推辞，可以提高回卷率。③能够较为精确地了解受访者的真实态度，观察受访者非语言上的行为。④可以控制空间环境，避免他人干涉访问。⑤能使受访者遵守问题的按序问答。在访问时，一定要按照问题的次序提问，从第 1 页的第一题开始按照次序逐页向下，不能跳。⑥资料完整性高。访问问题完整、访问信息清楚，而且可以调查一些比较复杂的问题。

问卷访谈法也存在以下几方面的缺点：①代价昂贵。②访问时间长。③访问者与被访问者间的信息差异。有时访问者和被访问者会产生偏见，影响访问效果。④保密性低。⑤对分布范围广的样本不易进行访问。

B. 日志记录法

日志记录法是对受试者的饮水摄入量或自来水消耗量进行一段时间的监测，并记录在详细的消耗日志中，然后对日志数据进行分析，最终得到各类人群饮水摄入量的信息。这种方法主要包含三个技术环节：日志记录表设计、预调查及现场调查。日志记录表设计也包括结构和内容的设计，结构包括封面、前言和内容三部分，内容应包括调查对象基本信息及饮水摄入量。采用标准饮水记录表，由受试者估计并完整记录一段时间内从起床后的早餐前、早餐、早餐后、午餐、午餐后、晚餐、晚餐后及夜间各时段每次饮水的种类、饮水盛具（如杯、瓶、碗等）及数量、饮用地点及饮用量。

日志记录法具有获取数据质量较高、比较准确、不容易造成较大的回忆偏倚的优点，但也存在受试对象依从性不好掌握、回收率可能不高、可能会给受试者带来一定的记录负担等缺点。

C. 直接测量法

直接测量法是使用具有刻度的标准量具进行饮水摄入量调查的方法。测量容器一般为 300 mL。在现场调查时，调查员应向调查对象解释水的含义；向调查对象出示标准量具，请调查对象以此为参照估算其日常使用饮水器具的容积；询问调查对象分季节的饮水频次。这种方法的优点是不依赖于调查对象的记忆力，减少或避免回忆偏倚，相对准确。缺点是调查时间分散在全天，调查对象需持续记录。此外，调查对象的饮水次数、饮水种类和量、饮水地点等在工作日和非工作日可能存在一定的差别。

3）国内外参数推荐值

A. 中国

我国居民饮水摄入量推荐值来自“十二五”期间组织开展的中国人群环境暴露行为模式研究。此研究采用标准量具结合问卷调查的方式获得我国成人及儿童的春季和秋季、夏季和冬季直接饮水摄入量（指以白水形式饮用的水，或以咖啡、茶、奶粉等形式冲饮的水，不包括购买的牛奶、各类饮料和啤酒等）和间接饮水摄入量（以粥、汤形式水的摄入量），两者之和为总饮水摄入量。《中国人群环境暴露行为模式研究报告（成人卷）》针对饮水摄入量，由调查员出示标准调查量具（500 mL 标准杯、200 mL 标准碗和 400 mL 标准碗），准确估算调查对象饮水摄入量。《中国人群环境暴露行为模式研究报告（儿童卷）》针对饮水摄入量，由调查员出示标准调查量具（0～5 岁儿童为 250 mL 标准杯和标准碗，6～17 岁儿童为 300 mL 标准碗和标准杯），估算调查对象的饮水摄入量。我国人群的总饮水摄入量推荐值见表 4-24。

表 4-24 我国人群的总饮水摄入量推荐值 （单位：mL/d）

年龄	总饮水摄入量								
	城乡			城市			农村		
	平均值	男	女	平均值	男	女	平均值	男	女
0～3 个月	182	193	170	185	186	185	180	198	159
3～6 个月	345	372	312	394	381	410	298	363	224
6～9 个月	592	595	588	680	656	709	511	541	472
9～12 个月	813	840	784	886	980	790	761	744	779
1～2 岁	911	936	882	979	1016	936	854	870	836

续表

年龄	总饮水摄入量								
	城乡			城市			农村		
	平均值	男	女	平均值	男	女	平均值	男	女
2～3 岁	809	800	819	897	877	921	734	736	732
3～4 岁	863	862	865	887	868	908	843	856	827
4～5 岁	851	864	836	905	908	901	807	828	781
5～6 岁	861	870	848	924	924	924	803	824	774
6～9 岁	1186	1206	1162	1125	1154	1090	1210	1227	1190
9～12 岁	1280	1299	1258	1233	1246	1217	1301	1324	1275
12～15 岁	1383	1408	1353	1318	1354	1278	1424	1440	1404
15～17 岁	1414	1524	1291	1318	1405	1226	1473	1591	1333
≥18 岁	1850	2000	1713	1900	2000	1775	1825	2000	1675

B. 美国

美国在 2011 年最新发布的暴露参数手册中，给出了不同种类饮水摄入量。其中，摄入量包括直接摄入和间接摄入，既包括日常饮水、喝饮料等直接摄入，又包括食物准备过程中所添加的水分以及沐浴、游泳等其他过程中的间接摄入，美国不同年龄段人群不同类型饮水摄入量推荐值见表 4-25。数据主要来自美国农业部 1994～1996 年和 1998 年的两次研究，这两次研究采用了问卷调查法，收集问卷超两万份，具有样本量大、人群覆盖面广等特点，但是该研究仅是 2d 内的短期问卷调查所得，用于表示人群的日常摄入有可能存在一定误差（Kahn and Stralka，2009）。

表 4-25　美国不同年龄段人群不同类型饮水摄入量推荐值

年龄段	样本量/人	人均饮水摄入量（mL/d）			
		公共用水	瓶装水	其他	所有类型水
0～1 个月	91	184	104	13	301
1～3 个月	253	227	106	35	368
3～6 个月	428	362	120	45	528
6～12 个月	714	360	120	45	530
1～2 岁	1040	271	59	22	358
2～3 岁	1056	317	76	39	437
3～6 岁	4391	380	84	43	514
6～11 岁	1670	447	84	61	600
11～16 岁	1005	606	111	102	834
16～18 岁	363	731	109	97	964

续表

年龄段	样本量/人	人均饮水摄入量（mL/d）			
		公共用水	瓶装水	其他	所有类型水
18～21 岁	389	826	185	47	1075
≥21 岁	9207	1104	189	156	1466
≥65 岁	2170	1127	136	171	1451

注：“所有类型水”包括直接摄入和间接摄入；“公共用水”指自来水和市政集中供水等经集中处理后供应的水源；“瓶装水”指在商场买到的包装后的水或饮料；“其他”包括食物本身所含水或其他水摄入。

C. 澳大利亚

澳大利亚成年人的饮食指南中提供了该数据中成人摄入量的百分位值（NHMRC，2003）。包括饮用自来水、用自来水制备的饮料（如茶、咖啡）、瓶装水及商用软饮料和果汁（不包括牛奶）。估计数不包括用于准备食物的水。

1995 年《国家营养调查》是澳大利亚唯一的公开调查报告，报告了非酒精饮料的摄入量。液体的平均摄入量分为茶、咖啡和咖啡替代品、水果和蔬菜汁、软饮料、矿泉水和水（包括自来水、瓶装水和普通矿泉水）。南澳大利亚卫生部总结了 16500 多名 16 岁及以上的南澳大利亚州的自报饮水摄入量（SADH，2006）。其中，44.5%的人群平均饮水摄入量为 0.6～1 L/d，22.8%的人群平均饮水摄入量为 1.2～1.8 L/d，18.7 %的人群平均饮水摄入量为≥2 L/d。

综合这些研究结果，参考美国 Kahn 和 Stralka 等（2009）的饮水摄入量研究，澳大利亚在暴露参数手册中给出了不同人群饮水摄入量的推荐值。其中，孕妇的饮水摄入量是通过增加非孕妇饮水量的 50%得到的，具体见表 4-26。

表 4-26　澳大利亚人群的饮水摄入量推荐值　　（单位：L/d）

不同人群	饮水摄入量		
成人	终生平均值		2
	短期暴露	均值	1.2
		P90	2.3
		P95	2.8
	温带气候	中体力工作	5
	热带气候	中体力工作	10
哺乳妇女	均值		1.8
	P90		3.5
	P95		4.2
2 岁儿童	均值		0.4
	P90		0.7
	P95		0.9

D. 加拿大

1981 年，加拿大研究人员针对本国居民的饮水摄入情况进行了调查，该研究对不同年龄段人群、不同季节饮水摄入的情况进行了调查，加拿大不同年龄段人群夏/冬季饮水摄入量推荐值见表 4-27。

表 4-27　加拿大不同年龄人群夏/冬季饮水摄入量　　（单位：mL/d）

季节	<3 岁	3～5 岁	6～17 岁	18～34 岁	35～54 岁	<55 岁	总人群
夏季	570	860	1140	1330	1520	1530	1031
冬季	660	880	1130	1420	1590	1620	1370
夏/冬季均值	610	870	1140	1380	1550	1570	1340
90%上限值	1500	1500	2210	2570	2570	2290	2360

参 考 文 献

董静梅, 夏丽, 俞益, 等. 2016. 青少年体力活动中环境健康风险评估的呼吸暴露参数研究进展. 中国运动医学杂志, 35(7): 664-668.

段小丽, 黄楠, 王贝贝, 等. 2012. 国内外环境健康风险评价中的暴露参数比较. 环境与健康杂志, 29(2): 99-104.

环境保护部. 2013. 中国人群暴露参数手册 (成人卷). 北京: 中国环境出版社.

环境保护部. 2016. 中国人群环境暴露行为模式研究报告(儿童卷). 北京: 中国环境出版社.

林春野, 王贝贝, 马瑾, 等. 2016. 我国代表性地区儿童土壤摄入率等暴露参数研究. 北京: 中国环境出版社.

刘平, 王贝贝, 赵秀阁, 等. 2014. 我国成人呼吸量研究. 环境与健康杂志, 31(11): 953-956.

莫杨, 李娜, 徐春雨, 等. 2018. 时间-活动模式调查方法及其在空气污染物暴露评价中的应用. 中华预防医学杂志, 52(6): 675-680.

王贝贝, 曹素珍, 赵秀阁, 等. 2014. 我国成人土壤暴露相关行为模式研究. 环境与健康杂志, 31(11): 971-974.

王叶晴, 段小丽, 李天昕, 等. 2012. 空气污染健康风险评价中暴露参数的研究进展. 环境与健康杂志, 29(2): 104-108.

王宗爽, 段小丽, 王贝贝, 等. 2012. 土壤/尘健康风险评价中的暴露参数. 环境与健康杂志, 29(2): 4.

赵秀阁, 王剑峰, 杨以宁, 等. 2018. 环境健康风险评价中呼吸速率的研究进展. 环境与健康杂志, 35(12): 1108-1115.

Allan M, Richardson G M, Jones-Otazo H, et al. 2008. Probability density functions describing 24-hour inhalation rates for use in human health risk assessments: An update and comparison. Human and Ecological Risk Assessment, 14(2): 372-391.

Anonymous. 2002. Basic anatomical and physiological data for use in radiological protection: Reference values. A report of age- and gender-related differences in the anatomical and physiological characteristics of reference individuals. ICRP Publication 89. Annals of the ICRP, 32(3-4): 5-265.

Arcus-Arth A, Blaisdell R J. 2007. Statistical distributions of daily breathing rates for narrow age groups of infants and children. Risk Analysis, 27: 97-110.

Beamer P, Key M E, Ferguson A C, et al. 2008. Quantified activity pattern data from 6 to 27-month-old farmworker children for use in exposure assessment. Environmental Research, 108(2): 239-246.

Breen M S, Long T C, Schultz B D, et al. 2014. GPS-based microenvironment tracker (MicroTrac) model to estimate time location of individuals for air pollution exposure assessments: Model evaluation in central North Carolina. Journal of Exposure Science and Environmental Epidemiology, 24(4): 412-420.

Brinkman S, Gialamas A, Jones L, et al. 1999. Child Activity Patterns for Environmental Exposure Assessment in the Home. Canberra: National Environmental Health Forum.

Brochu P, Ducre-Robitaille J F, Brodeur J, et al. 2006. Physiological daily inhalation rates for free-living individuals aged 1 month to 96 years, using data from doubly labeled water measurements: A proposal for air quality criteria, standard calculations and health risk assessment. Human and Ecological Risk Assessment, 12(4): 675-701.

Cohen J T, Beck B D, Calabrese E J, et al. 1998. An arsenic exposure model: Probabilistic validation using empirical data. Human and Ecological Risk Assessment, 4(2): 341-377.

Driver J H, Konz J J, Whitmyre G K, et al. 1989. Soil adherence to human-skin. Bulletin of Environmental Contamination and Toxicology, 43(6): 814-820.

Ferguson A C, Canales R A, Leckie J O, et al. 2006. Video methods in the quantification of children's exposures. Journal of Exposure Science & Environmental Epidemiology, 16(3): 287-298.

Guo Q, Zhao Y, Duan X L, et al. 2021. Using heart rate to estimate the minute ventilation and inhaled load of air pollutants. Science of the Total Environment, 763: 143011.

Hee S, Peace B, Clark C S, et al. 1985. Evolution of efficient methods to sample lead sources, such as house dust and hand dust, in the homes of children. Environmental Research, 38(1): 77-95.

Hu M, Li W, Li L F, et al. 2016. Refining time-activity classification of human subjects using the global positioning System. Plos One, 11(2): e0148875.

Kahn H D, Stralka K. 2009. Estimated daily average per capita water ingestion by child and adult age categories based on USDA's 1994-1996 and 1998 continuing survey of food intakes by individuals. Journal of Exposure Science & Environmental Epidemiology, 19(4): 396-404.

Kissel J C, Richter K Y, Fenske R A, et al. 1996. Field measurement of dermal soil loading attributable to various activities: Implications for exposure assessment. Risk Analysis, 16(1): 115-125.

Kissel J C, Shirai J H, Richter K Y, et al. 1998. Investigation of dermal contact with soil in controlled trials. Journal of Soil Contamination, 7(6): 737-752.

Lee B C, Lee K. 2017. Classification of indoor-outdoor location using combined global positioning system (GPS) and temperature data for personal exposure assessment. Environmental Health and Preventive Medicine, 22:29.

Lepow M L, Bruckman L, Gillette M, et al. 1975. Investigations into sources of lead in environment of urban children. Environmental Research, 10(3): 415-426.

Lin C, Wang B, Cui X, et al. 2017. Estimates of Soil Ingestion in a Population of Chinese Children. Environmental Health Perspectives, 125(7): 077002.

Martire T, Nazemzadeh P, Sanna A, et al. 2020. Indoor-Outdoor Detection Using Head-Mounted Lightweight Sensors. New York: Springer International Publishing.

NHMRC. 2003. Dietary guidelines for Australian adults. Canberra: National Health and Medical Research Council.

Phillips M L, Hall T A, Esmen N A, et al. 2001. Use of global positioning system technology to track subject's location during environmental exposure sampling. Journal of Exposure Science & Environmental Epidemiology, 11(3): 207-215.

REED K J, Jimenez M, Freeman N C G, et al. 1999. Quantification of children's hand and mouthing activities through a videotaping methodology. Journal of Exposure Science & Environmental Epidemiology, 9(5): 513-520.

Rodes C E, Newsome J R, Vanderpool R W, et al. 2001. Experimental methodologies and preliminary transfer factor data for estimation of dermal exposures to particles. Journal of Exposure Analysis and Environmental Epidemiology, 11(2): 123-139.

RoyChowdhury I, Saha J, et al. 2018. Detailed Activity Recognition with Smartphones. Kolkata: Proceedings of 2018 Fifth International Conference on Emerging Applications of Information Technology (EAIT).

SADH. 2006. Self-Reported Water and Milk Consumption in SA - Demographic Differences, Ages 16 Years and Over. Adelaide: South Australian Department of Health.

Shoaf M B, Shirai J H, Kedan G, et al. 2005. Child dermal sediment loads following play in a tide flat. Journal of Exposure Analysis and Environmental Epidemiology, 15(5): 407-412.

Stanek E J I, Calabrese E J, Zorn M. 2001. Soil ingestion distributions for monte carlo risk assessment in children. Human and Ecological Risk Assessment, 7: 357-368.

Stifelman M. 2007. Using doubly-labeled water measurements of human energy expenditure to estimate inhalation rates. Science of the Total Environment, 373(2-3): 585-590.

Tsang A M, Klepeis N E. 1996. Descriptive Statistics Tables from a Detailed Analysis of the National Human Activity Pattern Survey (NHAPS) Data. Washington DC: United States Environmental Protection Agency.

Tulve N S, Suggs J C, McCurdy T, et al. 2002. Frequency of mouthing behavior in young children. Journal of Exposure Analysis and Environmental Epidemiology, 12(4): 259-264.

USEPA. 1999. Sociodemographic Data Used for Identifying Potentially Highly Exposed Populations. Washington DC: United States Environmental Protection Agency.

USEPA. 2000. Options for Development of Parametric Probability Distributions for Exposure Factors. Washington DC: United States Environmental Protection Agency.

USEPA. 2017. Update for Chapter 5 of the Exposure Factors Handbook Soil and Dust Ingestion. Washington DC: United States Environmental Protection Agency.

Walker S, Griffin S. 1998. Site-specific data confirm arsenic exposure predicted by the US Environmental Protection Agency. Environmental Health Perspectives, 106(3): 133-139.

Wang B, Lin C, Zhang X, et al. 2018. Effects of geography, age, and gender on Chinese children's soil ingestion rate. Human and Ecological Risk Assessment, 24(7): 1983-1989.

Wiley J, Robinson J, Cheng Y, et al. 1991. Study of Children's Activity Patterns. Sacramento: California Air Resources Board.

Wilson R, Jones-Otazo H, Petrovic S, et al. 2013. Revisiting dust and soil ingestion rates based on hand-to-mouth transfer. Human and Ecological Risk Assessment, 19(1): 158-188.

Wu J, Jiang C, Houston D, et al. 2011. Automated time activity classification based on global positioning system (GPS) tracking data. Environmental Health, 10: 101.

Wu Y, Zhao W, Ma J, et al. 2022. Human health risk-based soil environmental criteria (SEC) for park soil in Beijing, China. Environmental Research, 212: 113384.

Zartarian V G, Streicker J, Rivera A, et al. 1995. A pilot study to collect micro-activity data of two- to four-year-old farm labor children in Salinas Valley, California. Journal of Exposure Analysis and Environmental Epidemiology, 5 (1): 21-34.

Zeng Q, Wang J, Meng Q, et al. 2018. Seamless pedestrian Navigation methodology optimized for indoor/outdoor detection. IEEE Sensors Journal, 18(1): 363-374.

第5章　场地人体健康土壤环境基准中的建筑物参数

5.1　研究背景

5.1.1　引言

泄漏到地面或释放到地下的有毒挥发性有机化合物（VOCs）可能在地下环境中迁移，通过地下室、地基、污水管道和其他裂缝以气态的形式进入建筑物，对人体产生健康风险，这一过程即蒸气入侵（Vapor Intrusion，VI）（ITRC，2007）。发达国家早期的污染场地风险评估针对蒸气入侵多采用风险评估模型进行计算。随着研究的深入，逐渐认识到蒸气入侵引起的吸入室内蒸气是土壤/地下水中 VOCs 影响人体健康最重要的暴露途径，且影响因素十分复杂，因此陆续制定一系列针对蒸气入侵的场地调查评估指南，并指出，模型计算是蒸气入侵风险评估的基础，但要准确评估场地的蒸气入侵风险，需要进一步开展针对性的多证据采样工作（Mchugh et al.，2017；Ma et al.，2020）。

我国针对污染场地风险评估的研究工作尚处于起步阶段，其中针对 VOCs 的蒸气入侵风险评估仍借鉴标准的 CSM：VOCs 通过线性相分配从土壤或地下水中进入土壤　空隙，即形成土壤气；VOCs 在包气带中通过向上扩散至建筑物底板；VOCs 通过扩散或对流通过建筑物地板裂隙等进入室内空间；与室内空气混合。2019 年颁布的《建设用地土壤污染状况调查技术导则》（HJ 25.1—2019）和《建设用地土壤污染风险评估技术导则》（HJ 25.3—2019）对 VOCs 污染场地调查与风险评估均基于上述概念模型，并采用国外最常采用的 Johnson-Etterger 模型（J&E 模型）预测室内外蒸气入侵风险（姜林等，2021）。

基于以上场地概念模型，蒸气入侵过程中，建筑物特性会对室内 VOCs 浓度产生影响（Shen and Subberg，2016），主要体现在以下两个过程中（USEPA，2015）。①蒸气通过裂隙和压力驱动进入建筑物。首先，土壤包气带中的危险蒸气通过建筑物地板、墙壁或地基中的裂缝、接缝、空隙和缝隙或供排水管道等公共设施的连接部位进入建筑物。其次，建筑物地板上下存在的压力差使得气体以对流方式进入室内。产生压差的原因可能有：室内外的温差（如冬季的“烟囱效应”，即建筑物室内温度高，导致蒸气与上层空气发生对流，从而通过屋顶和窗户向上排出，并不断从下层吸入室外的冷空气）。引起室内外空气流动的机械设备（如排气扇、空调等）。由风力引起的建筑物不同侧的气压差。即使由上述情况导致的地板上下的压差很小，也可能导致土壤气体通过建筑物地板或地下室墙壁中的孔隙、裂缝等不断进入建筑物。②蒸气进入建筑物后与室内空气混合，并与室外空气发生交换。与室外空气交换的三个途径：通过建筑物墙体的裂缝、间隙和其他开口。通过窗户、门和建筑围护结构中其他设计（自然通风）。由设备控制和驱动的空气流动（机械通风）。空气交换会降低室内 VOCs 浓度，减轻蒸气入侵的影响。

可以看出，建筑物特性会对呼吸吸入污染场地土壤中 VOCs 的暴露途径产生重要影响。由于建筑物特性不同，即使是同一个社区的建筑物，土壤气体进入建筑物的难易程度也会有所不同。在我国污染场地土壤/地下水中的 VOCs 人体健康风险评估过程中，多数建筑物参数直接引用国外标准或暴露参数手册，与我国地域辽阔、建筑类型差异较大的实际情况不相符。因此，充分调研国外发达国家暴露风险评估中与蒸气入侵途径密切相关的建筑物参数，对开展我国该类参数的收集、调查和本土化取值研究具有实际的指导意义，有助于提高我国污染场地 VOCs 蒸气入侵暴露风险评估的精准性。

5.1.2　各国建筑物参数研究

与美国等发达国家不同，我国目前的污染场地多是有待开发的场地，无法像发达国家那样开展室内污染物浓度、地板下土壤气浓度等实际污染物浓度的测定（马杰，2020）。因此，采用数学模型开展蒸气入侵风险评估仍然是我国目前最常用的方法。

美国是针对蒸气入侵研究最早的国家。2002 年，USEPA 发布了《蒸气入侵场地风险评估技术导则（草稿）》[*OSWER Draft Guidance for Evaluating the Vapor Intrusion to Indoor Air Pathway from Groundwater and Soils*（*Subsurface Vapor Intrusion Guidance*）]，提出采用分层风险评估的方法开展蒸气入侵场地的调查研究。2015 年，USEPA 在草案的基础上制定了《蒸气入侵场地风险评估技术导则（正式稿）》（*OSWER Technical Guide for Assessing and Mitigating the Vapor Intrusion Pathway from subsurface Vapor Source to Indoor Air*），并针对石油污染场地制定了《蒸气入侵场地风险评估技术导则：石油储存泄漏场地》（*Technical Guide For Addressing Petroleum Vapor Intrusion At Leaking Underground Storage Tank Site*s），将其用于指导全国范围内评估蒸气入侵的健康风险。上述草案和导则均推荐采用 J&E 模型来预测蒸气入侵后室内污染物的浓度。2004 年 USEPA 发布了 J&E 模型的使用手册，并逐年进行更新。该文件显示，影响 J&E 模型结果的建筑物参数中，具有中等到高等的不确定性和敏感性的参数包括裂隙比（Crack Ratio）、空气交换速率（Air Exchange Rate）、建筑物混合高度（Building Mixing Height），低不确定性和敏感性的参数包括地基面积（Foundation Area）和地基厚度（Foundation Thickness），并指出，空气交换速率、裂隙比和建筑容积等建筑物参数会影响污染物从地下到室内衰减的程度，造成进入建筑物内的污染物浓度产生较大差异。

英国环境署 2002 年开发了基于人体健康风险评估的 CLEA 模型，该模型采用 J&E 模型来评估 VOCs 蒸气入侵风险。2005 年，英国环境署出版了《蒸汽入侵模型中的建筑物参数》（*Review of Building Parameters for Development of a Soil Vapor Intrusion Model*），梳理了用于开展蒸气入侵风险评估所需的建筑物参数，主要包括建筑物类型和尺寸（住宅和商用）、地板构造（包括材质、厚度、裂缝等）、室内外压差和通风情况（空气交换速率），旨在为 CLEA 模型提供蒸气入侵暴露途径的建筑物本土化参数。

加拿大联邦政府于 2010 年制定了《联邦污染场地蒸汽入侵风险评估导则（第七部分）》（*Federal Contaminated Site Risk Assessment in Canada, Part Ⅶ: Guidance for Soil Vapour Intrusion Assessment at Contaminated sites*），也采用 J&E 模型作为蒸气入侵风险的评估工具，并提出要针对建筑物混合高度和空气交换速率等参数根据实际情况进行优化，以获得更准确的风险评估结果。

澳大利亚环保署针对污染场地风险评估于 1999 年发布了《国家环境保护办法——场地污染评估》[*National Environmental Protection (Assessment of Site Contamination) Measure*]导则，并于 2013 年对其进行了修订。导则同样提出 J&E 模型中单一建筑物参数无法体现不同区域污染场地风险评估的差异。例如，空气交换速率在不同气候区域应采用不同的取值。

我国在 2019 年发布的《建设用地土壤污染风险评估技术导则》（HJ 25.3—2019）中建筑物参数多采用美国 ASTM 推荐的单一取值，与我国疆域辽阔、气候多样、建筑类型各异的实际情况不符，有必要针对建筑物类型和相关参数开展进一步的研究，为我国污染场地蒸气入侵风险评估提供基础数据。

5.2 典型建筑物参数介绍

J&E 模型的输出结果是浓度衰减因子（α），即建筑物内污染物浓度（室内浓度 C_B）和污染源浓度（C_S）的比值（USEPA，2005）。α 具体采用式（5-1）进行计算。

$$\alpha=\frac{A\exp(B)}{\exp(B)+A+\frac{A}{C}\left[\exp(B)-1\right]} \tag{5-1}$$

其中

$$A=\frac{D_T^{eff}A_B}{Q_B L_T} \tag{5-2}$$

式中，D_T^{eff} 为污染物在土壤中的扩散系数，m^2/h；A_B 为建筑面积，m^2；Q_B 为建筑物内的空气流速，m^3/h；L_T 为污染源到地基的距离，m。

$$Q_B=A_B\times H_B\times \text{AER} \tag{5-3}$$

式中，AER 为空气交换速率，h^{-1}；H_B 为建筑物混合高度。

$$B=\frac{Q_S L_C}{D_C^{eff}NA_B} \tag{5-4}$$

式中，Q_S 为进入建筑物的土壤气流量，m^3/h；L_C 为地基厚度，m；D_C^{eff} 为污染物在裂隙中的有效扩散系数，m^2/h；N 为裂隙比。N 定义为

$$N=\frac{A_C}{A_B} \tag{5-5}$$

式中，A_C 为裂隙面积，m^2。

$$C = \frac{Q_S}{Q_B} \tag{5-6}$$

由衰减因子计算公式可以看出，对其结果产生影响并最终影响建筑物内污染物浓度的建筑物参数主要包括空气交换速率、裂隙比、建筑面积、建筑物混合高度等参数。

空气交换速率：空气通过窗户、门道、进气口和排气口、缝隙（如建筑围护结构的裂缝和接缝）以及自然通风、机械通风进入建筑物的速率。当环境中的挥发性有机物浓度与场地土壤污染物相比很低时，空气交换会对室内污染物产生稀释效应。在某些情况下，场地土壤中的挥发性有机物会对环境空气产生影响，这时通过空气交换反而可能会升高室内污染物浓度。

裂隙比：地板与墙体之间的裂隙面积与地基基础面积的比值。假设一栋方形房子的裂缝是基础板和墙体之间的连续边缘裂缝（“周长裂缝”），裂隙比与裂缝宽度的关系如下：

$$\text{裂隙比}=\frac{\text{裂隙宽度}\times 4\times\sqrt{\text{地基基础面积}}}{\text{地基基础面积}} \tag{5-7}$$

建筑面积：与污染土壤接触的建筑物面积。通常将建筑物简化为正方形或矩形，宽度和长度以米为单位。它用于确定与土壤接触的地板裂缝面积，也用于确定建筑容积。

建筑容积：用于估算被蒸气入侵污染的室内空气量。根据建筑占地面积、可居住建筑层数（包括可居住地窖或地下室）及每层的高度计算得出。大多数评估模型都假设入侵的蒸气在建筑物内均匀混合。

建筑物混合高度：污染蒸气从地板/楼板的裂缝中流入建筑物内，与室内环境空气混合的高度。一般假设蒸气浓度在该高度的区域中均匀分布。

室内外压差：由温差引起的驱动土壤气体以对流方式进入建筑物的室内外压差。

5.2.1　空气交换速率

1. 美国

2018 年，USEPA 更新了《美国暴露参数手册》中建筑物特征章节（USEPA，2018）。其中涉及手册中空气交换速率的取值主要基于 Koontz 和 Rector 的研究结果（USEPA，1995）。该研究采用全氟碳示踪法（Perfluorocarbon Tracer Method，PFT）技术获取了美国 2971 个住宅的空气交换速率数据，并根据 1990 年美国人口和住房普查的结果，按照每个州参加该项研究的住房数占总住房数的比例来为每个州分配权重，以弥补 PFT 技术测量数据的地理不平衡。经过统计分析，建议将第 10 个百分位值（0.18 h^{-1}）作为住宅空气交换速率的保守值，将第 50 个百分位值（0.45 h^{-1}）作为住宅空气交换速率的推荐值（表 5-1）。但是该手册指出，在选用空气交换速率时也要认识到基础数据库的局限性。首先，该数据库中所调查的住宅并非美国住宅的随机代表样本，样本在地理位置或季节方面仍然不平衡；其次，采用PFT技术测量空气交换速率需假设示踪剂在建筑物内均匀混合，但实际上很多因素的影响（如由天气驱动的空气对流、供暖系统的类型和运行模式等）会导致示踪剂混合的程度在不同时段和不同住宅中都有所差异；最后，示踪剂源和采样器的相对位置也会导致数据的不确定性。不过尽管存在这些限制，基于PFT技术测量，极高和极低的空气交换速率会比分布中间的值具有更大的不确定性。也因此，美国2015年发布的《蒸气入侵场地风险评估技术导则》中空气交换速率的推荐值采用了《美国暴露参数手册》的推荐值。

表 5-1 美国不同地理区域住宅空气交换速率统计数据 （单位：h^{-1}）

取值方式	AER				
	西部地区	北部中部地区	东北部地区	南部地区	所有地区
算术平均值	0.66	0.57	0.71	0.61	0.63
算术标准偏差	0.87	0.63	0.60	0.51	0.65
几何平均值	0.47	0.39	0.54	0.46	0.46
几何平均偏差	2.11	2.36	2.14	2.28	2.25
P10	0.20	0.16	0.23	0.16	0.18
P50	0.43	0.35	0.49	0.49	0.45
P90	1.25	1.49	1.33	1.21	1.26
最大值	23.32	4.52	5.49	3.44	23.32

其他相关研究也开展了空气交换速率的调查。Persily等（2010）使用CONTAM（一种多区域气流模型）生成了住宅入渗率的频率分布，共有209套住宅纳入研究，代表了美国 80%的住宅存量类型。这些住宅来自美国能源部住宅能源消费调查（RECS）和美国人口普查局美国住房调查（AHS）两个住宅住房调查的数据库。这个数据库包括超过6万名美国居民，住宅被分为四类：独立住宅、附属住宅、人造住宅和公寓，主要包括年龄、建筑面积、楼层数、地基类型和车库等关键特征。各种房屋的每小时换气次数（Air Changes Per Hour，ACH）分布如表5-2所示，全国家庭平均空气交换速率第10个百分位值和第50个百分位值分别为0.16 h^{-1}和0.44 h^{-1}。对于所有房屋类别，空气交换速率第50个百分位值为0.09～0.58 h^{-1}。总的来说，1970年以后建造的房子比1970年以前建造的房子更紧凑，空气交换速率更低。

表 5-2 美国按房屋类别划分的空气交换速率统计数据 （单位：h^{-1}）

房屋类别	P5	P10	P50	P90	P95
独户-全国平均	0.10	0.16	0.44	1.00	1.21
独户-1940年前建造	0.17	0.25	0.58	1.33	1.57
独户-1941～1969年建造	0.14	0.21	0.54	1.10	1.28
独户-1970～1989年建造	0.09	0.14	0.36	0.76	0.89
独户-1990年之后建造	0.05	0.09	0.26	0.60	0.70

续表

房屋类别	P5	P10	P50	P90	P95
独立式住宅-中部东北	0.11	0.17	0.42	1.10	1.31
独立式住宅-中部东南	0.08	0.13	0.48	0.95	1.12
独立式住宅-中大西洋区	0.14	0.20	0.41	1.09	1.29
独立式住宅-高山地区	0.09	0.14	0.50	0.84	0.98
独立式住宅-新英格兰区	0.15	0.22	0.44	1.18	1.39
独立式住宅-太平洋区	0.15	0.20	0.40	0.83	0.97
独立式住宅-南大西洋区	0.07	0.12	0.48	0.88	1.04
独立式住宅-中部西北	0.11	0.18	0.45	1.16	1.39
独立式住宅-中部西南	0.09	0.15	0.42	0.90	1.06
公寓-1940 年前建造	0.11	0.16	0.31	0.61	0.72
公寓-1941～1969 年建造	0.09	0.13	0.29	0.56	0.65
公寓-1970～1989 年建造	0.06	0.10	0.23	0.49	0.55
公寓-1990 年之后建造	0.05	0.07	0.14	0.31	0.39

相关研究也发现了不同的气候或季节条件下空气交换速率存在差异。Murray 和 Burmaster（1995）使用 PFT 数据库中的 2844 个测量数据，总结了按气候区域和季节划分的数据亚群的分布情况（表 5-3），其中 12 月至次年 2 月被定义为冬季，3～5 月被定义为春季。结果发现，夏季的空气交换速率较高，且最高值出现在最温暖气候地区。如前所述，温暖气候地区的许多测量数据来自每年 7 月在南加州进行的实地研究，那时该地区的窗户往往是打开的。特别是气候较温暖地区的数据应谨慎使用，因为该地区夏季往往非常炎热，居民使用空调，导致空气交换率较低。

表 5-3　按气候区域和季节划分的美国住宅空气交换速率统计数据

气候	季节	样本数/个	空气交换率/h^{-1}	
			中值	P90
最冷的是：大多数样本来自纽约	冬季	161	0.27	0.71
	春季	254	0.36	0.80
	夏季	5	0.57	2.01
	秋季	47	0.22	0.42
更冷的是：大多数样本来自纽约和华盛顿州	冬季	428	0.42	1.18
	春季	43	0.24	0.83
	夏季	2	—	—
	秋季	23	0.33	0.59

续表

气候	季节	样本数/个	空气交换率/h^{-1}	
			中值	P90
稍暖和的是：大多数样本来自俄勒冈州	冬季	96	0.39	0.78
	春季	165	0.48	1.11
	夏季	34	0.51	1.30
	秋季	37	0.44	0.82
最温暖的是：大多数样本来自加利福尼亚州	冬季	454	0.48	1.13
	春季	589	0.63	1.42
	夏季	488	1.10	3.28
	秋季	18	0.42	0.74

资料来源：Murray and Burmaster，1995。

对于商业建筑的空气交换速率研究文献提供的资料较少。其中，USEPA 对 100 座随机选择的商业建筑进行了基础研究，这些建筑代表美国总体的建筑范围。研究发现，第 25、第 50 和第 75 百分位值的 ACH 分别为 0.47、0.98 和 2.62（NIST，2004）。Turk 等（1987）在 38 栋商业建筑中进行了室内空气质量测量，包括测量空气交换速率。这些建筑的使用年限为 0.5～90 年。在 36 栋建筑中进行了一次测试，在两栋建筑中进行了两次测试。在两周的时间内，对每栋建筑进行了 10 个工作日的监测，每栋建筑的最少采样时间为 75h。研究人员发现，平均通风量为 1.5 h^{-1}，在 0.3～4.1 h^{-1}，标准差为 0.87（表 5-4）。因此，USEPA 提出采用平均值 1.5 h^{-1} 作为商业建筑的空气交换速率推荐值，第 10 个百分位值 0.60 h^{-1} 作为保守值。

表 5-4　美国商业建筑空气交换速率统计数据

建筑类型	样本数/个	空气交换速率/h^{-1}			
		平均值	标准偏差	P10	范围
教育	7	1.9	0.87		0.8～3.0
办公楼（<100000 ft^2[①]）	8	1.5			0.3～4.1
办公楼（>100000 ft^2）	14	1.8			0.7～3.6
图书馆	3	0.6			0.3～1.0
多用途建筑	5	1.4			0.6～1.9
自然通风建筑	3	0.8			0.6～0.9
合计	40	1.5		0.60	0.3～4.1

① $1ft^2=9.290304\times10^{-2}m^2$，下同。

2. 英国

英国环境署针对建筑物参数的取值方法进行了专项调研（EA，2005），而具体用于开展健康风险评估的建筑物参数主要来自英国房屋状况调查项目（表 5-5）。英国环境署建议，住宅的理想空气交换速率为 0.5～0.75 h^{-1}，以有效控制住宅的湿度和其他污染物，同时能最大限度地减少能源使用。一项针对 35 个英国家庭住宅夏季和冬季 ACH 的研究显示，平均空气交换速率为 0.52 h^{-1}。英国《工作场所（卫生、安全和福利）条例 1992》中规定了商用建筑内供应新鲜空气的最低标准。英国建筑研究院（Building Research Establishment，BRE）通过对 6 个办公室（5 个机械通风和 1 个自然通风）通风效果的监测发现，在通常的办公室里 1 名员工占用的空间约为 45 m^3，当通风速率为 13 L/s 时可满足新鲜空气的供应标准，此时空气交换速率为 1.0 h^{-1}。因此，英国环境署建议采用 0.5 h^{-1} 作为住宅空气交换速率推荐值，1.0 h^{-1} 作为商业建筑空气交换速率推荐值用于开展风险评估。

表 5-5　英国健康风险评估中住宅和商业建筑的默认参数

建筑类型	空气交换速率/h^{-1}	建筑高度/m	层数/层	层高/m
住宅小平房	0.5	2.4	1.0	2.4
带阶梯的小房子	0.5	4.8	2.0	2.4
带阶梯的中等/大房子	0.5	4.8	2.0	2.4
半独立式住房	0.5	4.8	2.0	2.4
独立式住房	0.5	4.8	2.0	2.4
仓库（1970 年以前）	1.0	5.2	1.0	4.6
仓库（1970 年以后）	1.0	5.9	1.0	5.1
办公室（1970 年以前）	1.0	10.2	3.0	3.2
办公室（1970 年以后）	1.0	13.0	4.0	3.2

3. 欧盟

欧盟汇总各欧盟成员国的暴露参数形成 ExpoFacts 数据库，该数据库共收集了奥地利、比利时、英国、法国、德国等 31 个欧洲国家的数据。其中，ACH 数据主要来自建筑通风研究（Bluyssen et al.，1995；Bremmer and van Veen，2000；Ruotsalainen et al.，2010；Sundell et al.，1994；Jussi et al.，1996；Wålinder，et al.，1997；Øie et al.，1998）。Bluyssen 等（1995）开展的一系列建筑物通风性能研究为欧盟暴露参数数据库建筑物特征参数提供了参考（表 5-6），研究的建筑物类型涉及住宅、办公室、学校、幼儿园和医院。

表 5-6 欧盟关于建筑物通风性能的研究

参考文献	建筑物类型	建筑物数量/栋	区域	时间	备注
Bluyssen et al.，1995	办公室	56	9个国家，每个国家6～8个建筑	10月～次年5月	每个国家采用不同的检测方法
Bremmer and van Veen，2000	住宅	—	荷兰	全年	来自荷兰 RIVM 的数据。数据是基于独立的住宅
Ruotsalainen，et al.，2010	住宅	242	芬兰（赫尔辛基）	11月～次年4月	—
Sundell et al.，1994	办公室	160	瑞典北部	1～4月	病态建筑综合征研究
Tussi，et al.，1996	办公室	33	芬兰（赫尔辛基）	—	只有机械通风系统的建筑物
Wålinder et al.，1997	学校	39	瑞典（乌普萨拉）	1993年3月和5月，1995年1～3月	鼻声反射测量法用于检测室内环境对鼻反应的研究
Øie et al.，1998	住宅	344	挪威（奥斯陆）	春季、秋季和冬季	有呼吸道症状的儿童的家庭

欧盟综合各国的建筑物参数给出了住宅容积和空气交换速率的推荐值。其中空气交换速率的推荐值是基于芬兰、挪威和新西兰的中位值来确定的。汇总了芬兰不同住宅类型的空气交换速率（表 5-7）。

表 5-7 芬兰按居住类型划分的空气交换速率

居住类型	空气交换速率/h^{-1}	标准差	数量/个
所有住所	0.52	0.27	242
公寓	0.64	0.3	87
房屋	0.45	0.22	155
房屋（平衡通风）	0.49	0.26	43
房屋（机械排气）	0.46	0.19	56
房屋（自然通风）	0.41	0.22	56

4. 澳大利亚

澳大利亚关于住宅空气交换速率的研究比较有限。如表 5-8 所示，He 等（2005）通过居民对其日常做法的描述，估算了位于布里斯班的 13 所郊区房屋的空气交换速率，其中门窗均关闭时为（0.61±0.45）h^{-1}，门窗打开时为（3.0±1.23）h^{-1}。利用示踪气体技术针对墨尔本、珀斯和悉尼住宅的空气交换速率及其影响因素的研究显示，开窗、吊扇和空调将增加住宅的空气交换速率（Biggs，1987；Harrison，1985；Ferrari，1991）。Biggs 等（1986）采用风扇加压法测量了不同房龄住宅（0～30 年）的空气交换速率，研究显示，带固定墙壁通风口的老式房屋空气交换速率最高，澳大利亚东南部建筑的空气交换速率大约是英国、荷兰和新西兰建筑的两倍，大约是瑞典和加拿大建筑的 6 倍（Biggs et al.，1986）。

澳大利亚关于商业建筑空气交换速率的数据非常缺乏，开展暴露风险评估时建议根据具体情况选用合理的值，如根据澳大利亚建筑通风标准计算空气交换速率。澳大利亚住宅、非住宅建筑的通风和空调室内空气污染物控制标准提供了根据居住者数量计算最低空气流量的规定程序（2002 年澳大利亚标准）。标准的最低气流速率取决于温度和建筑内、外壳的使用情况（居住者的活动水平）。澳大利亚建筑规范规定，只要每个房间打开的窗户的面积为房间 5%或以上的建筑面积，自然通风就可以接受。

表 5-8　澳大利亚住宅空气交换速率的相关研究　　（单位：h^{-1}）

地点	空气交换速率平均值	研究场景
布里斯班	0.61 或 3	13 栋住宅。不同房龄，砖或木，不同地势。测量期间所有门窗均关闭，或需要打开时门窗正常打开
墨尔本	0.33	7 栋无人居住的住宅。单层，房龄和建筑材料变化很大。所有房屋覆盖地板，并涂有油漆；测量了渗透速率（所有窗户和外部门都关闭，除厕所门外所有内部门都打开）
珀斯	0.05～0.41	9 栋新住宅。砖饰面，瓷砖屋顶，混凝土板地板，单层，无固定墙壁通风口，使用示踪气体技术
悉尼	0.9	43 栋住宅。在冬季晚上测量（燃气加热器加热，门窗关闭-模拟冬季条件）
	0.33	房龄<5 年。在冬季夜间测量（加热无效燃气加热器、门窗关闭-模拟冬季条件）
	0.6①	澳大利亚住宅空气交换速率的中间值（0.3～0.9 h^{-1}）
昆士兰州	7.92	小村庄里被当地住宅包围的教室（9.6m × 7.25m × 2.7 m）。窗户打开，空调和吊扇打开

① 建议采用 0.3～0.9 h^{-1} 的中间值作为澳大利亚风险筛查时空气交换速率的推荐值。

5. 加拿大

大量的研究已经公布了在住宅中测量空气交换速率的调查。大多数研究表明，加拿大家庭或美国北部地区住宅的平均空气交换速率在 0.3～0.5 h^{-1}。然而，这些空气交换速率测量数据通常是在模拟加拿大冬季的条件下收集的（所有门窗都紧闭）。而且这些测量通常是在无人居住的房子里进行的。因此报告数据的平均空气交换速率一般不反映典型的居住条件，也不反映年平均条件。在萨斯喀彻温省和安大略省的蒂尔森堡完成的一项研究中，44 所房屋的平均空气交换速率为 0.34 h^{-1}（Dumont and Snodgrass，1992），而在大多伦多地区完成的一项研究中，44 所房屋的平均空气交换速率为 0.45 h^{-1}（Otson and Zhu，1997）。在安大略省的一项研究中，70 栋房屋的平均空气交换速率为 0.06～0.77 h^{-1}（Walkinshaw，1987）。

Otson 等（1998）和 Lamb 等（1985）证实了门和/或窗打开时空气交换速率显著增加的事实。加拿大按揭房屋公司（Canada Mortgage and Housing Corporation，

CMHC）指出，较新建造的住宅的空气交换速率比较老的住宅低，1960 年以前建造的住宅的空气交换速率比新建造的密闭住宅大 2～10 倍（CMHC，1997）。根据 Grimsrud 等（1983）提供的数据，1970 年之前建造的房屋的平均空气交换速率为 0.69 h^{-1}，而 1970 年或之后建造的房屋的平均空气交换速率为 0.46 h^{-1}。此外，多层住宅的空气交换速率往往大于单层住宅。Pandian 等（1993）报告一层和两层住宅的空气交换速率分别为 0.6 h^{-1} 和 2.8 h^{-1}。Grimsrud 等（1983）的数据显示，一层和两层住宅的平均空气交换速率分别为 0.47 h^{-1} 和 0.52 h^{-1}。

对于商业建筑，设计的空气交换速率必须满足基于建筑占用率的最低要求，但实际的通风系统效率可能会因暖通空调系统的运行而变化。在加拿大，与住宅用地相比，商服用地中关于比较自然空气交换速率的研究数据更为有限。相比住宅建筑，更大的流量预计会导致更大的自然空气交换速率。Kaling（1984）报告的自然空气交换速率数据显示，商业建筑的空气交换速率为 0.09～1.54 h^{-1}，住宅为 0.01～0.85 h^{-1}。由于许多商业地产（特别是商场和其他大型设施）将配备机械通风系统，以保持足够的通风，因此美国采暖、制冷与空调工程师学会（American Society of Heating Refrigerating and Airconditioning Engineer，ASHRAE）指出，对于使用办公室的每个人，通风系统需要向建筑内吹入 20$ft^3$①的室外空气，以保持足够的新鲜空气供应，这相当于典型住宅每小时约 0.72 次空气交换（ASHRAE，2004）。Shermanand 和 Dickerhoff（1994）及 Weschler 等（1996）的研究显示，机械通风下小型商业楼宇的空气交换速率为 1.5～1.8 h^{-1}。

加拿大环境部长理事会指出，由于较高的平流效应，地面上的平板住宅通常比带有地下室的住宅具有更敏感的暴露风险。建议在农业和住宅/公园用地两种情况下，计算用于保护室内空气质量的土壤环境质量标准，以确保考虑到最敏感的暴露路径。至于商业及工业用地，只考虑地面楼板建筑。有或没有地下室的建筑物参数见表 5-9。

表 5-9　加拿大空气交换速率参数推荐值　（单位：h^{-1}）

参数	住宅含地下室	平板住房	平板商业
空气交换速率	1	1	2

6. 日本

2007 年日本产业技术综合研究所（Advanced Industrial Science and Technology，AIST）发布的暴露参数手册中，针对住宅空气交换速率，采用三原邦彰等（2004）的研究结果作为推荐值。该研究结果采用一定浓度法、风量测定法、PFT 法三种方法测定了日本东北地区 34 户住宅的空气交换速率（表 5-10），并取三种测量方法的平均值 0.59 h^{-1} 作为风险评估中空气交换速率的推荐值。

① 1ft≈0.3048m；1ft^3≈$2.83\times10^{-2}m^3$，下同。

表 5-10　日本住宅空气交换速率研究统计数据

建筑类型	测定法	样本数（建筑物数）/个	空气交换速率/h^{-1}				
			平均值	最小值	最大值	几何平均值	几何标准偏差
单户	一定浓度	21（15）	0.54	0.12	1.07	0.48	1.67
单户/多户	风量测定	36（21）	0.41	0.17	0.90	0.38	1.50
单户	PFT	10（10）	0.41	0.24	0.65	0.39	1.43
单户/多户	PFT	28（25）	1.01	0.29	2.60	0.84	1.83

7. 中国

我国暴露参数手册和已经发布的污染场地风险评估的相关技术规范尚未针对空气交换速率给出本土化推荐值，主要参照 USEPA 和 ASTM 的风险评估模型取值。但我国在建筑相关设计规范中针对不同用途的建筑有相应的空气交换速率的规定。《民用建筑供暖通风与空气调节设计规范》按照人均居住面积规定了居住建筑的最小换气次数（表 5-11），地下汽车库的换气次数不小于 6 h^{-1}。《车库建筑设计规范》中规定商业类建筑车库换气次数为 6 h^{-1}，住宅类建筑车库换气次数为 4 h^{-1}，其他类建筑车库换气次数为 5 h^{-1}。《人民防空地下室设计规范》规定地下室做物资库，换气次数为 1～2h^{-1}。

表 5-11　我国住宅不同人均居住面积的换气次数标准

人均居住面积（F_p）/m^2	换气次数/h^{-1}
$F_p<10$	0.70
$10<F_p<20$	0.60
$20<F_p<50$	0.50
$50<F_p$	0.45

我国幅员辽阔，不同区域自然地理环境、气候特征、经济发展水平及人民生活方式等存在较大差异性，根据文献调研，区域差异对空气交换速率的影响较大。按照《民用建筑热工设计规范》（GB 50176—2016），将我国划分为 5 个区域：严寒地区、寒冷地区、夏热冬冷地区、夏热冬暖地区、温和地区，具体划分指标及范围见图 5-1 和表 5-12。

近年来，随着对室内环境健康的关注，我国开展了一系列针对住宅空气交换速率的研究（Cheng and Li，2018；Hou et al.，2019；Jing et al.，2018；Shi et al.，2015；Zhao and Liu，2020），相应的科研成果为我国不同区域不同建筑类型的空气交换速率取值提供了宝贵的资料，具体研究进展信息见表 5-13。空气交换速率存在多种因素干扰，主要包括室内场所的建筑特征参数、环境参数、居民活动参数及通风情况等，而这些参数的地域差异非常显著，不同地区的建筑特征、环境参数，以及当地人群的活动行为模式有明显的不同。在北京市的一项研究中根据建筑特征，包括建筑类型、建筑面积、房间数、建筑年份、楼层数、建筑朝向，采用概率抽样的方法选取具有代表性的 34 个住宅，采用 CO_2 衰减法测定了入渗速率。测量的住宅单元详细的空气入渗率统计信息如表 5-14 所示（Shi et al.，2015）。

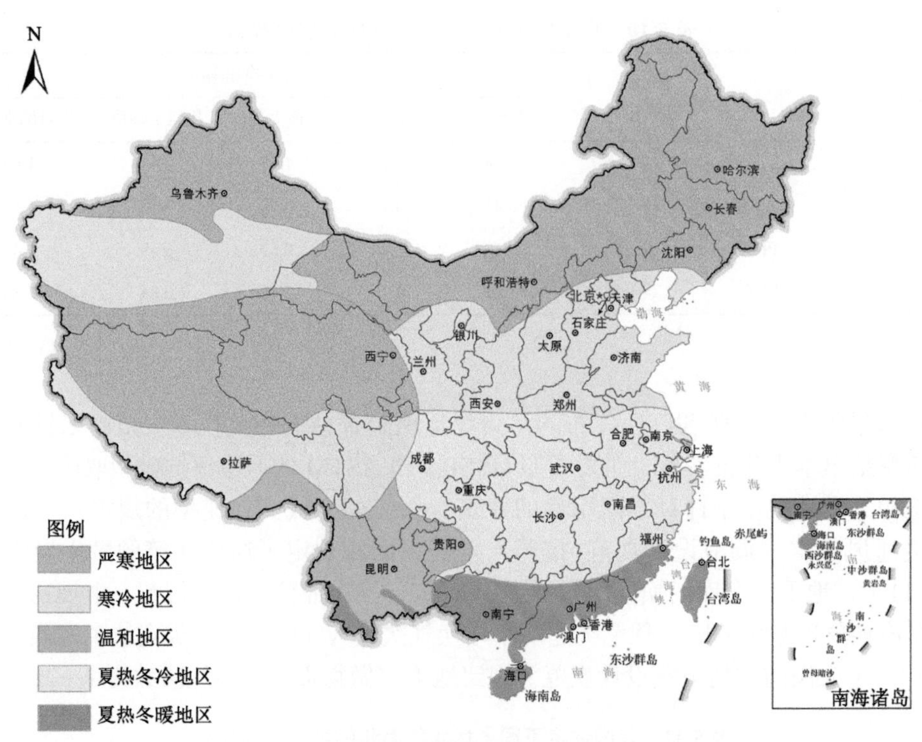

图 5-1　中国建筑气候区划图

表 5-12　中国建筑气候区划

区名	主要指标	辅助指标
严寒地区	最冷月份平均温度≤−10℃	每日平均温度≤5℃天数超过 145d
寒冷地区	最冷月份平均温度为−10～0℃	每日平均温度≤5℃天数为 90～145d
夏热冬冷地区	最冷月份平均温度为 0～10℃ 最热月份平均温度为 25～30℃	每日平均温度≤5℃天数为 0～90d 每日平均温度≥25℃天数为 40～100d
夏热冬暖地区	最冷月份平均温度>10℃ 最热月份平均温度为 25～29℃	每日平均温度≥25℃天数为 100～200d
温和地区	最冷月份平均温度为 0～13℃ 最热月份平均温度为 18～25℃	每日平均温度≤5℃天数为 0～90d

表 5-13　国内住宅建筑空气交换速率的相关研究进展

数据来源	检测方法	研究时间	研究地点、样本量	窗户状态	空气交换速率/h^{-1}			所含建筑参数
					分布	均值	中位数	
北京市居民住宅空气入渗率调查（Shi et al.，2015）	模型估算法、CO_2衰减法	2013.09～2014.10	北京市（模拟180、现场 34）	关闭	0.02～0.82	0.21	0.16	建筑类型、地板面积、楼层、建筑年份、卧室数量

续表

数据来源	检测方法	研究时间	研究地点、样本量	窗户状态	空气交换速率/h^{-1}			所含建筑参数
					分布	均值	中位数	
我国住宅建筑机械通风系统的运行特性及相应性能（Zhao and Liu，2020）	$PM_{2.5}$ 渗透	2017.04～2018.03	36（沈阳 8；天津 9；上海 7；西安 6；乌鲁木齐 6）	自然			0.56	建筑年份、楼层、地板面积、卧室数量、居住人数
广州市 202 个住宅卧室的空气入渗率及参数分布估算（Cheng and Li，2018）	CO_2 呼吸法	2016.08～2016.09	广州市 202	关闭	0.05～1.32	0.41	0.38	建筑容积、窗户面积、卧室面积、楼层、居住人身高体重年龄
中国城市卧室的空气交换速率（Hou et al.，2019）	CO_2 衰减法	2017.01～2017.12	294（辽宁 35；天津 32；上海 27；广东、广西 50；湖北、湖南 23；云南 31；重庆 32；陕西 31；新疆 33）	关闭（冬天打开）	0.01～3.57		0.34	建筑类型、居住面积、楼层、建筑年份、翻新年份、窗户框架、玻璃面板、窗户类型
	CO_2 呼吸法		46（严寒地区 10；寒冷地区 8；湿和地区 5；夏热冬冷地区 14；夏热冬暖地区 9）	自然				
中国东北地区住宅夜间空气交换速率（Jing et al.，2018）	CO_2 呼吸法	2013.09～2016.01	383（天津 310；沧州 73）	自然			0.47（开窗）、0.29（关窗）	建筑类型、楼层、供暖系统、建筑容积、窗户框架、玻璃面板

表 5-14　北京不同季节空气入渗率的统计分析　（单位：h^{-1}）

时间	均值	最小值	P5	P10	P25	P50	P75	P90	P95	最大值
全年	0.21	0.02	0.06	0.08	0.11	0.16	0.25	0.38	0.49	0.82
春季	0.18	0.03	0.08	0.09	0.11	0.17	0.23	0.30	0.34	0.52
夏季	0.14	0.02	0.06	0.07	0.08	0.13	0.18	0.23	0.26	0.41
秋季	0.13	0.01	0.05	0.06	0.08	0.11	0.17	0.23	0.28	0.46
冬季	0.31	0.01	0.05	0.07	0.11	0.20	0.41	0.70	0.92	1.60

Hou 等（2019）采用调查问卷和 CO_2 示踪法相结合的方法研究了我国 5 个气候区 11 个代表性省市 294 个住宅卧室空气交换速率的分布及影响因素，并按照不同气候区域给出了空气交换速率的中位值（表 5-15）。

表 5-15 我国不同气候区域住宅空气交换速率研究统计数据

区域	季节	总体		开窗		关窗	
		样本数/个	P50/h^{-1}	样本数/个	P50/h^{-1}	样本数/个	P50/h^{-1}
严寒地区	春季	564	0.34	93	1.58	471	0.26
	夏季	710	1.92	530	2.95	180	0.33
	秋季	559	0.33	135	1.45	424	0.24
	冬季	534	0.34	71	1.32	458	0.3
寒冷地区	春季	452	0.46	147	1.32	305	0.31
	夏季	493	1.44	394	1.74	99	0.4
	秋季	379	0.52	162	1.37	217	0.35
	冬季	556	0.41	94	0.87	405	0.37
温和地区	春季	245	1.38	157	2.21	88	0.27
	夏季	247	2.32	201	3.16	46	0.17
	秋季	179	1.87	123	2.33	56	0.14
	冬季	247	1.61	158	2.08	89	0.33
夏热冬冷地区	春季	822	0.96	361	1.74	216	0.42
	夏季	1014	0.91	467	1.51	393	0.44
	秋季	588	1.16	238	1.81	239	0.45
	冬季	843	0.55	198	1.86	283	0.38
夏热冬暖地区	春季	451	0.84	229	2.28	222	0.24
	夏季	603	0.57	237	2.38	336	0.36
	秋季	403	0.78	193	2.59	210	0.39
	冬季	325	0.43	118	2.07	191	0.26

天津和沧州 399 户家庭的通风率的一项研究表明，在卧室和客厅连续测量了 24h 的 CO_2 浓度。结果显示在整个房屋中，春季、夏季、秋季和冬季睡眠期间空气交换速率的中位值分别为 0.27 h^{-1}、1.11 h^{-1}、0.29 h^{-1} 和 0.30 h^{-1}（表 5-16）。在有门窗的儿童卧室中，春季、夏季、秋季和冬季睡眠期间空气交换速率的中位值分别为 0.25 h^{-1}、0.25 h^{-1}、0.30 h^{-1} 和 0.37 h^{-1}（Jing et al.，2018）。

表 5-16 天津和沧州不同季节空气交换速率统计情况

季节	位置	样本量/个	空气交换速率/h^{-1}				
			P5	P25	P50	P75	P95
春季	儿童卧室	62	0.11	0.31	0.57	1.19	3.37
	整个房屋	58	0.09	0.17	0.27	0.42	0.97

续表

季节	位置	样本量/个	空气交换速率/h^{-1}				
			P5	P25	P50	P75	P95
夏季	儿童卧室	66	0.15	0.63	1.81	4.17	11.14
	整个房屋	59	0.09	0.34	1.11	2.49	5.57
秋季	儿童卧室	96	0.07	0.25	0.45	0.77	3.26
	整个房屋	78	0.07	0.18	0.29	0.45	0.90
冬季	儿童卧室	152	0.15	0.26	0.45	0.82	1.92
	整个房屋	137	0.11	0.20	0.30	0.45	0.96
春季、秋季和冬季	儿童卧室	310	0.11	0.27	0.46	0.86	2.49
	整个房屋	273	0.09	0.18	0.30	0.45	0.92

5.2.2　地基裂隙

1. 美国

地基裂隙是污染物从地下进入室内的主要途径。现有的风险评估采用地基裂隙面积占地基面积的比例来表征地基裂隙对进入室内的污染物浓度的影响。但目前关于地基裂隙的研究十分有限，主要的测定方法有两种：一种方法是利用土壤气体（如氡）作为示踪气体，采用其通过裂隙的流动进入建筑物内的浓度来反向计算裂隙比。Nazaroff 等（1985）的研究结果显示，通过土壤气体进入室内的浓度反算的板/墙边缘裂隙比为 0.0001～0.001。另一种方法是直接测量法，Figley 和 Snodgrass（1984）在观察到裂隙的 8 个住宅中发现，裂隙的宽度从发丝到 5 mm 宽，裂隙长度为 2.5～17.3m。1995 年，美国 ASTM 出台了《石油泄漏场地基于风险的纠正行动标准导则》（ASTM E 1739—95），并于 2015 年对其进行了修订，导则中推荐的住宅和商用建筑的地基裂隙比均为 0.01。

2. 英国

英国建筑研究院采用氡作为示踪气体开展了地基裂隙面积的研究。结果显示，自 20 世纪 60 年代以来的住宅，现浇混凝土板和墙的平均间隙为 1～2 mm（EA，2005）。60 年代以前的住宅，裂隙宽度可能会在 2～3 mm。表 5-17 列出假设裂缝宽度为 2 mm 时，英国不同建筑类型的地基裂隙面积推荐值用于土壤健康风险评估的情况。研究指出，建筑地板类型是影响地基裂隙的重要因素。悬挂式混凝土板在梁、块结构之间的接缝都可能存在裂隙。而整块混凝土板由于接缝比较少，因此裂隙也会明显减少。新建建筑可以参考设计图纸来确定地基结构，但对于既有建筑，就需要对地基基础形式进行必要的现场调查来获取裂隙的数据。

表 5-17 英国住宅和商业建筑地基裂隙统计情况

建筑类型		地基厚度/m	地基裂隙面积/cm^2
标准住宅用地下的建筑物参数取值		0.15	400
标准商业用地下的建筑参数取值		0.15	165
不同类型住宅参数取值	住宅小平房	0.15	706.5
	带阶梯的小房子	0.15	423.3
	带阶梯的中等/大房子	0.15	530.7
	半独立式住房	0.15	524.6
	独立式住房	0.15	659.7
不同类型商业建筑参数取值	仓库（1970 年以前）	0.15	2640.0
	仓库（1970 年以后）	0.15	3499.9
	办公室（1970 年以前）	0.15	1647.3
	办公室（1970 年以后）	0.15	1975.9

5.2.3 建筑容积/面积

1. 美国

USEPA 发布的评估地下蒸气侵入建筑物的用户指南中主要根据美国商务部和美国住房与城市发展部汇编的统计数据指出 111.5m^2 的面积大约相当于单户住宅楼面积的第 10 百分位，将建筑大小默认定为 10m×10m；平板住宅场景的建筑物混合高度默认值为 2.44m、含地下室住宅场景默认值为 3.66m（USEPA，2015a）。

2018年USEPA对《美国暴露参数手册》中影响室内环境暴露的建筑特征参数进行了更新。手册收集并讨论了住宅和非住宅建筑的特征（含建筑容积、表面积、机械系统和地基类型、空气交换速率等）。住宅容积主要通过定期收集美国能源部（Department of Energy，DOE）的住宅能耗调查（Residential Energy Consumption Survey，RECS）数据来获取，最近三次调查分别在2005年、2009年和2015年进行。该项目主要调查和测量建筑物的总楼面面积与暖气面积。2009年，RECS对12083个住宅，代表全国1.136亿个住房单元，进行了多阶段概率抽样，调查回复率为79%（DOE，2013）。由于2015年的调查数据尚未全部公布，因此手册采用2009年的调查数据，将地板面积乘以假定的8ft（2.44m）天花板高度来估算住宅容积，因此住宅容积的推荐平均值由2005年的492 m^3更新为446 m^3（DOE，2008a，2013）。

表 5-18 显示美国 RECS 项目中按房屋类型、人口普查区域及城市和乡村划分的平均住宅容积。美国的主要住宅类型是独栋别墅。公寓和活动房的容积约为独栋别墅的一半，而双拼别墅介于两者之间，所有类型住宅的平均容积约为 446 m^3。

表 5-18　美国 RECS 项目中住宅容积统计数据

项目	容积/m³	占比/%
房屋类型①		
独栋别墅	562	63.3
双拼别墅	401	5.9
2～4 个单元的公寓	249	7.9
5 个及以上的单元的公寓	192	16.8
活动房	246	6.1
所有的房屋类型	446	—
人口普查区域		
东北部	480	18.3
中西部	515	22.8
南部	423	37.1
西部	387	21.8
城市和乡村②		
城市	421	77.6
乡村	536	22.4

①假设房屋高度是 8ft，采用地板面积来计算住房容积。包括所有的地下室、已完工或者安装调节系统（加热或冷却）的阁楼和车库。未安装空调或者未完工的阁楼或者独立车库除外。

②城市和乡村的定义来自美国人口调查局。

表 5-19 列出美国 RECS 项目中不同类型的住宅容积统计数据，并按房屋类型、人口普查区域及城市和乡村进行划分。房屋类型多为单户独栋和多户独栋。此外，RECS 项目还提供了住宅容积与建筑年份的关系数据（表 5-20），可以看出，1950～1979 年住宅容积略有下降，随后呈上升趋势。在估算平均容积时，虽然天花板高度也随着建筑年份有变化，但仍统一假定天花板高度为 8ft。

表 5-19　美国 RECS 项目中不同类型的住宅容积统计数据

项目	单户		多户		移动	
	容积①/m³	占比/%	容积/m³	占比/%	容积/m³	占比/%
一层	438	25.5	199	90.8	—	—
二层	705	37.7	321	8.5	—	—
三层及三层以上	777	2.0	494	0.7	—	—
错层式	635	1.5	—	—	—	—
人口普查区域						
东北部	644	16.2	224	27.0	233	7.2

续表

项目	单户		多户		移动	
	容积/m^3	占比/%	容积/m^3	占比/%	容积/m^3	占比/%
中西部	616	24.5	217	19.9	247	15.9
南部	506	37.8	209	29.9	256	56.5
西部	476	21.5	191	23.1	225	20.3
城市和乡村②						
城市	531	73.4	210	95.7	227	50
乡村	598	26.6	225	4.3	266	50

①假设房屋高度是 8ft，采用地板面积来计算住房容积。包括所有的地下室、已完工或者安装调节系统（加热或冷却）的阁楼和车库。未安装空调或者未完工的阁楼或者独立车库除外。

②城市和乡村的定义来自美国人口调查局。

表 5-20 美国 RECS 项目中住宅容积与建筑年份的关系数据

建筑年份	容积①/m^3	占比/%
1940 年前	483	12.7
1940～1949	421	4.6
1950～1959	419	11.9
1960～1969	397	11.7
1970～1979	382	16.1
1980～1989	401	15.0
1990～1999	498	14.4
2000～2009	558	13.7
所有年份	447	100

①假设房屋高度是 8ft，采用地板面积来计算住房容积。包括所有的地下室、已完工或者安装调节系统（加热或冷却）的阁楼和车库。未安装空调或者未完工的阁楼或者独立车库除外。

资料来源：《美国暴露参数手册》中的原数据，表 5-20、表 5-21 同。

另外，由美国住房和城市发展部的人口普查局进行的美国住房调查（The American Housing Survey，AHS）同样也收集了美国住房的数据（USCB，2017），包括公寓、独栋住宅、移动住宅、空置住房单元、家庭特征、住房质量、基础类型、饮用水来源、设备和燃料及住房单元大小等。该全国数据每两年收集一次，在奇数年的 5～9 月。2015 年的调查包括了全国 5686 套住房样本，代表了美国 1.182 亿户主要住户。2017 年，美国人口普查局根据 AHS 数据列出了按照业主或租户类别划分的住宅数量（包括独立住宅和移动/活动房），见表 5-21。同样假设房屋高度为 8ft，这些单元的容积中位数为 340 m^3。

表 5-21 按容积划分的独立别墅和移动住宅的数量及住宅类型的容积中位数

容积/m^3	住房总数/套	在使用/套	季节性使用/套	闲置/套
<113.3	2738	2218	133	388
113.3～169.7	7940	6368	339	1233

续表

容积/m^3	住房总数/套	在使用/套	季节性使用/套	闲置/套
169.9～226.3	13805	11409	383	2012
226.5～339.6	27098	23563	664	2871
339.8～452.8	21635	19657	356	1621
453.1～566.1	14007	13028	167	813
566.3～679.4	7290	6817	83	390
679.6～905.9	7075	6593	93	389
≥906	3313	3024	66	223
未报道（未知）/m^3	29889	25614	638	3637
容积中位数/m^3	340	340	261	—

注：包括独立、制造/移动住宅；假定 8ft 的房屋高度。

美国商业建筑面积和容积数据主要来源于商业建筑能源消耗调查（Commercial Buildings Energy Consumption Survey，CBECS）项目（DOE，2008b）。CBECS 项目提供的建筑特征数据包括建筑面积、楼层数、普查划分、采暖和制冷设计、主要建筑活动、员工数量和权重因素。CBECS 项目中的商业建筑有一半的建筑面积用于非居住、工业或农业用途的建筑，因此包括传统上可能不被视为商业建筑的类型，如学校、惩教机构和宗教机构的建筑。对于非居住类建筑，USEPA 通过假定仓库和封闭式购物中心的天花板高度为 20ft（约 6.1 m），其他建筑的平均天花板高度为 12ft（约 3.66 m）来计算容积。尽管美国能源部在 2016 年公布了 2012 年调查数据，但 USEPA 并没有通过分析这些数据来估计商业建筑的体积。因此仍以 2003 年的 CBECS 基于 5215 栋建筑的加权统计样本，为美国提供了全国范围内的估算数据。基于 2003 年 CBECS 项目调查数据，商业建筑容积因建筑类型不同差别较大（表 5-22），包括办公楼（5036 m^3）、餐馆（食品销售）（1889 m^3）、学校（教育机构）（8694 m^3）、酒店（乡间酒店）（11559 m^3）和封闭式购物中心（287978 m^3）。其中，食品相关行业建筑容积平均值最小，为 1889 m^3，封闭式购物中心的容积平均值最大，为 287978 m^3；非住宅建筑中最多的是办公楼（17%）、服务业（12.8%）和非冷库仓库（12%）。所有建筑综合之下，采用商业建筑的平均容积 5575 m^3 作为推荐值。

表 5-22　美国 CBECS 项目商业建筑容积统计数据

建筑项目	样本量/个	容积/m^3		占比/%
		平均值	P10	
闲置	134	4789	408	3.7
办公楼	976	5036	510	17.0
实验室	43	24681	2039	0.2
非冷库仓库	473	9298	1019	12.0
食品销售	125	1889	476	4.6

续表

建筑项目	样本量/个	容积/m³		占比/%
		平均值	P10	
公共秩序和安全	85	5253	816	1.5
门诊	144	3537	680	2.5
冷库	20	19716	1133	0.3
宗教机构	311	3443	612	7.6
集会机构	279	4839	595	5.7
教育机构	649	8694	527	7.9
餐饮服务机构	242	1889	442	6.1
急诊	217	82034	17330	0.2
护理院	73	15522	1546	0.4
乡间酒店	260	11559	527	2.5
商店	349	7891	1359	4.3
封闭式购物中心	46	287978	35679	0.1
商场以外的零售店	355	3310	510	9.1
服务业	370	2213	459	12.8
其他	64	5236	425	1.4
所有建筑	5215	5575	527	100

2. 英国

英国用于开展风险评估的建筑物参数主要来自社区和地方政府的英国房屋状况调查（English House Condition Survey，EHCS）的基础数据和文献数据（Brown et al.，2000；DCLG，2001；Pout et al.，1998）。EHCS 数据库汇集了四部分的调查数据。它还使用为社区与地方政府的研究和政策需要而开发的专门定义及类别。随着时间的推移，调查的方法、定义和类别也会有所改变，以便更好地满足政策需要和提高调查的效率与效力。表 5-23 中分别列出了住宅和商业建筑通用的和针对不同类型的建筑面积建筑高度的默认值。其中，建筑面积是基于 EHCS 获得的每种建筑类型所有年份的建筑面积平均值，建筑高度是通过住宅层数和总高度进行估算的。

表 5-23 英国住宅和商业建筑参数统计数据

建筑类型	建筑面积/m²	建筑高度/m
通用的住宅建筑参数取值	28	4.8
通用的商业建筑参数取值	424	9.6

续表

建筑类型		建筑面积/m²	建筑高度/m
不同类型住宅建筑参数取值	住宅小平房	78.0	2.4
	带阶梯的小房子	28.0	4.8
	带阶梯的中等/大房子	44.0	4.8
	半独立式住房	43.0	4.8
	独立式住房	68.0	4.8
不同类型商业建筑参数取值	仓库（1970 年以前）	1089.0	5.2
	仓库（1970 年以后）	1914.0	5.9
	办公室（1970 年以前）	424.0	10.2
	办公室（1970 年以后）	610.0	13.0

3. 欧洲

2006 年，欧洲继美国之后发布了暴露参数手册——《ECETOC 欧洲暴露参数来源：以英国为例》，在手册中分析种群间数据的差异可以明显影响暴露和风险评估，并建立欧洲暴露参数数据库 ExpoFacts。为了最大化人群间的可比性，这些数据主要来源于国际卫生组织、国际劳工组织、联合国粮食及农业组织、联合国欧洲经济委员会（United Nations Economic Commission for Europe，UNECE）等数据库。ExpoFacts 数据库中住房特征的数据主要来自 UNECE（2004a，2004b）、欧洲家庭追踪调查项目（European Community Household Panel，ECHP）（Giorgi et al.，2001）和建筑通风研究（Bluyssen et al.，1995；Bremmer and van Veen，2000；Ruotsalainen et al.，2010；Sundell et al.，1994；Jussi et al.，1996；Wålinder，et al.，1997；Øie et al.，1998），参数类型包括空气交换速率、居住时间、容积等。针对不同欧洲国家按房间数目划分的住宅楼面面积（表 5-24），来源于 UNECE 调查数据和 ECHP 数据。

表 5-24　不同欧洲国家的住宅的楼面面积统计数据　　（单位：m²）

国家	年份	平均面积						
		1 间	2 间	3 间	4 间	5 间	6 间及 6 间以上	平均
奥地利	2000	36.7	58.8	83	107.9	130.2	155.6	90.6
芬兰	2000	30	43	59	80	106	141	76
立陶宛	2000	32.2	48.9	66.5	87.2	126.1		59.2
斯洛文尼亚	1999	33.1	59.8	83.5	105.2	137.3	199.6	114.9
捷克	1998	35	54	71	88	111	139	73
丹麦	1998	41.2	62.7	86.8	113.4	142.5	229.6	108.5
德国	1998							87.4

续表

国家	年份	平均面积						
		1 间	2 间	3 间	4 间	5 间	6 间及 6 间以上	平均
拉脱维亚	1998	36	54	74	110			56
法国	1996	28.8	48.6	69.5	87.9	105.8	142.4	88.1
匈牙利	1996	31.2	44.8	69.5	83.2	104.4	134.9	71.4
葡萄牙	1996	31.8						83
波兰	1995	24.5	37.3	50.9	67.3	91.4	129	63.9
罗马尼亚	1992	15.5	28.4	40.2	52.3	69.6		33.8
瑞士	1992	32	54	74	98	126	167	91

4. 澳大利亚

根据澳大利亚统计局（Australian Bureau of Statistics，ABS）2008 年能源使用和节约的调查（ABS，2008），可以获取住宅类型和容积的相关数据。调查结果显示，澳大利亚 77.4%是独立住宅，其 37%拥有四间或更多卧室。非首府城市中的独立住宅（85%）比首府城市（73%）更普遍（表 5-25）。表 5-26 为澳大利亚住宅面积和容积统计数据（ABS，2005，2010）。澳大利亚建筑规范中规定“可居住房间”的最低天花板高度为 2.4 m，在未提供具体信息的情况下，澳大利亚推荐使用 1984～2009 年的住宅容积平均值（420m^3，天花板高 2.4 m）用于风险评估。澳大利亚对商业建筑容积暂未提供推荐值。

表 5-25　澳大利亚不同地区的住宅类型占比　　（单位：%）

住宅类型	新南威尔士州	维多利亚州	昆士兰州	南澳大利亚洲	西澳大利亚洲	塔斯马尼亚州	北领地①	首府领地①	全州
来自首府城市的数据									
独栋	63.3	73.9	82.7	78.8	78.4	80.5	70.3	80.5	73
联排	11.8	9.8	5.9	8.4	13.2	3.8	10.5	6.6	10
公寓	24.8	—	—	—	—	—	18.7	12.9	16.9
其他	0.1②	—	0.1②	0.1②	—	—	0.5	—	0.1②
来自全州的数据									
独栋	84.3	89.7	79.5	89.4	89.9	90.4	—	—	77.4
联排	5.9	4.0	8.6	6.0	7.4	2.8	—	—	8.6
公寓	9.8	5.8	11.8	4.6	2.1	6.8	—	—	13.9
其他	—	0.4②	0.1②		0.6②		—	—	0.1②

①来自全州而不仅仅是首府城市的数据。

②数值相对标准误差>50%，数据应谨慎使用。

表 5-26　澳大利亚住宅面积和容积统计数据

项目	1984～1985 年	1993～1994 年	2002～2003 年	2008～2009 年	平均值
住宅面积/m^2					
新建别墅	162.2	188.7	227.6	245.3	206.0
新建的其他住宅	99.2	115.9	134.0	—	116.4
所有新住宅	149.7	171.1	205.7	—	175.5
住宅容积①/m^3					
新建别墅	390	450	550	590	500
新建的其他住宅	240	280	320	—	280
所有新住宅	360	410	490	—	420

①假设天花板高度为 2.4 m。

5. 日本

日本 AIST 于 2007 年发布的《日本暴露参数手册》给出住宅数量、住宅面积、空气交换速率和搬家次数等建筑物参数主要推荐值。建筑面积数据是基于日本总务省统计局每 5 年开展的全国范围“住宅和土地统计调查”项目获取的（AIST，2007）。该项调查包括住宅数量、总建筑面积、占地面积、建造方法和重建等信息。第一次调查（昭和 23 年）是全数调查，之后是抽样调查（第三次以后以全国为对象）。从第 11 次调查（平成 10 年）开始，在调查内容中增加了有关土地的项目，调查的名称从住宅统计调查改为住宅土地统计调查。该项调查中按建筑面积划分了各类型住宅的比例（表 5-27）。按建造方式不同，一户建筑平均面积为 126.4 m^2，长屋建筑平均面积为 61.0 m^2，公共住宅平均面积为 47.6 m^2，其他平均面积为 111.9 m^2。在土壤健康风险评估中，建议取专用住宅的平均建筑面积 92.5 m^2 作为推荐值，但手册中并未给出住宅高度和相应的住宅容积的推荐值。

表 5-27　日本不同类型住宅面积统计数据

住宅类型	不同面积住宅的所占比例/%							平均值/m^2
	29 m^2	30～49 m^2	50～69 m^2	70～99 m^2	100～149 m^2	>150 m^2	面积不详	
住宅总数	9.9	14.2	16.8	19.2	22.4	15.3	2.2	94.9
专用住宅	10.2	14.6	17.1	19.3	22.3	14.4	2.2	92.5
一户建筑	0.4	3.3	8.6	23.1	38.6	25.5	0.6	126.4
长屋建筑	7.6	35.2	27.5	14.7	6.8	3.4	4.7	61.0
公共住宅	23.6	28.2	27.7	14.5	1.4	0.2	4.3	47.6
其他	4.3	11.6	16.3	19.1	21.7	22.2	4.7	111.9

注：专用住宅指仅为居住而建造的住宅，不包括设有店铺、车间等的住宅。

6. 中国

我国已经发布的污染场地风险评估的相关技术规范中给出的室内面积的推荐值为 $70m^2$，但未阐述推荐值的来源。2014 年发布的《中国人群暴露参数手册》中也针对住宅面积参数给出推荐值，还规定住宅面积指居民日常居住、活动和生活的室内封闭空间的建筑面积，不包括露天阳台、院子等开放场所，以及平时很少停留的场所，如农村用于储藏粮食的仓库等。中国人群住宅面积推荐值见表 5-28，其中城乡平均住宅面积为 $126m^2$，中位值为 100 m^2。

表 5-28 中国人群住宅面积推荐值 （单位：m^2）

分类		住宅面积					
		均值	P5	P25	P50	P75	P95
合计		126	40	76	100	150	300
城乡	城市	120	40	70	92	140	300
	农村	131	50	80	106	150	300
片区	华北	107	40	66	90	120	220
	华东	143	44	80	102	182	350
	华南	135	40	80	120	165	300
	西北	108	50	79	100	120	200

5.2.4 室内外压差

1. 美国

由于风对结构的影响、室内空气加热产生的烟囱效应及不平衡的机械通风，在建筑内部会产生相对于土壤表面的负压，称为室内外压差（ΔP）。这个压差能够诱导土壤气体流过土壤基质，通过地基的裂缝、缝隙和开口进入室内，也是挥发性污染物从地下进入室内的主要的建筑物影响因素。研究显示，ΔP 的有效范围为 0～20Pa（Loureiro et al., 1990；Eaton and Scott，1984）。风效应和烟囱效应的个别平均值大约为 2 Pa（Nazaroff et al.，1985）。风压和加热联合效应的典型值为 4～5 Pa（Loureiro et al.，1990）。因此，保守的默认值 ΔP 选择为 4 Pa。

2. 英国

英国环境署发布的土壤水气侵入模型建立参数研究进展报告中指出室内外压差可以通过四个方式产生：室内外空气温差（通常被称为烟囱效应）、风速（风向也有影响）、大气压力的变化和机械通风系统（如抽气扇、空调系统等）（EA，2005）。很难说这四个因素中哪一个将在任何给定的建筑中占主导地位，这是由这四个因素中每个因素相对于其他因素的相对大小决定的。此外，这些因素的相对重要性取决于建筑的位置、结构

（围护结构）、内部布局及居住者的使用方式。通常，烟囱效应是空气进出建筑物的一个重要驱动力。在低风速期间，较冷的室外空气从较低的高度进入建筑物，而较温暖的、有浮力的室内空气上升通过建筑物并从较高的高度离开。由烟囱效应引起的建筑内外轻微的负压差往往会将土壤气体吸入地板。在增加建筑通风率的同时，可以增加这种压差的大小，从而吸入更多的土壤气体。

英国环境署在 2002 年发表的一份报告中引用了建筑土壤压差的数值（EA，2002），其中引用了许多关于氡进入建筑物的研究。许多来自含有地下室住宅的北美和加拿大的研究。但英国建筑中同时拥有地下室和地窖相对少见，导致这类数据有限。此外，给出的压力差异是针对北美气候和加热模式的，不一定符合英国的条件。尽管如此，所引用的数据确实与英国住房市场的普遍情况相符。在英国 CLEA 模型中提到假定温差为冬季 12℃、夏季 0℃。住宅冬季压差的一个典型值是 3 Pa 的负压差，英国住宅和商业建筑压差统计情况见表 5-29。

表 5-29 英国住宅和商业建筑压差统计情况 （单位：Pa）

建筑类型		压差
不同类型住宅建筑参数取值	住宅小平房	2.6
	带阶梯的小房子	3.1
	带阶梯的中等/大房子	3.1
	半独立式住房	3.1
	独立式住房	3.1
不同类型商业建筑参数取值	仓库（1970 年以前）	3.2
	仓库（1970 年以后）	3.4
	办公室（1970 年以前）	4.4
	办公室（1970 年以后）	5.1

3. 加拿大

加拿大环境部长理事会制定环境和人类健康土壤质量准则的议定书中提及室内与室外的压差一般观察到的净负压差为 1～12 Pa。室内和室外的温度、层数、层间漏风程度及烟囱、烟道、排风机和通风口的存在都可能是影响土壤气体入侵率的压差的原因，特别重要的是“烟囱效应”，它可能发生在供暖季节，是由于热空气在建筑物内上升并离开建筑物顶部附近（如通过烟囱、漏水的阁楼、排气口），这就在建筑内部产生负压，从而吸引室外空气和土壤气体（CCME，2006）。CMHC 表明，1 层或 2 层住宅冬季采暖季节室内外环境的压差从 2 Pa（无烟囱，冬季温和）到 12 Pa（严冬，有烟囱，燃烧送风不需要进新风，经常使用排风机和/或壁炉）（CMHC，1997）。冬季的预期模态或平均条件将是 7Pa 的负压差。假设采暖季节持续 6 个月，并且在一年的剩余时间内压差为 0，那么年平均压差将为 4 Pa（CCME，2006）。

暖通空调系统的运行也可能由于进气和排气系统不平衡或燃烧空气不足而使建筑

物降压。风扇和壁炉的操作也会导致建筑物降压。对于商业建筑，暖通空调系统可以设计为在大多数情况下提供正压，但对于高层建筑，堆叠效应可能足以在寒冷的天气中保持地面的负压。商业建筑的压力也可能取决于暖通空调系统和排风机的运行。对于商业和工业建筑，选择较低的默认负压差 2 Pa。与住宅建筑相比，商业和工业建筑预计保持较低的整体压差，这是因为在供暖系统中设计了强制的、校准的空气交换，以及建筑居住者更定期和常规地进出建筑结构。

5.3 对我国建筑物参数本土化的启示

（1）我国建筑物类型多样，参考国外的建筑物参数取值无法准确评估 VOCs 蒸气入侵暴露风险。我国幅员辽阔，建筑物受气候、风土人情、生活习惯等多种因素影响，类型多样。《民用建筑设计通则》将我国划分为 7 个气候区域，每个气候区域中的建筑物设计要求不同，以使建筑更充分地利用我国不同的气候条件。可见，单就国内建筑物而言，其特征参数取值就可能因建筑物类型有较大不同。因此，在暴露风险评估中，参考国外建筑物参数取值无法反映我国建筑物的特点，无法用于准确评估蒸气入侵的暴露风险，有必要针对性地开展我国建筑物特征参数的调查和收集。

（2）重视多途径收集，为 VOCs 蒸气入侵暴露风险精准评估积累建筑物基础数据。由国外暴露风险评估中建筑物参数获取方式可以看出，建筑面积、容积等基础参数多来自能源、建筑等方面的调查项目。基于我国的实际情况，应重视从国家发展和改革委员会、住房和城乡建设部、国家统计局等部门收集此类数据。建筑物的空气交换速率参数主要来自研究结果或建筑设计规范中的要求。国内学者在室内环境健康方面的研究成果可为该类数据的获取提供有益的借鉴。因此，应重视从多个途径开展我国建筑物关键参数的收集，评估其用于开展暴露风险评估的可行性，形成建筑物特性参数数据库。

（3）建议提出分区域的本土化建筑物特征参数，完善我国污染场地 VOCs 蒸气入侵暴露风险评估技术方法体系。我国污染场地风险评估中，精细化的暴露场景构建及特征参数取值是未来的重点研究方向。建议基于我国现有的建筑物气候分区，结合室内环境健康研究成果，参考国外建筑物参数取值的技术文件，研究我国分区域的本土化建筑物特征参数取值方法，形成相关的技术文件，对我国污染场地 VOCs 暴露风险评估技术方法体系形成必要的补充。

参 考 文 献

姜林, 梁竞, 钟茂生, 等. 2021. 复杂污染场地的风险管理挑战及应对. 环境科学研究, 34(2): 10-23.

马杰. 2020. 污染场地 VOCs 蒸气入侵风险评估与管控. 北京: 科学出版社.

三原邦彰, 吉野博, 持田灯, 等. 2004. 実験及び CFD 解析による簡易換気量測定法の基礎的研究//学術講演梗概集. 環境工学Ⅱ, D-2, 865-866.

ABS. 2005. ABS Data Derived from Building Activity Survey. Canberra: Australian Bureau of Statistic.

ABS. 2008. Environmental Issues: Energy Use and Conservation. Canberra: Australian Bureau of Statistics.

ABS. 2010. Feature Article: Houses in South Australia. Canberra: Australian Bureau of Statistics.

AIST. 2007. Japanese Exposure Factors Handbook. Tokyo: National Institute of Advanced Industrial Science and Technology.

ASTM (American Society for Testing and Material). 2010. ASTM E1739-95 Standard Guide for Risk-Based Corrective Action Applied at Petroleum Release Sites. West Conshohocken: ASTM International.

Biggs K L, Bennie I D, Michell D. 1986. Air permeability of some Australian houses. Building Environment, 21(2): 89-96.

Biggs K L, Bennie I D, Michell D. 1987. Air infiltration rates in some Australian houses. Australian Institute of Building Papers, 2: 49-61.

Bluyssen P M, Fernandes D O, Fanger E, et al. 1995. European Audit Project to Optimize Indoor Air Quality and Energy Consumption in Office Buildings. Delft: TNO-Building and Construction Research Center.

Bremmer H J, van Veen M P. 2000. General Factsheet. http://www.rivm.nl/en/milieu/risicosstoffen/ConsExpo.jsp #tcm: 13-11142[2022-10-20].

Brown F E, Rickaby P A, Bruhns H R, et al. 2000. Surveys of nondomestic buildings in four English towns. Environment and Planning B- Planning & Design, 27(1):11-24.

CCME. 2006. A Protocol for the Derivation of Environmental and Human Health Soil Quality Guidelines. Winnipeg: Canadian Council of Ministers of the Environment.

Cheng P L, Li X F. 2018. Air infiltration rates in the bedrooms of 202 residences and estimated parametric infiltration rate distribution in Guangzhou, China. Energy& Buildings, 164(2018): 219-225.

CMHC. 1997. Estimating the Concentrations of Soil Gas Pollutants in Housing: A Step-by-Step Method. Ottawa: Canada Mortgage and Housing Corporation.

DCLG. 2001. English House Condition Survey. London: Department of Communities and Local Government.

DOE. 2008a. U.S. EPA Analysis of Survey Data. Residential Energy Consumption Survey (RECS). Washington DC: Department of Energy.

DOE. 2008b. U.S. EPA Analysis of Survey Data. Commercial Buildings Energy Consumption Survey (CBECS). Form EIA-871A. Washington DC: U.S. Department of Energy.

DOE. 2013. Residential Energy Consumption Survey (RECS). Technical Documentation Summary. Washington DC: U.S. Department of Energy.

Dumont R, Snodgrass L. 1992. Volatile Organic Compound Survey and Summarization of Results. Saskatoon, Canada: SRC Publication.

EA. 2002. Vapour Transfer of Soil Contaminants. Bristol: Environment Agency.

EA. 2005. Review of Building Parameters for Development of a Soil Vapor Intrusion Model. Bristol: Environment Agency.

Eaton R S, Scott A G. 1984. Understanding radon transport into houses. Radiation Protection Dosimetry, 7: 251-253.

Ferrari L.1991. Indoor air pollution workshop paper: control of indoor air quality in domestic and public buildings. Journal of Occupational Health and Safety, 7(2): 163-167.

Figley D A, Snodgrass L J. 1984. The effect of basement insulation on the depth of frost penetration adjacent to insulated foundations. Journal of Building Physics, 7: 266-279.

Giorgi L, Tentschert U, Avramov D. 2001. Housing Conditions in Europe. Canberra: Interdisciplinary Centre for Comparative Research.

Grimsrud D T, Sherman M H, Sonderegger R C. 1983. Calculation infiltration: Implications for a construction quality standard//Thermal Performance of the Exterior Envelopes of Buildings Ⅱ. Atlanta: American Society of Heating, Refrigerating and Air conditioning Engineers: 422-454.

Harrison V G. 1985. Natural Ventilation and Thermal Insulation Studies of West Australian State Housing Commission houses. Perth: University of Western Australia.

He C, Morawski L, Gilbert D. 2005. Particle deposition rates in residential houses. Atmospheric Environment, 39: 3891-3899.

Hou J, Sun Y, Liu J, et al. 2019. Air change rates in urban Chinese bedrooms. Indoor Air, 29(5): 828-839.

ITRC. 2007. Vapour Intrusion Pathway: A Practical Guideline. Washington DC: Interstate Technology and Regulatory Council.

Jing H, Zhang Y, Sun Y, et al. 2018. Air change rates at night in northeast Chinese homes. Building and Environment, 132: 273-281.

Jussi, Teijonsalo, Jouni, et al. 1996. The Helsinki office environment study: Air change in mechanically ventilated buildings. Indoor Air, 6: 111-117.

Kailing S H. 1984. Building Air Exchange in Cold Regions. Montreal: Proceedings of the Cold Regions Engineering Specialty Conference, Canadian Society for Civil Engineering.

Lamb B, Westberg H, Bryant P, et al. 1985. Air infiltration rates in pre- and post-weatherized houses. Journal of the Air Pollution Control Association, 35: 545-551.

Loureiro C O, Abriola L M, Martin J E, et al. 1990. Three-dimensional simulation of radon transport into houses with basements under constant negative pressure. Environmental Science & Technology, 24: 1338-1348.

Ma J, Mchugh T E, Beckley L, et al. 2020. Vapor intrusion investigations and decision-making: A critical review. Environmental Science & Technology, 54: 7050-7069.

Mchugh T, Loll P, Eklund B. 2017. Recent advances in vapor intrusion site investigations. Journal of Environmental Management, 204: 783-792.

Murray D M, Burmaster D E. 1995. Residential air exchange rates in the United States: Empirical and estimated parametric distributions by season and climatic region. Risk Analysis, 15: 459-465.

Nazaroff W W, Feustel H, Nero A V, et al. 1985. Radon transport into a detached one-story house with a basement. Atmospheric Environment, 19(1): 31-46.

NIST. 2004. Analysis of Ventilation Data from the U.S. Environmental Protection Agency, Building Assessment Survey and Evaluation (BASE) Study. Washington DC: National Institute of Standards and Technology.

Øie L, Stymne H, Boman, C A, et al. 1998. Ventilation rate of 344 Oslo residences. Indoor Air, 8: 190-196.

Otson R, Zhu J. 1997. I/O Values for Determination of the Origin of Some Indoor Organic Pollutants. Toronto: Proceedings of the Air & Waste Managements Association's 90th Annual Meeting and Exhibition.

Otson R, Williams D T, Fellin P. 1998. Relationship between air exchange rate and indoor VOC levels. San Diego: Proceedings of the Air & Waste Management Association's 91st Annual Meeting & Exhibition.

Pandian M D, Ott W R, Behar J V. 1993. Residential air exchange rates for use in indoor air and exposure modeling studies. Journal of Exposure Analysis and Environmental Epidemiology, 3: 407-416.

Persily A, Musser A, Emmerich S J. 2010. Modeled infiltration rate distributions for U.S. housing. Indoor Air, 20: 473-485.

Pout C, MacKenzie F, Bettle R. 1998. Non-Domestic Building Energy Fact File. London: CRC.

Ruotsalainen R, Rönnberg R, Säteri J, et al. 2010. Indoor Climate and the Performance of Ventilation in Finnish Residences. Indoor Air, 2(3): 137-145.

Shen R, Subberg E M. 2016. Impacts of changes of indoor air pressure and air exchange rate in vapor intrusion scenarios. Building and Environment, 96: 178-187.

Sherman M, Dickerhoff D. 1994. Monitoring ventilation and air leakage in a low-rise commercial building. San Francisco: Proceedings of the ASME/JSME/JSES International Solar Energy Conference.

Shi S, Chen C, Zhao B. 2015. Air infiltration rate distributions of residences in Beijing. Building & Environment, 92: 528-537.

Sundell J, Lindvall T, Stenberg B. 1994. Associations between type of ventilation and air flow rates in office buildings and the risk of SBS-symptoms among occupants. Environment International, 20(2): 239-251.

Turk B H, Brown J T, Geisling-Sobotka K, et al. 1987. Indoor Air Quality and Ventilation Measurements in 38 Pacific Northwest Commercial Buildings: Volume Ⅰ: Measurement Results and Interpretation: Final Report (LBL22315 1/2). Berkeley: Lawrence Berkeley National Laboratory.

UNECE. 2004a. Housing and Building Statistics. Geneva: The United Nations Economic Commission for Europe.

UNECE. 2004b. Human Settlements Database. Geneva: The United Nations Economic Commission for Europe.

USCB. 2017.American housing survey for the United States: 2015. https://www.census[2022-10-20].

USEPA. 2017. American Housing Survey for the United States: 2015. Washington DC: United States Environmental Protection Agency.

USEPA. 2013. Residential Energy Consumption Survey (RECS). Washington DC: United States Environmental Protection Agency.

USEPA. 1995. Estimation of Distributions for Residential Air Exchange Rates. Washington DC: United States Environmental Protection Agency.

USEPA. 2005. Uncertainty and the Johnson-Ettinger Model for Vapor Intrusion Calculations. Washington DC: United States Environmental Protection Agency.

USEPA. 2015. User's Guide for Evaluating Subsurface Vapor Intrusion into Building. Washington DC: United States Environmental Protection Agency.

USEPA. 2018. Update for Chapter 19 of the Exposure Factors Handbook-Building Characteristics. Washington DC: United States Environmental Protection Agency.

Wålinder R, Norbäck D, Wieslander G, et al. 1997. Nasal mucosal swelling in relation to low air exchange rate in schools. Indoor Air, 7: 198-205.

Walkinshaw D S. 1987. Indoor air quality in cold climates: Hazards and abatements measures summary of an APCA international speciality conference. Journal of the Air Pollution Control Association, 36: 235-241.

Weschler C J, Shields H C, Shah B M. 1996. Understanding and reducing the indoor concentration of submicron particles at a commercial building in southern California. Journal of the Air & Waste Management Association, 46: 291-299.

Zhao L, Liu J J. 2020. Operation behavior and corresponding performance of mechanical ventilation systems in Chinese residential buildings. Building and Environment, 170: 106600.

第6章　场地生态安全土壤环境基准中的生态毒性数据及预测模型

6.1　引　　言

生态毒性数据是制定生态安全土壤环境基准的基础，目前存在生态毒性数据缺乏的问题，同时，我国土壤类型差异较大，土壤性质的不同造成土壤生态毒性数据的较大差异。此外，现有生态毒性研究对生物有效性/生物可利用性的考虑不足，并且本土基准受试生物及测试方法不明确，结合生态毒性及生物有效性预测模型的缺乏都进一步加剧可用的生态毒性数据缺乏的问题，限制我国土壤生态基准的制定工作。中国环境科学研究院田彪等（2022）分别开展了我国土壤生态基准受试植物的筛选工作和生态毒性预测模型的构建，开展了基于土壤性质的重金属生物有效性分析和有效性预测模型构建，基于物种筛选结果和土壤性质差异，开展了重金属铜和铅的生态毒性归一化研究，构建了归一化预测模型，推导了 Cu 和 Pb 的土壤环境基准。具体研究内容如下。

（1）筛选得到 53 种分布广泛且易获取的被子植物物种可推荐为土壤基准和生态风险评估研究中的受试植物，其分别来自菊科、禾本科、豆科、蔷薇科、毛茛科、唇形科、莎草科、荨麻科、茜草科、伞形科、十字花科、马齿苋科、葫芦科。分析发现 12 种被子植物的毒性数据较为丰富，分别是禾本科的燕麦（*Avena sativa*）、大麦（*Hordeum vulgare*）、黑麦草（*Lolium perenne*）、稷（*Panicum miliaceum*）、高粱（*Sorghum bicolor*）、小麦（*Triticum aestivum*）、玉蜀黍（*Zea mays*）、稻（*Oryza sativa*），十字花科的欧洲油菜（*Brassica napus*）、芜青（*Brassica rapa*），豆科的紫苜蓿（*Medicago sativa*）、绿豆（*Vigna radiata*）。共构建了 88 个显著性模型（*F* 检验，$p<0.05$），统计分析后得出模型评价标准为：交叉验证成功率≥80.00%、MSE≤0.62、R^2≥0.76、分类学距离≤4，符合上述标准的模型有 25 个，涉及禾本科–禾本科、十字花科–十字花科的相互预测，其中燕麦、芜青、小麦、玉蜀黍、黑麦草等作替代物种时预测效果较好，跨类群的模型预测有较多不确定性。

（2）我国土壤环境污染形势严峻，在生物有效性（Bioavailability）的测试评估和预测模型等方面的研究相对较少，导致不能精确地评估污染土壤的生态风险。重金属作为生物有效性的重要反映指标，本章对土壤中 Cd、As、Cu、Zn 和 Pb 的生物可利用性（Bioaccessibility）进行研究。筛选已发表论文中生物可利用性与所对应的土壤性质的数据，并分析它们之间的潜在关系，总结现有的土壤重金属生物可利用性的测试方法，探究生物可利用性含量与测试方法及生物有效性含量之间的影响规律，并建立生物可利用性含量的回归预测模型。结果表明，生物可利用性含量与重金属总含量间呈极显著（p<0.01）的正相关关系，与土壤 pH 相关性显著（p<0.05）。测试方法的不同对生物可利用性含量有明显的影响，各测试方法测定的生物可利用性含量占比规律：体外胃肠道模拟>化学试剂提取。各测试方法测定的 Cd 和 Pb 的生物可利用性含量占比均较高（均值分别为 42%和 37%），说明 Cd 和 Pb 较易被生物体吸收，也应关注由此造成的生态风险。基于生物类型对测试方法进行分组，以削弱不同方法产生的测试结果差异，并构建 30 种生物可利用性预测模型，涉及多种土壤性质和测试方法，为生物可利用性的实际应用提供新思路，并可为精准评估污染土壤的生态风险和环境风险管理工作提供技术支持。

（3）鉴于土壤性质对重金属生态毒性的潜在影响，开展 Cu 和 Pb 的土壤生态毒性的归一化分析，一方面通过土壤性质（pH、有机碳含量 OC、阳离子交换量 CEC 和黏土含量 Clay）和土壤生物毒性数据建立多元回归归一化模型，其中包括了 Cu 对 10 种土壤生物、Pb 对 5 种土壤生物的毒性数据，此外，在毒性数据和土壤性质数据不足以建立多元回归模型时，构建种间外推归一化模型（分别基于 Cu 和 Pb 对 12 种土壤生物的毒性数据）。基于建立的重金属 Cu 和 Pb 的土壤生态毒性归一化模型，依据实测的土壤生态毒性数据和对应的土壤参数，计算出酸性、中性、碱性非石灰性和石灰性 4 种土壤条件下的土壤生态毒性数据，其中，Cu 涉及 4 门 11 科 18 种动植物和 3 种微生物过程，Pb 涉及 5 门 10 科 15 种动植物和 5 种微生物过程。采用归一化后的土壤生态毒性数据，得出基于 Log-logistic 物种敏感度分布法的 Cu 和 Pb 的 HC_5（保护 95%物种的浓度）值和土壤环境基准值，中性土壤条件下 Cu 和 Pb 的土壤环境基准值分别为 29.73 mg/kg 和 115.07 mg/kg。

6.2　我国土壤受试植物筛选与毒性预测

6.2.1　国内外研究进展

土壤污染问题的发生通常会推动土壤污染管控的进程，1934 年美国黑色风暴事件、1979 年荷兰莱克尔克土壤污染事件，都促使这两国较早开展了土壤污染相关研究及政策制定。在土壤生态安全方面，目前各国基本建立了相应的土壤基准值确定方法（马瑾等，2021），我国于 20 世纪 80 年代后陆续开展土壤背景值和土壤环境容量的调查工作（葛峰等，2021）。目前我国土壤污染问题涉及地区较多、类型复杂、污染物种类广泛（Hu et al.，2020）总体情况不容乐观，这不仅提高了我国土壤生态风险评估的难度，也致使我国土壤环境基准研究发展相对缓慢。

因此，有必要开展我国土壤生态风险评估和环境基准中关键技术的探索，生态毒性数据便是其中基础且重要的一环，但现有的生态毒性数据相对缺乏，并存在污染物涵盖不足、涉及生物物种相对单一、终点指标及试验方法不统一等问题。在生态毒理试验中，小麦（鞠鑫，2016）、大麦（朱广云等，2018）、黄瓜（*Cucumis sativus*）（宋玉芳等，2002b）、番茄（*Lycopersicon esculentum*）（宋玉芳等，2002a）、萝卜（*Raphanus sativus*）（龚平等，2001）、高粱、玉蜀黍等是现阶段常用的受试植物，其主要是禾本科、十字花科等的农作物，而我国植物物种资源丰富，以上农作物的使用相对片面、代表性不全。

使用基础信息与来源较为全面的受试生物有助于获得更为精确的毒性数据（刘娜等，2016）。国内外最早在水质基准受试生物筛选上进行了大量研究[参考《淡水生物水质基准推导技术指南》（HJ 831—2022）]，目前在土壤环境基准研究方面，基于具体污染场地的情况来筛选相应受试植物，如许霞等（2017）筛选出蚕豆作为废弃农药厂的敏感植物，金鑫（2008）筛选了化工污染场地的受试植物。受试植物的筛选也会考虑到物种代表性及分布范围，本章以高等植物中被子植物的筛选开展研究，为生态毒理试验提供可参考的备选试验材料，并进一步得到更多相关植物物种的生态毒性数据。

此外，土壤生态毒性数据预测模型也能进一步扩充生态毒性数据。USEPA 构建的物种种间关系估算（Interspecies Correlation Estimation，ICE）模型在水生态毒性数据预测中得到了广泛应用，可以预测 250 多个水生生物种的生态毒性（Willming et al.，2016），如鱼类和水生无脊椎动物、藻类和野生动物（Fan et al.，2019），且 ICE 模型得到的预测毒性值与实测值之间表现出较高的一致性（Bejarano and Barron，2016）。在土壤生态毒性研究方面，USEPA 研究人员近年开始了土壤生物的 ICE 模型构建，主要是土壤无脊椎动物毒性数据的预测，得出模型在目分类水平上表现出高的预测精度（如蚯蚓-蚯蚓），但在两个跨类群物种（节肢动物-环节动物）中预测精度较低（Barron and Lambert，2021）。目前尚未建立植物相关模型。

该研究创新点：一是提供可行的受试植物筛选方法，并得到土壤生态毒理试验的受试植物名单；二是探索生态毒性数据预测模型的建立，为植物物种创建 ICE 模型，并提出评价模型预测效果的相关标准。这有助于土壤生态风险评估与环境基准中生态毒性数据缺乏及现存问题的解决。

6.2.2 研究方法

1. 土壤受试植物的筛选

依据《中国生物物种名录 第一卷植物》（上、中、下册）（王利松等，2018）对我国植物物种多样性的记录，统计高等植物（苔藓、蕨类、被子、裸子植物）的省（自治区、直辖市）分布，鉴于我国气候类型复杂、植物种类丰富，整理分布在 20 个省（自治区、直辖市）及以上的植物物种，认为其具有可靠的本土植物代表性。高等植物中，苔藓植物与蕨类植物依靠孢子繁殖，对周围生长环境变化表现出高敏感性，现有毒性数据少且购买渠道不便，故未推荐作为受试植物；裸子植物均为多年生木本植物，与周围环境因素关系复杂，不宜在短期内观察生长情况，故未推荐作为受试植物。因此，在梳理各高等植物分布及物种量的基础上，选择被子植物作为主要的受试植物选择库。

我国被子植物物种资源丰富，《中国生物物种名录 第一卷植物》（上、中、下册）（王利松等，2018）记录在册的被子植物共有 263 科总计 30379 种，占高等植物总物种数的 85%（图 6-1），其中菊科、禾本科、豆科、兰科、毛茛科、唇形科、莎草科、荨麻科等均含有较多物种数。从中选择在我国 20 个省（自治区、直辖市）及以上有分布的被子植物，进一步搜集其购买及野外采集信息，将易获得且分布广泛的被子植物作为受试植物。受试植物应具备一定的可操作性，便于获得且易于培养（马瑾等，2021），可在实验室环境下提供良好的毒性数据。

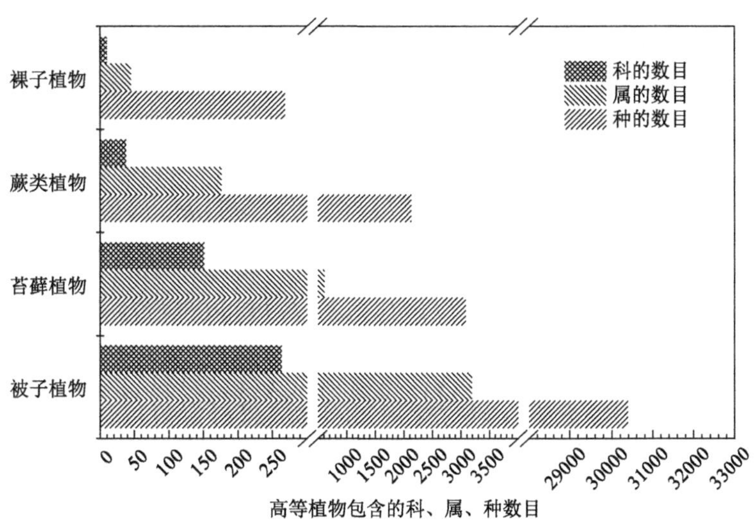

图 6-1　高等植物在不同分类学水平的数目

资料来源：王利松等，2018

2. 受试植物的生态毒性数据检索

搜集受试植物名单中各物种的生态毒性数据，考察其对污染物的敏感性情况。在 ECOTOX 数据库（https://cfpub.epa.gov/ecotox/index.cfm）以及公开发表的文献中，检索并记录受试植物现有的生态毒性数据，毒性终点选择 EC_{50}、IC_{50}、LC_{50} 三类指标。获得毒性数据后按照以下条件进行筛选：①有明确的毒性终点记录。②单位统一，符合土壤生态毒理试验的真实情况。因研究人员采用不同的试验方法，如水培或者土培养，导致毒性数据浓度值单位不一致。该研究以 mg/kg 作为统一筛选单位。③对于同一污染物，如有较多毒性值，优先采用来源相同的可靠数据，计算几何平均值作为种平均毒性值（刘婷婷等，2014）。记录毒性数据相对丰富（含有三种及三种以上污染物毒性数据）的受试植物，并将各受试植物的污染物毒性值按从小到大的顺序排列，获得对相应受试植物毒性值最大（毒性值最小）的污染物种类。

3. 敏感性受试植物与高毒性污染物分析

汇总对各受试植物毒性最大的污染物种类，记录重叠次数，排除重叠次数为 1 的污染物，其余污染物以 CAS 号、中英文名称等从 ECOTOX 数据库及公开发表的文献中检索毒性数据，保留被子植物物种的毒性数据。毒性数据筛选原则同 6.2.2 节，计算各被子植物物种对同一污染物的累积概率，以种平均毒性值的对数为横坐标，以对应的累积概率为纵坐标，绘制物种敏感度分布曲线。毒性数据相对丰富的受试植物若累积概率排在前列，则为敏感性受试植物，该污染物为高毒性污染物。所用软件为 Excel 2019 及 Origin 9.1。

4. 物种种间关系估算模型构建

ICE 模型，即将毒性数据相对丰富的受试植物，其一作替代物种，另一作预测物种，两组数据进行回归分析，判断两组数据间是否有较强相关性，在强相关性下得出回归方程，根据 F 检验，得到显著性模型（$p<0.05$），计算模型的均方误差 MSE、拟合优度 R^2；并将预测物种的预测值与实测值进行验证，得到交叉验证成功率；同属物种分类学距离为 1，同科物种分类学距离为 2，以此外推得到分类学距离。衡量以上四个评价指标，得出 ICE 模型的评价标准及最终的 ICE 模型。所用软件为 Excel 2019、SigmaPlot 12.0 及 Matlab 8.1.0.604。

ICE 模型采用的线性回归方程如下：

$$\lg(y) = B + A \times \lg(x) \tag{6-1}$$

式中，y 为预测物种的毒性数据值；x 为替代物种的毒性数据值。

我国土壤受试植物的筛选和毒性预测 ICE 模型构建的技术路线见图 6-2。

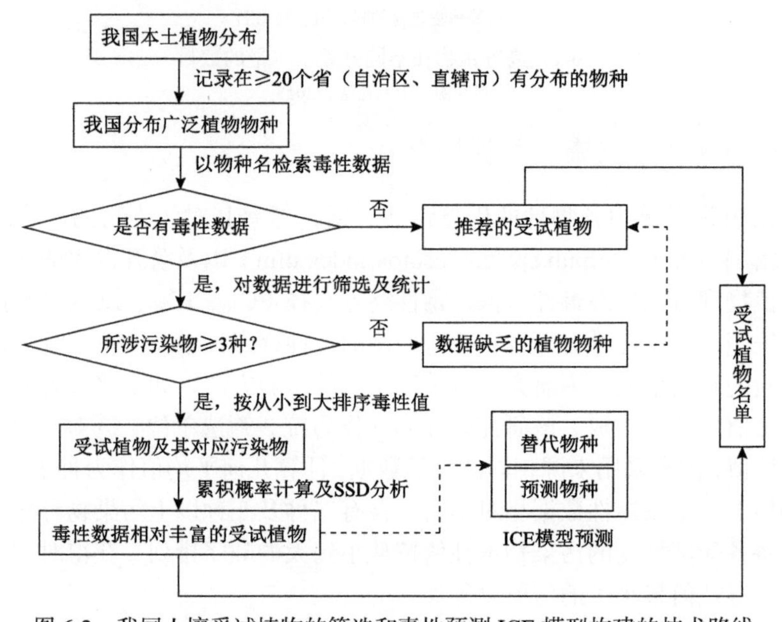

图 6-2　我国土壤受试植物的筛选和毒性预测 ICE 模型构建的技术路线

6.2.3 我国土壤受试植物与毒性预测模型

1. 我国土壤受试植物筛选结果

在高等植物中，分布在我国 20 个省（自治区、直辖市）及以上的裸子植物主要有杉科的杉木（*Cunninghamia lanceolata*）、水杉（*Metasequoia glyptostroboides*），柏科的柏木（*Cupressus funebris*）、圆柏（*Juniperus chinensis*），松科的雪松（*Cedrus deodara*）、马尾松（*Pinus massoniana*），共 6 种（图 6-3）。分布广泛的苔藓植物主要来自青藓科，

如青藓属、燕尾藓属、美喙藓属、同蒴藓属、鼠尾藓属、长喙藓属等，此外细鳞苔科也提供较多的物种数。分布广泛的蕨类植物涉及 24 科，如铁角蕨科。尽管苔藓植物在我国大部分省（自治区、直辖市）可见踪迹，但部分苔藓植物对污染物过于敏感（Ray and Bhattacharya，2021），受到的毒害作用可能来自空气中的污染物，影响其在土壤生态毒性研究中的应用。分布广泛的被子植物共有 78 种，其中 53 种易于购买，且部分物种可在野外进行采集，种子获取渠道较为多样，符合受试植物种子易得易栽培的条件；此外，这 53 种植物分布在我国多数省（自治区、直辖市），横跨多个气候带，在我国拥有较长的发展史，与人类生活息息相关，故认为其具有本土代表性，可作为我国土壤受试植物（表 6-1）。禾本科与十字花科依然占据较多物种数，多数主要用于农作，唇形科的物种常见用途是药用，其他科物种则功能不一。

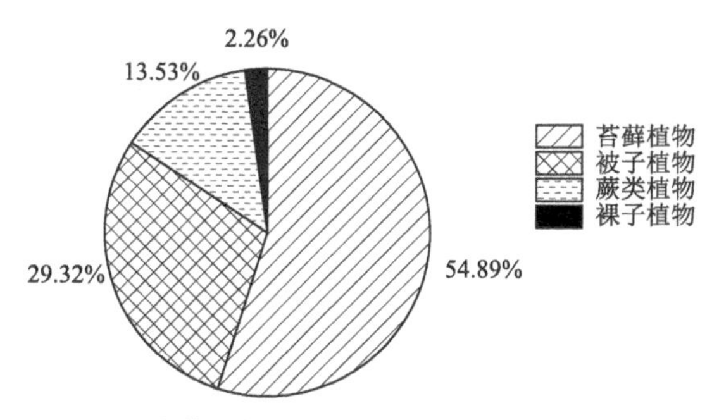

图 6-3　高等植物广泛分布物种数（种分类水平）

表 6-1　受试植物名单

科	属	物种名	拉丁学名	野外	科	属	物种名	拉丁学名	野外
菊科	牛蒡属	牛蒡	*Arctium lappa*	—	禾本科	稻属	稻	*Oryza sativa*	是
	蒿属	黄花蒿	*Artemisia annua*	是		黍属	稷	*Panicum miliaceum*	—
	凤仙花属	凤仙花	*Impatiens balsamina*	—		黍属	柳枝稷	*Panicum virgatum*	—
	蒲公英属	蒲公英	*Taraxacum mongolicum*	是		芦苇属	芦苇	*Phragmites australis*	是
禾本科	燕麦草属	燕麦草	*Arrhenatherum elatius*	—		早稻禾属	早熟禾	*Poa annua*	是
	燕麦属	燕麦	*Avena sativa*	是		狗尾草属	狗尾草	*Setariaviridis*	是
	野牛草属	野牛草	*Buchloe dactyloides*	—		高粱属	高粱	*Sorghum bicolor*	是
	薏苡属	薏苡	*Coix lacryma-jobi*	—		小麦属	小麦	*Triticum aestivum*	是
	稗属	稗	*Echinochloa crusgalli*	是		黑麦草属	黑麦草	*Lolium perenne*	—
	大麦属	大麦	*Hordeum vulgare*	—		玉蜀黍属	玉蜀黍	*Zea mays*	是

续表

科	属	物种名	拉丁学名	野外	科	属	物种名	拉丁学名	野外
唇形科	香薷属	香薷	*Elsholtzia ciliata*	—	十字花科	芸苔属	芥菜	*Brassica juncea*	—
	活血丹属	活血丹	*Glechoma longituba*	—		芸苔属	欧洲油菜	*Brassica napus*	—
	益母草属	益母草	*Leonurus japonicus*	是		芸苔属	芜青	*Brassica rapa*	是
	蜜蜂花属	香蜂花	*Melissa officinalis*	—	豆科	落花生属	落花生	*Arachis hypogaea*	是
	薄荷属	薄荷	*Mentha canadensis*	是		苜蓿属	紫苜蓿	*Medicago sativa*	是
	鼠尾草属	一串红	*Salvia splendens*	—		草木樨属	草木犀	*Melilotus officinalis*	—
	水苏属	绵毛水苏	*Stachys byzantina*	—		豇豆属	绿豆	*Vigna radiata*	是
伞形科	芹属	旱芹	*Apium graveolens*	—	蔷薇科	龙芽草属	龙芽草	*Agrimonia pilosa*	—
	蛇床属	蛇床	*Cnidium monnieri*	—		草莓属	草莓	*Fragaria×ananassa*	—
	芫荽属	芫荽	*Coriandrum sativum*	是	莎草科	莎草属	异型莎草	*Cyperus difformis*	—
	茴香属	茴香	*Foeniculum vulgare*	—		水蜈蚣属	短叶水蜈蚣	*Kyllinga brevifolia*	—
	水芹属	水芹	*Oenanthe javanica*	—	马齿苋科	马齿苋属	马齿苋	*Portulaca oleracea*	是
	变豆菜属	变豆菜	*Sanicula chinensis*	—	葫芦科	黄瓜属	黄瓜	*Cucumis sativus*	是
十字花科	荠属	荠	*Capsella bursa-pastoris*	—	毛茛科	飞燕草属	飞燕草	*Consolid aajacis*	—
	播娘蒿属	播娘蒿	*Descurainia sophia*	—	荨麻科	堇菜属	三色堇	*Viola tricolor*	是
	屈曲花属	屈曲花	*Iberis amara*	—	茜草科	拉拉藤属	猪殃殃	*Galium spurium*	是
	紫罗兰属	紫罗兰	*Matthiola incana*	—					

注：以上物种均属于被子植物，并可在网购平台购买；“野外”指是否可在野外进行采集；“—”表示不易在野外采集。

在受试植物名单中，作为常见的药用植物，和尚菜（*Adenocaulon himalaicum*）、牛蒡（Nie et al.，2020）、蒲公英、香薷、活血丹（Li and Mo，2019）、益母草（Sun et al.，2021）、一串红（Dong et al.，2018）、马齿苋（Liu et al.，2018）等的基因组都已得到部分研究，遗传背景相对清晰，有利于生态毒理试验的开展。作为常见牧草，柳枝稷（Sena et al.，2019）近年被发现可作为生物燃料，格兰马草（*Bouteloua gracilis*）因具有较高的遗传多样性（Morales-Nieto et al.，2019），在开发优良高产牧草研究中显现出较好应用前景，野牛草、草木犀（Akhzari et al.，2016）等同样在其他领域被发现可加以利用。常见的经济作物，如小麦、燕麦、玉蜀黍等，其本身在人类生活中就扮演着重要角色，一旦受到污染，不仅引发粮食安全、生态污染问题，也会影响到人体健康。筛选得到的受试植物，每个物种基本具有两种以上的功能，如草木犀既是常见牧草又是中草药之一，马齿苋既是中草药又是牧草、蔬菜（Liu et al.，2018），多样化的功能使得其与人类生产活动互相影响，因其在人类生活中的重要角色，以及现有生物技术手段对其遗传背景的研究，将其应用在生态毒理试验中的可行性较高，对土壤生态风险评估及环境基准的研究也具有实际的生态意义。

其中，燕麦、小麦和芜青被ISO优先推荐为受试植物，玉蜀黍与豆科植物在必要条件下也可使用（Soriano Disla et al.，2010）；欧洲油菜、芜青、黄瓜、绿豆、大麦、黑麦草、高粱、小麦、玉蜀黍、稻被经济合作与发展组织（OECD）推荐为土壤生态毒理试验的受试植物（Soriano Disla et al.，2010）；黄瓜、燕麦、黑麦草、玉蜀黍、芜青、欧洲油菜被USEPA推荐为植物早期幼苗生长试验的受试植物（USEPA，2012）。此外，OECD与USEPA也提出了非农作物的受试植物名单，并认为具有生态或经济价值的植物在特定条件下用作受试植物具有重大意义。

2. 受试植物生态毒性数据筛查结果

对表6-1中53种受试植物进行土壤生态毒性数据的搜集，根据条件筛选后，共有12种受试植物具有相对丰富的毒性数据，即毒性数据涉及污染物≥3个（图6-4）。筛选后的现有毒性数据涉及污染物最多的是燕麦，共37个污染物，其次是芜青，小麦与玉蜀黍涉及相同数目的污染物，涉及污染物最少的是大麦，仅有4个，12种受试植物平均涉及的污染物个数为12个，多数受试植物涉及的污染物未达到平均个数。12种受试植物目前均在我国多个省（自治区、直辖市）有分布（王利松等，2018），并有相关报道

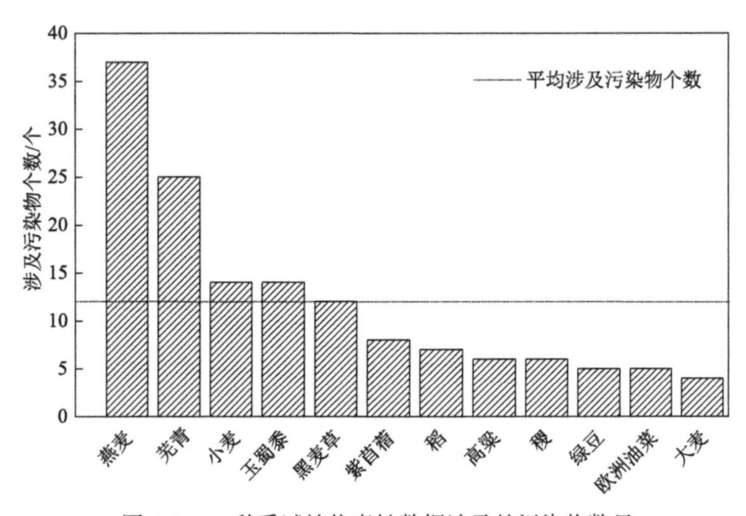

图6-4　12种受试植物毒性数据涉及的污染物数目

已应用于毒理试验并获得可靠的毒性数据，燕麦、芜青、小麦、玉蜀黍是各国际组织普遍推荐的受试植物（Soriano Disla et al.，2010），在考虑毒性数据共享的情况下，其他物种在符合试验标准的环境下得到的毒性数据同样可录入相关数据库，并用于土壤基准值推导和生态风险评估等环节。

12 种受试植物涉及污染物总数 118 个，对各物种毒性较大的污染物见表 6-2，排除污染物重叠后，共有 13 个污染物对两种及两种以上受试植物表现出较高毒性。即阿特拉津（CAS 号：1912-24-9）、西玛津（CAS 号：122-34-9）、氨磺乐灵（CAS 号：19044-88-3）、氟乐灵（CAS 号：1582-09-8）、二丙烯草胺（CAS 号：93-71-0）、唑嘧磺草胺（CAS 号：98967-40-9）、2,6-二氯苄腈（CAS 号：1194-65-6）、重铬酸钾（CAS 号：7778-50-9）、五氯酚（CAS 号：87-86-5）、硼酸（CAS 号：10043-35-3）、硫酸铜（CAS 号：7758-98-7）、2,4,6-三硝基甲苯（CAS 号：118-96-7）、2,4-二硝基甲苯（CAS 号：121-14-2），以上污染物用在农业中主要起除草、杀虫、除菌等作用。此外，对稻毒性较大的 5 个污染物对其他受试植物未见明显毒害作用（表 6-2），可能是稻的特异性谷胱甘肽 S-转移酶（GST）对常见除草剂类污染物有解毒作用（Lee et al.，2011）。

表 6-2　12 种受试植物的污染物毒性 EC_{50} 和 IC_{50} 值　（单位：mg/kg）

物种名称	污染物	终点指标	c	物种名称	污染物	终点指标	c
燕麦	阿特拉津	EC_{50}	0.0750	稷	氟乐灵	IC_{50}	0.8150
	西玛津	EC_{50}	0.0800		阿特拉津	EC_{50}	1.0000
	氨磺乐灵	IC_{50}	0.2240		甲醇	EC_{50}	2.9510
	氟乐灵	IC_{50}	0.3640		氯化镉	EC_{50}	53.8340
	二丙烯草胺	IC_{50}	1.0000		蒽	EC_{50}	107.8400
欧洲油菜	唑嘧磺草胺	IC_{50}	0.7700	高粱	氟乐灵	IC_{50}	0.2150
	2,6-二氯苄腈	EC_{50}	1.0000		氟草胺	IC_{50}	0.3200
	重铬酸钾	EC_{50}	10.0000		氨磺乐灵	IC_{50}	0.3600
	五氯酚	EC_{50}	100.0000		2,4-二氯苯氧乙酸	IC_{50}	1.0000
	硼酸	EC_{50}	266.0000		草克死	IC_{50}	1.0000
大麦	阿特拉津	EC_{50}	0.0450	小麦	西玛津	EC_{50}	0.0150
	西玛津	EC_{50}	0.1500		阿特拉津	EC_{50}	0.1150
	镉	EC_{50}	61.7000		2,6-二氯苄腈	EC_{50}	1.0000
	硫酸铜	IC_{50}	1659.2800		乐果	EC_{50}	13.5000
	2,4,6-三硝基甲苯	IC_{50}	4076.0500		乙酸	EC_{50}	23.3000
黑麦草	2,6-二氯苄腈	EC_{50}	1.0000	绿豆	2,6-二氯苄腈	EC_{50}	1.0000
	2,4-二硝基甲苯	EC_{50}	3.2300		五氯酚	EC_{50}	100.0000
	地散磷	EC_{50}	12.0000		重铬酸钾	EC_{50}	100.0000
	2,6-二硝基甲苯	EC_{50}	25.5000		全氟辛酸	EC_{50}	365.6000
	1,3,5-三硝基苯	EC_{50}	44.5000		三氟乙酸钠	EC_{50}	770.0000

续表

物种名称	污染物	终点指标	c	物种名称	污染物	终点指标	c
紫苜蓿	氯磺隆	EC_{50}	0.0003	玉蜀黍	嘧草硫醚	EC_{50}	0.0100
	2,6-二硝基甲苯	EC_{50}	16.1670		氨磺乐灵	EC_{50}	0.4080
	2,4-二硝基甲苯	EC_{50}	46.8330		氟乐灵	EC_{50}	0.7480
	1,3,5-三硝基苯	EC_{50}	70.0000		唑嘧磺草胺	EC_{50}	0.7900
	2,4,6-三硝基甲苯	EC_{50}	85.0000		地散磷	EC_{50}	8.7500
稻	喹禾灵	IC_{50}	0.0170	芜青	阿特拉津	EC_{50}	0.3700
	100646524①	IC_{50}	3.7500		2,6-二氯苄腈	EC_{50}	0.6900
	磺胺甲噁唑	EC_{50}	25.5000		五氯酚钠	EC_{50}	11.3200
	精喹禾灵	EC_{50}	34.5000		五氯酚	EC_{50}	17.5000
	磺胺二甲嘧啶	EC_{50}	131.5000		重铬酸钾	EC_{50}	21.0000

①数字表示化合物 CAS 号。

基于生态系统中物质循环的基本原则，土壤污染与地下水污染、饮用水污染等具有一定关联性（Xue et al.，2015）。在以上 13 个污染物中，阿特拉津与西玛津是常见的三嗪类除草剂，三嗪类除草剂因发明较早、效果显著得到了大面积应用，其中阿特拉津已被公认为地表水和地下水的主要污染物之一（Mesquini et al.，2015），在土壤中对豆科植物的毒性可在使用 18 周后仍被检测到（Simarmata et al.，2018）。氟乐灵是一种广泛使用且在环境中持久存在的二硝基苯胺类除草剂，具有显著的生态毒性（Coleman et al.，2020）。二丙烯草胺被归类为土壤中的淋滤剂，其对地下水的污染潜力与甲草胺和异丙甲草胺相当（Balinova，1997）。在土壤中，2,6-二氯苄腈本身不但抑制燕麦幼苗发芽，还会杀死或阻碍幼嫩植物的生长（Koopman and Daams，1960），其降解产物 2,6-二氯苯甲酰胺（BAM），已在 19%的丹麦地下水样本中检出（Holtze et al.，2006）。2,4,6-三硝基甲苯对植物根系的微观结构会造成损害并抑制光合作用，如造成紫苜蓿氧化酶系统紊乱（Yang et al.，2021），其在土壤中的代谢物质 2,4-二硝基甲苯等可对人体及环境造成潜在的危害（Neuwoehner et al.，2010）。此外，五氯酚对土壤微生物群具有高毒性（Marti et al.，2011），唑嘧磺草胺会抑制豆科作物的发芽并导致植物死亡（Bondareva and Fedorova，2021）。这 13 个污染物，使用年限较久，在土壤中具有一定的积累性，对土壤中植物、微生物等均有不同程度的毒害作用，它们及其降解产物会随着物质循环进入水体影响到水体安全，当人体直接或间接接触到它们时也会产生相应的健康问题，因此人们对其进行了较多的研究。

3. 受试植物对高毒性污染物的敏感性

搜集这 13 个污染物的毒性数据，根据筛选条件得到了 5 种及 5 种以上被子植物对 6 个污染物的毒性数据（数据分析的基本数据点要求）。采用 Log-logistic 物种敏感度分布法（Xiao et al.，2017），对 2,4-二硝基甲苯、2,4,6-三硝基甲苯、阿特拉津、氟乐灵、硫酸铜和西玛津植物毒性效应进行敏感性分析（图 6-5）。结果发现，黑麦草对 2,4-二硝基甲苯、硫酸铜、2,4,6-三硝基甲苯较为敏感，紫苜蓿对 2,4,6-三硝基甲苯较为敏感，大麦对阿特拉津较为敏感，高粱对氟乐灵较为敏感，小麦对西玛津表现敏感。

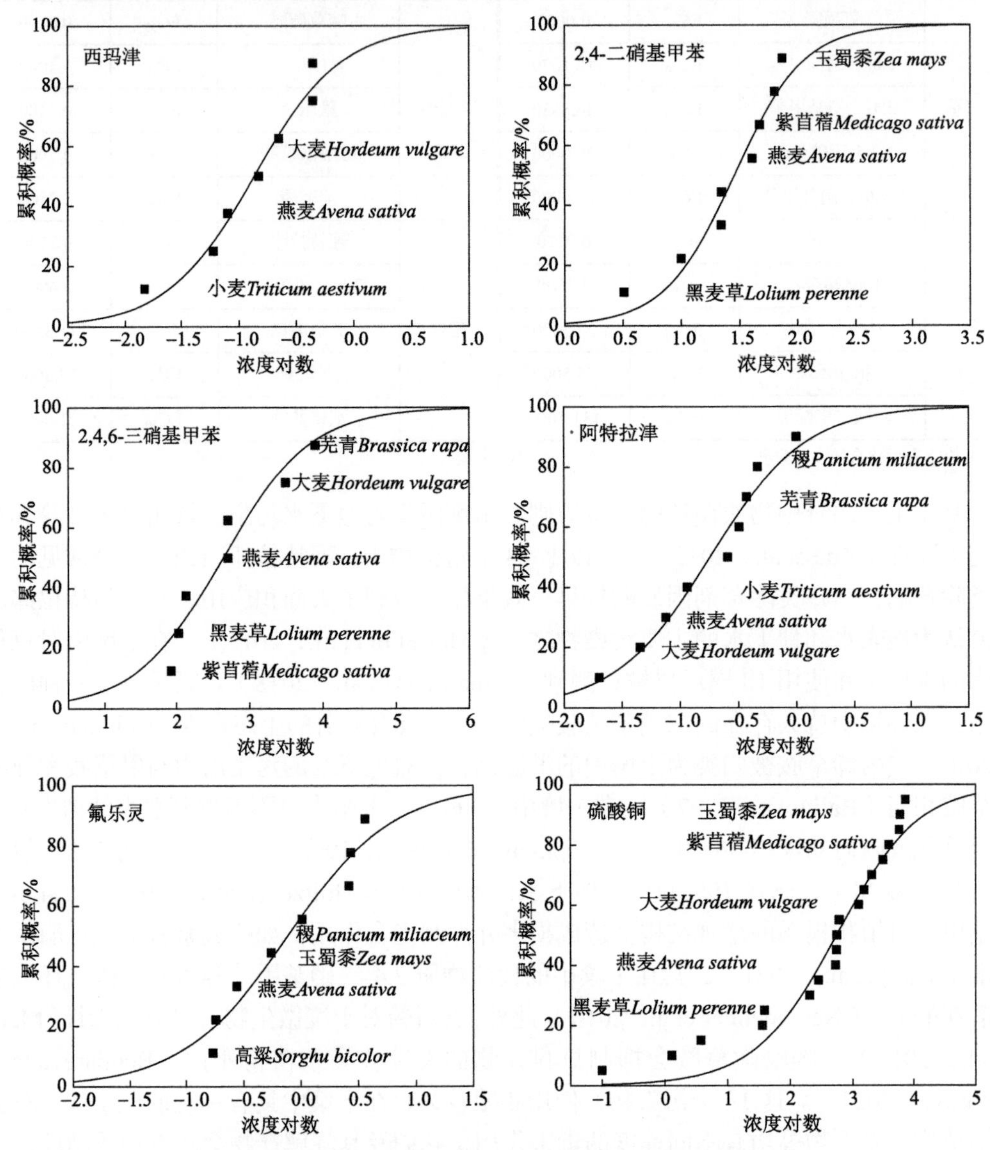

图 6-5 受试植物对典型污染物的物种敏感度分布

未标注物种来自禾本科、豆科、十字花科、葫芦科、茄科、菊科、伞形科等

现有研究多集中在农作物上，其他生产生活功能的植物物种研究较少，植物物种代表性不足。此外，涵盖的污染物数据也不够全面，缺少近年新兴污染物的研究，考虑到化合物总体数量的庞大，我国的生态毒性数据尚需要更多补充。本土生态毒性数据多维度的不足将不利于我国土壤生态风险的评估及环境基准的推导。

4. 物种种间关系预测模型

ICE 模型最初被 USEPA 应用在水生生物毒性预测、水质基准和风险评估中，USEPA 提出了水生生物 ICE 模型的筛选评价标准：交叉验证成功率≥85%、MSE≤0.22、R^2≥0.6、分类学距离≤4（Raimondo et al., 2007）。Wang 等（2019）初步构建了我国水生生物的 ICE 模型，经过分析提出可依据交叉验证成功率≥80%、MSE≤0.54、R^2≥0.78 对模型进行筛选。

对生态毒性数据相对丰富的 12 种受试植物两两进行 ICE 毒性预测，共得到 132 个 ICE 模型，任一模型均含有 MSE、R^2 参数。采用 F 检验判断模型所得方程是否显著，当 $p<0.05$ 时认为该线性关系总体显著，共 88 个模型满足 p 值要求（表 6-3），其中黑麦草作为替代物种时，对其余 11 种受试植物预测得到的方程均达到显著。采用留一交叉验证（Leave-One-Out Cross Validation）法来分析 ICE 模型的预测准确度，实际生态毒性数值与预测值相比较得到 ICE 模型关键参数——交叉验证成功率。通过对交叉验证成功率与 MSE 和 R^2 的相关性进行分析发现，MSE 与交叉验证成功率有显著的负相关关系（相关系数 R=–0.7861），MSE 与交叉验证成功率的线性方程：y=1.1056–0.4897x（R^2=0.61，p<0.0001）；R^2 与交叉验证成功率有较弱的正相关关系（相关系数 R=0.3676），R^2 与交叉验证成功率的线性方程：y=0.3509+0.5930x（R^2=0.13，p=0.0004）（图 6-6）。为保证 ICE 模型的预测效果（交叉验证成功率≥80.00%），由线性方程计算得 MSE≤0.62、R^2≥0.76，此外，分类学距离≤4 有利于 ICE 模型预测效果更好（Guo et al. 2017）。

表 6-3　受试植物及其显著性模型（F 检验 p<0.05）统计

替代物种	显著性模型数	平均 MSE	MSE≤0.62	R^2≥0.76	交叉验证成功率≥80.00%	分类学距离≤4
燕麦	10	0.64	6	8	6	7
欧洲油菜	6	0.32	6	5	6	1
大麦	3	0.12	3	3	3	2
黑麦草	11	0.64	7	8	6	7
紫苜蓿	7	0.55	4	4	5	2
稻	7	0.44	7	6	6	4
稷	6	0.50	4	3	4	5
高粱	6	0.53	4	2	4	5
小麦	10	0.61	6	7	7	6
绿豆	5	0.48	4	5	4	1
玉蜀黍	9	0.61	5	6	7	6
芜青	8	0.64	4	5	5	2

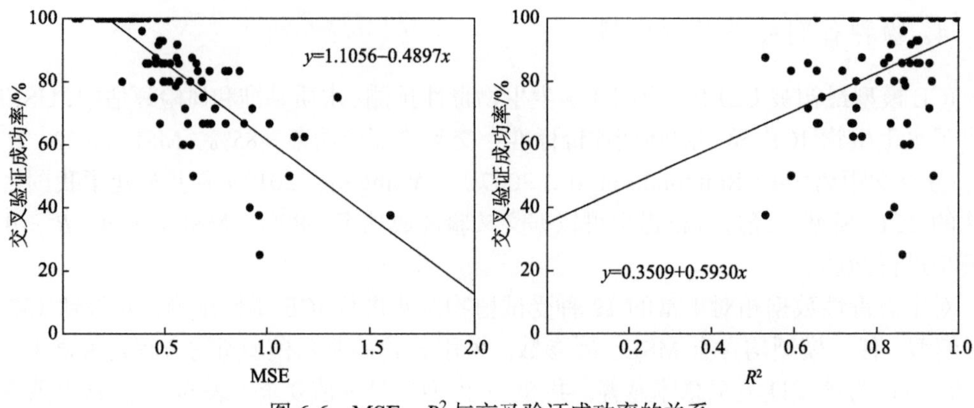

图 6-6 MSE、R^2 与交叉验证成功率的关系

满足以上四个评价标准的 ICE 模型共 25 个（表 6-4），其中黑麦草作为替代物种时，有 4 个模型，分别是对燕麦、稻、小麦、玉蜀黍的预测；燕麦、小麦、玉蜀黍作为替代物种时，各自有 4 个模型满足评价标准，这三个物种的两两预测模型均表现较好，同时参与预测的毒性数据值（N）≥12，而燕麦与芜青作为毒性数据值较为丰富的两个物种，尽管分类学距离不占优势，但相互预测的 MSE、R^2 均满足评价标准，且交叉验证成功率在 95%以上。因此，丰富的毒性数据有利于预测模型的精准化（Barron and Lambert, 2021），燕麦、芜青、小麦、玉蜀黍、黑麦作为替代物种时，所得到 ICE 模型预测效果均较好。

欧洲油菜与芜青是同属的植物物种，相互预测时 ICE 模型均满足评价标准，尽管欧洲油菜仅有 5 个毒性数据值，但交叉验证成功率达到 100%；对于一些同科的替代预测物种，其预测效果不一，这可能是由毒性数据少造成的，如紫苜蓿与绿豆是同科的物种，但受限于较少的毒性数据，其模型预测结果较差，绿豆作为替代物种时 MSE>0.62，且交叉验证成功率仅有 40%，紫苜蓿作为替代物种时，MSE>0.62。此外，在 88 个显著性模型（F 检验 $p<0.05$）中，禾本科作为替代物种的模型有 42 个，其中约六成模型满足研究评价标准（表 6-4）。由此可见，现有的生态毒性数据多集中在禾本科植物，而其他科植物数据缺乏，因此，系统开展其他受试植物的土壤生态毒性数据预测是有必要的。

表 6-4 满足评价标准的 ICE 模型

序号	替代物种（x）	预测物种（y）	p	N	MSE ≤0.62	R^2 ≥0.76	分类学距离≤4	方程	交叉验证成功率/%
1	燕麦	黑麦草	<0.0001	12	0.51	0.86	2	y=1.6543+1.3076x	100.00
2		高粱	0.0005	6	0.28	0.96	2	y=1.1032+1.6388x	100.00
3		小麦	<0.0001	14	0.48	0.90	2	y=0.6606+1.4821x	92.86
4		玉蜀黍	<0.0001	14	0.46	0.91	2	y=0.4586+1.4359x	85.71
5	欧洲油菜	芜青	0.0191	5	0.34	0.82	1	y=−0.1191+0.6819x	100.00
6	大麦	燕麦	0.0202	4	0.08	0.94	2	y=−0.9756+0.1269x	100.00
7		黑麦草	0.0467	4	0.23	0.86	2	y=0.4844+0.2269x	100.00

续表

序号	替代物种（x）	预测物种（y）	p	N	MSE ≤0.62	R^2 ≥0.76	分类学距离≤4	方程	交叉验证成功率/%
8	黑麦草	燕麦	<0.0001	12	0.37	0.86	2	y=−1.0525+0.6695x	100.00
9		稻	0.0011	7	0.53	0.88	2	y=−1.0010+1.8072x	85.71
10		小麦	<0.0001	12	0.51	0.88	2	y=−1.0054+1.0185x	100.00
11		玉蜀黍	<0.0001	12	0.56	0.84	2	y=−1.0397+0.9254x	91.67
12	稻	黑麦草	0.0011	7	0.28	0.88	2	y=0.6245+0.4991x	100.00
13		小麦	0.0016	7	0.50	0.86	2	y=−0.6753+0.8291x	85.71
14		玉蜀黍	0.0007	7	0.42	0.90	2	y=−0.8310+0.8318x	85.71
15	稷	燕麦	0.0069	6	0.33	0.83	2	y=−0.9624+0.4346x	100.00
16	高粱	燕麦	0.0005	6	0.17	0.96	2	y=−0.6615+0.5892x	100.00
17	小麦	燕麦	<0.0001	14	0.31	0.90	2	y=−0.3526+0.6146x	100.00
18		黑麦草	<0.0001	12	0.47	0.88	2	y=1.1177+0.8788x	91.67%
19		稻	0.0016	7	0.57	0.86	2	y=0.8703+1.0683x	85.71
20		玉蜀黍	<0.0001	14	0.48	0.90	2	y=−0.1071+0.9208x	92.86
21	玉蜀黍	燕麦	<0.0001	14	0.30	0.91	2	y=−0.2400+0.6363x	100.00
22		黑麦草	<0.0001	12	0.56	0.84	2	y=1.2894+0.9189x	91.67
23		稻	0.0007	7	0.49	0.90	2	y=1.0243+1.1021x	85.71
24		小麦	<0.0001	14	0.49	0.90	2	y=0.2508+0.9841x	92.86
25	芜青	欧洲油菜	0.0191	5	0.47	0.84	1	y=0.2841+1.2857x	100.00

跨类群进行预测时，禾本科作为替代物种对十字花科的预测效果较好，十字花科与豆科作为替代物种时对禾本科的预测效果同样较好，这与它们的物种及毒性数据较多是密切相关的。分类学距离的增加会导致预测精度降低（Barron and Lambert，2021），因此在越近的分类学距离上模型更易有较好的预测效果，而跨类群的模型预测效果则有较多不确定性（Connors et al.，2019）。

6.3　土壤重金属生物可利用性影响因素及模型预测

6.3.1　国内外研究进展

目前对土壤中污染物的含量水平和环境风险评价多基于污染物的总浓度（葛峰等，2021），然而，总浓度将高估土壤中污染物的实际污染水平（马瑾等，2021）。为了获得准确的风险评估结果，有学者考虑采用生物有效性来评价土壤中污染物的污染水平和风险（宋玉芳等，2002b）。生物有效性指通过摄入或吸收进入生物膜内的部分，测试生物体生物膜内污染物的含量（生物有效性含量）通常被认为是生物有效性评估最直接的方法（朱广云等，2018），生物有效性含量测试通常需要大量的生物实验，通过血液、细胞和组织提取等途径获得，高成本和研究耗时等问题很大程度上限制了该方法的发展（朱广云等，2018）。生物可利用性作为生物有效性的重要反映指标（龚平等，2001），逐渐被用于评估污染物的生物有效性（鞠鑫，2016）。生物可利用性是指能被生物体潜在吸收的部分，虽然生物可利用性的测试方法多样且测定结果差异较大，但是它们所测定的生物可利用性通常与生物有效性有着很强的相关性（刘娜等，2016）。生物可利用性可采用化学试剂提取法和体外胃肠道模拟法等方法在不涉及生物体实验的情况下获得，其测试成本低、耗时短，能够有效弥补生物体直接测试法的限制问题（图 6-7）。

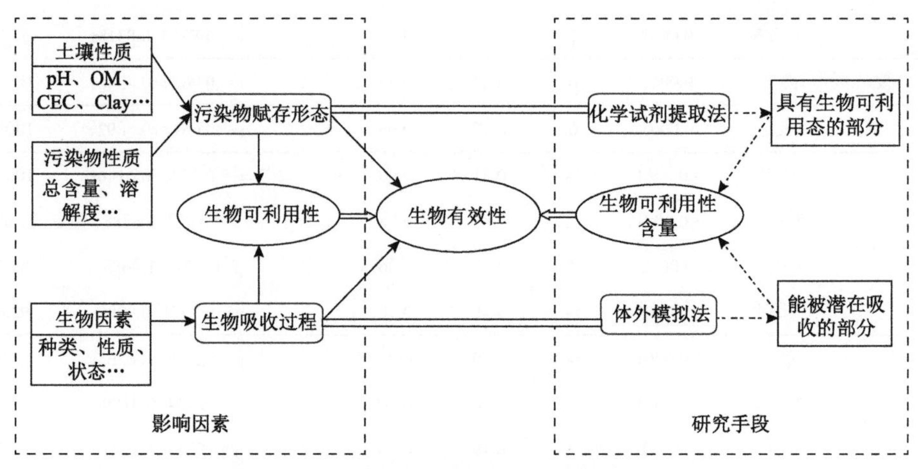

图 6-7 生物有效性影响因素及对应研究手段

污染物的生物可利用性受土壤的性质和化学物质浓度等因素的影响，不同生物受体的生物有效性响应也存在差异（图 6-7），因此，在土壤污染的风险评估过程中，需要考虑特定的土壤性质等对生物可利用性的影响（Naidu et al.，2008）。现有的生物可利用性和生物有效性研究多基于区域点位的土壤。例如，王芳婷等（2021）在对珠江三角洲陆地土壤的研究中报道了Cd总含量以及土壤理化性质对土壤Cd生物可利用性的影响显著；王锐等（2020）对重庆市主要农耕区土壤Cd生物有效性及影响因素进行了研究，结果显示不同农作物对Cd的富集能力差异较大；周贵宇等（2016）研究了菜田土壤Cd和Pb生物可利用性影响因素。生物可利用性预测模型的研究同样也局限于单一的区域点位土壤和生物可利用性测试方法，如Dinić等（2019）用塞尔维亚农业土壤建立了Mn、Cu、Zn、Ni和Pb生物可利用性含量（二乙基三胺五乙酸溶液提取）的预测模型，模型涉及的影响因素有pH、OM、Clay和金属总含量，其中Cu（R^2为0.76～0.83）和Pb（R^2为0.60～0.83）的预测模型较为可靠；Liu等（2018）在研究中国广西桂林矿区土壤时，利用3种金属（Pb、Zn和Cd）的总含量、土壤总有机碳（TOC）含量、pH和Mn含量对矿区土壤Pb、Cd和Zn生物可利用性（利用生理原理提取法提取）建立了逐步回归模型（R^2为0.37～0.93）。目前关于生物可利用性测试方法的报道较多，但各方法的适用范围存在一定差异，很难确定各个污染物的最适生物可利用性测试方法（鞠鑫等，2016）。因此，有限的土壤区域、差异化的测试方法和生物种类，限制污染土壤生态风险评估中对污染物生物可利用性和生物有效性部分的综合考虑。本书对土壤中 Cd、As、Cu、Zn 和 Pb 的生物可利用性进行研究，总结现有的土壤重金属生物可利用性的测试方法，探究生物可利用性含量与土壤性质、测试方法和生物有效性含量间的影响规律，并建立生物可利用性含量的预测模型。该研究对多种土壤类型和多种生物可利用性测试方法进行了分析，依据表征的生物类别将测试方法分组，减小不同生物可利用性测试方法产生的差异，以期为精准评估污染土壤的生态风险和环境风险管理工作提供技术支持。

6.3.2　研究方法

1. 数据的获取、筛选与处理

采用 Elsevier（http://www.sciencedirect.com）、中国知网（http://www.cnki.net）和 Web of Science（http://app.webofknowledge.com）等数据库，以主题“生物有效性”“生物可利用性”“土壤”“镉”“砷”“铜”“锌”“铅”等对土壤重金属生物可利用性和生物有效性数据进行搜索，初步筛选约 400 篇文献。查找文献中报道了重金属（Cd、As、Cu、Zn 和 Pb）生物可利用性含量和对应的土壤性质（pH、CEC、OM 含量、Clay 含量和 Fe 含量）的数据。删去没有受试土壤性质的数据，包括土壤性质（CEC 和 OM 含量等）未明确标注的数据；删去非自然土壤数据（人工配制土壤或自然土壤中人工添加重金属的试验数据）。选用剩余的 80 篇测试规范和数据清晰的文献进行研究。

本研究获取的数据包括土壤中重金属的总含量和生物可利用性含量及所对应的土壤性质（表 6-5）。所搜集的数据量大，涉及的测试方法和土壤性质差别大，为了使数据的分布正态化，对数据进行对数转换。对于部分土壤性质参数缺失的数据，通过缺失值插补法补充该部分参数，以提高研究结果的可靠性。本研究采用基于链式方程的多重插补方法（MICE）来处理缺失值问题，由 R 4.0.4 和 RStudio 1.3.1073 软件中的“mice”数据包进行处理，数据包中包含随机森林（RF）法。有研究表明 MICE、RF 及 MICE 与 RF 联用等方法在空气质量缺失值（Bejarano and Barron，2016）、土壤性质参数（pH 等）缺失值（Barron and Lambert，2021）和水质参数缺失值（王利松等，2018）等方面有很好的插补效果。

2. 生物可利用性含量与土壤性质、测试方法和生物有效性含量的关系分析

首先进行重金属（Cd、As、Cu、Zn 和 Pb）的生物可利用性含量与重金属总含量和各土壤性质之间的皮尔逊相关性分析，显著性水平取 $p<0.05$ 和 $p<0.01$。对现有的土壤重金属生物可利用性的测试方法进行总结，并对生物可利用性含量与生物有效性含量间的相关性进行分析。数据分析和可视化由 SPSS 25.0 和 Origin 2019b 软件以及“镝数图表”网站（http://www.dycharts.com）实现。

表 6-5 数据整体情况

重金属	数据样本量/个	项目	pH	CEC/(cmol/kg)	ω(OM)/(g/kg)	ω(Clay)/%	ω(Fe)/(g/kg)	土壤中总含量/（mg/kg）	生物可利用性含量/（mg/kg）	参考文献
Cd	177	平均值	6.67	1.55×10^{1}	5.07×10^{1}	2.48×10^{1}	7.55×10^{1}	3.01×10^{2}	2.33×10^{2}	龚平等，2001；刘婷婷等，2014；Ray and Bhattacharya，2021；Nie et al.，2020；Li and Mo，2019；Sun et al.，2021；Dong et al.，2018；Liu X et al.，2018；Sena et al.，2019；Morales-Nieto et al.，2019；Akhzari et al.，2016；Soriano Disla et al.，2010；ISO，2012；Lee et al.，2011；Hu，2014；Xue et al.，2015
		最小值	4.00	1.00	1.00	3.20	2.74	2.00×10^{-3}	1.00×10^{-3}	
		最大值	1.01×10^{1}	1.01×10^{2}	3.49×10^{2}	7.10×10^{1}	8.80×10^{2}	3.93×10^{4}	3.07×10^{4}	
As	125	平均值	6.45	1.70×10^{3}	3.18×10^{1}	1.16×10^{1}	8.81×10^{1}	6.18×10^{3}	5.26×10^{2}	宋玉芳等，2002b；USEPA，2012；Lee et al.，2011；Hu，2014；Mesquini et al.，2015；Simarmata et al.，2018；Coleman et al.，2020；Balinova et al.，1997；Koopman and Daams，1960；Holtze et al.，2006；Yang et al.，2021
		最小值	2.60	5.52	2.00	1.00×10^{-1}	1.40	6.37	3.00×10^{-3}	
		最大值	1.01×10^{1}	3.30×10^{1}	1.03×10^{2}	7.21×10^{1}	5.05×10^{2}	6.00×10^{5}	1.70×10^{4}	
Cu	170	平均值	6.60	1.56×10^{1}	3.07×10^{1}	1.85×10^{1}	7.53×10^{1}	1.35×10^{3}	3.86×10^{2}	杨倩等，2009；Li and Mo，2019；Morales-Nieto et al.，2019；Akhzari et al.，2016；Soriano Disla et al.，2010；IOS，2012；USEPA，2012；Lee et al.，2011；Hu，2014；Holtze et al.，2006；Doherty et al.，2019；Marti et al.，2011；Bondareva and Fedorova，2021；Xiao et al.，2017；Wei et al.，2012；Wang et al.，2014；Raimondo et al.，2007；Connors et al.，2019；van Gestel et al.，2011；Smith et al.，2010；Yang et al.，2005；Li et al.，2013
		最小值	2.39	1.00	1.00	3.20	2.74	1.94	9.00×10^{-2}	
		最大值	1.01×10^{1}	5.98×10^{1}	3.01×10^{2}	4.19×10^{1}	3.57×10^{2}	4.87×10^{4}	1.30×10^{4}	

续表

重金属	数据样本量/个	项目	pH	CEC/(cmol/kg)	ω(OM)/(g/kg)	ω(Clay)/%	ω(Fe)/(g/kg)	土壤中总含量/（mg/kg）	生物可利用性含量/（mg/kg）	参考文献
Zn	182	平均值	6.83	1.83×10^{1}	5.91×10^{1}	2.03×10^{1}	6.81×10^{1}	6.72×10^{3}	2.73×10^{3}	杨倩等，2009；Li and Mo，2019；Sun et al.，2021；Liu et al.，2018b；Morales-Nieto et al.，2019；Soriano Disla et al.，2010；IOS，2012；OECD，2006；USEPA，2012；Lee et al.，2011；Hu，2014；Xue et al.，2015；Neuwoehner et al.，2010；Doherty et al.，2019；Marti et al.，2011；Bondareva and Fedorova，2021；Wang et al.，2014；Connors et al.，2019；van Gestel et al.，2011；Smith et al.，2010；de Santiago-Martín et al.，2015；Li et al.，2013
		最小值	2.39	1.00	1.70	3.20	2.74	3.58×10^{1}	1.35×10^{-1}	
		最大值	1.01×10^{1}	5.98×10^{1}	3.49×10^{2}	4.19×10^{1}	3.57×10^{2}	2.66×10^{5}	1.31×10^{5}	
Pb	292	平均值	6.55	1.60×10^{1}	5.72×10^{1}	1.49×10^{1}	5.92×10^{1}	3.32×10^{3}	1.37×10^{3}	付平南等，2020；杨倩等，2009；刘婷婷等，2014；Dong et al.，2018；Liu et al.，2018；Morales-Nieto et al.，2019；Akhzari et al.，2016；Soriano Disla et al.，2010；IOS，2012；OECD，2006；USEPA，2012；Lee et al.，2011；Hu，2014；Xue et al.，2015；Koopman and Daams，1960；Holtze et al.，2006；Doherty et al.，2019；Connors et al.，2019；van Gestel et al.，2011；de Santiago-Martín et al.，2015；Li et al.，2013；Jin et al.，2005；Minca et al.，2013；Liu et al.，2017；Yan et al.，2016；Juhasz et al.，2011；Farmer et al.，2011；Kristen，2012；Beyer et al.，2016；Argyraki，2013；Geebelen et al.，2003；Finžgar et al.，2007；Yan et al.，2019
		最小值	2.39	4.80×10^{-1}	5.10×10^{-1}	8.40×10^{-1}	2.74	9.85	4.00×10^{-2}	
		最大值	9.16	1.01×10^{-2}	3.49×10^{2}	4.19×10^{1}	3.57×10^{2}	2.12×10^{5}	5.15×10^{4}	

注：本书所选用的胃肠道模拟方法测定的生物可利用性含量均为胃相数据（肠相数据较少，未使用）。ω(Fe)表示铁矿物在土壤中的含量。

3. 生物可利用性含量预测模型构建

采用 SPSS 25.0 软件进行逐步回归分析，使得最后保留在模型中的解释变量既是重要的，又没有严重多重共线性，推导出的回归模型一般表达式如式（6-2）所示。

$$\lg\left(B_{\alpha}\right)=a\lg\left(T_{\alpha}\right)+b\lg\left(\mathrm{OM}\right)+c\lg\left(\mathrm{CEC}\right)+d\lg\left(\mathrm{Clay}\right)+e\lg\left(\mathrm{Fe}\right)+f\mathrm{pH}+g \quad (6\text{-}2)$$

式中，a、b、c、d、e、f 和 g 为模型系数；B_{α} 为生物可利用性含量；T_{α} 为土壤中重金属总含量。

采用 Origin 2019b 软件进行主成分分析（PCA），根据 PCA 结果对回归模型进行补充说明。为了进一步验证预测模型的可靠性，本书采用其他学者的实验数据（Fan et al.，2019）对预测模型的预测效果进行计算与比较，所选数据未用于预测模型的构建。

6.3.3 土壤重金属生物可利用性影响因素分析及预测模型构建

1. 土壤性质对生物可利用性含量的影响

土壤性质是影响土壤重金属生物可利用性和生物有效性的关键因素（Duan et al.，2016），根据皮尔逊相关性分析（表 6-6），发现土壤重金属生物可利用性含量与多种土壤性质间存在显著相关关系。土壤中 5 种重金属的生物可利用性含量均与重金属总含量呈极显著（$p<0.01$）的正相关关系，这与其他学者的研究结果相符（Wang et al.，2007）。pH 是影响土壤类型中 Cd（Tian et al.，2020）、As（Yao et al.，2021）、Cu（Dinić et al.，2019）、Zn（Dinić et al.，2019）和 Pb（Wu et al.，2020）生物可利用性的主要因素，分析结果显示 pH 与其生物可利用性有显著相关关系（$p<0.05$）。此外，有机质含量与 Cd、Zn 和 Pb 总含量和生物可利用性含量均具有显著正相关性，可能是土壤有机质中的主要成分腐殖酸含有的羧基、羟基和酚羟基等具有对 Cd 和 Pb 等螯合的作用（周贵宇等，2016），另外有机质也可提高重金属的可溶性（李思民等，2021），最终对其产生影响，本研究结果与王春香等（2014）的研究结果相符。黏土含量与重金属（Cu 除外）的生物可利用性含量和总含量均为显著负相关性，CEC 与金属总含量和生物可利用性含量没有显著的相关关系（As、Cu 除外）（表 6-6）。有报道指出，As 的生物可利用性含量主要受 As 总含量、黏土含量、有机质含量的影响（Yao et al.，2021），本研究的结果表明总含量、黏土含量、pH 和 CEC 是显著影响生物可利用性含量的因素，这种差异可能由所涉及数据量大和土壤类型多造成的。铁矿物对重金属有较为明显的吸附作用（Lungu-Mitea et al.，2021；Luo et al.，2012），皮尔逊相关系数显示，铁矿物与五种重金属的总含量以及 Cu、Zn 和 Pb 的生物可利用性含量均有显著性关系。总体而言，土壤中重金属总含量与生物可利用性含量关系密切，影响重金属可溶性与吸附解析的平衡过程会影响其整体生物有效性（Naidu et al.，2008）。

表 6-6　重金属可利用性含量与土壤性质之间的皮尔逊相关系数

金属	指标	Bac	pH	Clay	OM	CEC	Fe	Total
Cd	Bac	1.000	0.145	−0.118	0.358**	0.062	0.083	0.954**
	Total	0.954**	0.193**	−0.152*	0.396**	0.067	0.164*	1.000
As	Bac	1.000	0.237**	−0.248**	0.051	0.209*	0.150	0.824**
	Total	0.824**	0.179*	−0.438**	−0.062	0.175*	0.368**	1.000
Cu	Bac	1.000	−0.236*	0.088	0.019	0.116	0.217**	0.879**
	Total	0.879**	−0.305**	0.036	0.030	0.152*	0.185*	1.000
Zn	Bac	1.000	−0.172*	−0.205**	0.529**	0.021	0.159*	0.919**
	Total	0.919**	−0.176*	−0.157*	0.453**	−0.026	0.232**	1.000
Pb	Bac	1.000	0.135*	−0.441**	0.363**	0.042	0.212**	0.883**
	Total	0.883**	−0.021	−0.406**	0.286**	−0.039	0.132*	1.000

注：Bac 表示生物可利用性含量；Total 表示土壤中重金属总含量；pH 未进行对数转化。

* 在 0.05 级别相关性显著。

** 在 0.01 级别相关性显著。

2. 测定方法对生物可利用性的影响

目前有多种测定生物可利用性含量的方法，如采用螯合剂（EDTA 等）提取一些重金属可对蚯蚓生物有效性有较好的表征效果（Duan et al.，2016）；采用盐溶液（如 $MgCl_2$ 和 $CaCl_2$ 等）来表征植物对重金属吸收的生物有效性效果不错（Feng et al.，2005）。总结了一些现阶段普遍使用的生物有效性的评估方法（表 6-7），涉及生物可利用性含量的测定，以及所表征的生物及重金属。由表 6-7 可知，胃肠道模拟方法（PBET 和 SPRC 等）均以生物体胃肠道环境为依据确定体系固液比、温度及 pH 等条件，一些螯合剂和盐溶液等缺少对生物体的具体考虑。有学者在研究过程中会根据具体情况改进提取方法，如 EDTA 方法的溶液浓度和 DTPA 方法中的固液比等都有所差异。此外，不同的方法所适宜的使用范围不一样。例如，UBM 和 PBET 等属于体外胃肠道模拟方法，主要测定的是能被人体潜在吸收的重金属生物可利用性；$CaCl_2$、HNO_3 和 EDTA 等化学试剂主要用于测定能被植物体或土壤动物潜在吸收的重金属生物可利用性，其中表征的植物体主要为体长不超过 4 m 的草本植物或灌木，表征的土壤动物主要为蚯蚓。列举的 RBALP 方法主要针对 Pb 的生物可利用性研究，SEG 方法主要针对蚯蚓肠道对重金属吸收的研究，这种针对性较强的方法通常有更好的效果。而大型植物少有涉及和土壤动物研究种类少是土壤重金属生物有效性研究需要进一步解决的问题。基于以上分析，本研究依据表征的生物类型将测试方法分为 3 组（具体参考表 6-7）：第一组为人，主要包括 PBET、SBET、UBM、SBRC 和 RBALP 方法；第二组为植物，主要包括 EDTA、HCl 和 $CaCl_2$ 等方法；第三组为蚯蚓，主要包括 SEG、BCR 和 DTPA 等方法。

重金属生物可利用性含量在土壤总含量中的占比结果显示（图 6-8），采用不同测试方法所得到的生物可利用性含量占比差别较大，由 EDTA 方法测定的生物可利用性含量占比普遍较高（除 Zn 外），占比为 32.54%～51.50%，而 $CaCl_2$ 溶液测定的能被植物体潜在吸收的重金属生物可利用性含量占比较低，这与之前学者的报道相符（杨洁等，

2017）；相比其他方法，PBET 和 SBRC 等体外胃肠道模拟方法能模拟土壤摄入消化道的过程，所测定出的生物可利用性含量占比最高。总体而言，除 As 外植物分组均比蚯蚓分组的生物可利用性占比高。图 6-8（c）显示，各个方法所测得的 Cd 和 Pb 生物可利用性含量占比普遍较高，平均占比分别为 42%和 37%，相对而言 As 生物可利用性含量占比较低，说明 Cd 和 Pb 被生物体吸收的潜力较高，需要时刻关注。

表 6-7 土壤重金属生物有效性评估方法总结

方法	金属	表征/模拟生物体	体系pH	温度/℃	时间/h	液体：固体比例	主要试剂成分及浓度	参考文献
PBET	Cd、Zn 和 Pb	人胃相	1.5	37	1	50：1	胃蛋白酶（1.25 g）、苹果酸钠（0.50 g）、柠檬酸钠（0.50 g）、乳酸（430 μL）和乙酸（500 μL）混合到 1L 去离子水中	Wang et al.，2019
		人小肠相	7	37	4	50：1	胆酸钠（87.5 mg）和胰酶（25 mg）	Wang et al.，2019
	Cd	人胃相	2.5	37	1	50：1		龚平等，2001；Nie et al.，2020
		人小肠相	7.0	37	3	50：1		Nie et al.，2020
UBM	As、Cd、Sb 和 Pb	人胃相	1.2	37	1	37.5：1		龚平等，2001；Kumpiene et al.，2017
		人小肠相	6.3	37	4	97.5：1		龚平等，2001；Kumpiene et al.，2017
	Pb	雌性小鼠胃相	1.2	37		37.5：1		Yan et al.，2020
SBET	As、Cd、Pb 和 Cu	人胃相	1.5	37	1	100：1		龚平等，2001；Wang et al.，2007；Kumpiene et al.，2017
	Cd	人胃相	2.5	37	1	50：1	甘氨酸（0.4 mol/L）	Nie et al.，2020
RBALP	Pb	雌性小鼠胃相	1.5	37		100：1	甘氨酸（0.4 mol/L）	Yan et al.，2020
	Pb	人胃相	1.5	37		100：1	甘氨酸（0.4 mol/L）	Juhasz et al.，2013
	Pb	猪胃相	1.5	37		100：1	甘氨酸（0.4 mol/L）	Dong et al.，2016
SBRC	Pb	人胃相	1.5	37	1	100：1	甘氨酸（0.4 mol/L）	Juhasz et al.，2011
		人肠相	6.5	37	4	100：1	胆汁（1750 mg/L）和胰液素（500 mg/L）	Juhasz et al.，2011
	As、Cd、Pb、Cu 和 Zn	人胃相	1.5	37	1	100：1	甘氨酸（0.4 mol/L）	Cruz-Hernandez et al.，2019
SEG	Cu、Pb 和 Zn	安德爱胜蚓（*Eisenia Andrei*）		23	3.5	2：1	α-淀粉酶（675 U）、纤维素酶（186 U）、碱性磷酸酶（37 U）和胰蛋白酶（250000 U），溶于 4 mL 去离子水	Smith et al.，2010

续表

方法	金属	表征/模拟生物体	体系 pH	温度 /℃	时间 /h	液体：固体比例	主要试剂成分及浓度	参考文献
EDTA	Cu	狗筋麦瓶草（*Silene vulgaris*）、玉米（*Zea mays*）、独行菜（*Lepidium apetalum*）和海州香薷（*Elsholtzia splendens*）	7				EDTA（0.05 mol/L）	Kumpiene et al., 2017
	Cu	狗筋麦瓶草、玉米和海州香薷					EDTA（0.01 mol/L）	Kumpiene et al., 2017
	Pb	小麦（*Triticum aestivum* L.）		20	0.5	5：1	EDTA（0.05 mol/L）	Wu et al., 2020
	Cd 和 Zn	芥菜（*Brassica juncea* Coss.）	8.39			5：1	EDTA（0.05 mol/L）	Guo et al., 2019
	Cd	小麦	4.6		2	10：1	EDTA（0.05 mol/L）	Liu et al., 2019
	Cu	水稻（*Oryza sativa* L.）	5.15～8.05	25	2	10：1	EDTA（0.05 mol/L）	Ma et al., 2020
	Zn	藏青稞（*Hordeum vulgare* L.）			1	10：1	EDTA（0.05 mol/L）	Feng et al., 2005
DTPA	Cu 和 Cd	玉米和黑麦草（*Lolium perenne*）					DTPA（0.005 mol/L）和 $CaCl_2$（0.01 mol/L）	Kumpiene et al., 2017
	Cd 和 Pb	苦豆子（*Sophora alopecuroides*）和麝香草（*Myagrum perfoliatum*）	7.3		2	2：1	DTPA（0.005 mol/L）、$CaCl_2$（0.01 mol/L）和 TEA（0.1 mol/L）	Cheraghi-Aliakbari et al., 2020
	Zn、Cu、Pb 和 Cd	野菊（*Dendranthema indicum*）、堇菜（*Viola verecunda*）、秃疮花（*Dicranostigma leptopodum*）、鹅观草（*Roegneria kamoji*）、臭蒿（*Artemisia hedinii*）、酢浆草（*Oxalis corniculate*）、薄荷（*Mentha haplocalyx*）、香丝草（*Conyza bonariensis*）和紫菀（*Aster tataricus*）			2	2：1	DTPA（0.005 mol/L）、$CaCl_2$（0.01 mol/L）和 TEA（0.1 mol/L）	Xing et al., 2020
	Cu 和 Zn	藏青稞	7.3		2	2：1	DTPA（0.005 mol/L）、$CaCl_2$（0.01 mol/L）和 TEA（0.1 mol/L）	Feng et al., 2005

续表

方法	金属	表征/模拟生物体	体系pH	温度/℃	时间/h	液体：固体比例	主要试剂成分及浓度	参考文献
DTPA	Zn、Cu、Pb、Cd和Ni	小麦				2：1	DTPA（0.005 mol/L）、$CaCl_2$（0.01 mol/L）和TEA（0.1 mol/L）	Rezapour et al., 2019
	Cd	水稻			2	2：1	DTPA（0.005 mol/L）、$CaCl_2$（0.01 mol/L）和TEA（0.1 mol/L）	Wu et al., 2021
	Cd	小麦	7.3		2	10：1	DTPA（0.005 mol/L）、$CaCl_2$（0.01 mol/L）和TEA（0.1 mol/L）	Wu et al., 2021
	Cd、Cu、Zn和Pb	加州腔环蚓（*Metaphire californica*）				5：1	DTPA(0.005 mol/L)和$CaCl_2$（0.01 mol/L）	Liu et al., 2019
	Cu	赤子爱胜蚓（*Eisenia fetida*）			2	2：1	DTPA(0.005 mol/L)和$CaCl_2$（0.01 mol/L）	Owojori et al., 2010
	Cd、Cu、Zn和Pb	赤子爱胜蚓			2	10：1	DTPA(0.005 mol/L)和$CaCl_2$（0.01 mol/L）	Lee et al., 2009
	Cd、Cu、Zn和Pb	赤子爱胜蚓		25	2	5：1	DTPA(0.005 mol/L)和$CaCl_2$（0.01 mol/L）	Huang et al., 2020
HNO_3	Cu、Cd和Zn	莴苣（*Lactuca sativa*）、黑麦草和萝卜（*Raphanus sativa*）					HNO_3（0.43 mol/L）	Kumpiene et al., 2017
	Zn	黑麦草和莴苣					HNO_3（0.43 mol/L）	Kumpiene et al., 2017
	Cu	赤子爱胜蚓	5.61～5.94				HNO_3（0.43 mol/L）	Kumpiene et al., 2017
	As	水稻		室温	4	10：1	HNO_3（0.43 mol/L）	Owojori et al., 2010
NH_4OAc	Cu	玉米					NH_4OAc（1 mol/L）	Kumpiene et al., 2017
NH_4NO_3	Cu	狗筋麦瓶草和海州香薷					NH_4NO_3（1 mol/L）	Kumpiene et al., 2017
$CaCl_2$	Zn、Cu和Cd	黑麦草、莴苣、倭羽扇豆（*Lupinus nanus*）和玉米					$CaCl_2$（0.01 mol/L）	Kumpiene et al., 2017
	Pb	茶（*Camellia sinensis*）			2	5：1	$CaCl_2$（0.5 mol/L）	Jin et al., 2005
	Cd和Ni	水稻	5.15～8.05	20	2	10：1	$CaCl_2$（0.01 mol/L）	Ma et al., 2020
	Cd	水稻					$CaCl_2$（0.01 mol/L）	Wen et al., 2020
	Zn	藏青稞			3	10：1	$CaCl_2$（0.01 mol/L）	Wu et al., 2021

续表

方法	金属	表征/模拟生物体	体系pH	温度/℃	时间/h	液体：固体比例	主要试剂成分及浓度	参考文献
$CaCl_2$	Cd、Pb 和 Zn	欧洲油菜（*Brassica napus* L.）					$CaCl_2$（0.01 mol/L）	Houben et al.，2013
	Cd、Cu、Fe、Mn、Pb 和 Zn	多花黑麦草（*Lolium multiflorum*）			24	10：1	$CaCl_2$（0.01 mol/L）	Lambrechts et al.，2011
	As、Cd、Cu、Pb 和 Zn	剪股颖（*Agrostis* sp. L.）、早熟禾（*Poa* sp. L.）和异株荨麻（*Urtica dioica* L.）			2	10：1	$CaCl_2$（0.01 mol/L）	Boshoff et al.，2014
	Cd、Cu、Pb 和 Zn	赤子爱胜蚓			2	10：1	$CaCl_2$（0.5 mol/L）	Lee et al.，2009
	Cu	赤子爱胜蚓			2	10：1	$CaCl_2$（0.01 mol/L）	Owojori et al.，2010
HCl	Cd	小麦	1.0		1	40：1	HCl（0.10 mol/L）	Nie et al.，2020
HOAc	Cd	小麦	2.8	室温	16	40：1	HOAc（0.11 mol/L）	Nie et al.，2020
BCR	Cd	水稻					①HOAc（0.11 mol/L），室温；②$NH_2OH·HCl$（0.5 mol/L），pH = 1.5，25℃；③H_2O_2（8.8 mol/L），pH = 2，85℃ + NH_4OAc（1 mol/L），pH = 2，25℃；④HNO_3-HF，180℃	Turull et al.，2021
	Cd、Cr、Cu、Ni、Pb 和 Zn	莴苣					①HOAc（0.11 mol/L），室温；②$NH_2OH·HCl$（0.5 mol/L），pH = 1.5，25℃；③H_2O_2（8.8 mol/L），pH = 2，85℃ + NH_4OAc（1 mol/L），pH = 2，25 ℃；④HNO_3-$HClO_4$，135℃	Turull et al.，2021
	Zn 和 Pb	黏蓬（*Dittrichia viscosa*）、大戟（*Euphorbia pithyusa* subsp. *Cupanii*）和鼠尾草叶岩蔷薇（*Cistus salviifolius*）					①HOAc（0.11 mol/L）；②$NH_2OH·HCl$（0.1 mol/L），pH = 1.5；③H_2O_2（8.8 mol/L），pH = 2 + NH_4OAc（1 mol/L），pH = 2	Fernández-Ondoño et al.，2017
	Cd、Zn、Cu、Pb 和 As	加州腔环蚓和赤子爱胜蚓					①HOAc（0.11 mol/L），25℃；②$NH_2OH·HCl$（0.5 mol/L），pH = 1.5，25℃；③H_2O_2（8.8 mol/L），pH = 2，85℃ + NH_4OAc（1 mol/L），pH = 2，25 ℃；④HNO_3-HCl-HF，180℃	Wang et al.，2018
	Cd、Cu、Zn 和 Pb	赤子爱胜蚓					①HOAc（0.11 mol/L），25℃；②$NH_2OH·HCl$（0.5 mol/L），pH = 1.5，25℃；③H_2O_2（8.8 mol/L），pH = 2，85℃ + NH_4OAc（1 mol/L），pH = 2，25 ℃；④HNO_3-HCl-HF，180℃	Huang et al.，2020

注：PBET（Physiologically based Extraction Test）表示生理原理提取法；UBM（BARGE Unified Bioaccessibility Method）表示欧洲生物可及性研究小组生物可及性统一测定法；SBET（Simplified Bioaccessibility Extraction Test）表示生物可及性简化提取法；RBALP（Relative Bioavailability Leaching Procedure）表示相对生物有效性浸出程序；SBRC（Solubility/Bioavailability Research Consortium）表示溶解性/生物有效性研究联盟；SEG（Simulated Earthworm Gut Test）表示蚯蚓肠道模拟实验；EDTA（Ethylenediaminetetraacetic Acid）表示乙二胺四乙酸；DTPA（Diethylenetriaminepentaacetic Acid）表示二乙基三胺五乙酸；BCR（European Community Bureau of Reference）表示欧洲共同体标准物质局提出的一种化学连续提取法；HCl、HOAc、HNO_3 和 NH_4OAc：稀酸溶液；$CaCl_2$、$NaHCO_3$、KH_2PO_4、NaH_2PO_4 和 $MgCl_2$：无机盐溶液。第三列“表征/模拟生物体”指文献中生物（或模拟生物）实验测定生物有效性含量时所使用（或模拟）的生物，此生物测定的生物有效性含量与利用土壤所测定的生物可利用性含量建立相关关系。

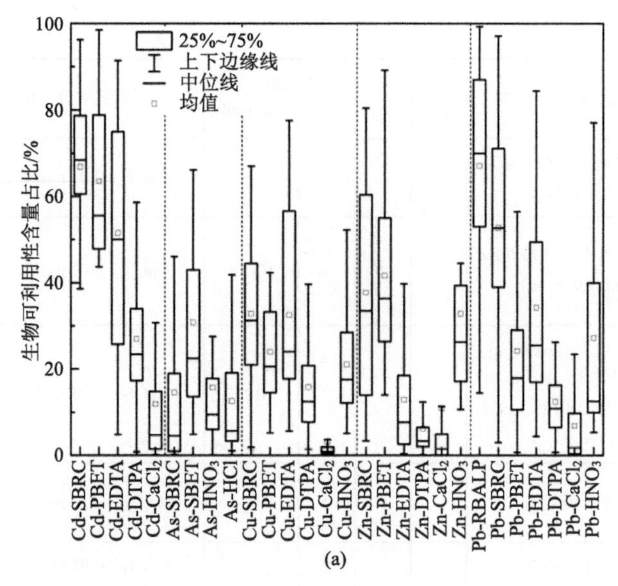

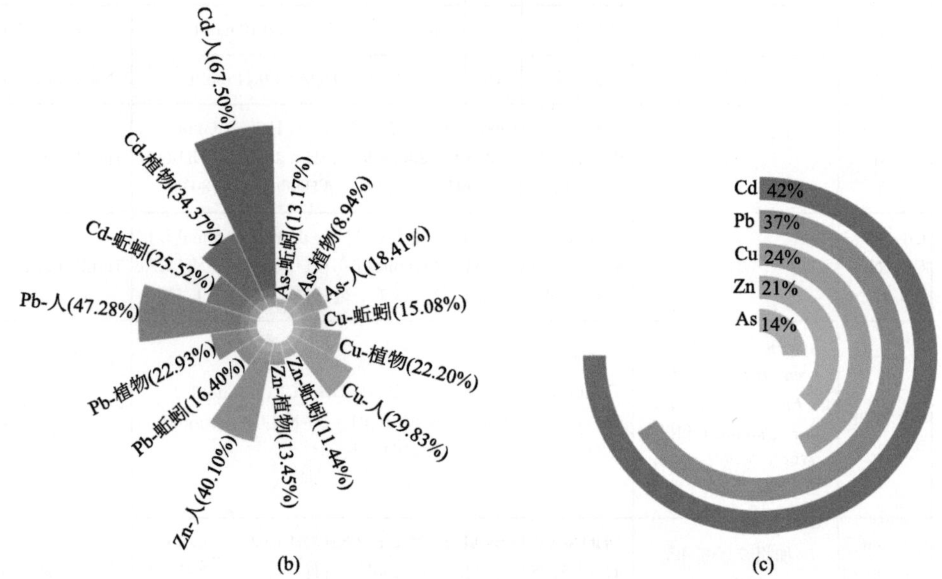

图 6-8　重金属生物可利用性含量在土壤总含量中的占比

（a）每种测试方法测定的生物可利用性含量占比；（b）将测试方法分组后的重金属生物可利用性含量平均占比；（c）未分组的重金属生物可利用性含量的平均占比

3. 生物可利用性含量与生物有效性含量间的相关性

生物可利用性含量通常与生物有效性含量有着很强的相关性（刘娜等，2016），是生物有效性的重要反映指标。图 6-9 为重金属生物可利用性含量与生物有效性含量间的相关系数。图 6-9 左侧纵坐标表示由化学试剂法及体外模拟法测定的重金属含量（生物可利用性含量），右侧纵坐标表示生物体内的重金属含量（生物有效性含量）；线条为连续曲线，一条曲线表示一组数据；曲线颜色表示生物可利用性含量与生物有效性含量间相关系数的大小（$p<0.05$）；线条的宽度表示数据量的大小。

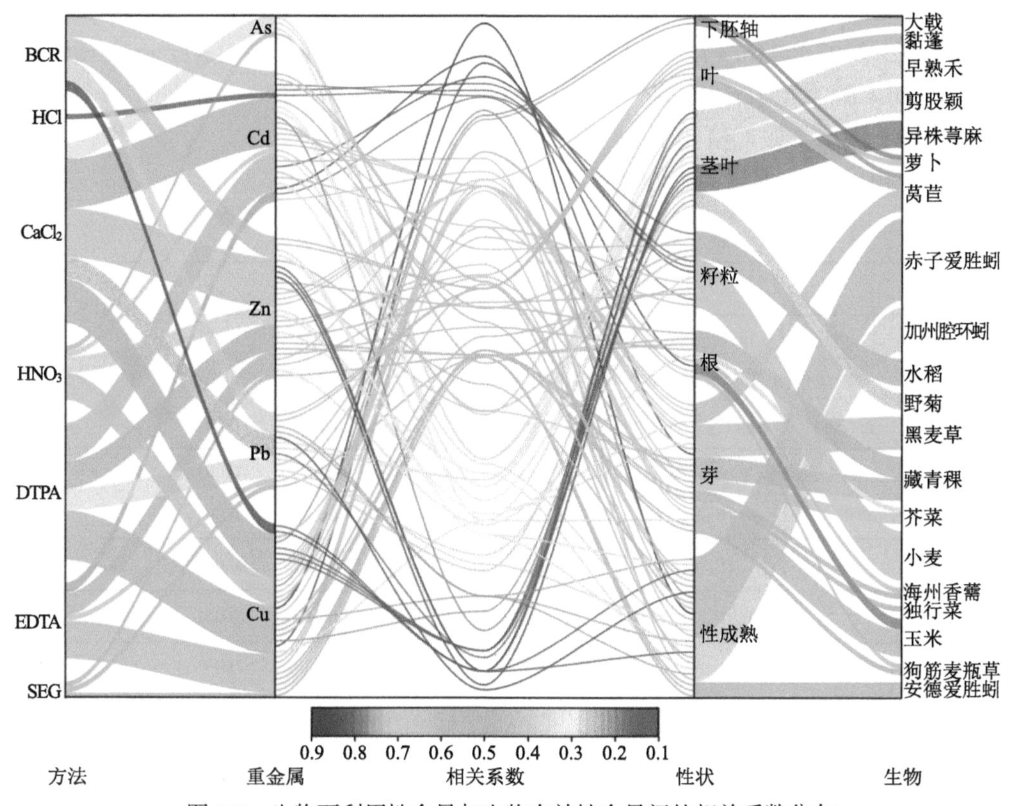

图 6-9　生物可利用性含量与生物有效性含量间的相关系数分布

各方法测定的土壤重金属含量（生物可利用性含量）与植物体不同组织及蚯蚓体内的重金属含量（生物有效性含量）间的相关系数均值排序为 EDTA（0.646）>HNO_3（0.597）>DTPA（0.518）>BCR（0.447）>$CaCl_2$（0.429），其中 EDTA 方法测定的重金属生物可利用性含量与生物体内的重金属含量具有较好的相关性，而 BCR 的相关性跨度较大，HCl 方法的数据量较少（图 6-9）。此外，各种方法测定的生物可利用性含量与植物茎叶部中的重金属含量相关性较差（相关系数均值为 0.183），可能是数据量较少造成的，与下胚轴（0.850）、籽粒（0.663）、根（0.634）、叶（0.623）和芽（0.617）部的重金属含量相关性较好，其中对植物芽和籽粒部生物有效性评估的数据量较多且普遍具有较好的相关性，与蚯蚓体内重金属含量的相关性稳定（相关系数大多分布于 0.400～1.000）。不同的测试方法所得到的重金属生物可利用性含量往往只与某一类型生物体组织内的重金属生物有效性含量具有较好的相关性，对于土壤环境基准和风险评估的研究工作，可依据生态受体的差异采用适宜的生物有效性测定方法。

4. 生物可利用性含量预测模型

基于逐步回归分析方法，构建了 5 种重金属的多个土壤生物可利用性含量预测模型（表 6-8）。由回归方程可知，土壤中重金属生物可利用性含量的变化主要由金属总含量解释（R^2：0.350～0.986），其他回归方程研究也发现重金属总含量对生物可利用产生显著影响，如 As（$R^2=0.991$；$p=0.065$）（Wang et al.，2007）、Pb（$R^2=0.772$；$p<0.001$）（Wang et al.，2007）、Cu（R^2为 0.426、0.915 和 0.984；$p<0.05$）（Beyer and Cromartie，1987）和 Zn（R^2为 0.786 和 0.861；$p<0.05$）（Luo et al.，2012）。此外，每个组别中还有其他影响因素（如 OM 和 CEC 等），通过逐步纳入更多参数，获得了更为可靠的预测模型（相关性 R^2 值提高，表 6-8）。

表 6-8　重金属生物可利用性含量预测模型

元素	组别	回归方程	R^2	p	样本量/个	方程编号
Cd	蚯蚓	$\lg(B_{Cd})=0.827\lg(T_{Cd})-0.826$	0.528	<0.001	109	1
		$\lg(B_{Cd})=0.824\lg(T_{Cd})-0.434\lg(Fe)-0.411$	0.578	<0.001	109	2
		$\lg(B_{Cd})=0.840\lg(T_{Cd})-0.379\lg(Fe)-0.306\lg(OM)-0.015$	0.609	<0.001	109	3
	植物	$\lg(B_{Cd})=0.901\lg(T_{Cd})-0.691$	0.682	<0.001	163	4
		$\lg(B_{Cd})=0.864\lg(T_{Cd})-0.175\lg(Fe)-0.460$	0.689	<0.001	163	5
	人	$\lg(B_{Cd})=1.021\lg(T_{Cd})-0.227$	0.986	<0.001	45	6
As	蚯蚓	$\lg(B_{As})=0.640\lg(T_{As})-0.545$	0.487	<0.001	31	7
	植物	$\lg(B_{As})=1.237\lg(T_{As})-1.972$	0.628	<0.001	64	8
		$\lg(B_{As})=1.154\lg(T_{As})+0.749\lg(CEC)-2.721$	0.651	<0.001	64	9
	人	$\lg(B_{As})=0.638\lg(T_{As})-0.160$	0.350	<0.001	89	10
		$\lg(B_{As})=0.803\lg(T_{As})-0.709\lg(Fe)+0.509$	0.458	<0.001	89	11
Cu	蚯蚓	$\lg(B_{Cu})=0.976\lg(T_{Cu})-1.064$	0.571	<0.001	77	12
	植物	$\lg(B_{Cu})=1.012\lg(T_{Cu})-0.969$	0.616	<0.001	124	13
		$\lg(B_{Cu})=1.039\lg(T_{Cu})+0.395\lg(OM)-1.538$	0.632	<0.001	124	14
	人	$\lg(B_{Cu})=1.083\lg(T_{Cu})-0.830$	0.887	<0.001	49	15
Zn	蚯蚓	$\lg(B_{Zn})=1.323\lg(T_{Zn})-2.055$	0.642	<0.001	98	16
	植物	$\lg(B_{Zn})=1.478\lg(T_{Zn})-2.321$	0.751	<0.001	136	17
		$\lg(B_{Zn})=1.461\lg(T_{Zn})-0.461\lg(Clay)-1.685$	0.761	<0.001	136	18
		$\lg(B_{Zn})=1.433\lg(T_{Zn})-0.443\lg(Clay)+0.215\lg(OM)-1.962$	0.768	<0.001	136	19
	人	$\lg(B_{Zn})=1.037\lg(T_{Zn})-0.633$	0.884	<0.001	58	20
Pb	蚯蚓	$\lg(B_{Pb})=0.933\lg(T_{Pb})-1.066$	0.386	<0.001	86	21
	植物	$\lg(B_{Pb})=1.088\lg(T_{Pb})-1.165$	0.548	<0.001	133	22
		$\lg(B_{Pb})=1.038\lg(T_{Pb})+0.758\lg(CEC)-1.810$	0.632	<0.001	133	23
		$\lg(B_{Pb})=1.115\lg(T_{Pb})+0.298\lg(Fe)+0.694\lg(CEC)-2.257$	0.655	<0.001	133	24

续表

元素	组别	回归方程	R^2	p	样本量/个	方程编号
Pb	植物	$\lg(B_{Pb}) = 1.073\lg(T_{Pb}) + 0.298\lg(Fe) + 0.442\lg(CEC) + 0.327\lg(OM) - 2.418$	0.667	<0.001	133	25
	人	$\lg(B_{Pb}) = 1.009\lg(T_{Pb}) - 0.476$	0.815	<0.001	200	26
		$\lg(B_{Pb}) = 0.949\lg(T_{Pb}) - 0.529\lg(Clay) + 0.163$	0.854	<0.001	200	27
		$\lg(B_{Pb}) = 0.969\lg(T_{Pb}) - 0.473\lg(Clay) + 0.064pH - 0.360$	0.861	<0.001	200	28
		$\lg(B_{Pb}) = 0.972\lg(T_{Pb}) - 0.403\lg(Clay) + 0.078pH - 0.174\lg(CEC) - 0.350$	0.867	<0.001	200	29
		$\lg(B_{Pb}) = 0.954\lg(T_{Pb}) - 0.416\lg(Clay) + 0.086pH - 0.192\lg(CEC) + 0.124\lg(Fe) - 0.518$	0.862	<0.001	200	30

PCA 分析显示（图 6-10），区别于体外模拟法测定的人体分组，基于化学试剂提取法测定的植物组和蚯蚓组的影响因素具有一定的相似性，它们受 pH 的影响普遍大于人体分组，其中 Cd、As 和 Zn 较为明显，这可能是由于胃肠道模拟会对反应体系 pH 进行调整，使之接近于人体生理环境，所以土壤 pH 的影响被弱化。此外，pH 和铁矿物含量是对第一主成分和第二主成分具有较大贡献的环境要素（图 6-10），但本研究将 pH 和铁矿物含量作为主导因素建立回归方程发现 pH 和铁矿物含量对生物可利用性含量变化的解释度很低（R^2< 0.100），结合表 6-6 和表 6-8 的结果，进一步说明 pH、铁矿物含量和生物可利用性含量具有相关关系，但关系较弱，这与已有的观点不同（Akhzari et al., 2016），可能是本研究包含的土壤类型较多和 pH 变化较大造成的。

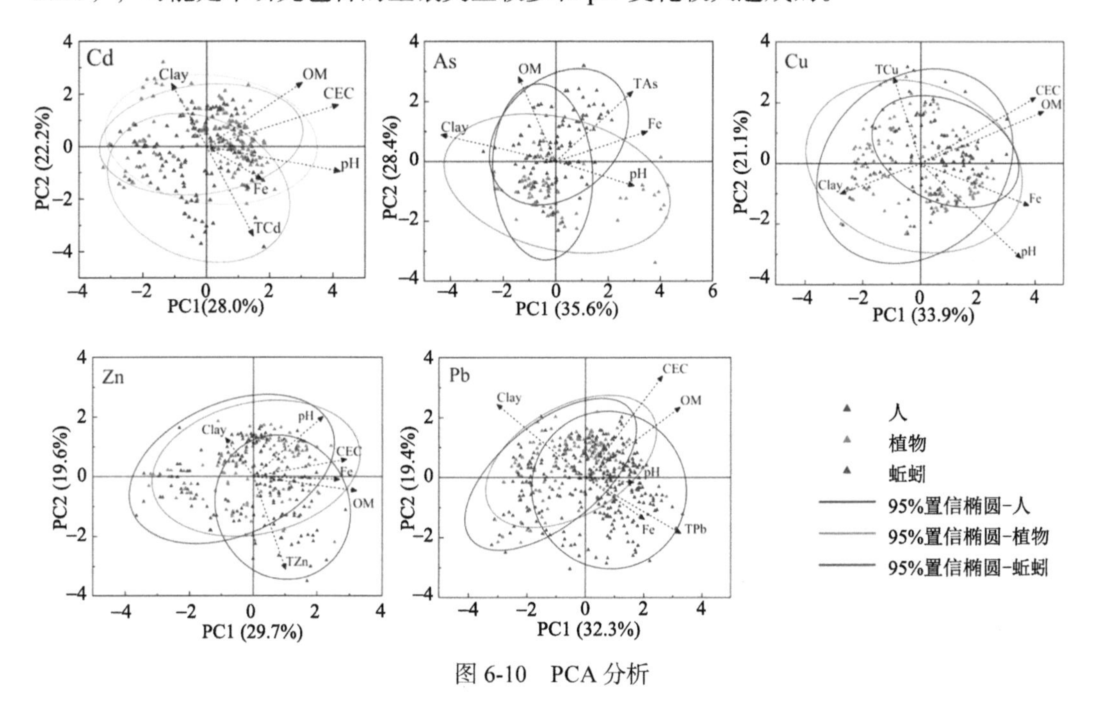

图 6-10　PCA 分析

本研究采用已发表论文中的土壤性质数据对构建的预测模型进行验证，共产生蚯蚓、植物和人这 3 个分组的 49 组数据点（图 6-11）。94%的数据点在 95%预测带内，43%的数据点在 95%置信带内（图 6-11），说明回归方程预测效果较好，其中 Cu、Pb 的预测效果最好。在涉及多种土壤类型及测试方法的情况下，基于生物类型对测试方法分组，以削弱不同方法产生的测试结果差异，在实际使用过程中可依据获取的土壤性质数据择优选择 R^2 较高的模型，对生物可利用性含量进行较好的预测。

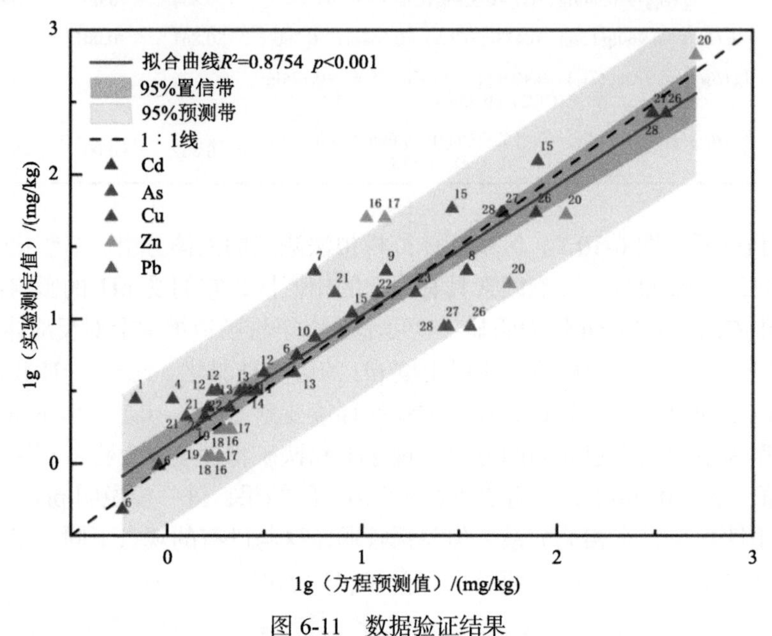

图 6-11 数据验证结果

每个三角形表示一组检测数据；数字对应表 6-8 中的方程编号

参 考 文 献

曹恩泽, 李立平, 邢维芹, 等. 2017. 蜂窝煤灰渣对酸性和石灰性污染土壤中重金属的稳定研究. 环境科学学报, 37(8): 3169-3176.

陈苏, 孙丽娜, 晁雷, 等. 2010. 基于土壤酶活性变化的铅污染土壤修复基准. 生态环境学报, 19(7): 1659-1662.

代允超. 2018. 土壤中镉、砷生物有效性影响因素及评价方法研究. 杨凌: 西北农林科技大学.

戴灵鹏, 柯文山, 陈建军, 等. 2004. 重金属铜对红菜苔(*Brassica campestris* L.var.purpurea Baileysh)的生态毒理效应. 湖北大学学报(自然科学版), 2: 160-163.

窦薛楷. 2017. 浅谈铜的污染及危害. 科技经济导刊, (8): 126.

付欢欢, 马友华, 吴文革, 等. 2014. 铜陵矿区与农田土壤重金属污染现状研究. 农学学报, 4(6): 36-40.

付平南, 贡晓飞, 罗丽韵, 等. 2020. 不同价态铬和土壤理化性质对大麦根系毒性阈值的影响. 环境科学, 41(5): 2398-2405.

葛峰, 徐坷坷, 刘爱萍, 等. 2021. 国外土壤环境基准研究进展及对中国的启示. 土壤学报, 58(2): 331-343.

葛峰, 云晶晶, 徐坷坷, 等. 2019. 重金属铅的土壤环境基准研究进展. 生态与农村环境学报, 35(9): 1103-1110.

龚平, 周启星, 宋玉芳, 等. 2001. 重金属对土壤中萝卜种子发芽与根伸长抑制的生态毒性. 生态学杂志, 20(3): 4-8.
黄永杰, 杨集辉, 杨红飞, 等. 2009. 铜胁迫对水花生生长和土壤酶活性的影响. 土壤学报, 46(3): 494-500.
金鑫. 2008. 典型化工类污染场地的调查诊断与生物毒性试验的应用研究. 南京: 南京农业大学.
鞠鑫. 2016. 锑对不同植物的毒理效应及其土壤生态基准研究. 北京: 华北电力大学.
李波. 2010. 外源重金属铜, 镍的植物毒害及预测模型研究. 北京: 中国农业科学院.
李惠英, 陈素英, 王豁. 1994. 铜, 锌对土壤——植物系统的生态效应及临界含量. 农村生态环境, 2: 22-24.
李宁, 郭雪雁, 陈世宝, 等. 2015. 基于大麦根伸长测定土壤 Pb 毒性阈值、淋洗因子及其预测模型. 应用生态学报, 26(7): 2177-2182.
李思民, 王豪吉, 朱曦, 等. 2021. 土壤 pH 和有机质含量对重金属可利用性的影响. 云南师范大学学报(自然科学版), 41(1): 49-55.
李星, 林祥龙, 孙在金, 等. 2020. 我国典型土壤中铜对白符跳(*Folsomia candida*)的毒性阈值及其预测模型. 环境科学研究, 33(3): 744-750.
林亲铁, 朱伟浩, 陈志良, 等. 2013. 土壤重金属的形态分析及生物有效性研究进展. 广东工业大学学报, 30(2): 113-118.
刘景春, 李裕红, 晋宏. 2003. 铜污染对辣椒产量、铜累积及叶片膜保护酶活性的影响. 福建农业学报, 4: 254-257.
刘娜, 金小伟, 王业耀, 等. 2016. 生态毒理数据筛查与评价准则研究. 生态毒理学报, 11(3): 1-10.
刘婷婷, 郑欣, 闫振广, 等. 2014. 水生态基准大型水生植物受试生物筛选. 农业环境科学学报, 33(11): 2204-2212.
罗晶晶, 吴凡, 张加文, 等. 2022. 我国土壤受试植物筛选与毒性预测. 中国环境科学, (7): 3295-3305.
马瑾, 等. 2021. 世界主要发达国家土壤环境基准与标准理论方法研究. 北京: 科学出版社.
邱荟圆, 李博, 祖艳群. 2020. 土壤环境基准的研究和展望. 中国农学通报, 36(18): 67-72.
邵金秋, 温其谦, 阎秀兰, 等. 2019. 天然含铁矿物对砷的吸附效果及机制. 环境科学, 40(9): 4072-4080.
宋玉芳, 周启星, 许华夏, 等. 2002a. 菲、芘、1, 2, 4-三氯苯对土壤高等植物根伸长抑制的生态毒性效应. 生态学报, 22(11): 1945-1950.
宋玉芳, 周启星, 许华夏, 等.2002b. 重金属对土壤中小麦种子发芽与根伸长抑制的生态毒性. 应用生态学报, 13(4): 459-462.
苏丽鳗, 陈培珍, 叶宏萌, 等. 2020. 武夷山茶园土壤中 Cu、Zn、Pb 和 Cr 元素的生物有效性及其影响因. 长江大学学报(自科版), 17(6): 82-87.
孙权. 2008. 粮-菜轮作系统铜污染的作物和土壤微生物生态效应及诊断指标. 杭州: 浙江大学.
唐文忠, 孙柳, 单保庆. 2019. 土壤/沉积物中重金属生物有效性和生物可利用性的研究进展. 环境工程学报, 13(8): 1775-1790.
田彪, 卿黎, 罗晶晶, 等. 2022. 重金属铜和铅的生态毒性归一化及土壤环境基准研究. 环境科学学报, 42(3): 431-440.
王春香, 徐宸, 许安定, 等. 2014. 植烟土壤重金属的有效性及影响因素研究. 农业环境科学学报, 33(8): 1532-1537.
王芳婷, 包科, 陈植华, 等. 2021. 珠江三角洲海陆交互相沉积物中镉生物有效性与生态风险评价. 环境科学, 42(2): 653-662.
王利松, 贾渝, 张宪春. 2018. 中国生物物种名录·第一卷植物. 北京: 科学出版社.
王锐, 胡小兰, 张永文, 等. 2020. 重庆市主要农耕区土壤 Cd 生物有效性及影响因素. 环境科学, 41(4): 1864-1870.

王小庆, 李波, 韦东普, 等. 2013a. 土壤中铜和镍的植物毒性预测模型的种间外推验证. 生态毒理学报, 8(1): 77-84.

王小庆, 韦东普, 黄占斌, 等. 2013b. 物种敏感性分布法在土壤中铜生态阈值建立中的应用研究. 环境科学学报, 33(6): 1787-1794.

王晓南, 陈丽红, 王婉华, 等. 2016. 保定潮土铅的生态毒性及其土壤环境质量基准推导. 环境化学, 35(6): 1219-1227.

王晓南, 刘征涛, 王婉华, 等. 2014. 重金属铬(Ⅵ)的生态毒性及其土壤环境基准. 环境科学, 35(8): 3155-3161.

王卓, 邵泽强. 2009. 土壤铅污染及其治理措施. 农业技术与装备, 158(1): 6-8.

徐笠. 2009. 土壤中可提取态 Cu、Zn 与全量的关系及其生物有效性研究. 合肥: 安徽农业大学.

许霞, 薛银刚, 刘菲, 等. 2017. 废弃农药厂污染场地土壤浸出液的急性毒性和遗传毒性筛查. 生态毒理学报, 12(6): 223-232.

杨洁, 瞿攀, 王金生, 等. 2017. 土壤中重金属的生物有效性分析方法及其影响因素综述. 环境污染与防治, 39(2): 217-223.

杨倩, 王希, 沈禹颖. 2009. 异龄苜蓿土壤浸提液对 3 种植物种子萌发的影响. 草地学报, 17(6): 784-788.

杨瑞杰, 石良. 2019. 重金属在含铁矿物表面上的吸附与解吸附//中国矿物岩石地球化学学会.中国矿物岩石地球化学学会第 17 届学术年会论文摘要集. 贵阳: 中国矿物岩石地球化学学会.

依艳丽, 刘珊珊, 张大庚, 等. 2010. 棕壤中铜对茄子产量及果实中铜积累量的影响. 北方园艺, 5: 47-49.

张加文, 田彪, 罗晶晶, 等. 2022. 土壤重金属生物可利用性影响因素及模型预测. 环境科学, 43(7): 438-451.

张强. 2016. 贵州省主要土壤外源 Pb 和 Cd 对大麦和蚯蚓毒性初步研究. 贵阳: 贵州师范大学.

张艳丽. 2008. Cu, Pb 胁迫对小麦种子萌发及幼苗生长的影响. 成都: 四川师范大学.

张逸飞, 曹佳. 2021. 土壤属性数据 pH 缺失的插补方法. 计算机系统应用, 30(1): 277-281.

郑丽萍, 龙涛, 冯艳红, 等. 2016. 基于生态风险的铅(Pb)土壤环境基准研究. 生态与农村环境学报, 32(6): 1030-1035.

周贵宇, 姜慧敏, 杨俊诚, 等. 2016. 几种有机物料对设施菜田土壤 Cd、Pb 生物有效性的影响. 环境科学, 37(10): 4011-4019.

朱广云, 蒋宝, 李菊梅, 等. 2018. 土壤 Mehlich-3 可浸提态镍对大麦根伸长的毒性. 中国环境科学, 38(8): 345-352.

朱侠. 2019. 铅锌矿区及农田土壤中重金属的化学形态与生物有效性研究. 烟台: 中国科学院大学(中国科学院烟台海岸带研究所).

Akhzari D, Mahdavi S, Pessarakli M, et al. 2016. Effects of arbuscular mycorrhizal fungi on seedling growth and physiological traits of *Melilotus officinalis* L. grown under salinity stress conditions. Communications in Soil Science and Plant Analysis, 47(7): 822-831.

Balinova A M. 1997. Acetochlor-A comparative study on parameters governing the potential for water pollution. Journal of Environmental Science and Health Part B, 32(5): 645-658.

Barron M G, Lambert F N. 2021. Potential for interspecies toxicity estimation in soil invertebrates. Toxics, 9(10): 265.

Bejarano A C, Barron M G. 2016. Aqueous and tissue residue-based interspecies correlation estimation models provide conservative hazard estimates for aromatic compounds. Environmental Toxicology and Chemistry, 35(1): 56-64.

Beyer W N, Cromartie E J. 1987. A survey of Pb, Cu, Zn, Cd, Cr, As, and Se in earthworms and soil from diverse sites. Environmental Monitoring and Assessment, 8(1): 27-36.

Bollag J M, Barabasz W. 1979. Effect of heavy metals on the denitrification process in soil. Journal of

Environmental Quality (United States), 8: 196-201.

Bondareva L, Fedorova N. 2021. Pesticides: Behavior in agricultural soil and plants. Molecules, 26(17): 5370.

Boshoff M, de Jonge M, Scheifler R, et al. 2014. Predicting As, Cd, Cu, Pb and Zn levels in grasses (*Agrostis* sp. and *Poa* sp.) and stinging nettle (*Urtica dioica*) applying soil-plant transfer models. Science of the Total Environment, 493: 862-871.

CCME. 1999. Canadian Soil Quality Guidelines for the Protection of Environmental and Human Health Summary Table. Qttawa: Canadian Council of Ministers of the Environment.

Cheraghi-Aliakbari S, Beheshti-Alagha A, Ranjbar F, et al. 2020. Comparison of *Myagrum perfoliatum* and *Sophora alopecuroides* in phytoremediation of Cd-and Pb-contaminated soils: A chemical and biological investigation. Chemosphere, 259: 127450.1-127450.10.

Coleman N V, Rich D J, Tang F, et al. 2020. Biodegradation and abiotic degradation of trifluralin: A commonly used herbicide with a poorly understood environmental fate. Environmental Science & Technology, 54(17): 10399-10410.

Connors K A, Beasley A, Barron M G, et al. 2019. Creation of a curated aquatic toxicology database: Envirotox. Environmental Toxicology and Chemistry, 38(5): 1062-1072.

Criel P, Lock K, Eeckhout H V, et al. 2008. Influence of soil properties on copper toxicity for two soil invertebrates. Environmental Toxicology and Chemistry, 27(8): 1748-1755.

Cruz-Hernandez Y, Santana-Silva A, Villalobos M, et al. 2019. Assessment of a simple extraction method to determine the bioaccessibility of potentially toxic Ti, As, Pb, Cu, Zn and Cd in soils contaminated by mining-metallurgical waste. RevistaInternacional de Contaminacion Ambiental, 35(4): 849-868.

Dinić Z, Maksimović J, Stanojković-Sebić A, et al. 2019. Prediction models for bioavailability of Mn, Cu, Zn, Ni and Pb in soils of Republic of Serbia. Agronomy, 9(12): 856.

Dong A X, Xin H B, Li Z J, et al. 2018. High-quality assembly of the reference genome for scarlet sage, *Salvia splendens*, an economically important ornamental plant. GigaScience, 7(7): giy068.

Dong Z, Yan K, Liu Y, et al. 2016. A meta-analysis to correlate lead bioavailability and bioaccessibility and predict lead bioavailability. Environment International, 92-93: 139-145.

Duan X, Xu M, Zhou Y, et al. 2016. Effects of soil properties on copper toxicity to earthworm *Eisenia fetida* in 15 Chinese soils. Chemosphere, 145: 185-192.

Fan J, Yan Z, Zheng X, et al. 2019. Development of interspecies correlation estimation (ICE) models to predict the reproduction toxicity of EDCs to aquatic species. Chemosphere, 224: 833-839.

Feng M H, Shan X Q, Zhang S, et al. 2005. A comparison of the rhizosphere-based method with DTPA, EDTA, $CaCl_2$, and $NaNO_3$ extraction methods for prediction of bioavailability of metals in soil to barley. Environmental Pollution, 137(2): 231-240.

Fernández-Ondoño E, Bacchetta G, Lallena A M, et al.2017. Use of BCR sequential extraction procedures for soils and plant metal transfer predictions in contaminated mine tailings in Sardinia. Journal of Geochemical Exploration, 172: 133-141.

Guo D, Ali A, Ren C, et al. 2019. EDTA and organic acids assisted phytoextraction of Cd and Zn from a smelter contaminated soil by potherb mustard (*Brassica juncea*, Coss) and evaluation of its bioindicators. Ecotoxicology and Environmental Safety, 167: 396-403.

Guo M, Gong Z, Li X, et al. 2017. Polycyclic aromatic hydrocarbons bioavailability in industrial and agricultural soils: Linking SPME and Tenax extraction with bioassays. Ecotoxicology and Environmental Safety, 140: 191-197.

Holtze M S, Sørensen J, Hansen H, et al. 2006. Transformation of the herbicide 2,6-dichlorobenzonitrile to the persistent metabolite 2,6-dichlorobenzamide(BAM) by soil bacteria known to harbour nitrile hydratase or nitrilase. Biodegradation, 17(6): 503-510.

Houben D, Evrard L, Sonnet P. 2013. Beneficial effects of biochar application to contaminated soils on the bioavailability of Cd, Pb and Zn and the biomass production of rapeseed (*Brassica napus* L.) . Biomass and Bioenergy, 57: 196-204.

Hu B F, Shao S, Ni H, et al. 2020. Assessment of potentially toxic element pollution in soils and related health risks in 271 cities across China. Environmental Pollution, 270:116196.

Huang C, Wang W, Yue S, et al. 2020. Role of biochar and *Eisenia fetida* on metal bioavailability and biochar effects on earthworm fitness. Environmental Pollution, 263: 114586.

ISO. 2012. Soil Quality-Determination of the Effects of Pollutants on Soil Flora. Part 2: Effects of Chemicals on the Emergence and Growth of Higher Plants ISO11269-2. Geneva: International Organization for Standardization.

Jin C W, Zheng S J, He Y F, et al. 2005. Lead contamination in tea garden soils and factors affecting its bioavailability. Chemosphere, 59(8): 1151-1159.

Juhasz A, Smith E, Weber J, et al. 2013. Predicting lead relative bioavailability in peri-urban contaminated soils using in vitro bioaccessibility assays. Journal of Environmental Science and Health Part A, Toxic/Hazardous Substances & Environmental Engineering, 48: 604-611.

Juhasz A, Weber J, Smith E. 2011. Impact of soil particle size and bioaccessibility on children and adult lead exposure in pen-urban contaminated soils. Journal of Hazardous Materials, 186: 1870-1879.

Karadaş C, Kara D. 2011. In vitro gastro-intestinal method for the assessment of heavy metal bioavailability in contaminated soils. Environmental Science and Pollution Research, 18(4): 620-628.

Koopman H, Daams J. 1960. 2, 6-Dichlorobenzonitrile: A new herbicide. Nature, 186(4718): 89-90.

Kumpiene J, Giagnoni L, Marschner B, et al. 2017. Assessment of methods for determining bioavailability of trace elements in soils: A review. Pedosphere, 27(3): 389-406.

Lambrechts T, Couder E, Bernal M P, et al. 2011. Assessment of heavy metal bioavailability in contaminated soils from a former mining area (La Union, Spain) using a rhizospheric Test. Water, Air, & Soil Pollution, 217(1): 333-346.

Lee J J, Jo H J, Kong K H. 2011. A plant-specific tau class glutathione S-transferase from *Oryza sativa* having significant detoxification activity towards chloroacetanilide herbicides. Bulletin-Korean Chemical Society, 32(10): 3756-3759.

Lee S H, Kim E Y, Hyun S, et al. 2009. Metal availability in heavy metal-contaminated open burning and open detonation soil: Assessment using soil enzymes, earthworms, and chemical extractions. Journal of Hazardous Materials, 170(1): 382-388.

Li Q, Mo J. 2019. Complete chloroplast genome of clonal medicinal plant, *Glechoma longituba*, in China. Mitochondrial DNA Part B-Resources, 4(1): 2019-2020.

Liu B, Mo C H, Zhang Y. 2019. Using cadmium bioavailability to simultaneously predict its accumulation in crop grains and the bioaccessibility in soils. Science of the Total Environment, 665: 246-252.

Liu X, Yang H, Zhao J, et al. 2018. The complete chloroplast genome sequence of the folk medicinal and vegetable plant purslane (*Portulaca oleracea* L.). Journal of Horticultural Science and Biotechnology, 93(4): 356-365.

Lungu-Mitea S, Vogs C, Carlsson G, et al. 2021. Modeling bioavailable concentrations in zebrafish cell lines and embryos increases the correlation of toxicity potencies across test systems. Environmental Science & Technology, 55(1): 447-457.

Luo X S, Yu S, Li X D. 2012. The mobility, bioavailability, and human bioaccessibility of trace metals in urban soils of Hong Kong. Applied Geochemistry, 27(5): 995-1004.

Ma Q, Zhao W, Guan D X, et al. 2020. Comparing $CaCl_2$, EDTA and DGT methods to predict Cd and Ni accumulation in rice grains from contaminated soils . Environmental Pollution, 260.

Marti E, Sierra J, Caliz J, et al. 2011. Ecotoxicity of chlorophenolic compounds depending on soil characteristics. Science of the Total Environment, 409(14): 2707-2716.

Mesquini J, Sawaya A, López B, et al. 2015. Detoxification of atrazine by endophytic *Streptomyces* sp. isolated from sugarcane and detection of nontoxic metabolite. Bulletin of Environmental Contamination and Toxicology, 95(6): 803-809.

Morales-Nieto C R, Lvarez-Holguín A, Villarreal-Guerrero F, et al. 2019. Phenotypic and genetic diversity of blue grama (*Bouteloua gracilis*) populations from Northern Mexico. Arid Land Research and Management, 34(5): 1-16.

Naidu R, Bolan N S, Megharaj M, et al. 2008. Developments in Soil Science: Chemical Bioavailability in Terrestrial Environments. Amsterdam: Elsevier.

Neuwoehner J, Schofer A, Erlenkaemper B, et al. 2010. Toxicological characterization of 2,4,6-Trinitrotoluene, its transformation products, and two nitramine explosives. Environmental Toxicology and Chemistry, 26(6): 1090-1099.

Nie L, Cui Y, Chen X, et al. 2020. Complete chloroplast genome sequence of the medicinal plant *Arctium lappa* (Burdock). Genome, 63(1): 53-60.

Niesiobędzka K. 2016. Mobile forms and migration ability of Cu, Pb and Zn in forestry system in Poland. Environmental Earth Sciences, 75: 122.

OECD. 2006. Guideline for the Testing of Chemicals. Proposal for Updating Guideline 208. Paris: Organization for Economic Co-operation and Development.

Owojori O J, Reinecke A J, Rozanov A B. 2010. Influence of clay content on bioavailability of copper in the earthworm *Eisenia fetida*. Ecotoxicology and Environmental Safety, 73(3): 407-414.

Raimondo S, Mineau P, Barron M G. 2007. Estimation of chemical toxicity to wildlife species using interspecies correlation models. Environmental Science & Technology, 41(16): 5888-5894.

Ray S, Bhattacharya S. 2021. Manual for Bryophytes: Morphotaxonomy, Diversity, Spore Germination, Conservation. London: Taylor and Francis.

Rezapour S, Atashpaz B, Moghaddam S S, et al. 2019. Heavy metal bioavailability and accumulation in winter wheat (*Triticum aestivum* L.) irrigated with treated wastewater in calcareous soils. Science of the Total Environment, 656: 261-269.

Sena K L, Goff B, Davis D, et al. 2019. Switchgrass growth and forage quality trends provide insight for management. Crops and Soils, 52(2): 44-51.

Simarmata M, Harsono P, Hartal H. 2018. Sensitivity of legumes and soil microorganisms to residue of herbicide mixture of atrazine and mesotrione. Asian Journal of Agriculture and Biology, 6(1): 12-20.

Smith B A, Greenberg B, Stephenson G L. 2011. Bioavailability of copper and zinc in mining soils. Archives of Environmental Contamination and Toxicology, 62: 1-12.

Soriano Disla J, Speir T, Gómez Lucas I, et al. 2010. Evaluation of different extraction methods for the assessment of heavy metal bioavailability in various soils. Water Air and Soil Pollution, 213: 471-483.

Sun J, Wang Y, Garran T A, et al. 2021. Heterogeneous genetic diversity estimation of a promising domestication medicinal motherwort *Leonurus cardiaca* based on chloroplast genome resources. Frontiers in Genetics, 12: 1806.

Tian H, Wang Y, Xie J, et al. 2020. Effects of soil properties and land use types on the bioaccessibility of Cd, Pb, Cr, and Cu in Dongguan city, China. Bulletin of Environmental Contamination and Toxicology, 104(1): 64-70.

Turull M, Fontàs C, Díez S. 2021. Effect of different amendments on trace metal bioavailability in agricultural soils and metal uptake on lettuce evaluated by diffusive gradients in thin films. Environmental Technology & Innovation, 21: 101319.

USEPA. 2012. Ecological effects test guidelines.OPPTS 850.4230. Early Seedling Growth Toxicity Test. Washington DC: United States Environmental Protection Agency's Office of Chemical Safety and Pollution Prevention (OCSPP).

Wang K, Qiao Y, Li H, et al. 2018. Structural equation model of the relationship between metals in contaminated soil and in earthworm (*Metaphire californica*) in Hunan Province, subtropical China. Ecotoxicology and Environmental Safety, 156: 443-451.

Wang X N, Fan B, Fan M, et al.2019. Development and use of interspecies correlation estimation models in China for potential application in water quality criteria. Chemosphere, 240: 124848.

Wang X S, Qin Y, Chen Y K. 2007. Leaching characteristics of arsenic and heavy metals in urban roadside soils using a simple bioavailability extraction test. Environmental Monitoring and Assessment, 129: 221-226.

Wen Y, Li W, Yang Z, et al. 2020. Evaluation of various approaches to predict cadmium bioavailability to rice grown in soils with high geochemical background in the karst region, Southwestern China. Environmental Pollution, 258: 113645.

Willming M M, Lilavois C R, Barron M G, et al. 2016. Acute toxicity prediction to threatened and endangered species using interspecies correlation estimation (ICE) models. Environmental Science & Technology, 50(19): 10700-10707.

Wu J, Song Q, Zhou J, et al. 2021. Cadmium threshold for acidic and multi-metal contaminated soil according to *Oryza sativa* L. Cadmium accumulation: Influential factors and prediction model. Ecotoxicology and Environmental Safety, 208: 111420.

Wu X, Cai Q, Xu Q, et al. 2020. Wheat (*Triticum aestivum* L.) grains uptake of lead (Pb), transfer factors and prediction models for various types of soils from China. Ecotoxicology and Environmental Safety, 206: 111387.

Xiao P F, Lin X Y, Liu Y H, et al. 2017. Application of species sensitivity distribution in aquatic ecological risk assessment of chlopyrifos for paddy ecosystem. Asian Journal of Ecotoxicology, 12(3): 398-407.

Xing W, Liu H, Banet T, et al. 2020. Cadmium, copper, lead and zinc accumulation in wild plant species near a lead smelter. Ecotoxicology and Environmental Safety, 198: 110683.

Xue X, Hawkins T R, Ingwersen W W, et al. 2015. Demonstrating an approach for including pesticide use in life-cycle assessment: Estimating human and ecosystem toxicity of pesticide use in midwest corn farming. The International Journal of Life Cycle Assessment, 20(8): 1117-1126.

Yan K, Dong Z, Naidu R, et al. 2020. Comparison of in vitro models in a mice model and investigation of the changes in Pb speciation during Pb bioavailability assessments. Journal of Hazardous Materials, 388: 121744.1-121744.9.

Yang X, Zhang Y, Lai J, et al. 2021. Analysis of the biodegradation and phytotoxicity mechanism of TNT, RDX, HMX in alfalfa (*Medicago sativa*). Chemosphere, 281: 130842.

Yao B M, Chen P, Zhang H M, et al. 2021. A predictive model for arsenic accumulation in rice grains based on bioavailable arsenic and soil characteristics. Journal of Hazardous Materials, 412: 125131.1-125131.8.

第三篇

技　术　篇

第 7 章　场地土壤优先控制污染物筛选技术方法

7.1　理 论 方 法

经济全球化的当代世界，人类财富的50%左右来源于化学品及其相关物品，化学品极大地丰富了人类物质文明与世界财富，全世界已登记的化学物质在近100年内至少单品种增加500倍，甚至1000倍以上，美国《化学文摘》（CA）在1880年登记的化学品种类数1.2万种，1978年达500万种，1990年为700万种。20世纪90年代，CA登记的新化学品以每周6000～7000种的速度增加，大约每天新增千种，年新登记化学品30万～40万种，而且大多数新化合物在自然界中从未发现过，多半是人为合成的新物质，其中有毒化学物质污染已对全球生态环境和人体健康构成了极大的威胁。针对如此众多且日益增加的环境化学污染物，国际上相继采取筛选各环境介质中优先控制污染物开展重点监测、监管和治理的策略，以强化化学品污染的环境管理（王先良，2014）。

土壤是重要的生物栖息场地，也是重金属和有机物污染的"源"和"汇"。重金属、有机物等污染物进入自然水体后，绝大部分被悬浮颗粒物吸附，并转移至土壤中。当土壤中pH、氧化还原电位等发生变化时，土壤中的重金属又被释放出来，另外，被污染土壤进行蔬菜等种植，重金属和有机物大量进入植物，通过食物链被动物和人类吸收，对动物和人类产生健康危害。2014年《全国土壤污染状况调查公报》显示，我国耕地土壤环境质量堪忧，工业废弃地土壤环境问题突出。在土壤环境众多污染物中，对每一种污染物制定标准，实行控制是不可能的，只能对一些重点污染物予以控制，需制定一个筛选原则，筛选出在我国检出率高、环境问题突出、对生态安全、人体健康和农产品安全具有较大风险的污染物，从而保证筛选出的优先控制污染物满足国家相关发展规划的需求（葛峰等，2018）。

7.1.1　国内外优先控制污染物的筛选方法

优先控制污染物筛选可以为区域人体健康及生态环境保护提供科学依据，是环境污染管理和环境质量保护的有效技术手段。国际上环境优先控制污染物的筛选方法主要分为两大类：第一类是基于污染物毒性、环境降解性、环境暴露风险、环境健康状况或基于多介质环境目标值模式的定量评分系统，运用这类方法可以计算出每种污染物的定量得分，并以此为基础进行排序筛选。但这类方法涉及参数众多且相关准确数据又往往难于获取，迄今为止，运用该类方法仅对数量有限的污染物提出了暴露途径、暴露水平和多介质目标值等数据，大多数的污染物很难获得相关参数（崔骁勇，2010）。第二类是基于得分阈值的专家评判，它们强调从实际出发，在环境调查的基础上，结合毒性效应、产品的生产、进口及使用量、专家经验等确定筛选原则，最后通过计算得出各污染物的得分，以此得分为基础进行排序，最终确定优先控制污染物。该类方法是目前广为采用的方法。

美国是世界上最早提出优先控制污染物概念并进行污染物监测的国家，早在20世纪70年代中期，USEPA就提出了水体中优先控制污染物名单。此外，欧盟也在1975年列出了需要优先控制的污染物名单。在我国，虽然环境优先控制污染物的筛选工作起步较晚，但在水环境介质方面也有较为广泛的研究。目前国内外筛选环境中优先控制污染物的主要方法有综合评分法、潜在危害指数法、风险排序法（Hansen et al.，1999）、密切值法（李祚泳等，1992）、Hasse图解法（Halfon et al.，1996）、模糊评价法、层次分析法（杨彦等，2016）等。在土壤优先控制污染物筛选方面我国研究人员也进行了积极的探索研究，杨彦等（2016）提出了基于健康风险的区域土壤环境优先控制污染物筛选方法，筛选出太湖流域某市土壤环境优先控制污染物名单：滴滴涕、狄氏剂、苯并[*a*]芘、六六六、七氯、苯并[*a*]蒽、苯、三氯乙烯、镉9种优先控制污染物；葛峰等（2018）对我国土壤环境基准优先控制污染物的筛选及清单进行了研究，筛选出的土壤环境基准优先控制污染物依次为滴滴涕、镉、苯并[*a*]芘、铅、PCBs、砷、铬、汞8种优先控制污染物。国内外主要优先控制污染物筛选方法见表7-1和表7-2。

表 7-1　国外主要优先控制污染物筛选方法

国家/国际组织发布方法	筛选原理	主要筛选参数	参数赋值	污染物数量
美国水环境优先污染物	采用因子筛选综合评分法，预先提出筛选原则、技术路线、筛选因子的范围、赋值方式及其权重系数等关键技术，最终依据其筛选因子综合得分确定优先控制污染物名单	污染物在 NPL 监测点的出现频率；污染物的毒性；人群的暴露潜势	三个筛选参数的各自最高得分为 600 分，三者得分之和即为该污染物的总分，总分高者优先顺序在前	129 种
欧盟水环境优先污染物	采用 COM-MPS 方法，该方法先以相对风险为基础进行自动排序，随后交由专家判断的简易风险评估流程	污染物的暴露得分、效应得分、风险得分	分级赋值、加权、加和综合计算	33 种
澳大利亚环境优先污染物	采用半客观、半定量的风险构成因子综合计分方法，对污染物的风险构成因子分别赋值，然后综合各组分的得分得到污染物的风险总分，最后排序筛选	污染物人体健康效应、环境效应和暴露评价	分级赋值、加权、加和综合计算	89 种
韩国环境优先污染物	采用欧盟风险排序方法，根据化学品的分类和特征去除低毒性的物质；该方法是一个确定污染物优先度的简单模型，它基于污染物暴露和对人体健康及环境的效应给出每个污染物的环境风险标准值	人体健康暴露值（Human Health Exposure Value，HEX）和人体健康效应值（Human Health Effect，HEF）来表征	风险排序法、CHEMS-1 法	4 个地点 81 种污染物
日本环境优先污染物	采用部分排序理论（Partial Order Theory，POT）及随机线性外推法（Random Linear Extension，RLE）	健康效应、工作场所暴露因素、一般人群暴露因素	Hasse 图解法	1998 年完成了全部 108 种污染物的排序，其中排序前 15 位为优先控制污染物；1999 年排序前 10 位为优先控制污染物

续表

国家/国际组织发布方法	筛选原理	主要筛选参数	参数赋值	污染物数量
加拿大环境优先污染物	前期对 DSL 包含物质进行评估分类，有毒物质名单、优先物质名单及最终清除名单的确定	环境排放特征、暴露特征、效应特征、风险评估	逐级推进、专家评判	57 种
荷兰优先有机污染物	采用经济合作与发展组织的筛选程序，依据环境浓度（Environment Concentration，EC）和无效浓度（No-Effect Concentration，NEC），定量排序和确定优先控制污染物	排放数据、理化性质、生物累积性、污染物归宿、毒性数据	USES 1.0 软件	对 100 种污染物排序并将前 30 位设为优先控制污染物
德国化学优先污染物	现有环境相关化学品咨询委员会（Advisory Committee on Existing Chemical of Environmental Relevance）建立化学物质优先名单原始清单，并对原始名单上各物质进行科学评估	污染物毒性危害、生态毒性危险性和暴露	分级评分	—
英国优先化学污染物	化学物质利益相关者论坛（CSF 法），优先确定化学品选择和优化标准	持久性、生物富集性、毒性	PBT 评估	—

表 7-2　国内主要优先控制污染物筛选排序方法

筛选方法	主要评估指标	评价方法	污染物数量/种
中国环境优先污染物黑名单	急性毒性、慢性毒性、“三致”毒性、产品产量、环境中检出率	专家论证	68
四川省优先污染物名单	对人体和环境危害性因子、分布广泛性因子、知名度因子加权、加和综合计算	专家论证	35
浙江省第一批环境优先污染物黑名单	生产量、使用量、进口量、排放量、毒性、环境事故	专家论证	43
甘肃省优先控制有毒化学品名单	环境人群接触、毒性、生产量、使用量	分级赋值、加权、加和综合计算	38
天津市水体中优先有机物名单	毒性势、暴露势	分级赋值、加权、加和综合计算	24
天津市恶臭优先污染物名单	环境效应、年排放量、检出频率	综合评价法	8
福建省水环境优先污染物名单	水系、废水排放量、重点行业	专家论证	48
地下水优先有机污染物名单	急性毒性、“三致”毒性、迁移性、持久性、生物累积性、出现频率	层次分析法	85
江苏省环境优先控制污染物名单	化合物潜在危害指数、检出浓度、检出频次	评分法	94
我国大气环境健康基准目标污染物筛选方法及候选清单	污染物检出率、污染物人群暴露、污染物毒性	分级赋值、加权、加和综合计算	15
我国土壤环境基准优先污染物的筛选及清单	污染物的致癌性、急性毒性、生殖毒性、生物富集性、部分工业企业土壤污染物检出率	分级赋值、加权、加和综合计算	8

续表

筛选方法	主要评估指标	评价方法	污染物数量/种
北京市优先控制有毒化学品名单	环境暴露、产品接触、对哺乳动物的一般毒性、特殊毒性、水生生物毒性	系统评分法	33
松花江优先控制有机污染物名单	检出率、“三致”毒性、QSAR 毒性预测	综合排序	28
松花江吉林江段水污染优控污染物名单	毒性、“三致”毒性、腐蚀性、刺激性、污染事故	综合排序	33
松花江上游哨口至松花江村段优先有机污染物名单	环境暴露参数、毒性参数、水环境参数	模糊混合聚类法	13
辽河浑河沈阳段优先控制有机污染物名单	空气环境目标值、“三致”毒性、潜在危害指数	潜在危害指数法	101
淮河流域水环境特征污染物筛选	致癌等级、污染物超标倍数和超标率、污染物检出率、污染物介质检出率、污染物源排放强度	分级赋值、加权、加和综合计算	28
我国近岸海域优先控制有机污染物	有机污染物的环境分布浓度、污染物的急慢性毒性和理化性	分级赋值、加权、加和综合计算	20
基于健康风险的区域土壤环境优先控制污染物筛选方法	污染物环境中的持久性、环境效应、生物效应、生物毒性、人群健康风险	多指标综合评分法	9

7.1.2　国内外优先控制污染物筛选排序方法比较

1. 国外优先控制污染物筛选排序方法

不同国家、国际组织或地区为满足政府管理需求，筛选排序评分标准和技术手段多样，对我国开展优先控制污染物筛选具有重要的借鉴意义。但不同的筛选排序方法都有各自的优缺点。美国评分排序法优点是从污染物的实际危害和人群实际损伤出发，以最严重地点的监测数据为基础，筛选排序过程中全面考虑了水、土、气3种环境介质，因此得到的NPL名单能够真实反映出对生态环境和人体健康危害最大的污染物；缺点是环境水平和暴露情况仅限于NPL地点、毒性RQ值缺失等原因，给筛选排序结果带来了不确定性。欧盟COM-MPS方法的优点是筛选的针对性强，数据筛选和标准化程度高，保证了排序结果的可靠性；缺点是监测点设置及监测内容的差异性可能对排序结果产生影响，最终的专家评判也可能会对排序结果产生主观影响。荷兰USES 1.0版的优点是基于污染物的迁移、转化机理的模型，具有较强的可移植性；采用分级筛选的原理，数据量少时可以开展初步筛选，数据量充足时可以开展精细筛选，具有较高的适用性；可分别进行基于不同区域和局部地区的优先排序。缺点是模型的复杂性可能造成计算结果有偏差。澳大利亚简单赋值法优点是以简单的赋值确定各参数分值，划分方案简单，容易操作，在数据量不充足的情况下采取预警式赋值，避免遗漏潜在的重要环境污染物；缺点是赋值范围窄，对排序结果影响较大，同时对污染物环境转化过程考虑较少，影响排序结果的准确性。日本环境白皮书的筛选方案优点是考虑污染物的毒性、持久性和生物富集性，方法客观、可靠；缺点是没有考虑环境暴露带来的健康风险。日本基于PRTR的优先控制污染物筛选方法的优点是能够容纳大量参数，充分表征污染物风险水平，避免指标不足带来的误差，保证结果的客观性；缺点是模型自身的局限性，可能会给排序结果带来不确定性。

2. 国内优先控制污染物筛选排序方法

我国主要环境优先控制污染物筛选排序方法的优点：①数据来自污染物排放调查和环境监测，能够客观、全面地反映出主要污染物；②对生产量、进口量、工业污染源、化学品和进口化学品现状等进行调研，涵盖从生产源头到排放的全过程；③筛选方法从主要依靠专家评判逐步转化为通过多项指标开展综合得分评价，筛选排序结果更加客观；④将化学品污染事故、地区性水文环境及历史人文等因素纳入考量范围，更加便于后续管理实施。相较于国外优先控制污染物筛选排序技术日臻成熟，我国在优先控制污染物筛选工作中尚存在很多问题：①目前已公布的名单主要考虑水环境优先控制污染物，对其他环境介质的污染物研究较少；②优先控制污染物筛选过程中还在相当程度上依赖于专家经验，可能会对最终的筛选排序结果造成主观影响；③采用的方法、参数、模型多为直接沿用国外做法，缺少针对我国本土实际环境情况的模型参数；④常规监测项目不完善，且在暴露评价时没有考虑人群的暴露途径和暴露量；⑤筛选排序工作没有考虑污染物的动态变化，缺少连续性。

3. 国内外优先控制污染物筛选排序方法比较

通过对国内外优先控制污染物筛选排序方法的优点和缺点进行综合分析可以看出，我国主要环境优先控制污染物筛选排序方法和国际上主流国家的筛选排序方法尚存在一定的差距：从技术手段上讲，我国在进行优先控制污染物筛选排序时多是直接借用国外成熟的模型、公式、参数和评分标准，再套入我国实际的监测数据或基础调查数据计算得出结果，模型参数的适用性尚待进一步研究；此外，国内制定优先控制污染物名单很大程度上还依赖于专家经验，由此带来的人为主观性影响需要考虑。但是较之国外，我国在筛选优先控制污染物方面也存在着一定的优势：我国幅员辽阔，全国环境监测和污染物调查等基础数据充分；不同地区或流域根据当地的实际情况制定优先控制污染物名单，针对性强，便于实施，基本上实现了不同地区的差异化管理（王一喆等，2018）。

7.2 技 术 框 架

7.2.1 筛选背景

土壤环境基准指保障生态安全、人体健康和农产品质量安全等特定对象的土壤中污染物的最大允许含量，是土壤环境标准制定、修订、土壤环境质量评价和控制的重要科学依据与基础。欧美等发达国家和地区的土壤环境基准研究工作多起步于 20 世纪 80～

90 年代，相关研究成果为本国土壤环境标准的制定提供了重要的科学依据。相比之下，我国土壤环境基准的研究工作起步较晚。随着我国生态安全、人体健康及农产品安全土壤环境基准制定技术指南的制定和发布，针对具体污染物基准值的研究工作也将陆续展开。但是土壤环境基准研究需要耗费大量的人力、物力及财力，同时开展所有污染物的基准研究显然是不可能的，因此亟须筛选出一批土壤环境基准优先控制污染物，以支撑我国基准研究工作的开展。

7.2.2　筛选目标

着眼于以人群环境健康风险管控为目的，通过选择典型污染场地，开展场地土壤优先控制污染物的筛选，提出我国典型场地土壤优先控制污染物筛选清单，为推导污染物的土壤环境基准提供科学依据。

7.2.3　筛选原则

优先控制污染物的筛选以能代表典型场地土壤污染状况为总体原则，具体包括：①具有较大的生产量（或排放量）并较为广泛地存在于场地土壤中；②对人类的毒性危害较大，特别是具有或可能具有致癌性的污染物；③污染物的综合得分较高或综合得分排序较靠前；④入选已知的优先控制污染物名录。

7.2.4　技术路线

场地土壤优先控制污染物筛选技术路线见图 7-1。

7.3　筛 选 方 法

筛选采用国际上发展比较成熟的三步法，整个筛选过程分为“污染物初筛阶段—多因子综合评分阶段—优先控制污染物确认阶段”三个阶段。第一阶段为污染物初筛，综合考虑典型场地企业类型、国内外土壤基准值/标准值、国内外各类优控名录、《全国土壤污染状况调查公报》及典型场地土壤的文献调研，整理汇总初筛名单，并根据总收录数大于等于 4，确定候选污染物清单；第二阶段为多因子综合评分，考虑候选污染物的环境效应、毒性效应和人体健康风险 3 方面，设置 9 项具体评分指标，并创新性地运用层次分析法建模，确定因子权重系数；第三阶段为优先控制污染物确认，根据综合评分、专家研判和管理部门意见，最终确定场地土壤优先控制污染物清单。

7.3.1　第一阶段：污染物初筛

综合考虑场地工业行业排放污染物、公开发表文献涉及污染物种类，全国环境土壤调查监测情况、国内外土壤基准值/标准值及国内外 31 种优先控制污染物名录等方面资料，确定候选污染物清单。具体如下。

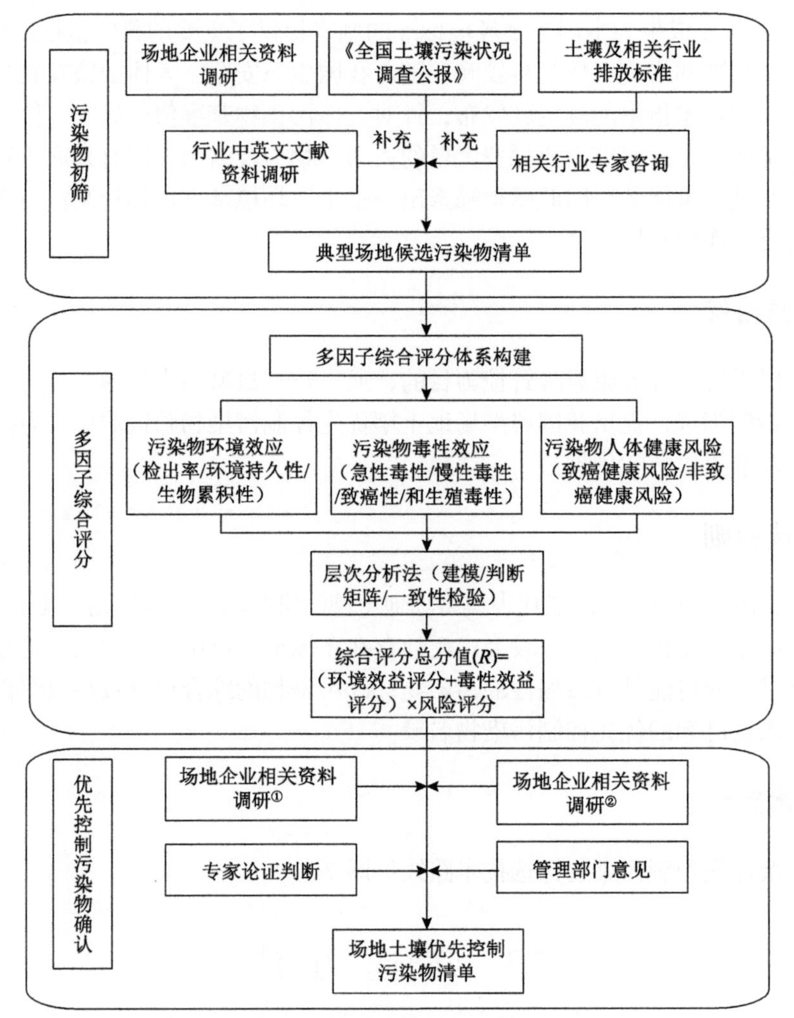

图 7-1　场地土壤优先控制污染物筛选技术路线

①累积总分占总积分的 85%以上；②国内外 31 个名录中共出现 8 次以上

1. 候选污染物确定

（1）场地主要工业行业排放污染物：根据拟筛选场地行业主要生产工艺、原辅材料和产品的特点，通过查阅行业相关的文献、研究报告、行业统计年鉴和排放标准等，提出该行业可能排放的污染物清单。

（2）文献报告及调查监测的污染物：调研与场地行业污染相关的所有中英文科研文献，对被选文献中出现，或已经实施过监测的污染物类别和名称进行统计。数据库来源为中文数据库：中国期刊全文数据库（1915～2007 年）；中国博士学位论文全文数据库（1999～2007 年）；中国优秀硕士学位论文全文数据库（1999～2007 年）；中国重要会议论文全文数据库（1999～2007 年）。英文数据库：Medline、SciFinderScholar。

（3）国内外优先控制污染物名录：系统梳理国外 21 个国家土壤基准/标准、国际癌症研究机构（IARC）公布的致癌物等级清单、WHO 提出的饮用水中健康危害大的物质、

USEPA 公布的水环境优先污染物、欧盟 2001 年第 2455/2001/EC 决议确定的水环境政策优先物质；我国《全国土壤污染状况调查公报》《土壤环境质量 农用地土壤污染风险管控标准（试行）》《土壤环境质量 建设用地土壤污染风险管控标准（试行）》《优先控制化学品名录（第一批/第二批）》及各省市发布的场地土壤环境健康风险评估筛选值等 31 个名录 604 种污染物。

（4）初始污染物候选名单的确定：综合考虑拟筛选场地行业企业可能排放的各类污染物清单，经相关专家咨询后最后确定该筛选场地行业企业土壤中的候选污染物清单。

2. 候选污染物资料的收集与选择

（1）收集的信息：通过查阅国际知名或权威的数据库及国内外有关文献资料，收集候选污染物的基本参数和毒性资料。收集资料内容如下：①基本参数。污染物的中英文化学名、缩写和 CA 登记号等。②毒性参数。污染物的半衰期、生物累积性、正辛醇/水中浓度分配、急性毒性、慢性毒性、生殖毒性、发育毒性、致癌等级及经口和呼吸暴露的参考剂量与致癌斜率系数等。

（2）收集的方法：通过查阅以下数据库和资料，获得候选污染物的基础信息。①化学物质毒性数据库（Chemical Toxicity Database），http://www.drugfuture.com/toxic/search. aspx；②USEPA IRIS 数据库，https://www.epa.gov/iris；③风险评估信息系统（The Risk Assessment Information System，RAIS），https://rais.ornl.gov；④chemBlink 化学品数据库，https://www.chemblink.com/indexC.htm；⑤Chemical Book，http://www.chemicalbook.com/；⑥IARC 数据库，http://monographs.iarc.fr/ENG/Classification/latest_classif.php；⑦Explore Chemistry，https://pubchem.ncbi.nlm.nih.gov/；⑧国际化学品安全卡（International Chemical Safety Cards，ICSCs），https://www.ilo.org/dyn/icsc/showcard.listCards3；⑨国内外相关文献资料。

（3）数据筛选与评价：①优先选用国家/地区的本土数据，在缺乏本土数据的情况下，可采用国外权威机构发布的数据；②优先采用国际、国家标准测试方法及行业技术标准，操作过程遵循良好实验室规范（Good Laboratory Practice，GLP）的实验数据；③污染物的致癌等级数据以 IARC 发布的最新数据为准；④污染物经口暴露的所有参考剂量及致癌斜率系数首选 IRIS 数据库，其次是 RAIS 或化学物质毒性数据库。

3. 典型场地土壤污染状况调查

（1）场地资料收集与现场踏勘：依据《建设用地土壤污染状况调查技术导则》（HJ 25.1—2019）开展典型场地资料收集与分析及现场踏勘工作。

（2）场地土壤样品采集与检测：根据场地现场踏勘情况，在其厂区内和周边、远离厂区下风向和上风向区域采集表层土壤与柱状样；土壤样品的采集参照《土壤环境监测技术规范》（HJ/T 166—2004）进行。对于挥发性有机物样品的采集严格按照《地块土壤和地下水中挥发性有机物采样技术导则》（HJ 1019—2019）进行。以确定的全部候选污染物为检测指标。检测方法首选国家标准分析方法或行业标准方法；对于尚无“标准”和“统一”分析方法的指标，采用 ISO 和 USEPA 方法体系等其他等效分析方法，检出限、准确度和精密度应达到质控要求。

7.3.2 第二阶段：因子综合评分

1. 评价因子设置

本研究依据筛选原则，综合考虑污染物在环境介质中的迁移转化、对人体健康的危害性及污染物暴露对人体潜在致癌/非致癌风险性。采用半客观、半定量的风险评价因子综合计分法，根据污染物环境效应、毒性效应和人体健康风险 3 方面，设置 9 项具体筛选指标（表 7-3）。

表 7-3 优先控制污染物筛选因子设置

因子设置	数量	具体指标
环境效应	3	检出率、环境持久性和生物累积性
毒性效应	4	急性毒性、慢性毒性、致癌性和生殖毒性
人体健康风险	2	致癌健康风险和非致癌健康风险

2. 评价因子权重计算

本研究为了提高筛选方法的科学性，保证筛选结果更好地反映我国场地土壤实际情况。评价因子权重的计算采用层次分析法（AHP）建模，AHP 是一种较好的权重确定方法，它是把复杂问题中的各因素划分成相关联的有序层次，使之条理化的多目标、多准则的决策方法，是一种定量分析与定性分析相结合的有效方法。层次分析法首先将所要进行的决策问题置于一个大系统中，这个系统中存在互相影响的多种因素，要将这些问题层次化，形成一个多层的分析结构模型。之后运用数学方法与定性分析相结合，通过层层排序，最终根据各方案计算出的所占权重，来辅助决策。其主要方法分为 4 个步骤：①建立层次结构模型；②构造出各层次中的所有判断矩阵；③层次单排序及一致性检验；④层次总排序及一致性检验。

（1）建立层次结构模型：建立场地土壤优先控制污染物筛选的递阶层次结构，根据评价指标设定 3 级，分别为目标层、准则层（污染物环境效应、毒性效应和人体健康风险）和方案层（9 项具体指标）。详见图 7-2。

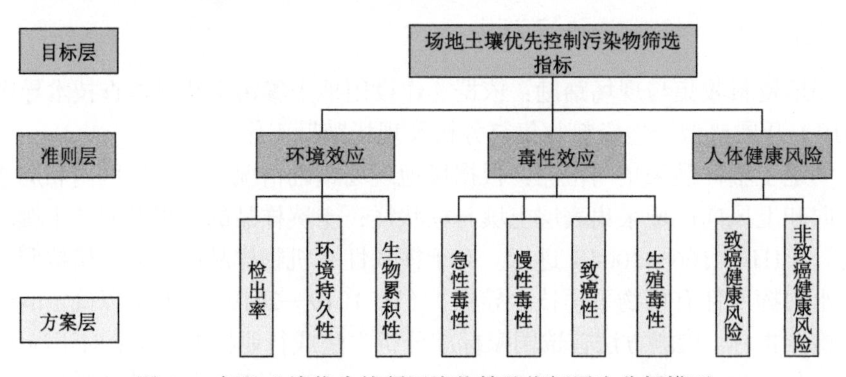

图 7-2 场地土壤优先控制污染物筛选指标层次分析模型

（2）构造判断矩阵：运用 1～9 标度法进行各层次因子的两两比较，确定各因子间的相对重要性，构造各层次的判断矩阵。假设要比较 n 个因子 $X=\{x_1, x_2, x_3, x_4, \cdots, x_n\}$ 对某因素 Z 的影响大小，即每次拿出两个因素通过两两比较（x_i 和 x_j），x_i 和 x_j 对 Z 的影响大小之比用 a_{ij} 表示，用矩阵表示全部比较结果 $\boldsymbol{A}=(a_{ij})_{n\times n}$，称 Aw 为 Z-X 之间的判断矩阵。矩阵参数 $\lambda_{\max}$ 为矩阵的最大特征根；CI 为矩阵一致性指标，定义为 $\mathrm{CI}=\dfrac{\lambda_{\max}-n}{n-1}$，其中 n 为矩阵的阶数。CR 为随机一致性比率，定义为 $\mathrm{CR}=\mathrm{CI}/\mathrm{RI}$，其中 RI 为平均随机一致性指标。

$$\boldsymbol{A}=\begin{bmatrix} a_{11} & a_{12} & \cdots & a_{1n} \\ a_{21} & a_{22} & \cdots & a_{2n} \\ \vdots & \vdots & & \vdots \\ a_{n1} & a_{n2} & \cdots & a_{nn} \end{bmatrix}$$

评价指标权重专家函询：采用专家函询的方法初步确定评价指标权重系数，并通过 AHP 软件层次分析法软件快速建模和计算分析。函询专家主要来自我国环境监测、污染物毒理、风险评估、污染物控制、流行病学等环境污染相关领域，部门涵盖生态环境部、国家卫生健康委员会和高校等。最终确定 15 余名知名专家为调查对象并实施本次关键技术函询。确认的不同层次各因子权重见表 7-4。

判断矩阵如下。

目标层与准则层构成的判断矩阵 $\boldsymbol{A}_1$：

$$\boldsymbol{A}_1=\begin{bmatrix} 1 & 3.281 & 5.452 \\ 0.305 & 1 & 6.526 \\ 0.183 & 0.153 & 1 \end{bmatrix}$$

$\lambda_{\max}$=3.0892；CR=0.0858；CI=0.0446。

准则层（环境效应）与方案层次 1 构成的判断矩阵 $\boldsymbol{A}_2$：

$$\boldsymbol{A}_2=\begin{bmatrix} 1 & 2.729 & 2.538 \\ 0.3665 & 1 & 1.085 \\ 0.6822 & 0.9207 & 1 \end{bmatrix}$$

$\lambda_{\max}$=3.1026；CR=0.0987；CI=0.0513。

准则层（毒性效应）与方案层次 2 构成的判断矩阵 $\boldsymbol{A}_3$：

$$\boldsymbol{A}_3=\begin{bmatrix} 1 & 1.1590 & 1.2892 & 2.0153 \\ 1.4944 & 1 & 0.1862 & 0.2887 \\ 0.6009 & 5.3706 & 1 & 6.7689 \\ 0.4960 & 3.4619 & 0.1476 & 1 \end{bmatrix}$$

$\lambda_{\max}$=4.1147；CR=0.043；CI=0.0382。

准则层（人体健康风险）与方案层次 3 构成的判断矩阵 $\boldsymbol{A}_4$：

$$\boldsymbol{A}_4=\begin{bmatrix}1 & 6.7048\\0.05631 & 1\end{bmatrix}$$

λ_{max}=2；CR=0；CI=0。

表 7-4 风险评价因子的层次分析法权重与排名

层次	因子	权重	排名
目标层	环境效应	0.4175	1
	毒性效应	0.2917	2
	人体健康风险	0.2908	3
准则层（环境效应）	检出率	0.4432	1
	环境持久性	0.2827	2
	生物累积性	0.2741	3
准则层（毒性效应）	急性毒性	0.3141	1
	慢性毒性	0.2346	3
	致癌性	0.2463	2
	生殖毒性	0.205	4
准则层（人体健康风险）	致癌健康风险	0.875	1
	非致癌健康风险	0.125	2

因此，方案层次总排序结果具有满意的一致性。而方案层次的目标权重 $W(C_i)=W_{ai}\times W_{ci}$，其中，$W_{ai}$ 为目标权重，W_{ci} 为准则层权重。

3. 评价因子的分级和赋值

污染物危害等级的划分参考国内外化学物质危害分级和筛选方法等文献资料。每个参数分成 1～5 级，分别赋值 0～4 分，危害性越大分值越高；对于数据不足的物质，当无相应参数的数据时则赋 1 分。具体 9 项评价指标分级和赋值如下。

（1）检出率评分（A_1）：以污染物检出率反映该污染物在研究场地土壤中的分布广泛程度。依据每种候选污染物监测方法对应的检出限，计算场地土壤中样品检出率[式（7-1）]。污染物检出率评分标准见表 7-5。

$$\text{污染物检出率（\%）}=\frac{\text{污染物在场地土壤样品中检出次数}}{\text{场地土壤样品检测总数}} \tag{7-1}$$

表 7-5 污染物检出率评分标准

级别	污染物检出率/%	分值/分
1	>75.0	4
2	50.1～75.0	3
3	25.1～50.0	2
4	<25.0	1
5	未检出	0

（2）环境持久性评分（A_2）：用生物半衰期（Biodegradation Half-Life）来衡量土壤中污染物的环境持久性，污染物环境持久性评分标准见表 7-6。

表 7-6　污染物环境持久性评分标准

级别	污染物环境持久性/d	分值/分
1	>100	4
2	50～100	3
3	10～50	2
4	<10	1
5	暂无数据	1

（3）生物累积性评分（A_3）：生物累积性采用生物富集系数（BCF）来评价，对于没有数据的污染物采用化合物在辛醇-水分配系数（$\log K_{ow}$）确定，若 BCF 和 $\log K_{ow}$ 数据都有，则以前者为计算生物累积性评分依据。污染物生物累积性评分标准见表 7-7。

表 7-7　污染物生物累积性评分标准

级别	污染物生物累积性（BCF 或 $\log K_{ow}$）	分值/分
1	BCF>10000 或 $\log K_{ow}$>5	4
2	1000<BCF≤10000 或 4<$\log K_{ow}$≤5	3
3	100<BCF≤1000 或 3<$\log K_{ow}$≤4	2
4	BCF≤100 或 $\log K_{ow}$≤3	1
5	暂无数据	1

（4）急性毒性评分（B_1）：污染物急性毒性评分对应参数尽可能采用准确的定量实验数据，优先选用大鼠经口或皮半数致死剂量（LD_{50}，mg/kg）和吸入的半数致癌浓度（LC_{50}，mg/m^3）数据；若无这些数据，采用小鼠经口半数致死剂量数据。污染物急性毒性评分标准见表 7-8。

表 7-8　污染物急性毒性评分标准

级别	LD_{50}（经口或皮）/（mg/kg）	LC_{50}（吸入）/（mg/m^3）	分值/分
1	<25	<50	4
2	25～250	50～500	3
3	250～2500	500～5000	2
4	>2500	>5000	1
5	暂无数据	暂无数据	1

（5）慢性毒性评分（B_2）：污染物慢性毒性评分对应参数尽可能采用准确的定量实验数据，优先选用大鼠经口暴露时间最长的最小中毒浓度（TD_{L0}，mg/kg）和最小中毒

作用剂量（TC_{L0}，mg/m^3）数据；若无这些数据，采用小鼠经口的 TD_{L0} 或 TC_{L0} 数据。污染物慢性毒性评分标准见表 7-9。

表 7-9　污染物慢性毒性评分标准

级别	实验方式	>1 个月实验（TD_{L0} 或 TC_{L0}）	<1 个月实验（TD_{L0} 或 TC_{L0}）	分值/分
1	经口或皮/（mg/kg）	<0.5	<2.5	4
	吸入/（mg/m^3）	<1	<5	
2	经口或皮/（mg/kg）	0.5～50	2.5～250	3
	吸入/（mg/m^3）	1～100	5～500	
3	经口或皮/（mg/kg）	50～500	25～2500	2
	吸入/（mg/m^3）	100～1000	500～5000	
4	经口或皮/（mg/kg）	>5000	>2500	1
	吸入/（mg/m^3）	>1000	>5000	
5	—	暂无数据	暂无数据	1

（6）致癌性评分（B_3）：依据 IARC 公布的最新化学污染物致癌清单信息进行评分。污染物致癌性评分标准见表 7-10。

表 7-10　污染物致癌性评分标准

级别	致癌性评分标准	分值/分
1	1 类	4
2	2A 类	3
3	2B 类	2
4	3 类	1
5	暂无数据	1

（7）生殖毒性评分（B_4）：污染物生殖毒性评分优先以欧盟的化学品分级系统指标为基础。污染物生殖毒性评分标准见表 7-11。

表 7-11　污染物生殖毒性评分标准

级别	生殖毒性评分标准	分值/分
1	会降低生育率 R60（1 类）；伤害胎儿 R61（1 类）	4
2	可能会降低生育率 R60（2 类）；可能伤害胎儿 R61（2 类）	3
3	可能伤害哺乳期婴儿（R64）；可能有伤害胎儿的风险（R63）；可能有降低生育率的风险（R62）	2
4	有或极有可能存在无生殖毒性的证据	1
5	暂无数据	1

注：根据欧盟法规 Regulation (EC) No. 1272/2008 - Classification, Labelling and Packaging of Substances and Mixtures (CLP)，R60、R61 等为化学物质生殖毒性类别，代表生殖毒性的不同。

（8）致癌健康风险评分（C_1）：污染物主要通过摄入（包括饮食途径和饮水途径）、吸入和皮肤接触 3 种途径暴露于人体。依据《建设用地土壤污染风险评估技术导则》（HJ 25.3—2019），场地土壤中污染物的暴露途径主要为：①人群可经口摄入暴露于场地土壤中污染物；②可经皮肤接触暴露于场地土壤中污染物；③可经吸入土壤颗粒物暴露于场地污染物。

人群可因经口摄入土壤、皮肤直接接触以及吸入空气中来自土壤的颗粒物而暴露于污染土壤暴露量的计算公式参见《建设用地土壤污染风险评估技术导则》（HJ 25.3—2019）附录 A 式（A.21）、式（A.23）和式（A.25）。人群致癌健康风险评分计算以场地土壤污染物经口摄入土壤、皮肤直接接触及吸入空气中来自土壤的颗粒物的人群总暴露剂量和致癌斜率系数乘积为参考，致癌健康风险的计算公式参见《建设用地土壤污染风险评估技术导则》（HJ 25.3—2019）附录 C 式（C.1）～式（C.3）和式（C.7）。污染物致癌健康风险评分标准见表 7-12。

表 7-12　污染物致癌健康风险评分标准

级别	致癌健康风险等级	致癌健康风险评价区间	分值/分
1	Ⅳ级风险	10^{-4}～5×10^{-3}	4
2	Ⅲ级风险	5×10^{-6}～10^{-4}	3
3	Ⅱ级风险	10^{-8}～5×10^{-6}	2
4	Ⅰ级风险	5×10^{-10}～10^{-8}	1
5	暂无致癌系数		1

（9）非致癌健康风险评分（C2）：人群可因经口摄入土壤、皮肤直接接触及吸入空气中来自土壤的颗粒物而暴露于污染土壤暴露量的计算公式参见《建设用地土壤污染风险评估技术导则》（HJ 25.3—2019）附录 A 式（A.22）、式（A.24）和式（A.25）。人群非致癌健康风险评分计算以场地土壤污染物经口摄入土壤、皮肤直接接触及吸入空气中来自土壤的颗粒物的人群总暴露剂量和参考剂量（参考浓度）比值为参考。场地土壤污染物危害商的计算公式参见《建设用地土壤污染风险评估技术导则》（HJ 25.3—2019）附录 C 式（C.8）～式（C.10）和式（C.14）。污染物非致癌健康风险评分标准见表 7-13。

表 7-13　污染物非致癌健康风险评分标准

序号	非致癌健康风险等级	非致癌健康风险评价区间	分值/分
1	Ⅳ级风险	>5.0	4
2	Ⅲ级风险	1.0～5.0	3
3	Ⅱ级风险	0.05～1.0	2
4	Ⅰ级风险	<0.05	1
5	暂无参考剂量或参考浓度		1

4. 综合评分

根据各评价因子权重系数进行加权计算，计算每种候选污染物的综合评分、顺位累计评分及累计评分比例。计算公式如下：

$$总分值（R）=0.4175[（0.4432A_1+0.2827A_2+0.2741A_3）+0.2917（0.3141B_1+0.2346B_2+0.2463B_3+0.205B_4）]\times0.2908（0.875C_1+0.125C_2） \quad （7\text{-}2）$$

式中，A_1为检出率评分；A_2为环境持久性评分；A_3为生物累积性评分；B_1为急性毒性评分；B_2为慢性毒性评分；B_3为致癌性评分；B_4为生殖毒性评分；C_1为致癌健康风险评分；C_2为非致癌健康风险评分。

7.3.3 第三阶段：优先控制污染物清单确定

根据上述方法对每种候选污染物分别计算综合评分，按总分值的大小排序，将累积总分占总积分85%以内、在31个国内外优先控制污染物名录中出现频次≥8次的污染物初步列为行业优先控制污染物清单。采用专家评判和管理部门意见相结合的决策方式，最终确定优先控制污染物清单。

参考文献

崔骁勇. 2010. 国内外化学污染物环境与健康风险排序比较研究. 北京：科学出版社.

葛峰，徐坷坷，云晶晶，等. 2018. 我国土壤环境基准优先污染物的筛选及清单研究. 中国环境科学，38(11): 8.

李祚泳，张辉军，邓新民. 1992. 密切值法用于环境质量的比较. 环境科学研究, 5(4): 15-17.

王先良. 2014. 流域水环境特征污染物筛选理论与实践. 北京：中国环境出版社.

王一喆，张亚辉，赵莹，等. 2018. 国内外环境优先污染物筛选排序方法比较. 环境工程技术学报，8(4): 9.

杨彦，李定龙，赵洁，等. 2016. 基于健康风险的区域土壤环境优先控制污染物筛选方法：CN，201210359203.

Halfon E, Galassi S, Brüggemann R, et al. 1996. Selection of priority properties to assess environmental hazard of pesticides. Chemosphere, 33(8): 1543-1562.

Hansen B G, van Haelst A G, van Leeuwen K, et al. 1999. Priority setting for existing chemicals: European Union risk ranking method. Environmental Toxicology and Chemistry, 18(4): 772-779.

第 8 章　场地人体健康土壤环境基准推导技术方法

8.1　引　　言

人体健康一直都是世界各国制定土壤环境基准时首要考虑的保护目标。美国、加拿大、英国、荷兰等发达国家从 20 世纪 90 年代开始人体健康土壤环境基准的研究工作，并结合本国国情形成了各具特色的基准研究体系。与发达国家相比，我国迄今为止仍然没有系统地编制过一套基于完整科学理论和充足实测数据支撑的人体健康土壤环境基准制定的指导性文件。吴丰昌（2020）提出至 2035 年我国土壤环境基准研究的近期目标是建成相对完善的土壤环境基准制定方法与技术规范。

2014 年，我国首次发布了基于健康风险的《污染场地风险评估技术导则》（HJ 25.3—2014），根据该导则推荐的场地风险评估方法，我国于 2018 年发布了保护人体健康的建设用地土壤污染风险筛选值和管制值首个国家标准。北京、上海、重庆、河北等地方政府也采用健康风险评估法制定了适用于当地的土壤污染风险筛选值。然而，这些标准只是基于少数的基础研究得出的，我国关于人体健康土壤环境基准的研究仍十分匮乏。迄今为止，只有少数学者基于健康风险研究了铅、农药等污染物的土壤环境基准。例如，张红振等（2009）基于 IEUBK 模型和成人血铅模型分别推导了保护儿童和保护成人的铅土壤环境基准。Li（2021）提出了 5 种居住用地情景下常见农药的土壤标准建议值。Cheng 和 Nathanail（2021）考虑饮食和土壤特征差异等因素，采用 CLEA 模型推导了我国 19 个省市农业用地下镉和六氯环己烷的土壤环境基准。Yang 等（2021）首次在我国长江三角洲地区开展了基于人体健康风险的农用地土壤环境基准研究，比较了江苏与浙江的土壤环境基准差异，并认为我国迫切需要制定基于本土参数的区域土壤环境基准。虽然我国学者已经认识到制定基于健康风险土壤环境基准的重要性，但我国基于人体健康的土壤环境基准研究仍有待加强。因此，在国家重点研发计划项目“场地土壤污染物环境基准制定方法体系及关键技术”（2019YFC1804600）支持下，中国环境科学研究院等单位制定了保护人体健康的土壤环境基准研究的系列团体标准，由中华环保联合会于 2023 年 10 月 10 日正式发布，包括《建设用地土壤人体健康环境基准制定技术指南》（T/ACEF 088—2023）和《建设用地土壤环境基准制定基本数据集 保护人体健康》（T/ACEF 090—2023）。上述技术指南对规范我国土壤人体健康环境基准研究具有重要参考价值。

保护人体健康的土壤环境基准是通过健康风险评估反推计算得出的。通常情况下，健康风险评估通过正向评估输出污染物产生的风险，反向评估则通过规定的暴露水平计算导致该暴露水平的土壤污染物浓度（图 8-1）。具体来讲，保护人体健康的风险评估是以可接受的人体健康风险为出发点，通过建立不同用地情景下污染物暴露的通用概念模型，链接污染物从土壤到人类受体的关系，构建不同暴露途径的土壤环境基准计算模型，然后结合全国或区域内调查的保守性参数，推导出各类用地方式下保护人体健康的土壤环境基准（骆永明等，2015）。

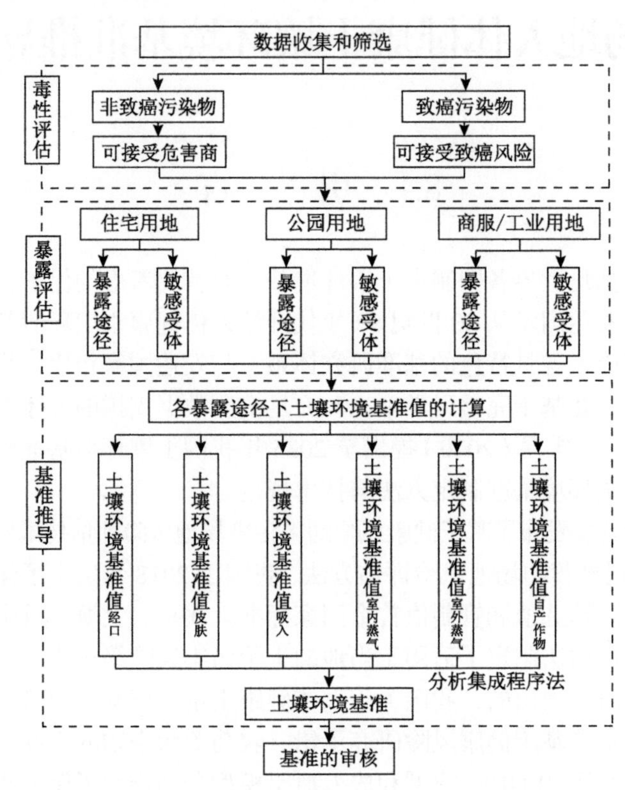

图 8-1　基于人体健康风险评估的土壤环境基准推导流程

8.2　暴露情景

对于人体健康土壤环境基准的推导，首先必须定义一个暴露情景，以描述适于特定类型的临界土壤污染物浓度条件（Melo et al.，2011）。它是一个特定的概念模型，描述出在该场地上可能存在的污染源、暴露途径及暴露人群。暴露情景是根据土地利用情况进行划分的，在不同的土地利用类型上人群可能发生不同类型的活动。通用的暴露情景是对在不同土地利用类型上生活、工作或玩耍的人群进行的一系列典型活动的合理的最坏假设，旨在保护大多数场地上人群的健康。在不同的土地利用类型下，敏感人群、接触土壤污染物的强度、频率和方式各不相同。通过调研国外土地利用类型的划分并结合我国实际情况，确定我国场地的土地利用类型为 3 类：住宅用地、公园用地及商服/工业用地。我国有大量的农村人口，而且城市与农村存在巨大的环境差异及人群行为差异。王贝贝等（2014a）研究发现，我国城市地区居民和农村地区居民的土壤接触行为比例分别为 21.6%和 68.7%。由此可见，农村地区居民土壤接触行为是不可忽视的，因此在本研究中将住宅情景更详细地划分为城市住宅与农村住宅。鉴于居民在公园的停留时间远低于在住宅用地的停留时间，以及去不同类型公园的频率存在较大差异，将公园用地进一步细分为社区公园与其他公园。关于 3 种土地利用类型的具体介绍如下所述。

8.2.1　住宅用地

1. 农村住宅

农村住宅不包括农业生产区，通常为低层、独户。住宅中各有院落，院落或住宅附近有足够大面积的裸露土壤，居民可以在院落或住宅附近种植蔬菜。由于农村住宅通常距离农业生产区较近，加之有大面积的裸露土壤，因此农村居民直接接触土壤的机会高于城市居民，土壤接触强度及频率也均高于城市居民。住宅的居住者包括成人、儿童和婴儿，他们大部分时间待在室内，但也经常在室外种植作物或进行娱乐活动。因此，居民可以通过直接摄入土壤（尘）、皮肤接触土壤（尘）、呼吸吸入粉尘、吸入室内气态污染物、吸入室外气态污染物及摄入自产作物途径接触土壤污染物。由于暴露情景具有一定的相似性，因此农村住宅用地情景下的敏感受体与城市住宅一致。图 8-2 展示农村住宅用地下可能存在的暴露途径及敏感受体。

图 8-2　农村住宅用地下的暴露情景

①土壤/粉尘摄入；②皮肤接触土壤/粉尘；③粉尘吸入；④自产作物摄入；⑤室外蒸气吸入；⑥地下水摄入；⑦室内蒸气吸入；⑧淋浴时饮用水中的污染物蒸气吸入；⑨淋浴时皮肤接触饮用水中的污染物；下同

2. 城市住宅

城市住宅假定是由多层建筑组成，从建筑的一层到最高层均有居民居住。住宅区大部分被硬表面覆盖，带有一些小面积的景观或草坪，因此城市居民直接接触土壤的机会较少，不过居民可以将部分草坪开发用于种植蔬菜。住宅的居住者是成年人、儿童和婴儿，他们大部分时间在室内度过，每天只有短暂的一段时间待在室外。最容易受到与土壤污染物相关的健康风险影响的是居住在底层的居民，因为在建筑物底层室外土壤进入室内的可能性最大，并且居住在底层的居民更易受到蒸气入侵途径的危害。在此种用地方式下，居民接触土壤污染物的途径可能包括：经口摄入土壤（尘）、皮肤接触土壤（尘）、呼吸吸入粉尘、吸入室外气态污染物、吸入室内气态污染物及摄入自产作物。虽然地下水可能广泛存在于污染场地中，但由于地下水污染具有累积性、隐蔽性、长期性和复杂性，且地下水的防治工作任务艰巨，因此在本研究中暂不考虑人群经地下水摄入土壤污染物的途径。当城市住宅的底层为商业用途或带有地下停车场时，底层应以商服/工业用地进行评估。鉴于儿童具有更轻的体重及更频繁的土壤接触行为，儿童面临的健康风险通常高于成人。对于非致癌污染物，以0～6岁的儿童为敏感受体制定土壤环境基准，对于致癌污染物，根据儿童期和成人期的暴露制定土壤环境基准。图8-3展示城市住宅用地下可能存在的暴露途径及敏感受体。

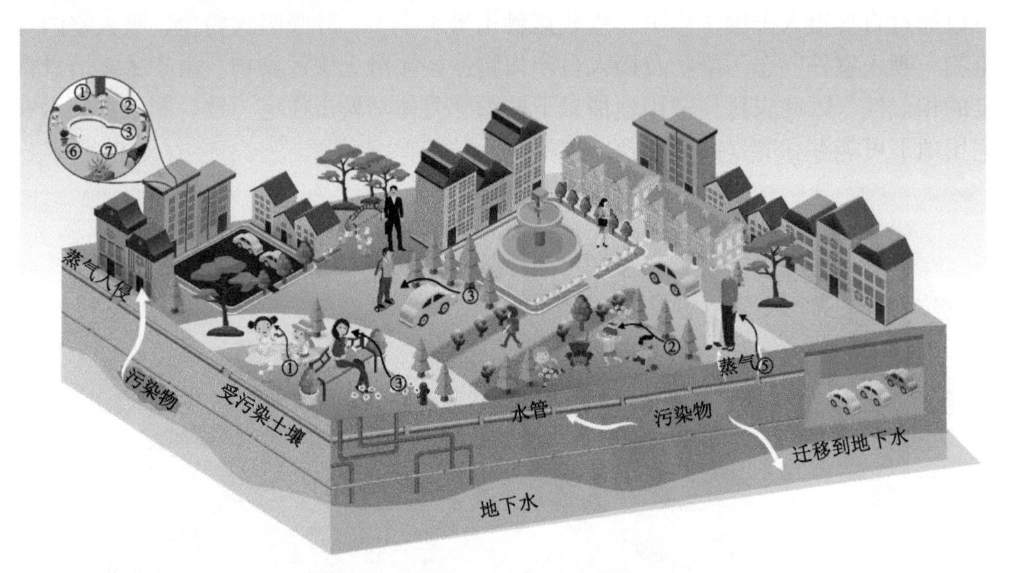

图8-3　城市住宅用地下的暴露情景

8.2.2　公园用地

公园用地指向公众开放，以游憩为主要功能，兼具生态、景观、文教和应急避难等功能，有一定游憩和服务设施的绿地。公园中可能包括草坪、花园、植被区、人行道及娱乐区，一些区域被硬表面覆盖，也有一些区域存在裸露土壤。一般的公众都可以进入公园，在公园中进行运动或娱乐活动，并且通常会花费较长的时间。根据居民参观公园的频率，将公园细分为社区公园及其他公园。社区公园因其主要服务于周边居民，距离住宅区较近，公众参观社区公园的频率通常高于其他公园。在公园用地类型下，公众只在室外接触土壤污染物，因此所考虑的暴露途径包括：直接摄入、皮肤接触、呼吸吸入粉尘及吸入室外气态污染物。鉴于儿童也是公园的主要使用者，因此对于非致癌污染物，同样以儿童为敏感受体制定土壤环境基准，对于致癌污染物，则同时考虑儿童与成人的暴露。图8-4展示公园用地下可能存在的暴露途径及敏感受体。

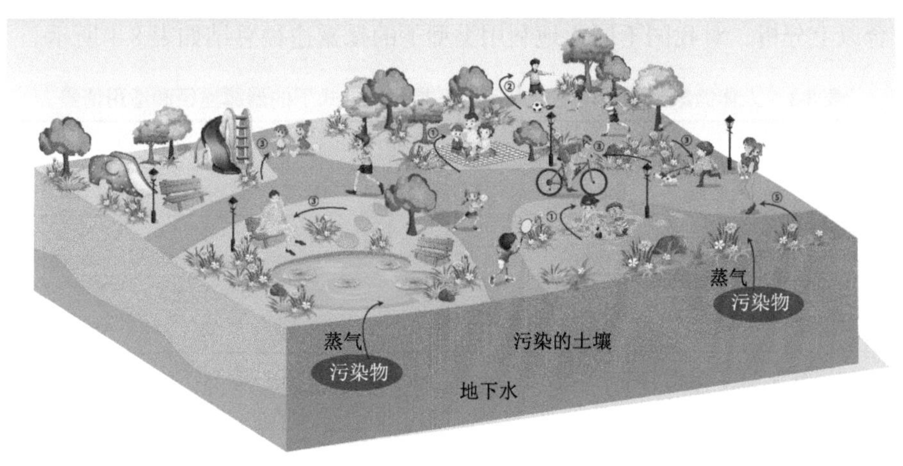

图 8-4　公园用地下的暴露情景

8.2.3　商服/工业用地

商服/工业用地一般指用于商业、服务业、工业生产、产品加工制造、机械和设备维修等轻工业的附属设施用地。将商服/工业用地归为一类：一是因为根据潜在的风险很难区分商业场所和工业场所,二是因为污染场地的未来土地利用类型存在较大的不确定性。商服/工业用地下的建筑由单层或多层建筑组成，工作区主要位于建筑底层。商服/工业用地的主要使用者是成年工作者，根据工作强度与地点，可将成年工作者分为室外工作者与室内工作者。室外工作者大部分时间都在户外进行工作，通常暴露于场地的表层及浅层土壤，摄入土壤的机会较大。室内工作者大部分在室内，只有少数时间使用室外区域，直接接触土壤的机会很小。员工可能接触土壤污染物的途径包括：经口摄入、皮肤接触、呼吸吸入、吸入室内气态污染物及吸入室外气态污染物。由于公众进入工业用地通常受到一定的限制，而假设公众能进入商业场所，其在商业场所的停留时间远低于全职雇员，因此对于致癌污染物和非致癌污染物，商服/工业用地下的敏感受体均为成年工作者。图 8-5 展示商服/工业用地下可能存在的暴露途径及敏感受体。

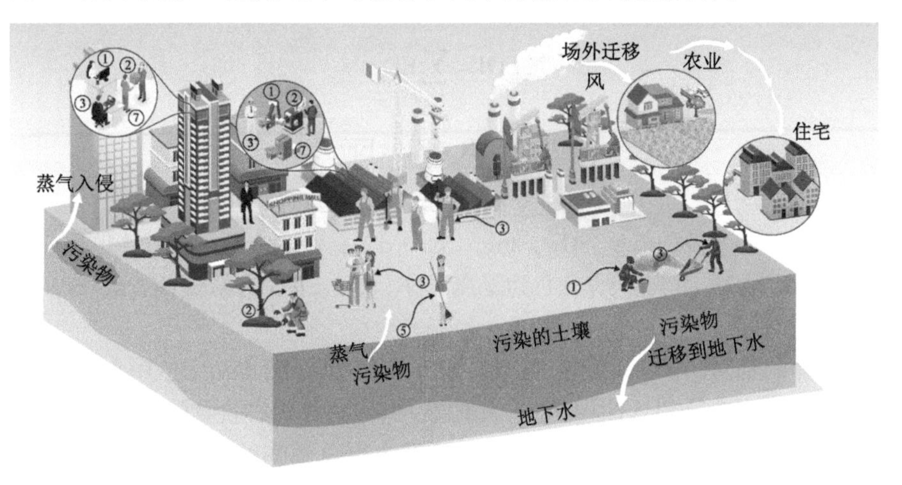

图 8-5　商服/工业用地下的暴露情景

综合以上分析，对我国不同土地利用类型下的暴露途径总结如表 8-1 所示。

表 8-1　人体健康土壤环境基准制定时各类用地方式下的暴露途径和适用情景

暴露情景		住宅用地		公园用地		商服/工业用地
		城市住宅	农村住宅	社区公园	其他公园	
直接暴露途径	经口摄入土壤	√	√	√	√	√
	皮肤接触土壤	√	√	√	√	√
	吸入土壤颗粒物	√	√	√	√	√
间接暴露途径	吸入室外空气中来自表层及下层土壤的气态污染物	√	√	√	√	√
	吸入室内空气中来自下层土壤的气态污染物	√	√	×	×	√
	自产作物摄入	×	√	×	×	×

8.3　人体健康土壤环境基准推导模型

8.3.1　背景暴露计算

背景污染浓度是由日常活动（如机动车排放、工业排放等）或自然来源造成的环境中的化学物质浓度，是不能避免的。因此当推导非致癌污染物的土壤环境基准时，需要考虑人群从除土壤外的来源接触同一种污染物的情况，即背景暴露。背景暴露通过每日摄入量（EDI）进行量化。EDI 估计所有已知或可疑污染物来源（空气、水、食物）通过所有已知或可疑途径（经口摄入、皮肤接触、呼吸吸入）的典型背景暴露总量，不包括可能从污染或修复场地发生的暴露。背景暴露只适用于非致癌污染物，因为致癌污染物是基于增加的风险，与背景暴露无关。EDI 根据未污染环境介质中污染物的环境浓度计算，具体计算公式如下：

$$\mathrm{EDI}=\sum_{i=1}^{n}\mathrm{ED}_i \tag{8-1}$$

$$\mathrm{ED}_i=\frac{C\times\mathrm{CR}\times\mathrm{BF}\times\mathrm{EF}\times\mathrm{ED}}{\mathrm{BW}\times\mathrm{AT}} \tag{8-2}$$

式中，ED_i 为 i 暴露途径的暴露剂量，mg/（kg · d）；C 为介质中污染物的浓度；CR 为接触率；BF 为生物利用度因子；EF 为暴露频率，d/a；ED 为暴露期，a；BW 为体重，kg；AT 为平均时间，d。

CR 与具体的暴露途径有关。吸入途径：CR=空气吸入率，$\mathrm{m^3/d}$；饮用水摄入途径：CR=饮用水摄入率，L/d；食物摄入途径：CR=食物摄入率，计算每种食物的暴露量并求和，kg/d。

对于某些非致癌污染物，背景暴露可能已经占据总暴露的很大比例，甚至超过 RfD，在此基础上提出土壤环境基准是不切实际的，因此背景暴露最多定为 RfD 的 50%。

8.3.2 直接暴露途径

直接暴露途径包括经口摄入土壤、皮肤接触土壤、吸入土壤颗粒物。

1. 经口摄入土壤

1）土壤暴露量计算

A. 住宅和公园用地

致癌污染物：考虑儿童期和成人期暴露的终生危害。

$$\mathrm{OISER_{ca}}=\frac{\left(\dfrac{\mathrm{OSIR_c}\times\mathrm{ED_c}\times\mathrm{EF_c}}{\mathrm{BW_c}}+\dfrac{\mathrm{OSIR_a}\times\mathrm{ED_a}\times\mathrm{EF_a}}{\mathrm{BW_a}}\right)\times\mathrm{ABS_o}}{\mathrm{AT_{ca}}}\times10^{-6} \tag{8-3}$$

非致癌污染物：考虑儿童期暴露的危害

$$\mathrm{OISER_{nc}}=\frac{\mathrm{OSIR_c}\times\mathrm{ED_c}\times\mathrm{EF_c}\times\mathrm{ABS_o}}{\mathrm{BW_c}\times\mathrm{AT_{nc}}}\times10^{-6} \tag{8-4}$$

B. 商服/工业用地

致癌污染物：考虑人群在成人期暴露的危害。

$$\mathrm{OISER_{ca}}=\frac{\mathrm{OSIR_a}\times\mathrm{ED_a}\times\mathrm{EF_a}\times\mathrm{ABS_o}}{\mathrm{BW_a}\times\mathrm{AT_{ca}}}\times10^{-6} \tag{8-5}$$

非致癌污染物：考虑人群在成人期暴露的危害。

$$\mathrm{OISER_{nc}}=\frac{\mathrm{OSIR_a}\times\mathrm{ED_a}\times\mathrm{EF_a}\times\mathrm{ABS_o}}{\mathrm{BW_a}\times\mathrm{AT_{nc}}}\times10^{-6} \tag{8-6}$$

2）土壤环境基准值的计算

致癌污染物：

$$\mathrm{RSL_{OIS}}=\frac{\mathrm{ACR}}{\mathrm{OISER_{ca}}\times\mathrm{SF_o}} \tag{8-7}$$

非致癌污染物：

$$\mathrm{HSL_{OIS}}=\frac{(\mathrm{RfD_o}-\mathrm{ED_o})\times\mathrm{SAF}\times\mathrm{AHQ}}{\mathrm{OISER_{nc}}} \tag{8-8}$$

式中，$\mathrm{RSL_{OIS}}$ 为经口摄入致癌风险土壤环境基准值，mg/kg；$\mathrm{HSL_{OIS}}$ 为经口摄入非致癌风险土壤环境基准值，mg/kg；$\mathrm{OISER_{ca}}$ 为经口摄入途径土壤暴露量（致癌效应），kg 土壤/（kg 体重·d）；$\mathrm{OISER_{nc}}$ 为经口摄入途径土壤暴露量（非致癌效应），kg 土壤/（kg 体重·d）；$\mathrm{OSIR_c}$/$\mathrm{OSIR_a}$ 为儿童/成人每日土壤摄入量，mg/d；ACR 为可接受致癌风险水平，无量纲；AHQ 为可接受危害商值，无量纲，取值为 1；RfD_o为经口摄入参考剂量，mg 污染物/（kg 体重 · d）；SF_o为经口摄入致癌斜率因子，（kg 体重 · d）/mg 污染物；SAF 为暴露于土壤的参考剂量的分配系数，无量纲；ED_c/ED_a为儿童/成人暴露期，a；EF_c/EF_a为儿童/成人暴露频率，d/a；BW_c/BW_a为儿童/成人体重，kg；AT_{ca}为致癌效应平均时间，d；AT_{nc}为非致癌效应平均时间，d；ABS_o为经口摄入吸收效率因子，无量纲；ED_o为经口摄入途径的背景暴露量，mg/（kg · d）。

2. 皮肤接触土壤

1）土壤暴露量计算

A. 住宅和公园用地

致癌污染物：考虑人群在儿童期和成人期暴露的终生危害。

$$DCSER_{ca} = \left(\frac{SAE_c \times SSAR_c \times EF_c \times ED_c \times E_v \times ABS_d}{BW_c \times AT_{ca}} + \frac{SAE_a \times SSAR_a \times EF_a \times ED_a \times E_v \times ABS_d}{BW_a \times AT_{ca}} \right) \times 10^{-6} \tag{8-9}$$

非致癌污染物：考虑人群在儿童期暴露的危害。

$$DCSER_{nc} = \frac{SAE_c \times SSAR_c \times EF_c \times ED_c \times E_v \times ABS_d}{BW_c \times AT_{nc}} \times 10^{-6} \tag{8-10}$$

B. 商服/工业用地

致癌污染物：考虑人群在成人期暴露的危害。

$$DCSER_{ca} = \frac{SAE_a \times SSAR_a \times EF_a \times ED_a \times E_v \times ABS_d}{BW_a \times AT_{ca}} \times 10^{-6} \tag{8-11}$$

非致癌污染物：考虑人群在成人期暴露的危害。

$$DCSER_{nc} = \frac{SAE_a \times SSAR_a \times EF_a \times ED_a \times E_v \times ABS_d}{BW_a \times AT_{nc}} \times 10^{-6} \tag{8-12}$$

式中，SAE_c和SAE_a分别由式（8-13）和式（8-14）计算得出：

$$SAE_c = 239 \times H_c^{0.417} \times BW_c^{0.517} \times SER_c \tag{8-13}$$

$$SAE_a = 239 \times H_a^{0.417} \times BW_a^{0.517} \times SER_a \tag{8-14}$$

SF_d和RfD_d分别由SF_o和RfD_o外推得出：

$$SF_d = \frac{SF_o}{ABS_{gi}} \tag{8-15}$$

$$\mathrm{RfD_d = RfD_o \times ABS_{gi}} \tag{8-16}$$

2）土壤环境基准计算

致癌污染物：

$$\mathrm{RSL_{DCS}} = \frac{\mathrm{ACR}}{\mathrm{DCSER_{ca} \times SF_d}} \tag{8-17}$$

非致癌污染物：

$$\mathrm{HSL_{DCS}} = \frac{\mathrm{RfD_d \times SAF \times AHQ}}{\mathrm{DCSER_{nc}}} \tag{8-18}$$

式中，$\mathrm{RSL_{DCS}}$为皮肤接触致癌风险土壤环境基准值，mg/kg；$\mathrm{HSL_{DCS}}$为皮肤接触非致癌风险土壤环境基准值，mg/kg；$\mathrm{RfD_d}$为皮肤接触参考剂量，mg 污染物/（kg 体重・d）；$\mathrm{SF_d}$为皮肤接触致癌斜率因子，（kg 体重・d）/mg 污染物；$\mathrm{DCSER_{ca}}$为皮肤接触途径土壤暴露量（致癌效应），kg 土壤/（kg 体重・d）；$\mathrm{DCSER_{nc}}$为皮肤接触途径土壤暴露量（非致癌效应），kg 土壤/（kg 体重・d）；$\mathrm{SAE_c}$/$\mathrm{SAE_a}$为儿童/成人暴露皮肤表面积，$\mathrm{cm^2}$；$\mathrm{SSAR_c}$/$\mathrm{SSAR_a}$为儿童/成人皮肤表面土壤黏附系数，$\mathrm{mg/cm^2}$；$\mathrm{SER_c}$/$\mathrm{SER_a}$为儿童/成人暴露皮肤所占面积比；$\mathrm{ABS_d}$为皮肤接触吸收效率因子，无量纲；E_v为皮肤接触事件频率，次/d；H_c/H_a为儿童/成人平均身高，cm；$\mathrm{ABS_{gi}}$为消化道吸收效率因子，无量纲。

3. 吸入土壤颗粒物

1）土壤暴露量计算

A. 住宅和公园用地

致癌污染物：考虑人群在儿童期和成人期暴露的终生危害。

$$\begin{aligned}\mathrm{PISER_{ca}} &= \frac{\mathrm{PM_{10} \times DAIR_c \times ED_c \times PIAF \times (}f_{\mathrm{spo}}\mathrm{ \times EFO_c + }f_{\mathrm{spi}}\mathrm{ \times EFI_c)}}{\mathrm{BW_c \times AT_{nc}}} \times 10^{-6} \\ &+ \frac{\mathrm{PM_{10} \times DAIR_a \times ED_a \times PIAF \times (}f_{\mathrm{spo}}\mathrm{ \times EFO_a + }f_{\mathrm{spi}}\mathrm{ \times EFI_a)}}{\mathrm{BW_a \times AT_{ca}}} \times 10^{-6}\end{aligned} \tag{8-19}$$

非致癌污染物：考虑人群在儿童期暴露的危害。

$$\mathrm{PISER_{nc}} = \frac{\mathrm{PM_{10} \times DAIR_c \times ED_c \times PIAF \times (}f_{\mathrm{spo}}\mathrm{ \times EFO_c + }f_{\mathrm{spi}}\mathrm{ \times EFI_c)}}{\mathrm{BW_c \times AT_{nc}}} \times 10^{-6} \tag{8-20}$$

B. 商服/工业用地

致癌污染物：考虑人群在成人期暴露的危害。

$$\mathrm{PISER_{ca}} = \frac{\mathrm{PM_{10} \times DAIR_a \times ED_a \times PIAF \times (}f_{\mathrm{spo}}\mathrm{ \times EFO_a + }f_{\mathrm{spi}}\mathrm{ \times EFI_a)}}{\mathrm{BW_a \times AT_{ca}}} \times 10^{-6} \tag{8-21}$$

非致癌污染物：考虑人群在成人期暴露的危害。

$$\mathrm{PISER_{nc}} = \frac{\mathrm{PM_{10}} \times \mathrm{DAIR_a} \times \mathrm{ED_a} \times \mathrm{PIAF} \times (f_{\mathrm{spo}} \times \mathrm{EFO_a} + f_{\mathrm{spi}} \times \mathrm{EFI_a})}{\mathrm{BW_a} \times \mathrm{AT_{nc}}} \times 10^{-6} \quad (8\text{-}22)$$

2）土壤环境基准计算

致癌污染物：

$$\mathrm{RSL_{PIS}} = \frac{\mathrm{ACR}}{\mathrm{PISER_{ca}} \times \mathrm{SF_i}} \quad (8\text{-}23)$$

非致癌污染物：

$$\mathrm{HSL_{PIS}} = \frac{(\mathrm{RfD_i} - \mathrm{ED_i}) \times \mathrm{SAF} \times \mathrm{AHQ}}{\mathrm{PISER_{nc}}} \quad (8\text{-}24)$$

式中 $\mathrm{SF_i}$ 和 $\mathrm{RfD_i}$ 分别由呼吸单位致癌因子 IUR 和呼吸吸入参考浓度 RfC 求出：

$$\mathrm{SF_i} = \frac{\mathrm{IUR} \times \mathrm{BW_a}}{\mathrm{DAIR_a}} \quad (8\text{-}25)$$

$$\mathrm{RfD_i} = \frac{\mathrm{RfC} \times \mathrm{DAIR_a}}{\mathrm{BW_a}} \quad (8\text{-}26)$$

式中，$\mathrm{RSL_{PIS}}$ 为吸入土壤颗粒物致癌风险土壤环境基准值，mg/kg；$\mathrm{HSL_{PIS}}$ 为吸入土壤颗粒物非致癌风险土壤环境基准值，mg/kg；$\mathrm{RfD_i}$ 为呼吸吸入参考剂量，mg 污染物/（kg 体重·d）；$\mathrm{SF_i}$ 为呼吸吸入致癌斜率因子，（kg 体重·d）/mg 污染物；$\mathrm{PISER_{ca}}$ 为吸入土壤颗粒物途径土壤暴露量（致癌效应），kg 土壤/（kg 体重·d）；$\mathrm{PISER_{nc}}$ 为吸入土壤颗粒物途径土壤暴露量（非致癌效应），kg 土壤/（kg 体重·d）；$\mathrm{PM_{10}}$ 为空气中可吸入悬浮颗粒物含量，也可采用 $\mathrm{PM_{2.5}}$，$\mathrm{mg/m^3}$；$\mathrm{DAIR_c}$/$\mathrm{DAIR_a}$ 为儿童/成人空气呼吸量，$\mathrm{m^3/d}$；PIAF 为吸入土壤颗粒物在体内滞留比例，无量纲；$f_{\mathrm{spi}}/f_{\mathrm{spo}}$ 为室内/室外空气中来自土壤的颗粒物所占比例，无量纲；$\mathrm{EFI_c}$/$\mathrm{EFI_a}$ 为儿童/成人的室内暴露频率，d/a；$\mathrm{EFO_c}$/$\mathrm{EFO_a}$ 为儿童/成人的室外暴露频率，d/a；RfC 为呼吸吸入参考浓度，$\mathrm{mg/m^3}$；IUR 为呼吸吸入单位致癌因子，$\mathrm{m^3/mg}$；$\mathrm{ED_i}$ 的参数含义见式（8-1）。

8.3.3 间接暴露途径

土壤间接暴露途径包括：自产作物摄入、吸入室外空气中来自土壤的气态污染物及吸入室内空气中来自土壤的气态污染物。

1. 自产作物摄入

虽然我国现行的《建设用地土壤污染风险评估技术导则》（HJ 25.3—2019）中并未考虑人群经自产作物摄入土壤污染物途径，但我国多数农村居民都种植蔬菜，所以自产作物摄入可能是农村住宅用地下人群暴露于土壤污染物的一个重要途径。植物可以通过叶片、根系等多种途径积累污染物，其中最重要的是通过根系吸收污染物（NEPC，2013）。因此，在进行自产作物摄入途径的暴露评估时只考虑植物从根系吸收污染物。

1）土壤暴露量计算（住宅用地）

致癌污染物：考虑人群在儿童期和成人期的终生危害。

$$\mathrm{HP_{ca}} = \left(\frac{\mathrm{CF} \times \mathrm{CR} \times \mathrm{HF} \times \mathrm{EF_c} \times \mathrm{ED_c} \times \mathrm{ABS_o}}{\mathrm{BW_c} \times \mathrm{AT_{ca}}} + \frac{\mathrm{CF} \times \mathrm{CR} \times \mathrm{HF} \times \mathrm{EF_a} \times \mathrm{ED_a} \times \mathrm{ABS_o}}{\mathrm{BW_a} \times \mathrm{AT_{ca}}} \right) \times 10^{-6} \tag{8-27}$$

非致癌污染物：考虑人群在儿童期暴露的危害。

$$\mathrm{HP_{nc}} = \frac{\mathrm{CF} \times \mathrm{CR} \times \mathrm{HF} \times \mathrm{EF_c} \times \mathrm{ED_c} \times \mathrm{ABS_o}}{\mathrm{BW_c} \times \mathrm{AT_{nc}}} \times 10^{-6} \tag{8-28}$$

2）土壤环境基准值计算

致癌污染物：

$$\mathrm{RSL_{HP}} = \frac{\mathrm{ACR}}{\mathrm{HP_{ca}} \times \mathrm{SF_o}} \tag{8-29}$$

非致癌污染物：

$$\mathrm{HSL_{HP}} = \frac{2 \times \mathrm{RfD_o} \times \mathrm{SAF} \times \mathrm{AHQ}}{\mathrm{HP_{nc}}} \tag{8-30}$$

式中，$\mathrm{HP_{ca}}$ 为人群致癌污染物自产作物摄入途径的土壤暴露量，kg 土壤/（kg 体重·d）；$\mathrm{HP_{nc}}$ 为人群非致癌污染物自产作物摄入途径的土壤暴露量，kg 土壤/（kg 体重·d）；$\mathrm{RSL_{HP}}$ 为自产作物摄入途径致癌风险土壤环境基准值，mg/kg；$\mathrm{HSL_{HP}}$ 为自产作物摄入途径非致癌风险土壤环境基准值，mg/kg；CF 为土壤-植物浓度因子；CR 为作物消费率；HF 为自产作物摄入比例，无量纲；$\mathrm{EF_c/EF_a}$、$\mathrm{ED_c/ED_a}$、$\mathrm{BW_c/BW_a}$、$\mathrm{AT_{ca}}$ 的参数含义见式（8-3）；$\mathrm{ABS_o}$、$\mathrm{AT_{nc}}$ 的参数含义见式（8-4）。

由于有机物与无机物的环境行为不同，因此植物对有机物与无机物的累积存在差异，无机物和有机物的 CF 分别按式（8-31）和式（8-32）计算。

无机物：

$$\mathrm{CF} = \frac{\delta \times f_{\mathrm{int}}}{\theta_{\mathrm{w}} + \rho_{\mathrm{s}} K_{\mathrm{d}}} \tag{8-31}$$

式中，δ 为土壤-植物可获得性矫正因子，与植物总密度、盆中土壤深度及实验持续时间等有关，无量纲；θ_{w} 为孔隙水的体积比；ρ_{s} 为土壤颗粒密度，kg/dm^3；K_{d} 为土壤-水分配系数，cm^3/g；f_{int}为根系中污染物迁移至植物可使用部分的比例，取值为0～1。δ建议值如表8-2所示。

表8-2 δ建议值

分类	δ
植物吸收潜力较低的元素（如镧系元素及锕系元素）	0.5
植物代谢过程中必不可少的元素（如常见的重金属）	5
植物吸收潜力较高的元素（如硒）	50

有机物：

对于叶类蔬菜，有

$$CF_{leaf} = (10^{0.95\log K_{ow}-2.05} + 0.82)\times[0.784\times 10^{-0.434\times(\log K_{ow}-1.78)^2/2.44}]\times\frac{\rho_s}{\theta_w+\rho_s K_{oc} f_{oc}} \quad (8\text{-}32)$$

式中，CF_{leaf}为有机物在土壤-叶类蔬菜中的浓度因子；K_{ow}为辛醇-水分配系数，无量纲；K_{oc}为有机碳-水分配系数，cm^3/g；f_{oc}为土壤有机碳比例，无量纲；ρ_s、θ_w的参数含义见式（8-31）。

对于根类蔬菜，有

$$CF_{root} = \frac{Q/K_d}{\frac{Q}{K_{rw}}+(k_g+k_m)\times\rho_p\times V} \quad (8\text{-}33)$$

$$K_{rw} = \frac{W}{\rho_p}+\frac{L}{\rho_p}\times aK_{ow}^b \quad (8\text{-}34)$$

式中，CF_{root}为有机物在土壤-根类蔬菜中的浓度因子；Q为蒸气流速，cm^3/d；K_{rw}为植物根系-水平衡分配系数，cm^3/g；k_g为一阶生长速率常数，d^{-1}；k_m为一阶代谢速率常数，d^{-1}；W为植物根部含水量，默认值为0.89；ρ_p为植物根密度，g/cm^3，默认值为1；V为根的体积，cm^3，默认值为$1000cm^3$；L为植物根部油脂含量，默认值为0.025；a为水和辛醇之间的密度校正因子，1.2；b为根部校正系数，0.77；K_d的参数含义见式（8-31）；K_{ow}的参数含义见式（8-32）。

对于茎类蔬菜，有

$$CF_{tuber} = \frac{k_1}{k_2+k_g} \quad (8\text{-}35)$$

$$k_1 = k_2\times\frac{K_{pw}}{K_{sw}} \quad (8\text{-}36)$$

$$k_2 = \frac{23}{R^2}\times\frac{3600D_{water}\times W^{7/3}}{K_{pw}\times\rho_p} \quad (8\text{-}37)$$

$$K_{\text{pw}} = \frac{W}{\rho_{\text{p}}} + f_{\text{ch}} \times K_{\text{ch}} + \frac{L}{\rho_{\text{p}}} \times a \times K_{\text{ow}}^{b} \quad (8\text{-}38)$$

式中，CF_{tuber}为有机物在土壤-茎类蔬菜中的浓度因子；k_1为污染物进入茎类蔬菜的速率，h^{-1}；k_2为污染物流出茎类蔬菜的速率，h^{-1}；K_{pw}为茎类蔬菜-水平衡分配系数，cm^3/g；K_{sw}为总的土壤-水分配系数，cm^3/g；D_{water}为污染物在水中的扩散系数，m^2/s；R为茎类蔬菜的半径，m；f_{ch}为土豆中碳水化合物的比例；K_{ch}为碳水化合物-水分配系数，cm^3/g鲜重；K_{ow}的参数含义见式（8-32）；ρ_p的参数含义见式（8-33）；W、a、b的参数含义见式（8-34）。

2. 吸入室外空气中来自土壤的气态污染物

吸入室外空气中来自土壤的气态污染物包括来自表层土壤和来自下层土壤的污染物。蒸气吸入不同于土壤颗粒吸入，因为污染物在空气中不是附着在土壤颗粒上，而是以气体的形式存在，因此蒸气吸入通常是挥发性化合物的关键暴露途径，在特定情况下对半挥发性化合物也十分重要。通常无机污染物不会从土壤中挥发（汞除外），因此对于这些污染物不考虑蒸气吸入暴露途径。

室外蒸气吸入主要包括三个阶段：污染源处的蒸气浓度预测、土壤气体的迁移过程模拟及暴露点处的室外空气浓度预测。美国 ASTM 提出了用于预测源于表层和下层土壤气态污染物的环境大气浓度的评估模型。ASTM 模型将室外空气中污染物浓度与土壤中污染物浓度的关系用挥发因子（Volatilization Factor，VF）来表示。采用 ASTM 模型计算 VF 时，需要满足以下假设：①下层土壤中污染物浓度恒定；②土壤基质中吸附相、溶解相和气相之间满足线性平衡分配，其中分配过程是恒定的化学和土壤特定参数的函数；③通过包气带到地面呈稳态液相扩散；④当化学物质扩散到地面时没有损失（没有生物降解）；⑤通过空气扩散的“盒子模型”来模拟呼吸区内散发蒸气的稳定的混合大气扩散。

污染物在土壤中的线性分配模型，由于形式简单、所需的特征参数易于参考而被广泛应用。然而，大量的实验室研究表明，污染物在土壤中的吸附并不总是线性的。1998年，Kan 等（1998）在大量吸附实验的基础上，将线性模型与 Langmuir 等温吸附表达式相结合，建立了双平衡解吸（Dual Equilibrium Desorption，DED）模型，该模型比传统的解吸模型更精确（Zhang et al.，2019）。DED 模型假设从土壤中解吸污染物通常是双相的，存在两个土相隔室，即存在两个不同的吸附和解吸过程：一个过程与高污染浓度的吸附和解吸有关，通常认为是不可逆吸附，吸附过程遵循线性等温线；另一个过程是在低浓度下，主要在解吸过程中观察到，通常认为是可逆吸附，吸附过程可以用 Langmuir 等温线描述。DED 模型中污染物在土壤中总的吸附是两部分吸附的线性组合（Chen et al.，2002；Zhang et al.，2019）。DED 模型自开发以来，已经得到广泛的应用。Chen 等（2002）将 DED 模型应用于土壤清洁标准的计算。Zhang 等（2019）以京津冀城市群中 VOCs 污染场地为调查对象，研究发现对于黏质土壤，采用 DED 模型评估的风险更符合实际。美国的 RBCA 模型中也加入了 DED 模型的校正过程（Connor et al.，2007）。

鉴于美国在评估和管理蒸气吸入途径方面获得了大量的实践知识与经验，因此，本研究主要参照美国 ASTM 模型方法，通过 DED 模型对 ASTM 模型进行校正，从而构建吸入室外空气中来自表层及下层土壤气态污染物的评估模型。

表层和下层土壤中的污染物均可扩散到环境大气中，从而暴露于人体，但来源于表层和下层土壤中污染物的扩散迁移过程存在差异（图 8-6），因此来源于表层与下层土壤的气态污染物需要分开计算。

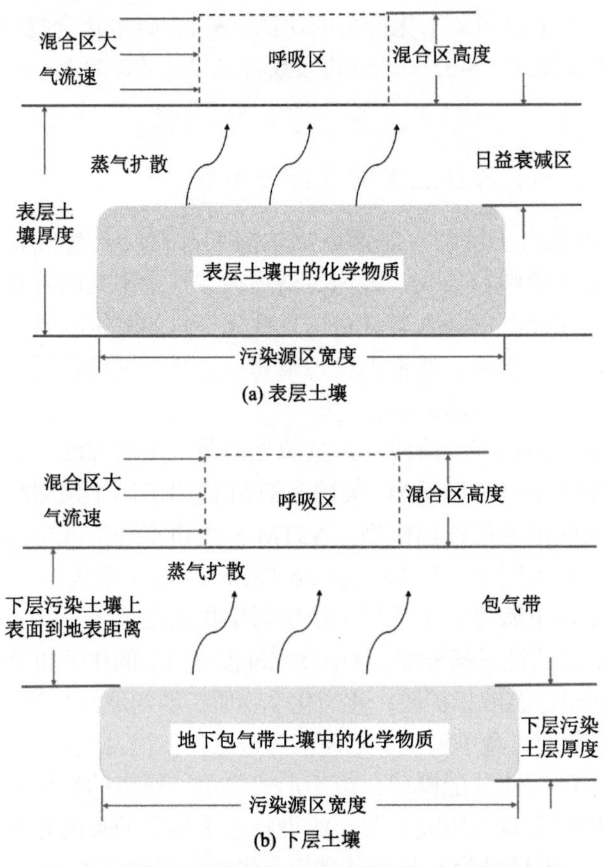

图 8-6 源于表层和下层土壤气态污染物的概念模型

资料来源：ASTM，2015

吸入室外空气中来自表层及下层土壤气态污染物的土壤环境基准具体参照下列方法进行计算。

1）土壤暴露量计算

A. 住宅用地和公园用地

致癌污染物：考虑人群在儿童期和成人期的终生危害。

$$IOVER_{ca1} = VF_{suroa} \times (\frac{DAIR_c \times EFO_c \times ED_c}{BW_c \times AT_{ca}} + \frac{DAIR_a \times EFO_a \times ED_a}{BW_a \times AT_{ca}}) \quad (8\text{-}39)$$

$$IOVER_{ca2} = VF_{suboa} \times (\frac{DAIR_c \times EFO_c \times ED_c}{BW_c \times AT_{ca}} + \frac{DAIR_a \times EFO_a \times ED_a}{BW_a \times AT_{ca}}) \quad (8\text{-}40)$$

非致癌污染物：考虑人群在儿童期暴露的危害。

$$\mathrm{IOVER_{nc1}} = \mathrm{VF_{suroa}} \times \frac{\mathrm{DAIR_c} \times \mathrm{EFO_c} \times \mathrm{ED_c}}{\mathrm{BW_c} \times \mathrm{AT_{nc}}} \quad (8\text{-}41)$$

$$\mathrm{IOVER_{nc2}} = \mathrm{VF_{suboa}} \times \frac{\mathrm{DAIR_c} \times \mathrm{EFO_c} \times \mathrm{ED_c}}{\mathrm{BW_c} \times \mathrm{AT_{nc}}} \quad (8\text{-}42)$$

B. 商服用地和工业用地

致癌污染物：考虑人群在成人期的终生危害。

$$\mathrm{IOVER_{ca1}} = \mathrm{VF_{suroa}} \times \frac{\mathrm{DAIR_a} \times \mathrm{EFO_a} \times \mathrm{ED_a}}{\mathrm{BW_a} \times \mathrm{AT_{ca}}} \quad (8\text{-}43)$$

$$\mathrm{IOVER_{ca2}} = \mathrm{VF_{suboa}} \times \frac{\mathrm{DAIR_a} \times \mathrm{EFO_a} \times \mathrm{ED_a}}{\mathrm{BW_a} \times \mathrm{AT_a}} \quad (8\text{-}44)$$

非致癌污染物：考虑人群在成人期暴露的危害。

$$\mathrm{IOVER_{nc1}} = \mathrm{VF_{suroa}} \times \frac{\mathrm{DAIR_a} \times \mathrm{EFO_a} \times \mathrm{ED_a}}{\mathrm{BW_a} \times \mathrm{AT_{nc}}} \quad (8\text{-}45)$$

$$\mathrm{IOVER_{nc2}} = \mathrm{VF_{suboa}} \times \frac{\mathrm{DAIR_a} \times \mathrm{EFO_a} \times \mathrm{ED_a}}{\mathrm{BW_a} \times \mathrm{AT_{nc}}} \quad (8\text{-}46)$$

在 ASTM 模型中，挥发因子（VF）的计算通常采用两种方法：基于挥发通量与基于质量平衡的方法。基于挥发通量的方法通常控制低挥发性物质，假定表层土壤中有无限的化学物质来源，并使用主要基于化学性质的挥发率。基于质量平衡的方法通常控制挥发性有机物，假定表层土壤中存在有限数量的化学物质，在暴露期间化合物以恒定的速率挥发。因此，本研究中 $\mathrm{VF_{suroa}}$、$\mathrm{VF_{suboa}}$ 均采用两种方法计算，具体计算方法如下。

$$\mathrm{VF_{suroa1}} = \frac{2w \times \rho_\mathrm{b}}{U_\mathrm{air} \times \delta_\mathrm{air}} \times \sqrt{\frac{D_\mathrm{s}^\mathrm{eff} \times H'}{3.141 \times (\theta_\mathrm{avs} \times H' + \theta_\mathrm{wvs} + K_\mathrm{s} \times \rho_\mathrm{b}) \times \tau}} \times 10^3 \quad (8\text{-}47)$$

$$\mathrm{VF_{suroa2}} = \frac{w \times \rho_\mathrm{b} \times d}{U_\mathrm{air} \times \delta_\mathrm{air} \times \tau} \times 10^3 \quad (8\text{-}48)$$

$$\mathrm{VF_{suroa}} = \min(\mathrm{VF_{suroa1}}, \mathrm{VF_{suroa2}}) \quad (8\text{-}49)$$

$$\mathrm{VF_{suboa1}} = \frac{H' \times \rho_\mathrm{b}}{(\theta_\mathrm{avs} \times H' + \theta_\mathrm{wvs} + K_\mathrm{s} \times \rho_\mathrm{b}) \times (1 + \frac{U_\mathrm{air} \times \delta_\mathrm{air} \times L_\mathrm{s}}{D_\mathrm{s}^\mathrm{eff} \times w})} \quad (8\text{-}50)$$

$$\mathrm{VF_{suboa2}} = \frac{w \times \rho_\mathrm{b} \times d_\mathrm{s}}{U_\mathrm{air} \times \delta_\mathrm{air} \times \tau} \times 10^3 \quad (8\text{-}51)$$

$$VF_{suboa} = \min(VF_{suboa1}, VF_{suboa2}) \tag{8-52}$$

$$K_s = K_{oc} \times f_{oc} + \frac{K_{oc}^{2nd} f_{oc} C_{s,max}^{2nd}}{C_{s,max}^{2nd} + K_{oc}^{2nd} f_{oc} C_L} \tag{8-53}$$

$$C_{s,max}^{2nd} = f_{oc} \times (K_{ow} \times C_{sol})^{0.534} \tag{8-54}$$

$$K_{oc}^{2nd} = 10^{5.92} \tag{8-55}$$

$$f_{oc} = \frac{f_{om}}{1.7 \times 1000} \tag{8-56}$$

$$\theta = 1 - \frac{\rho_b}{\rho_s} \tag{8-57}$$

$$\theta_{wvs} = \frac{\rho_b \times P_{ws}}{\rho_w} \tag{8-58}$$

$$\theta_{avs} = \theta - \theta_{wvs} \tag{8-59}$$

$$D_s^{eff} = D_a \times \frac{\theta_{avs}^{3.33}}{\theta^2} + D_w \times \frac{\theta_{wvs}^{3.33}}{H' \times \theta^2} \tag{8-60}$$

2）土壤环境基准值计算

致癌污染物：

$$RSL_{IOV} = \frac{ACR}{(IOVER_{ca1} + IOVER_{ca2}) \times SF_i} \tag{8-61}$$

非致癌污染物：

$$HSL_{IOV} = \frac{RfD_i \times SAF \times AHQ}{IOVER_{nc1} + IOVER_{nc2}} \tag{8-62}$$

式中，$IOVER_{ca1}$/$IOVER_{ca2}$ 为吸入室外空气中来自表层/下层土壤的气态污染物途径土壤暴露量（致癌效应），kg 土壤/（kg 土壤 · d）；$IOVER_{nc1}$/$IOVER_{nc2}$ 为吸入室外空气中来自表层/下层土壤的气态污染物途径土壤暴露量（非致癌效应），kg 土壤/（kg 土壤 ·d）；D_s^{eff} 为土壤中气态污染物的有效扩散系数，cm^2/s；D_a/D_w 为空气中/水中扩散系数，cm^2/s；θ 为非饱和土层土壤中总空隙体积比，无量纲；θ_{avs} 为非饱和土层土壤中孔隙空气体积比，无量纲；θ_{wvs} 为非饱和土层土壤中孔隙水体积比，无量纲；H'为亨利常数，无量纲；K_s 为土壤-水吸附系数；C_L 为渗滤液中污染物浓度，mg/L；C_{sol} 为水中溶解度，mg/L；f_{om} 为土壤有机质含量，无量纲；VF_{suroa1}/VF_{suroa2} 为表层土壤中污染物扩散进入室外空气的挥发因子（算法一/算法二），kg/m^3；VF_{suroa} 为表层土壤中污染物扩散进入室外空气的挥发因子（算法一和算法二中的较小值），kg/m^3；VF_{suboa1}/VF_{suboa2} 为下层土壤中污染物扩散进入室外空气的挥发因子（算法一和算法二），kg/m^3；VF_{suboa} 为下层土壤中污染物扩散进入室外空气的挥发因子（算法一和算法二种的较小值），kg/m^3；w 为土壤污染区宽度，cm；U_{air} 为土混合区大气流速风速，cm/s；δ_{air} 为混合层高度，cm；τ 为气态污染物入侵持续时间，a；d/d_s 为表层/下层污染土壤层厚度，cm；ρ_b 为土壤容重，kg/dm^3；P_{ws} 为土壤含水率，kg 水/kg 土壤；ρ_w 为水的密度，1 kg/dm^3；1.7 为土壤有机质/有机碳含量转换系数；L_s 为下层污染土壤上表面到地表距离，cm；RSL_{IOV} 为吸入室外空气中来自表层及下层土壤的气态污染物致癌风险土壤环境基准值，mg/kg；HSL_{IOV} 为吸入室外空气中来自表层及下层土壤的气态污染物非致癌风险土壤环境基准值，mg/kg。ED_c/ED_a、BW_c/BW_a、AT_{ca} 的参数含义见式（8-3）；EFO_c/EFO_a、$DAIR_c/DAIR_a$ 的参数含义见式（8-19）；ρ_s 的参数含义见式（8-31）；K_{oc}、K_{ow}、f_{oc} 的参数含义见式（8-32）。

3. 吸入室内空气中来自土壤的气态污染物

吸入室内空气中来自土壤的气态污染物指来自下层土壤的污染物。挥发性污染物除通过扩散进入室外大气外，还可从土壤挥发进入建筑物内部，通常称为蒸气入侵（图 8-7）。在受 VOCs 影响的场地，蒸气入侵是最有可能导致人体实际接触的途径（Ma et al.，2020）。由于建筑物是封闭空间，空气循环比室外少，且建筑物经常因加热而受压，因此蒸气入侵产生的健康风险较大。自 20 世纪 90 年代末美国将蒸气入侵途径纳入考虑以来，其他许多国家如英国、加拿大、荷兰等在制定相应的土壤环境基准时陆续考虑了室内蒸气吸入途径。Ma 等（2018a）也认为蒸气入侵可能是中国居民污染物暴露的一个关键途径。因此，本研究也将蒸气吸入途径纳入考虑。

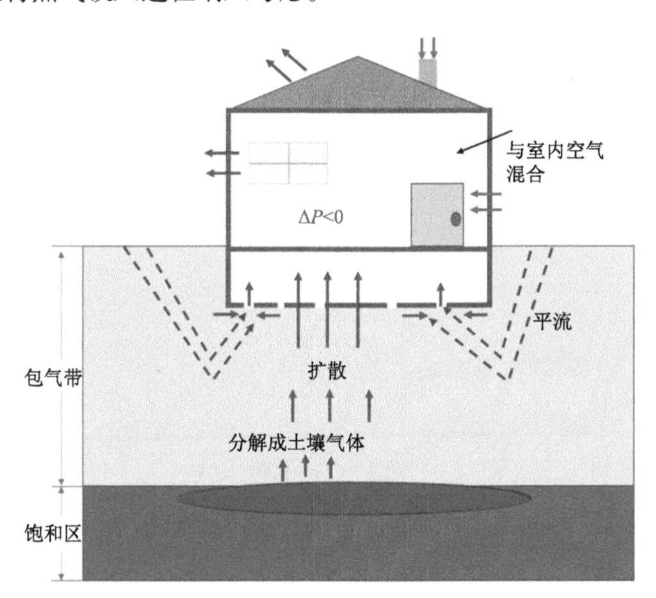

图 8-7　蒸气入侵的概念模型

资料来源：Ma et al.，2020

尽管蒸气入侵途径比较复杂，但其关键过程主要包括四个阶段：污染物分配到土壤气体的过程、气态污染物通过土壤扩散到建筑板、土壤气体进入建筑物的平流流动过程以及气态污染物在建筑地基裂隙中的扩散过程（Ma et al.，2020）。污染蒸气入侵评估与土壤类型、建筑物地基、建筑空气交换率等多种因素相关。Johnson 和 Ettinger（1991）提出了第一个用于评估土壤/地下水中挥发性污染物室内入侵风险的筛选模型（J-E 模型），该模型是考虑非饱和土向上扩散、建筑物内对流和建筑物内均匀稀释的一维稳态分析模型。美国、英国及加拿大等均采用了 J-E 模型计算相应的土壤环境基准。ASTM 和美国 GSI 公司联合开发的 RBCA 模型也纳入了 J-E 模型的修改版本。RBCA 模型中省略 J-E 模型中蒸气通过裂缝和空间的蒸气平流迁移过程（Connor et al.，2007）。ASTM 发布的《基于风险的矫正措施标准指南》中评估吸入室内空气中来自下层土壤的气态污染物途径的方法与 RBCA 模型类似（ASTM，2015）。

然而，J-E 模型无法精确模拟实际蒸气入侵暴露途径的复杂性（Ma et al.，2018a）。多项研究及实际应用发现 J-E 模型在实际场地中可能会高估风险，其中一个重要原因是 J-E 模型假设挥发性有机物在土壤气、水和固三相中的分配是线性、动态的可逆过程，而实际污染土壤中挥发性有机物的吸附解吸并非完全的可逆过程，当土壤中污染物浓度较低时，解吸会存在一定的滞后现象（张蒙蒙等，2021）。相比之下，DED 模型描述的污染物在土壤中的吸附过程更为精确。因此，本研究主要将 ASTM 模型与 DED 模型相结合以评估吸入室内空气中来自下层土壤的气态污染物途径，该途径的土壤环境基准主要参照下列方法进行计算。

1）土壤暴露量计算

A. 住宅用地

致癌污染物：考虑人群在儿童期和成人期暴露的终生危害。

$$\mathrm{IIVER_{cal}} = \mathrm{VF_{subia}} \times \left(\frac{\mathrm{DAIR_c} \times \mathrm{EFI_c} \times \mathrm{ED_c}}{\mathrm{BW_c} \times \mathrm{AT_{ca}}} + \frac{\mathrm{DAIR_a} \times \mathrm{EFI_a} \times \mathrm{ED_a}}{\mathrm{BW_a} \times \mathrm{AT_{ca}}}\right) \tag{8-63}$$

非致癌污染物：考虑人群在儿童期暴露的危害。

$$\mathrm{IIVER_{ncl}} = \mathrm{VF_{subia}} \times \frac{\mathrm{DAIR_c} \times \mathrm{EFI_c} \times \mathrm{ED_c}}{\mathrm{BW_c} \times \mathrm{AT_{nc}}} \tag{8-64}$$

B. 商服用地和工业用地

致癌污染物：考虑人群在成人期暴露的危害。

$$\mathrm{IIVER_{cal}} = \mathrm{VF_{subia}} \times \frac{\mathrm{DAIR_a} \times \mathrm{EFI_a} \times \mathrm{ED_a}}{\mathrm{BW_a} \times \mathrm{AT_{ca}}} \tag{8-65}$$

非致癌污染物：考虑人群在成人期暴露的危害。

$$\mathrm{IIVER_{ncl}} = \mathrm{VF_{subia}} \times \frac{\mathrm{DAIR_a} \times \mathrm{EFI_a} \times \mathrm{ED_a}}{\mathrm{BW_a} \times \mathrm{AT_{nc}}} \tag{8-66}$$

$$Q_{\mathrm{s}} = \frac{2\pi \times \mathrm{d}P \times K_{\mathrm{v}} \times X_{\mathrm{crack}}}{\mu_{\mathrm{air}} \times \ln\left(\frac{2 \times Z_{\mathrm{crack}}}{R_{\mathrm{crack}}}\right)} \tag{8-67}$$

$$R_{\text{crack}} = \frac{A_{\text{b}} \times \eta}{X_{\text{crack}}} \tag{8-68}$$

当 Q_s=0 时，

$$\text{VF}_{\text{subia}} = \frac{\dfrac{H'\rho_{\text{b}}}{\theta_{\text{wvs}} + K_{\text{s}}\rho_{\text{b}} + H'\theta_{\text{avs}}}}{\left(1 + \dfrac{D_{\text{s}}^{\text{eff}}}{\text{DF}_{\text{ia}} \times L_{\text{s}}} + \dfrac{D_{\text{s}}^{\text{eff}} \times L_{\text{crack}}}{D_{\text{crack}}^{\text{eff}} \times L_{\text{s}} \times \eta}\right) \times \dfrac{\text{DF}_{\text{ia}}}{D_{\text{s}}^{\text{eff}}} \times L_{\text{s}}} \times 10^3 \tag{8-69}$$

$$D_{\text{crack}}^{\text{eff}} = D_{\text{a}} \times \frac{\theta_{\text{acrack}}^{3.33}}{(\theta_{\text{acrack}} + \theta_{\text{wcrack}})^2} + D_{\text{w}} \times \frac{\theta_{\text{wcrack}}^{3.33}}{H' \times (\theta_{\text{acrack}} + \theta_{\text{wcrack}})^2} \tag{8-70}$$

$$\text{DF}_{\text{ia}} = L_{\text{B}} \times \text{ER} \times \frac{1}{86400} \tag{8-71}$$

当 Q_s>0 时，

$$\text{VF}_{\text{subia1}} = \frac{\dfrac{H'\rho_{\text{b}}}{\theta_{\text{wvs}} + K_{\text{s}}\rho_{\text{b}} + \theta_{\text{avs}} \times H'}}{\left[\text{e}^{\xi} + \dfrac{D_{\text{s}}^{\text{eff}}}{\text{DF}_{\text{ia}} \times L_{\text{s}}} + \dfrac{D_{\text{s}}^{\text{eff}} \times A_{\text{b}}}{Q_{\text{s}} \times L_{\text{s}}} \times (\text{e}^{\xi} - 1)\right] \times \dfrac{\text{DF}_{\text{ia}} \times L_{\text{s}}}{D_{\text{s}}^{\text{eff}} \times \text{e}^{\xi}}} \times 10^3 \tag{8-72}$$

$$\xi = \frac{Q_{\text{s}} \times L_{\text{crack}}}{A_{\text{b}} \times D_{\text{crack}}^{\text{eff}} \times \eta} \tag{8-73}$$

如果下层污染土壤厚度已知，污染物进入室内空气的挥发因子采用式（8-74）和式（8-75）计算：

$$\text{VF}_{\text{subia2}} = \frac{d_{\text{sub}} \times \rho_{\text{b}}}{\text{DF}_{\text{ia}} \times \tau \times 31536000} \times 10^3 \tag{8-74}$$

$$\text{VF}_{\text{subia}} = \min(\text{VF}_{\text{subia1}}, \text{VF}_{\text{subia2}}) \tag{8-75}$$

2）土壤环境基准计算

致癌污染物：

$$\text{RSL}_{\text{IIV}} = \frac{\text{ACR}}{\text{IIVER}_{\text{ca1}} \times \text{SF}_{\text{i}}} \tag{8-76}$$

非致癌污染物：

$$\text{HSL}_{\text{IIV}} = \frac{\text{RfD}_{\text{i}} \times \text{SAF} \times \text{AHQ}}{\text{IIVER}_{\text{nc1}}} \tag{8-77}$$

式中，$\text{IIVER}_{\text{ca1}}$ 为吸入室内空气中来自下层土壤的气态污染物途径土壤暴露量（致癌效应），kg 土壤/（kg 体重・d）；$IIVER_{nc1}$为吸入室内空气中来自下层土壤的气态污染物途径土壤暴露量（非致癌效应），kg 土壤/（kg 体重・d）；VF_{subia}为下层土壤中污染物扩散进入室内空气的挥发因子，kg/m^3；Q_s为流经地下室地板裂隙的对流空气流速，cm^3/s；π 为圆周率常数，3.14159；dP为室内室外大气压力差，g/（cm・s^2）；K_v为土壤渗透性系数，cm^2；X_{crack}为地下室内地板（裂隙）周长，cm；μ_{air}为空气黏滞系数，1.81×10^{-4} g/（cm・s^2）；Z_{crack}为地下室地面到地板底部厚度，cm；R_{crack}为室内裂隙宽度，cm；A_b为地下室内地板面积，cm^2；η为地基和墙体裂隙表面积占室内地表面积比例，无量纲；DF_{ia}为室内空气中气态污染物扩散因子，[g/（cm^2・s）]/（g/cm^3）；ER 为室内空气交换速率，次/d；L_B为室内空间体积与气态污染物入渗面积比，cm；K_s为土壤-水吸附系数，cm^3/g；D_{crack}^{eff}为气态污染物在地基与墙体裂隙中的有效扩散系数，cm^2/s；θ_{acrack}为地基裂隙中空气体积比，无量纲；θ_{wcrack}为地基裂隙中水体积比，无量纲；L_{crack}为室内地基或墙体厚度，cm；L_s为下层污染土壤上表面到地表距离，cm；ξ为土壤污染物进入室内挥发因子计算过程参数；d_{sub}为下层污染土壤厚度，cm；ED_c/ED_a、BW_c/BW_a、AT_{ca}的参数含义见式（8-3）；EFI_c/EFI_a、$DAIR_c/DAIR_a$的参数含义见式（8-19）。

8.4 铅土壤环境基准的推导

铅是一种剧毒金属，自然存在于土壤中，是各种环境中的重要污染物。人类目前主要通过食物、饮用水、燃料和污染土壤接触铅。由于铅与其他污染物的毒性效应差异，铅的土壤环境基准计算方法也不同于其他污染物。英国制定铅的 C4SL 的过程主要包括：首先，根据铅的毒理学效应，基于剂量-效应关系确定不会对人群产生明显危害的目标血铅浓度；其次，对于儿童，采用 IEUBK 模型估计与目标血铅浓度等效的可允许铅摄入量，对于成人则可采用 Carlisle & Wade 方法和 ALM 模型；最后，将等效的铅允许摄入量输入到 CLEA 模型中，计算出 C4SL。然而，英国认为 IEUBK 模型具有一定的局限性，只适用于住宅用地，不适用于其他土地利用类型的土壤环境基准计算。荷兰与澳大利亚均采用了类似的方法推导铅的土壤环境基准。鉴于在评估铅的风险时需要做出一些重大的风险管理选择，英国、荷兰和澳大利亚在确定目标血铅浓度水平时存在一定的差异。英国提出了一系列可供选择的目标血铅浓度：1.6 μg/dL、3.5 μg/dL 和 5 μg/dL。荷兰确定的目标血铅浓度为 5 μg/dL，以此计算出等效铅摄入量。澳大利亚则是根据所有接触途径和所有来源的血铅浓度小于 10 μg/dL 的目标建立了 HILs。基于参考其他国家铅土壤环境基准的推导方法，本研究中铅的土壤环境基准计算过程：①确定不会对人体健康产生明显危害的目标血铅浓度；②根据目标血铅浓度确定人体每天可允许的铅摄入量；③估算铅暴露总量；④根据总的铅暴露量与毒理学基准推导土壤环境基准。

8.4.1 铅毒理学基准的确定

确定铅毒理学基准的首要任务是对所有接触途径的毒理学数据进行审查。多项研究发现，铅对儿童的神经毒性效应不存在安全阈值，并且很难确定推导 RfD 所需的阈值，因此 USEPA 没有对无机铅制定统一的 RfD 或 SF_o。此外，由于铅对健康影响的数据通常与全身血铅浓度相关，并且铅对人体的影响是全身性的，因此不需要为经口摄入、吸入和皮肤接触分别推导单独的毒理学基准。欧洲食品安全局（EFSA）将铅对幼儿的发育神经毒性、成人的心血管影响和肾毒性作为风险评估的基础。

为了保护儿童免受铅造成的神经毒性危害，1960～1990 年研究者将安全血铅浓度从 60 μg/dL 降至 25 μg/dL。1991 年，美国疾病控制和预防中心（CDC）将安全血铅浓度从 25 μg/dL 降至 10 μg/dL。但是越来越多的研究表明，即使血铅浓度低于 10 μg/dL，依然会损害儿童的认知功能。2012 年，CDC 儿童铅中毒预防咨询委员会建议取消 10 μg/dL 的安全血铅浓度，并提出了 5 μg/dL 的安全血铅浓度。该值是基于美国 1～5 岁儿童血铅浓度监测数据的第 97.5 个百分位数确定的。目前，5 μg/dL 的安全血铅浓度已被部分国家采用，在本研究中同样选择 5 μg/dL 作为目标血铅浓度，并以此为基础确定铅的毒理学基准。

为了推导铅的土壤环境基准，需要将确定的目标血铅浓度转换为摄入剂量估算值。对于儿童，采用 IEUBK 模型将目标血铅浓度转换为摄入剂量。IEUBK 模型中大多数参数是内置默认的，无法更改，因此拟直接采用其他国家已经计算出的摄入剂量。英国采用 IEUBK 模型基于 5 μg/dL 转换出的摄入剂量[2.1 μg/（kg dw · d）]，荷兰虽然采用了与英国相同的血铅浓度和计算方法，但同时考虑了政策决定，因此确定推导铅的干预值时摄入剂量为 2.8 μg/（kg dw · d），推导最大值时由于考虑了背景暴露，确定铅的摄入剂量为 1.8 μg/（kg dw · d）。本研究基于 5 μg/dL 的目标血铅浓度确定铅的可允许摄入剂量[2.1 μg/（kg dw · d）]，并将其作为本研究中儿童摄入铅的毒理学基准。对于成人，基于美国的 ALM 模型将目标血铅浓度转换为可接受的铅摄入量，估算结果为 0.89μg/（kg dw · d）。

8.4.2　铅的土壤环境基准推导

1. 铅的背景暴露估算

尽管铅被视为致癌污染物，但鉴于目标血铅浓度的确定没有考虑人群接触铅的来源，即通过非土壤源以外的来源也可摄入铅，因此在推导铅的土壤环境基准时有必要考虑非土壤源的背景暴露。英国、荷兰和澳大利亚等均在制定铅的土壤环境基准时考虑了背景暴露的影响。食物通常是人群接触铅的主要来源，除此之外，人群还会通过空气暴露吸入铅，因此铅的背景暴露来源主要考虑通过膳食和呼吸吸入的暴露量。铅的背景暴露计算方法与其他污染物一致，具体的计算公式见 8.3.1 节。

2. 敏感受体确定

欧洲食品安全局认为目前铅暴露对成人心脏、血管和肾脏的影响风险很低，甚至可以忽略不计，然而，对于胎儿、婴儿、儿童及青少年，可能会对其神经系统的发育产生影响。因此，儿童对铅的毒性效应最为敏感，保护儿童免受神经发育影响至关重要。对于住宅与公园用地，鉴于儿童也是这些场所的主要使用者，确定推导铅的土壤环境基准时，敏感受体为儿童。对于商服/工业用地情景，成年工作者在商服/工业用地上所处的时间最长，为了保护胎儿免受铅的危害，确定商服/工业用地下的敏感受体为怀孕的成年工作者。

3. 暴露量估算

铅是一种不具有挥发性的无机元素，人群主要通过以下途径接触土壤中的铅：经口摄入、皮肤接触、呼吸吸入和自产作物摄入。各途径的铅暴露量估算按下列方法进行计算。

1）经口摄入途径

住宅用地/公园用地：

$$\mathrm{OISER_{Pb}} = \frac{\mathrm{OSIR_c} \times \mathrm{ED_c} \times \mathrm{EF_c} \times \mathrm{ABS_o}}{\mathrm{BW_c} \times \mathrm{AT_{ca}}} \times 10^{-6} \tag{8-78}$$

商服/工业用地：

$$\mathrm{OISER_{Pb}} = \frac{\mathrm{OSIR_a} \times \mathrm{ED_a} \times \mathrm{EF_a} \times \mathrm{ABS_o}}{\mathrm{BW_a} \times \mathrm{AT_{ca}}} \times 10^{-6} \tag{8-79}$$

2）皮肤接触土壤：

住宅用地/公园用地：

$$\mathrm{DCSER_{Pb}} = \frac{\mathrm{SAE_c} \times \mathrm{SSAR_c} \times \mathrm{EF_c} \times \mathrm{ED_c} \times E_\mathrm{v} \times \mathrm{ABS_d}}{\mathrm{BW_c} \times \mathrm{AT_{ca}}} \tag{8-80}$$

商服/工业用地：

$$\mathrm{DCSER_{Pb}} = \frac{\mathrm{SAE_a} \times \mathrm{SSAR_a} \times \mathrm{EF_a} \times \mathrm{ED_a} \times E_\mathrm{v} \times \mathrm{ABS_d}}{\mathrm{BW_a} \times \mathrm{AT_{ca}}} \times 10^{-6} \tag{8-81}$$

3）呼吸吸入土壤颗粒物

住宅用地/公园用地：

$$\mathrm{PISER_{Pb}} = \frac{\mathrm{PM_{10}} \times \mathrm{DAIR_c} \times \mathrm{ED_c} \times \mathrm{PIAF} \times (f_\mathrm{spo} \times \mathrm{EFO_c} + f_\mathrm{spi} \times \mathrm{EFI_c})}{\mathrm{BW_c} \times \mathrm{AT_{ca}}} \times 10^{-6} \tag{8-82}$$

商服/工业用地：

$$\mathrm{PISER_{Pb}} = \frac{\mathrm{PM_{10}} \times \mathrm{DAIR_a} \times \mathrm{ED_a} \times \mathrm{PIAF} \times (f_\mathrm{spo} \times \mathrm{EFO_a} + f_\mathrm{spi} \times \mathrm{EFI_a})}{\mathrm{BW_a} \times \mathrm{AT_{ca}}} \times 10^{-6} \tag{8-83}$$

4）自产作物摄入

住宅用地：

$$\mathrm{HP_{Pb}} = \frac{\mathrm{CF} \times \mathrm{CR} \times \mathrm{HF} \times \mathrm{EF_c} \times \mathrm{ED_c}}{\mathrm{BW_c} \times \mathrm{AT_{ca}}} \times 10^{-6} \tag{8-84}$$

5）铅暴露总量

住宅用地：

$$ADE_{Pb} = OISER_{Pb} + DCSER_{Pb} + PISER_{Pb} + HP_{Pb} \quad (8\text{-}85)$$

公园/商服/工业用地：

$$ADE_{Pb} = OISER_{Pb} + DCSER_{Pb} + PISER_{Pb} \quad (8\text{-}86)$$

式中，$OISER_{Pb}$为铅经口摄入途径的暴露量，kg 土壤/（kg 体重·d）；$DCSER_{Pb}$为铅经皮肤接触途径的暴露量，kg 土壤/（kg 体重·d）；$PISER_{Pb}$为铅经吸入土壤颗粒物途径的暴露量，kg 土壤/（kg 体重·d）；ADE_{Pb}为铅的暴露总量，kg 土壤/（kg 体重·d）；其余参数见 8.3 节。

4. 铅土壤环境基准推导

$$CV_{Pb} = \frac{HCV_{Pb} - EDI_{Pb}}{ADE_{Pb}} \quad (8\text{-}87)$$

式中，CV_{Pb}为铅的土壤环境基准，mg/kg；HCV_{Pb}为铅的毒理学基准，mg/（kg dw·d）；EDI_{Pb}为铅的背景暴露量 mg/（kg·d）。

8.5　石油烃土壤环境基准推导

石油烃是一种有机化合物的混合物，它存在于石油、沥青和煤等地质物质中，释放到环境中的石油产品，如汽油、原油和航空燃料，通常含有数百种到数千种不同比例的化合物。环境中的石油烃污染问题是一个值得关注的问题，这是因为石油烃易产生火灾、爆炸的危险，而且大多数石油烃都具有一定程度的毒性并在环境中可以长久存在（CCME，2008）。我国不仅是石油生产大国，也是石油消费大国。在石油生产、加工、运输和使用等过程中，一些石油或石油制品直接进入环境，导致土壤污染。土壤石油烃污染已经成为我国一类范围广、危害严重、亟待控制的环境问题，石油污染场地也已经成为我国典型的污染场地类型之一（李发生和曹云者，2014）。石油烃土壤环境基准的计算方法同样采用基于风险的方法。然而，石油烃是一系列碳氢化合物和其他化合物的复杂混合物，因此石油烃土壤环境基准的推导与其他污染物略有不同，主要体现在石油烃指示物的选择及石油烃蒸气入侵方面，下面将对此进行详细介绍。

8.5.1　石油烃馏分选择

在 20 世纪 80 年代末到 90 年代中期，以总石油烃（Total Petroleum Hydrocarbons，TPH）估计石油含量被普遍用于石油烃污染场地的风险评估及土壤评价标准的制定。迄今为止，一些国家仍在以 TPH 估算石油含量。然而，由于不同污染场地的污染物种类、组成和复杂程度千差万别，迁移、降解、转化及毒理学特征等也有很大差异。因此，如果只采用 TPH 而不考虑具体污染物的成分组成和毒理学特性，就很难表征污染造成的风险。因此，各国陆续采用指示污染物和石油馏分相结合的方法代替基于 TPH 的评价方法。

指示物的方法指采用可能对人类健康风险构成最大风险的一组化学物质来代替石油烃进行评估。这些物质通常包括：苯、甲苯、二甲苯、萘和多环芳烃。虽然这些物质也属于石油烃，但由于其高危害性，它们通常被作为单独的化学品进行处理并单独制定土壤环境基准。对于石油烃中的其他物质，通常采用石油烃馏分代替，并为不同馏分的石油烃制定土壤环境基准。美国、加拿大、荷兰及澳大利亚等国均尝试使用石油烃馏分替代 TPH 表征石油烃的健康风险。美国总石油烃标准工作组（Total Petroleum Hydrocarbon Criteria Working Group，TPHCWG）采用了“碳当量”（Equivalent Carbons，ECs）方法，即依据 ECs 与化合物的环境迁移能力的关系确定石油烃馏分，并确定各馏分理化性质参数和毒理学参数。由于相同碳原子数目下，芳香族化合物比脂肪族化合物更易溶于水，不易挥发，因此 TPHCWG 将石油烃馏分首先分为脂肪族石油馏分和芳香族石油馏分，然后将脂肪族和芳香族化合物中沥滤系数与挥发系数在一个数量级内的物质合并为一个馏分，从而将芳香族和脂肪族化合物分为 13 种馏分。美国 TPHCWG 的工作较为成熟，石油烃馏分的划分方法已经被其他国家广泛借鉴。

目前，我国发布的《土壤环境质量 建设用地土壤污染风险管控标准（试行）》（GB 36600—2018）中只规定了 C_{10}～C_{40}的石油烃土壤筛选值和管制值，馏分划分不够精细，可能导致污染场地管理不当。尽管加拿大和澳大利亚等对石油烃馏分的精细划分程度不如 TPHCWG，但是也将石油烃划分为 4 种组分，使得推导出的土壤环境基准更有实际应用意义。因此，本研究拟对石油烃馏分进行更详细的划分并为不同馏分的石油烃分别推导土壤环境基准。由于美国 TPHCWG 馏分的划分较为复杂，如果单独为每组馏分制定土壤环境基准可能会增加管理成本。因此，本研究拟参照加拿大的划分方法，将除苯、甲苯、二甲苯、萘和多环芳烃外的石油烃划分为 4 种组分，分别为 C_6～C_{10}、C_{10}～C_{16}、C_{16}～C_{34}及 C_{34}～C_{50}。加拿大石油烃馏分的划分都是以美国 TPHCWG 划分的子馏分为基础的。例如，C_6～C_{10}馏分包含 TPHCWG 划分的脂肪族 C_7～C_8、C_8～C_{10}及芳香族 C_6～C_8、C_8～C_{10}。对于加拿大划分的 C_6～C_{10}、C_{10}～C_{16}及 C_{16}～C_{34}，他们认为 TPHCWG 对每个子馏分的物理化学性质及毒理参数都进行了定义，因此组合后的馏分是比较合理的。C_{34}～C_{50}虽然物理化学性质不是很明确，但是挥发性很低，预计在环境中不会有太大的迁移，且它们能代表环境中大多数的石油烃污染情况。石油烃各子馏分的毒性参数如表 8-3 所示。

表 8-3 石油烃馏分划分及其相应毒性参数

碳当量数目		参考剂量/[mg/（kg·d）]	参考浓度/（mg/m³）
脂肪族	C_6～C_8	5.00	18.4
	C_8～C_{10}	0.10	1
	C_{10}～C_{12}	0.10	1
	C_{12}～C_{16}	0.10	1
	C_{16}～C_{21}	2.00	—
	C_{21}～C_{34}	2.00	—
	$>C_{34}$	20.00	—

续表

碳当量数目		参考剂量/[mg/（kg·d）]	参考浓度/（mg/m^3）
芳香族	C_7～C_8	0.20	0.4
	C_8～C_{10}	0.04	0.2
	C_{10}～C_{12}	0.04	0.2
	C_{12}～C_{16}	0.04	0.2
	C_{16}～C_{21}	0.03	—
	C_{21}～C_{34}	0.03	—
	>C_{34}	0.03	—

资料来源：CCME，2008。

推导各馏分的土壤环境基准，首先需要计算各子馏分的土壤环境基准，然后在假设石油烃中芳香族和脂肪族化合物的比例为 2∶8 的条件下，根据石油烃各子馏分的组成比例（表 8-4）进行加权得到 4 个馏分的土壤环境基准。例如，C_6～C_{10} 石油烃基于致癌健康风险的土壤环境基准计算如下：

$$RSL_{C_6 \sim C_{10}} = \frac{1}{\dfrac{0.55}{RSL_{C_6 \sim C_8\ \text{aliphatic}}} + \dfrac{0.36}{RSL_{C_8 \sim C_{10}\ \text{aliphatic}}} + \dfrac{0.09}{RSL_{C_8 \sim C_{10}\ \text{aromatic}}}} \tag{8-88}$$

表 8-4　石油烃各子馏分的组成比例

石油烃各子馏分（TPHCWG 划分）		C_6～C_{10}	C_{10}～C_{16}	C_{16}～C_{34}	C_{34}～C_{50}
脂肪族	C_6～C_8	0.55			
	C_8～C_{10}	0.36			
	C_{10}～C_{12}		0.36		
	C_{12}～C_{16}		0.44		
	C_{16}～C_{21}			0.56	
	C_{21}～C_{34}			0.24	
	>C_{34}				0.8
芳香族	C_7～C_8				
	C_8～C_{10}	0.09			
	C_{10}～C_{12}		0.09		
	C_{12}～C_{16}		0.11		
	C_{16}～C_{21}			0.14	
	C_{21}～C_{34}			0.06	
	>C_{34}				0.2

8.5.2 石油烃蒸气入侵

蒸气入侵通常是污染场地土壤中氯化挥发性有机化合物及石油碳氢化合物的主要暴露途径。在某些情况下，石油蒸气入侵可能导致室内空气浓度对建筑物居住者构成危险，也可通过引起火灾、爆炸等直接对人体健康造成危害。

然而，现场经验表明，石油烃比氯化挥发性有机化合物造成的蒸气入侵风险低得多，这是因为土壤和地下水中普遍存在能够降解碳氢化合物的微生物。大量研究发现，包气带的好氧生物降解可以显著降低石油烃的蒸气入侵潜力。当土壤中存在充足的氧气时（>2%），包气带中的石油烃在较短的垂直距离（1～2m）内便可发生降解（Ma et al., 2020）。对于存在石油烃且土壤包气带中石油烃可生物降解的场地，如果采用 J-E 模型评估石油烃蒸气入侵，会将预测的室内空气浓度高估几个数量级。因此，生物降解可以在石油烃浓度衰减中发挥重要作用。为了考虑可能存在石油烃蒸气入侵的建筑，USEPA 于 2015 年提出了垂直源-受体分类距离的筛选标准，其中也考虑了石油烃的需氧生物降解潜力（Yao et al., 2015）。澳大利亚在推导石油烃的健康筛选值（HSLs）时也建议应将生物降解纳入石油烃的蒸气入侵评估模型中，以避免在评估中出现过保守的情况（CRC CARE, 2011a）。相反，氯化有机化合物通常被认为是难以生物降解的。因此，石油烃的好氧生物降解性使得评估石油烃的蒸气入侵不同于氯化有机化合物（USEPA, 2015）。在推导吸入室内蒸气途径的土壤环境基准时，石油烃与其他 VOCs 的区别主要是蒸气入侵过程中衰减因子的计算，吸入室内空气中源于下层土壤石油烃蒸气的土壤环境基准计算公式没有变化，因此下面只讨论石油烃蒸气入侵评估的衰减因子计算方法。

由于难以获取和准确测量室内空气浓度，石油烃蒸气入侵评估较为困难。USEPA 于 2002 年便发布了一份蒸气入侵指南草案，旨在几年内更新并最终确定该指南。然而，直到 2015 年，USEPA 才发布了解决场地石油烃和非石油烃蒸气入侵问题的指南。数学模型有助于阐明石油烃蒸气入侵的物理过程，并涵盖蒸气入侵估计的范围。目前国际上广泛使用的蒸气入侵评估数学模型大多是基于 J-E 模型或是对 J-E 模型进行部分改进得到的。然而，如上所述，J-E 模型没有考虑污染物的生物降解，从而高估石油烃蒸气入侵的风险。Bio Vapor 模型是 de Vaull（2007）提出的具有氧气限制生物降解模型的石油烃室内蒸气入侵评估模型。Bio Vapor 模型是一种一维分析模型，结合了稳态蒸气源、均匀的地下土层中以扩散为主的土壤蒸气传输及建筑物维护结构内的混合。在没有生物降解的情况下，Bio Vapor 模型基本上等同于 J-E 模型。尽管也有其他分析模型解释了一级衰变的生物降解，但 Bio Vapor 模型通过解释有限的氧气可用性改进了该方法。本研究中采用 Bio Vapor 模型评估石油烃的蒸气入侵途径。

采用 Bio Vapor 模型时需要满足以下假设：①限氧生物降解；②稳定的蒸气污染源；③土壤气运移以扩散作用为主导；④均质包气带土壤；⑤蒸气在密闭室内充分混合；⑥忽略参数的时空变化。Bio Vapor 模型中使用的概念模型与 J-E 模型的概念模型类似，其中主要包括：建筑物、土壤层及深处的石油蒸气源（图 8-8）。石油烃蒸气主要通过墙壁和地基上的裂缝、开口进入建筑物。土壤层分为一级生物降解的浅层好氧层和忽略生物降解的深层厌氧层。

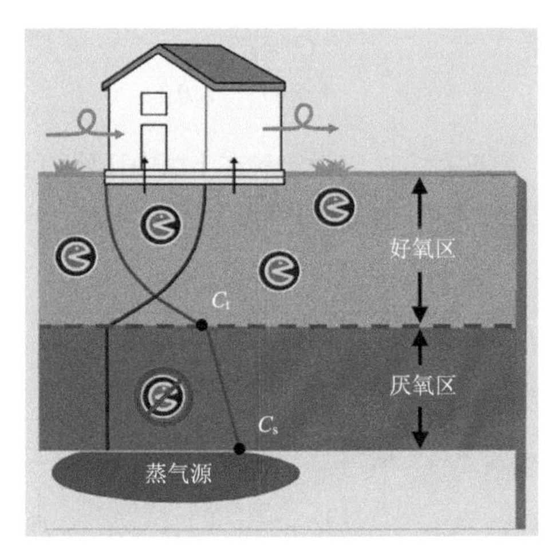

图 8-8　Bio Vapor 模型中的概念模型

C_t为好氧到厌氧界面的氧气浓度，C_s为蒸气源处的氧气浓度

$$\mathrm{AF}=\frac{C_e}{C_s}=\frac{\dfrac{1}{L_{\mathrm{mix}}\times\mathrm{ER}}}{\left[A+\dfrac{L_b}{L_a}\dfrac{(A^2-1)}{B}\right]\left(\dfrac{1}{L_{\mathrm{mix}}\times\mathrm{ER}}+\dfrac{1}{h}\right)+\dfrac{B\times L_a+A\times L_b}{D_{\mathrm{eff}}}} \tag{8-89}$$

$$A=\frac{\exp(-\alpha_a)+\exp(\alpha_a)}{2}=\cosh(\alpha_a) \tag{8-90}$$

$$B=\frac{\exp(\alpha_a)-\exp(-\alpha_a)}{2\alpha_a}=\frac{1}{\alpha_a}\sinh(\alpha_a) \tag{8-91}$$

$$\alpha_a=\frac{L_a}{L_R} \tag{8-92}$$

$$L_R=\sqrt{\frac{D_{\mathrm{eff}}\times H}{K_w\times\theta_w}} \tag{8-93}$$

$$D_{\mathrm{eff}}\times\frac{\partial^2 c_v}{\partial^2 z}=\frac{\theta_w}{H}\times K_w\times c_v \tag{8-94}$$

当 Q_s=0 时，

$$h=\frac{\eta\times D_{\mathrm{crack}}}{L_{\mathrm{crack}}} \tag{8-95}$$

当 Q_s>0 时，

$$h=\frac{L_{\mathrm{mix}}\times\mathrm{ER}}{\dfrac{1}{\exp(\xi)}+\dfrac{L_{\mathrm{mix}}\times\mathrm{ER}\times A_b}{Q_s}\times\dfrac{\exp(\xi)-1}{\exp(\xi)}-1} \tag{8-96}$$

$$\xi = \frac{Q_s \times L_{crack}}{A_b \times D_{crack} \times \eta} \tag{8-97}$$

在 Bio Vapor 模型中，有两种方法来设定氧在土壤中迁移的上限边界条件：一种方法是设定通量，另一种方法是设定最大浓度，分别如式（8-98）和式（8-99）所示。

$$\begin{aligned}&-\left(\frac{\rho_s \times \Lambda_{base,O_2} \times L_{T1}}{J_{f,O_2}}\right)\left(\frac{L_{a1}}{L_{T1}}\right)^2 + \left(\frac{\rho_s \times \Lambda_{base,O_2} \times L_T}{J_{f,O_2}} - 1\right)\left(\frac{L_{a1}}{L_{T1}}\right)\\&+1+\sum_{i=1}^{N}\left[\frac{D_{eff,i}(c_{i,s}-c_{i,t})}{J_{f,O_2} \times \varphi_i \times L_T}\right]=0\end{aligned} \tag{8-98}$$

$$\begin{aligned}&\left[1+\sum_{i=1}^{N}\left(\frac{D_{eff,i} \times c_{i,s}}{D_{eff,O_2} \times c_{O_2,f} \times \varphi_i}\right)\right]\left(\frac{L_{a2}}{L_{T2}}\right)+\left[\frac{\rho_s \times \Lambda_{O_2} \times L_{T2}^2}{2 \times D_{eff,O_2} \times c_{O_2,f}}\right]\left(\frac{L_{a2}}{L_{T2}}\right)^2\\&+\left[-\frac{\rho_s \times \Lambda_{O_2} \times L_{T2}^2}{2D_{eff,O_2} \times c_{O_2,f}}\right]\left(\frac{L_{a2}}{L_{T2}}\right)^3=1\end{aligned} \tag{8-99}$$

$$\Lambda_{O_2} = \sum_{i=1}^{N}\frac{\Lambda_i}{\varphi_i} + \Lambda_{base,O_2} \tag{8-100}$$

$$L_a = \min(L_{a1}, L_{a2}) \tag{8-101}$$

$$L_T = L_a + L_b \tag{8-102}$$

式中，J_{f,O_2}为地基–土壤界面的氧气通量；AF 为石油烃从污染源处到室内的衰减因子；C_e为室内蒸气浓度；C_s为源蒸气浓度；L_{mix}为气体室内混合的高度；ER 为空气交换速率；L_a为好氧区深度；L_b为厌氧区深度；h 为通过地基的质量传输系数；D_{eff}为化学物质在土壤中的有效扩散系数；c_v为土壤气浓度；L_R为生物降解速率影响扩散反应的深度；K_w为一阶降解速率；H 为亨利常数；θ_w为土壤含水率；ρ_s为土壤密度；Λ_{O_2}为 N 种化学品生物降解过程中的需氧量总和；Λ_{base,O_2}为基线耗氧量；φ_i为特定化学物质化学组分与其耗氧量的质量比；$c_{O_2,f}$为地基处的氧气浓度；A_b为与土壤接触的地基面积；L_T为土层的厚度。

8.6 参数选定

人体健康风险评估模型是推导人体健康土壤环境基准的基础，风险评估过程主要的模型参数可分为 5 类：①暴露参数；②土壤性质参数；③气象参数；④建筑物参数；⑤污染物理化性质及毒性参数。

8.6.1 暴露参数

暴露参数是评价人体暴露于外界物质剂量的重要因子，具有明显的地域和人种特征。世界各国在完善健康风险评估方面，将暴露参数研究作为主要的工作来开展。目前，已有部分国家和地区颁布了适合于当地使用的暴露参数手册，如美国和澳大利亚，欧洲国家在参考《美国暴露参数手册》的基础上也建立了暴露参数数据库。我国也已发布《中国人群环境暴露行为模式研究报告》（成人卷和儿童卷）和《中国人群暴露参数手册》（成人卷和儿童卷），为我国开展基于人体健康风险的土壤环境基准提供了重要依据。为制定出适用于我国人群的土壤环境基准，本研究结合国外发布的部分暴露参数、我国暴露参数手册及有关人群行为模式研究的文献等确定了以下暴露参数。

1. 儿童/成人的平均身高、体重

根据《中国居民营养与慢性病状况报告（2020年）》，我国成年男性和女性的平均体重分别为69.6 kg和59 kg，18～44岁男性和女性的平均身高分别为169.7 cm和158 cm。基于评估参数取值保守性考虑，根据男性和女性的平均值确定本标准中成人平均体重参数值为65 kg，成人平均身高为164 cm。我国鲜有研究全面报道儿童的身高与体重等人体特征参数，因此，参照《中国居民营养与慢性病状况报告（2015年）》的调查结果，我国男童和女童的身高分别为123 cm和121 cm，体重分别为21.9 kg和21.7 kg。根据平均值确定我国儿童的身高和体重分别为122 cm和21.8 kg。

2. 儿童/成人的呼吸速率

根据《中国人群环境暴露行为模式研究报告（儿童卷）》，我国0～3月、3～6月、6～9月、9月～1岁、1～2岁、2～3岁、3～4岁、4～5岁和6～8岁儿童的呼吸量分别为3.7 m^3/d、4.7 m^3/d、5.4 m^3/d、5.9 m^3/d、5.7 m^3/d、6.3 m^3/d、8.0 m^3/d、8.4 m^3/d和8.8 m^3/d，本研究采用2～3岁儿童作为0～6岁儿童的代表群体，因此本项目确定儿童的平均呼吸量为6.3 m^3/d。《中国人群环境暴露行为模式研究报告（成人卷）》指出，我国男性呼吸量为18.0 m^3/d，女性呼吸量为14.5 m^3/d。本研究根据我国居民平均呼吸量，确定成人的呼吸量为15.7 m^3/d。

3. 儿童/成人暴露期

通过调研国外一些国家暴露期的确定方法，为本研究暴露期的确定提供依据。为了保护居民免受致癌物的影响，美国确定住宅用地下人群暴露期为30年（从童年到成年可能在一个地区生活的时间），即儿童暴露期为6年，成人暴露期为24年。商服/工业用地下，假定暴露期与工作年限相等，则室内工人和室外工人的暴露期均为25年。对于所有土地利用情景，澳大利亚确定儿童的暴露期为6年。根据enHealth（2012）确定的第95百分位数，以及35年的居住暴露总持续时间，确定居住和公共开放空间用地下成人的暴露期为29年。根据enHealth（2004），成人在商业用地下的暴露时间为30年。英国确定住宅用地、配额地及公共开放空间的敏感受体均为女童，因而暴露期为6年（0～6岁）。商业用地下的敏感受体为女性工作者，暴露期为整个工作年限49年（16～65岁）。

在本研究中，参照国际惯例确定儿童的暴露期为6年。住宅/公园用地下，成人的暴露期为 24 年。商服/工业用地下，暴露期通常假定为工作年限，但一直在同一个地方工作的人群非常少，因此英国确定商服/工业用地下的暴露期为 49 年可能会过高，本研究拟参考美国确定商服/工业用地下成人的暴露期为 25 年。

4. 平均时间

平均时间与污染物的毒性效应有关。非致癌污染物的平均时间通常等于暴露期。考虑到污染物的致癌效应具有终身危害性，多数国家如美国、英国等都按照人均寿命计算致癌效应平均时间，并确定致癌污染物的平均时间为 70 年。对于致癌污染物，澳大利亚也采用了 70 年寿命的平均时间。尽管澳大利亚人的平均寿命已经达到 80 岁以上，但由于 85 岁以后人群的死亡率迅速增加，且考虑到 70 岁的寿命涵盖男性和女性的平均寿命，也包含癌症可能开始的大部分暴露期，因此对致癌污染物选择 70 年的平均时间。

《美国暴露参数手册》推荐使用近期的预期寿命统计数据作为致癌污染物的平均时间。根据《2019 年我国卫生健康事业发展统计公报》，我国人均寿命为 77.3 岁。在本研究中，按照 77 年计算致癌效应平均时间，即：$AT_{ca}=365\times77=28105d$。

5. 暴露频率

对于我国城市住宅与农村住宅用地类型下，参照国际惯例并根据合理的最坏情况假设，确定儿童和成人的暴露频率均为 350 d/a。对于人群室内外的活动时间，我国已有学者进行了相关研究。王贝贝等（2014b）通过问卷调查对我国 31 个省（自治区、直辖市）成人的室内外活动时间进行研究，结果发现我国居民约有 15.3%的时间在室外活动，平均室外活动时间为 221 min/d，其中城市地区居民室外活动平均时间为 180 min/d（12.5%），乡村地区居民为 255 min/d（17.7%）。我国居民约有 83.3%的时间在室内活动，平均室内活动时间为 1200 min/d，其中城市地区居民室内活动时间为 1239 min/d（86%），乡村地区居民室内活动时间为 1165 min/d（81%）。根据上述研究，假定城市居民在室内的活动时间比例为 85%，室外活动时间比例为 15%，则城市住宅用地下成人的室内、室外暴露频率分别为 298 d/a、52 d/a；假定农村居民在室内活动时间比例为 80%，室外活动时间比例为 20%，则农村住宅下成人的室内、室外暴露频率分别为 280 d/a、70 d/a。由于关于我国儿童室内外活动时间的研究较少，因此儿童的室内、室外暴露频率参照成人。

公园用地下的暴露频率通常以公园访问频率表示。首先对不同国家或地区在推导公园用地 SEC 时采用的暴露频率进行调研。由图 8-9 可知，不同国家或地区在推导土壤环境基准时采用的暴露频率差异较大。加拿大和澳大利亚在推导公园用地下的土壤环境基准时，采用的暴露频率最高，均为 365 d/a。这是因为加拿大没有区分住宅与公园用地，而澳大利亚采用了一种对公园用地最坏的假设，即暴露人群可能每天都在使用污染场地。美国缅因州采用的暴露频率最低，为 90 d/a。美国马里兰州、新西兰及英国采取的暴露频率较为接近，为 170～250 d/a。暴露频率取值的差异与各个国家对公园用地情景的定义相关，也与当地人群的生活行为方式相关。例如，Shan（2014）研究发现广州居民访问城市公园的频率远高于洛杉矶居民。因此，采取一个合适的暴露频率对公园用地土壤环境基准的推导十分重要。

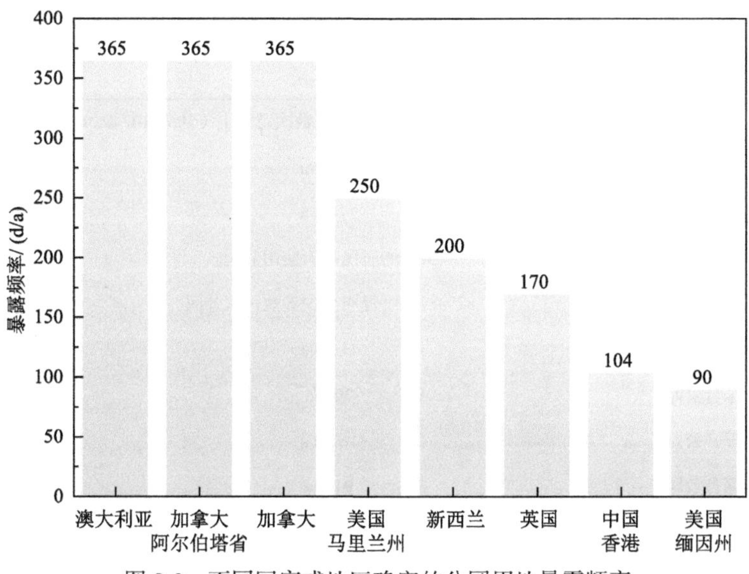

图 8-9　不同国家或地区确定的公园用地暴露频率

尽管加拿大和澳大利亚对公园用地采用了与住宅用地相同的暴露频率，但这一假设可能是不合理的，对公园用地可能会过于保守，因此本研究通过调研我国不同地区城市居民的公园访问频率，为确定推导公园用地土壤环境基准所需的暴露频率提供依据。基于对 Tu 等（2020）通过问卷调查的结果，结合加权分析计算出北京城市居民公园访问频率约为 96 d/a。基于对 Mak 和 Jim（2019）研究结果的分析，可以确定香港城市居民参观公园的频率约为 133 d/a。然而，大多数关于公园访问的研究都没有区分公园类型，而实际上公园类型可能会对参观频率有较大影响。通过调研相关文献资料，收集了我国不同地区的公园访问频率（表 8-5）。对于一些小型城市公园或社区公园，研究发现居民参观这些公园的频率较高。例如，一项在上海进行的研究发现对于年龄>60 岁的市民，59%的人群都是频繁的小型公园使用者，甚至 38%的居民每天使用小型城市公园（Wang et al.，2021）。一项在广州进行的研究发现共有 82%的受访者每周至少参观一次公园（Shan，2014）。王雅琼（2016）在苏州的社区公园进行的研究发现市民参观社区公园的频率约为 278 d/a。基于文献调研的结果发现我国社区公园的访问频率通常高于其他类型的公园，部分居民甚至每天都会去参观社区公园。居民参观综合公园频率的平均值约为 119.5 d/a，中位值为 123 d/a。基于以上分析，假设居民参观社区公园的频率为 365 d/a，参观综合公园的频率为 120 d/a。

表 8-5　我国不同地区的公园访问频率

地区	公园类型	访问频率	参考文献
北京	社区公园	260 d/a	刘童，2017
北京	社区公园	272 d/a	姚彤，2020
北京	社区公园	198 d/a	张琛琛，2016
杭州	社区公园	每周使用频率大于 5 天居多（约为 216 d /a）	姜嘉琦，2020

续表

地区	公园类型	访问频率	参考文献
重庆	社区公园	76%的居民去公园的频率为每周数次及以上（约为 307 d/a）	景一敏，2020
武汉	社区公园	244 d/a	祝筱苑，2018
苏州	社区公园	278 d/a	王雅琼，2016
上海	社区公园	38%的居民每天使用公园	Wang et al.，2021
广州	社区公园	82%的居民每周至少参观一次公园	Shan，2014
新乡	综合公园	116 d/a	千熙庭，2020
南宁	综合公园	79 d/a	邱哲，2020
深圳	综合公园	161 d/a	王克宝，2018
福州	综合公园	91 d/a	刘鑫，2017
深圳	郊野公园	130 d/a	贾建芳，2016
香港	未区分公园类型	85 d/a	Mak and Jim，2019
长沙	未区分公园类型	150 d/a	易浪和柏智勇，2016

商服/工业用地下的暴露频率根据工人的工作时间确定。假定成人每星期工作 5 d，全年按照 52 周计算，去掉全年法定节假日 21d，为了便于计算，则确定此种用地方式下的暴露频率为 240 d/a。对于室外工人，工作场所主要在室外，因此不考虑室内暴露频率。对于室内工人，假定工作者只有在午休时间（约 1 h）在室外，则大约工作时间的 1/8 在室外，因而商服/工业用地下室内工人的室外暴露频率为 30 d/a，室内暴露频率为 210 d/a。

6. 土壤皮肤黏附因子

英国在推导 C4SL 时进行了敏感性分析，并发现土壤皮肤黏附因子是造成不确定性的关键因素。土壤皮肤黏附因子指每单位表面积附着在皮肤上的土壤量，该参数因土壤性质（土壤质地、含水量）、身体不同部位和所从事的活动而异。本研究首先调研了其他在推导土壤环境基准时采用的土壤皮肤黏附因子（表 8-6）。由表 8-6 可知，不同国家采用的默认土壤皮肤黏附因子存在较大差异，这是由于不同国家对与土壤接触的活动类型的假设不一致，因此默认土壤皮肤黏附因子的取值不宜直接采用其他国家的规定值。

表 8-6　各个国家推导土壤环境基准时的默认土壤皮肤黏附因子（单位：mg/cm^2）

国家	土地利用类型	儿童	成人
英国	住宅用地	0.1	
	配额地	1	
	公园用地	0.1	
	商业用地		0.14
美国	住宅用地	0.2	0.07
	商服/工业用地		0.2（室外工人）

续表

国家	土地利用类型	儿童	成人
加拿大	不区分	0.1	0.01
澳大利亚	不区分	0.5	0.5
荷兰	带花园的住宅（室内）	0.056	0.056
	带花园的住宅（室外）	0.51	3.8
新西兰	农村和住宅	0.04	0.01
	高密度住宅	0.02	0.005
	公园/娱乐用地	0.04	0.06
	室外工人		0.04

为了得出更准确的土壤皮肤黏附因子，USEPA 建议具体情况下的土壤皮肤黏附因子应根据暴露的身体部位进行加权得出，并在美国的风险评估导则中给出了多种活动类型的加权土壤皮肤黏附因子。

城市住宅情景下，儿童与成人均可能参与一些与土壤接触的活动，但与其他用地相比，土壤接触较少，因此选择土壤接触较为常见的活动类型。与其他活动类型相比，园林设计师的土壤接触相对较少，因此参考美国风险评估导则中园林设计师的第 50 百分位的加权土壤皮肤黏附因子，推荐城市住宅情景下成人的默认土壤皮肤黏附因子为 0.04 mg/cm^2。对于儿童，难以确定一个合理的最坏情况下的土壤接触活动。美国风险评估导则中提供两种确定住宅情景下儿童土壤皮肤黏附因子的方法：一种是选择一种典型的土壤接触活动并选择第 95 百分位加权的土壤皮肤黏附因子，另一种则是选择一种土壤接触较多的活动并选择第 50 百分位加权的土壤皮肤黏附因子。由于第 90 百分位与第 50 百分位加权对土壤皮肤黏附因子的影响大于相关的活动类型，因此在城市住宅情景下，选择土壤接触较多活动的土壤皮肤黏附因子的第 50 百分位加权。基于儿童与土壤接触活动的第 50 百分位，推荐城市住宅情景下儿童的土壤皮肤黏附因子为 0.2 mg/cm^2。

农村住宅情景下，假定居民可能参与各种类型的活动，因此为了保护绝大多数人的健康，选择易与土壤接触的活动类型确定土壤皮肤黏附因子。园艺活动是一种土壤接触较多的活动类型，基于园艺工作者第 50 百分位加权的土壤皮肤黏附因子推荐成人的土壤皮肤黏附因子为 0.07 mg/cm^2。在日托中心玩耍的孩子代表一种典型的活动类型，因此基于在日托中心玩耍活动第 95 百分位加权的土壤皮肤黏附因子推荐儿童的土壤皮肤黏附因子为 0.3 mg/cm^2。

公园用地下，人群可能存在与土壤接触较多的活动，因此为了保护绝大多数人的健康，选择在公园用地下可能进行的与土壤接触较多的活动类型。基于足球活动第 50 百分位数的加权土壤皮肤黏附因子，推荐公园用地下成人的默认土壤皮肤黏附因子为 0.04 mg/cm^2。考虑到儿童可能在公园中进行的活动，选择儿童与土壤接触较多的活动。基于此种活动类型的第 50 百分位，推荐公园用地下儿童默认的土壤皮肤黏附因子为 0.2 mg/cm^2。

商服/工业用地下的成人工作者可能从事各种各样的活动，因此本研究选择皮肤接触土壤较多的活动类型。尽管没有单一的活动能够代表商服/工业成年工作者从事的活动，将公用事业工人第 50 百分位加权土壤皮肤黏附因子与其他商服/工业活动类型下的土壤皮肤黏附因子进行比较，可以发现公用事业代表一种与土壤接触较多的活动类型。基于公用事业工人加权土壤皮肤黏附因子的第 50 百分位，推荐商服/工业用地下室外工人的默认土壤皮肤黏附因子为 0.2mg/cm^2。室内工人由于与土壤接触较少，因此土壤皮肤黏附因子低于室外工人的土壤皮肤黏附因子。基于美国风险评估导则推荐的商服/工业用地情景下成人的土壤皮肤黏附因子，确定室内工人的土壤皮肤黏附因子为 0.1mg/cm^2。在本研究中，不同土地利用类型下推荐的土壤皮肤黏附因子见表 8-7。

表 8-7　不同土地利用类型下推荐的土壤皮肤黏附因子（单位：mg/cm^2）

土地利用类型		儿童	成人
住宅用地	城市住宅	0.2	0.04
	农村住宅	0.3	0.07
公园用地		0.2	0.04
商服/工业用地	室内工人		0.1
	室外工人		0.2

7. 皮肤暴露面积比例

皮肤暴露面积比例也是制定土壤环境基准时产生不确定性的关键因素之一（CL：AIRE，2014）。皮肤暴露面积比例与暴露情景有关。住宅用地情景下（包括城市住宅与农村住宅），假定成年居民穿着短袖衬衫、短裤和鞋子，因此暴露的皮肤表面仅限于脸、手、前臂和小腿。儿童穿着短袖衬衫和短裤，不穿鞋，因此暴露的皮肤仅限于脸、手、前臂、小腿和脚。USEPA 假定脸部的表面积是头部的 1/3，前臂的表面积是手臂的 0.45，小腿的表面积是腿的 0.4，而且根据身体各部位所占比例（表 8-8），则住宅用地下儿童与成人的皮肤暴露面积比例分别为 32%和 27%。

表 8-8　身体各部位所占比例（单位：%）

	头	手臂	手	腿	脚	躯干
儿童	15.1	13.74	5.21	22.36	6.43	37.21
成人	6.4	14	5	32.7	6.65	37.75

资料来源：USEPA，2011。

公园用地下，假定儿童穿着短袖衬衫、短裤和鞋子，因此暴露的皮肤表面仅包括脸、前臂、手和小腿。假定成人在公园中进行观光游览或运动时穿着短袖衬衫、短裤和鞋子，因此成人暴露的皮肤表面也包括脸、前臂、手和小腿。则公园用地下，儿童与成人皮肤暴露表面的比例分别为 25%和 27%。

商服/工业用地下，假定室内工人穿着短袖衬衫、长裤和鞋子，因此暴露的皮肤表面仅限于脸、手和前臂。假定室外工人穿着短袖衬衫、短裤和鞋子，因此室外工人暴露的皮肤表面包括脸、手、前臂和小腿。则室内和室外工人的皮肤暴露面积比例分别为 13%和 27%。

8. 自产作物消费比例

自产作物消费比例是在住宅花园中种植的消费农产品的部分，是影响土壤环境基准制定的关键不确定性因子之一。通过调研发现，英国、荷兰和澳大利亚均基于对本国居民的食物消费调查确定了自产作物消费比例（表 8-9）。由表 8-9 可知，不同国家确定的自产作物消费比例具有一定的相似性。尽管其他国家的参数不一定完全适用于我国，但是迄今为止，我国仍缺乏关于自产作物消费比例的调查，相关数据十分匮乏，因此其他国家的数值对我国自产作物消费比例的确定有一定的借鉴意义。此外，加拿大也是根据美国农业部一项研究的结果计算了农村、郊区和城市地区所消费的全部蔬菜中本地种植的比例。新西兰自产作物消费比例的确定也没有实质性的基础，对这一参数的估计很大程度上是主观的。

表 8-9　不同国家自产作物消费比例　（单位：%）

<table>
<tr><th>作物种类</th><th>英国</th><th>荷兰</th><th>加拿大</th><th>新西兰</th><th>澳大利亚</th><th>本研究</th></tr>
<tr><td>叶类蔬菜</td><td>5</td><td>10（100）</td><td rowspan="6">10（50）</td><td rowspan="6">10（50）</td><td rowspan="6">10</td><td rowspan="6"></td></tr>
<tr><td>根类蔬菜</td><td>6</td><td>10（50）</td></tr>
<tr><td>茎类蔬菜</td><td>2</td><td></td></tr>
<tr><td>草本水果</td><td>6</td><td></td></tr>
<tr><td>灌木水果</td><td>9</td><td></td></tr>
<tr><td>木本水果</td><td>4</td><td></td></tr>
</table>

注：荷兰括号外的自产作物消费比例代表带花园的住宅用地，括号内代表带菜园的住宅用地。加拿大括号外的自产作物消费比例代表住宅用地，括号内代表农业用地。新西兰括号外的自产作物消费比例代表城市住宅，括号内代表农村住宅。

在本研究中，为了保护城市住宅与农村住宅的居民，通过参考国际上自产作物消费比例的确定，拟推荐城市住宅用地下自产作物消费比例为 10%，农村住宅用地自产作物消费比例为 50%。尽管普通城市居民消费的自产农产品比例可能不足 10%，但在缺乏更明确的数据的情况下，城市住宅用地下 10%的自产作物消费比例是具有足够的保护性的。农村居民比城市居民有更大的机会种植蔬菜，因此农村住宅用地下的自产作物消费比例高于城市住宅。除亲脂性污染物外，50%的自产作物消费比例被认为是足够保守的。

9. 作物消费量

根据《中国统计年鉴 2020》，2019 年，我国农村居民根茎类作物消费量为 3.2 kg/人；叶类作物消费量为 87.2 kg/人。我国城镇居民根茎类作物消费量为 2.6 kg/人；叶类作物消费量为 101.5 kg/人。鉴于这些调查并未区分不同年龄段的消费量，参考荷兰儿童与成人消费量的比例，假定我国居民成人的作物消费量是儿童的两倍，则我国农村儿童的根茎类作物消费量为 5.84 g/d，叶类作物消费量为 158.9 g/d；农村成年居民的根茎类作物消费量为 11.68 g/d，叶类作物消费量为 317.8 g/d。我国城市儿童的根茎类作物消费量为 4.74 g/d，叶类作物消费量为 185 g/d；城市成年居民根茎类作物消费量为 9.5 g/d，叶类作物消费量为 370 g/d。

8.6.2 土壤摄入率研究

1. 参数调研

土壤摄入率指单位时间内个人摄入的土壤质量，包括室外土、室外降尘和室内降尘，它是影响土壤环境基准制定的关键参数。我国关于土壤摄入率调查方法的研究不足，国际上也只有美国、荷兰等极少数国家进行过少量研究，因此本研究首先调研了美国、英国、加拿大、荷兰、澳大利亚等在制定土壤环境基准时采用的土壤摄入率（表 8-10）。

表 8-10 国外采用的土壤摄入率比较 （单位：mg/d）

国家	用地类型	儿童	成人
美国	住宅用地	200	100
	商服/工业用地		100（室外工人）；50（室内工人）
	建筑用地		330
英国	住宅用地	100	50
	商业用地		50
	公园用地	50	20
加拿大		80	20
荷兰	带花园的住宅	100	50
	娱乐用地	20	10
	工业用地	20	10
澳大利亚	低密度住宅	100	50
	高密度住宅	25	12.5
	室外开放空间	50	25
	商服/工业用地		25
新西兰	农村住宅	100	25
	高密度住宅	50	15
	公园/娱乐用地	100	100
	商服/工业用地		100

从表 8-10 可知，对于住宅用地，多数国家采用儿童和成人的土壤摄入率分别为 100 mg/d 和 50 mg/d。美国采用的土壤摄入率相对较高，这是因为美国推导土壤筛选值时采用的是暴露参数手册推荐的土壤摄入率上限值，而其他一些国家则采用的是土壤摄入率的平均值。我国《建设用地土壤污染风险评估技术导则》（HJ 25.3—2019）推荐的土壤摄入率主要参照美国确定，与其他国家相比，现行的土壤摄入率可能较高。

2013 年，我国启动了“环境健康风险评价中的儿童土壤摄入率及相关暴露参数研究”

项目，首次开展了我国本土的儿童土壤摄入率研究，旨在探索我国儿童土壤摄入率研究方法和关键技术，提出儿童土壤摄入率调查的技术规范。基于该项目的研究成果，Lin 等（2017）通过示踪元素法估算了来自广东、湖北和甘肃的 177 名儿童的土壤摄入率，结果表明我国儿童土壤摄入率的中位值、平均值和第 95 百分位数分别为 51.7 mg/d、73.5 mg/d 和 216.2 mg/d。Wang 等（2018a）探讨了地理位置、年龄和性别对我国儿童土壤摄入率的影响，研究发现幼儿园儿童的土壤摄入率（60.8 mg/d）显著低于小学儿童的土壤摄入率（91.6 mg/d）；男童与女童的土壤摄入率分别为 69.2 mg/d 和 78.0 mg/d，没有显著差别；兰州儿童的土壤摄入率（117.4 mg/d）显著高于武汉儿童（63.0 mg/d）和深圳儿童（47.5 mg/d），3 个城市儿童的土壤摄入率差异可能与经济、社会和自然条件有关。此外，Wang 等（2018b）还采用示踪元素法对湖北 30 名青少年的土壤摄入率进行了初步研究，土壤摄入率的平均值和中位值分别为 45.2 mg/d 和 44.8 mg/d。假定成人的土壤摄入率与青少年相似，则采用《建设用地土壤污染风险评估技术导则》（HJ 25.3—2019）推荐的土壤摄入率（100 mg/d）制定土壤环境基准可能会过于保守。另有研究发现以硅为示踪元素估算我国台湾地区 3 岁以下儿童的土壤摄入率为（9.6±19.2）mg/d，并且以硅为示踪元素估算的平均土壤摄入率普遍低于美国的研究结果（Chien et al.，2017）。由此可见，美国推荐的儿童土壤摄入率（200 mg/d）可能也高于我国儿童的实际土壤摄入率。

此外，Ma 等（2018b）测定了甘肃省兰州市 60 名 3～12 岁儿童的手部土壤/尘的黏附量，并通过示踪元素法测定了儿童经手部接触的土壤摄入率。该研究发现小学儿童的手部土壤/尘黏附量高于幼儿园儿童，男童高于女童，农村儿童高于城市儿童，幼儿园儿童和小学儿童通过手部接触的土壤摄入率分别为 7.74 mg/d 和 6.61 mg/d。Gong 等（2022）在我国的 3 个城市选取了 240 名儿童，测定其手部的土壤/粉尘总量范围为 3.8～187.39 mg，中位数为 19.49 mg。3 个城市的儿童通过手部接触的土壤摄入率为 11.9 mg/d，约为儿童总土壤摄入率（44.8 mg/d）的 26.6%，并且认为手口接触并不是这 3 个城市的儿童土壤摄入的主要途径。

2. 参数确定

综上所述，确定我国城市住宅的儿童土壤摄入率为 100 mg/d。由于我国尚未开展过成人的土壤摄入率研究，因此借鉴其他国家的方法确定城市住宅的成人土壤摄入率为 50 mg/d。

国外一些研究表明，农村人群的土壤摄入率可能高于一般人群。Doyle 等（2012）和 Irvine 等（2014）在加拿大农村地区进行的土壤摄入率研究发现，成人土壤摄入率的平均值分别为 75 mg/d 和 32 mg/d，第 90 百分位数分别为 211 mg/d 和 152 mg/d。《美国暴露参数手册》基于两项研究推荐农村成人土壤摄入率的平均值为 50 mg/d，上限值为 200 mg/d。鉴于农村居民接触土壤的机会较高，在本研究中拟采用《美国暴露参数手册》推荐的成人土壤摄入率上限值（200 mg/d）作为农村成年居民的土壤摄入率。通常成人土壤摄入率低于儿童，但是成年农民从事较多的农业生产活动，且农村住宅距农业生产区较近，成年农民可能将室外土壤带入住宅中，因此农村成人的土壤摄入率并不一定低于儿童。本研究中确定农村住宅场景下儿童的土壤摄入率与成人相等，均为 200 mg/d。

公园用地是一种室外暴露场景，一般不存在室内粉尘摄入。但由于社区公园通常距离住宅较近，人群可能将室外的土壤带入室内环境中，且游客可能在公园中参与一些土壤接触较多的活动，因此为了对公园用地的敏感受体具有足够的保护，本研究假定对于社区公园的土壤摄入率参照城市住宅用地，即儿童与成人的土壤摄入率分别为 100 mg/d 和 50 mg/d。由于我国关于土壤摄入率的研究较少，土壤摄入率的选择具有较大的不确定性，因此为了保护绝大多数人群，本研究对于其他公园（非敏感公园）采用与社区公园相同的土壤摄入率。

商服/工业用地下人群的土壤摄入率参考美国的规定方法。由于室内工作者与室外土壤接触机会较少，因此只考虑室内的粉尘接触，则室内工人的土壤摄入率为 25mg/d。为了反映户外工作者在工作活动中土壤摄入的增加，拟确定室外工人的土壤摄入率为 50mg/d。

8.6.3 土壤性质与场地特征参数

1. 土壤有机质含量

土壤有机质含量是影响污染物在土壤固相和液相分配行为的关键参数之一，与表层和下层土壤中污染物扩散进入室外空气的挥发因子、下层土壤中污染物扩散进入室内空气的挥发性因子等参数值的计算有关。根据第二次全国土壤普查的成果，吴乐知和蔡祖聪（2006）对我国 2473 个典型土壤剖面统计资料的表层土壤有机质含量进行了研究，发现有机质含量平均值为 31.54 g/kg，大部分在 8～60 g/kg，占总样本数的 90%。因此，设定土壤有机质含量为 32 g/kg。

2. 土壤容重

土壤容重是土壤的一个重要物理性质，与非饱和层土壤中孔隙水体积比、总空隙体积比等参数相关，影响污染物扩散进入室内/室外空气挥发因子的计算。大量研究表明，土壤容重与土壤有机质和土壤质地关系密切，也与土壤深度、土壤类型、土地利用和植被有一定的关系（韩光中等，2016）。柴华和何念鹏（2016）通过收集和整理第二次全国土壤普查数据、中国生态系统研究网格和 1980～2014 年公开发表论文的数据（共 11845 条土壤容重数据），研究发现全国土壤容重平均值和中位值分别为 1.32 g/cm^3 和 1.35 g/cm^3，土壤容重随土层深度增加而增大。基于柴华和何念鹏（2016）的研究结果，推荐本研究中土壤容重为 1.35 g/cm^3。

3. 土壤颗粒密度

土壤颗粒密度指单位体积土壤（不含孔隙）的烘干质量，与土壤孔隙度的计算密切相关，而孔隙度对化学物质通过扩散或平流传输过程在土壤中的流动性非常重要。在审查的资料中，没有足够的信息得出我国表层土壤颗粒密度的平均值，因此通过调研其他国家或一些地区所采用的土壤颗粒密度值为本研究提供参考。由表 8-11 可知，美国、加拿大、英国、荷兰及中国香港地区采用的土壤颗粒密度参数取值范围比较接近。中国香港地区采用的土壤参数来源于 ASTM 或 USEPA，从这两个途径中得到沙土的土壤参数值，因为沙土的土壤参数被认为是表征中国香港地区土壤参数的保守估计。本研究参考 USEPA 确定的土壤颗粒密度为 2.65 g/cm^3。

表 8-11　不同国家/地区的土壤颗粒密度　　（单位：g/cm^3）

参数	美国	加拿大	英国	荷兰	中国香港
土壤颗粒密度	2.65	2.65	2.57	2.4	2.70

4. 土壤含水率

土壤含水率与土壤孔隙水体积比相关，因而影响污染物在土壤三相中的分配。在本研究中，拟参照《建设用地土壤污染风险评估技术导则》（HJ 25.3—2019）中推荐的土壤含水率，确定土壤含水率为 0.2，其约为砂土含水率的平均水平及粉黏土含水率的最低水平。

5. 土壤污染区宽度

土壤污染区宽度代表场地特征参数，该值与污染物扩散进入室外空气挥发因子的计算有关。土壤污染区宽度通常基于典型的污染场地来假定，但由于此类数据有限，在本研究中拟参照《建设用地土壤污染风险评估技术导则》（HJ 25.3—2019）中推荐的污染源区宽度（4000 cm）。

6. 表层/下层污染土壤厚度

表层/下层污染土壤厚度通常应根据我国典型污染场地的特征来确定，然而我国关于此类参数的研究非常有限。在本研究中，根据《建设用地土壤污染风险评估技术导则》（HJ 25.3—2019）中的相关规定，确定表层污染土壤厚度为 50 cm，下层污染土壤厚度为 100cm。

8.6.4　气象参数

气象参数主要包括混合区大气流速风速（U_{air}）及混合区高度（δ_{a}）。气象参数与室外空气中气态污染物扩散因子的计算有关。根据中国陆地生态信息空间气象数据库的全国年均风速图，我国大部分地区年平均风速约为 200 cm/s，因此在本研究中确定混合区大气流速风速为 200 cm/s。

为了估算人体室外吸入气态污染物，最保守的假设是人站在污染区域边缘并处于下风向处，所有从上风向 15 m 以下地面排放的蒸气在 2 m 高的下风向处分散。弥散程度取决于风的条件，尤其是风速的稳定性。由于地面反射的热辐射造成的湍流，风在夜间趋于非常稳定，而在白天趋于中性或不稳定。当热源朝下风向移动时，横向和垂向的弥散增加，因此蒸气与周围空气混合，稀释气态污染物的浓度。参照美国 ASTM 及澳大利亚等的相关规定，混合区高度确定为一个成年人的呼吸区，即 200 cm。

8.6.5 建筑物参数

由于人群大部分时间是在家里或工作场所中度过的，因此室内环境对于了解接触化学物质十分重要。建筑物参数也是影响场地污染物迁移模拟和污染物暴露量计算的关键参数，决定着土壤中挥发及半挥发性污染物逸散进入室内的方式和数量。当为蒸气吸入途径土壤环境基准的推导选择建筑物参数时，应选择具有代表性的典型值，而不是极端值，这是因为所得的超高安全系数具有保护作用，但不应过于保守。有关土壤环境基准推导的主要建筑物参数如下。

1. 室内空气交换速率

室内空气交换速率是室内空气通过窗户、门和墙壁缝隙与室外空气混合的速率，它用于估计清洁的室外空气进入建筑物并与被蒸气侵入的室内空气混合/置换的稀释效果，定义为气流（m^3/h）与室内体积（m^3）之比。室内空气交换速率是决定室内空气中挥发性有机化合物浓度的重要参数。住宅建筑的空气交换速率很难客观地确定，因为该数值通常与人群的生活方式相关，如门窗打开的时间。非住宅建筑的空气交换速率随着建筑物类型（如办公室、购物中心）不同而不同。

有关空气交换速率的研究极为有限，目前还没有关于空气交换速率研究的系统综述，因此为了得出较为准确的参数值，本研究首先对其他一些国家采用的室内空气交换速率进行了调研。USEPA 指出对于密封良好的建筑，室内空气交换速率应在 0.18～1.26 h^{-1}，并基于美国所有地区的中位数建议住宅建筑的默认室内空气交换速率为 0.45 h^{-1}。对于非住宅建筑，根据先前的研究，USEPA 推荐室内空气交换速率为 1.5 h^{-1}，第 10 百分位数为 0.6 h^{-1}（USEPA，2018）。

基于荷兰的数据，RIVM 建议住宅空气交换速率的默认值为 0.6 h^{-1}。澳大利亚暴露因子指南指出澳大利亚房屋的空气交换率的范围为 0.3～0.9 h^{-1}。在推导土壤环境基准时，为了达到合理的保守程度，对住宅建筑建议选择 0.6 h^{-1} 的空气交换速率（enHealth，2012），商服/工业建筑的室内空气交换速率则参照 USEPA 的推荐值确定为 0.83 h^{-1}。英国确定住宅建筑的室内空气交换速率为 0.5 h^{-1}，对商业用地室内空气交换速率的确定是通过假设在一个典型的办公室中，一个人占用 45 m^3 的空间，如果通风速率为 13 L/s，则相当于室内空气交换速率为 1 h^{-1}。由此可见，不同国家推荐采用的空气交换速率存在一定差异。

根据我国住房和城乡建设部发布的相关信息，2019 年我国城镇居民人均住房建筑面积达到 39.8 m^2，农村居民人均住房建筑面积达到 48.9 m^2。基于《民用建筑供暖通风与空气调节设计规范》（GB 50736—2012）的相关要求，人均居住面积在 20～50 m^2 时，空气交换速率应达到 0.5 h^{-1}。该值与其他国家推荐采用的空气交换速率相近，因此在本研究中推荐住宅建筑的室内空气交换速率采用 0.5 h^{-1}，即 12 d^{-1}。商服/工业建筑通常会配备机械通风系统以保持足够的通风和室内空气质量，因此商服/工业建筑的室内空气交换速率通常高于住宅建筑。商服/工业建筑的室内空气交换速率参照美国 ASTM E2081—2015 的规定，推荐默认值为 20 d^{-1}。

2. 室内地基或墙体厚度

住宅地基的类型是住宅室内蒸气暴露评估的重点，它提供楼层数和房屋配置的一些指示，以及土壤-气态运输的相对潜力的指示。例如，室内蒸气入侵很容易发生在有封闭爬行空间的住宅中，有地下室的建筑虽然阻碍一定的室内蒸气迁移，但仍然有许多土壤-气体进入室内的途径。相比之下，有向外开放的爬行空间的房屋在污染物蒸气进入房屋之前有显著的机会稀释土壤气体。根据 2015 年美国住宅协会的数据，在美国的所有住宅单元中，31%的单元在整个建筑物下面有地下室，11%的住宅在建筑物的部分下面有地下室，22%的建筑有爬行空间，36%的住宅在混凝土板上（USEPA，2018）。假设我国的住宅和商服/工业建筑的地基是由混凝土构成的，根据我国《地下工程防水技术规范》（GB 50108—2008）中的相关规定，地下要求防水混凝土结构的混凝土垫层厚度不应小于 10mm，混凝土结构厚度不应小于 250 mm，按照最低要求计算，推荐室内地基或墙体厚度为 35cm。

3. 室内空间体积与气态污染物入渗面积比

目前我国关于建筑物参数的系统研究仍比较缺乏，因此参照美国 ASTM E2081—2015 的规定确定室内空间体积与气态污染物入渗面积比的数值，即住宅建筑推荐值为 200 cm，商服/工业建筑推荐值为 300 cm。

4. 地基和墙体裂隙表面积所占比例

相关研究表明，裂隙表面积所占比例介于 0.0001～0.01（CRC CARE，2011b）。参考《地下工程防水技术规范》中对混凝土结构裂缝宽度的要求进行保守估计，确定地基和墙体裂隙表面积所占比例为 0.0005，该值也处于相关研究得出的数值范围内。

5. 地基裂隙中空气/水体积比

ASTM E2081—2015 导则中使用砂土的特性来表示板中裂缝空间的扩散率，这是因为大多数建筑物楼板下有砂子或砾石/填充物，采用砂土代表一种合理的假设。澳大利亚已经采用 ASTM E2081—2015 导则中推荐的参数制定石油烃的健康筛选值。因此在本研究中也参照 ASTM E2081—2015 导则的相关规定，建议地基裂隙中空气、水体积比分别为 0.26、0.12。

6. 气态污染物入侵持续时间

气态污染物入侵持续时间（τ）是根据人群在建筑中的时间确定的。参考美国 ASTM E2081—2015 的规定，推荐住宅建筑的气态污染物入侵持续时间为 30 年，商服/工业建筑的气态污染物入侵持续时间为 25 年。

8.6.6 污染物理化性质及毒性参数的选定

污染物理化性质和毒性参数在很大程度上影响着人体健康土壤环境基准的制定，因此，在制定我国人体健康土壤环境基准时，需要建立合适的化合物相关参数默认值。相关参数主要来自USEPA综合风险信息系统（USEPA Integrated Risk Information System）、USEPA临时性同行评审毒性数据（The Provisional Reviewed Toxicity Values）、USEPA区域筛选值总表中的污染物毒性数据。在选择毒性数据时，优先选用环境流行病学的人体毒性数据，若缺乏足够数据则可选用职业流行病学人体毒性数据。当人体毒性数据缺乏时，可采用动物毒性数据。

8.7 不确定性分析

不确定性指对风险或暴露评估中的具体因素缺乏了解，有可能导致评估期间对潜在健康风险的累积过高或过低估计。不确定性可能来自信息缺失或不完整，也可能来自影响特定暴露的不确定性，其主要包括参数不确定性、模型不确定性及情景不确定性。

情景不确定性是由于信息缺失或不完整而产生的不确定性，与暴露评估概念模型中的限制有关，如描述错误、聚合错误、专业判断错误和不完整的分析。在本研究中，基于人体健康的土壤环境基准是根据假定的通用暴露情景得出的。但是在某些情况下，通用暴露情景并不一定适用，此时需要考虑暴露情景造成的不确定性。例如，某些城市住宅没有暴露的土壤，因而没有明显的暴露途径。对于暴露情景的不确定性，可以通过特定场地的风险评估进行管理。

参数不确定性指影响特定参数的不确定性，如测量误差、抽样误差、可变性和通用或替代数据的使用。模型不确定性指科学理论中影响模型预测能力的不确定性，与模型表示实际过程的局限性有关。所有模型都是有误差的，因此评估模型的不确定性十分重要。在土壤环境基准的推导过程中存在相当多的参数不确定性，可以进一步将其细分为任意不确定性（可变性）与系统不确定性。任意不确定性可以测量，但是不能降低。例如，体重在每个年龄组中是可变的，可以通过测量足够多的样本达到合理的精度。系统不确定性是由于缺乏数据或参数值直接测量/估计困难而存在的不确定性。某些参数的系统不确定性较小，但对于其他一些参数如土壤摄入率，由于我国本土研究较少，应用这些参数可能存在较大的系统不确定性。经验表明，在处理确定性模型中的参数不确定性和可变性时，选择代表保守或合理的最坏暴露情景的值是一种较好的方法，从而使这些参数适用于我国的大多数场地。

暴露评估模型本质上是不确定的，也不一定能准确预测实际暴露程度。土壤和粉尘摄入及皮肤接触途径的暴露计算模型已经在国际风险评估中使用多年，因此这些途径的暴露计算模型产生的不确定性在很大程度上取决于输入参数，而不是计算模型本身。空气中粉尘浓度的预测及蒸气吸入等途径的暴露计算模型相对复杂，预测的准确性不仅取决于输入参数，还取决于支撑这些方程的假设的有效性。偏离计算模型的基本假设可能导致对暴露的严重低估或高估。因此，处理暴露评估模型的不确定性的方法是在应用中尽量满足计算模型的基本假设。

8.8　基准值的确定

加拿大基于人体健康土壤质量指导值（SGQ_{HH}）的确定是采取所有暴露途径下的最小值作为最终的 SQG_{HH}。澳大利亚、美国、英国、新西兰均采用相似的方法确定最终的土壤环境基准。例如，澳大利亚采用式（8-103）计算最终的 HILs。

$$HILs = \frac{1}{\frac{1}{HIL_{ingestion}} + \frac{1}{HIL_{dermal}} + \frac{1}{HIL_{plant\ uptake}} + \frac{1}{HIL_{dust}}} \tag{8-103}$$

考虑到国际上大多数国家确定土壤环境基准方法的合理性及我国的实际情况，本研究采用式（8-104）确定土壤环境基准。

（1）基于致癌效应土壤环境基准确定。

$$RSL = \frac{1}{\frac{1}{RSL_{OIS}} + \frac{1}{RSL_{DCS}} + \frac{1}{RSL_{PIS}} + \frac{1}{RSL_{HP}} + \frac{1}{RSL_{OIV}} + \frac{1}{RSL_{IIV}}} \tag{8-104}$$

（2）基于非致癌效应土壤环境基准确定。

$$HSL = \frac{1}{\frac{1}{HSL_{OIS}} + \frac{1}{HSL_{DCS}} + \frac{1}{HSL_{PIS}} + \frac{1}{HSL_{HP}} + \frac{1}{HSL_{OIV}} + \frac{1}{HSL_{IIV}}} \tag{8-105}$$

（3）最终土壤环境基准的确定：最终的人体健康土壤环境基准选择基于致癌效应和非致癌效应土壤环境基准的最小值（以上参数含义见 8.3 节）。

参 考 文 献

柴华, 何念鹏. 2016. 中国土壤容重特征及其对区域碳贮量估算的意义. 生态学报, 36(13): 3903-3910.

韩光中, 王德彩, 谢贤健. 2016. 中国主要土壤类型的土壤容重传递函数. 土壤学报, 53(1): 93-102.

贾建芳. 2016. 塘朗山郊野公园使用状况评价研究. 广州: 华南农业大学.

姜嘉琦. 2020. 杭州 3 个社区公园使用者时空分布与健康效益调查研究. 杭州: 浙江农林大学.

景一敏. 2020. 基于使用后评价的重庆北碚社区公园优化策略研究. 重庆: 西南大学.

李发生, 曹云者. 2014. 石油烃污染场地土壤指导限值构建方法. 北京: 科学出版社.

刘童. 2017. 社区公园使用者行为模式与游憩设施布局. 北京: 北京林业大学.

刘鑫. 2017. 基于公共生活视角的城市综合公园使用状况评价研究. 福州: 福建师范大学.

骆永明, 夏佳淇, 章海波, 等. 2015. 中国土壤环境质量基准与标准制定的理论和方法. 北京: 科学出版社.

千熙庭. 2020. 新乡市人民公园使用后评价研究. 南宁: 广西大学.

邱哲. 2019. 南宁市三个典型综合公园使用后评价研究. 南宁: 广西大学.
王贝贝, 曹素珍, 赵秀阁, 等. 2014a. 我国成人土壤暴露相关行为模式研究. 环境与健康杂志, 31(11): 971-974.
王贝贝, 王宗爽, 赵秀阁, 等. 2014b. 我国成人室内外活动时间研究. 环境与健康杂志, 31(11): 945-948.
王克宝. 2018. 基于使用者行为的城市公园空间活力及影响因素研究——以深圳市中山公园为例. 深圳: 深圳大学.
王雅琼. 2016. 城市区域性公园 POE(使用状况评价)研究——以苏州工业园区方洲公园为例. 苏州: 苏州大学.
吴丰昌. 2020. 中国环境基准中长期路线图. 2 版. 北京: 科学出版社.
吴乐知, 蔡祖聪. 2006. 中国土壤有机质含量变异性与空间尺度的关系. 地球科学进展, 9: 965-972.
姚彤. 2020. 北京中心城区社区公园热舒适度与活动关联性研究. 北京: 北方工业大学.
易浪, 柏智勇. 2016. 长沙城市公园绿地游憩行为特征调查与研究. 中南林业科技大学学报(社会科学版), 10(55): 70-73.
张琛琛. 2016. 北京市社区公园使用状况评价研究. 北京: 北京林业大学.
张红振, 骆永明, 章海波, 等. 2009. 基于人体血铅指标的区域土壤环境铅基准值.环境科学, 30(10): 3036-3042.
张蒙蒙, 张超艳, 郭晓欣, 等. 2021. 焦化场地包气带区土壤苯的精细化风险评估. 环境科学研究, 34(5): 1223-1230.
祝筱苑. 2018. 基于共享空间的社区公园规划设计研究. 桂林: 桂林理工大学.
ASTM. 2015. Standard Guide for Risk-Based Corrective Action. West Conshohocken: ASTM International.
CCME. 2008. Canada-Wide Standard for Petroleum Hydrocarbons (PHC) in Soil: Scientific Rationale, Winnipe: Canadian Council of Ministers of the Environment.
Chen W, Kan A T, Newell C J. 2002. More realistic soil cleanup standards with dual-equilibrium desorption. Ground Water, 40(2): 153-164.
Cheng Y Y, Nathanail C P. 2021. Regional human health risk assessment of cadmium and hexachlorocyclohexane for agricultural land in China. Environmental Geochemistry and Health, 43(9): 3715-3732.
Chien L C, Tsou M C, His H C, et al. 2017. Soil ingestion rates for children under 3 years old in Taiwan. Journal of Exposure Science and Environmental Epidemiology, 27(1): 33-40.
CL: AIRE. 2014. Development of Category 4 Screening Levels for Assessment of Land Affected by Contaminated. London: Contaminated Land: Applications in Real Environments.
Connor J A, Richard L B, Thomas E M, et al. 2007. Software Guidance manual RBCA Tool Kit for Chemical Releases. Houston: GSI Environmental Inc.
CRC CARE. 2011b. Health Screening Levels for Petroleum Hydrocarbons in Soil and Groundwater. Adelaide: Cooperative Research Centre for Contamination Assessment and Remediation of the Environment.
CRC CARE. 2011a. Biodegradation of Petroleum Hydrocarbon Vapours. Adelaide: Cooperative Research Centre for Contamination Assessment and Remediation of the Environment.
de Vaull G E. 2007. Indoor Vapor intrusion with oxygen-limited biodegradation for a subsurface gasoline source. Environmental Science & Technology, 41(9): 3241-3248.
Doyle J R, Blais J M, Holmes R D, et al. 2012. A soil ingestion pilot study of a population following a traditional lifestyle typical of rural or wilderness areas. Science of the Total Environment, 424: 110-120.
enHealth. 2012. Australia Exposure Factor Guide. Canberra: Environmental Health Standing Committee.
enHealth.2004. Environmental Health Risk Assessment: Guidelines for Assessing Human Health Risks from

Environmental Hazards. Canberra: Department of Health and Ageing and enHealth Council.

Gong Y W, Wu Y H, Lin C Y, et al.2022. Is hand-to-mouth contact the main pathway of children's soil and dust intake?. Environmental Geochemistry Health, 44: 1567-1580.

Irvine G, Doyle J R, White P A, et al. 2014. Soil ingestion rate determination in a rural population of Alberta, Canada practicing a wilderness lifestyle. Science of the Total Environment, 470: 138-146.

Johnson P C, Ettinger R A. 1991.Heuristic model for predicting the intrusion rate of contaminant vapours into buildings. Environmental Science & Technology, 25: 1445-1452.

Kan A T, Fu G, Hunter M, et al. 1998. Irreversible sorption of neutral hydrocarbons to sediments: Experimental observations and model predictions. Environmental Science & Technology, 32(7): 892-902.

Li Z J. 2021. Regulation of pesticide soil standards for protecting human health based on multiple uses of residential soil. Journal of Environmental Management, 297: 113369.

Lin C Y, Wang B B, Cui X Y, et al. 2017. Estimates of soil ingestion in a population of Chinese children. Environmental Health Perspectives, 125(7): 077002.

Liu H X, Li F, Xu H F, et al. 2017. The impact of socio-demographic, environmental, and individual factors on urban park visitation in Beijing, China. Journal of Cleaner Production, 163: S181-S188.

Ma B, Zhou T, Lei S, et al. 2019. Effects of urban green spaces on residents' well-being. Environment, Development and Sustainability: A Multidisciplinary Approach to the Theory and Practice of Sustainable Development, 21: 2793-2809.

Ma J, Jiang L, Lahvis M A. 2018a. Vapor intrusion management in China: Lessons learned from the United States. Environmental Science & Technology, 52(6): 3338-3339.

Ma J, McHugh T, Beckley L. 2020. Vapor intrusion investigations and decision-making: A critical review. Environmental Science & Technology, 54(12): 7050-7069.

Ma J, Pan L B, Wang Q, et al. 2018b. Estimation of the daily soil/dust (SD) ingestion rate of children from Gansu Province, China via hand-to-mouth contact using tracer elements. Environmental Geochemistry and Health, 40(1): 295-301.

Mak B K, Jim C Y. 2019. Linking park users' socio-demographic characteristics and visit-related preferences to improve urban parks. Cities, 92: 97-111.

Melo L C A, Luíís R F A, Swartjes F A. 2011. Derivation of critical soil cadmium concentrations for the State of So Paulo, Brazil, based on human health risks. Human and Ecological Risk Assessment, 17(5): 1124-1141.

NEPC. 2013. Guideline on Derivation of Health-based Investigation Levels. Canberra: The National Environment Protection Council.

Shan X Z. 2014. The socio-demographic and spatial dynamics of green space use in Guangzhou, China. Applied Geography, 51: 26-34.

Tu X Y, Huang G L, Wu J G, et al. 2020. How do travel distance and park size influence urban park visits?. Urban Forestry & Urban Greening, 52: 126689.

USEPA. 2015. Technical Guide for Addressing Petroleum Vapor Intrusion at Leaking Underground Storage Tank Sites. Washington DC: United States Environmental Protection Agency.

USEPA. 2018. Update for Chapter 19 of the Exposure Factors Handbook Building Characteristics. Washington DC: United States Environmental Protection Agency.

USEPA.2011. Exposure Factors Handbook. Washington DC: United States Environmental Protection Agency.

Wang B B, Lin C Y, Zhang X, et al. 2018a. Effects of geography, age, and gender on Chinese children's soil ingestion rate. Human and Ecological Risk Assessment, 24(7): 1983-1989.

Wang B B, Lin C Y, Zhang X, et al. 2018b. A soil ingestion pilot study for teenage children in China.

Chemosphere, 202: 40-47.

Wang P W, Zhou B, Han L R, et al. 2021. The motivation and factors influencing visits to small urban parks in Shanghai, China. Urban Forestry & Urban Greening, 60: 127086.

Yang S H, Wu Y H, Ma J, et al. 2021. Human health risk-based Generic Assessment Criteria for agricultural soil in Jiangsu and Zhejiang provinces, China. Environmental Research, 206: 112277.

Yao Y J, Wu Y, Wang Y, et al. 2015. A petroleum vapor intrusion model involving upward advective soil gas flow due to methane generation. Environmental Science & Technology, 49(19): 11577-11585.

Zhang R H, Jiang L, Zhong M S. 2019. Applicability of soil concentration for VOC-contaminated site assessments explored using field data from the Beijing-Tianjin-Hebei Urban Agglomeration. Environmental Science & Technology, 53(2): 789-797.

第9章 场地生态安全土壤环境基准推导技术方法

9.1 引 言

自20世纪90年代起，随着对土壤环境问题研究的不断深入，欧美发达国家和地区先后建立了基于风险评估的土壤环境基准体系，为污染场地土壤的风险识别、修复治理和安全利用提供了科学依据。最初，世界各国制定土壤环境基准时所考虑的首要目标是保护人体健康。随着土壤环境基准研究的开展，越来越多国家提出考虑土壤污染物对生态受体的毒理学效应，采用生态风险评估方法制定了保护生态安全的土壤环境基准值。

自2005年起，我国也开始围绕生态安全土壤环境基准开展研究。2010年，中国环境科学研究院承担了环境保护公益性行业科研专项重点项目"我国环境基准理论与技术框架及案例研究"，系统研究了我国环境基准理论基础、技术框架和方法体系，在土壤环境基准方面开展的研究包括不同国家土壤环境基准理论方法比较、生物（赤子爱胜蚓、跳虫、植物根伸长）毒性实验、不同土壤类型对污染物毒性影响、污染物不同形态对毒性影响等。中国科学院生态环境研究中心采用本土模式生物（动物、植物、微生物等）开展生态毒理研究，积累了宝贵的毒性毒理数据资料。中国农业科学院围绕农产品安全和生态安全研究了铜、镍、多环芳烃等污染物的土壤环境基准。中国科学院南京土壤研究所在生态安全土壤环境基准方面也进行了较多理论探索和方法实践。对比发达国家，我国虽早已提出要开展针对保护生态受体和功能的生态安全土壤环境基准研究工作，然而由于本土生态物种的实测数据的缺乏，迄今为止仍然没有系统且充足实测数据支撑的生态安全土壤环境基准制定的指导性文件。由此可见，构建基于本土模式生物的生态安全土壤环境基准技术框架及方法体系迫在眉睫。

我国于2014年首次发布了《污染场地风险评估技术导则》（HJ 25.3—2014），根据该导则我国于2018年发布了国家级的建设用地、农用地土壤污染风险筛选值和管制值。2019年，我国对《污染场地风险评估技术导则》（HJ 25.3—2014）进行了首次修订，并更名为《建设用地土壤污染风险评估技术导则》（HJ 25.3—2019）。然而迄今为止，我国已发布的关于建设用地土壤环境风险评估的指导性文件均是基于保护人体健康而制定的，仅有2018年发布的农用地土壤污染风险筛选值和管制值考虑了土壤生态环境。我国基于保护生态环境的土壤污染风险相关指导性文件仍是空白的。2021年，中共中央、国务院印发了《关于深入打好污染防治攻坚战的意见》，意见的总体要求中指出要以改善生态环境质量为核心，主要目标中提出到2025年，生态环境持续改善，生态环境治理体系更加完善，生态文明建设实现新进步。由此可见，基于保护生态环境的土壤环境基准研究是加强我国生态文明建设和生态环境保护的重中之重，建立我国本土的生态安全土壤环境基准技术框架及方法体系是我国深入打好污染防治攻坚战的主要任务之一。因此，在国家重点研发计划项目“场地土壤污染物环境基准制定方法体系及关键技术”（2019YFC1804600）支持下，中国环境科学研究院等单位制定了保护生态安全的土壤环境基准研究的系列团体标准，由中华环保联合会于 2023 年 10 月 10 日正式发布，包括《建设用地土壤生态安全环境基准制定技术指南》（T/ACEF 087—2023）和《建设用地土壤环境基准制定基本数据集 保护生态安全》（T/ACEF 089—2023）。上述技术指南对规范我国土壤生态安全环境基准研究具有重要参考价值，未来，还需要从国家层面发布相关技术指南，从而进一步推动我国土壤环境基准研究工作的深入开展。

9.2 生态安全土壤环境基准制定程序

通过对国外土壤环境基准/标准的调研，充分借鉴国内外的相关标准和技术指南的经验，结合我国土壤环境基准最新研究成果，本研究建立了我国场地生态安全土壤环境基准制定程序，旨在建立健全我国场地土壤环境基准制定技术导则。场地生态安全土壤环境基准指在特定土地利用类型和保护水平下，土壤中化学污染物不会对土壤生态受体（如植物/作物、土壤无脊椎动物、土壤微生物活性和代谢过程、野生动物等）产生不利影响的理论阈值。采用基于风险方法推导的土壤污染物毒性阈值，是制定场地生态安全土壤环境基准值的主要依据。

场地生态安全土壤环境基准制定程序见图 9-1，工作内容包括场地资料收集与现场调研、场地土壤生态毒性数据获取、场地生态安全土壤环境基准值推导、不确定性分析、场地生态安全土壤环境基准的确定和表述及质量控制 6 部分。由于每种用地方式下的生态受体、暴露途径和暴露参数各不相同，通过场地资料的收集和现场的调研，考虑不同土地利用类型的暴露情景，确定敏感生态受体和保护水平，在此基础上确定生态毒性测试终点、选取生态毒性数据和数据外推方法。

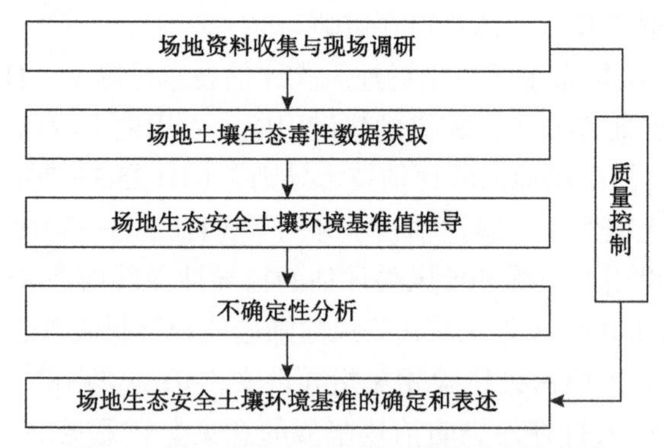

图 9-1 场地生态安全土壤环境基准制定程序

9.3　暴 露 情 景

设定暴露情景是推导场地生态安全土壤环境基准的关键步骤。暴露情景描述潜在污染物在土壤中的来源和迁移过程，并确定关键受体的暴露途径。世界上大多数国家在推导土壤环境基准时，主要设定了四种暴露情景，包括住宅、商服/工业、自然/公园、农业用地。除了农业用地，其他土地利用类型由于不同程度的地面硬化，物种丰富度相对较低，保护水平和暴露途径相对简单。由于每种土地利用类型的具体暴露途径存在差异，有各自的特点，因此，通过设定不同的暴露情景，可以清楚地识别潜在的暴露途径及其生态受体，以及食物链联系导致的间接或二次影响，并为不同的暴露情景设定不同的保护水平。

在不同的暴露情景中，依赖土壤生存的生物体在其生命周期中直接与土壤接触，均可能受到污染土壤的暴露威胁。为了维持土地的正常活动，根据不同土地利用类型，考虑关键生态受体对土壤的依赖性和对污染物的敏感性，本研究区分了直接接触土壤污染物和摄入污染土壤所产生的不利影响，基于此对不同土地利用类型假设了潜在的暴露途径和生态受体。因此，推导场地生态安全土壤环境基准值时，主要考虑与土壤有直接接触的植物、土壤无脊椎动物、微生物和间接接触的食物链中一级、二级、三级消费者的安全。如图 9-2 所示，直接暴露途径主要包括依赖土壤生存的生物体参与，间接暴露途径主要是通过食物链暴露于受污染的土壤，如①土壤-植物、②植物-食草动物、③土壤微生物及养分循环-土壤无脊椎动物、④土壤无脊椎动物-食虫动物、⑤食虫动物-鸟类/哺乳动物。

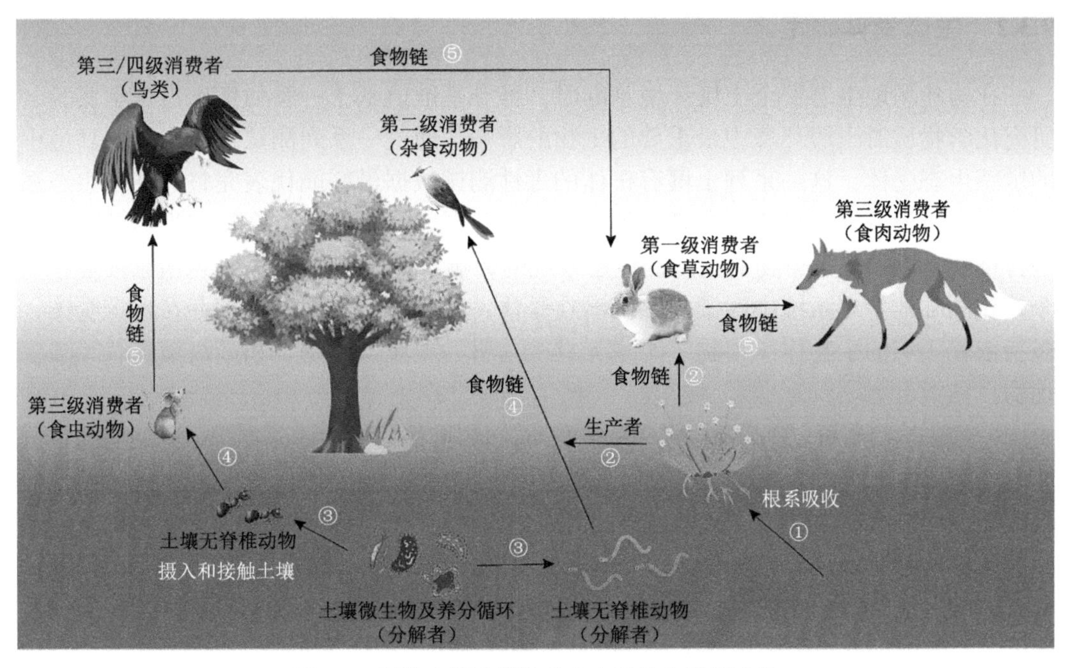

图 9-2　污染土壤中简化的生态受体和暴露途径

9.3.1 土地利用类型

划分土地利用类型的目的主要是如实反映土地的利用现状，基于各类土地的特点分析土地利用方面存在的问题。合理的土地利用分类，为我国科学、准确掌握土地利用现状，提高我国土壤环境管理利用的科学性、合理性，以及为我国土壤环境基准研究和制修订带来积极的影响。基于不同土地利用方式下土壤所提供的生态服务功能，确定生态物种和生态过程保护水平，是制定场地生态安全土壤环境基准的重要依据。

在制定生态安全土壤环境基准时，世界大多数国家考虑了不同土地利用类型的划分，主要分为农业用地、住宅用地、自然/公园用地和商服/工业用地。不同国家根据其生态环境的差异，在土地利用类型的划分上有不同程度的精细化。我国土地利用类型繁多，也比较复杂，目前土地利用类型主要是根据地域差异、用途差异、利用方式、经营特点和覆盖特征等因素划分的。根据其他国家对土地利用类型的划分并结合我国实际，确定我国场地的土地利用类型为三大类：住宅用地、公园用地及商服/工业用地。

根据我国不同地域的土壤特点和生态物种特点，将三大类土地利用类型进行精细化划分。住宅用地包括城市住宅和农村住宅，我国城市住宅属于大面积硬化区域，具有较低的物种丰富度；而农村住宅保留大面积的裸露土壤，仍具有较高的物种丰富度。不同类型公园的生态系统存在较大差异，自然公园保留了较多的自然生态系统特征，而城市公园受人为管理影响，其生态系统更类似于人造生态系统，因此将公园用地进一步细分为自然绿地和城市公园。商服/工业用地则根据其具体土地利用方式划分为商服用地和工业用地。

9.3.2 生态受体确定

在构建场地生态安全土壤环境基准时，推导基准值基于一系列生态毒理学实验，研究化学物质对土壤环境中最重要的生物的影响。通过一系列测试筛选出土壤环境中的敏感生态受体。这一系列土壤有机体的毒性测试数据最好能代表完整的陆地生态系统，如高级消费者、初级生产者、消费者和分解者，对一个或多个特定生物体的结果进行推断，以预测污染物对更广泛生态系统的影响。如图 9-2 所示，该情景描述在一个简化的陆地生态系统中污染土壤的潜在受体，在各级营养水平上都存在暴露受体，包括依赖土壤的生物体（植物、土壤无脊椎动物、土壤微生物）和高级消费者（陆生动物、鸟类）。

一些化学物质可以在环境中存留，随着时间的推移在生物体中累积，并通过食物链放大。例如，土壤中持久性较强的化学物质可能在蚯蚓体内累积，之后蚯蚓可能会被鸟类或陆生动物捕食，因此，这些处于食物链末端的动物可能会接触到有害水平的化学物质，这种影响被称为二次中毒。二次中毒涉及生活在水生或陆生环境中的食物链高级捕食者，是由于其摄入含有累积物质的营养级较低的生物体而产生的毒性作用。在某些情况下，二次中毒可能比化学物质对土壤有机体的直接作用更重要。

ISO 至今已经公布一些世界广布的物种，包括土壤无脊椎动物（昆虫、蚯蚓和线虫）、植物和微生物，以及以微生物为主导的土壤生物过程。其他一些组织，如 OECD、ASTM、USEPA、CCME 等所公布的推导土壤环境基准的生物物种也不外乎 ISO 列举的这些。我国关于生态毒理研究以往更多的是采用国际模式生物（如蚯蚓采用赤子爱胜蚓、土壤跳虫采用白符跳、根伸长试验采用大麦等）。例如，中国科学院南京土壤研究所宋静等（2016）课题组开展的一项研究，以植物、微生物、土壤动物（蚯蚓、跳虫等）为关注受体，开展了室内和田间毒性试验，获取了污染物剂量-效应关系，并尝试采用生态风险评估的方法推导典型区域农田土壤环境基准。

在最新的研究进展中，中国环境科学研究院的王晓南团队针对生态安全土壤环境基准初步筛选了本土植物物种，以生物分布、易于获得和培养、有无标准测试方法等为依据，探索了场地土壤基准受试生物，初步搜集了被子植物门在国内分布广泛的物种。该研究初步筛选被子植物共计 78 种分布广泛的植物物种，其中 53 种易于购买，且部分物种可在野外进行采集（表 9-1）。禾本科包括较多分布广泛的物种，其中包括重要的粮食作物，如稻、大麦、小麦、高粱、玉蜀黍，十字花科也包括较为常见的蔬菜品种，此外，还有常见的牧草、杂草、中草药等分布在各科中。在高等植物中，裸子植物对生态环境的要求显著高于其他三类高等植物，故在我国大部分省（自治区、直辖市）有分布的裸子植物较少，在《中国生物物种名录 第一卷植物》共 6 种植物物种。由于裸子植物难以实验室培养和试验，现阶段不优先推荐作为受试生物。我国的苔藓植物物种总数仅次于被子植物，分布广泛程度高。在《中国生物物种名录 第一卷植物》（上册）的记载中，苔藓植物中细鳞苔科包含较多的物种数，但在 146 种分布广泛的植物物种中，青藓科分布广泛的物种数最多，包括青藓属、燕尾藓属、美喙藓属、同蒴藓属、鼠尾藓属、长喙藓属的 14 个物种。蕨类植物同样在适应环境上表现良好，并且特殊多样的繁殖方式进一步促进蕨类植物的分布，《中国生物物种名录 第一卷植物》（上册）共有 25 科 36 种在我国大部分省（自治区、直辖市）有分布，其中铁角蕨科铁角蕨属植物物种占比较多。调查发现，蕨类和苔藓植物难以获取，现阶段不优先推荐作为受试生物（罗晶晶等，2022）。

表 9-1　我国分布广泛且易于购买的被子植物

科	属	物种名	拉丁学名	野外	科	属	物种名	拉丁学名	野外
菊科	牛蒡属	牛蒡	*Arctium lappa*	—	禾本科	薏苡属	薏苡	*Coix lacryma-jobi*	—
	蒿属	黄花蒿	*Artemisia annua*	是		稗属	稗	*Echinochloa crus-galli*	是
	凤仙花属	凤仙花	*Impatiens balsamina*	—		大麦属	大麦	*Hordeum vulgare*	—
	蒲公英属	蒲公英	*Taraxacum mongolicum*	是		稻属	稻	*Oryza sativa*	是
禾本科	燕麦草属	燕麦草	*Arrhenatherum elatius*	—		黍属	稷	*Panicum miliaceum*	—
	燕麦属	燕麦	*Avena sativa*	是		黍属	柳枝稷	*Panicum virgatum*	—
	野牛草属	野牛草	*Buchloe dactyloides*	—		芦苇属	芦苇	*Phragmites australis*	是

续表

科	属	物种名	拉丁学名	野外	科	属	物种名	拉丁学名	野外
禾本科	早稻禾属	早熟禾	*Poa annua*	是	伞形科	芹属	旱芹	*Apium graveolens*	—
	狗尾草属	狗尾草	*Setaria viridis*	是		蛇床属	蛇床	*Cnidium monnieri*	—
	高粱属	高粱	*Sorghum Bicolor*	是		芫荽属	芫荽	*Coriandrum sativum*	是
	小麦属	小麦	*Triticum aestivum*	是		茴香属	茴香	*Foeniculum vulgare*	—
	黑麦草属	黑麦草	*Lolium perenne*	—		水芹属	水芹	*Oenanthe javanica*	—
	玉蜀黍属	玉蜀黍	*Zea mays*	是		变豆菜属	变豆菜	*Sanicula chinensis*	—
十字花科	芸苔属	芥菜	*Brassica juncea*	—	豆科	落花生属	落花生	*Arachis hypogaea*	是
	芸苔属	欧洲油菜	*Brassica napus*	—		苜蓿属	紫苜蓿	*Medicago sativa*	是
	芸苔属	芜青	*Brassica rapa*	是		草木樨属	草木樨	*Melilotus officinalis*	—
	荠属	荠	*Capsella bursa-pastoris*	—		豇豆属	绿豆	*Vigna radiata*	是
	播娘蒿属	播娘蒿	*Descurainia sophia*	—	蔷薇科	龙芽草属	龙芽草	*Agrimonia pilosa*	—
	屈曲花属	屈曲花	*Iberis amara*	—		草莓属	草莓	*Fragaria × ananassa*	—
	紫罗兰属	紫罗兰	*Matthiola incana*	—	莎草科	莎草属	异型莎草	*Cyperus difformis*	—
唇形科	香薷属	香薷	*Elsholtzia ciliata*	—		水蜈蚣属	短叶水蜈蚣	*Kyllinga brevifolia*	—
	活血丹属	活血丹	*Glechoma longituba*	—	马齿苋科	马齿苋属	马齿苋	*Portulaca oleracea*	是
	益母草属	益母草	*Leonurus japonicus*	是	葫芦科	黄瓜属	黄瓜	*Cucumis sativus*	是
	蜜蜂花属	香蜂花	*Melissa officinalis*	—	毛茛科	飞燕草属	飞燕草	*Consolida ajacis*	—
	薄荷属	薄荷	*Mentha canadensis*	是	荨麻科	堇菜属	三色堇	*Viola tricolor*	是
	鼠尾草属	一串红	*Salvia splendens*	—	茜草科	拉拉藤属	猪殃殃	*Galium spurium*	是
	水苏属	绵毛水苏	*Stachys byzantina*	—					

注：以上物种均属于被子植物，并可在网络平台购买。“野外”指是否可在野外进行采集，“—”表示不易在野外采集。

从方法的标准化与数据的有效性、可比性等角度考虑，用于构建土壤生态基准的毒性数据的获取在很大程度上依赖于本土的代表性物种。以往的研究中，对我国本土模式生物的筛选、基于本土模式生物的标准毒性测试方法的建立及本土模式生物的生态毒性数据积累严重不足，且缺乏系统的梳理与应用。目前，已有大量学者开展了我国本土生态物种毒性研究，并正在逐步形成我国本土敏感性物种名录。中国农业科学院马义兵团队利用文献筛选数据，筛选出 19 种植物、2 种微生物的生态毒理学数据，推导了我国保护生态的重金属铜土壤环境阈值（王小庆等，2014）；筛选出 14 种植物、1 种无脊椎动物和 2 种微生物的生态毒理学数据，推导了我国保护生态的重金属镍土壤环境阈值（王小庆等，2012）。

由于每个污染场地的生物物种都不同，因此各国在推导土壤环境基准时考虑的代表性物种及受体数量也有所不同。USEPA 在推导 Eco-SSLs 时，选择 4 种生态受体（植物、土壤无脊椎动物、陆生动物和鸟类），每种生态受体选择 3 种代表性物种，通常考虑采用体型较小的代表性物种，以期起到对同一营养类别中其他物种的保护性。欧盟委员会构建土壤生态筛选值时推荐了来自 2/3 个营养级的 3 种及 3 种以上代表性物种。

因此，在推导我国场地生态安全土壤环境基准时，推荐的代表性生态物种及过程主要包括土栖生物（包括陆生植物、土壤无脊椎动物及土壤微生物）、土壤生态过程（如硝化作用、呼吸作用等）及在特殊条件下考虑陆生动物和鸟类的二次中毒。在确定不同受试物种的生态受体时应首先考虑推荐的本土化受体，在没有明确推荐的本土生态受体时可选择 ISO 推荐的模式生物。推导基准值时优先选择使用本土模式生物的毒性数据。不同受试物种的生态受体数量推荐如下。

（1）陆生植物：至少 4 种本土主栽植物，如农作物和需要保护的野生植物等，需保证每种陆生植物的毒性数据量大于等于 4 个。

（2）土壤无脊椎动物：至少 3 种本土无脊椎动物，或模式生物如蚯蚓、跳虫、螨虫、线虫等，需保证每种土壤无脊椎动物的毒性数据量大于等于 4 个。

（3）土壤微生物和微生物主导的土壤生态过程：至少包括微生物生物量、土壤呼吸作用、土壤硝化作用，需保证每种土壤微生物和微生物主导的土壤生态过程的毒性数据量大于等于 4 个。

（4）哺乳动物和鸟类：至少 3 种本土哺乳动物和鸟类，需保证每种哺乳动物和鸟类的毒性数据量大于等于 4 个。

对于代表性的生态受体，本研究已初步筛选出用于推导我国保护生态土壤环境基准的陆生植物和土壤无脊椎动物的代表性物种，如表 9-2 所示。

表 9-2　场地生态安全土壤环境基准受试生物推荐名录

序号	受试生物		物种拉丁名	分类	
1	土壤无脊椎动物	蚯蚓	*Eisenia fetida* *Eisenia andrei*	环节动物门	正蚓科
2		蜗牛	*Fruticicolidae*	软体动物门	蜗牛科
3		跳虫	*Folsomia candida* *Folsomia fimetaria*	节肢动物门	棘跳虫科
4		线蚓	*Enchytraeus albidus*	环节动物门	线蚓科
5		线虫	*Caenorhabditis elegans*	线虫动物门	小杆科
6		螨虫	*Hypoaspis aculeifer*	节肢动物门	厉螨科
7		昆虫类	*Oxythyrea funesta*	节肢动物门	
8	植物	凤仙花	*Impatiens balsamina* L.	被子植物门	凤仙花科
9		蒲公英	*Taraxacum mongolicum* Hand.-Mazz.	被子植物门	菊科
10		燕麦	*Avena sativa* L.	被子植物门	禾本科

续表

序号	受试生物		物种拉丁名	分类	
11	植物	稗	*Echinochloa crus-galli* （L.） P. Beauv.	被子植物门	禾本科
12		落花生	*Arachis hypogaea* Linn.	被子植物门	豆科
13		紫苜蓿	*Medicago sativa* L.	被子植物门	豆科
14		绿豆	*Vigna radiata* （Linn.） Wilczek	被子植物门	豆科
15		草莓	*Fragaria* × *ananassa* Duch.	被子植物门	蔷薇科
16		飞燕草	*Onagraceae* Juss.	被子植物门	毛茛科
17		益母草	*Leonurus japonicus*	被子植物门	唇形科
18		薄荷	*Mentha canadensis* Linnaeus	被子植物门	唇形科
19	微生物及其群落	菌根真菌	*Glomus mosseae*	真菌	
20		球形节杆菌	*Arthrobacter globiformis*	细菌	节细菌属

9.3.3 暴露途径识别

本研究在推导场地生态安全土壤环境基准值时，暴露途径主要考虑土壤中生物体的直接生态毒性暴露途径，以及在特定情况下的二次中毒暴露途径。根据受体对象，对暴露途径进行了划分，植物的暴露途径主要包括直接接触和植物吸收，土壤无脊椎动物的暴露途径包括直接接触和摄入土壤，土壤微生物的暴露途径包括直接接触和分解作用。陆生动物和鸟类的暴露途径包括喂养、梳理羽毛过程中无意识地直接摄入、食用与土壤直接接触的食物。在三大类土地利用类型的基础上，设定了不同的暴露情景，并确定了关键生态受体和不同受体的多种暴露途径（表 9-3）。

表 9-3　不同土地利用类型的暴露途径

暴露途径	住宅用地	公园用地	商服/工业用地
土壤接触	土壤养分循环过程、土壤无脊椎动物、植物、野生动物	土壤养分循环过程、土壤无脊椎动物、植物、野生动物	土壤养分循环过程、土壤无脊椎动物、植物、野生动物
土壤和食物摄入	食草动物①、二级和三级消费者①	食草动物①、二级和三级消费者①	—

①当污染物具有生物累积或生物放大性时，需要考虑保护食草动物（住宅/公园）及二级和三级消费者（住宅/公园用地）。

城市住宅假定是由多层建筑组成的，住宅区大部分被硬表面覆盖，带有一些小面积的景观或草坪，因此该区域存活的生物主要是本地植物、本地土壤生物、小型陆生动物和由于迁徙而短暂停留的野生动物。农村住宅不包括农业生产区，住宅范围通常有院落，院落或住宅附近有足够大面积的裸露土壤，因此该区域存活的生物种类丰富，可能同时存在多种本地生物和外来生物，包括植物、土壤生物、陆生动物和鸟类。因此，住宅用地的暴露途径（关键生态受体）包括直接暴露途径（植物、土壤无脊椎动物和土壤微生物）和二次中毒暴露途径（陆生动物和鸟类）（图 9-3 和图 9-4）。

图 9-3　城市住宅用地污染土壤的主要生态受体和暴露途径

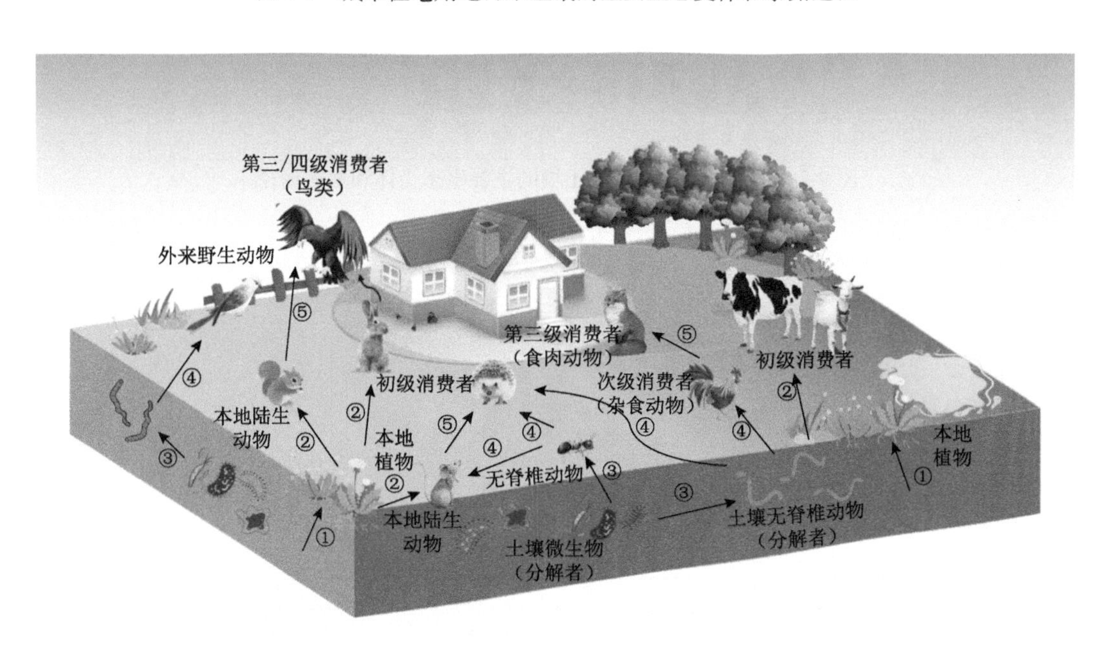

图 9-4　农村住宅用地污染土壤的主要生态受体和暴露途径

公园用地指公开观赏型，具有生态、景观和文教等功能，有一定游憩和服务设施的绿地。公园中可能包括草坪、花园、植被区、人行道以及娱乐区，一些区域被硬表面覆盖，也有一些区域存在裸露土壤。城市公园具有较多的人为构建和较全面的功能管理，在该区域存活的生物需要对人类活动具有较高的容纳性和适应性，主要为长期生活在该环境的本土植物、土壤生物、小型陆生动物及由于迁徙而短暂停留的野生动物。自然绿地指天然起源的绿地区域，具有大面积绿地和丰富的生物多样性，该区域存活的生物不仅有本地生物，也可能存在大量外来物种，包括植物、土壤生物、陆生动物和鸟类。因此，公园用地的暴露途径（关键生态受体）包括直接暴露途径（植物、土壤无脊椎动物和土壤微生物）和二次中毒暴露途径（陆生动物和鸟类）（图 9-5 和图 9-6）。

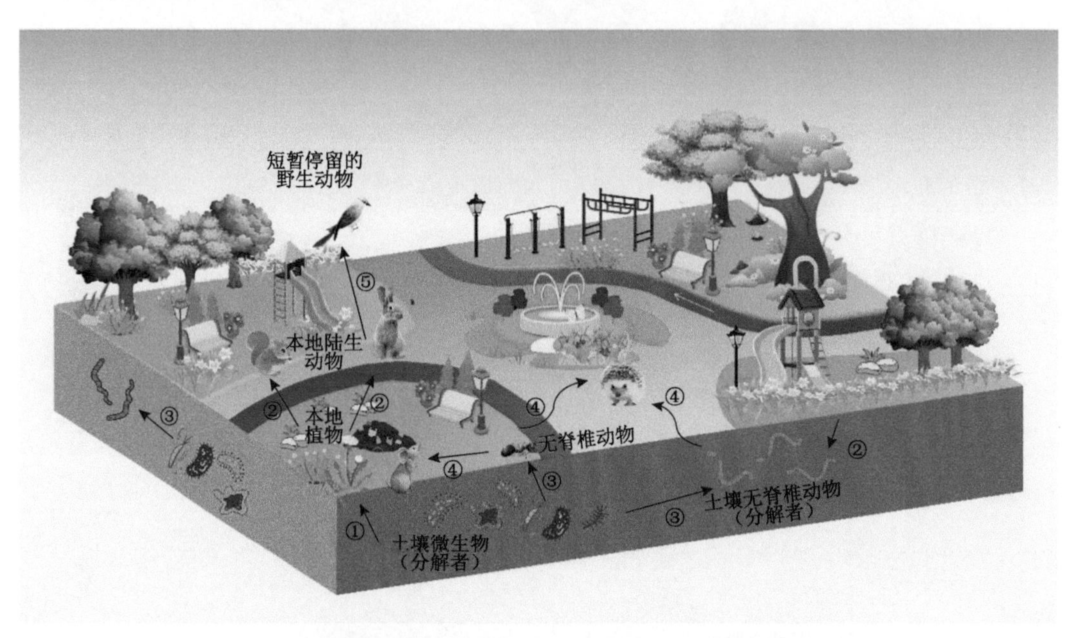

图 9-5　城市公园用地污染土壤的主要生态受体和暴露途径

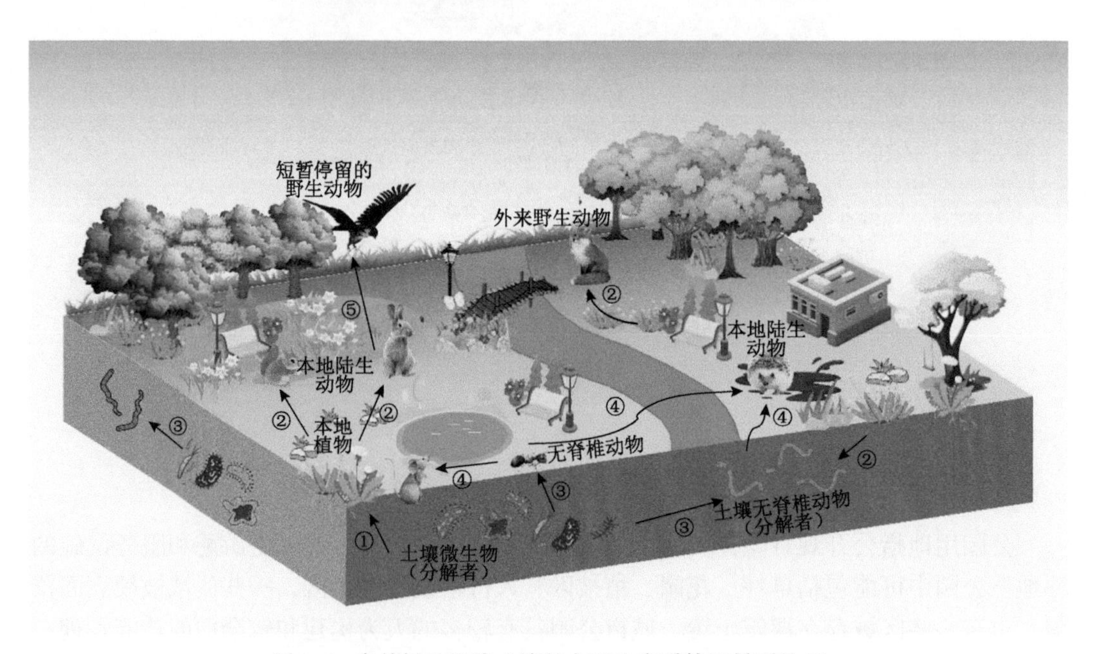

图 9-6　自然绿地污染土壤的主要生态受体和暴露途径

商服/工业用地一般指用于商业、服务业、工业生产、产品加工制造、机械和设备维修等轻工业的附属设施用地。将商服/工业用地归为一类：一是因为根据潜在的风险很难区分商业场所和工业场所，二是因为污染场地的未来土地利用类型存在较大的不确定性。该区域主要为硬表面，地下和地面存在的生物种类较少，主要为本地生物，由于迁徙也可能存在外来野生动物。商服/工业用地的暴露途径（关键生态受体）包括直接暴露途径（植物、土壤无脊椎动物和土壤微生物）和二次中毒暴露途径（陆生动物和鸟类）（图 9-7）。

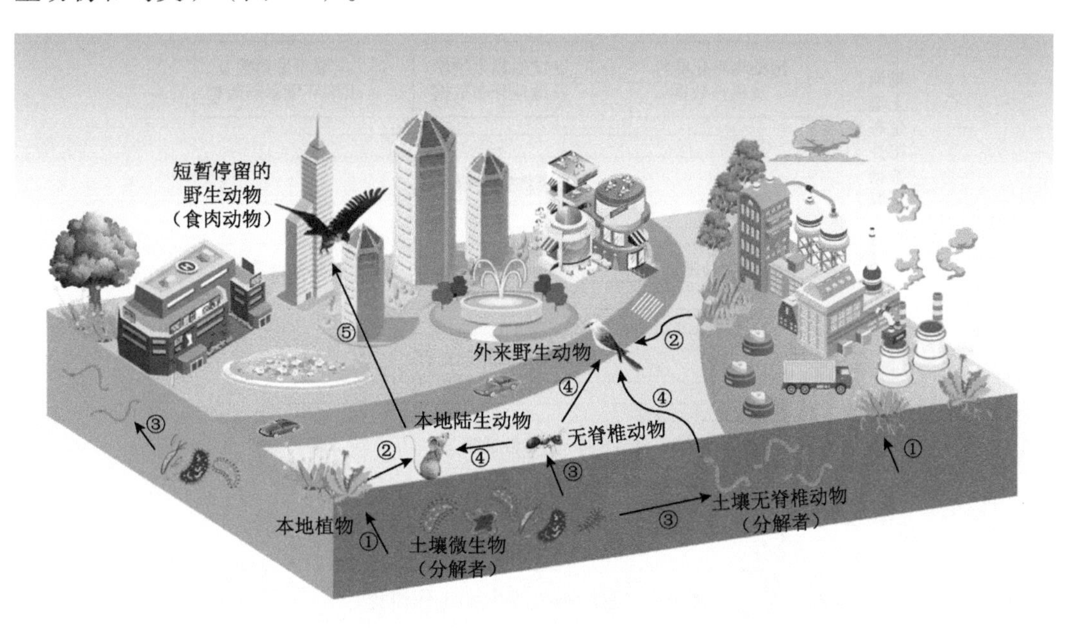

图 9-7　商服/工业用地污染土壤的主要生态受体和暴露途径

9.4　毒性数据的获取

毒性数据的获取是制定科学合理的场地生态安全土壤环境基准的基础。世界各国虽然已有一些公共数据库可以提供相关的毒性数据，但与庞大的物种数量及持续更新的化学物质相比，已有的数据是远远不够的。目前已有的污染物毒性数据大部分是针对特定的实验物种，这些物种一般易于观察和饲养，或者对污染物有较高的敏感性。因此，已有的物种数据是否可以表征整个生态系统仍存在争议，并且仍存在一些生态物种的毒性效应没有进行充分研究，只有少量的急性毒性数据。在较小数据集的情况下，生态安全土壤环境基准的推导存在较大的不确定性。除此之外，由于不同地区的生态系统存在很大的差异性，利用其他国家或地区的特定生态物种的毒性数据推导我国生态安全土壤环境基准存在较大的不确定性。因此，需要选择适合当地生态系统的代表性物种并收集相关毒性数据进行毒理学实验研究。数据获取主要包括数据的收集、筛选和评价，毒性数据获取的工作流程见图 9-8。

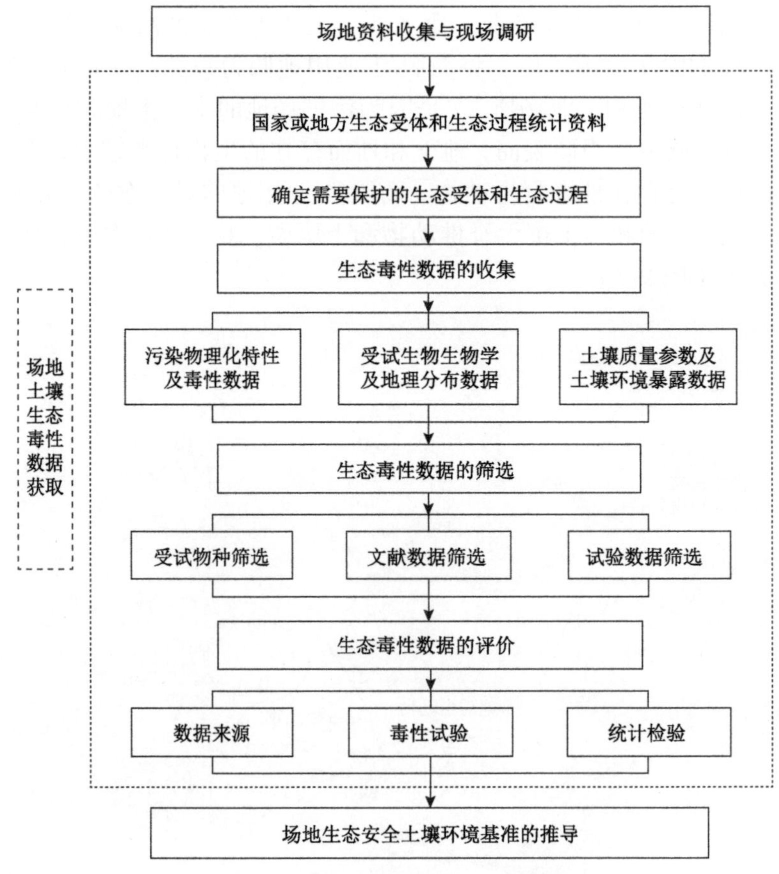

图 9-8　毒性数据获取的工作流程

9.4.1　数据收集

1. 数据来源

在资料收集与数据筛选过程中，首先应收集国家或地方生态受体和生态过程统计资料，在对统计资料进行充分分析的基础上，确定需要保护的生态受体和生态过程，然后收集相应的生态毒性数据资料。不同的国家在制定土壤环境基准时，都会从已有的数据库或国际文献资料中获取有关污染物的理化参数和生态毒性数据。

美国在制定 Eco-SSLs 时，数据主要从两个来源获取，包括：文献资料，如相关参考书、技术导则以及综述性文章；相关数据库，如 USEPA 的“ECOTOX 数据库”、美国国家农业图书馆的“AGRICOLA 数据库”、美国生物科学信息服务社（BIOSIS）开发的“BIOSIS Previews 数据库”、美国《化学文摘》（*Chemical Abstract*）的目标数据库、美国国立医学图书馆的“TOXLINE 数据库”等。

英国在制定 SSVs 时，数据来源包括：相关文献中获得的土壤有机体的生态毒性试验数据；欧洲化学品管理局（ECHA）提供的化学物质授权及限制（REACH）下特定化学物质的剂量–效应关系数据，以及国际统一化学品信息数据库 IUCLID 的毒性数据。

荷兰国家公共卫生与环境研究所（RIVM）在制定 ERL 时，数据来源包括：①相关数据库检索有关毒性数据，如 ECOTOX 数据库、IUCLID 数据库、日本国立技术与评价研究所（NITE）数据库、经济合作与发展组织（OECD）数据库等；②文献中搜集的相关数据；③来自其他国家环境机构的相关数据；④参与化学物质生产或使用的行业提供的相关研究数据。

我国也有常用的文献数据库，如中国知网（CNKI）、万方数据库、维普数据库（VIP）、中国科学引文数据库（CSCD）、中国生物医学文献数据库等科学引文索引数据库。生态毒性数据库如中国科学院生态环境研究中心的“化学物质毒性数据库”。我国虽已有各种生态毒性数据研究，但仍缺少系统且收录完整的毒性数据库。

在制定我国场地生态安全土壤环境基准时，应最大限度利用国内文献数据库和毒性数据库，在缺乏数据或相关数据非常少的情况下采用国际推荐的毒性数据库。具体数据来源包括：国家或地方发布的实测或调查数据；有明确数据来源的国内外生态毒性数据库；场地土壤生态毒性实验获得的实测数据；经同行评议公开发表的文献或报告；经专家判断可靠的其他来源数据；在基准制定过程中补充测试的物种毒性数据。

2. 数据分类

1）污染物固有的理化特性数据

污染物的化学结构是决定其毒性的重要物质基础，如分子饱和度，分子中不饱和键增多使污染物的毒性增大。对于金属污染物，金属阳离子比阴离子更容易被土壤颗粒吸附，同时金属能与土壤中的其他成分形成络合物或沉淀，进而影响金属的毒性。对于有机物，有机物的亲油性和持久性会改变它们在土壤中的迁移转化，如 PCBs 对土壤和有机质有高度的吸附作用，并容易在食物链中生物累积。对于非离子有机物，有机质含量越高的土壤对非离子有机物吸附性越高。

推导场地生态安全土壤环境基准时，需要收集的污染物固有的理化特性数据包括：①物质名称，如化学物质中常见物质的名称、俗称、化学式、俗名、化学名称、主要成分化学式或结构简式。②分子量（M_r），是指化学式中各个原子的相对原子质量的总和，g/mol。③CAS 编号（CAS Registry Number 或称 CAS Number，CAS Rn，CAS #），是某种物质[化合物、高分子材料、生物序列（Biological Sequences）、混合物或合金]的唯一的数字识别号码。④EINECS 号，全称为“欧洲现有商业化学物品目录”，指 1981 年 9 月以后上市的所有化学物品。⑤UN，是联合国《关于危险货物运输建议书 规章范本》中给每一种或类物质/物品划定的系列编号，由 4 位阿拉伯数字组成，如 1993、3082、3077 等。⑥熔点（T_m），是由固态转变（熔化）为液态的温度，℃。⑦沸点（T_b），是液体的饱和蒸气压与外界压强相等时的温度，℃。⑧蒸气压（P_v），通过实验确定的熔点和沸点可用于估计蒸气压，Pa。⑨亨利常数（H），描述化合物在气液两相中分配能力的物理常数，有机物在气液两相中的迁移方向和速率主要取决于亨利常数的大小，$Pa·m^3/mol$。⑩电离常数（pK_a），即弱电解质的电离平衡常数。⑪溶解度（S_w），通过实验确定的熔点值可用于从 $\log K_{ow}$ 估算溶解度，mg/L。⑫挥发度，表示某种纯净物质（液体或固体）在一定温度下蒸气压的大小；具有较高蒸气压的物质称为易挥发物，具有较低蒸气压的物质称为难挥发物。⑬辛醇-水分配系数（K_{ow}），定义为某一有机物在某一个温度下，在正辛醇相和水相达到分配平衡之后，两相的浓度比值；K_{ow} 是讨论有机污染物在环境介质（水、土壤或沉积物）中分配平衡的极其重要的参数。⑭化学平衡常数（K_c、K_p、K_{sp}、K_a、K_b、K_w），K_c 是平衡浓度，K_p 是平衡压强，K_{sp} 是沉淀溶解平衡常数，K_a 是酸的电离平衡常数，K_b 是碱的电离平衡常数，K_w 是水的离子积常数。⑮土壤-水分配系数（K_d），是一种物质在土壤固相和水相中浓度的比值；对于有机质，有机化合物可通过溶解作用分配到土壤有机质中，并经过一定时间达到分配平衡，此时有机化合物在土壤有机质和水中含量的比值，对于有机物质最好归一化为有机碳的分配系数 K_{oc}；对于金属，采用基于场地的分配系数。⑯半衰期（$t_{1/2}$）等，只有符合一级动力学的化学反应才具有稳定的半衰期数据，化学反应的半衰期数据并非一成不变，而是会受到温度因素的影响。

2）污染物的生物有效性

污染物的生物有效性指在一定条件下，污染物经过吸附/解吸和活化后进入生物体循环系统的有效部分。生物有效性是一个多过程连续作用的结果，既取决于污染物的赋存状态，又取决于生物吸收过程（李冰等，2016）。前者受土壤性质、污染物性质及污染物与土壤作用等因素影响；后者受生物体种类及状态的影响，生物体可通过自身活动如释放分泌物对污染物的赋存形态起作用。在制定场地生态安全土壤环境基准时，不仅要考虑土壤污染物的总量，还需要考虑污染物的生物有效性。

A. 污染物的赋存形态

土壤中重金属具有多种化学形态，包括可交换态、碳酸盐结合态、有机物质结合态、Fe-Mn 氧化态和残留态（Tessier and Turner，1996）。已有研究表明不同化学形态的重金属的生物有效性不同，其对生物体产生的毒性效应也存在较大差异。例如，岳克（2017）以植物为受试生物，研究了镉在土壤中的赋存形态及植物对不同形态镉的吸收，结果表明土壤中镉的主要形态为交换态和碳酸盐结合态。唐冰培（2014）研究表明，水稻土中砷的形态主要是专性吸附态和无定型铁锰氧化物结合态，其中吸附态砷易被植物吸收，对植物危害最大。

土壤中的有机污染物并非处在一个完全固定的状态，其主要以吸附的形式吸附于不同的土壤组分，其赋存形态的差异导致生物有效性不同。已有研究表明，亲水性有机污染物容易吸附在土壤溶解性有机质中，其生物有效性较大，在土壤-植物体系中更容易迁移；而疏水性有机污染物更容易形成结合态和锁定态，难以被动植物吸收（吴翔，2018）。Wang 等（2017）根据 PAHs 在土壤中的环境行为，将土壤中 PAHs 分为水溶态、酸溶态、结合态和锁定态四种形态，并提出不同形态 PAHs 被土壤中动植物吸收利用存在差异。

B. 污染物的迁移转化

污染物在土壤中可发生迁移、积累、转化、代谢等多介质界面行为（王晨，2015）。进入土壤的有机污染物以不同的作用力结合在土壤的不同微观结构上，结合状态发生高度分化，进而表现出不同的生物有效性（张闻，2011）。土壤中重金属在各种复杂的物理化学和生物化学过程作用下，形成了与多种物质、以多种方式相结合的不同形态的重金属，其可迁移性和生物有效性也截然不同（赵云杰，2015）。李晓晓等（2020）关于场地方面重金属形态和迁移的关系研究发现，土壤中重金属的形态分布不仅决定其迁移能力的大小，而且还可以反映其生物有效性及生态毒性的大小。

C. 土壤理化性质

污染物的生物有效性会受到土壤性质的影响，如pH、有机质、氧化还原电位等。土壤pH是土壤性质中一项十分重要的指标，它制约着土壤中的成分、形态和化学反应（柴世伟，2004）。土壤中大多数重金属的吸附性随pH升高而增大，而pH越低，可溶态重金属浓度越高，生物有效性越高。土壤有机质的含量对生物有效性具有很大影响。高有机质含量及黏土含量能够降低有机农药对生物的暴露。除此之外也有研究发现，随着土壤温度的升高，多环芳烃与五氯芬的生物有效性显著提高，降解量显著增加（Gao et al., 2008）。土壤的氧化还原电位可以改变重金属的价态，进而改变重金属的生物有效性。

3）污染物对土壤生物的毒性数据

污染物种类繁多，且土壤生态系统与生物个体千差万别，使得污染物对生物的影响机制多种多样。污染物进入生物体之后，对生物体的生长、新陈代谢、生理生化过程产生各种影响。污染物对土壤中的微生物、原生动物、节肢动物、环节动物、软体动物等会产生不同的影响，它们既可以通过直接急性毒性影响土壤生物，又可以通过食物链对土壤生物造成间接的影响。同时，不同的污染物产生的毒性作用影响也会存在差异。已有研究表明，残留在土壤中的不同污染物对各种土壤生物均有不同程度的影响。低水平的硝酸铅虽然对繁殖和发育无影响，但对其生长有影响；而氯氧化铜对蚯蚓的生长和繁殖率都有明显的影响（刁晓平和史光华，2004）。

污染物对土壤生物的毒性作用，在各级营养水平上都存在暴露受体。对动物的影响指标包括死亡、行为、繁殖、生长和发育、物种敏感性和代谢变化等。对植物的影响包括细胞生育、组织分化及植物体的吸收机能、光合作用、呼吸作用、蒸腾作用、反应酶活性、次生物质代谢等过程。对微生物的影响主要表现在种群、活性、营养和能量循环等。

推导场地生态安全土壤环境基准值时，可能影响生态受体（个体或种群）特性的慢性毒性指标或亚致死毒性指标：对于陆生植物，选择生物量、根伸长等；对于土壤无脊椎动物，选择繁殖、种群和生长等；对于土壤微生物和微生物主导的土壤生态过程，选择微生物生物量、土壤硝化作用、土壤呼吸作用等。不同毒性指标定义见表9-4～表9-7。

表9-4 土壤植物相关毒性终点及其定义

毒性指标	定义
生物量	某一时刻单位面积内实际生活的植物总量，植物产物的测量
根伸长	植物根的生长由根尖部分完成，通过分裂增生产生新细胞，后部根毛逐渐老化，新生部分由不断生长出新的根毛进行补充的过程

表9-5 土壤无脊椎动物相关毒性终点及其定义

毒性指标	定义
繁殖	测量出的有毒物质对生产后代的效应。与繁殖相关的生态相关毒性终点包括繁殖力的变化、所生产的后代数量、繁殖率（孵化率等）、成熟率、性发育、性表达的变化及异常后代不育数量的比例
种群	同一时间生活在一定自然区域内，同种生物的所有个体。种群的测量值包括种群数量和种内动态；与种群相关的生态毒性终点，包括大小和年龄阶层结构的变化、性别比例的变化、固有种群的增长率、后代的生存能力、多样性、均匀性、种群大小指数（计数、数量、丰度）、生命表数据、种群密度（数量/面积）
生长	包含质量和长度测量的广泛范围。与生长和发育相关的生态毒性终点包括体重变化等反应

表 9-6　土壤微生物相关毒性终点及其定义

毒性指标	定义
微生物生物量	土壤中活体微生物细胞的质量。某一时间单位面积或体积栖息地内所含一个或一个以上微生物种，或所含一个微生物群落中所有生物种的总个数或总干重（包括生物体内所存食物的质量）
土壤硝化作用	在硝化细菌的作用下，土壤中的氨态氮被氧化成亚硝酸，并进一步被氧化成硝酸的过程
土壤呼吸作用	土壤中的真菌和细菌等进行新陈代谢活动，消耗有机物，产生并向大气释放二氧化碳的过程

表 9-7　土壤陆生动物和鸟类相关毒性终点及其定义

毒性指标	定义
死亡	在毒性试验周期中，受试物种死亡的累计数量
生长	包含质量和长度测量的广泛范围。与生长和发育相关的生态毒性终点包括体重变化等反应
生殖	生殖指由亲本产生新个体的生物过程

4）受试生物的生物学及地理分布数据

土壤是地球上生物多样性最高的栖息地之一。我国地层发育齐全，沉积类型多样，地质构造复杂。我国是全球具有重要地质特色的地区之一，多种多样的地质构造活动不仅构成多姿多彩的地形地貌，还形成丰富的生物多样性。我国疆土辽阔、资源丰富，不同地域地理位置及社会经济条件的差异，不仅使土地构成的诸要素的自然性状不同，如土壤、气候、水文、地貌、植被、岩石，而且人类活动的影响也不同，使得土地的结构和功能各异，从而造就土壤生物的分布及特性各异。生活在土壤中的生物是非常多样的，包括土壤微生物（如古生菌、细菌、真菌和原生生物等）、土壤无脊椎动物（如轮虫、线虫、螨类、弹尾虫、蚯蚓，以及蚂蚁、白蚁、蜈蚣、千足虫等大型节肢动物）及植物（如植物根系）。土壤环境因素的变化更易导致物种数量的变化，使群落的不稳定性增强。

我国拥有最丰富、最多样化的植物区系，包括泛北极、泛热带、古热带、古地中海和古南大陆等各种成分，不同区系的植物名录也有所不同。除此之外，我国各省域面积大小不一，各省域的动物类也存在差异，且具有一定的地理分布规律和区系特征。可见，我国生态物种因不同自然环境和地理条件的影响呈现出多样化分布，不同物种的生息演化同时影响着不同区域土壤的物理化学性质。因此，在推导场地生态安全土壤环境基准时，需要收集受试生物的生物学及地理分布相关信息，包括受试生物的学名、常用名、拉丁名、生活习性、栖息地特征、地理分布区域等。

5）与污染物毒性相关的我国土壤质量参数数据

污染物与土壤是相互作用的，推导我国场地生态安全土壤环境基准的主要土壤参数包括土壤 pH、CEC 和阴离子交换量（AEC）、黏土含量、有机质含量等。

（1）土壤 pH：pH 是影响土壤中污染物剂量-效应关系的主要变量，它几乎控制土壤中污染物和生物过程的所有方面。这些过程包括溶解、沉淀、形态演变和吸附过程及微生物活性。对于金属，土壤 pH 直接影响金属络合物的净电荷及其沉淀/溶解反应。对于有机酸，如 PCP，污染物以阴离子形式存在的比例随着 pH 的增加而增加。土壤 pH 的增加也会导致带负电荷的土壤胶体数量增加，同时带正电荷的土壤胶体数量减少。因此，土壤 pH 的增加直接影响孔隙水中金属或有机离子的吸附和去除。

（2）CEC 和 AEC：土壤表面的可用电荷以 CEC 和 AEC 来量化。CEC 衡量土壤吸附和释放阳离子的能力，它与可用负电荷的数量成正比。同样，AEC 衡量土壤吸附和释放阴离子的能力，是对可用的正电荷的量化。CEC 与黏土含量、类型、有机质和土壤 pH 直接相关，如蒙脱石（黏土含量较高）比高岭石（黏土含量较低）的 CEC 要高。AEC 主要与非晶态氧化物有关，并随着土壤 pH 的增加而减少。如前所述，大多数土壤带正电荷，AEC 都非常小，在与环境相关的 pH 范围内通常可以忽略不计。因此，CEC 通常作为评估污染物的重要参数。

（3）黏土含量：黏土是小于 2μm 的土壤颗粒。高黏土相对于砂土有更高的表面积。非离子有机污染物主要被有机质吸附，但高表面积的土壤也会通过弱的物理相互作用而增强对有机污染物的吸附。土壤的大部分 CEC 来自黏土表面的负电荷，因此，由于 CEC 的存在，高黏土对有机或无机阳离子及非离子有机污染物具有较高的吸附性，从而使污染物的毒性效应低于砂土。此外在一定的土壤条件下，金属可以与无机土壤成分如碳酸盐和磷酸盐形成沉淀，从孔隙水中去除污染物，从而降低污染物的毒性效应。

（4）有机质（有机碳）含量：有机质包括处于不同分解阶段的植物和动物的遗体，如土壤有机体的细胞和组织，以及来自植物根系和土壤微生物的物质。有机质主要由碳、氧和氮组成，平均而言，大约 58%的有机质是有机碳。土壤的有机质含量变化范围很广，从砂土的<1%到泥炭土的几乎 100%，其中大多数土壤的有机质含量<10%。此外，有机质含量通常在表层土壤或根区较高，而在土壤剖面中随着深度的增加而降低。

有机质对有机化合物和土壤中的某些金属有很高的亲和力，因此降低它们的毒性效应。有机污染物优先被与极性液相相关的有机质吸附，有机酸官能团通常存在于有机质中，对金属阳离子具有较高的亲和力。在平衡状态下，非极性或中性有机污染物吸附量与有机质的数量呈正相关，与水溶性成反比。土壤有机质的另一个间接影响是其限制污染物的传质作用。有机污染物从土壤颗粒到周围孔隙水的质量转移率与污染物的土壤-水分配系数成反比。因此，随着有机质含量的增加，有机污染物释放速率降低，从而降低污染物的整体毒性效应。

6）污染物土壤环境暴露数据

污染物暴露指污染物通过特定的途径作用于非生物因子或生物因子等目标物的行为。对于土壤，主要指环境中有毒物质与其他物质发生接触的物理和化学过程；对于动物、植物、微生物等生物体，主要指外源有毒物质通过特定接触途径与生物体的作用过程。按其作用方式，可分为直接暴露和间接暴露；按生态受体，可分为主动暴露和被动暴露；按其暴露剂量高低和作用时间长短，可分为低剂量长时间暴露和高剂量短时间暴露。

在推导场地生态安全土壤环境基准时，污染物土壤环境暴露数据是构建污染物土壤环境暴露剂量-效应关系的关键。目前，我国已有相关数据的收集途径。2019 年，生态环境部发布的《暴露参数调查基本数据集》（HJ 968—2019）是我国第一个生态环境信息基本数据集，共包括 62 个数据元。2021 年，针对持久性有机污染物，北京航空航天大学公布“中国持久性有机污染物质的在线数据库”，为现有持久性有机污染物的暴露和风险数据的收集、标准化及分析提供平台与方法。

9.4.2 数据筛选

1. 受试物种筛选

在制定场地生态安全土壤环境基准的过程中，确定不同受试物种的生态受体时，应首先考虑推荐的本土化受体。但是由于我国还没有系统而完整的推荐的本土化模式生物，所以优先推荐选取场地本土受试物种。所选取的受试物种应符合生态毒性实验条件，并满足生态保护的需求，以及在社会、经济和文化方面相对重要，具体满足以下条件。

（1）受试物种具有生态相关性，应能反映我国土壤生物区系特征，能充分代表土壤中不同生态营养级别及其关联性，或具有重要经济价值，以栖息或分布于我国境内的代表性土壤生物为优选对象。

（2）受试物种在场地暴露于污染物的程度和机制已知，包括在场地停留时间、暴露途径和作用方式、生活范围等。

（3）受试物种对污染物质应具有较高的敏感性及毒性反应的一致性。

（4）受试物种的毒性反应有规范的测试终点和方法，能适当度量终点效应的可能性，如生物多样性变化、数量变化等。

（5）受试物种的生态毒理学和生活史数据具有可用性，即优先选择生态毒理学数据容易获得的受体。

（6）当采用野外捕获物种进行毒性测试时，应确保该物种未曾接触过目标污染物。

（7）有害的外来入侵物种不应作为受试物种，其他对我国自然生态系统有明确危害的土壤生物也不应作为受试物种。

（8）对于我国珍稀或濒危物种、特有物种，应根据国家野生动物保护的相关法规进行选择作为受试物种。

2. 收集的生态毒性数据筛选

在基准研究中，应针对不同污染物的毒性效应，选取恰当的毒性终点数据。世界各国在制定生态安全土壤环境基准时，优先选用亚致死毒性或慢性毒性数据，但是由于不同土壤生态受体毒性数据的缺乏，有的国家也会考虑使用致死和急性毒性数据，如第 2 章所述。

不同污染物具有不同的毒性效应，不同的毒性效应终点获得的毒性数据数值往往具有差异性。对于一些常规污染物，一般获得其生长抑制、呼吸抑制、运动抑制、致死等毒性终点的毒性数据即可；而对于一些特殊污染物，选择特定毒性效应，可能导致推导的基准过于宽松，不足以保护生态物种免受污染物的毒害作用。因此，在推导场地生态安全土壤环境基准时需要选取不同的毒性终点，选取更敏感的毒性终点进行基准的推导，优先选择可能影响生态受体个体或种群特性的慢性毒性指标或亚致死毒性指标。因此，对生态毒性数据进行有效的筛选显得十分必要。

因此，通过文献、数据库等方式收集的生态毒性数据应符合以下筛选原则。

（1）可根据文献资料确定测试生物暴露于土壤污染物的时间和毒性指标，并能基于剂量-效应关系估算毒性效应浓度 EC_X，如 EC_{10}。

（2）文献中应记录开展毒性实验的条件，包括土壤 pH、有机质、黏粒含量、土壤温度变化和老化时间等，并应同时提供土壤污染物的实际浓度和添加浓度。

（3）用于研究环境条件（如土壤温度变化）对土壤污染物生态毒性影响的实验数据可以采用。

（4）陆生植物、无脊椎动物和土壤生态过程的相关生态毒性数据应分类评估。

推导场地生态安全土壤环境基准时，上述筛选所得的毒性效应数据还需进行进一步选择，具体遵循以下原则。

（1）污染物实测浓度毒性数据优先于污染物理论浓度毒性数据。

（2）同一物种有不同毒性终点时，选择最敏感的毒性终点的毒性参数。

（3）同一毒性终点有多个效应指标时，慢性毒性数据的优先性为 EC_{10}>EC_{20}>NOEC>LOEC>EC_{50}>LC_{50}；急性毒性数据通常为 LC_{50} 或 EC_{50}，不区分优先性。或通过建立 EC_{10} 与 EC_{20} 或 EC_{50} 之间的回归模型将其转换为 EC_{10}。

（4）同一毒性终点有多个效应浓度（如 EC_{10}、EC_{20}、EC_{50} 等）时，优先采用或通过建立 EC_{10} 与 EC_{20} 或 EC_{50} 之间的回归模型将其转换为 EC_{10}。

（5）同一物种的不同品种有多个 EC_{10} 时，取其几何平均值。

3. 实验的生态毒性数据筛选

在收集相关生态毒性数据时，由于我国本土生态毒性数据较少，因此可以通过开展场地土壤生态毒性实验来获取相关毒性数据，或通过补充测试来获取相关物种的毒性数据。在场地生态安全土壤环境基准推导过程中，通过场地土壤生态毒性实验获取实测毒性数据应满足以下原则。

1）土壤生态毒性实验

（1）室内生态毒性实验或野外的生物测试应优先考虑我国的本土模式生物，在不具备足量本土生物研究的情况下可等效采用 OECD 或 ISO 推荐的模式生物。

（2）室内生态毒性实验或野外的生物测试按照我国发布的相关国家标准方法（GB/T 21809、GB/T 31270 等）开展；在无相关国家标准方法的情况下，可等效采用 OECD 或 ISO 的标准方法。

（3）实验应避免存在关注污染物之外其他因素的显著干扰。

（4）毒性效应数据 EC_X 应通过适宜的统计分析方法获得。

（5）土壤污染物的测定必须采用标准化的分析测试方法。

（6）当使用野外毒性数据时，除满足上述要求外，还应同时满足以下条件：效应数据必须来自同一地区同一研究实验周期，并有供试土壤理化性质数据；样品采集、处理和保存应按照相关标准方法的要求进行；野外实验设计具备科学性，应设平行、对照组，采样过程应避免交叉污染等。

2）实验试剂

（1）应明确试剂的准确名称及化学品登记号（CAS）。当试剂为无机盐时，应说明实验结果的试剂物质化学形态。

（2）试剂纯度应满足我国国家标准规定（一般应≥95%），否则应进行专家判断，并根据试剂纯度对实验数据进行校正或采用实测浓度。

国际上规定一般情况下用于基准推导的毒性测试用试剂的纯度要达到80%或90%以上，我国基准制定针对的主要是典型优控污染物，大部分毒性数据测试所用试剂纯度都比较高，因此规定试剂纯度一般应大于95%的要求。

3）受试生物

（1）应说明受试生物的拉丁名称、生命阶段、来源（实验室、野外），野外获取的应说明获取物种的具体地理位置。

（2）实验开始前，应将受试生物在实验条件下进行驯养，标准受试生物在驯养期间的死亡率应符合测试方法要求，非标准受试生物的驯养死亡率最大不能超过10%。

（3）不能采用单细胞动物的毒性数据。

4）暴露条件

实验暴露条件强调应根据污染物的理化性质和受试生物的特点选择适宜的实验系统。污染物的理化性质差异明显，包括挥发性、溶解性等，应根据污染物不同的理化性质选择适宜的实验系统。不同土壤生物的适宜生长条件也不同，开展毒性实验测试的土壤条件应符合受试生物的生存要求并且稳定在一定范围内。具体包括以下四方面。

（1）应根据污染物的理化性质选择适宜的实验系统（开放式、半开放或全封闭等），对于在实验体系中不稳定的物质（半挥发性、挥发性物质等），实验过程中应对其暴露浓度进行测定。

（2）实验系统应符合受试生物的生存特点，环境条件应根据受试生物的生存要求稳定在一定范围内。

（3）实验暴露途径与暴露条件应与受试生物的自然生存条件一致。

（4）毒性实验系统的生物负荷应符合或接近标准测试方法的规定。

9.4.3 数据评价

1. 推导基准数据可靠性评估

对于推导基准的数据，不同的国家有不同的选择标准、选择方法与质量要求。荷兰将毒性数据分为完全可靠的数据、有限可靠的数据、不可靠的数据及无法归类和编码的数据四大类，对数据质量进行评分。美国同样采取评分制，对植物和土壤无脊椎动物毒性数据设置了9个评估标准，对野生动物数据设置了10类评分依据，根据毒性数据的质量进行评分。

筛选后的生态毒性数据，应对每一项进行评估质量和适用性评分。每项数据根据10个具体的研究评估标准进行评分（表9-8），评估标准采用三分制，每项数据的最高分数是18分。如果一项数据的得分低于11分，则不采用该数据。

表9-8　陆生植物和无脊椎动物的生态毒性数据评估标准

序号	评估标准	评估依据与方法	得分
1	数据来源	a. 符合标准原则且报告所有测试参数的实验数据	2
		b. 文献或数据库的原始数据	1
		c. 二次来源	0
2	生物有效性	a. 使用生物有效性高或很高的天然土壤进行试验	2
		b. 使用生物有效性中等的天然土壤，或使用人工土壤进行试验	1
		c. 使用生物有效性低或很低的天然土壤进行试验	0
3	受试生物的来源	a. 受试生物的来源和条件已知，且有详细的描述	2
		b. 说明不够详尽的非商品化生物，或是商品化生物的信息不全	1
		c. 受试生物来自污染场地，或是无法说明受试生物的商业来源	0
4	实验室/野外实验设计及记录	a. 实验设计合理，统计分析方法正确	2
		b. 实验设计基本合理，但有不足，统计分析方法正确	1
		c. 实验设计与现实条件不相符	0
5	实验物质浓度	a. 对污染物的实验浓度进行了准确测定	2
		b. 仅给出加标物质的浓度，没有进行实际浓度测定	1
		c. 未报告实验物质浓度或其他情况	0
6	污染物加药过程与要求	a. 描述全部污染物加药过程，包括污染物形态加药载体载体处理方式土壤与污染物混合过程	2
		b. 只说明上述和过程	1
		c. 未提供详细信息且无法反推	0
7	对照实验的有效性	a. 完全按照标准化步骤进行实验，且对照组实验结果符合标准文件要求，或没有标准文件时对照组的结果在可以接受的范围之内	2
		b. 没有给出对照组的结果或结果不明确	1
		c. 对照组的结果不在可以接受的范围之内	0
8	慢性毒性或生命周期试验	a. 慢性毒性试验	2
		b. 急性毒性试验	1
		c. 极短期的暴露试验	0
9	剂量-效应关系	a. EC_{10}和EC_{20}之间，或NOEC与LOEC之间相差小于3倍	2
		b. NOEC和LOEC之间相差大于3倍，但小于10倍	1
		c. 没有给出EC_X值，或NOEC和LOEC之间相差大于10倍，或仅给出NOEC和LOEC两者中的一种	0

续表

序号	评估标准	评估依据与方法	得分
10	统计检验	a. 在 p=0.05 的水平或 EC_X的 95%置信区间内使用方差分析（ANOVA）或统计学方法	2
		b. 使用方差分析，但没有给出 p 值或 p>0.05，或有 EC_X值，但没有给出 95%或 90%的置信区间	1
		c. 没有给出 NOEC、LOEC 或 EC/LC_X值，或有这些值但没有给出计算方法	0

2. 二次中毒数据可靠性评估

若存在对哺乳动物和鸟类的二次中毒影响，则需要推导二次中毒条件下的场地生态安全土壤环境基准。已筛选的哺乳动物和鸟类毒性数据，按效应（包括生物化学效应、繁殖效应、生长效应等）类型分类；然后根据研究的测试结果（包括活动水平、体重变化、食物消耗、严重损伤程度、死亡数量、存活等）进行分类。对每一项数据进行评估质量和适用性评分（表 9-9），对于同一个物种，根据数据评分规则算出最终得分，如果总分数小于 65 分，则不采用该数据。

表 9-9　陆生动物和鸟类的二次中毒数据评估标准

序号	评估标准	评估依据与方法	得分
1	数据来源	a. 原始数据	10
		b. 二次来源	0
2	污染物形态	a. 污染物的形态已知，并且与其在土壤中的形态相同或相似	10
		b. 污染物的形态与吸收、生物活性无关	10
		c. 污染物的形态已知，但与其在土壤中的形态不同	5
		d. 不报告污染物的形态	4
3	试验物质浓度	a. 试验物质浓度报告为实际测量值、验证加标值和/或灌胃试验给药剂量	10
		b. 仅给出加标物质的浓度，没有进行实际浓度测定	5
		c. 未报告检测物质浓度	0
4	剂量量化	a. 给药剂量报告为 mg/kg（体重）（包括这些单位报告的灌胃试验给药剂量）	10
		b. 需要计算给药剂量，提供摄入量和体重	7
		c. 需要计算给药剂量，只提供摄入量或体重（如果是灌胃试验，则提供摄入量）	6
		d. 需要根据估计的摄入量和体重来计算给药剂量	5
		e. 不能根据所提供的资料计算给药剂量	0
5	剂量范围	a. 确定 EC_{10} 和 EC_{20}，或 NOEC 和 LOEC；两个值的倍数在 3 倍以内	10
		b. 确定 NOEC 和 LOEC；两个值的倍数在 10 倍以内	8
		c. 没有 EC_X值，或确定 NOEC 和 LOEC；两个值的倍数不在 10 以内	6

续表

序号	评估标准	评估依据与方法	得分
5	剂量范围	d. 只确定 NOEC 或 LOEC 两者中的一种	4
		e. 研究缺少一个合适的对照组	0
6	给药途径	a. 污染物加在食物中（包括母乳）	10
		b. 其他口服途径（经胃灌输或通过胶囊）	8
		c. 污染物加在饮用水中	5
		d. 没有饮食，其他口服或饮用水，或者没有报告，或者选择经过处理和未经处理的食物或水	0
7	毒性终点	a. 报告的终点是生殖或种群效应	10
		b. 报告终点为致死率（慢性或亚慢性暴露）	9
		c. 报告的终点是增长减少	8
		d. 报告的终点是器官功能、行为或神经功能的亚致死改变	4
		e. 报告的终点是与健康关系不明的暴露生物标志物	1
8	暴露持续时间	a. 暴露时间包括受试物种的多个生命阶段	10
		b. 暴露时间至少是受试物种预期寿命的 0.1 倍，或发生在一个关键的生命阶段	10
		c. 暴露时间小于受试物种预期寿命的 0.1 倍，并使用多剂量或多浓度	6
		d. 暴露时间小于受试物种预期寿命的 0.1 倍，并只使用单一剂量或浓度	3
		e. 急性暴露或未报告暴露持续时间	0
9	统计检验	a. 至少有 90%的机会看到具有生物学意义的差异	10
		b. 可获得 EC_X或 NOEC 和 LOEC	10
		c. 至少有 75%的机会看到具有生物学意义的差异	8
		d. 至少有 50%的机会看到具有生物学意义的差异	6
		e. 检测到具有生物学意义差异的机会少于 50%	3
		f. 只可获得 NOEC；确定研究统计检验的报告数据不足	1
10	试验条件	a. 遵循标准指导原则并报告所有测试参数	10
		b. 并未遵循指导原则，但报告所有测试参数	10
		c. 遵循标准指导原则，但不报告测试参数	7
		d. 没有遵循标准指导原则，报告部分测试参数	4
		e. 没有报告任何测试参数	2

3. 评估可靠性数据不足时处理方式

在进行数据评价时或数据评价后，如果没有足够的数据来推导场地生态安全土壤环境基准，则可以通过适当实验设计要求的土壤毒性试验来获得额外的生态毒性数据。实验设计应当遵循以下相关标准的实验原则，所得数据应再次进行数据评价。

（1）开展相应环境毒理学实验补充毒性数据，可以使用推荐的我国本土受试生物，也可以使用符合受试物种筛选的我国其他本土生物，实验方法参见国家标准测试方法（表 9-10）或其他可靠测试方法或文献。

（2）对于模型预测获得的毒性数据，经专家判断为可靠数据后可作为参考数据。

表 9-10 国家标准测试方法

编号	方法描述
GB/T 21759	《化学品 慢性毒性试验方法》 （等同采用 OECD 452：Chronic Toxicity Studies）
GB/T 21809	《化学品 蚯蚓急性毒性实验》 （等同采用 OECD 207：Earthworm，Acute Toxicity Test）
GB/T 21810	《化学品 鸟类日粮毒性试验》 （等同采用 OECD 205：Avian Dietary Toxicity Test）
GB/T 21811	《化学品 鸟类繁殖试验》 （等同采用 OECD 206：Avian Reproduction Test）
GB/T 27851	《化学品 陆生植物 生长活力试验》 （等同采用 OECD 227：Terrestrial Plant Test：Vegetative Vigour Test）
GB/T 27854	《化学品 土壤微生物 氮转化试验》 （等同采用 OECD 216：Soil Microorganisms：Nitrogen Transformation Test）
GB/T 27855	《化学品 土壤微生物 碳转化试验》 （等同采用 OECD 217：Soil Microorganisms：Carbon Transformation Test）
GB/T 31270.9	《化学农药环境安全评价实验准则 第 9 部分：鸟类急性毒性试验》
GB/T 31270.15	《化学农药环境安全评价实验准则 第 15 部分：蚯蚓急性毒性实验》
GB/T 31270.16	《化学农药环境安全评价实验准则 第 16 部分：土壤微生物毒性实验》
GB/T 32720	《土壤微生物呼吸的实验室测定方法》 （等同采用 ISO 16072 Soil Quality Laboratory Methods for Determination of Microbial Soil Respiration）
GB/T 32723	《土壤微生物生物量的测定 底物诱导呼吸法》 （等同采用 ISO 14240-1 Soil Quality Determination of Soil Microbial Biomass Part 1：Substrate-Induced Respiration Method）
GB/T 35514	《化学品 线蚓繁殖试验》
GB/T 35522	《化学品 土壤弹尾目昆虫生殖试验》
GB/T 39228	《土壤微生物生物量的测定 熏蒸提取法》 （等同采用 ISO 14240-2：1997 Soil Quality Determination of Soil Microbial Biomass Part 2：Fumigation-Extraction Method）

9.5　毒性数据外推方法

场地生态安全土壤环境基准的推导以风险评估为主要技术手段。风险评估指在特定化学物质暴露条件下，目标生物、系统或种群面临风险及不确定性的估计或计算过程，在此过程中着重考虑化学物质和特定目标生物系统的内在特性。生态风险评估（ERA）是评价生态系统暴露于一种或多种胁迫因子时不利效应发生的可能性(雷炳莉等,2009)，也是确定环境中有害化学物质可接受浓度的一种方法（Suter Ⅱ，2007）。

推导场地生态安全土壤环境基准时，效应评估方法可以对场地土壤生态环境进行定量风险评估。效应评估依据毒理学数据，或通过模型外推，建立污染物与生物（或生态）效应之间的剂量-效应关系，获得毒性效应终点，由此确定污染物的临界效应浓度。污染物对个体土壤生物产生的毒性效应可以分为高浓度下短时间内造成的急性毒性（如 LC_{50}、EC_{50}）、低浓度长期暴露造成的慢性毒性（如 NOEC、LOEC）、介于两者之间的亚急性毒性。在确定毒性指标和效应浓度数据后，通过建立的暴露模型，推导场地生态安全土壤环境基准。

9.5.1　数据外推流程

场地生态安全土壤环境基准表示为 PNEC。PNEC 指污染物不产生任何不可接受的负面效应的最大浓度估算值。当 PNEC 低于预测环境浓度时污染物带来的生态风险是可接受的。目前国际上推导生态安全土壤环境基准采用的最多的方法就是 SSD 法，部分国家为保证推导基准值的科学性，同时建议采用 SSD 法和 AF 法进行推导。除此之外，像荷兰、英国等国家在推导基准时考虑了地下水的暴露途径，因此采用了平衡分配法(EqP)进行最终基准的推导。不同国家有不同的数据外推标准，选择推导方法的原则主要取决于毒性参数数据。基于对世界主要发达国家土壤环境基准的研究，推荐三种最常用的方法用于推导 $PNEC_{soil}$：SSD 法、AF 法和考虑二次中毒的基准外推。

根据生态受体营养级、生态毒性数据类型及数据量的多少等情况，选择不同的数据外推方法估算场地生态安全土壤环境基准（图 9-9）：①当有足够的毒性效应数据（通常指有 10～15 个，包含至少 8 个不同生物种类的毒性效应数据 EC_X），优先选用毒性效应浓度 EC_{10} 及 SSD 法进行毒性数据外推；②当生物种类和营养级别单一，毒性数据为 L（E）C_{50} 或 NOEC 且生态毒性数据量较少（不足 10 个）时，选择 AF 法进行外推；③在进行场地资料收集与现场调研时，场地中污染物可能通过以下食物链进行传递和积累，则考虑陆生动物和鸟类的间接暴露和污染物二次毒性。对鸟类和哺乳动物等高等生物产生二次毒性作用的食物链包括：①土壤—植物—食草动物—食肉动物；②土壤—无脊椎动物—以无脊椎动物为食的鸟类或哺乳动物。

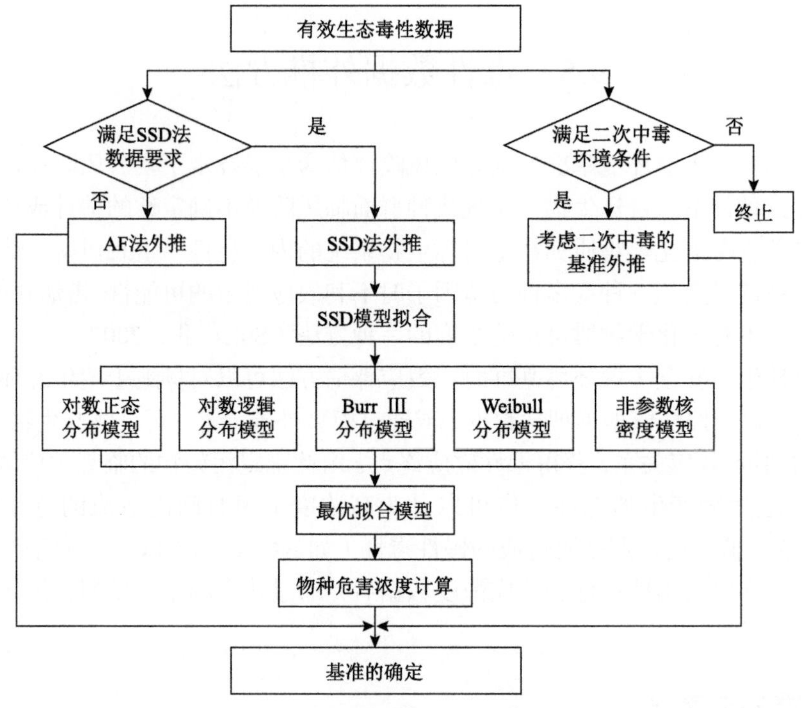

图 9-9　毒性数据外推方法的选择

9.5.2　物种敏感度分布法

1. SSD 法的背景

SSD 概念是 20 世纪 70 年代提出的一个生态毒理学工具，可用于环境质量标准的推导和生态风险评估。SSD 最早是基于"并非所有物种对毒物都同样敏感"的认识提出的。生物体构成一个巨大的生物分类多样性，包括生命史、生理学、形态学、行为学和地理分布。对于生态毒理学，这些生物差异意味着不同的物种对特定浓度的化合物有不同的反应（不同的物种有不同的敏感性），利用统计分布函数描述物种对有毒化合物的不同敏感性，由此产生 SSD。W. Slooff 是最早系统地提出物种间对有毒物质敏感性差异的科学家之一（Slooff and Canton，1983；Slooff et al.，1983）。

20 世纪 70 年代末，美国首次提出采用 SSD 推导环境质量标准（EQC）。1978 年，USEPA 制定的国家环境水质量标准（NAWQCs）首次采用了基于第 5 百分位的 SSD 法，SSD 法取代了由专家判断来得出最终的环境质量标准。自此到 1985 年，美国没有土壤环境质量标准，SSD 法更多用于水质基准的制定。随后，USEPA 基于 SSD 法推导了沉积物质量标准。美国、荷兰和丹麦等国家对 SSD 法的研究使用，促使其他国家从 20 世纪 80 年代起也开始采用 SSD 法，对化学品和受污染场地进行生态风险评估。

自 20 世纪 80 年代以来，欧洲国家采用 SSD 法，用于水质基准（WQB）的推导和风险评估。20 世纪 90 年代，加拿大采用 SSD 法制定了土壤和沉积物环境标准，基于第 25 百分位，推导标准土壤下植物和无脊椎动物的复合效应与无效应值。1998 年，在法国波尔多，国际环境毒理学和环境化学学会（SETAC）欧洲分会组织了一场会议，开始起草关于 SSD 的相关研究。2000 年，澳大利亚和新西兰采用了一种基于 SSD 的方法来推导 WQB。该方法是由 1993 年 Aldenberg 和 Slob 的对数逻辑分布模型衍生而来的，是使用三参数连续 Burr Ⅲ分布模型来计算 SSD。经过在两大洲的发展，21 世纪初，RIVM 的生态毒理学实验室正式开展关于 SSD 的相关研究项目（Posthuma et al.，2001）。

2005 年，欧盟采用了包括 SSD 的统一的方法进行 WQB 的推导。然而在推导 WQB 过程中，对小样本量（8 个物种）使用 Burr Ⅲ分布模型，导致了数据的过拟合。2007 年，加拿大在进行风险评估时推荐优先采用 SSD 法，且提出从至少 6 个分布模型（Burr Ⅲ、Gumbel、logistic、Log-normal、normal 和 Weibull）中选择一个统计分布，并使用拟合优度分析来确定最合适的模型。自 2011 年以来，欧盟对相关方法不断进行了更新。例如，2014 年欧洲化学品生态毒理学和毒理学中心（ECETOC）邀请了来自 13 个国家的 41 位专家，对 SSD 法的更新进行了研讨，其中包括物种间相关性估计、基于野外实验的 SSD 外推和贝叶斯方法。2019 年，澳大利亚的 14 名科学家分别组织了两次会议，研讨对 SSD 法的更新。SSD 法作为一种污染物生态风险评价方法，在世界各国已经成为推导生态安全环境基准的一种主流方法。

2. SSD 法的原理

Kooijman（1987）通过收集的（亚）急性毒性数据提出了对敏感物种产生危害的浓度（HC_s）的概念。Kooijman 研究了考虑物种之间的敏感性差异，可作为系数应用于 LC_{50} 数据推导，即对敏感物种的数据外推。进而，Kooijman 采用敏感物种的 LC_{50}，基于对数-逻辑分布模型的随机试验推导了 HC_s。对数-逻辑分布模型的概率分布是一个对称的钟形函数，分布在对数浓度轴上，超过某一点后，分布的尾部会更快地降到 0。假设一个由 n 种物种组成的本地群落（如某个生态系统中的所有无脊椎动物）是描述所有物种的对数-逻辑分布中的一个随机样本，其 HC_s 则定义为：某一浓度使得 n 个物种中最敏感物种的 LC_{50} 低于该浓度的概率等于一个任意小值 p。

显然，HC_s 不仅取决于当地群落的抽样分布的均值和标准差，而且还取决于该分布的物种数量。群落越大，就越有可能包含高度敏感的物种。要估计群落中最敏感物种的敏感性，不仅需要指定 p，还需要确定群落的大小 n。该理论算法可以表示为

$$HC_s = \exp\left\{X_m - f\left(p, \delta, m, n\right) S_m\right\} \tag{9-1}$$

式中，X_m 为转换后 LC_{50} 的平均值；S_m 为转换后 LC_{50} 的样本标准差；f 为一个依赖于 p、δ、m（实验的物种数量）和 n（假定的群落大小）的函数。由式（9-1）可知，样本的 HC_s 位于平均敏感度左侧的 f（标准差）处。

之后，van Straalen 和 Denneman（1989）提出了新的物种敏感性的逻辑分布，其基本假设是通过选择一个任意的截止点来摆脱灵敏度分布的尾部。该假设评估的目标不是最敏感的物种，而是在分布上的某一百分位，称为 HC_p，即 p%物种的危害浓度。HC_p 表达为

$$\mathrm{HC}_p=\exp\{X_m-g(p,\delta,m)S_m\} \quad (9\text{-}2)$$

式中，g 为一个类似于式（9-1）中的函数 f。该函数只依赖于 p、δ（估计的不确定性）和 m（样本量），而不依赖于 n。

van Straalen 和 Denneman（1989）将该方法应用于推导 NOEC，而不是 LC_{50}。对于实际情况，NOEC 更具有代表性，因为评估环境中有毒物质的生态影响的主要因素通常是有毒物质对生长和繁殖的影响，而不是高浓度有毒物质产生的死亡率。因此，当时大多数 SSD 都是采用 NOEC 进行推导的。同时，SSD 的概念同样适用于 LC_{50}、NOECs 和 EC_{10}。van Straalen 和 Denneman（1989）提出的该理论方法成为当时荷兰制定物质环境质量标准的官方方法。

Wagner 和 Løkke（1991）提出了正态分布。Wagner 和 Løkke 提出的正态分布模型与 van Straalen 和 Denneman（1989）的理论方法相似：

$$\mathrm{HC}_p=\exp\{X_m-k(p,\delta,m)S_m\} \quad (9\text{-}3)$$

到目前为止，δ 通常选择为 0.05。Aldenberg 和 Slob（1993）也提出了 $\delta=0.05$ 的分布函数，该方法之后也成为荷兰制定环境质量标准的国家标准。至此，逐渐形成基于不同分布模型的 SSD 的理论方法。

3. SSD 法的应用

SSD 是描述某一化合物或混合物暴露下，一组物种毒性变化的统计分布。物种可以由一个特定分类单元的单一物种、选定的物种组合或一个自然群落组成。由于不知道毒性终点的真实分布，SSD 从毒性数据样本中估计，并可视化为一个累积分布函数（图 9-10）。累积分布函数曲线遵循从生态毒理学试验获得的敏感性数据的分布，分别绘制从急性或慢性毒性试验得出的效应浓度，如 LC_{50} 和 NOEC。构建 SSD 的数据数量差异很大，从完全没有数据（对于许多化合物）到超过 50 个或 100 个灵敏度值（对于少数化合物）。显然，对于 SSD 的推导和基于这些数据的结论，数据的数量是非常重要的。

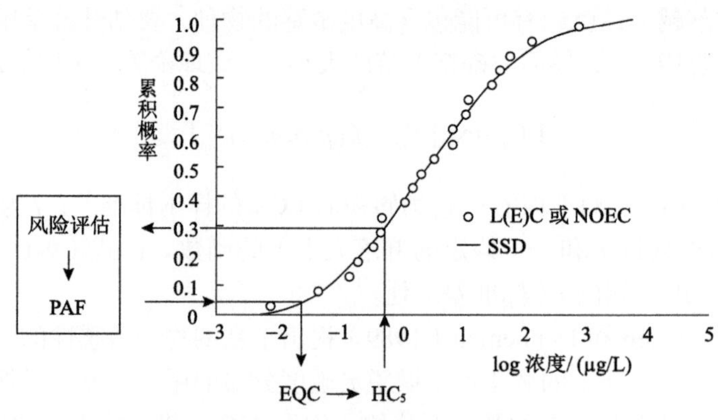

图 9-10　SSD 的基本原理

点是输入数据，线是拟合的 SSD 曲线

资料来源：Posthuma et al.，2001

图 9-10 中的箭头表明 SSD 模型分为正向和反向用途（van Straalen and Denneman，1989）。正向用途即生态风险评估，估计受污染场地中化合物浓度或预计产生的浓度（x 轴），然后采用 SSD 来估计该浓度下潜在影响分数（PAF）。反向用途即利用累积分布函数（Cumulative Distribution Function，CDF）评估特定比例的未受保护物种的物种敏感性百分位数。例如，环境质量标准（EQC）的推导，选择一个临界值百分比 p（保护 1%～p%的物种，y 轴）从而得到预测的安全浓度（HC_p）的计算结果。

对于推导场地生态安全土壤环境基准，SSD 法利用 CDF 拟合污染物的毒理学数据，建立其物种敏感性分布曲线，依据不同的保护程度（风险水平）获取曲线上不同百分点所对应的浓度值（HC）作为基准值，其风险水平的选取依据土地利用类型而定，如选取 5%处所对应的浓度 HC_5 值，即保护 95%生物物种的限量值（图 9-11）。

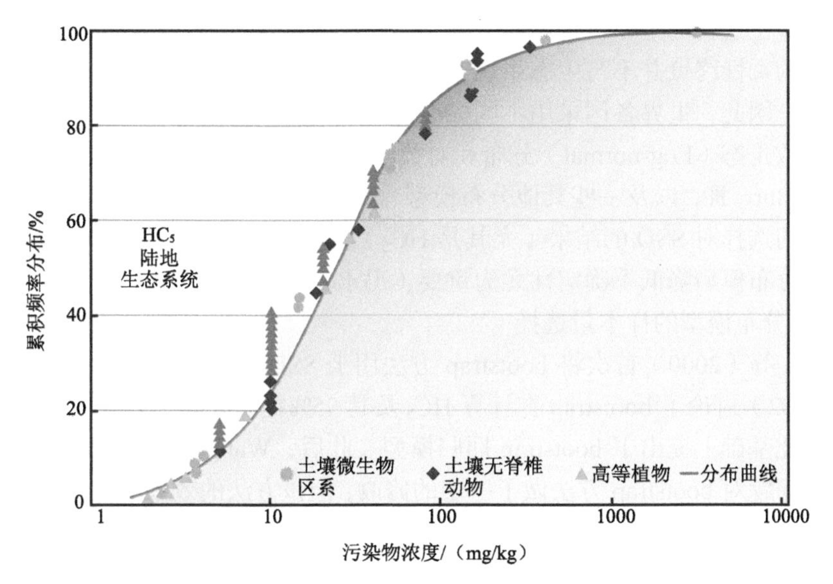

图 9-11　利用 SSD 进行数据外推

资料来源：EA，2004

SSD 描述不同物种对污染物的敏感度差异（陈波宇等，2010）。通过 SSD 获得的生态物种的毒性阈值可用于估算该敏感性分布的 PNEC。通常计算基于给定样本的随机变量的密度函数分布，可以利用参数估计和非参数估计这两类方法。

参数估计中，往往假设数据分布符合某种特定的性态，然后在目标分布的函数族中确定特定的参数值，从而得到随机变量的分布密度函数。目前 SSD 采取的估计方法主要是将已知物种的毒性数据值按照从大到小的顺序排列，利用式（9-4）或式（9-5）计算单个生态物种的累积概率。

$$P=\frac{i}{n+1} \tag{9-4}$$

$$P=\frac{i-0.5}{n} \tag{9-5}$$

式中，P 为累积概率；i 为物种排序的等级，最小等级为 1，最大等级为 n，即物种总数。

然后根据参数或非参数的方法求解 CDF。Kolmogorov-Smirnov（K-S）检验用于检验参数模型的实用性。每个模型通过曲线拟合后，计算出的均方根误差（RMSE）和判定系数（R^2）用于描述参数模型的拟合程度；RMSE 和误差平方和（SSE）用于描述非参数模型的拟合程度。最小 RMSE 和最大 R^2 的参数模型被认为是用于推导 SSD 和基准值的最佳参数模型，最小 RMSE 和最小 SSE 的非参数模型被认为是用于推导 SSD 和基准值的最佳非参数模型。

4. SSD 法外推时采用的分布模型及最小样本量

目前，世界各国关于采用 SSD 法进行数据外推，最丰富且最容易获得的生态毒理数据大多为实验室进行的单一物种暴露数据，毒性终点大多为 LC_{50}、EC_{50} 和 NOEC。但是目前所采用的毒性终点并不与生态系统直接相关，且尚没有理论证明 SSD 属于某个特定的概率分布。因此，世界各国采用不同标准进行最优参数模型的选择，如欧洲及中国推荐使用的对数正态（Log-normal）分布和对数-逻辑（Log-logistic）分布，澳大利亚和新西兰使用的 Burr Ⅲ，以及一些其他分布模型，如 Weibull、Log-triangle、Gamma 等。不同分布模型的选择对 SSD 的结果（尤其是 HC_5）有较大影响，尤其是当样本量较少时，选择合适的分布模型降低不确定性尤为重要（冯永亮，2020）。

1）不同分布模型的样本量选择

Newman 等（2000）首次将 bootstrap 方法用于 SSD 的构建和 HC_5 的计算。随后，Grist 等（2002）讨论了 bootstrap 在计算 HC_5 及其 95%置信区间（95% CI）时存在的局限性，并在此基础上提出了 bootstrap 回归模型。此后，Wang 等（2015）针对重抽样时取得重复值问题对 bootstrap 方法做了一定的修改，但该方法的效果对样本量有较强的依赖性。此外，王颖等（2015）首次将非参数核密度估计模型引入 SSD 的构建过程中，但该模型中核函数的窗宽存在较大的不确定性。

目前，国内外对构建 SSD 模型所需的最小毒性数据量进行了讨论并制定了相关规定。例如，中国在《淡水水生生物水质基准制定技术指南》中指出构建 SSD 模型的毒性数据应该至少涵盖 3 个营养级的 5 种生态物种；USEPA 指出构建 SSD 曲线的数据需满足 3 门 8 科本土水生动物的毒性数据；欧洲委员会要求在采用 SSD 方法推导 PNEC 时，毒性数据应至少包含 8 个不同科的 10 种生物慢性毒性数据。除此之外，仍有大量关于构建 SSD 模型的最小样本量范围的研究。

2000 年，Newman 等（2000）首次基于 HC_5 的 95% CI 宽度随样本量增加的变化量低于 10%的标准，指出当构建 SSD 的最小样本量范围为 15～55 个（中值为 30 个）时，其输出结果 HC_5 才会趋于稳定。2002 年，Wheeler 等（2002）研究表明，SSD 的输出结果 HC_5 在 10～15 个数据点时趋于稳定。2005 年，Maltby 等（2005）建议采用 Anderson-Darling 检验的 SSD 模型（基于正态分布）时至少需要 6 个毒理数据。此外，2014 年，Jin 等（2014）提出，从参数统计的角度看，构建 SSD 曲线最少需要 4～10 个不同物种毒性数据。2015 年，Jin 等（2015）研究指出用于构建 SSD 应至少包含生态系统中的 3 个主要功能群的毒性数据。2020 年，冯永亮（2020）对不同分布模型和毒性数据样本量的研究表明，Burr Ⅲ分布模型总体上要优于另外 3 种二参数模型（Log-normal、Log-logistic、Weibull），非参数模型 bootstrap 和参数模型所需最小样本量的范围分别为 5～12 个和 5～13 个，中值均为 8 个，即采用两种方法获得稳定 SSD 所需的最小样本量分别为 12 个和 13 个。

在推导生态安全土壤环境基准时，毒性数据集通常非常少（样本量小于 10 个），对于数据较多的物质，可能有几十个数据点，但几乎不会超过 120 个灵敏度测量值。因此，如果有较多毒性数据，采用统计重采样方法，如 bootstrapping 算法，同时会产生分位数和评估比例的不确定性。如果有较少毒性数据（样本量小于 20 个），则要采用参数模型方法，并且必须假设物种的选择是无偏差的，如果物种选择是有偏差的，那么从样本物种估算的参数也会有偏差。

2）不同分布模型的拟合函数

选用 Log-normal、Log-logistic、Burr Ⅲ、Weibull 参数函数及非参数核密度函数分别对归一化到不同土壤条件下的 EC_{10} 进行拟合。

（1）Log-normal 型函数。

$$y=\Phi\left(\frac{\ln x-\mu}{\sigma}\right) \tag{9-6}$$

式中，y 为累积概率，%；x 为毒性值，mg/kg；μ、σ 为函数参数。

（2）Log-logistic 型函数。

$$y=\frac{1}{1+\left(\frac{\beta}{x-\gamma}\right)^{\alpha}} \tag{9-7}$$

式中，y 为累积概率，%；x 为毒性值，mg/kg；α、β、γ 为函数参数。

（3）Burr Ⅲ型函数。

$$y=\frac{1}{\left[1+\left(\frac{b}{x}\right)^{c}\right]^{k}} \tag{9-8}$$

式中，y 为累积概率，%；x 为毒性值，mg/kg；b、c、k 为函数的三个参数。

（4）Weibull 型函数。

$$y=1-\mathrm{e}^{-\left(\frac{x}{\beta}\right)^{\alpha}} \tag{9-9}$$

式中，y 为累积概率，%；x 为毒性值，mg/kg；α、β 为函数参数。

（5）非参数核密度函数。

$$y=\frac{1}{nh_{\mathrm{n}}}\sum_{i=1}^{n}K\left(\frac{x-x_i}{h_{\mathrm{n}}}\right) \tag{9-10}$$

式中，$K(x)$ 为实数集 R 上 Borel 可测函数，称为窗或核函数；h_n 为窗宽，$h_n>0$。

3）不同分布模型的拟合优度评价

根据模型拟合优度评价参数评价模型的拟合度，评价参数包括以下几个。

（1）决定系数（R^2）。通常 R^2 须大于 0.6，R^2 越接近 1，表明拟合优度越大。

$$R^2 = 1 - \frac{\sum_{i=1}^{n}(y_i - \hat{y}_i)^2}{\sum_{i=1}^{n}(y_i - \overline{y})^2} \tag{9-11}$$

式中，R^2 为决定系数，取值范围是（0，1）；y_i 为第 i 种物种的实测毒性值，μg/L；$\hat{y}_i$ 为第 i 种物种的预测毒性值，μg/L；$\overline{y}$ 为实测毒性值的平均值，μg/L；n 为毒性数据数量。

（2）RMSE。RMSE 越接近 0，表明模型拟合的精确度越高。

RMSE 是观测值和真实值偏差的平方与观测次数比值的平方根，也称为回归系统的拟合标准差，RMSE 在统计学意义上可反映出模型的精确度。

$$\mathrm{RMSE} = \sqrt{\frac{\sum_{i=1}^{n}(y_i - \hat{y}_i)^2}{n}} \tag{9-12}$$

（3）SSE。SSE 越接近 0，表明模型拟合的随机误差效应越低。

SSE 是实测值和预测值之差的平方和，反映每个样本各预测值的离散状况，又称误差项平方和。

$$\mathrm{SSE} = \sum_{i=1}^{n}(y_i - \hat{y}_i)^2 \tag{9-13}$$

（4）概率 p 值（K-S 检验）。p 值大于 0.05，表明拟合通过 K-S 检验，模型符合理论分布。

根据拟合评价结果，优先根据 RMSE 评价结果，结合专业判断，确定最优拟合模型，所选择的最优拟合模型应能充分描绘数据分布情况，确保根据拟合的 SSD 曲线外推得出的场地生态安全土壤环境基准在统计学上具有合理性和可靠性。

5. 毒性数据标化技术

1）构建基于生物有效性的毒性数据标化

土壤是污染物分布及归趋的重要介质，具有组成复杂、利用类型多样、缺乏流动性、多相异质性等区别于大气和水体的显著特点。污染物一旦进入土壤，就难以稀释和扩散，只能滞留于特定区域，随着污染物的持续排放而不断积累，造成污染物的强地域性。目前，随着工业化进程的不断加深，大量重金属及有机化合物被释放到土壤。特别值得关注的是，有机污染物大多具有化学性质稳定、高残留、疏水性、不易分解等特点，长期积累会破坏土壤的正常功能，还会通过食物链富集在高等生物体内，造成土壤动植物生理损伤，最终破坏生态系统。苯系物（BTEX）等挥发性有机物还可通过大气进行长距离输送，参与各圈层的循环，扩大土壤污染范围。

解决土壤污染问题、保护生态安全必须依靠有效的土壤污染管控手段，关键在于制定科学合理的土壤环境质量标准，这是建立在土壤环境基准的基础上的，即土壤环境中的污染物对特定保护对象不产生有害效应的最大浓度或水平。生态安全土壤环境基准的保护对象指的是土壤生态受体或生态功能，反映的是污染物剂量与生物效应之间的关系，而真正产生生物效应的是污染物有效态含量，因此，污染物的生物有效性与环境基准的确定存在密切联系。有机污染物的生物有效性是一个复杂的科学问题，依赖于土壤基质、污染物与生物体三者之间的相互作用，故土壤类型、污染物类型及生物种类均会对生物有效性产生显著的影响。我国幅员辽阔，受成土条件及气候影响，各地土壤类型及优势物种或敏感物种不同，不同的工业化进程导致不同地区有机物污染类型也存在较大差异。因此需要根据各地土壤环境条件及污染特征，选择当地的模式物种，有针对性地研究特征污染物的生物有效性，以确定适合各地实际情况的有机污染物基准值。

污染物的生物有效性是制定其土壤基准的重要影响因素。我国幅员辽阔，相对于重金属，土壤有机质和 pH 均对有机污染物生物有效性影响较大。因此对数据进行标准化需要充分考虑我国土壤性质的多样性，以及对污染物生物有效性的影响。我国的土壤污染日益严重，由于污染物对土壤生态物种产生的毒性效应与其生物有效态含量相关，以污染物总量为指标的土壤环境质量标准已无法满足当前土壤管理的需求，亟须进行以生物有效性为基础的土壤环境质量基准的研究工作。目前对土壤中重金属的生物有效性的研究较为深入，但是针对有机污染物的土壤生物有效性研究相对匮乏。

生物有效性在许多领域都有所涉及，环境领域的生物有效性研究起源于水环境，后来扩展到沉积物、土壤及大气环境，用于衡量一种污染物进入生物体并被同化或产生毒性的能力或潜力。土壤中的污染物总量包括两部分：一部分经过与土壤基质的一系列相互作用被封锁于土壤，另一部分可以参与迁移、运输、转化及与生物体相互作用等过程，是环境可利用的，其中与生物体相互作用部分是具有生物有效性的。只有具有生物有效性的污染物才能被生物体吸收，并在生物体内发挥毒性效应。2003 年 Ehlers 和 Luthy 在美国研究顾问委员会年度报告中提出了“生物有效性过程”概念，该过程包括：①污染物与土壤固相组分的结合与解离，该过程决定污染物赋存状态为结合态或游离态；②结合态与游离态污染物在土壤基质中的迁移；③污染物与生物体接触并被吸收至生物膜内，参与机体内部的转移和转化；④污染物达到靶点，并引发生物体反应。在 Semple 等（2004）的描述中，生物有效性指的是过程③，但过程①和②对于过程③的作用是不能忽视的；过程④属于毒物动力学领域的范畴，是污染物生物有效态在生物体内真正发挥作用的过程。

2）污染物生物有效性的影响因素

污染物生物有效性过程主要有两个过程：一是污染物在土壤中的行为，二是生物对污染物的吸收。这实际上是土壤基质、污染物与生物体三者的相互作用，三者状态的变化深刻影响着有机污染物的生物有效性。对污染物的土壤生物有效性的影响因素主要包括：①土壤基质，吸附和吸收是影响土壤污染物生物有效性最关键的因素，而污染物在土壤中的吸附和吸收主要依赖于土壤中有机质和矿物质。有机质含量高的土壤会吸附大量疏水性有机物，矿物质含量高的土壤对离子型有机污染物重金属的吸附能力较强，从而降低污染物生物有效性。pH 也是土壤的重要性质之一，显著影响重金属及可电离有机污染物的生物有效性。可电离有机污染物存在分子形态和离子形态，其中分子形态疏水性更高，更容易穿过生物膜，并积累在脂质或细胞壁中。而 pH 会显著影响污染物的电离程度，这与有机污染物的酸碱性有关。②生物种类，不同生物对同一种污染物的吸收机制和能力不同，产生的响应也存在较大差异。对于动物，生活方式直接影响着污染物的暴露途径,即便是选择不同生存策略的同一生物对有机污染物的吸收也存在较大差异。③有机污染物的结构，有机污染物种类繁多，分子量范围广，有链状和环状，含有饱和键和非饱和键，含有众多具有特定位置和反应特性的官能团及独特的空间结构，由结构决定的性质是影响其生物有效性的重要因素，包括水溶性、亲脂性、解离常数、分子量及空间构型等。由于生物膜的主要成分是非极性的脂质，往往更容易吸附亲脂性物质，大量研究表明有机污染物的生物有效性与其疏水性大小有关。例如，PCBs 是联苯上的氢原子由不同数量的氯原子取代而成,分子体积和分子极化率影响其在蚯蚓体内的富集，分子体积大的 PCBs 跨越生物膜的过程可能受到限制,导致达到平衡所需的时间更长（王静婷等，2015）。

3）土壤毒性数据标准化公式

A. 数据收集和筛选

生态毒性数据可以从已有生态毒性数据库和文献中获取，或者在实验室开展毒理学实验。已收集或通过实验获得的生态毒性数据需经过数据筛选与评价，才可以进行数据外推。采用国内分布广泛的物种及具有代表性的标准测试物种推导我国的土壤环境基准。

B. 数据标准化处理

数据标准化常用于模型外推的预处理阶段，由于获取的毒性数据集的特征具有不同的数值范围，需要通过数据标准化将数据统一为相同的度量尺度。土壤是一类高度不均匀的介质，不同的 pH、SOM、CEC 和 Clay 会造成土壤中毒性物质被生物吸收含量的差异。对于有多个毒性值和土壤性质相匹配的物种，足够自身建立回归模型，进行多元线性标准化，利用 SPSS 等软件回归分析的 R^2 和显著性大小判断多元回归的效果好坏。对于有少数毒性值和土壤性质相匹配的物种，不足以自身建立回归模型，则进行种间外推标准化。种间外推标准化以生物分类学相似的物种建立的回归模型为基础，构建种间外推模型，标准化后有两个以上毒性值的物种再取几何平均值。多元线性和种间外推标准化以中性土壤条件进行计算，并与未标准化数据进行比较。

生物毒性的标准化公式可以综合考虑 SOM、pH、CEC 和 Clay 的影响。在我国现有的土壤调查资料中，pH 在 4.5～5.5、5.5～7.2、7.2～8.5 之间的土壤占较大部分；对于 SOM，其在土壤中的含量主要分为<0.2%、0.2%～0.6%，0.6%～1.2%、1.2%～2%、>2%；对于土壤的 CEC（me/100 g），主要分为<4、4～10、10～20、20～40、>40。因此在有机污染物的毒性数据标准化过程中，可以因地制宜，统一到多个土壤条件下，计算其标准化后的毒性，计算公式可以表示为式（9-14），也可以在此基础上增加变量，如土壤黏土含量。

$$\mathrm{EC}_x^{\mathrm{std}} = \mathrm{EC}_x^{1} \times 10^{a\times\left(\mathrm{pH}^{\mathrm{std}}-\mathrm{pH}^{1}\right)+b\times\log\left(\frac{\mathrm{CEC}^{\mathrm{std}}}{\mathrm{CEC}^{1}}\right)+c\times\log\left(\frac{\mathrm{SOM}^{\mathrm{std}}}{\mathrm{SOM}^{1}}\right)} \tag{9-14}$$

式中，$\mathrm{EC}_x^{\mathrm{std}}$为标准土壤条件下的$x$%效应浓度；$\mathrm{EC}_x^{1}$为实验土壤条件下的$x$%效应浓度；$\mathrm{pH}^{\mathrm{std}}$为标准土壤条件下的土壤 pH；$\mathrm{pH}^{1}$为实验土壤条件下的土壤 pH；$\mathrm{CEC}^{\mathrm{std}}$为标准土壤条件下的土壤阳离子交换量；$\mathrm{CEC}^{1}$为实验土壤条件下的土壤阳离子交换量；$\mathrm{SOM}^{\mathrm{std}}$为标准土壤条件下的土壤有机质含量；$\mathrm{SOM}^{1}$为实验土壤条件下的土壤有机质含量。

6. SSD 计算软件

一些国家开发了应用 SSD 法的国家基准计算软件，如英国开发的 R 软件包 ssdtools、荷兰推荐采用 EcoToX（ETX）软件、澳大利亚和新西兰推荐采用 Burrlioz 软件、美国采用 Fortran 语言编程的方法进行基准计算及 USEPA 开发的 SSD 工具箱等。表 9-11 总结计算 SSD 的相关软件。

我国进行 SSD 拟合推导基准时，多采用数理统计通用的 Origin、Matlab、Sigmaplot 等软件，可能导致不同学者在模型选择和计算结果上的差异。现行标准对于基准推导模型给出了经验公式，同时也给出了可以参照的模型软件，但没有给出具体的软件操作细则，在一些功能使用方面仍不够完善。基于此，在借鉴其他国家经验的基础上，中国环境科学研究院开发了“国家生态环境基准计算软件 物种敏感度分布法（试用版）”软件，该软件主要涵盖的拟合模型包括正态分布、对数正态分布、逻辑斯谛分布、对数逻辑斯谛分布 4 个模型，也单独编制了软件使用手册。该软件能够为国家生态环境基准制定提供标准化和规范化技术保障。

9.5.3 评估因子法

1. AF 法的背景

20 世纪 70～80 年代，国际上一些环境法规，如美国的《有毒物质控制法》（TSCA）、《超级基金法》（CERCLA）、欧盟《危险物质指令》（67/548/EEC），以及《加拿大环境保护法》（CEPA），提出要求确保新化学物质及现有化学物质的使用对环境是安全的。此外，许多协会还制定了旨在确保其产品对环境安全的环境质量政策。

为了应对这种需求，在研究中开发了一种环境风险评估方法，以评估暴露于一种物质造成不利生态影响的可能性。在相关的环境进行常规的环境风险评估、命运和影响评估是必需的。命运评估有助于理解一种物质被释放到环境中时最终会发生什么，并预测环境中有机体将暴露的环境浓度（PEC）。影响评估总结该物质对选定的代表性生物的影响效应数据，并使用这些数据来计算环境的PNEC。在环境风险评估中，将PEC和PNEC合并为风险商（PEC/PNEC）。根据风险商确定一个安全的阈值（图 9-12）。

表 9-11 计算 SSD 的相关软件

软件	Burrlioz	ETX2.0	hSSD	MOSAIC	shinyssd	SSD generator	SSD master	SSDtoolbox	（shiny）ssdtools
分布									
Log-logistic	√			√	√	√	√	√	√
Log-normal		√		√	√		√	√	√
Weibull					√		√	√	√
Gumbel							√	√	√
Burr Ⅲ	√								
log-*t*			√						
Pareto					√				
Log-triangle								√	
Gamma									√
Gompertz									√
功能									
HC_X	1、5、10、20	5、50	1，2，…，98，99	5、10、20、50	1、5、10	5、10、20、40、50、70、80、90、95	1，2，…，98，99	1，2，…，98，99	1，2，…，98，99
操作平台	R	Visual Basic	Matlab	R，Ocaml	R，Shiny	Excel	Excel，Visual Basic	Matlab	R，Shiny
国家	澳大利亚、新西兰	荷兰	英国	法国	阿根廷	美国	加拿大	美国	加拿大

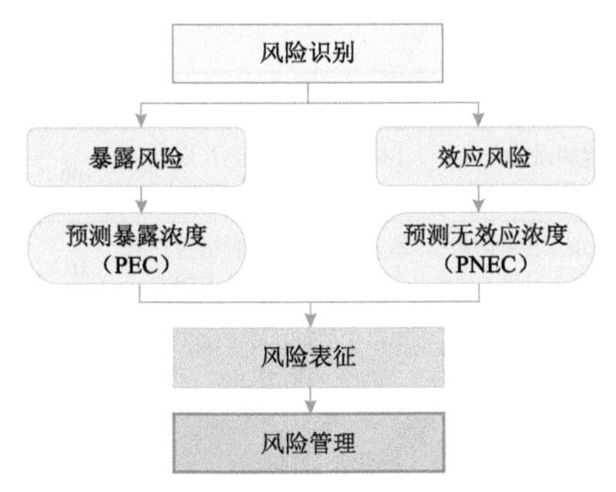

图 9-12　欧盟环境风险评估步骤示意图

在实践中，传统的环境风险评估作为一个迭代的或分层的过程进行。它从简单和保守的假设与评估因素开始，以估计初始层上的 PEC 和 PNEC，通过使用更现实、更有代表性的假设和测试条件来逐层估计 PEC 和 PNEC。PNEC 的保守性是通过将影响浓度划分为评估因子来实现的，这些评估因子考虑从实验室获得的效应数据外推生态系统 PNEC 的不确定性，表示为 PNEC=效应浓度/AF，其中 AF 为评估因子。在初始层次上，使用较大的评估因子来解释这种外推中存在的很大不确定性。随着等级的提高，评估因子逐层减少，反映出从现有效应数据外推的不确定性减小。

这种传统的环境风险评估方法即 AF 法一直沿用至今，并被世界各国广泛用于土壤环境基准的制定中。但是 AF 没有定量地评估暴露浓度增加对生态系统未来可能产生的影响，也没有评估生物积累对更高食物链生物可能产生的影响。因此，当时的 AF 法属于定性方法，而不是定量方法。

2. AF 法的原理

当污染物被排放到陆地环境中，或估计值和区域危险评估表明污染物可能在陆地环境中大量累积，则需要采用 AF 法进行命运评估。每一层计算陆生植物和无脊椎动物的环境暴露浓度预测值时，都加入了关于命运过程的评估因子（表 9-12 和表 9-13）。陆生植物和无脊椎动物的预测环境暴露浓度是通过这些评估因子计算出的。第 1～第 3 级对陆地环境的 PEC 是在单一污染物暴露于污泥土壤后计算的。

$$PEC_{sd} = S_c \times A / \mathrm{trsd} \times \rho_s \times 10^4 \qquad (9\text{-}15)$$

式中，PEC_{sd} 为污染物在土壤中的干重浓度，mg/kg；S_c 为污泥上物质的干重浓度，mg/kg；A 为土壤上的污泥量（通常为 22000 kg/hm^2）；trsd 为土壤混合深度（通常为 0.2 m）；ρ_s 为土壤密度（通常为 1200 kg/m^3）；10^4 为 hm^2 与 m^2 之间的换算系数。

表 9-12　污泥土壤对陆生植物的分级风险评估方法

	暴露浓度（PEC）	效应浓度	AF	结果（PEC/PNEC）
第 1 层	假设污染物 100%被污泥吸附在土壤中	QSAR 类推，或 1 个短期毒性实验	1000	PEC/PNEC<1；正常，评估完成

续表

	暴露浓度（PEC）	效应浓度	AF	结果（PEC/PNEC）
第 2 层	考虑挥发和生物降解造成的损失的污水处理厂模型计算	不同科的三种植物长期生长实验的最低 EC_{50}	100	PEC/PNEC<1；正常，评估完成
第 3 层	利用第 2 层数据，考虑土壤中生物降解、挥发和淋滤造成的损失计算	不同科的至少三种植物长期生长实验的最低 NOEC	10	PEC/PNEC<1；正常，评估完成
第 4 层	监测数据	可接受的野外或室内实验的最低 NOEC	1～3	PEC/PNEC<1；正常，评估完成 PEC/PNEC>1；风险管理

表 9-13　污泥土壤对土壤无脊椎动物的分级风险评估方法

	暴露浓度（PEC）	效应浓度	AF	结果（PEC/PNEC）
第 1 层	假设污染物 100%被污泥吸附在土壤中	QSAR 类推，或 1 个短期毒性实验	1000	PEC/PNEC<1；正常，评估完成
第 2 层	考虑挥发和生物降解造成的损失的污水处理厂模型计算	蚯蚓长期（至少 2 周）实验最低 LCs	100	PEC/PNEC<1；正常，评估完成
第 3 层	利用第 2 层数据，考虑土壤中生物降解、挥发和淋滤造成的损失计算	基于最敏感的生物终点（如生长、繁殖），蚯蚓长期实验的最低 NOEC	10	PEC/PNEC<1；正常，评估完成
第 4 层	监测数据	可接受的野外或室内实验的最低 NOEC	1～3	PEC/PNEC<1；正常，评估完成 PEC/PNEC>1；风险管理

在第 1 层，S_c 是通过假设污染物 100%被污泥吸附在土壤中来保守估计的。在第 2 层，S_c 是通过考虑挥发和生物降解造成的损失的污水处理厂模型来估计的。在第 3 层，利用第 2 层数据，考虑土壤中生物降解、挥发和淋滤造成的损失，计算出 PEC。在第 4 层，监测数据用于确定环境浓度。

如果毒性数据是基于土壤间隙水浓度确定的，则每层的 PEC 可由基于固体物质干重的 PEC（PEC_{sd}，mg/kg）转换为间隙水的 PEC_{iw}（mg/L），使用分配系数 K_p（L/kg）。计算公式为

$$PEC_{iw}=PEC_{sd}/K_p \tag{9-16}$$

随着 AF 法不断发展与修订，目前国际上所采用的 AF 法是指根据欧盟委员会《技术指导文件》（TGD）、《化学物质授权及限制》（REACH）和《水框架指令》（WFD）的原则，在标准实验数据基础上，通过应用 AF 的最低毒性终点数据推导出基准值。该方法的 AF 可以表明实验室数据转换到现场情况有关的不确定性，如实验室内部和实验室间的差异、物种内部和物种间的差异，以及急性终点到长期暴露的转换。AF 取决于现有数据的数量和类型，当有更多的生态物种和/或长期研究的数据时，可以使用较低的 AF。例如，为了确定慢性风险评估值，一个急性终点的 AF 为 1000，而当三个营养水平的三个物种的长期毒性数据可用时，AF 可减少到 10。此外，代表性物种以外其他生态

物种的毒性数据代表不同的营养水平、分类群、生物特性等，其扩大对要评估的物质的认识，并证明减少 AF 是合理的。

3. AF 法的外推

已知土壤生物的毒性效应数据，但针对的生物种类和营养级别单一，且数据量不足10个时，可以采用 AF 法外推场地生态安全土壤环境基准。选择毒性数据的最低值，根据表 9-14 所列情况选择相应的 AF，用毒性数据最低值除以 AF 估算 $PNEC_{soil}$。

$$PNEC_{soil} = \frac{\min\{NOEC, EC_{10}\}}{AF} \tag{9-17}$$

AF 根据不同的毒性效应数据的提供情况具有很大的差别，具体见表 9-14。AF 法并不是完全基于生态毒理学的研究结果，而是基于预防的原则并结合 AF 法，对于陆地生态系统的 AF 也是完全借用水生生态系统的 AF。

表 9-14　AF 取值

有效信息	AF
至少有一个营养级生物（如植物、蚯蚓或微生物）的短期毒性试验 L（E）C_{50}	1000
只有一个营养级生物（如植物）的长期毒性试验 NOEC	100
有两个营养级两种生物的长期 NOECs	10
有三个营养级三种生物的长期 NOECs	10
已知物种敏感性分布曲线（SSD 法）	5-1（根据现场情况确定）
现场数据或模拟生态系统下得到的数据	根据现场情况确定

9.5.4　二次中毒条件下推导方法

1. 二次中毒的背景

二次中毒指由摄入或接触中毒的生物体而引起的继发性中毒。早在 1960 年的欧美国家和地区，如杀虫剂特别是灭鼠剂的二次中毒影响已经成为化学物质环境风险的一个关键因素。为了保护牲畜和农作物，农场也经常使用灭鼠剂。在环境风险评估领域，“二次中毒”一词被扩展到评估有可能通过食物链进行生物积累的化学物质造成继发性中毒的影响。在世界各国，二次中毒的风险评估较多与水生食物链中的生物积累有关，如根据与生物浓缩因子（BCF）和生物放大因子（BMF）有关的化学物质在水环境的风险评估。

目前世界各国在制定生态安全土壤环境基准时，对土壤污染物的二次中毒问题所考虑的角度各有不同。美国直接将野生动物作为生态受体，从食草动物、食虫动物、食肉动物中选取六种代表受体，并根据其暴露途径通过野生动物食物链暴露风险评估模型计算六种代表受体的风险临界值，取其低值作为野生动物的 Eco-SSLs。荷兰推导土壤最大允许浓度（MPC）时考虑了土壤—蠕虫—以蚯蚓为食的鸟类或哺乳动物食物链的二次中毒影响，并提出若采用二次中毒的方法污染物需符合以下原则：①该化学物质 $\log K_{ow} \geqslant 3$；②该化学物质具有很强的吸附性；③该化学物质已知有可能在生物体中累积；④该化学物质有标志性的结构特征；⑤该化学物质没有水解（半衰期小于 12h）等衰减特性。英国生态风险评估中，较为重视二次中毒的影响，对可通过陆地食物链富集的污染物应考虑二次中毒问题，陆地食物链考虑的是土壤蚯蚓和以蚯蚓为食的鸟类或哺乳动物。加拿大在制定 SQG 时仅对农业用地考虑了直接接触和摄入土壤及食草这两种暴露途径对野生动物与家畜的影响。

我国在生态安全土壤环境基准研究中，虽然没有直接提出“二次中毒”的概念，但是已有较多针对土壤污染物在生物体中生物积累效应的相关研究。中国科学院南京土壤研究所针对土壤有机氯农药残留问题，探讨了农田生态系统中土壤动物（蚯蚓）对滴滴涕的生物富集情况，以及有机氯农药对土壤动物多样性、土壤微生物数量的影响，并评价土壤有机氯污染程度及对土壤生态系统健康的影响（安琼等，2004）。南京农业大学解冬利（2010）研究了镍在我国 13 个省（直辖市）的 5 种不同类型土壤中对模式动物赤子爱胜蚓的急性和慢性毒性，以及镍在赤子爱胜蚓体内的生物富集特性。农业农村部环境保护科研监测所郑宏艳等（2015）提出了农田作物重金属生物富集的“土壤重金属含量-作物特性-土壤属性”关系理论，针对土壤模式建立土壤和作物重金属含量关系模型。由此可见，二次中毒带来的影响不容忽视。

2. 二次中毒的原理

一些化学物质可能通过食物链传递和积累，从而可能对鸟类和哺乳动物等高等生物产生毒性作用。因此，在不直接接触污染源（土壤污染）的情况下，较高营养级的生物也可能受到污染的影响。污染实际上是通过食物链传播的。二次中毒的一个组成部分是生物积累。生物积累指生物通过吸附、吸收和吞食作用，从周围环境中摄入污染物，这些污染物滞留体内，当其摄入量超过消除量时，污染物在体内的浓度会高于环境浓度；包括生物浓缩和生物放大。积累是生物放大和生物浓缩的结果。生物放大是一种逐步增加生物体中污染物浓度的方法，因为它们在食物链中处于较高的位置，并且是通过食物摄入来实现的。换句话说，处于食物链顶端的生物体暴露在最高剂量的生物浓度下，即通过皮肤或胃肠道从土壤中吸收污染物（如蠕虫暴露）。图 9-13 显示食物链中二次中毒的原理。

目前的相关指导文件中，有两种推荐的评估二次中毒的方法，分别是 2011 年欧盟 WFD 指导文件推荐的基于浓度的方法和 2009 年欧洲食品安全局推荐的基于剂量的方法（EC，2011）。基于浓度的方法是基于鸟类或哺乳动物饮食中污染物的浓度评估其暴露风险。而基于剂量的方法中暴露毒性不是表示饮食中的浓度，而是污染物的每日剂量，剂量表示为每单位质量体重中污染物的每日摄入量。

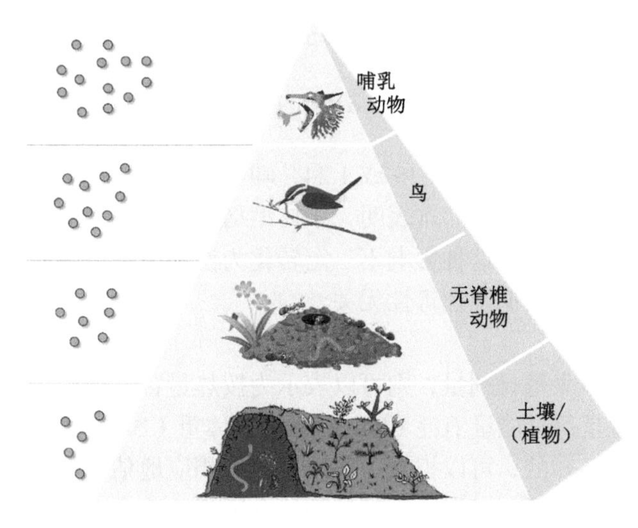

图 9-13　食物链中二次中毒的原理

如果考虑对同一污染物的毒性研究，因为不同研究的应用途径或提供的饮食可能有所不同，不同的饮食会导致不同的每日食物摄入量，这使得基于剂量的方法比基于浓度的方法更合适。由于每日的能量消耗与物种的体重呈负相关，每日食物摄入量较低，同一食物链中的大型动物的每日剂量会更低。这意味着体型较小的物种在食物链中更快地积累有毒物质，从而导致最高的急性效应。因此，具有代表性的哺乳动物和鸟类被认为更容易受到饮食中一定浓度污染物的影响，因此选择鸟类和哺乳动物关键指标物种。

基于上述两种方法，2014 年荷兰 RIVM 推荐了一种基于食物热量含量推导二次中毒环境风险限值的新方法——相对生长法，用该方法来推导 PNEC 或制定长期质量标准。当推荐鸟类和哺乳动物为雀形目鸟类和其他（非沙漠、非海洋）真兽类哺乳动物时采用该方法。相对生长法将生物参数（Y）与生物体的体重（BW）联系起来。

$$\log Y = \log a + b \times \log \mathrm{BW} \text{ 或 } Y = a \times \mathrm{BW}^b \tag{9-18}$$

式中，指数 b 可以用不同的理论来描述，如遵循体表面积定律（Surface Law）的 2/3，或者克莱伯定律（Kleiber's Law）的 3/4。在鸟类和哺乳动物二次中毒的风险评估中，相对生长关系起着重要的作用，如每日食物摄入量（DFI）与体重之间的比值。

1）每日能量消耗

对于鸟类和哺乳动物，在野外条件下的每日能量消耗（DEE）与该物种的体重之间有很强的相关性。这种相对生长关系由式（9-19）描述。

$$\log \mathrm{DEE}(\mathrm{kJ}) = \log a + b \times \log \mathrm{BW}(\mathrm{g}) \text{ 或 } \mathrm{DEE} = a \times \mathrm{BW}^b \tag{9-19}$$

式中，对于所有鸟类组合，线性回归截距 $\log a$ 为 1.019，斜率 b 为 0.6705。对于 115 种哺乳动物，线性回归截距 $\log a$ 为 0.7037，斜率 b 为 0.7188。

2）生态毒性

已有研究表明鸟类和哺乳动物的急性毒性剂量和体重之间的相关性。急性毒性剂量只与鸟类的体重有关，小体型鸟类比大体型鸟类更容易受到影响。

$$\log \mathrm{LD}_{50}\left(\mathrm{mg/kg_{BW}}\right)=\log a+b\times\log \mathrm{BW}\left(\mathrm{kg}\right)\text{或}\ \mathrm{LD}_{50}=a\times \mathrm{BW}^{b} \tag{9-20}$$

式中，鸟类的比例因子 b 为 1.15、1.19 或 1.24，哺乳动物的比例因子为 0.94。然而，所有的数据集只包括急性毒性数据。这表明，小体型鸟类对急性毒性实验的暴露更敏感，尤其是食物摄入量的减少，但这种影响不一定转化为慢性影响。因此，在该方法中急性毒性和体重之间的关系与长期慢性毒性无关。

3）毒性终点

如果毒性终点表示为每日剂量，则可以表示为按热量含量标准化的饮食浓度。对于鸟类和哺乳动物，就是每日能量消耗（DEE，kJ）与体重（BW，kg）的比值。在毒性研究中，动物的体重是已知的，可以根据这些体重数据相应地估计鸟类和哺乳动物（在野外条件下）的每日能量消耗。以能量为基础的饮食浓度（mg/kJ）可计算为

$$C_{\text{energy normalized}}\left(\mathrm{mg/\,kJ}\right)=\text{dose}\times\frac{\mathrm{BW}}{\mathrm{DEE}} \tag{9-21}$$

式中，剂量 dose 为相关毒性终点，如 NOAEL、LOAEL、LD_{50} 等，表示为每日剂量，$\mathrm{mg/kg_{bw}}$。

如果只有饮食浓度而没有关于食物消耗的数据，则无法计算剂量。在这种情况下，可以将饮食浓度归一化为研究中特定饮食的能量和水分含量：

$$\begin{aligned}C_{\text{energy normalized}}\left(\mathrm{mg/kJ}\right)&=\frac{C_{\text{diet}}\left(\mathrm{mg/kg_{fw}}\right)}{\text{energy content}_{\text{diet,dw}}\left(1-\text{moisture content}_{\text{diet}}\right)}\\&=\frac{C_{\text{diet}}\left(\mathrm{mg/kg_{dw}}\right)}{\text{energy content}_{\text{diet,dw}}}\end{aligned} \tag{9-22}$$

式中，饮食浓度（C_{diet}）为相关毒性终点，如 NOAEL、LOAEL、LD_{50} 等，$\mathrm{mg/kg_{fw/dw}}$；能量含量（energy $\text{content}_{\text{diet,dw}}$）表示为 $\mathrm{kJ/kg_{dw}}$；水分含量（moisture $\text{content}_{\text{diet}}$）指含水量占总饮食鲜重的比例。

4）毒性终点与目标食物浓度的转换

根据所考虑的土壤食物链暴露途径，生态毒性试验的能量归一化终点应转化为受试生物的安全浓度，而该安全浓度又可转化为土壤中的浓度。对于一种特定类型的食物（如蚯蚓）的能量含量，该食物的浓度可由能量正常饮食浓度计算：

$$\begin{aligned}C_{\text{food item}}\left(\mathrm{mg/kg_{ww}}\right)=&\ C_{\text{energy noramlized}}\left(\mathrm{mg/kJ}\right)\times\text{energy content}_{\text{food item,dw}}\times\left(1-\text{moisture content}_{\text{food item}}\right)\\&\times C_{\text{energy noramlized}}\left(\mathrm{mg/kJ}\right)\times\text{energy content}_{\text{food item,fw}}\end{aligned} \tag{9-23}$$

式（9-23）可以计算出每种食物的特定风险限值。在不同环境暴露时，生态受体的食物摄入量可能存在差异，需根据鸟类和哺乳动物食物摄入量的计算方式，将实验室暴

露和野外实验暴露结果归一化，表 9-15 提供了不同计算方式的评估因子。通过这种方式，可以得出鸟类和哺乳动物可能食用的多种食物的风险限值。

表 9-15　实验室和野外食物摄入量差异的评估因子

项目	采用的方法	AF	适用于
实验室和野外食物摄入量的差异	基于热量含量的饮食浓度	1	剂量和日常饮食
	基于剂量	1	剂量
	基于饮食浓度	3	日常饮食

5）鸟类和哺乳动物数据外推到慢性毒性

许多对鸟类或哺乳动物进行的研究并不是全面的长期研究。为了能够采用所有哺乳动物和鸟类的毒性数据，在亚慢性、亚急性和急性毒性研究中采用评估因子进行数据转换。在大多数国家制定环境基准时，不推荐使用急性毒性研究。因此，表 9-16 列出应用于鸟类和哺乳动物毒性终点的评估因子。该评估因子是当前欧洲相关指导文件中推荐的评估因子。

表 9-16　应用于鸟类和哺乳动物毒性终点的评估因子

研究暴露时间	AF	适用于
慢性研究	1	鸟类和哺乳动物
亚慢性研究	3	90d，哺乳动物
急性研究	10	28d，哺乳动物
亚急性研究	100	LC_{50}/LD_{50}，鸟类

表 9-16 未涉及的一类研究是哺乳动物（如大鼠、小鼠或兔子）在妊娠期 10d 及 10d 以上暴露时间的研究。在选择评估因子时，必须考虑到同一物种的所有现有数据，来反映现有研究的所有终点和暴露时间。

3. 二次中毒条件下外推

制定场地生态安全土壤环境基准，在评估二次中毒时，将采用对鸟类和哺乳动物的毒性研究结果，还应收集生物浓缩和生物放大的研究数据，且不考虑单次给药的数据。当对哺乳动物的毒性试验的解释很复杂时，应咨询人类毒理学专家。对鸟类和哺乳动物的毒性研究进行评估时，涉及对鸟类的亚急性和慢性毒性研究及对哺乳动物的急性、亚慢性和慢性毒性研究。短期毒性研究将得到 LC_{50}（$mg/kg_{食物}$）或 LD_{50}[$mg/(kg_{bw}\cdot d)$，重复给药]。长期毒性研究一般会得到 NOEC（在饮食中的无观察效应浓度，$mg/kg_{食物}$）或 NOEL[在剂量研究中的无观察效应浓度，$mg/(kg_{bw}\cdot d)$]。长期毒性研究的结果也可为 NOAEL，即未观察到不良效应浓度。然而，通常观察到 NOEC/NOEL 时污染物就会产生对生物体的不良影响。

在二次中毒条件下外推基准值，优先选择以死亡、生长和生殖为终点的长期慢性毒性研究。考虑二次中毒的情况下，基于捕食者的食物中污染物浓度推导 $PNEC_{oral}$ 的计算过程见式（9-24）。

$$PNEC_{oral} = \frac{TOX_{oral}}{AF_{oral}} \tag{9-24}$$

式中，$PNEC_{oral}$ 为鸟类和哺乳动物污染物二次中毒过程的预测无效应浓度，mg/kg；TOX_{oral} 为通过食物产生不良效应的相关（无）效应浓度（如 $LC_{50\ bird}$、$NOEC_{bird}$ 或 $NOEC_{mammal}$）；AF_{oral} 为外推 PNEC 时应用的评估因子（表 9-17）。

表 9-17　鸟类和哺乳动物数据外推中涉及的评估因子

TOX_{oral}	实验周期	AF_{oral}
鸟类 LC_{50}（$LC_{50\ bird}$）	5d	3000
鸟类 NOEC（$NOEC_{bird}$）	慢性	30
哺乳动物 NOEC（$NOEC_{mammal}$）	28d	300
	90d	90
	慢性	30

取不同物种 $PNEC_{oral}$ 的最低值为场地生态安全土壤环境基准值 $PNEC_{soil}$。

9.6　生态安全土壤环境基准的确定和表述

制定生态安全土壤环境基准时，不同的国家对毒性参数的选择和保护水平的设置各有不同，加拿大四种类型土地对污染物的敏感度：农业用地>住宅/公园用地>商业用地>工业用地，土地利用类型保护水平设置为 75%、50%；澳大利亚四种类型土地对污染物的敏感度：城市住宅/公共开放空间>商服/工业用地，土地利用类型保护水平设置为 80%、60%；美国根据 EC_{10} 和最大允许阈值浓度，通过计算几何平均值作为生态基准（相当于 50%的物种保护水平）。

制定不同土地利用方式下生态安全土壤环境基准时，将根据不同土地利用方式下土壤所提供的生态服务功能的重要性确定的生态物种或生态过程保护的程度作为制定生态安全土壤环境基准的依据。在确定我国场地生态安全土壤环境基准时，需满足以下原则。

（1）依据确定的最优拟合模型，取 y 值为某一累积频率数值，计算获得对应的 x 值，则 x 的反对数（10^x）为对应的物种危害浓度。不同土地利用方式下的生态物种及生态过程保护水平和物种危害浓度见表 9-18。

（2）制定公园用地方式下生态安全土壤环境基准时，若需要将短期效应毒性数据外推到慢性毒性数据、将实验室数据外推到野外并考虑测试生物种内和种间的差异，可根据实际情况将危害浓度除以 1～5 的安全系数得到 $PNEC_{soil}$；制定住宅和商服及工业用地方式下生态安全土壤环境基准时，不考虑安全系数。

（3）安全系数与曲线拟合时采用的毒性效应水平、污染物的活性及土地利用方式有关。对于公园用地，当同时满足：①毒性效应水平为 EC_{10}；②毒性实验开展前土壤经过长时间老化或淋溶处理两个条件时，安全系数取 1。以上任意一个条件不满足时，安全系数的取值应当根据实验或模型（老化效应实验、淋溶模型等）来决定，在无实验或模型的情况下需要根据专家判断来确定。

表 9-18　不同土地利用方式下的生态物种及生态过程保护水平和危害浓度

土地利用类型	保护水平	物种危害浓度
自然绿地用地	80%的生态物种和生态过程	HC_{20}
城市公园用地	70%的生态物种和生态过程	HC_{30}
农村住宅用地	65%的生态物种和生态过程	HC_{35}
城市住宅用地	60%的生态物种和生态过程	HC_{40}
商服/工业用地	50%的生态物种和生态过程	HC_{50}

以 SSD 外推获得的 $PNEC_{soil}$ 作为场地生态安全土壤环境基准。当现有数据不能满足 SSD 外推法时，也可使用 AF 法外推获得的 $PNEC_{soil}$ 作为场地生态安全土壤环境基准临时值。场地生态安全土壤环境基准保留小数点后两位有效数字，最多保留 4 位有效数字，单位为 mg/kg。应对基准制定过程中的不确定性进行定性分析，不确定性的产生涉及数据获取、模型选择、基准推导等相关步骤，具体包括但不限于数据来源、检索方案、数据筛选与评价、受试物种的代表性、毒性数据校正、SSD 拟合模型评价、评估因子取值以及考虑二次中毒条件下的推导方法等。

场地生态安全土壤环境基准的研究制定过程中应确保数据资料来源的可靠性、数据处理的规范性及推导方法的科学性，符合质量控制要求；并仔细审核基准推导所用数据及推导步骤，以确保基准合理可靠。包括基准的自审核项目：①使用的毒性数据是否可被充分证明有效，②使用的毒性数据是否符合数据评价标准，③是否存在明显异常数据，④是否遗漏其他重要数据；以及基准的专家审核项目：①基准推导所用数据是否可靠，②物种要求和数据量是否符合基准推导要求，③基准推导过程是否符合技术标准，④基准值的得出是否合理，⑤是否有任何背离技术标准的内容并评估是否可接受。

参 考 文 献

安琼, 董元华, 王辉, 等. 2004. 苏南农田土壤有机氯农药残留规律. 土壤学报, 41(3): 414-419.
柴世伟. 2004. 广州市农业土壤重金属污染特点及汞污染土壤修复研究. 广州: 中山大学.
陈波宇, 郑斯瑞, 牛希成, 等. 2010. 物种敏感度分布及其在生态毒理学中的应用. 生态毒理学报, 5(4): 491-497.
程金金, 宋静, 陈文超, 等. 2013. 镉污染对红壤和潮土微生物的生态毒理效应. 生态毒理学报, 8(4): 577-586.
程金金, 宋静, 吕明超, 等. 2014. 多氯联苯对我国土壤微生物的生态毒理效应. 生态毒理学报, 9(2).

刁晓平, 史光华. 2004. 环境污染物对土壤生态系统的影响及其评价方法. 海南大学学报(自然科学版), 22(4): 5.
冯承莲, 赵晓丽, 侯红, 等. 2015. 中国环境基准理论与方法学研究进展及主要科学问题. 生态毒理学报, 10(1): 2-17.
冯永亮. 2020. 物种敏感度分布的模型选择和最小样本量研究. 安全与环境学报, 20(5): 11.
雷炳莉, 黄圣彪, 王子健. 2009. 生态风险评价理论和方法. 化学进展. 21: 350-358.
李冰, 姚天琪, 孙红文. 2016. 土壤中有机污染物生物有效性研究的意义及进展. 科技导报, 34(22): 8.
李素珍, 闫振飞, 付卫强, 等. 2019. 生态风险评估技术框架及其在环境管理中的应用. 环境工程, 37(3): 6.
李晓晴. 2012. 改变镉生物有效性对植物吸收积累镉的影响. 山东师范大学学报(自然科学版), (4): 128-131.
李晓晓, 韩瑞芳, 陈倩倩, 等. 2020. 土壤重金属迁移转化领域研究的文献计量分析. 土壤通报, 51(3): 8.
李志博, 骆永明, 宋静, 等. 2006. 土壤环境质量指导值与标准研究 Ⅱ·污染土壤的健康风险评估. 土壤学报, 43(1): 142-151.
刘鑫. 2014. 多环芳烃降解微生物筛选及其与植物协同修复研究. 南京: 南京农业大学.
罗晶晶, 吴凡, 张加文, 等. 2022. 我国土壤受试植物筛选与毒性预测. 中国环境科学, 42(7), 3295-3305.
宋静, 骆永明, 夏家淇. 2016. 我国农用地土壤环境基准与标准制定研究. 环境保护科学, 42(4): 29-35.
唐冰培. 2014. 硫素对氧化还原条件下水稻土铁、锰、镉和砷形态的影响. 郑州: 河南农业大学.
田彪, 卿黎, 罗晶晶, 等. 2022. 重金属铜和铅的生态毒性归一化及土壤环境基准研究. 环境科学学报, 42(3): 431-440.
王晨. 2015. 典型土壤中多环芳烃的赋存形态及影响因素初探. 杭州: 浙江大学.
王静婷, 谷成刚, 叶茂, 等. 2015. 土壤中多氯联苯的生物有效性及其影响机制研究. 土壤, 47(1): 80-86.
王小庆, 李菊梅, 韦东普, 等. 2014. 土壤中铜生态阈值的影响因素及其预测模型. 中国环境科学, 34(2): 445-451.
王小庆, 马义兵, 黄占斌. 2012. 土壤中镍生态阈值的影响因素及预测模型. 农业工程学报, 28(5): 220-225.
王颖, 冯承莲, 黄文贤, 等. 2015. 物种敏感度分布的非参数核密度估计模型. 生态毒理学报. 10(1): 10.
吴翔. 2018. 典型土壤有机污染物赋存形态及影响因素. 杭州: 浙江大学.
解冬利. 2010. 不同类型土壤中镍的生物富集特性及其对蚯蚓的毒性效应. 南京: 南京农业大学.
元森, 韩路. 2021. 新时代环境保护与可持续发展现状浅析与策略研究. 科技风, 25: 158-160.
岳克. 2017. 硫硒对水稻根际微域镉与砷赋存形态及生物有效性的影响. 郑州: 河南农业大学.
张闻. 2011. 碳质材料与土壤相互作用对吸附芘及其生物可利用性的影响. 天津: 南开大学.
章海波, 骆永明, 李志博, 等. 2007. 土壤环境质量指导值与标准研究Ⅲ. 污染土壤的生态风险评估. 土壤学报, 44(2): 338-349.
赵云杰. 2015. 土壤-植物系统中重金属迁移性的影响因素及其生物有效性评价方法. 中国水利水电科学研究院学报, (3): 177-183.
郑宏艳, 姚秀荣, 侯彦林, 等. 2015. 中国土壤模式-作物系统重金属生物富集模型建立. 农业环境科学学报, 2: 257-265.
周娟, 颜增光, 蒋金炜, 等. 2008. 几种典型土壤中铜对赤子爱胜蚓的毒性差异比较研究. 生态毒理学报, 3(4): 394-402.
Aldenberg T, Slob W. 1993. Confidence limits for hazardous concentrations based on logistically distributed NOEC toxicity data. Ecotoxicology and Environmental Safety, 25: 48-63.
Australian and New Zealand Environment and Conservation Council (ANZECC), Agriculture and Resource Management Council of Australia and New Zealand (ARMCANZ). 2000. Australian and New Zealand Guidelines for Fresh and Marine Water Quality. Canberra: ANZECC, ARMCANZ.

Cowan C E, Versteeg D J, Larson R J, et al. 1995. Integrated approach for environmental assessment of new and existing substances. Regulatory Toxicology and Pharmacology, 21(1): 3-31.

Deforest D K, Schlekat C E, Brix K V, et al. 2011. Secondary poisoning risk assessment of terrestrial birds and mammals exposed to Nickel. Integrated Environmental Assessment and Management, 8(1): 107-119.

EA. 2004. Soil Screening Values for Use in UK Ecological Risk Assessment. Environment Agency R&D Technical Report P5-091. Bristol: Environment Agency.

EC. 2011. Common Implementation Strategy for the Water Framework Directive (2000/60/EC). Guidance Document No. 27. Technical Guidance For Deriving Environmental Quality Standards. Brussels: European Commission.

European Commission. 2003. Technical Guidance Document on Risk Assessment. Luxembourg: European Communities.

Fox D R, Dam R, Fisher R, et al. 2021. Recent developments in species sensitivity distribution modeling. Environmental Toxicology and Chemistry, 40(2): 293-308.

Gao Y, Shen Q, Ling W, et al. 2008. Uptake of polycyclic aromatic hydrocarbons by *Trifolium pretense* L. from water in the presence of a nonionic surfactant. Chemosphere, 72(4): 636-643.

Grist E, Leung K, Wheeler J R, et al. 2002. Hazard/risk assessment better bootstrap estimation of hazardous concentration thresholds for aquatic assemblages. Environmental Toxicology and Chemistry, 21(7): 1515-1524.

Jin X W, Wang Y, Wang Z J. 2014. Methodologies for deriving aquatic life criteria (ALC): Data screening and model calculating. Asian Journal of Ecotoxicology, 9(1): 1-13.

Jin X W, Wang Z J, Wang Y. 2015. Do water quality criteria based on nonnative species provide appropriate protection for native species?. Environmental Toxicology and Chemistry, 34(8): 1793-1798.

Kooijman S A L M. 1987. A safety factor for LC_{50} values allowing for differences in sensitivity among species. Water Research, 21: 269-276.

Maltby L, Blake N, Brock T C M, et al. 2005. Insecti-cide species sensitivity distributions: Importance of test species selection and relevance to aquatic ecosystems. Environmental Toxicology and Chemistry, 24(2): 379-388.

Newman M C, Ownby D R, Mezin L C A, et al. 2000. Applying species-sensitivity distributions in ecological risk assessment: Assumptions of distribution type and sufficient numbers of species. Environmental Toxicology and Chemistry, 19(2): 508-515.

Posthuma L, Suter Ⅱ G W, Traas P T. 2001. Traas-Species Sensitivity Distributions in Ecotoxicology. Boca Raton: CRC Press.

Semple K T, Doick K J, Jones K C, et al. 2004. Defining bioavailability and bioaccessibility of contaminated soil and sediment is complicated. Environmental Science & Technology, 38(12): 228A-231A.

Slooff W, Canton J H, Hermens J L M. 1983. Comparison of the susceptibility of 22 freshwater species to 15 chemical compounds. I. (Sub)acute toxicity tests. Aquatic Toxicology, 4: 113-128.

Slooff W, Canton J H. 1983. Comparison of the susceptibility of 11 freshwater species to 8 chemical compounds. II. (Semi) chronic toxicity tests. Aquatic Toxicology, 4: 271-282.

Suter Ⅱ G W. 2007. Ecological Risk Assessment. 2nd ed. Boca Raton: CRC Press.

Tessier A, Turner D R. 1995. Metal Speciation and Bioavailability in Aquatic Systems. New York: John Wiley.

Tessier E, Turner D R. 1996. Metal speciation and bioavailability in aquatic systems. Chemistry International Newsmagazine for Iupac, 24(2): 20.

van Straalen N M, Denneman C A J. 1989. Ecotoxicological evaluation of soil quality criteria. Ecotoxicology and Environmental Safety, 18: 241-251.

Wagner C, Løkke H. 1991. Estimation of ecotoxicological protection levels from NOEC toxicity data. Water Research, 25: 1237-1242.

Wang J T, Gu C G, Ye M, et al. 2015. Study on bioavailability and influential mechanism of polychlorinated biphenyls in Soil. Soil, 47(1): 80-86.

Wang X, Ji D, Chen X, et al. 2017. Extended biotic ligand model for predicting combined Cu-Zn toxicity to wheat (*Triticum aestivum* L.): Incorporating the effects of concentration ratio, major cations and pH. Environmental Pollution, 230: 210-217.

Wheeler J R, Grist E P M, Leung K M Y, et al. 2002. Species sensitivity distributions: data and model choice. Marine Pollution Bulletin, 45: 192-202.

Zhang J, Sugir M E, Li Y, et al. 2019. Effects of vermicomposting on the main chemical properties and bioavailability of cd/zn in pure sludge. Environmental Science and Pollution Research, 26(1): 20949-20960.

Zhao J S, Chen B Y. 2016. Species sensitivity distribution for chlorpyrifos to aquatic organisms: Model choice and sample size. Ecotoxicology and Environmental Safety, 125: 161-169.

第10章　机器学习在土壤环境基准制定中的应用及展望

10.1　背 景 介 绍

机器学习是由数据驱动的方法，能够识别数据中复杂模式和关系。相比于经典的分析方法，机器学习更加强大和快速。机器学习算法根据学习系统的反馈性质差别可分为三种：监督学习、无监督学习和强化学习。监督学习是从已标记的数据中学习并进行预测，数据由输入对象和输出值组成。常见的监督学习算法有回归算法、随机森林算法、K近邻算法等。无监督学习是从未标注数据集中挖掘相互之间的隐含关系，通常用于探索性数据分析或在没有或只有少数标签可用的数据集中进行可视化，如维数降低和聚类。常见的无监督学习算法有主成分分析方法、等距映射方法、局部线性嵌入方法等。强化学习介于监督学习和非监督学习之间，输入数据作为模型的反馈进而优化，在不断迭代中改进学习。常见的强化学习算法有马尔可夫决策过程、时间差学习等。近年来深度学习发展迅猛，其不是一种独立的学习方法，会用到监督学习和非监督学习方法来训练神经网络。

随着机器学习技术开源程度不断提高，算法实现逐渐简化，为非计算机领域研究者应用机器学习技术实现学科交叉提供极大的便利，其简化的工作流程如图10-1所示。机器学习已经成功在环境科学、气候科学、材料科学、生物科学等领域发挥作用，如协助研究者实现毒性评估、药物合成等。同样，机器学习在土壤科学领域的应用也在逐渐增多，如帮助预测土壤性质的时空分布及差异、预测土壤对污染物的吸附能力等。

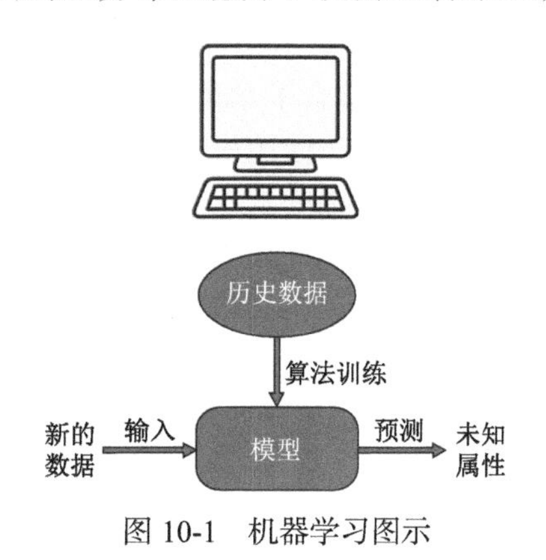

图10-1　机器学习图示

土壤污染研究，通常涉及的因素比较复杂，如土壤的理化性质、生物量及气候条件。同样，土壤基准的制定通常也需要参考动物、植物、微生物等在不同条件下对一种或多种土壤污染物（重金属、有机物等）的响应。我国幅员辽阔，拥有多种类型的地貌与土壤，而不同地域的地理、环境、气候等因素之间的巨大差异给土壤污染物剂量-生物效应关系带来巨大异质性，而经验知识模型或者实验方法通常难以同时处理这种多因素驱动的响应关系，从而给制定科学的土壤基准带来巨大的挑战。在大数据驱动下，机器学习具有常规统计模型难以企及的鲁棒性与抗噪能力，具备从高维的、异质的数据中提取真实的响应关系的能力，从而为识别多因素驱动的土壤污染物-生物效应关系并针对不同地域、不同类型的土壤制定科学的基准提供了一种解决方案。

作为一种数据驱动的模型，应用机器学习方法协助制定土壤基准的重要前提是数据的科学性与准确性。截至 2022 年 7 月，有关土壤的研究已经超过 180 万项（检索网站：Web of Science；检索关键词：Soil），其中与我国相关的研究数量为 14 万余项（检索关键词：Soil & China）。一方面，巨量的研究保证研究者在进行机器学习-土壤研究时能够获取充足的数据，以确保机器学习模型的有效性与稳定性；另一方面，巨量的研究则要求研究者在获取数据时需要严格甄别数据的科学性与真实性，从而保证机器学习模型所提取的土壤污染物-生物效应关系的准确性。此外，开放共享的全球尺度的高精度地理信息及地理环境数据集数量渐渐增多，已逐步成为获取土壤数据的重要来源。高精度数据库结合机器学习将推动不同地域制定特有的土壤基准，推动土壤环境基准制定的精细化和智能化。

10.2 当前机器学习技术在土壤领域内的应用

土壤是现代农业的基础，而农业又与粮食安全紧密相连。目前机器学习正在成为我国农业进入智能化必不可缺的关键，它是人工智能的核心，可以运用到农业全产业链中，提高整个农业链条的效率。机器学习技术在此领域内主要应用于预测土壤健康状况和农产品产量，制作和绘制土壤覆盖农作物类型图等。基于强泛化能力，机器学习有望克服我国土壤类型多样的挑战（国家地球系统科学数据中心土壤分中心），以较高效率获得大尺度土壤污染基准值。

沈其荣（Yuan et al.，2020b）团队整合了全世界各地 1500 多个镰刀菌枯萎病相关土壤测序样本，在解释群落特征的基础上，使用机器学习分别构建了细菌和真菌模型。这两种模型在区分健康和发病土壤方面准确度高达 85%以上。这项工作不仅揭示了枯萎病发病土壤中微生物的群落特征，还可以精准诊断土壤是否健康。同时，微生物群落特征的揭示可以为寻找关键微生物、生物防控土传枯萎病提供理论支持。并且该技术还能够告诉农民土壤的健康状况，农民可以据此提前采取措施或者种植其他作物，从而避免经济损失。这项工作将数据整合和机器学习很好地结合起来，用于准确判断土壤的健康状况，是土壤微生物大数据研究应用于农业生产实践的一个有益尝试。

了解一个地区土地的土壤属性，测定该土地的 pH、土壤含盐量（SSC）、土壤有机质（SOM）等指标信息，通过机器学习技术科学合理分析这块土地应该做什么，是否适合种植农作物，这对于农业生产规划至关重要。传统的土壤采样范围过大，耗时耗力，且精度不高，而使用遥感技术和人工智能技术测定土壤属性，可以极大地缩短测定时间，提高工作效率。相关应用也屡见不鲜，如 Zhu 等（1997）运用 SoLIM（Soil Land Inference Model）模型测定美国蒙大拿州的土壤属性。此后，Zhu（2000）、Zhu 等（2001）进行全美土壤调查（土壤制图），发现通过机器学习的方法制定的土壤分类系统获取的土壤类型数据质量优于美国当时采用人工采样方法获得的数据，这套方法体系被美国农业部采纳为国家标准。张振华（2020）等使用 Cubist 和 Bagging3 模型对新疆渭干河—库车河绿洲干旱区进行了预测，发现其结果符合实际，且精准度较高。

10.2.1　基于遥感大数据和计算机视觉的机器学习技术

随着遥感仪器性能的不断发展，人们所能获取的遥感图像和数据数量快速增多，且光谱特征维数进一步增加。然而，人工标定遥感图像费时费力，有必要利用机器学习对图像和数据进行处理。目前，遥感已成为在短时间内获取大量土壤数据并为人们生成有用信息的强大工具，而最广泛使用的处理来自遥感系统信息的方法是机器学习技术。

基于遥感技术和计算机视觉技术的机器学习在土壤相关指标的预测估计和土壤的分类等方面均有涉及，主要应用于对遥感图像和数据的解释与分析，下面将对其中一些典型应用中的算法进行介绍，为后面制定基于机器学习的环境基准奠定方法基础。

1. 线性回归

回归算法常用于解释遥感数据，最常用的技术是主成分回归（Principle Component Regression，PCR）和偏最小二乘回归（Partial Least Squares Regression，PLSR）。PCR 是一种两步技术，通过 PCA 将预测变量转化为主成分，然后将其作为预测因子输入多元线性回归（Multi-Linear Regression，MLR）。其中第一步允许解决多线性问题。作为对 PCR 的增强，PLSR 具有类似的结构，但在 PCA 步骤中也考虑响应变量。因此，PLSR 不仅可以处理多线性数据，而且还允许变量的数量超过样本的数量。

MLR 也是常使用的一种算法，相比于其他先进的多元算法，MLR 更容易执行和解释。但是当预测变量涉及非线性关系时，MLR 的预测精度则会大大降低。其他回归方法包括弹性净回归（Elastic Net Regression，ENR）和惩罚样条回归（Penalized Splines Regression，PSR）。ENR 克服过拟合的问题，而 PSR 能够解决高维数据分析的问题。

2. 随机森林

随机森林是从决策树算法进化而来的，决策树算法是一种经典而直观的算法，利用自上而下和二值分割来处理回归与分类问题。为防止较高的方差和过拟合，套袋（引导聚合）已经被包括在内。它通过在训练阶段构建大量决策树来发挥作用，这些决策树随后被积累起来给出单一的估计。与其他预测技术相比，随机森林已越来越多地应用于环境领域，并取得了优越的结果。

3. 神经网络

神经网络（Neural Network，NN）由人工神经元组成，这些神经元形成层，进一步连接，从而模拟人类大脑。这种非线性方法在多个领域引起了广泛的兴趣，目前已经有许多研究成功地利用了基于神经网络遥感模型来预测土壤中的有机碳等物质。神经网络模型的使用有很高的计算需求，所以使用者通常并不喜欢使用，这促使人们转向其他计算效率高的统计和机器学习模型，如上述提到的偏最小二乘回归、主成分分析、支持向量机和随机森林等（Giorgos et al.，2011）。然而，随着更丰富的数据库的可用性及新技术发展和计算工具的出现（如 DeepLearningKit、Microsoft Cognitive Toolkit 和 Tensorflow 等），2014 年人们对在遥感领域使用神经网络结构逐渐重新产生了兴趣（Zhang et al.，2016）。下面将以在土壤有机碳（SOC）中已经应用的神经网络为例，对传统神经网络和深度神经网络进行简单介绍。

1）传统神经网络

目前已经开发了几种网络结构来有效地解决不同类型的遥感数据挑战，包括反向传播神经网络、多层感知器、径向基函数和极限学习机等。

（1）反向传播神经网络（Back Propagation Neutral Network，BPNN）是一种经典的神经网络，是最流行的传统神经网络结构之一。其特点是输入和输出层之间只有一个隐藏层，并且每层也可以包含多个节点或神经元。它分为前向和后向传播模型，通过构建和初始化网络结构、重复输入训练数据并使用训练后的网络进行预测来工作。但 BPNN 框架的使用对网络权重很敏感，并且收敛速度较慢，趋于最小误差状态（Yuan et al.，2020a）。

（2）多层感知器（Multilayer Perception，MLP）框架是前馈神经网络（Feedforward Neural Network，FNN）的泛逼近器类。引入它是为了提高 BPNN 结构和遥感应用中常用的神经网络的性能。MLP 通常包含输入、输出和中间隐藏层。通常，输入和输出层（X，Y）接收信号（数据）进行预测，而隐藏层继续存储模型参数（权重和偏差）。由于 MLP 允许定义隐藏层的数量和其中的神经元，操作十分灵活，还可以实现 dropout rate 函数以减少过度拟合并提高准确性。然而，MLP 框架的使用受到训练难度的限制，尤其是在层数较多的情况下。因此，MLP 模型的最佳参数化不能被保证（Odebiri et al.，2021）。

（3）径向基函数（Radial Basis Function，RBF）是一种前馈神经网络，具有出色的逼近函数能力，因此在模式识别和函数逼近中很受欢迎。它通常使用由三层组成的高斯核函数：一个带有将特征变量输入网络的神经元的输入层、一个 RBF 神经元的隐藏层和一个输出层。与 BPNN 和 MLP 架构相比，因为结构和训练过程不太复杂，RBF 中的最优参数化得到保证（Gautam et al.，2011）。然而，由于缺乏适当的规则来确定隐藏节点的数量（Yu et al.，2011），并且由于不同的神经网络训练系统需要更高的内存，RBF 的使用受到阻碍（Samek and Dostal，2009）。

（4）极限学习机（Extreme Learning Machine，ELM）被提出用于单隐藏层前馈神经网络，以解决其他传统神经网络框架收敛缓慢的问题。ELM 具有与其他传统神经网络类似的结构，但具有更快的学习率（Song et al.，2017）。此外，ELM 具有随机选择隐藏向量参数的能力，因此其在计算输出权重上比较突出，训练过程快，并且迭代效率较高。ELM 已被用于不同土壤性质的检索任务，包括土壤温度、土壤水分、重金属、SOC 和 SOM 等（Lin et al.，2014）。尽管 ELM 的训练速度比其他传统神经网络模型更快，但它受到训练模型的缓慢评估和验证的限制（Yang et al.，2019）。

2）深度神经网络（Deep Neural Network，DNN）

尽管传统神经网络模型在遥感数据分析上取得了进展，但它们的结构通常较简单，导致它们鲁棒性比较差（Sirsat et al.，2018）。此外，大多数模型在训练期间通常收敛缓慢，并且对权重非常敏感，这可能会影响它们的收敛性（Liu et al.，2018）。因此，开发更深入和灵活的框架是必要的，目前有两个主流深度学习模型（卷积神经网络和循环神经网络）被用于遥感数据的分析。

（1）卷积神经网络（Convolutional Neural Network，CNN）与其他深度学习算法一样，由多个层组成。在输入和输出层内包含三个主要的层次结构：卷积层、池化层和全连接层。卷积层通常放置在网络的开头（输入数据），并且可以应用几个局部滤波器来执行卷积操作。池化层通过最大/平均池化等功能可以帮助降低高数据维数。最终的卷积层返回一个 X 图像，该图像可以转换为向量（展平操作），随后作为输入提供给输出最终结果的全连接层。

CNN 最初被设计用来处理多阵列形式的数据，这使得它非常适合于多波段遥感图像（Ma et al.，2019），在土壤光谱学中，已经有很多具有开创性的研究。例如，Padarian 团队（Veres et al.，2015）将 LUCAS 数据库（400～2500 nm）的光谱数据转换为二维光谱图，建立多任务的 2D-CNN 模型，同时预测 SOC 和其他土壤性质，其多任务网络的架构（图 10-2）包括一个公共层（一系列卷积层和最大池化层）和每个土壤性质分别对应的一个卷积层和全连接层，图 10-2 中六个分支中的土壤特性分别为 Organic Carbon（OC）、Cation Exchange Capacity（CEC）、Clay Particle Size Fraction、Sand Particle Size Fraction、pH measured in water 和 Total Nitrogen（TN）。

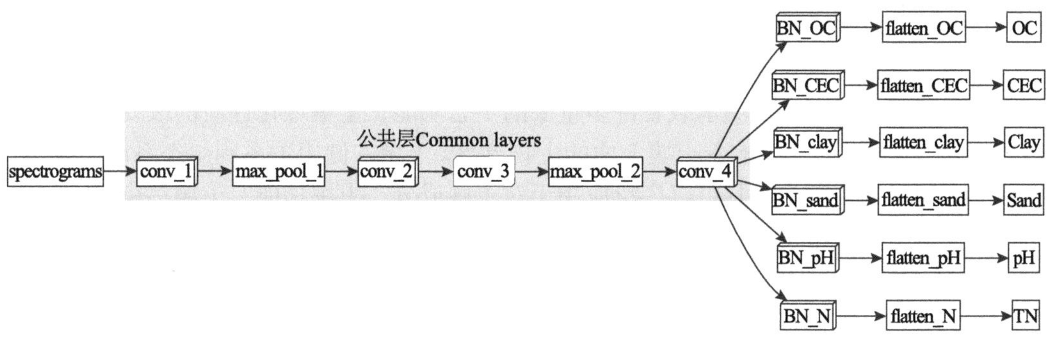

图 10-2　多任务网络

Convolutional（conv）：卷积层；max_pool：最大池化层；BN（Bottle-neck）：瓶颈层；flatten：展平操作

资料来源：Padarian et al.，2019

一般来说，CNN 框架比其他神经网络更有效，并且可以自动检测数据中的重要特征，而无须人工干预。因此，CNN 被认为是遥感应用中最强大和最受欢迎的主流深度学习模型（Padarian et al.，2019）。但是它的功效会受到计算成本和对大型训练数据集的需求等因素的限制，如图 10-2 所示（Somarathna et al.，2017；Padarian et al.，2019）。

（2）循环神经网络（Recurrent Neural Network，RNN）是一种广泛使用的鲁棒监督学习模型，主要用于序列问题。与标准前馈神经网络不同，RNN 包含一个循环结构，允许展示用于顺序数据处理的动态时间行为。通常，RNN 由三个主要部分和几个隐藏层组成。输入序列中的节点逐步添加到 RNN 中，以得出相应的输出序列。此外，鉴于内置的 RNN 内存，它可以轻松调用有助于预测未来输出的关键信息（Singh et al.，2019）。因此，RNN 通常在序列输入任务（如时间序列应用程序）中表现良好。

由于它们生成的深度前馈网络，RNN 模型通常受限于无法长时间学习和存储信息。为了解决这个问题，研究人员已经开发了专门的记忆单元，即长短期记忆网络（Long Short-Term Memory，LSTM）和门控循环单元（Gate Recurrent Unit，GRU）来增强网络（Singh et al.，2019），但采用其用于遥感数据的研究还不多。

由于遥感数据的多样性，包括高维、时空数据量和多个连续波段，遥感数据分析面临着许多逻辑和实践挑战。此外，预处理和分析程序通常严重依赖于采用的模型类型，这就需要不断寻找新的分析策略来改进遥感数据的使用性能。改进的核心便是传统机器学习到深度学习技术的转变，另外随着免费或商业的遥感大数据的增多，预计深度学习在遥感数据的分析上将会更广泛地被采用。

4. 其他算法

支持向量机（Support Vector Machine，SVM）和线性区分分析（Linear Discriminant Analysis，LDA）算法也在一些研究中得到了应用。虽然 SVM 是一种有效且经典的分类算法，但是也可用于回归，同时与许多其他机器学习方法相比，它具有更好的学习能力且预测误差较小。LDA 算法类似于线性回归，但同时也涉及数据分类。

10.2.2 基于土壤理化性质大数据的机器学习技术

土壤是陆地生态系统的基础，为植物的生长提供必需的营养和水分，也是土壤动物赖以生存的栖息场所。土壤承载着许多重要的生态功能，土壤理化性质的改变不仅会影响植物和土壤动物，还影响着土壤上面的生物群落。土壤的健康关系到生态系统的稳定。机器学习技术的发展，使其可以广泛应用于对土壤成分、土壤功能、土壤污染、土壤性质等的预测，为污染物环境基准制定服务，对土壤生态风险的监控和土壤管理有着重要意义（Ml and Chambers，2021；Harlianto et al.，2017；Wang et al.，2019；Mendes et al.，2020）。

高纬度永久冻土区土壤储存大量的 SOC，随着气候变暖速度加快，可能会导致永久冻土广泛退化和解冻，并释放大量的二氧化碳和甲烷等温室气体，导致温室效应加重。机器学习方法可以对北极地区表层土壤碳储量的空间分布进行预测，结果表明温度、纬度、土地覆被类型、坡度和高程对地表 SOC 空间变化的预测具有较大的影响（Mishra et al.，2020）。

土壤湿度是各种生态系统和农业系统压力的决定性变量之一，土壤湿度在时间序列上的变化对评估土壤的水分状况和有关建造灌溉设施的决策非常有用（Cisty et al., 2020）。机器学习基于传感器收集的现场数据（空气温度、空气湿度、土壤湿度、土壤温度、辐射等）和来自互联网的天气预报数据，可以预测未来的土壤湿度，从而优化灌溉用水的应用，帮助建立物联网驱动的智能灌溉框架，这些灌溉自动化模型的使用会大大提高水资源利用效率（Singh et al., 2019；Pradeep et al., 2020）。

由于许多土壤污染物会被作物吸收和积累，并通过食物链造成对人类的长期暴露，因此土壤污染一直是被关注的话题，尤其是近年来，人为活动对土壤的污染不断加剧，增加了人们对土壤污染问题的担忧。生物炭应用是修复受污染土壤的一个有前途的策略，尤其是对于重金属污染土壤。重金属污染土壤的生物炭修复取决于复杂多样的土壤、生物炭和重金属的性质，因此确定生物炭修复重金属污染土壤的最佳条件并不容易。机器学习作为一种通用方法在预测生物炭对土壤重金属固定效率上有着不错的表现，研究流程如图 10-3 所示。机器学习方法可以帮助确定生物炭固定土壤中重金属的最佳条件，且基于机器学习的因子分析可以对影响重金属固定效率的特征进行重要性排序，同时可以为土壤污染修复基准提供支撑（Palansooriya et al., 2020）。

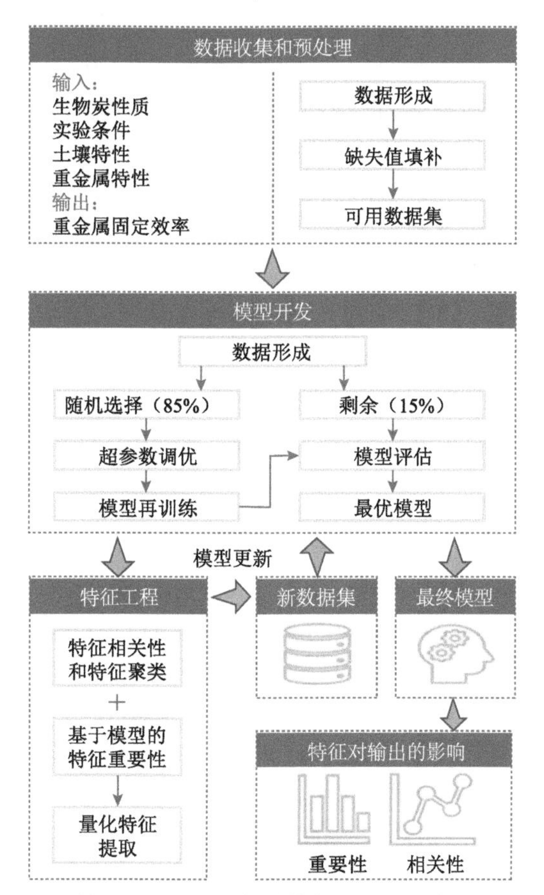

图 10-3　机器学习方法预测生物炭修复重金属污染土壤的研究流程

资料来源：Palansooriya et al., 2020

数字土壤测绘是预测土壤在某个区域的空间变化的最有效方法，已成为土壤科学的一个成功分支学科（Minasny and McBratney，2016）。在数字土壤测绘的方法中，传统的克里金法（简单、普通、通用）仍是最受欢迎的算法，而多种机器学习的使用提高了数字土壤测绘的准确度和效率。使用机器学习的数字土壤测绘有着多种用途，如预测土壤中潜在有毒元素含量、绘制精确的酸性硫酸盐土壤的发生概率图（Agyeman et al.，2021；Estevez et al.，2022）。未来进一步研究深化传统统计方法与机器学习算法之间的互补作用，建立精细的混合模型，可以降低两种算法的不确定性水平，提高数字土壤测绘精度，为土壤健康及环境基准值制定提供科技支撑。

机器学习方法可以分为监督机器学习、半监督机器学习和无监督机器学习。机器学习模型用于构建土壤类别、属性与环境变量之间的关系时，需要基于大量的样本进行训练，大多数研究使用监督学习的方法。例如，Xu 等（2022）利用 meta 分析与机器学习方法揭示了纳米材料对土壤微生物群落的潜在生态效应，整合了 365 个土壤样本生成的原始高通量测序数据集，阐明了纳米颗粒对土壤微生物群落功能的影响；Ha 等（2021）使用 2019 年和 2020 年的全国土质滑坡现场调查数据，利用机器学习技术建立分类模型，将土质滑坡风险分为从 A 到 C 的三类（A：风险，B：中等，C：好）。对于需要现场采样的研究，采样既昂贵又耗时，而在实践中收集的样本数据不足会严重限制监督机器学习模型的学习能力。半监督机器学习方法可以利用未采样地点的环境协变量信息扩大训练数据集，在样本有限的情况下，提高机器学习模型的准确性。该方法已被应用于多个案例研究，如对黑龙江嫩江市鹤山农场的土壤类别的预测，并得到了预测准确性高于监督机器模型的结果，在数字土壤测绘方面也有着很高的应用潜力（Zhang et al.，2021；Du et al.，2020）。Gao 等（2022）同时采用了无监督分布式随机邻域嵌入和 4 种监督式机器学习模型（随机森林、梯度提升回归树、全连通神经网络、支持向量回归）来预测根系浓度因子（RCFs），所有机器学习模型的性能都优于传统的线性回归模型，并在预测根系浓度因子时确定了 4 个关键的属性描述符：增加根脂含量和降低土壤有机质含量会增加 RCF，而增加过量摩尔折射率和污染物的分子体积会降低 RCF。

10.2.3 基于黑盒模型的机器学习技术的可解释性

SHAP（Shapley Additive exPlanations）模型是一种比较全面的模型可解释性方法，它既可以应用于之前的整体解释，又可以局部解释。例如，在单个样本中，当作为模型输入的特征变量和作为模型输出的预测结果之间存在某种联系时，可以应用夏普利值（SHAP Baseline Value）对这种联系进行定性和定量的解释。SHAP 方法其核心思想是通过计算特征对模型输出的边际贡献，从整体和局部两个层次来阐释“黑盒模型”。SHAP 建立了一个将所有特性看作“贡献者”的加性解释模型。通常会计算一个特征加入到模型时的边际贡献，然后考虑到该特征在所有的特征序列的情况下不同的边际贡献，取均值，即该特征的夏普利值。局部可解释性（Local Interpretable Model-Agnostic Explanations，LIME）算法是 Marco Tulio Ribeiro 2016 年发表的论文“*Why Should I Trust You?*”

Explaining the Predictions of Any Classifier 中介绍的局部可解释性模型算法。在算法的建模中，通常采用检验集的准确性和召回性来衡量一个模型的好坏。但是当人们与用户进行真正的交流时，仅仅靠一个数据来让人们相信，这显然是不够的，这就需要制定规则，并对模型进行解释说明。不过，并不是所有的模型都是规则模型，有些黑箱模型（如神经网络）虽然精度更高，但却不能提供具体的规则，不可能让所有人完全信任模型的预测结果，这个时候，就可以利用 LIME 算法。

部分依赖图简称 PDP（Partial Dependence Plot），能够展现出一个或两个特征变量对模型预测结果影响的函数关系：近似线性关系、单调关系或者更复杂的关系。PDP 是一种全局方法：该方法考虑所有实例并给出关于特征与预测结果的全局关系的声明。单一变量 PDP 的具体实施步骤：首先挑选一个人们感兴趣的特征变量，并定义搜索网格，然后将搜索网格中的每一个数值代入，使用黑箱模型进行预测，并将得到的预测值取平均，最后画出特征变量的不同取值与预测值之间的关系，即部分依赖图。个体条件期望图（Individual Conditional Expectation）消除非均匀效应的影响，它的原理和实现方法如下：对某一个体，保持其他变量不变，随机置换人们选定的特征变量的取值，放入黑箱模型输出预测结果，最后绘制出针对这个个体的单一特征变量与预测值之间的关系图。个体条件期望图（ICE Plot）计算方法与 PDP 类似，它刻画的是每个个体的预测值与单一变量之间的关系。

10.2.4　机器学习技术在土壤领域内应用所存在的挑战与展望

1. 局限性

一方面，机器学习依赖数据，而我国的土壤大数据库及土壤制图发展较晚，收集的数据不够全面，因此会在一定程度上影响机器学习各种算法作出判断的准确性。另一方面，机器学习在该领域所收集数据的复杂程度较高，投入较大，因此需要的成本较高，属于投入大、见效慢的领域，需要大量资本的投入和国家的大力扶持，因此机器学习在该领域的应用还存在诸多挑战。

除此之外，机器学习的黑箱模型也是影响其在土壤科学领域内应用的限制之一。黑箱模型是一种不透露其内在机理的系统。在机器学习领域，黑箱模型描述的是，即使通过观察参数（比如深度神经网络）也不能被理解的一种模型。在最近几年来，很多精准的判定辅助系统被构建为黑盒（向用户隐藏其内部逻辑的系统），而其缺乏可解释性则成为一个现实问题。可解释性机器学习可以让人们了解机器学习系统的行为及预测方法和模式。可解释性指人们能够一致地预测模型结果的程度。随着机器学习模型的可解释性越来越强，人们就会更好地理解一些决定和预测的原因。

2. 展望

在信息时代，数据规模空前增长，以机器学习和云计算为核心的人工智能也得到了快速发展，推动机器学习在土壤领域的应用已刻不容缓，但同时要结合实际，尊重机器学习的发展规律及土壤科学领域的自身需求，尤其对于环境基准值推导，不可盲目发展。建设高质量的数据库，虽然前期成本较高，但会极大提高效率。

首先，机器学习领域内的研究方法如图神经网络（Graphic Neural Network，GNN）尚未在环境领域内得到广泛应用，如何将机器学习领域内的最新方法引入土壤科学领域内，是未来学者研究的焦点之一；其次，关于土壤科学领域内的混沌如何处理也是未来人们需要解决的问题之一；再次，关于机器学习模型的泛用性，由于机器学习训练时的局限性，很容易出现在某个区域效果很好的机器学习模型在别的区域效果不理想的现象；最后，将研究转化为实际的生产力（也就是辅助决策系统）也是人们需要关注的，机器学习使得智能化程度不断变高，目前人们只是针对已有的数据做出预测和得到结论，而未来需要面对的数据可能是针对某个图像或者场景进行推理，如人们可以利用航拍照片或者遥感影像，应用 GNN 建立辅助决策系统，制定环境基准、环境标准，对土壤健康与否、土壤污染分区做出推断，从而帮助人们更好地决策及安排生产活动等。

10.3 机器学习在土壤环境基准中的应用分析及展望

21 世纪以来，机器学习技术在各个科学领域的应用迅速增加。在土壤科学领域也是如此，越来越多的土壤数据可以被远程获取，再加上免费提供的开源算法，使得采用机器学习技术来分析土壤数据越来越普遍。土壤科学中几个著名的机器学习应用包括通过数字土壤图谱或土壤转换函数预测土壤类型和参数，以及分析红外光谱数据来推断土壤属性。对土壤数据的机器学习分析也不断推动土壤污染基准、标准和法规建立的进程。

在现有的大量机器模型中，有超过 100 种不同的模型或模型变体被应用于土壤科学，大多数模型都在一两篇论文中得到了尝试性的应用，只有少数几个模型被持续使用（Wu et al.，2022）。例如，SVM、RF 等浅层机器学习和深度学习，越来越广泛并扩展到更多的领域，包括土壤测绘学和光谱学等。

机器学习方法可以帮助建立污染物的阈值水平，对建立土壤基准有着实际的应用支持，可以从不同的保护对象，如农产品安全、生态受体、人体健康和保护地下水领域，分别开展土壤环境基准的研究。

10.3.1 机器学习在保护农产品安全的土壤环境基准中的应用

1. 农产品安全土壤环境基准的建立

农产品安全土壤环境基准是以保障食用农产品安全为目的制定的土壤环境基准。农产品安全土壤环境基准制定主要包括 6 个步骤（宋静等，2016）（图 10-4），具体如下：①数据收集和筛选；②土壤污染物富集数据归一化；③利用物种敏感性分步法推导 HC_5；④基准值的推导；⑤不确定性分析；⑥基准的审核。推导农产品安全土壤环境基准的技术关键是进行土壤老化归一化、土壤性质归一化及毒性数据的外推。

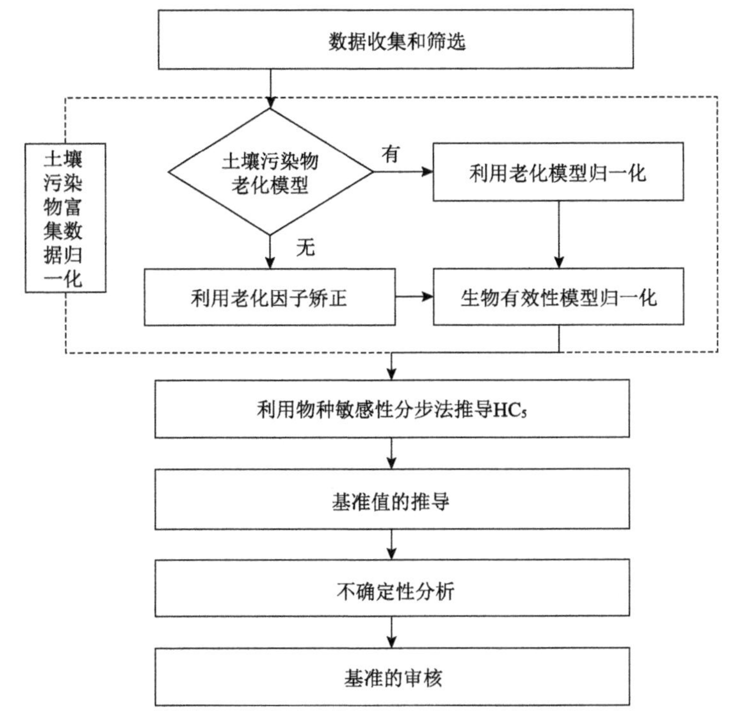

图 10-4　农产品安全土壤环境基准制定程序

资料来源：宋静等，2016

重金属在土壤-植物系统中发生迁移，通过食物链途径进入生命体并造成危害。近年来，已有不同学者采用温室短期盆栽试验方法，对土壤-植物系统中重金属含量间的定量关系进行了研究。Ding 等（2016）通过温室盆栽试验探究模拟 Pb、Cd 和 Cr 污染土壤中萝卜、胡萝卜和土豆等作物的安全阈值，结果表明土壤 pH 和 CEC 与作物 Pb 吸收量呈现显著相关，土壤 pH 和有机质含量与作物 Cd 吸收量呈现显著相关。但由于温室盆栽实验和田间实验在实验条件上存在较大的时空差异，常导致获得的实验结果存在不一致的情况。王怡雯等（2020）在冬小麦的田间实验中获得的预测结果低于张红振等（2010）报道的盆栽实验结果。在长期田间实验条件下，外源添加的重金属生物有效性会随时间的增加而降低，即产生老化效应，仅依据短期盆栽实验获得的土壤-植物系统中重金属含量关系与田间实际结果存在较大差异。老化效应指随着时间的推移，加入土壤中的污染物的生物有效性/毒性会因扩散、成核/沉淀及与土壤中固相成分形成配合物、分解等过程显著降低（Ma et al.，2006）。不同来源的土壤污染物富集数据需要利用土壤老化模型进行归一化，以便将实验室获得的结果外推到田间条件，将实验室内的短期实验结果矫正到一定老化时间的值。

重金属在土壤-植物系统中迁移规律的研究方法主要有经验模型法和机理模型法。经验模型法基于大量土壤、植物中重金属含量数据，运用统计方法表征植物中重金属的富集特征（Hough et al.，2004）。富集系数法被广泛应用于表征土壤-植物系统重金属富集的统计规律。国际上在进行污染场地风险评估和制定土壤环境质量基准的过程中，富集系数通常作为污染物食物链暴露途径的重要参数。谢正苗等（2006）采用富集系数推导了中国蔬菜地土壤重金属健康风险基准值。作物对污染物的吸收富集除与该污染物在土壤中的含量及其对作物的有效性有关外，还与作物种类及其土壤性质等因素有关。在土壤环境基准制定过程中，需要利用生物有效性预测模型对不同土壤理化性质的富集数据进行归一化，以消除由土壤理化性质差异引起的污染物毒性差异，提高环境基准的准确性。一元回归对数线性模型预测土壤农作物中污染物含量时只涉及土壤中污染物的总量，不涉及土壤理化性质；张红振等（2010）在前人研究的基础上增加了土壤 pH，建立多元回归模型，取得了较好的模拟效果；Brus 等（2005）通过简化土壤理化性质与富集系数间的关系，运用多元线性回归模型将富集系数与显著影响作物对污染物吸收的因子（土壤 pH、有机质含量）等进行了多元回归分析并建立了经验模型，依据土壤性质较好地预测了污染物富集系数，并通过对比发现包含多种土壤性质回归模型的预测精确度更高。机理模型法是通过模拟土壤化学、植物生理等过程推算重金属在土壤-土壤溶液-植物系统的迁移转运规律。在应用过程中，缺乏模型参数，使机理模型受到很大限制（潘根兴等，2002）。毒性数据外推方法与生态安全土壤环境基准毒性数据外推方法相似，运用的主要方法是 SSD 法和排序法。

这种基于数据采集，采用经验知识和统计方法开展重金属在土壤-植物系统中的污染研究存在建模精度不高、依赖先验假设等不足，且这些模型主要关注关键的土壤特征，而不能用于定量分析土壤类型和土壤母体材料等的影响。此外，以往研究中使用的方法无法确定不同变量在建模过程中的重要性，一定程度上影响了土壤中重金属污染控制和修复。近年来，随着人工智能理论和技术的快速发展，利用人工智能和机器学习的方法与工具来开展土壤-植物系统的重金属污染问题研究，成为一个重要的发展方向。

2. 机器学习在农产品安全土壤环境基准中的初步应用

机器学习在预测和识别土壤-作物生态系统中重金属积累与转移的控制因素中发挥重要作用。Hu 等（2022）利用 RF、梯度提升机（Gradient Boosted Machine，GBM）和广义线性机器（Generalised Linear Machine，GLM）学习模型对中国南部调查区内 1332 个地点采集的表层土壤和作物样本进行分析，发现谷物、蔬菜、水果等作物中重金属 Cd 的平均 BAF 高于其他重金属，因此 Cd 是最容易被作物吸收的重金属。其中，谷物中 Cd 的 BAF 最高。同时该研究采用 13 个协变量（pH、有机质、农业化学投入、土壤容重、海拔、种群密度、土壤重金属含量、植株类型等）作为建模的预测因子，结果表明土壤中重金属向作物转移的主要控制因素是植株类型，其次是土壤重金属含量和 SOM。RF 具有良好的预测目标变量和协变量之间的非线性关系的能力（Pouladi et al.，2019），对土壤-作物生态系统中不同重金属的 BAF 预测能力最好，其次是 GBM。GLM 模型对研究的重金属的 BAF 的预测结果均较差。这主要归因于重金属的 BAF 与相关协变量之间存在非线性相关性，GLM 不能捕获目标变量和相关协变量之间的非线性相关性，而 RF 和 GBM 能够较好地模拟目标变量和相关协变量之间的非线性相关性。因此，RF 和 GBM 的表现优于 GLM。

近年来，具有良好学习能力和泛化能力的人工神经网络（Artificial Neural Network，ANN）模型在重金属预测方面取得了良好的应用效果（Xu et al.，2019）。GNN 是现有神经网络模型的扩展，它通过图节点之间的消息传输来捕获图之间的依赖关系，适用于处理以图形表示的数据（Kearnes et al.，2016）。在土壤-水稻系统中，影响重金属富集的因素很多，这些因素之间的直接和间接关联使得 GNN 在预测重金属含量方面比其他神经网络模型具有较大的优势。Li 等（2022）利用共现网络（Co-occurrence Network）和 GNN 构建 CoNet-GNN 模型，将 17 个环境因子作为输入，预测水稻中重金属浓度，他们通过该模型有效模拟了农田生态系统中各因素之间的关系，有效表征了重金属的影响扩散路径，提供了高精度的预测和较高的可解释性。

10.3.2　机器学习在保护生态安全的土壤环境基准中的应用

1. 保护生态安全土壤环境基准的建立

生态安全土壤环境基准是以保护土壤生态受体或生态功能为目的而制定的土壤环境基准。土壤属于高异质性介质，且生态受体（土壤微生物、土壤动物及植物等）数量众多，导致生态风险基准的建立相对较为复杂。生态安全土壤环境基准的建立主要依赖于构建的土壤污染物生态毒性数据库，因此合理制定生态安全土壤环境基准的关键之处在于建立数量和质量足够的生态毒性数据库，以此研究不同生物对土壤污染物的毒害响应。对土壤生态环境基准值最关键的推导因素是土壤生态保护水平的设定，不同国家对土壤生态保护水平基于各自国情设定。

李勖之等（2021）通过调研国内外 Pb 的陆生生态毒性研究，筛选并构建了重金属 Pb 的有效毒性数据库（10% EC_{10} 或 NOEC）。将土壤 pH 作为毒性数据划分依据，采用 5 种物种敏感性分布模型（Burr III、Log-normal、Log-logistic、Gamma 和 Weibull）成功拟合了毒性数据，建立不同土壤 pH 范围内的重金属 Pb 物种敏感分布曲线，推导出不同土地利用方式下（自然保护地/农业用地、公园用地、住宅用地、工/商业用地）土壤 Pb 的生态基准值。

焦婷婷（2009）为探究多环芳烃的土壤环境基准，以荧蒽（Fluoranthene）为研究对象，通过盆栽实验探究荧蒽对青菜的毒性效应，研究不同浓度下植株生物量、根系形态对荧蒽污染的响应情况、植株不同部位对荧蒽的累计情况，并通过“浓度-产量”关系拟合出荧蒽污染下植株的产量效应方程，以青菜减产 10%计算出两种土壤的荧蒽基准值。同时以蚯蚓为指示生物，采用土壤接触法研究荧蒽对蚯蚓的单一急性毒性，比较分析不同污染浓度对蚯蚓的单一急性毒性症状及“剂量-生长抑制率”曲线关系，为进一步确定荧蒽的土壤毒理诊断提供实验数据。实验发现土壤中荧蒽浓度和蚯蚓的生长抑制率呈显著“剂量-效应”关系，通过多项式拟合，找出了土壤荧蒽浓度和蚯蚓生长抑制率之间的回归关系，以蚯蚓生长抑制率达到 15%时土壤荧蒽浓度为土壤环境基准。

与经验模型等传统模型相比，机器学习有助于理解基于某些处理方法的污染物去除的不确定性非线性模式。

2. 机器学习在保护生态安全土壤环境基准中的初步应用

在现今污染物毒性和相关信息与日俱增的大数据时代，再加上污染物的毒性、终点和作用机制种类繁多，并且不同理化性质的土壤在毒性实验中得到的结果也可能存在差异，在综合推导过程中同样需要考虑生物有效性、土壤理化性质、土壤的生态服务功能、生态受体、土地管理和利用方式等多方面的差异，并在不同的保护水平下推导出不同的土壤生态基准值，机器学习为土壤中污染物和化学品的毒性预测与风险防控的实现路径提供了全新的思路（李勖之等，2021）。机器学习能够在大量的数据中将复杂的关系和模式提取出来，从而去预测数据的某种具体属性，与传统的基于统计假设开发的模型相比，机器学习可以挖掘出实验中未知和未获取的部分，有害结局路径进一步将化合物的分子结构与最终的有害结局建立了联系，为进行土壤污染物的预测、测试和评估提供了新的研究模式，并结合不同的土壤生态受体最终实现风险评估（图 10-5）。分子模拟、定量构效关系（Quantitative Structure-Activity Relationship，QSAR）建模及多组学技术在有害结局路径中的各方面都有着巨大的作用，QSAR 模型可以为土壤中化学品的暴露和效应模拟提供大量参数（滕跃发等，2022）。传统的 QSAR 模型大多是根据单一的毒性终点进行构建的，而难以解决较为复杂毒性机制。有害结局路径创造性地提出把土壤中的污染物按照毒性机制进行分类,从而克服传统 QSAR 模型单一毒性终点的难题。QSAR 模型在各个层面都可以进行构建。例如，在个体层面，可以针对发育毒性、致死浓度等构建 QSAR 模型；在细胞层面，可以针对影响细胞活性和细胞增殖的毒性终点等构建 QSAR 模型；在分子层面，可以针对不同受体的结合活性构建 QSAR 模型。

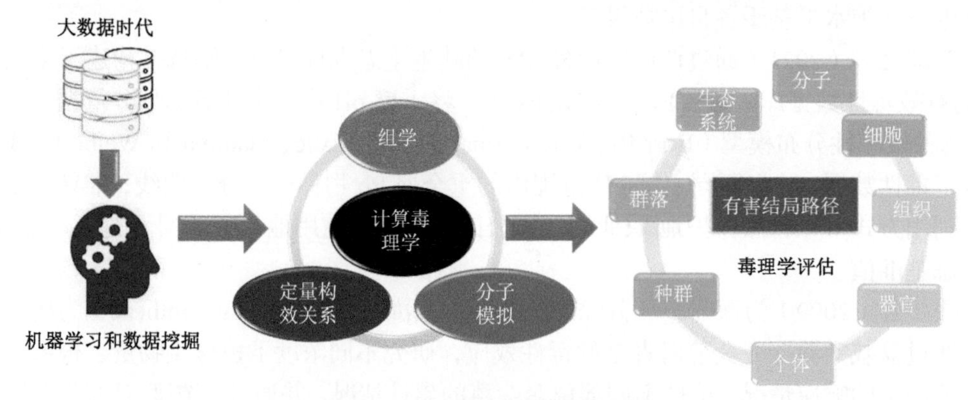

图 10-5　毒理学评估的整体框架

资料来源：腾跃发等，2022

土壤微生物是全球营养循环和植物生长调控的关键驱动因素，也是土壤生态安全的重要指标（Finkel et al.，2020）。纳米塑料影响微生物活性、丰度和多样性，并改变生态系统的功能，因此揭示纳米塑料对土壤微生物群落结构和稳定性的影响对保护土壤生态安全具有重要意义。通过构建随机森林算法的回归模型，可以为探索土壤微生物群落稳定性的纳米材料最重要的特性提供可能性。

大多数机器学习方法都是通过分析化合物的结构、物理化学性质、生物活性等相关信息的数据集来建立模型的，对新分子的性质进行预测和描述。随着时间的推移，数据库中关于不同土壤中毒物作用终点等相关数据的大量积累和计算机计算能力的大幅提高及复杂数据分析算法的发展，机器学习的方法在基于保护生态安全的土壤环境基准制定中的作用变得尤为重要。

10.3.3　机器学习在保护人体健康的土壤环境基准中的应用

保护人体健康和生态安全是我国土壤环境保护的根本目标。人体健康土壤环境基准是以保护人体健康为目标制定的。人体健康土壤环境基准在制定时主要是根据不同土地利用类型，如工业、农田、商服、居住等土地利用类型下的生物体遭受污染物暴露的途径（参考第 8 章），并综合考虑不同场地下的风险人群和场地条件，以及结合不同常见有毒污染物的毒性作用机制进行人体健康风险评估和土壤环境基准推算（邱荟圆等，2020）。

随着机器学习在各个学科领域的迅速发展，土壤计量学已经使用大量的机器学习模型从少量数据中分析和预测土壤及土壤中的污染物在时间与空间上分布（Yang et al., 2021）。机器学习已经被证明是分析土壤环境质量数据和对包括人类与环境健康在内的结果进行预测的一种重要方法。应用于分析土壤微生物群落特征的机器学习可以预测人类的健康程度和疾病状态，同时可以预测土壤环境质量和判断土壤环境中污染物的存在与否。基于时间序列分析的土壤污染对人群健康研究是在国际上受到广泛使用的一种标准研究方法（Yang et al.，2021），这种方法主要研究污染物的暴露浓度、暴露方式、暴露周期和暴露频率对主要受体人群健康影响的程度，并依据对人体健康影响程度的大小来推导土壤污染物的基准值。例如，广义加性模型（Generalized Additive Model，GAM）是机器学习统计回归分析中一种较为常用的方法，其优点在于可以引入不止一种平滑函数来实现控制自变量和因变量之间的非线性关系（Gao et al.，2022）。

近年来，土壤重金属污染已经成为一个世界性问题，重金属污染会直接影响土壤功能，它严重威胁着人体健康并对生态环境的安全造成威胁。由于工业的发展，土壤重金属问题日趋严重，土壤中的重金属浓度超过某一限值会对土壤及其他动物、植物造成危害，若长期暴露于有毒水平下对人体健康的影响则是长远并难以估计的。因此人们对制定和实施控制土壤重金属污染以减轻重金属暴露影响人体健康的基准与措施越来越重视。

土壤中的重金属来源多样，其污染源的空间异质性和重金属迁移转化的其他影响因素的异质性导致难以对土壤中重金属浓度进行准确预测。随着重金属种类的不同，其具有不同的性质，暴露途径也存在着显著不同。例如，Cd 最主要的暴露途径是食用自产农产品和土壤附着，而 Cr 的主要暴露途径则为室内吸入灰尘（杨书慧，2021）。不同重金属拥有各自不同的主要暴露途径，使得在进行风险评估时需要的因素变得更为复杂。传统的土壤污染调查研究依托于对大量土壤样本的采样，效率低下且采样成本高昂，并且会忽视对土壤性质的空间自相关性，无法对局部土壤的特异性进行表征。常见的土壤重金属污染的空间分布的预测方法是基于现场采样数据的空间插值法，如进行逆距离加权插值精确预测均匀采样下的土壤重金属污染水平（金昭和吕建树，2022）。机器学习能够将土壤重金属污染的数据和相关环境辅助变量整合起来，并结合暴露途径、场地条件和风险人群构建线性或非线性的模型得出土壤重金属污染对人体健康风险的评估。机器学习可以点对点的方式进行建模，预测已知观测点和未知未观测点的差异，能够充分利用空间邻域和高维协变量中的信息来提高预测的准确度，从而预测出不同时间和空间尺度上的土壤环境质量与污染程度并结合当地的不同暴露途径及主要受体人群推算出在保护人体健康方面的环境基准。机器学习中常用随机森林和概率矩阵分解（Probabilistic Matrix Factorization，PMF）建模的方法确定土壤重金属污染的水平、来源和潜在的环境影响，然后应用空间二元分析法确定土壤重金属污染和人类活动之间的相互关系（杨书慧，2021）。在未来的研究之中还需要继续寻找一种可靠的方法，将在空间上变化的土壤重金属浓度相关数据转换为等效的生物可利用值，从而更准确地估计污染物引起的健康风险。

持久性有机污染物在环境中具有持久性，使得不论在任何地点的持久性有机污染物都有可能对人类健康造成影响。近年来持久性有机污染物的排放已经被证明可能造成内分泌紊乱和 2 型糖尿病等人类重大疾病（Vakarelska et al.，2022），持久性有机污染物及混合物已经成为人类健康风险评估的重大挑战。机器学习中定量构效关系（QSPR/QSAR）方法是为新化合物提供缺失性质数据的一种广泛应用的技术，QSPR 模型的开发建立在复杂的全局模型或拟合涵盖特定类别化学相关化合物的简单局部模型的基础上（Vakarelska et al.，2022）。全局模型虽然看似能够更有效地满足缺失的数据，但在对严格特定的一组化合物进行建模时，却像局部模型一样不够详细，所以在处理不同类型的数据时，应当从中挑选适合应用于描述该种化合物的数据。机器学习同样在分析和预测持久性有机污染物的分布情况及其对人体健康风险的相关评估方面起着不可替代的作用。

10.3.4　机器学习在保护地下水的土壤环境基准中的应用

地下水是世界上至少一半人口的饮用水和农业灌溉的基本来源（Conti et al., 2016），因此保护地下水源免受土壤中各种污染物的污染是我国水资源保护的重要任务。土壤环境基准是制定土壤质量标准和进行土壤质量评价的重要依据，对保护地下水起着非常重要的作用。地下水污染源包括工业污染源、农业污染源及生活污染源，由于人们越来越重视污染废水排放的危害性，企业直接排入地下水的污染逐渐减少，地下水的污染通常间接来自土壤污染物，从土壤迁移到地下水通常包括以下四个步骤（图 10-6），而雨水淋溶污染物的垂直运动是造成地下水污染的主要途径（王阳，2019）。

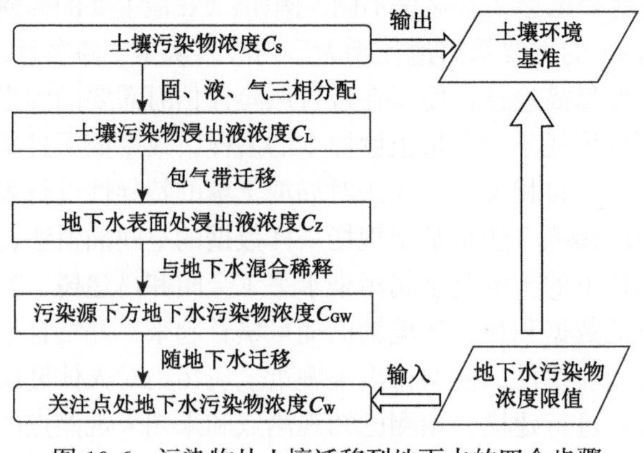

图 10-6　污染物从土壤迁移到地下水的四个步骤

资料来源：蒋世杰等，2016

研究土壤污染物对地下水环境的影响，需要综合考虑污染源分布、地下水流向、水力坡降、含水层渗透性、埋深和厚度等水文地质条件及污染物迁移转化规律等条件，为土壤和地下水污染状况调查奠定基础，并为土壤和地下水环境及其生态服务功能受损情况的量化与因果关系判定提供依据。因此建立保护地下水的环境基准需要大量的数据，这会给土壤对地下水环境的影响的预测带来更大难度。

在这种背景下，机器学习技术是一种有效、可靠的水质评价方法。近几十年来，一些研究人员已经将 RF、XGBoost、ANN 等机器学习技术应用于各种水环境研究：Matten 等（2009）和 Mfumu Kihumba 等（2016）比较了 MLR 模型和 CART 方法在建模硝酸盐污染压力方面的作用；Ouedraogo 和 Vanclooster（2016）使用 RF 在非洲大陆尺度上模拟地下水硝酸盐浓度。

Mosavi 等（2020）基于分类器集成和贝叶斯模型预测了地下水盐度敏感性，在这项研究中，研究人员收集了伊朗水资源管理公司 2003～2017 年的电导率数据，还收集了包括地形因素、地形湿度指数、距河流的距离、距湖泊的距离、距断层的距离、地下水深度、地下水抽取量、地下水位下降及地形因素，如海拔、坡度、坡向和曲率等。在这项研究中，采样三个机器学习模型，即随机梯度提升（Stochastic Gradient Boosting，StoGB）、旋转森林（Rotation Forest，ROTFOR）和贝叶斯广义线性模型（Bayesian Generalized Linear Model，Bayesglm），用于构建预测模型及其在盐度易感性图的划定中的性能评估。天然和人类有效因素（16 个特征）都被用作地下水盐度建模的预测因子，并随机分为训练（80%）和测试（20%）数据集。校准后使用递归特征消除（Recursive Feature Elimination，RFE）方法所选特征来评估模型性能。递归特征消除表明，具有 8 个功能的建模在 1～16 个功能之间具有更好的性能（精度=0.87）。地下水盐度预测的结果表明，StoGB 的性能良好，而 ROTFOR 和 Bayesglm 基于 Kappa 值（>0.85）的表现出色。尽管模型的空间预测是不同的，但所有模型都表明该地区的中央部分具有很高的敏感性。

制定基于保护土壤地下水的土壤筛选值时，通常采用计算地下水中污染物浓度限值的方法，即计算目标处地下水污染物浓度不超过其限值时土壤中的最大浓度，将其作为土壤环境基准（Augustsson et al.，2020）；污染物从土壤迁移到地下水的过程中受到场地特征、土壤性质、污染物理化性质等因素的影响。Podgorski 和 Berg（2020）使用 RF 模型，基于包括实际蒸散量、潜在蒸散量、干旱程度、降水、温度、土壤 0 cm 处黏粒含量、冲积土、土壤 200 cm 深度 pH、土壤 200 cm 深度沙粒含量、地形湿度指数等 11 个地理空间环境参数和 5 万多个地下水中砷浓度测定的数据点，创建了地下水砷浓度超过 10 μg/L 的全球预测图，通过将全球砷预测模型和家庭地下水使用的统计数据相结合，估计有 9400 万～2.2 亿人可能暴露在地下水高浓度砷的环境中；该图可作为进一步地下水砷监测的指南，为有针对性地调查提供了基础；另外，该模型中气候和土壤参数的主导地位表明这些特征直接影响或至少与地下水中砷积累过程有很强的相关性，为使用场地性质、土壤性质、污染物理化性质等特征预测其他重金属或 POPs 等土壤污染物向地下水中的迁移转化提供了依据。此外，George 和 Dixit（2021）基于机器学习方法使用附近的机场或军事基地、地理空间信息、水文和土壤特征、共污染物等特征预测加利福尼亚州的地下水中全/多氟化合物（PFAS）浓度，从而显著加快识别 PFAS 浓度高的地下水的速度。

因此，关于机器学习在针对地下水的土壤环境基准方面的应用，可在地下水污染物浓度分布预测的基础上，进一步考虑土壤污染信息，将土壤污染物种类、浓度、理化性质等特征与地下水中污染物浓度结合起来；在监测数据、现场实验、文献调研中收集大量土壤污染物浓度、污染物理化性质、场地参数、土壤性质、污染物分配系数、稀释系数、地下水污染状况等信息的基础上，挖掘重要特征，构建 RF、XGBoost、ANN 等机器学习模型模拟在不同场地、土壤条件的差异性下污染物从土壤向地下水中迁移分配的过程，从而在不受采样数量和地理位置的限制条件下，根据影响因素提供可靠的地下水污染物浓度评价。此外，保护地下水的土壤环境基准与地下水保护目标直接相关（蒋世杰等，2016），基于机器学习的土壤环境基准可充分考虑污染物对不同受体造成的危害的场地差别性，从而做到污染物管理的精细化。

10.3.5 挑战与展望

一般来说，机器学习方法在预测能力方面比传统方法表现得更出色。因为它可以同时处理大量多维度数据，发现一般模型难以明确的相关性，提高人们对土壤科学的认识和理解。但其应用也面临着模型可能存在的可解释性低的问题。人们要综合考虑自然界是一个复杂的非线性现象的组合，并且人们理解非线性关系的能力有限。为了提高可解释性，最好使用有意义的预测因子，而不是依靠模型能力来“选择最佳变量”。机器学习的一个限制因素就是其对数据的要求，更先进的方法通常需要更多的数据，所以为了避免结果的误导性，应该对数据的使用提出数值准确、获取方式统一、数据质量高标准等要求。

在土壤科学中，解释机器学习模型的方法之一是评估所使用的变量的重要性，通常从它们在树状模型生成的规则中的使用次数得出（Henderson et al.，2005）。在土壤测绘的背景下，另一种方法是对模型产生的规则进行测绘，以确定其空间背景或测绘重要预测因子的使用情况（Bui et al.，2006）。

随着时间的推移，机器学习方法的采用频率普遍增加，主要集中在发达国家。这种差距可能是由科学、技术和发展之间的联系造成的。应该制定适当的机构间合作计划，以弥补这一差距。

机器学习方法在我国土壤环境基准制定中具有较大的应用前景，但是我国地大物博，土地利用类型、地理参数、农业发展和人类活动差异较大，并且污染物在不同类型土壤中的毒性与生物有效性差异明显，在使用数据时要考虑特定情境。例如，制定保护农产品土壤环境基准时，需从污染物在土壤-植物系统中的迁移富集特点出发，建立不同食用作物对各污染物的富集系数数据库，估算人类对不同农作物的摄入量并制定食用安全标准，建立保护农产品和人体健康的土壤环境基准（葛峰等，2019）。机器学习方法总是会存在模型拟合效果不好或者过拟合的情况，对于这种情况要综合土壤真实数据和当地土壤状况进行系统考虑，也可以借鉴国外或国际组织（如 ISO）的基准、标准制定方法（周启星，2010）。机器学习方法归根结底是一种数据的处理方法，如果模型拟合效果不好，就应该考虑其他方法或模型来制定土壤环境基准，从国家和区域层面来系统考量，避免浪费资源或损害人体健康和生态系统。

参 考 文 献

葛峰, 云晶晶, 徐坷坷, 等. 2019. 重金属铅的土壤环境基准研究进展. 生态与农村环境学报, 9: 1103-1110.

蒋世杰, 翟远征, 王金生, 等. 2016. 国内外基于保护地下水的土壤环境基准的推导与比较. 水文地质工程地质, 43(4): 52-59.

焦婷婷. 2009. 多环芳烃荧蒽对植物和土壤生物毒害的剂量-效应关系及其土壤环境基准初探. 江苏: 南京农业大学.

金昭, 吕建树. 2022. 基于机器学习模型的区域土壤重金属空间预测精度比较研究. 地理研究, 41(6): 1731-1747.

李勖之, 郑丽萍, 张亚, 等. 2021. 应用物种敏感分布法建立铅的生态安全土壤环境基准研究. 生态毒理学报, 16(1): 107-118.

潘根兴, Chang A C, Page A L. 2002. 土壤-作物污染物迁移分配与食物安全的评价模型及其应用. 应用生态学报, 7: 854-858.

邱荟圆, 李博, 祖艳群. 2020. 土壤环境基准的研究和展望. 中国农学通报, 36(18): 67-72.

宋静, 骆永明, 夏家淇. 2016. 我国农用地土壤环境基准与标准制定研究. 环境保护科学, 42(4): 29-35.

滕跃发, 王晓晴, 李斐, 等. 2022. 大数据挖掘和机器学习在毒理学中的应用. 生态毒理学报, 17(1): 93-101.

王阳. 2019. 浅谈某化工项目场地调查与环评中土壤和地下水调查. 山东化工, 48(12): 217-219, 225.

王怡雯, 芮玉奎, 李中阳, 等. 2020. 冬小麦吸收重金属特征及与影响因素的定量关系. 环境科学, 41(3): 1482-1490.

谢正苗, 李静, 陈建军, 等. 2006. 中国蔬菜地土壤重金属健康风险基准的研究. 生态毒理学报, 2: 172-179.

徐猛, 颜增光, 贺萌萌, 等. 2013. 不同国家基于健康风险的土壤环境基准比较研究与启示. 环境科学, 34(5): 1667-1678.

杨书慧. 2021. 江浙农田土壤重金属污染特征及环境基准研究. 北京: 中国环境科学研究院.

张红振, 骆永明, 章海波, 等. 2010. 土壤环境质量指导值与标准研究V 镉在土壤-作物系统中的富集规律与农产品质量安全. 土壤学报, 47(4): 628-638.

张振华, 丁建丽, 王敬哲, 等. 2020. 集成土壤-环境关系与机器学习的干旱区土壤属性数字制图. 中国农业科学, 53(3): 563-573.

周启星. 2010. 环境基准研究与环境标准制定进展及展望. 生态与农村环境学报, 26(1): 1-8.

Agyeman P C, Ahado S K, Boruvka L, et al. 2021. Trend analysis of global usage of digital soil mapping models in the prediction of potentially toxic elements in soil/sediments: A bibliometric review. Environmental Geochemistry and Health, 43(5): 1715-1739.

Augustsson A, Uddh Söderberg T, Fröberg M, et al. 2020. Failure of generic risk assessment model framework to predict groundwater pollution risk at hundreds of metal contaminated sites: Implications for research needs. Environmental Research, 185: 109252.

Brus D J, de Gruijter J J, Römkens P F A M. 2005. Probabilistic quality standards for heavy metals in soil derived from quality standards in crops. Geoderma, 128(3): 301-311.

Bui E N, Henderson B L, Viergever K. 2006. Knowledge discovery from models of soil properties developed through data mining. Ecological Modelling, 191(3-4): 431-446.

Cisty M, Cyprich F, Dezericky D. 2020. In Interpolation of Irregular Soil Moisture Measurements with

Machine Learning Methods. Prague, Czech Republic: 5th World Multidisciplinary Civil Engineering-Architecture-Urban Planning Symposium (WMCAUS).

Conti K I, Velis M, Antoniou A, et al. 2016. Groundwater in the context of the sustainable development goals: Fundamental policy considerations. Global Sustainable Development Report, 5: 111-133.

Ding C, Ma Y, Li X, et al. 2016. Derivation of soil thresholds for lead applying species sensitivity distribution: A case study for root vegetables. Journal of Hazardous Materials, 303: 21-27.

Du F, Zhu A X, Liu J, et al. 2020. Predictive mapping with small field sample data using semi-supervised machine learning. Transactions in GIS, 24(2): 315-331.

Estevez V, Beucher A, Mattback S, et al. 2022. Machine learning techniques for acid sulfate soil mapping in southeastern Finland. Geoderma, 406: 115446.

Finkel O M, Salas-Gonzalez I, Castrillo G, et al. 2020. A single bacterial genus maintains root growth in a complex microbiome. Nature, 587: 103-108.

Gao B, Stein A, Wang J. 2022. A two-point machine learning method for the spatial prediction of soil pollution. International Journal of Applied Earth Observation and Geoinformation, 108(1): 102742.

Gao F, Shen Y, Sallach B, et al. 2020. Predicting crop root concentration factors of organic contaminants with machine learning models. Journal of Hazardous Materials, 424: 127437.

Gautam R, Panigrahi S, Franzen D, et al. 2011. Residual soil nitrate prediction from imagery and non-imagery information using neural network technique. Biosystems Engineering, 110(1): 20-28.

George S, Dixit A. 2021. A machine learning approach for prioritizing groundwater testing for per-and polyfluoroalkyl substances (PFAS). Journal of Environmental Management, 295: 113359.

Giorgos Mountrakis, Jungho Im, Caesar Ogole. 2011. Support vector machines in remote sensing: A review. ISPRS Journal of Photogrammetry and Remote Sensing, 66(3): 247-259.

Ha L G, Hien L X, YeonMinHo, et al. 2021. Classification of soil creep hazard class using machine learning. Korean Society of Disaster & Security, 14(3): 17-27.

Harlianto P A, Setiawan N A, Adji T B. 2017. Comparison of Machine Learning Algorithms for Soil Type Classification. Yogyakarta: 3rd International Conference on Science and Technology - Computer (ICST).

Henderson B L, Bui E N, Moran C J, et al. 2005. Australia-wide predictions of soil properties using decision trees. Geoderma, 124(3-4): 383-398.

Hough R L, Breward N, Young S D, et al. 2004. Assessing potential risk of heavy metal exposure from consumption of home-produced vegetables by urban populations. Environmental Health Perspectives, 112: 215-221.

Hu B, Xue J, Zhou Y, et al. 2022. Modelling bioaccumulation of heavy metals in soil-crop ecosystems and identifying its controlling factors using machine learning. Environmental Pollution, 262: 114308.

Kearnes S, McCloskey K, Berndl M, et al. 2016. Molecular graph convolutions: Moving beyond fingerprints. Journal of Computer-Aided Molecular Design, 30: 595-608.

Li P, Hao H, Zhang Z, et al. 2022. A field study to estimate heavy metal concentrations in a soil-rice system: Application of graph neural networks. Science of the Total Environment, 832: 155099.

Lin S, Liu X, Fang J, et al. 2014. Is extreme learning machine feasible? A theoretical assessment (Part II). IEEE Transactions on Neural Networks & Learning Systems, 26(1): 21-34.

Liu Y, Chen X, Wang Z, et al. 2018. Deep learning for pixel-level image fusion: Recent advances and future prospects. Information Fusion, 42: 158-173.

Ma L, Liu Y, Zhang X, et al. 2019. Deep learning in remote sensing applications: A meta-analysis and review. ISPRS Journal of Photogrammetry and Remote Sensing, 152: 166-177.

Ma Y, Lombi E, Oliver I W, et al. 2006. Long-term aging of copper added to soils. Environmental Science &

Technology, 40(20): 6310-6317.

Mattern S, Fasbender D, Vanclooster M. 2009. Discriminating sources of nitrate pollution in an unconfined sandy aquifer. Journal of Hydrology, 376: 275-284.

Mendes W d S, Demattê J A M, Barros A S, et al. 2020. Geostatistics or machine learning for mapping soil attributes and agricultural practices. Revista Ceres, 67(4): 330-336.

Mfumu Kihumba A, Ndembo Longo J, Vanclooster M. 2016. Modelling nitrate pollution pressure using a multivariate statistical approach: The case of Kinshasa groundwater body, Democratic Republic of Congo. Hydrogeology Journal, 24: 425-437.

Minasny B, McBratney A B. 2016. Digital soil mapping: A brief history and some lessons. Geoderma, 264: 301-311.

Mishra U, Gautam S, Riley W J, et al. 2020. Ensemble machine learning approach improves predicted spatial variation of surface soil organic carbon stocks in data-limited northern circumpolar region. Frontiers in Big Data, 3: 528441.

Ml J T, Chambers O. 2021. Machine learning strategy for soil nutrients prediction using spectroscopic method. Sensors, 21 (12): 4208.

Mosavi A, Hosseini F S, Choubin B, et al. 2020. Groundwater salinity susceptibility mapping using classifier ensemble and Bayesian machine learning models. IEEE Access, 8: 145564-145576.

Odebiri O, Odindi J, Mutanga O. 2021. Basic and deep learning models in remote sensing of soil organic carbon estimation: A brief review. International Journal of Applied Earth Observation and Geoinformation, 102: 102389.

Ouedraogo I, Vanclooster M. 2016. A meta-analysis and statistical modelling of nitrates in groundwater at the African scale. Hydrology and Earth System Sciences, 20: 2353-2381.

Padarian J, Minasny B, McBratney A. 2019. Using deep learning to predict soil properties from regional spectral data. Geoderma Regional, 16: e00198.

Palansooriya K N, Li J, Dissanayake P D, et al. 2020. Prediction of soil heavy metal immobilization by biochar using machine learning. Environmental Science & Technology, 56(7): 4187-4198.

Podgorski J, Berg M. 2020. Global threat of arsenic in groundwater. Science, 368: 845-850.

Pouladi N, Møller A B, Tabatabai S, et al. 2019. Mapping soil organic matter contents at field level with Cubist, Random Forest and kriging. Geoderma, 342: 85-92.

Pradeep H K, Jagadeesh P, Sheshshayee M S, et al. 2020. Irrigation System Automation Using Finite State Machine Model and Machine Learning Techniques. Bengaluru: 3rd International Conference on Intelligent Computing and Communication (ICICC).

Samek D, Dostal P. 2009. Artificial neural network with radial basis function in model predictive control of chemical reactor. Mechanics/AGH University of Science and Technology, 28(3): 91-95.

Singh G, Sharma D, Goap A, et al. 2019. Machine Learning Based Soil Moisture Prediction for Internet of Things Based Smart Irrigation System. Waknaghat: 5th IEEE International Conference on Signal Processing, Computing and Control (ISPCC).

Singh S, Kasana S S, Zhang X, et al. 2019. Estimation of soil properties from the EU spectral library using long short-term memory networks. Geoderma Regional, 18: e00233-177.

Sirsat M, Cernadas E, Fernández-Delgado M, et al. 2018. Automatic prediction of village-wise soil fertility for several nutrients in India using a wide range of regression methods. Computers and Electronics in Agriculture, 154: 120-133.

Somarathna P, Minasny B, Malone B P. 2017. More data or a better model? Figuring out what matters most for the spatial prediction of soil carbon. Soil Science Society of America Journal, 81(6): 1413-1426.

Song Y Q, Yang L A, Li B, et al. 2017. Spatial prediction of soil organic matter using a hybrid geostatistical model of an extreme learning machine and ordinary kriging. Sustainability, 9(5): 754.

Traas T P. 2001. Guidance Document on Deriving Environmental Risk Limits. Bilthoven: National Institute for Public Health and the Environment.

Vakarelska E, Nedyalkova M, Vasighi M, et al. 2022. Persistent organic pollutants (POPs)-QSPR classification models by means of Machine learning strategies. Chemosphere, 287: 132189.

Veres M, Lacey G, Taylor G W. 2015. Deep Learning Architectures for Soil Property Prediction. Halifax, NS, Canada: 12th Conference on Computer and Robot Vision.

Wang F, Yang S, Yang, W, et al. 2019. Comparison of machine learning algorithms for soil salinity predictions in three dryland oases located in Xinjiang Uyghur Autonomous Region (XJUAR) of China. European Journal of Remote Sensing, 52(1): 256-276.

Wu Y H, Liu Q Y, Ma J, et al. 2022. Antimony, beryllium, cobalt, and vanadium in urban park soils in Beijing: Machine learning-based source identification and health risk-based soil environmental criteria. Environmental Pollution, 293: 118554.

Xu N, Kang J, Ye Y, et al. 2022. Machine learning predicts ecological risks of nanoparticles to soil microbial communities. Environmental Pollution, 307: 119528.

Xu X, Wang T, Sun M, et al. 2019. Management principles for heavy metal contaminated farmland based on ecological risk—A case study in the pilot area of Hunan province, China. Science of the Total Environment, 684: 537-547.

Yang M, Xu D, Chen S, et al. 2019. Evaluation of machine learning approaches to predict soil organic matter and pH using Vis-NIR spectra. Sensors, 19(2): 263.

Yang S, Taylor D, Yang D, et al. 2021. A synthesis framework using machine learning and spatial bivariate analysis to identify drivers and hotspots of heavy metal pollution of agricultural soils. Environmental Pollution, 287: 117611.

Yu H, Xie T, Paszczynski S, et al. 2011. Advantages of radial basis function networks for dynamic system design. IEEE Transactions on Industrial Electronics. , 58(12), 5438-5450.

Yuan H, Shen T, Li Z, et al. 2020a. Deep learning in environmental remote sensing: Achievements and challenges. Remote Sensing of Environment, 241: 111716.

Yuan J, Wen T, Zhang H, et al. 2020b. Predicting disease occurrence with high accuracy based on soil macroecological patterns of *Fusarium wilt*. The ISME Journal, 14: 2936-2950.

Zhang L, Yang L, Ma T, et al. 2021. A self-training semi-supervised machine learning method for predictive mapping of soil classes with limited sample data. Geoderma, 384(1): 1-10.

Zhang L, Zhang L, Du B. 2016. Deep learning for remote sensing data: a technical tutorial on the state of the art. IEEE Geoscience and Remote Sensing Magazine, 4 (2): 22-40.

Zhu A X, Band L, Vertessy R, et al. 1997. Derivation of soil properties using a soil land inference model (SoLIM). Soil Science Society of America Journal, 61(2): 523-533.

Zhu A X, Hudson B, Burt J, et al. 2001. Soil mapping using GIS, expert knowledge, and fuzzy logic. Soil Science Society of America Journal, 65(5): 1463-1472.

Zhu A X. 2000. Mapping soil landscape as spatial continua: the neural network approach. Water Resources Research, 36(3): 663-677.

第四篇

案 例 篇

第 11 章　人群暴露参数：土壤摄入量

11.1　研究背景和研究内容

土壤摄入量是人体健康土壤环境基准推导的重要暴露参数之一。关于土壤摄入量的研究，我国目前处于空白状态，国际上也只有美国、荷兰、加拿大等极少数国家进行过少量研究。一方面在调查方法上还处于研究阶段，主要包括问卷调查法、生物动力学模型法和示踪元素法，这些研究方法均存在不同的优点和不足；另一方面，由于生活方式和习惯的差异，国外儿童的土壤摄入量水平并不能代表我国儿童的实际情况，因此非常有必要开展我国儿童的土壤摄入量研究。

本章在对场地人体健康土壤环境基准中的人群暴露参数（第 4 章）充分调研的基础上，以我国代表性地理/经济区域东南部的广东深圳、中部的湖北武汉和西北部的甘肃兰州的 240 名 2～17 岁儿童为研究对象，以 Al、Ba、Ce、Mn、Ti、Sc、V 和 Y 为示踪元素，采用物质平衡法开展了我国儿童的土壤摄入量研究。通过最优示踪元素的筛选，在此基础上建立了儿童土壤摄入量的调查方法，并估算代表性地区儿童的土壤摄入量。

11.2　研 究 方 法

11.2.1　整体研究设计

本研究以我国代表性地理/经济区域东南部的广东深圳、中部的湖北武汉和西北部的甘肃兰州的 240 名 2～17 岁儿童为研究对象，以 Al、Ba、Ce、Mn、Ti、Sc、V 和 Y 为示踪元素，采用物质平衡法开展了我国典型地区儿童的土壤摄入量研究。在研究开展之前，首先与受试儿童的家长签订知情同意书，并得到儿童所在学校老师的支持，同时培训儿童、家长和老师协助本课题组共同完成儿童样品的收集工作。据研究，儿童从经口摄入食物和土壤到以粪便和尿液的形式排泄出来需要 28 h 的代谢时间。整个采样时间一共持续 52 h，采用“双份饭”的方法采集从第 1d 的早上 7 点（包括早餐）到第 2d 的早上 7 点（不包括第 2d 的早餐）儿童所摄入的全部食物，包括正餐、小吃、零食、维生素等；同时从第 2d 的早上 7 点开始到第 3d 的中午 11 点采集儿童所排泄的全部粪便和尿液样品。此外，采集采样期间儿童经常活动的室外场所（包括学校和家庭）的土壤样品，以及儿童采样期间所摄入的饮用水样品和牙膏日用品，分析所有样品中 Al、Ba、Ce、

Mn、Sc、Ti、V 和 Y 这 8 种示踪元素的含量水平。按照最优示踪元素的筛选原则，即在土壤中均匀分布；其他介质（食物、水、牙膏等）中的含量低，且儿童每天通过土壤途径摄入的示踪元素高于通过其他途径摄入的示踪元素；基本不参与人体的代谢过程；各种介质中的示踪元素含量能被准确检测，筛选出最优示踪元素，建立儿童土壤摄入量的研究方法。

在方法建立的基础上，估算这三个代表性地区儿童的土壤摄入量。儿童土壤摄入量的计算公式为

$$\mathrm{SIR} = \frac{\left(W_{\mathrm{feces}} \times C_{\mathrm{feces}} + V_{\mathrm{urine}} \times C_{\mathrm{urine}}\right) - \left(W_{\mathrm{food}} \times C_{\mathrm{food}} + W_{\mathrm{water}} \times C_{\mathrm{water}}\right)}{C_{\mathrm{soil}}} \tag{11-1}$$

式中，SIR 为儿童的土壤摄入量，mg/d；W_{feces} 为粪便的排泄量，g/d；C_{feces} 为粪便中示踪元素的浓度，μg/g；V_{urine} 为尿液的排泄量，mL/d；C_{urine} 为尿液中示踪元素的浓度，μg/mL；W_{food} 为食物的摄入量，g/d；C_{food} 为食物中示踪元素的浓度，μg/g；C_{soil} 为土壤中示踪元素的浓度，μg/g；W_{water} 为水的摄入量，mL/d；C_{water} 为水中示踪元素的浓度，μg/mL。

11.2.2　研究人群选择及基本特征

本研究参考 USEPA 儿童暴露参数调查的年龄分层，同时结合我国儿童阶段性特点、儿童土壤摄入行为方式及调查的便利性，将年龄分为 3 层：2～6 岁（幼儿园）、7～12 岁（小学）和 13～17 岁（中学）。在湖北武汉、甘肃兰州、广东深圳的市区和郊区各随机选择一所幼儿园、小学、中学，最终参与调查儿童的样本分布和基本特征，如表 11-1 所示。

表 11-1　受试儿童的基本特征

地区	城乡	阶段	合计/人	男性/人	女性/人	年龄/岁		
						最小	平均	最大
武汉	城市	合计	60	27	33	2.5	7.9	16.1
		幼儿园	30	16	14	2.5	4.2	6.2
		小学	15	3	12	5.6	10.0	12.1
		中学	15	8	7	11.2	13.2	16.1
	农村	合计	60	30	30	2.7	7.9	16.5
		幼儿园	30	16	14	2.7	4.1	6.4
		小学	15	8	7	7.9	9.8	11.2
		中学	15	6	9	10.7	13.6	16.5
兰州	城市	合计	30	15	15	3.0	8.8	17.1
		幼儿园	15	7	8	3.0	4.9	6.7
		小学	15	8	7	5.3	9.3	13.7

续表

地区	城乡	阶段	合计/人	男性/人	女性/人	年龄/岁		
						最小	平均	最大
兰州	农村	合计	30	16	14	2.5	8.5	15.4
		幼儿园	15	8	7	2.5	4.9	6.8
		小学	15	8	7	6.9	9.4	11.7
深圳	城市	合计	30	15	15	3.0	8.3	13.6
		幼儿园	15	7	8	3.0	4.7	6.7
		小学	15	8	7	9.8	10.7	13.6
	农村	合计	30	15	15	2.6	6.2	13.9
		幼儿园	15	9	6	2.6	4.3	6.3
		小学	15	6	9	8.8	10.2	13.9

11.2.3 样品采集和处理

1. 土壤

样品采集：考虑到研究期间儿童室外活动场所主要包括学校和家庭，所以同时采集儿童家庭庭院和学校校园的土壤样品。土壤样品的采集方法参照我国《土壤环境监测技术规范》（HJ/T 166—2004）要求，只采集表层 0～10 cm 深度的表层土；土壤样品的采集采用随机布点的方法进行，对各采样区域按照梅花布点法采集 5～8 份土样，现场混合为一个土壤样品，最终取样 0.5 kg，多余的土壤样品用四分法弃去。

样品处理：在实验室中，将采集到的土壤样品进行风干，然后用陶瓷研钵和陶瓷杵研磨，将充分磨碎后的土壤过 0.25 mm 的筛，筛下物装于样品袋中储存。称取 0.25 g 样品于 50 mL 聚四氟乙烯烧杯中，用几滴水润湿，加入 5 mL 硝酸、10 mL 氢氟酸、2 mL 高氯酸，将聚四氟乙烯烧杯置于 200 ℃的电热板上蒸发至高氯酸冒烟约 3 min，取下冷却；再依次加入 5 mL 硝酸、10 mL 氢氟酸及 2 mL 高氯酸，于电热板上加热 10 min 后关闭电源，放置过夜后，再次加热至高氯酸烟冒尽。趁热加入 8 mL 王水，在电热板上加热至溶液体积剩余 2～3 mL，用约 10 mL 去离子水冲洗杯壁，微热 5～10 min 至溶液清亮，取下冷却；将溶液转入 25 mL 有刻度值的带塞聚乙烯试管中，用去离子水稀释至刻度，摇匀，澄清待测定用。

采用高分辨等离子体质谱法 HR-ICP-OES 测定该提取液中的 Al、Ba、Ce、Mn、Sc、Ti、V 和 Y 的含量。

2. 食物

样品采集：采用“双份饭”法（也称食物复盘法，即在食物采集期间，调查对象被要求准备两份等质等量的食物，一份用于调查对象的实际消费，另一份用于样品采集）收集儿童调查期间所摄入的全部食物，包括正餐、零食、药品和维生素等。

样品处理：对收集到的水果类进行削皮、去核，去掉不可食部分；对于肉类及水产品类去掉骨头和鱼刺等不可食部分。将处理后的食物以天为单位称重，之后进行混匀、打碎成匀浆，装入高压聚乙烯塑料瓶中，放入–20 ℃低温冰箱中保存，以备分析。

准确称取制备均匀的样品 0.5 g 左右，置于经酸煮洗净的聚四氟乙烯消解罐中，加入 3 mL 浓硝酸和 2 mL H_2O_2。120 ℃微波消解 5 min，160 ℃微波消解 5 min，200 ℃微波消解 15 min，超纯水定容至 25.0 mL，4 ℃低温储存以备测定其中的示踪元素。

采用高分辨等离子体质谱法 HR-ICP-OES 测定该提取液中的 Al、Ba、Ce、Mn、Sc、Ti、V 和 Y 的含量。

3. 粪便和尿液

在采样前给各位受试儿童配发好足量的便携式粪便收集器、粪便采集袋、便携式尿液收集器、密封盒、低温运输箱和手套等。幼儿园、小学儿童的粪便和尿液采集由家长负责校外时段，学校老师负责校内时段；中学儿童的粪便和尿液采集则由儿童个人自主完成。将收集到的各儿童的粪便混合均匀，置于 60 ℃烘箱中 72 h 烘干，称重。将收集到的尿液进行体积测量并混合均匀。

称取 0.5 g 干燥粪便样品，加入 6 mL 67%的浓硝酸、3 mL 30%的 H_2O_2，静置 30 min，然后 120 ℃微波消解 5 min，160 ℃微波消解 5 min，200℃微波消解 15 min，定容到 25 mL 以备测定其中的示踪元素。取 15 mL 尿液样品置于干净的消解管中，加入 3 mL 浓硝酸和 2 mL H_2O_2，然后依次 120 ℃微波消解 5 min、160 ℃微波消解 5 min、180 ℃微波消解 15 min，最后用超纯水定容到 30 mL，4 ℃低温储存以备测定其中的示踪元素。

采用高分辨等离子体质谱法 HR-ICP-OES 测定该提取液中的 Al、Ba、Ce、Mn、Sc、Ti、V 和 Y 的含量。

4. 饮用水

收集调查期间儿童所饮用的水样。将饮用水经 0.45 μm 滤头过滤后，采用高分辨等离子体质谱法 HR-ICP-OES 测定该提取液中的 Al、Ba、Ce、Mn、Sc、Ti、V 和 Y 的含量。

5. 牙膏

收集调查期间儿童所使用的牙膏。取 10 g 牙膏于坩埚中，置于 40～60 ℃烘干机中烘干至恒重；在磨样室将烘干的样品倒在有机玻璃板上，用木槌敲打，用木棍、木棒、有机玻璃棒压碎，转入玛瑙研钵研磨到全部过孔径 0.15 mm（100 目）筛，装于样品袋或样品瓶储存，用于牙膏示踪元素分析。牙膏的消解方法同粪便。

采用高分辨等离子体质谱法 HR-ICP-OES 测定该提取液中的 Al、Ba、Ce、Mn、Sc、Ti、V 和 Y 的含量。

11.3 研 究 结 果

11.3.1 示踪元素的筛选

合适的示踪元素是采用示踪元素法进行儿童土壤摄入量研究的关键。优异的示踪元素应该同时满足下列条件：①示踪元素在土壤中均匀分布；②示踪在其他介质（食物、水、牙膏等）中的含量低，且儿童每天通过土壤途径摄入的示踪元素含量高于通过其他途径摄入的示踪元素含量；③示踪元素基本不参与人体的代谢过程，即在粪便中的含量远高于其在尿液中的含量；④在各种介质中的示踪元素含量能被准确检测。以下分别从这几方面进行筛选。

1. 示踪元素在土壤中的空间变化

示踪元素法估算式（11-1）中的 C_{soil} 代表儿童生活环境土壤介质中示踪元素的浓度。对于儿童，其活动场所是一个变化的范围，包括学校、家庭、路上等多个场所。在儿童土壤摄入量调查工作中，一般在儿童生活区域内采集若干份表层土壤样品，测定样品示踪元素的含量，然后取样品示踪元素含量平均值计算儿童土壤摄入率。如果儿童生活区域内土壤中示踪元素含量空间变异大，可能会导致儿童土壤摄入率计算结果误差大；只有示踪元素在该区域均匀分布，才能减少因活动场所变化而带来的误差。一般采用样品元素含量变异系数衡量土壤元素含量空间变异程度，变异系数小，一般表明土壤元素含量空间变异程度低。因此，一般采用元素含量变异系数低的元素作为示踪元素更适合。

湖北地区土壤中 Al、Ba、Ce、Mn、Sc、Ti、V 和 Y 的变异系数分别为 18.5%、29.0%、22.3%、23.7%、22.7%、23.5%、21.3%和 19.3%；甘肃地区土壤中变异系数分别为 7.3%、10.5%、9.2%、11.5%、6.3%、9.9%、9.2%和 8.6%；广东地区土壤中变异系数分别为 28.6%、39.2%、34.7%、39.2%、29.6%、44.2%、24.1%和 37.6%。因此，从土壤中示踪元素含量的空间变异视角，Mn、Ba 和 Ti 的变异系数较大，不是适合的示踪元素，相对而言 Al、Ce、Sc、V 和 Y 是比较适合的示踪元素。

2. 摄入物质中示踪元素含量比较

通过食物、饮用水、牙膏等途径摄入的示踪元素与经过一定的代谢或转化时间后通过粪便和尿液途径排泄的示踪元素之间有一个对应关系，但是这个转化时间因不同的个体之间以及同一个体不同时间之间存在很大的差异。如果摄入的食物滞留在体内，没有完全转化为排泄物，土壤摄入量可能会被低估，甚至产生负值；如果其他时段的食物也被转化为排泄物，那么土壤摄入量可能会被高估。只有当示踪元素在食物、饮用水、牙膏等中的含量远低于在土壤中的含量时，使得源自食物的排泄物的微量元素所占比例降低，才能减少这个误差。

除日常食物摄入外，假设儿童每天摄入 500 mL 饮用水，刷牙时吞食 10 mg 牙膏，三个地区儿童通过食物、饮用水和牙膏途径日摄入示踪元素及土壤中的示踪元素含量的平均水平见表 11-2。三个地区土壤中和儿童日总饮食（食物、饮用水和牙膏）中各示踪元素含量的比较见图 11-1。

表 11-2 三个地区儿童通过食物、饮用水和牙膏途径日摄入示踪元素及土壤中的示踪元素含量的平均水平

地区	环境介质		Al	Ba	Ce	Mn	Sc	Ti	V	Y
湖北	土壤/（μg/g）		55508.2	572.1	67	732.8	10.2	3814.9	80.8	24
	饮食摄入/（μg/d）	食物	1060.23	68.15	0.6	269.6	0	330	0	0.12
		饮用水	8.4224	21.8087	0.0075	0.1996	0.0065	0.1795	0.4596	0.0046
		牙膏	1.5174	0.0225	0.0036	0.1377	0.0005	0.0695	0.0034	0.0052
		合计	1070.1698	89.9812	0.6111	269.9373	0.007	330.2490	0.4630	0.1298
甘肃	土壤/（μg/g）		57532.9	525.3	59.6	597.2	10.4	2955.5	66.9	24.4
	饮食摄入/（μg/d）	食物	1216.36	71.61	0.73	300.71	0	350.51	0	0.43
		饮用水	115.1892	28.5295	0.0299	0.2922	0.0024	0.0979	0.4424	0.0038
		牙膏	1.5174	0.0225	0.0036	0.1377	0.0005	0.0695	0.0034	0.0052
		合计	1333.0666	100.1620	0.7635	301.1399	0.0029	350.6774	0.4458	0.43990
广东	土壤/（μg/g）		82605.4	402.1	102.8	402.6	10.9	3836.5	73.5	24
	饮食摄入/（μg/d）	食物	835.02	73.09	0.81	510.68	0	444.61	0	0.01
		饮用水	7.5873	6.2784	0.0052	0.5022	0.0007	0.7309	0.1637	0.0039
		牙膏	1.5174	0.0225	0.0036	0.1377	0.0005	0.0695	0.0034	0.0052
		合计	844.1247	79.3909	0.8188	511.3199	0.0012	445.4104	0.1671	0.0191

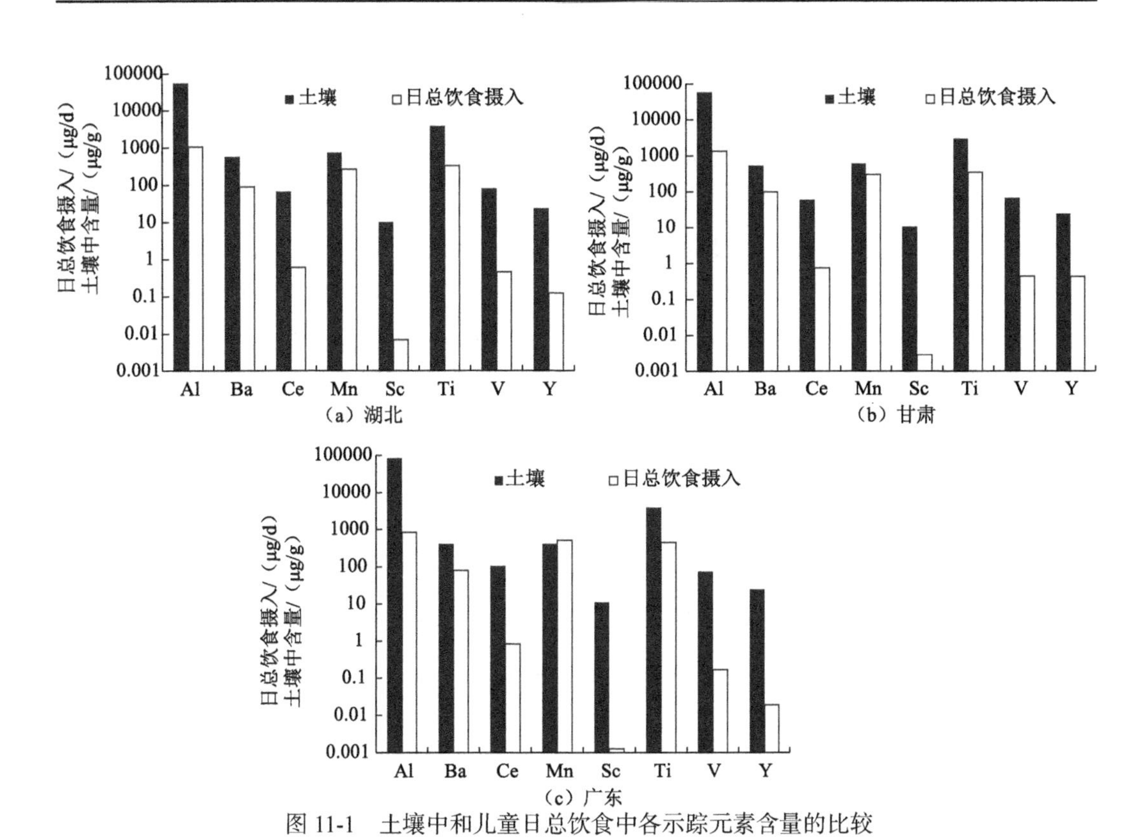

（a）湖北

（b）甘肃

（c）广东

图 11-1 土壤中和儿童日总饮食中各示踪元素含量的比较

从表 11-2 和图 11-1 可以看出，土壤中 Al、Ba、Ce、Mn、Sc、Ti、V 和 Y 的含量分别是日饮食途径摄入总量的 43～98 倍、5～6 倍、79～126 倍、1～3 倍、1457～10900 倍、8～12 倍、150～440 倍和 56～11263 倍。由此可见，Ba、Mn 和 Ti 在土壤和饮食中的差异并不明显，尤其是 Mn，在广东地区通过饮食途径摄入的 Mn 甚至高于该地区土壤中的含量。

综合来看，Ba、Mn 和 Ti 不是适合的示踪元素，Al、Ce、Sc、V 和 Y 是比较适合的示踪元素。

3. 粪便与尿液中示踪元素含量比较

粪便中示踪元素含量越高，尿液中示踪元素含量越低，一般表明示踪元素参与人体代谢的程度越低，越适合作为示踪元素。三个地区粪便和尿液中各示踪元素的平均含量列于表 11-3。从表 11-3 可以看出，粪便中示踪元素的浓度一般是尿液中示踪元素含量的 200 倍以上。

表 11-3　三个地区儿童粪便和尿液中示踪元素平均含量

地区	环境介质	Al	Ba	Ce	Mn	Sc	Ti	V	Y
湖北	粪便/（mg/g）	149500	5000	200	25800	40	31200	400	100
	尿液/（mg/mL）	551.88	26.17	0.45	4.42	0.09	11.63	1.90	0.11
甘肃	粪便/（mg/g）	304700	4700	300	21800	100	22200	430	200
	尿液/（mg/mL）	48.65	8.46	0.09	3.61	0.10	4.88	0.80	0.06
广东	粪便/（mg/g）	133100	3900	170	27600	20	32300	300	100
	尿液/（mg/mL）	16.10	7.78	0.05	3.74	0.01	1.68	0.42	0.03

三个地区儿童实际每天通过粪便排泄的示踪元素量与通过尿液排泄的示踪元素量之比见表 11-4。从表 11-4 可以看出，儿童每天通过粪便排泄的示踪元素量是通过尿液排泄的示踪元素量的几十到几百倍。从代谢角度来看，Al、Mn 和 Ti 参与代谢的程度最低，Ba 和 V 参与人体代谢的程度较其他示踪元素高。但是这 8 种示踪元素都主要通过粪便的途径排泄，均满足示踪元素的要求。

表 11-4　儿童通过粪便排泄的示踪元素量与通过尿液排泄的示踪元素量之比

地区	Al	Ba	Ce	Mn	Sc	Ti	V	Y
甘肃	528.3	27.3	266.0	305.1	53.6	430.6	30.9	182.0
广东	504.6	19.3	177.1	269.2	504.6	624.2	28.8	157.3
湖北	218.8	11.5	30.3	342.4	22.9	282.2	22.0	57.0

4. 示踪元素含量测试质量

示踪元素测试的难易程度也是衡量示踪元素适宜性的一个因素。理论上，目前的分析测试仪器已经能够可靠分析浓度低至 ppb 级甚至 ppt 级元素浓度。但是考虑到本研究发展的儿童土壤摄入量调查方法的可推广性，采用的仪器为实验室常用的电感耦合等离子体发射光谱（ICP-OES）和电感耦合等离子体质谱法（ICP-MS）。

首先，在湖北案例区土壤样品测试工作中，分别对 4 个标准土壤样品进行了 3 次测定，测定的平均误差、最大误差、最小误差如表 11-5 所示。

表 11-5　标准土壤样品测定的误差　（单位：%）

项目	Al	Ba	Ce	Mn	Sc	Ti	V	Y
平均误差	−0.68	−0.77	−1.69	1.45	0.58	0.48	0.44	1.90
最大误差	11.64	8.49	4.82	10.16	7.94	9.78	8.05	10.47
最小误差	−13.32	−7.02	−11.58	−5.59	−7.74	−7.47	−5.42	−10.59

标准样品 Al、Ba、Ce、Mn、Sc、Ti、V、Y 测定误差的平均值分别为−0.68%、−0.77%、−1.69%、1.45%、0.58%、0.48%、0.44%、1.90%，总的误差范围为−13.32%～11.64%。因此，从误差层面，上述几种元素分析测试的准确性均能够满足土壤环境样品分析测试的一般要求。

其次，对湖北案例区 11 个土壤样品进行了平行测试，平行测试的平均变异系数、最大变异系数和最小变异系数如表 11-6 所示。

表 11-6　11 个土壤样品两次平行测试的平均变异系数、最大变异系数和最小变异系数（单位：%）

项目	Al	Ba	Ce	Mn	Sc	Ti	V	Y
平均变异系数	2.01	3.60	5.55	2.43	1.77	2.44	1.90	3.24
最大变异系数	4.69	8.56	8.51	5.22	3.55	6.31	4.27	7.27
最小变异系数	0.29	0.26	1.13	0.39	0.63	0.31	0.17	0.82

土壤样品 Al、Ba、Ce、Mn、Sc、Ti、V、Y 平行分析的平均变异系数分别为 2.01%、3.60%、5.55%、2.43%、1.77%、2.44%、1.90%、3.24%。总体最大变异系数为 8.56%，最小变异系数为 0.17%。因此，从分析的精确度层面，上述几种元素分析测试的精确度均能够满足土壤环境样品分析测试的一般要求。

5. 结论

根据最优示踪元素的筛选原则，综合本研究中 8 种示踪元素在环境土壤介质中的空间变化，在土壤、食物、饮用水和牙膏中的含量比较，在粪便和尿液中的含量比较，以及示踪元素测试分析可靠性等因素，发现 Al、Ce、Sc、V 和 Y 是比较适合采用示踪元素法（物质平衡法）开展儿童土壤摄入量调查的示踪元素，其中 Al 是最适合的示踪元素。

11.3.2　土壤摄入量估算

本次调查采用 Al、Ce、Sc、V 和 Y 五种示踪元素估算的每名儿童土壤摄入量中位值统计儿童土壤摄入量（表 11-7）。

表 11-7　儿童土壤摄入量推荐值

项目	最大值/（mg/d）	P95/（mg/d）	P75/（mg/d）	中位值/（mg/d）	P25/（mg/d）	P5/（mg/d）	最小值/（mg/d）	平均值/（mg/d）	标准差/（mg/d）	变异系数/%
总计	528.0	222.3	110.6	59.2	32.3	14.5	2.8	85.2	83.1	97.6
城市	294.8	220.5	118.3	68.0	32.8	15.1	2.8	85.5	66.1	77.3
农村	528.0	275.9	106.4	51.8	31.4	14.1	9.1	84.8	97.0	114.3
男性	528.0	271.9	115.1	51.8	25.5	13.2	9.1	88.7	100.2	113.0
女性	294.8	197.9	105.8	63.5	37.1	20.0	2.8	81.5	60.7	74.4
幼儿园	528.0	201.7	94.0	45.2	24.1	14.1	2.8	72.3	83.9	116.1
小学	511.3	290.4	129.7	78.2	40.6	22.2	10.5	103.1	87.4	84.8
初中	222.4	211.5	126.7	71.4	41.1	14.1	9.1	86.2	61.5	71.3
湖北	222.4	181.7	95.8	51.2	25.3	13.5	9.1	69.7	54.7	78.5
甘肃	528.0	437.4	191.4	108.6	62.5	28.7	19.7	150.0	125.4	83.6
广东	152.2	116.5	69.3	43.1	29.8	15.2	2.8	52.9	33.7	63.7

鉴于 USEPA 采用若干研究的儿童土壤摄入量中心趋势值作为推荐值，平均值和中位值均在一定程度上代表数据的中心趋势，因此本次调查采用平均值作为推荐值。具体儿童土壤摄入量推荐值为全国儿童：85.2 mg/d；城市儿童：85.5 mg/d；农村儿童：84.8 mg/d；男性儿童：88.7 mg/d；女性儿童：81.5 mg/d；幼儿园（2～6 岁儿童）：72.3 mg/d；小学（7～12 岁儿童）：103.1 mg/d；初中（13～15 岁儿童）：86.2 mg/d。

美国、日本、韩国、加拿大和澳大利亚在针对本国儿童研究的基础上均给出了各国儿童土壤摄入量的推荐值。不同国家的土壤摄入量推荐值存在较大差异。美国采用集中趋势法在美国儿童土壤摄入量历史研究结果的基础上给出美国儿童土壤摄入量的推荐值，其中 6～12 月儿童土壤摄入量中位值为 60 mg/d，1～21 岁儿童土壤摄入量中位值为 100 mg/d。日本儿童土壤摄入量的推荐值为 43.5 mg/d。韩国基于 Jang 采用示踪元素法对 6 所幼儿园中 63 名 0～7 岁儿童进行连续 4d 研究，给出了韩国儿童土壤摄入量的推荐值的算术均值为 118 mg/d，95%分位数值为 898 mg/d。澳大利亚 1～5 岁儿童土壤摄入量的推荐值为 100 mg/d，6～20 岁儿童土壤摄入量的推荐值为 50 mg/d。

参 考 文 献

Arcus-Arth A, Blaisdell R J. 2007. Statistical distributions of daily breathing rates for narrow age groups of infants and children. Risk Analysis, 27(1): 97-110.

第 12 章　油墨场地土壤优先控制污染物筛选

12.1　场 地 概 况

本章在对场地土壤优先控制污染物筛选技术方法（第 7 章）充分调研的基础上，以广东中山某油墨涂料场地为案例场地，利用已提出的我国典型场地土壤优先控制污染物三阶段筛选技术方法，筛选出该类场地土壤优先控制污染物名单。广东某油墨场地企业主要生产包装油墨、装饰油墨、电子油墨和环境型加工材料。根据其场地各生产车间分布情况，在其柴油罐旁、槽车喷淋水箱、储罐区、事故三废池旁、平版车间等地采集表层土壤 31 份，并开展检测。

12.2　候选污染物确定

根据该油墨场地企业的主要生产工艺、原辅材料和产品的特点，通过查阅行业相关的文献、研究报告、行业统计年鉴和排放标准等资料，初步提出该行业可能排放的污染物清单 85 种，包括 12 种重金属、16 种多环芳烃和 57 种挥发性有机物（25 种苯系物和 32 种卤代烃类污染物）。

12.3　优先控制污染物筛选

依据预先提出的我国场地土壤优先控制污染物筛选技术方法，对 85 种污染物分别从污染物检出率、环境持久性、生物累积性、急性毒性、慢性毒性、致癌性、生殖毒性、致癌健康风险和非致癌健康风险 9 项具体评分指标进行评分，最后根据各评价因子权重系数进行加权计算，计算每种候选污染物的综合评分、顺位累积评分及累积评分比例。详见表 12-1。

12.4　优先控制污染物确定

依据 85 种污染物的综合评分排序，取顺位累积评分靠前的、比例达到总分值的 85%以内，在 31 个国内外优先控制污染物名录中以出现频次≥8 次的 23 种污染物为油墨涂料场地土壤优先控制污染物，包括 6 种重金属、8 种 VOCs 和 9 种 PAHs，详细见表 12-2。

表 12-1　油墨场地污染物综合评分汇总表

序号	污染物	英文名	CAS 编号	检出率评分	环境持久性评分	生物累积性评分	环境效应评分	致癌等级评分	急性毒性评分	慢性毒性评分	生殖毒性评分	毒性效应评分	致癌健康风险评分	非致癌健康风险评分	人体健康风险评分	综合评分	顺位累积评分	累积评分比例/%	出现频次/次
1	As	arsenic, inorganic	7440-38-2	1.77	0.28	0.27	0.97	0.99	0.63	0.47	0.62	0.79	3.50	0.38	1.13	1.98	3.4	22.6	23
2	苯并[*a*]芘	benzo (*a*) pyrene	50-32-8	1.77	1.13	1.10	1.67	0.99	0.63	0.23	0.62	0.72	1.75	0.25	0.58	1.39	4.5	30.3	17
3	Ni	nickel	7440-02-0	1.77	0.28	0.27	0.97	0.99	0.94	0.94	0.62	1.02	1.75	0.25	0.58	1.16	5.4	36.1	19
4	苯乙烯	styrene	100-42-5	1.77	0.28	0.27	0.97	0.74	0.31	0.23	0.82	0.61	1.75	0.13	0.55	0.87	6.1	41.0	13
5	二苯并[*a*,*h*]蒽	dibenzo (*a*, *h*) anthracene	53-70-3	1.77	1.13	1.10	1.67	0.74	0.31	0.47	0.41	0.56	0.88	0.25	0.33	0.73	6.8	45.5	8
6	1,2-二溴乙烷	1,2-dibromoethane	106-93-4	0.44	0.28	0.27	0.42	0.74	0.94	0.47	0.62	0.81	1.75	0.13	0.55	0.67	7.4	49.4	2
7	Cd	cadmium	7440-43-9	1.77	0.28	0.27	0.97	0.99	0.94	0.47	0.41	0.82	0.88	0.25	0.33	0.59	7.9	52.9	24
8	四氯乙烯	tetrachloroethylene	127-18-4	1.77	0.28	0.55	1.09	0.74	0.31	0.70	0.62	0.69	0.88	0.13	0.29	0.52	8.3	55.8	16
9	苯	benzene	71-43-2	1.33	0.28	0.27	0.79	0.99	0.31	0.23	0.82	0.69	0.88	0.13	0.29	0.43	8.7	58.6	23
10	三氯乙烯	trichloroethylene	79-01-6	0.89	0.28	0.27	0.60	0.99	0.63	0.47	0.82	0.85	0.88	0.13	0.29	0.42	9.1	61.1	16
11	1,2-二氯丙烷	1,2-dichloropropane	78-87-5	0.89	0.28	0.27	0.60	0.99	0.63	0.47	0.21	0.67	0.88	0.13	0.29	0.37	9.4	63.1	8
12	氯乙烯	vinyl chloride	75-01-4	0.00	0.28	0.27	0.23	0.99	0.63	0.47	0.62	0.79	0.88	0.13	0.29	0.30	9.6	64.1	13
13	Co	cobalt	7440-48-4	1.77	0.28	0.27	0.97	0.49	0.31	0.47	0.41	0.49	0.00	0.38	0.11	0.16	9.7	65.2	7
14	苯并[*g*,*h*,*i*]苝	benzo(*g*,*h*,*i*)perylene	191-24-2	1.77	1.13	1.10	1.67	0.25	0.31	0.70	0.41	0.49	0.00	0.25	0.07	0.16	9.9	66.2	7
15	荧蒽	Fluoranthene	206-44-0	1.77	1.13	1.10	1.67	0.25	0.63	0.23	0.41	0.44	0.00	0.25	0.07	0.15	10.0	67.2	11
16	茚并[1,2,3-*cd*]芘	indeno (1,2,3-*cd*) pyrene	193-39-5	1.77	1.13	1.10	1.67	0.49	0.31	0.23	0.41	0.42	0.00	0.25	0.07	0.15	10.2	68.3	8

续表

序号	污染物	英文名	CAS 编号	检出率评分	环境持久性评分	生物累积性评分	环境效应评分	致癌等级评分	急性毒性评分	慢性毒性评分	生殖毒性评分	毒性效应评分	致癌健康风险评分	非致癌健康风险评分	人体健康风险评分	综合评分	顺位累积评分	累积评分比例/%	出现频次/次
17	苯并[*b*]荧蒽	benzo (*b*) fluoranthene	205-99-2	1.77	1.13	1.10	1.67	0.49	0.31	0.23	0.41	0.42	0.00	0.25	0.07	0.15	10.3	69.3	12
18	苯并[*k*]荧蒽	benzo (*k*) fluoranthene	207-08-9	1.77	1.13	1.10	1.67	0.49	0.31	0.23	0.41	0.42	0.00	0.25	0.07	0.15	10.5	70.3	11
19	苯并[*a*]蒽	benzo (*a*) anthracene	56-55-3	1.77	1.13	1.10	1.67	0.49	0.31	0.23	0.41	0.42	0.00	0.25	0.07	0.15	10.6	71.3	9
20	六氯丁二烯	hexachlorobutadiene	87-68-3	1.77	1.13	0.82	1.56	0.25	0.94	0.23	0.41	0.53	0.00	0.25	0.07	0.15	10.8	72.3	10
21	Pb	lead	7439-92-1	1.77	1.13	0.27	1.33	0.74	0.31	0.70	0.82	0.75		0.25	0.07	0.15	10.9	73.3	22
22	Hg	mercury, inorganic	7439-97-6	1.77	0.85	0.27	1.21	0.25	0.94	0.94	0.62	0.80	0.00	0.25	0.07	0.15	11.1	74.3	22
23	Al	aluminium	7429-90-5	1.77	0.28	0.27	0.97	0.25	0.31	0.23	0.41	0.35	0.00	0.38	0.11	0.14	11.2	75.2	3
24	蒽	anthracene	120-12-7	1.77	1.13	0.82	1.56	0.25	0.31	0.23	0.41	0.35	0.00	0.25	0.07	0.14	11.4	76.1	11
25	芘	pyrene	129-00-0	1.77	1.13	0.82	1.56	0.25	0.31	0.23	0.41	0.35	0.00	0.25	0.07	0.14	11.5	77.0	7
26	䓛	chrysene	218-01-9	1.77	0.28	1.10	1.32	0.49	0.31	0.47	0.41	0.49	0.00	0.25	0.07	0.13	11.6	77.9	7
27	苊烯	acenaphthene	208-96-8	1.77	0.57	0.55	1.21	0.25	0.63	0.70	0.41	0.58	0.00	0.25	0.07	0.13	11.7	78.7	6
28	菲	phenanthrene	85-01-8	1.77	0.57	0.82	1.32	0.25	0.63	0.23	0.41	0.44	0.00	0.25	0.07	0.13	11.9	79.5	7
29	芴	fluorene	86-73-7	1.77	0.28	0.82	1.20	0.25	0.31	0.23	0.41	0.35	0.00	0.25	0.07	0.11	12.0	80.2	8
30	苊	acenaphthene	83-32-9	1.33	0.57	0.55	1.02	0.25	0.31	0.70	0.41	0.49	0.00	0.25	0.07	0.11	12.1	81.0	6
31	Cr^{3+}	chromium (Ⅲ)	16065-83-1	1.77	0.28	0.27	0.97	0.25	0.94	0.23	0.41	0.53	0.00	0.25	0.07	0.11	12.2	81.6	21
32	4-异丙基甲苯/对异丙基甲苯	*p*-isopropyl toluene	99-87-6	1.33	0.28	0.82	1.02	0.25	0.31	0.23	0.41	0.35	0.00	0.25	0.07	0.10	12.3	82.3	1

续表

序号	污染物	英文名	CAS 编号	检出率评分	环境持久性评分	生物累积性评分	环境效应评分	致癌等级评分	急性毒性评分	慢性毒性评分	生殖毒性评分	毒性效应评分	致癌健康风险评分	非致癌健康风险评分	人体健康风险评分	综合评分	顺位累积评分	累积评分比例/%	出现频次/次
33	二溴一氟甲烷	dibromofluoromethane	1868-53-7	1.77	0.28	0.27	0.97	0.25	0.31	0.23	0.41	0.35	0.00	0.25	0.07	0.10	12.4	82.8	1
34	顺-1,3-二氯丙烯	cis-1,3-dichloropropene	10061-01-5	1.33	0.28	0.27	0.79	0.25	0.31	0.23	0.41	0.35	0.00	0.25	0.07	0.08	12.4	83.3	2
35	一溴一氯甲烷/溴氯甲烷	bromochloromethane	74-97-5	0.89	0.28	0.27	0.60	0.25	0.31	0.47	0.41	0.42	0.00	0.25	0.07	0.07	12.5	83.8	1
36	反-1,3-二氯丙烯	trans-1,3-dichloropropene	10061-02-6	0.44	0.28	0.27	0.42	0.49	0.63	0.23	0.41	0.51	0.00	0.25	0.07	0.07	12.6	84.2	2
37	间二甲苯	m-xylene	108-38-3	1.77	0.57	0.55	1.21	0.25	0.63	0.70	0.62	0.64	0.00	0.13	0.04	0.07	12.6	84.7	8
38	Zn	zinc	7440-66-6	1.77	1.13	0.27	1.33	0.25	0.63	0.47	0.41	0.51	0.00	0.13	0.04	0.07	12.7	85.1	15
39	1,2,4-三氯苯	1,2,4-trichlorobenzene	120-82-1	1.77	0.57	0.82	1.32	0.25	0.63	0.23	0.62	0.50	0.00	0.13	0.04	0.07	12.8	85.6	9
40	萘	naphthalene	91-20-3	1.77	0.28	0.55	1.09	0.49	0.63	0.70	0.62	0.71	0.00	0.13	0.04	0.07	12.8	86.0	14
41	异丙基苯	cumene	98-82-8	1.77	0.57	0.55	1.21	0.49	0.63	0.47	0.41	0.58	0.00	0.13	0.04	0.07	12.9	86.4	2
42	1,4-二氯苯	1,4-dichlorobenzen	106-46-7	1.77	0.57	0.55	1.21	0.49	0.63	0.23	0.62	0.57	0.00	0.13	0.04	0.06	13.0	86.8	14
43	2,2-二氯丙烷	2,2-dichloropropane	594-20-7	0.44	0.28	0.27	0.42	0.25	0.63	0.23	0.41	0.44	0.00	0.25	0.07	0.06	13.0	87.3	1
44	仲丁基苯/异丁基苯	sec-butylbenzene	135-98-8	1.77	0.28	0.82	1.20	0.25	0.63	0.47	0.41	0.51	0.00	0.13	0.04	0.06	13.1	87.7	1
45	Cu	copper	7440-50-8	1.77	0.28	0.27	0.97	0.25	0.94	0.70	0.62	0.73	0.00	0.13	0.04	0.06	13.1	88.1	16
46	乙苯	ethylbenzen	100-41-4	1.77	0.28	0.55	1.09	0.49	0.31	0.47	0.82	0.61	0.00	0.13	0.04	0.06	13.2	88.5	14
47	Se	selenium	7782-49-2	1.77	0.57	0.55	1.21	0.25	0.31	0.47	0.62	0.48	0.00	0.13	0.04	0.06	13.3	88.9	9

续表

序号	污染物	英文名	CAS 编号	检出率评分	环境持久性评分	生物累积性评分	环境效应评分	致癌等级评分	急性毒性评分	慢性毒性评分	生殖毒性评分	毒性效应评分	致癌健康风险评分	非致癌健康风险评分	人体健康风险评分	综合评分	顺位累积评分	累积评分比例/%	出现频次/次
48	1,2-二氯苯	1,2-dichlorobenzene	95-50-1	1.77	0.28	0.55	1.09	0.25	0.63	0.70	0.41	0.58	0.00	0.13	0.04	0.06	13.3	89.3	11
49	1,3-二氯苯	1,3-dichlorobenzene	541-73-1	1.77	0.28	0.55	1.09	0.25	0.63	0.47	0.41	0.51	0.00	0.13	0.04	0.06	13.4	89.7	5
50	1,2,4-三甲基苯	1,2,4-trimethylbenzene	95-63-6	1.77	0.28	0.55	1.09	0.25	0.31	0.70	0.41	0.49	0.00	0.13	0.04	0.06	13.4	90.1	0
51	溴甲烷/一溴甲烷	methyl bromide; bromomethane	74-83-9	1.77	0.28	0.27	0.97	0.25	0.94	0.23	0.62	0.59	0.00	0.13	0.04	0.06	13.5	90.4	4
52	氯仿/三氯甲烷	chloroform	67-66-3	1.77	0.28	0.27	0.97	0.49	0.63	0.47	0.41	0.58	0.00	0.13	0.04	0.06	13.6	90.8	16
53	正丁基苯	*n*-butylbenzene	104-51-8	1.77	0.28	0.82	1.20	0.25	0.31	0.23	0.41	0.35	0.00	0.13	0.04	0.06	13.6	91.2	0
54	1,3,5-三甲基苯	1,3,5-trimethylbenzene	108-67-8	1.77	0.28	0.55	1.09	0.25	0.31	0.47	0.41	0.42	0.00	0.13	0.04	0.05	13.7	91.6	0
55	邻二甲苯	o-xylene	95-47-6	1.77	0.28	0.55	1.09	0.25	0.31	0.23	0.62	0.41	0.00	0.13	0.04	0.05	13.7	91.9	8
56	甲苯	toluene	108-88-3	1.77	0.28	0.27	0.97	0.25	0.63	0.23	0.62	0.50	0.00	0.13	0.04	0.05	13.8	92.3	16
57	1,2,3-三氯苯	1,2,3-trichlorobenzene	87-61-6	1.33	0.28	0.82	1.02	0.25	0.63	0.23	0.41	0.44	0.00	0.13	0.04	0.05	13.8	92.6	2
58	氯苯	chlorobenzene	108-90-7	1.33	0.28	0.27	0.79	0.25	0.94	0.70	0.41	0.67	0.00	0.13	0.04	0.05	13.9	93.0	13
59	正丙基苯	*n*-propylbenzene	103-65-1	1.77	0.28	0.55	1.09	0.25	0.31	0.23	0.41	0.35	0.00	0.13	0.04	0.05	13.9	93.3	0
60	对二甲苯	p-xylene	106-42-3	1.77	0.28	0.55	1.09	0.25	0.31	0.23	0.41	0.35	0.00	0.13	0.04	0.05	14.0	93.7	8
61	叔丁基苯	tert-Butylbenzene	98-06-6	1.33	0.28	0.82	1.02	0.25	0.31	0.47	0.41	0.42	0.00	0.13	0.04	0.05	14.0	94.0	1
62	一溴二氯甲烷	bromodichloromethane	75-27-4	1.77	0.28	0.27	0.97	0.49	0.63	0.23	0.21	0.46	0.00	0.13	0.04	0.05	14.1	94.4	1

续表

序号	污染物	英文名	CAS 编号	检出率评分	环境持久性评分	生物累积性评分	环境效应评分	致癌等级评分	急性毒性评分	慢性毒性评分	生殖毒性评分	毒性效应评分	致癌健康风险评分	非致癌健康风险评分	人体健康风险评分	综合评分	顺位累积评分	累积评分比例/%	出现频次/次
63	4-氯甲苯	4-chlorotoluene	106-43-4	1.33	0.28	0.55	0.90	0.25	0.63	0.47	0.41	0.51	0.00	0.13	0.04	0.05	14.1	94.7	1
64	1,2-二溴-3-氯丙烷	1,2-dibromo-3-chloropropane	96-12-8	0.89	0.28	0.27	0.60	0.49	0.94	0.47	0.82	0.79	0.00	0.13	0.04	0.05	14.2	95.0	3
65	顺-1,2-二氯乙烯	cis-1,2-dichloroethene	156-59-2	1.77	0.28	0.27	0.97	0.25	0.31	0.47	0.41	0.42	0.00	0.13	0.04	0.05	14.2	95.4	0
66	Sn	tin	7440-31-5	1.77	0.28	0.27	0.97	0.25	0.31	0.47	0.41	0.42	0.00	0.13	0.04	0.05	14.3	95.7	5
67	1,1-二氯乙烯	1,1-dichloroethylene	75-35-4	0.89	0.28	0.27	0.60	0.49	0.63	0.47	0.62	0.64	0.00	0.13	0.04	0.05	14.3	96.0	11
68	氟苯	fluorobenzene	462-06-6	1.33	0.28	0.27	0.79	0.25	0.31	0.47	0.41	0.42	0.00	0.13	0.04	0.04	14.4	96.3	0
69	四氯化碳	carbon tetrachloride	56-23-5	0.89	0.28	0.27	0.60	0.49	0.63	0.47	0.41	0.58	0.00	0.13	0.04	0.04	14.4	96.6	11
70	1,1,2-三氯乙烷	1,1,2-trichlorothane	79-00-5	0.89	0.28	0.27	0.60	0.25	0.63	0.70	0.41	0.58	0.00	0.13	0.04	0.04	14.5	96.8	11
71	1,1,2,2-四氯乙烷	1,1,2,2-tetrachloroethane	79-34-5	0.89	0.28	0.27	0.60	0.49	0.63	0.23	0.62	0.57	0.00	0.13	0.04	0.04	14.5	97.1	10
72	1,1-二氯丙烯	1,1-dichloropropene	563-58-6	0.00	0.28	0.27	0.23	0.25	0.31	0.23	0.41	0.35	0.00	0.25	0.07	0.04	14.5	97.4	0
73	溴苯	bromobenzene	108-86-1	0.89	0.28	0.27	0.60	0.25	0.63	0.47	0.41	0.51	0.00	0.13	0.04	0.04	14.6	97.7	1
74	1,1,1,2-四氯乙烷	1,1,1,2-etrachloroethane	630-20-6	0.44	0.28	0.27	0.42	0.49	0.63	0.70	0.41	0.65	0.00	0.13	0.04	0.04	14.6	97.9	2
75	二溴一氯甲烷	dibromo-monochloro-methane	124-48-1	0.89	0.28	0.27	0.60	0.25	0.63	0.23	0.41	0.44	0.00	0.13	0.04	0.04	14.6	98.2	3

续表

序号	污染物	英文名	CAS 编号	检出率评分	环境持久性评分	生物累积性评分	环境效应评分	致癌等级评分	急性毒性评分	慢性毒性评分	生殖毒性评分	毒性效应评分	致癌健康风险评分	非致癌健康风险评分	人体健康风险评分	综合评分	顺位累积评分	累积评分比例/%	出现频次/次
76	氯乙烷/一氯乙烷	ethyl chloride	75-00-3	0.89	0.28	0.27	0.60	0.25	0.31	0.47	0.41	0.42	0.00	0.13	0.04	0.04	14.7	98.4	4
77	氯甲烷/一氯甲烷	chloromethane	74-87-3	0.44	0.28	0.27	0.42	0.25	0.63	0.47	0.62	0.57	0.00	0.13	0.04	0.04	14.7	98.6	6
78	1,1,1-三氯乙烷	1,1,1-trichlorothane	71-55-6	0.44	0.28	0.27	0.42	0.25	0.31	0.47	0.62	0.48	0.00	0.13	0.04	0.03	14.8	98.8	12
79	1,1-二氯乙烷	1,1-dichloroethane	75-34-3	0.44	0.28	0.27	0.42	0.25	0.63	0.47	0.21	0.45	0.00	0.13	0.04	0.03	14.8	99.1	9
80	溴仿/三溴甲烷	bromoform	75-25-2	0.44	0.28	0.27	0.42	0.25	0.63	0.23	0.41	0.44	0.00	0.13	0.04	0.03	14.8	99.3	8
81	三氯一氟甲烷	trichlorofluoromethane	75-69-4	0.44	0.28	0.27	0.42	0.25	0.63	0.23	0.41	0.44	0.00	0.13	0.04	0.03	14.8	99.5	0
82	二溴甲烷	dibromomethane	74-95-3	0.00	0.28	0.27	0.23	0.25	0.94	0.47	0.41	0.60	0.00	0.13	0.04	0.03	14.9	99.7	2
83	反-1,2-二氯乙烯	trans-1,2-dichloroethylene	156-60-5	0.00	0.28	0.27	0.23	0.25	0.63	0.47	0.62	0.57	0.00	0.13	0.04	0.03	14.9	99.8	0
84	1,2-二氯乙烷	1,2-dichloroethane	107-06-2	0.00	0.28	0.27	0.23	0.49	0.63	0.23	0.41	0.51	0.00	0.13	0.04	0.03	14.9	100.0	17
85	1,3-二氯丙烷	1,3-dichloropropane	142-28-9	0.00	0.28	0.27	0.23	0.25	0.31	0.47	0.41	0.42	0.00	0.13	0.04	0.02	14.9	100.0	3

表 12-2　油墨涂料场地土壤优先控制污染物名单

序号	污染物	CAS 编号	致癌等级	综合评分	顺位累积评分	累积评分比例/%	出现频次/次
1	砷	7440-38-2	1	1.983	3.4	22.6	23
2	苯并[*a*]芘	50-32-8	1	1.389	4.5	30.3	17
3	镍	7440-02-0	1	1.156	5.4	36.1	19
4	苯乙烯	100-42-5	2A	0.866	6.1	41.0	13
5	二苯并[*a*,*h*]蒽	53-70-3	2A	0.731	6.8	45.5	8
6	镉	7440-43-9	1	0.586	7.9	52.9	24
7	四氯乙烯	127-18-4	2A	0.517	8.3	55.8	16
8	苯	71-43-2	1	0.429	8.7	58.6	23
9	三氯乙烯	79-01-6	1	0.421	9.1	61.0	16
10	1,2-二氯丙烷	78-87-5	1	0.369	9.4	63.0	8
11	氯乙烯	75-01-4	1	0.296	9.6	64.1	13
12	荧蒽	206-44-0	3	0.154	10.0	67.2	11
13	茚并[1,2,3-*cd*]芘	193-39-5	2B	0.152	10.2	68.2	8
14	苯并[*b*]荧蒽	205-99-2	2B	0.152	10.3	69.2	12
15	苯并[*k*]荧蒽	207-08-9	2B	0.152	10.5	70.3	11
16	苯并[*a*]蒽	56-55-3	2B	0.152	10.6	71.3	9
17	六氯丁二烯	87-68-3	3	0.152	10.8	72.3	10
18	铅	7439-92-1	2A	0.151	11.1	74.3	22
19	汞	7439-97-6	3	0.146	11.2	75.2	22
20	蒽	120-12-7	3	0.139	11.4	76.1	11
21	芴	86-73-7	3	0.113	12.0	80.2	8
22	铬	16065-83-1	3	0.110	12.2	81.6	21
23	间二甲苯	108-38-3	3	0.067	12.6	84.7	8

第 13 章 城市公园典型污染物土壤环境基准推导

13.1 研究背景

随着经济的快速发展，全球许多地区都在经历快速的城市化。2014 年，全球 54%的人口居住在城市地区，城市居民为 36 亿，预计到 2050 年，全球城市居民可达 63 亿人（Zhang，2016）。自 20 世纪 70 年代以来，中国经历了快速的经济增长和城市化进程。根据联合国发布的《2018 年版世界城镇化展望》（*World Urban Prospects 2018*），预计到 2030 年，中国有 8 个城市的城市人口超过 1000 万人，到 2050 年，中国城市人口可达中国总人口的 80%。城市环境通常以人工环境、建筑、交通、噪声及空气污染等为特征，城市人群与自然接触的机会有限。因此，随着全球城市人口的增加，城市公园作为一种重要的公共资源，已经成为城市人群接触自然的主要场所，城市居民大部分闲暇时间是在公园中度过的。一项关于欧洲 5 个城市公园使用情况的研究表明，94%的受访者都频繁地使用城市公园（Fischer et al.，2018）。在北京的 300 多个公园中，仅市中心的 11 个公园在 2017 年的接待频次就高达 9400 万次（Jiang et al.，2019）。

城市公园在调节城市空气质量、促进居民身心健康及提高生活质量等方面发挥着重要作用。因此，为了提高居民生活水平，提升城市宜居水平，北京是我国的首都及人口最稠密的城市之一，于 2000 年起便开始“城市公园环”建设，规划总面积约 310 km^2。2018 年末北京公园绿地面积已达 32619 hm^2，建成区绿化覆盖率达 48.4%，高于全国平均水平。2020 年公园绿地 500 m 服务半径覆盖率提高到 85%，并预计 2035 年完成“城市公园环”闭环目标。因此，城市公园已经成为北京城市规划建设中不可缺少的重要部分。然而，由于快速的工业化和城市化发展，人类向环境中排放了大量的污染物，城市公园土壤正成为这些污染物的吸收场地。此外，由于城市绿地扩张的压力越来越大，以前的棕地被改造成为服务社会的公共场所（如城市公园）正在成为一种全球趋势，这也使得城市公园成为一种潜在的危害源。因此，评估城市公园土壤的污染状况对城市公园土壤环境管理具有重要意义。

2018 年，我国发布了《土壤环境质量 建设用地土壤污染风险管控标准（试行）》（GB 36600—2018）以对土壤环境质量进行管理，其中对 85 种污染物的土壤含量限值进行了规定。除常见的重金属外，铍（Be）、钴（Co）、锑（Sb）和钒（V）也是被《土壤环境质量 建设用地土壤污染风险管控标准（试行）》（GB 36600—2018）纳入管理的重要无机污染物。此外，它们也是城市环境中广泛分布的微量元素。Be 是一种稀有但广泛分布在地壳和土壤中的元素，因具有高硬度、体重轻、良好的耐腐蚀性、高电导率和热传导率等特性而广泛应用于航空航天、电子、汽车等工业中。但其也是元素周期表中毒性最大的元素之一，属于A类致癌物，会产生重大的健康风险，并被USEPA和ISO列为优先污染物。近年来在各种环境介质中均能检测到Be的存在。因此，Be引发的环境问题也应该引起足够的重视。Sb是一种有毒的类金属，广泛应用于工业生产（Bagerifarn et al.，2019）。我国是世界上最大的Sb排放国和生产国，2010年Sb排放量为649 t，2019年我国Sb产量占全球Sb总产量的60%以上。鉴于其在工业生产中的广泛应用、潜在的致癌性及其对生物群的毒性，Sb已经被欧盟和USEPA列为新兴或优先污染物（Nishad et al.，2021；Tian et al.，2014）。人类通过经口摄入、皮肤接触或呼吸吸入Sb及其化合物会严重危害健康。有研究表明，Sb在土壤中的毒性和流动性比Pb更强（Zhao et al.，2015）。Co被誉为战略金属，是生产高强度、耐高温、耐腐蚀合金的重要原料。Co在工业活动中的广泛应用导致世界市场对Co的需求不断增长。2008年全球主要公司的Co总产量为28901 t。到2015年，Co总产量增加到220000 t（Kosiorek and Wyszkowski，2019）。近年来，我国Co用量增长迅速，2017年我国Co用量已经超过70000 t（罗泽娇等，2019），目前已经成为世界第一大Co消费国。此外，Co在人体维生素B12的形成中发挥着重要作用，但Co浓度过高时会导致肺病、心脏病甚至癌症等。V是世界上具有重要战略意义的金属，但是在高浓度下也是对人类具有潜在危害的污染物，与汞、铅、砷属于同一类。V广泛分布于沉积岩、火成岩和矿物中，是一种温和不相容、难熔的亲石元素，主要在南非、俄罗斯和中国开采。近年来，我国一直是全球最大的V矿生产国，同时是V消费大国。作为一种典型的过渡元素，全球生产的V约有85%作为钒铁用于钢铁工业，其余的通常用于化学和航空航天工业。由于我国对V的需求不断增加，预计V在陆地、水生和大气系统中的循环量也将进一步增加，进而可能对人体健康产生危害。

13.2 土壤典型污染物的来源及其污染现状

Be、Co、Sb和V都是自然中存在的元素，土壤母质风化、土壤侵蚀、火山喷发、森林火灾及生物排放等是这些污染物的主要自然来源。一些研究发现，土壤中的Be、Co、V通常以自然来源为主。然而，由于工业化和城市化的快速发展，人为排放逐渐成为大多数污染物进入环境的主要原因。煤炭、矿山、电子和冶金产品的使用是Be进入土壤环境的主要人为来源。其中，在一般环境中接触Be的最重要来源是煤炭燃烧。据统计，煤炭、燃烧油和石油产品燃烧产生的Be排放约占Be大气排放总量的93%，而生产和加工过程中的Be排放量仅占4.4%。土壤中Be的人为来源包括垃圾填埋场处置的煤灰、城市废物燃烧器灰及工业废弃物的土地掩埋。此外，大气Be沉降也是土壤中Be的重要来源。一些研究发现，环境中的Co通常以自然来源为主，不过化石燃料燃烧、污水污泥排放、磷酸盐肥料使用、Co矿石的开采和冶炼及加工Co化合物的工业等也均可以向环境中排放Co。通过燃料燃烧排放到空气中的Co化合物又通过降水转移到土壤中。此外，交通运输也会增加土壤中Co的含量。据估计，含Co污泥、磷肥、Co合金加工及使用或加工 Co 化合物的工业每年排放 Co 可达 4000 t。Sb 产生的环境风险主要源于人为活动，如金属采矿和制药、污水污泥、车辆排放、塑料垃圾浸出、垃圾焚烧、采矿废物和工业垃圾场的渗漏等。据估计，每年有 4.7×10^6～4.7×10^7 kg 的 Sb 被释放到土壤中（Li et al.，2018a）。环境中 V 的 4 种主要来源包括：岩石风化、化石燃料燃烧、V-Ti 磁铁矿的开采及高温工业和燃煤电厂的排放。人为排放是土壤中 V 的重要来源之一，据统计，每年由于人为活动排放的 V 总量约为 2.30×10^8 kg，其中 1.32×10^8 kg 的 V 沉降到土壤中导致土壤 V 浓度增加。

随着人类工业化、城市化的不断发展，土壤中污染物种类不断增加，一些学者研究发现部分地区的土壤中存在 Be、Co、Sb、V 的污染问题。土壤中的 Be 浓度是高度可变的，世界各地土壤中天然 Be 平均浓度的范围为 0.1～40 mg/kg。对于 Be 矿物储量大的地区，土壤中 Be 浓度最高可达 300 mg/kg。由于冶炼活动，美国费城一铜矿区附近的土壤中 Be 浓度可高达 113 mg/kg。Co 主要以 Co^{2+}和 Co^{3+}的形式存在于土壤中，天然土壤中的高 Co 含量与锰、铁及有机土壤的存在密切相关。通常认为壤土和冲积土中的天然 Co 含量较高，可达 12 mg/kg，灰壤和粉砂质土 Co 含量最低，平均仅为 5.5 mg/kg。然而近年来 Co 的污染开始增加，部分土壤中的 Co 含量通常高于自然 Co 浓度。欧洲土壤中的 Co 浓度的平均值为 8 mg/kg，最高值可以达到 20 mg/kg。在俄罗斯诺里尔斯克和摩尔曼斯克地区，由于大型冶炼活动，Co 是土壤中的重要污染物之一。在冶金厂附近的土壤中，Co 含量可以超过暂定允许浓度的 70 倍。在矿床、矿石冶炼设施、交通道路附近的土壤或其他工业污染的土壤中 Co 含量最高可达 800 mg/kg。加拿大一座大型铜镍冶炼厂附近 0.8～1.3 km 范围，土壤 Co 浓度增加 42～154 mg/kg。Luo 等（2010）调查发现我国福建一些主要城市郊区菜地和稻田中的土壤 Co 含量为 3.5～21.7 mg/kg，存在轻微累积。

土壤中 Sb 的背景值和平均值分别为 0.3～8.6 mg/kg 和 1 mg/kg。然而，由于 Sb 的使用在世界范围内增加，Sb 污染是许多国家面临的潜在问题。澳大利亚新南威尔士州废弃矿区土壤中的 Sb 浓度高达 39.4 mg/kg。挪威一项研究的表层土壤中 Sb 浓度高达 830 mg/kg。西班牙 As-Pb-Sb 复合材料倾倒场地附近的农业土壤中 Sb 的总水平为 14.1～324 mg/kg（Bolan et al.，2022）。由于工业生产对 V 需求的不断增加，环境中的 V 含量也在逐渐升高。近年来，许多学者在不同地点报道了 V 污染土壤，尤其是在我国。Li 等（2020）对我国冶炼厂附近的农田土壤中 V 污染现状进行了调查，研究发现大部分地区的 V 污染程度较低，但西南和华北地区土壤 V 污染程度较高，平均含量分别为 198 mg/kg 和 158 mg/kg。Yang 等（2017）也发现由于开采和冶炼活动的急剧增加，我国西南地区有 26.49%的土壤受到 V 污染，生活在污染严重的矿区附近的儿童面临很高的非致癌风险。

综上，Be、Co、Sb 和 V 存在应用广、危害大等问题，且部分工业化地区或矿区附近的土壤中存在 Be、Co、Sb、V 的污染问题，表明需要对这些污染物进行关注和监管。为了对城市公园土壤中的污染物进行管理，本研究以北京市为例推导了公园用地下 Be、Co、Sb 和 V 的土壤环境基准。

13.3 基于健康风险的土壤环境基准推导

13.3.1 公园用地场景概念模型的构建

尽管在本书的 8.2.2 节中已经建立了适用于公园用地的通用情景，但由于不同地区人群行为模式的差异，适用于不同地区的概念模型可能存在差异，因此，本研究单独建立了适用于北京城市公园用地的概念模型。CSM 指用文字或图形的形式表示环境系统和确定的污染物从污染源通过环境介质到系统内环境受体的生物、物理和化学过程。概念模型的建立是制定土壤环境基准的关键步骤。由于不同土地利用类型下的暴露途径及敏感受体存在较大差异，因此概念模型与土地利用类型相关。建立 CSM 的基本步骤如 2.2.1 节所述。

根据场地概念模型的步骤，本研究确定了 Be、Co、Sb、V 为推导土壤环境基准的关注污染物，受体接触污染物的主要来源是污染土壤，研究区域确定为一个典型的公园用地场景。本研究考虑到游客在公园中活动类型的多样性，也将公园用地进一步细分为两类：一类是以社区公园为代表的敏感公园，主要包括社区公园与郊野公园；另一类是以综合公园为代表的非敏感公园，主要包括综合公园与专类公园。敏感公园指一块面积约大于 $1hm^2$ 的公共开放空间，通常距离社区较近，主要为周边的居民服务，包括与高密度住宅相邻的草地区域。公园中有相当大面积的裸露土壤，具有基本的游憩和服务设施，经常供儿童玩耍，其他年龄段的人群经常在公园中进行散步等休闲活动，也可用于非正式体育活动，如踢足球等。非敏感公园指距高密度住宅有一定距离的、主要供娱乐用途的开放空间，面积相对较大，具有开阔平坦的绿地，市民可以在公园中进行多种类型的活动，如家庭访问、野餐、儿童玩耍、观光等。由于公园参观行为的差异，敏感公园与非敏感公园场景的差异主要体现在暴露参数的确定方面，因此本研究只建立了一个适用于公园用地的概念模型。下面对建立公园用地概念模型时所选择的敏感受体及暴露途径进行详细介绍。

1）敏感受体

敏感受体的确定取决于场地的主要使用者。城市公园假定为供娱乐使用的一块相对较大的开放空间，通常由地方当局拥有和维护。所有人群都有机会去城市公园进行一定的娱乐活动，幼儿可以在成人监督之下进入并经常短时间访问该区域。在英国开展的一项研究发现处于工作年龄的成人是公园最频繁的使用者，其次是 5 岁以下的儿童（CL：AIRE，2014）。由于儿童具有较高的土壤摄入率及较低的体重分配暴露剂量，因此对于非致癌污染物，儿童面临的风险高于成人。通常情况下，对于有儿童存在的场景，儿童被视为敏感受体。对于致癌污染物，人们通常假设人群的一生都暴露在环境中，因此敏感受体通常是儿童与成人的结合。

英国认为与同年龄段的男性相比，女性由于体重较轻而面临更大的风险，因此在推导公园用地的 C4SL 时确定非致癌污染物的敏感受体为 0～6 岁的女童，对于致癌污染物的敏感受体则同时考虑女童与女性成人。然而其他大多数国家并没有考虑敏感受体的性别差异，此外仅考虑女性为敏感受体可能存在过保护的情况。对于部分国家或地区，过于严格的土壤环境基准难以用于实际应用，且可能导致资源的不必要浪费。综上，本研究在建立北京城市公园用地的概念模型时，对于非致癌污染物，确定敏感受体为儿童；对于致癌污染物，敏感受体则同时考虑儿童与成人。

2）暴露途径

市民在公园中不存在室内活动，假定城市公园中既有景观区如花园、植被区，又有供儿童玩耍的地方，如开阔平坦的绿地、沙堆、非正式的体育设施、喷泉以及平坦的道路等，并且公园中存在一些硬化地面及裸露的土壤。通过对北京公园进行实地调研发现，游客在公园中的行为特征多种多样，如跑步、家庭访问、野餐、踢足球及儿童玩耍等活动（图 13-1）。游客在跑步、散步时很少接触到土壤，但当在公园中进行踢足球、野餐、玩耍等活动时，可能会直接接触大量土壤。

图 13-1　北京城市公园中的人群活动

暴露途径是描述污染物从源头区域到达受暴露人群的过程。城市公园是一种室外场景，没有建筑物，因此不存在室内暴露途径。结合人群在城市公园中可能进行的各种活动，通常城市公园用地下存在的暴露途径包括土壤摄入、皮肤接触、粉尘吸入及室外蒸气吸入。暴露途径的确定与污染物的释放机制相关。由于本研究涉及的污染物不具有挥发性，因此污染物不会通过蒸气的形式释放到空气中，在本研究中也不考虑室外蒸气吸入途径。尽管地表以下存在地下水是一种十分普遍的情况，但在城市公园中的人群通常不会将地下水作为饮用水摄入，因此与地下水相关的暴露途径在本研究中不纳入考虑。加拿大制定公园用地下的 SQG 时考虑了饮用地下水及室内蒸气吸入途径，这是因为加拿大未区分住宅用地和公园用地，公园用地与住宅用地下的 SQG 是同一个值。综上，本研究推导 Be、Co、Sb、V 的土壤环境基准时考虑的暴露途径包括土壤摄入、皮肤接触及粉尘吸入，本研究所建立的暴露概念模型如图 13-2 所示。此外，Be、Co、V 只有通过吸入途径才具有致癌效应，因此推导基于致癌效应的土壤环境基准时只考虑粉尘吸入途径。

图 13-2　公园用地下的概念模型

①经口摄入土壤；②皮肤接触土壤；③吸入室外粉尘颗粒

13.3.2　土壤环境基准推导方法

污染场地健康与环境风险评估软件（Health and Environmental Risk Assessment Software for Contaminated Sites，HERA）是中国科学院南京土壤研究所于 2012 年开发的我国第一个污染场地风险评估模型。HERA^{++}是 2019 年推出的 HERA 的最新版本，它包含 600 多种污染物的理化性质和毒理学数据、22 个污染物溶质的传输模型，以及多个本土化参数。美国 ASTM 模型、英国 CLEA 模型及我国《建设用地土壤污染风险评估技术导则》（HJ 25.3—2019）模型均包含在 HERA^{++}中，用户可以根据自己的需求选择合适的方法来推导土壤环境基准。自其发布以来，HERA 已经用于全国 30 个省份的 500 多所高校、科研院所及环保机构 1000 个污染场地调查治理项目。此外，本书提出的关于经口摄入与粉尘吸入途径的 SEC 计算方法也包含在 HERA^{++}模型中，因此本书采用 HERA^{++}模型进行 SEC_{HH}的推导。HERA^{++}软件界面如图 13-3 所示。由于这些污染物背景暴露的信息较为缺乏，背景暴露量难以计算，因此在本研究中未考虑对这些污染物背景暴露的计算。

采用 HERA^{++}模型推导 SEC_{HH}的流程如图 13-4 所示，主要过程包括：①选择拟研究的污染物，并根据污染物的毒性效应判断是否需要分别计算致癌效应与非致癌效应的土壤环境基准。②选择公园用地情景下需要考虑的敏感受体，并确定污染物可能暴露于敏感受体的途径。③选择不同暴露途径 SEC_{HH} 的计算方法，本研究中经口摄入、皮肤接触与粉尘吸入途径均选择《建设用地土壤污染风险评估技术导则》（HJ 25.3—2019）的计算方法，这与 7.3.2 节中提出的计算方法一致。④将所确定的公园用地情景的相关参数输入到模型中。⑤若污染物同时具有致癌与非致癌效应，则分别计算致癌效应与非致癌效应下不同途径的土壤环境基准，并参照本书 8.8 节中的相关规定确定最终的土壤环境基准。

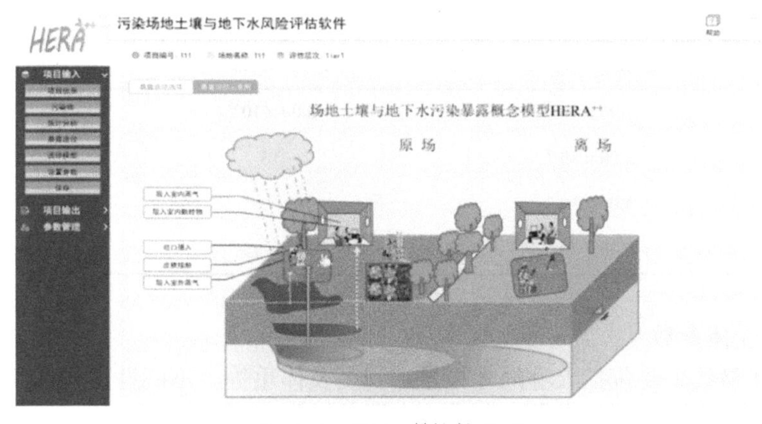

图 13-3　HERA++软件界面

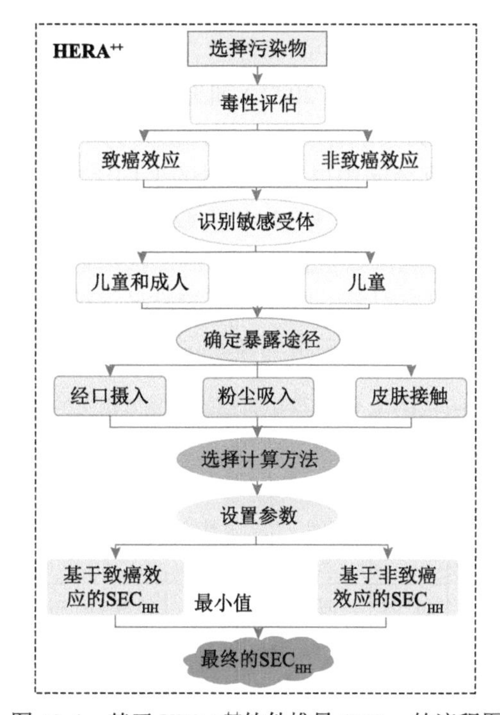

图 13-4　基于 HERA++软件推导 SEC_{HH} 的流程图

13.3.3 主要参数的确定

1）污染物毒性参数

污染物毒性参数是判断污染物致癌性与非致癌性的基础，本研究所采用的污染物毒性参数来源于《建设用地土壤污染风险评估技术导则》（HJ 25.3—2019）中的推荐值。由于 Sb 不具有吸入途径的毒性参数，因此对于 Sb 只计算基于非致癌效应经口摄入途径的土壤环境基准。具体采用的数值如表 13-1 所示。

表 13-1 污染物的毒性参数值

污染物	非致癌效应		致癌效应
	RfD_o /[mg/（kg · d）]	RfC/（mg/m^3）	IUR/（m^3/mg）
Be	2.00×10^{-3}	2.00×10^{-5}	2.4
Co	3.00×10^{-4}	0.3	9
Sb	4.00×10^{-4}	—	—
V	9.00×10^{-3}	7.00×10^{-6}	8.3

2）敏感受体参数

敏感受体参数主要包括人群的呼吸量、身高及体重等。不同性别人群的呼吸量、身高等参数存在较大差异。为了使推导出的 SEC_{HH} 具有足够的保护程度，英国则默认采用女性的数据作为敏感受体。然而，大多数国家并没有采用这种做法，表明英国的方法可能会过于保守。部分研究发现，公园中的男性游客量通常多于女性，表明如果只以女性为敏感受体可能是不合理的。Wu 等（2022）研究发现北京城市公园中男女游客量的平均比值约为 1.59，社区公园中男女游客量的平均比值约为 1.8，综合公园中男女游客量的平均比值约为 1.5。本研究根据公园中男女游客量的平均比值，对与受体相关的参数进行加权，进而确定最终的敏感受体参数。$HERA^{++}$模型采用的敏感受体参数如表 13-2 所示。尽管基于中国人群暴露行为模式调查报告，本书已经提出适用于我国居民的呼吸量，然而本研究主要以北京居民为研究对象，因此为了能推导更精准的土壤环境基准，有关受体的参数当能采用北京居民的数据时尽量选择北京居民的数据。

表 13-2 $HERA^{++}$模型中采用的与受体相关的参数

参数	身高/cm				体重/kg				呼吸量/（m^3/d）			
	男性	女性	敏感公园	非敏感公园	男性	女性	敏感公园	非敏感公园	男性	女性	敏感公园	非敏感公园
成人	169.7	158	165.52	165.02	69.6	59	65.81	65.36	18.8	15.1	17.48	17.32
数据来源	《中国居民营养与慢性病状况报告（2020 年）》				《中国居民营养与慢性病状况报告（2020 年）》				《中国人群暴露参数手册（成人卷）》			
儿童	123	121	122.28	122.2	21.9	21.7	21.83	21.82	9.6	8.9	9.48	9.32

续表

参数	身高/cm				体重/kg				呼吸量/（m^3/d）			
	男性	女性	敏感公园	非敏感公园	男性	女性	敏感公园	非敏感公园	男性	女性	敏感公园	非敏感公园
数据来源	《中国居民营养与慢性病状况报告（2015 年）》				《中国居民营养与慢性病状况报告（2015 年）》				《中国人群暴露参数手册（儿童卷）》			

3）土壤摄入率

土壤摄入率的确定参照 8.6.2 节中的相关规定，即确定儿童与成人的土壤摄入率分别为 100 mg/d 与 50 mg/d。

4）暴露频率

暴露频率的确定参照 8.6.1 节中的相关规定，即敏感公园与非敏感公园的暴露频率分别为 365 d/a 和 120 d/a。

5）皮肤暴露参数

皮肤暴露参数主要包括皮肤表面土壤黏附系数与皮肤表面积暴露比例。$HERA^{++}$模型中默认的儿童与成人的皮肤表面土壤黏附系数分别为 0.2 mg/cm^2 与 0.07 mg/cm^2，儿童与成人的皮肤表面积暴露比例分别为 0.36 与 0.32。但是该参数并不一定适用于公园用地，因此，根据 4.3.2 节的相关分析，确定推导 SEC_{HH} 时儿童与成人的皮肤表面土壤黏附系数分别为 0.2 mg/cm^2 与 0.04 mg/cm^2，皮肤表面积暴露比例分别为 0.25 与 0.26。

6）气象特征参数

推导 SEC_{HH} 的所需的主要气象特征参数包括混合区高度、混合区大气流速及空气中可吸入颗粒物含量（PM_{10}）。混合区高度和大气流速分别确定为 2 m 和 2 m/s，PM_{10} 含量根据北京市生态环境状况公报确定为 0.068 mg/m^3。

7）可接受风险

对于非致癌风险，采用国际上公认的可接受危害商为 1；对于致癌风险，为了使推导的土壤环境基准能保护绝大多数人，采用可接受的致癌风险为 10^{-6}。

13.3.4　土壤环境基准推导结果

采用 $HERA^{++}$模型推导的具体结果如表 13-3 和表 13-4 所示，采用 $HERA^{++}$模型推导出的敏感公园的 Be、Co、Sb 和 V 的 SEC_{HH} 分别为 26.81 mg/kg、9.79 mg/kg、33.83 mg/kg 和 10.62 mg/kg。采用 $HERA^{++}$模型推导出的非敏感公园的 Be、Co、Sb 和 V 的 SEC_{HH} 分别为 81.66 mg/kg、29.91 mg/kg、102.85 mg/kg 和 32.44 mg/kg。结果表明，所有污染物敏感公园与非敏感公园的 SEC_{HH} 存在较大差异，表明为敏感公园和非敏感公园单独建立土壤环境基准可能是合适的。两种情景下土壤环境基准的差异可能是由于推导这两种情景的 SEC 时采用的暴露参数不同。本研究中确定市民参观敏感公园的频率约为非敏感公园的 3 倍，而 $HERA^{++}$模型推导出的非敏感公园的 SEC_{HH} 约为敏感公园的 3 倍，由此可见，暴露频率可能是影响土壤环境基准的重要参数。Sb 经口摄入途径的 SEC_{HH} 最低，表明经口摄入是 Sb 暴露的重要途径。Co 和 V 颗粒物吸入途径的 SEC_{HH} 最低，这可能与颗粒物吸入途径 SEC_{HH} 的计算方法有关。其次，Co 和 V 基于致癌效应的颗粒物吸入途径的 SEC_{HH} 非常低，分别为 9.79 mg/kg 和 32.44 mg/kg，表明考虑这两种污染物经呼吸吸入途径的致癌效应可能不合适。Yang 等（2017）也认为虽然许多研究探索了 V 的致癌潜力，但目前仍没有确凿的证据表明其关联。Be 皮肤接触途径的 SEC_{HH} 最低，这可能与 Be 具有较低的消化道吸收因子相关（0.007），也表明对于 Be，皮肤接触途径是土壤环境基准中不可忽视的一部分。

土壤筛选值通常是以土壤环境基准结果为依据确定的。为了验证研究结果的适用性，本研究将推导出的土壤环境基准与我国现行的《土壤环境质量 建设用地土壤污染风险管控标准（试行）》（GB 36600—2018）土壤筛选值进行比较分析。结果表明，对于敏感公园，Be 和 Sb 的 SEC_{HH} 均高于 GB 36600—2018 中一类用地的筛选值，这是因为 GB 36600—2018 中规定的一类用地不仅包括儿童公园，还包括住宅用地，而适用于住宅用地的土壤筛选值通常较低，也说明如果将住宅用地的土壤筛选值应用于部分公园用地可能会过于保守，造成资源的浪费。Co 和 V 的 SEC_{HH} 低于一类用地的土壤筛选值，这可能是因为 GB 36600—2018 中 Co 一类用地的筛选值是基于土壤背景参考值下限确定的，也进一步证明了在推导基准值时考虑 Co 和 V 经呼吸吸入的致癌效应可能不合适。对于非敏感公园，除 Be 外，本研究的 SEC_{HH} 均低于 GB36600—2018 中二类用地的土壤筛选值，表明即使对于人群参观频率较低的公园，采用二类用地的土壤筛选值进行土壤质量管理可能并不合理，会低估污染物的健康风险并导致“欠保护”的情况。

表 13-3　敏感公园基于 HERA⁺⁺模型的土壤环境基准　（单位：mg/kg）

污染物	基于致癌效应的 SEC_{HH}	基于非致癌效应的 SEC_{HH}			基于 HERA⁺⁺模型的 SEC_{HH}	GB 36600—2018 一类用地
	室外颗粒物吸入	经口摄入	室外颗粒物吸入	皮肤接触		
Be	36.73	218.34	239.86	35.04	26.81	15
Co	9.79	32.75	71.96	750	9.79	20
Sb	—	43.67	—	150.15	33.83	20
V	10.62	982.35	83.95	585.59	10.62	165

表 13-4　非敏感公园基于 HERA⁺⁺模型的土壤环境基准（单位：mg/kg）

污染物	基于致癌效应的 SEC_{HH}	基于非致癌效应的 SEC_{HH}			基于 HERA⁺⁺模型的 SEC_{HH}	GB 36600—2018 二类用地
	室外颗粒物吸入	经口摄入	室外颗粒物吸入	皮肤接触		
Be	112.18	663.69	740.02	106.54	81.66	29
Co	29.91	99.55	222	2283.11	29.91	70
Sb	—	132.74	—	456.62	102.85	180
V	32.44	2986.61	259.01	1780.82	32.44	752

13.4　城市公园用地典型污染物的土壤环境质量标准建议值

在我国，目前鲜有关于公园用地的土壤环境基准研究，为了确定合理的土壤环境标准值，首先对国内外关于 Be、Co、Sb 和 V 的指导值与标准值进行调研。从表 13-5 可知，不同国家或地区规定的污染物浓度限值存在显著差异，Be、Co、Sb 和 V 的浓度限值范围分别为 1.9～610 mg/kg、4.7～680 mg/kg、3.1～250 mg/kg 和 39～1500 mg/kg。这可能是不同国家或地区的土壤管理需求、土壤条件、环境、气候、推导方法及参数等存在差异，导致不同国家规定的污染物浓度限值可能存在几个数量级的差异。这也强调了对于不同的国家或地区，适用的土壤环境基准也不完全一致，因而有必要因地制宜地开展土壤环境基准研究。全球范围内 Be、Co、Sb 和 V 监管指导值的中位值分别为 20 mg/kg、50 mg/kg、20 mg/kg 和 150 mg/kg（Li et al.，2018b），本研究推导出的 Be 和 Sb 的土壤环境基准均高于其全球中位值，这可能与监管指导值主要适用于住宅用地有关。与其他国家或地区的浓度限值相比，本研究中 Co 和 V 的土壤环境基准偏低，其他国家或地区的 Co 和 V 浓度限值的中位值分别为 78 mg/kg 和 200 mg/kg。表明本研究在确定 Co 和 V 土壤环境标准的建议值时可能需要对 Co 和 V 的土壤环境基准进行校正。

表 13-5　部分国家或地区制定的土壤环境质量指导值与标准值　（单位：mg/kg）

国家或地区		土地利用类型	标准值名称	Be	Co	Sb	V
国际	全球	住宅用地	监管指导值	20	50	20	150
	美国	住宅用地	区域筛选值	160	23	31	390
	美国 缅因州	公园用地	修复行动指导值	610	91	120	1500
	美国 得克萨斯州	住宅用地	土壤清洁水平	38	680	15	76
	美国 北卡罗来纳州	住宅用地	土壤清洁水平	31	4.7	6.3	78
	美国 马里兰州	住宅用地	清洁标准			3.1	39
	加拿大	住宅/公园用地	土壤质量指导值	4	50	20	130
	加拿大 西北特区	住宅/公园用地	修复基准	4	50	20	130
	德国	公园/娱乐用地	触发值	500	600	250	1400
	捷克	娱乐用地	土壤基准	25	350	50	500
	荷兰	住宅用地	干预值		240		
	荷兰	公园/娱乐用地	参考值	1.9	35	22	97
	法国	敏感用地	土壤筛选值	500	240	100	560
	美国 俄亥俄州	住宅用地	土壤标准	310	47	63	620

续表

国家或地区		土地利用类型	标准值名称	Be	Co	Sb	V
国际	墨西哥	住宅用地	总参考浓度	150			550
	巴西	—	预防值		65	10	
	芬兰	住宅用地	参考值		100	10	150
	南非	住宅用地	土壤筛选值		630		320
	澳大利亚	公共开放空间	健康调查值	40	200		
	新加坡	—	干预值		240	15	
	瑞典	不敏感土地	土壤指导值		250		200
	斯洛伐克	住宅用地	最大允许浓度	20	50		200
	意大利	公园/娱乐用地	限制值	2	20	10	90
	波兰	开发用地	最大允许浓度		20		
	奥地利	住宅/运动场	干预值			5	
	奥地利	住宅/运动场	触发值			2	50
国内	北京	公园与绿地	土壤筛选值	4			
	上海	敏感用地	土壤筛选值	20	3.8	6.6	
	上海	非敏感用地	土壤筛选值	26	7.1	63	
	香港	公园用地	基于风险的修复目标		4900	97.9	
	重庆	公园绿地	土壤筛选值	25	40	20	150
	四川	一类用地	土壤筛选值	29			
	四川	二类用地	土壤筛选值	55			
	江西	一类用地	土壤筛选值	15	20	20	165
	江西	二类用地	土壤筛选值	29	70	180	752

在我国已发布的土壤筛选值中，香港采用的 Co 土壤含量限值极其高（4900 mg/kg），这可能与香港采用的推导方法及土壤中 Co 的背景含量有关。北京采用的 Be 的土壤筛选值最低为 4 mg/kg，这可能与北京采用的土壤筛选值推导方法（RBCA 模型）及确定的可接受危害商（0.2）与本研究不同有关。此外，北京土壤中 Co 和 V 的背景值分别为 15 mg/kg 和 77.4 mg/kg，表明直接采用本研究的土壤环境基准结果作为土壤环境标准的建议值可能不合理。

综合以上分析，并基于研究中 Be、Co、Sb 和 V 的土壤环境基准结果，建议北京城市公园用地（敏感公园）的 Be 的标准值为 26 mg/kg，Sb 的标准值为 33 mg/kg；北京城市公园用地（非敏感公园）的 Be 的标准值为 81 mg/kg；Sb 的标准值为 102 mg/kg。结合《土壤环境质量 建设用地土壤污染风险管控标准（试行）》（GB 36600—2018）中 Co 和 V 的标准值确定依据，建议确定 Co 和 V 的标准值时根据北京的土壤背景浓度及我国相关标准进行校正。北京土壤中 Co 和 V 的背景浓度范围分别为 10.4～28 mg/kg 和 57.7～134 mg/kg。因此，建议敏感公园的 Co 和 V 的标准值分别为 28 mg/kg 和 165 mg/kg，非敏感公园的 Co 和 V 的标准值分别为 40 mg/kg 和 330 mg/kg。

参 考 文 献

罗泽娇, 夏梦帆, 黄唯怡. 2019. 钴在土壤和植物系统中的迁移转化行为及其毒性. 生态毒理学报, 14(2): 81-90.

Bagerifarn S, Brown T C, Fellows C M, et al. 2019. Derivation methods of soils, water and sediments toxicity guidelines: A brief review with a focus on antimony. Journal of Geochemical Exploration, 205: 106348.

Bolan N, Kumar M, Singh E, et al. 2022. Antimony contamination and its risk management in complex environmental settings: A review. Environment International, 158: 106908.

CL: AIRE. 2014. Development of Category 4 Screening Levels for Assessment of Land Affected by Contamination. London: Contaminated Land: Applications in Real Environment.

Fischer L K, Honnld J, Botzat A, et al. 2018. Recreational ecosystem services in European cities: Sociocultural and geographical contexts matter for park use. Ecosystem Services, 31: 455-467.

Jiang Y Q, Huang G L, Fisher B. 2019. Air quality, human behavior and urban park visit: A case study in Beijing. Journal of Clean Production, 240: 1-7.

Kosiorek M, Wyszkowski M. 2019. Effect of cobalt on environment and living organisms — A review. Applied Ecology and Environmental Research, 17(5): 11419-11449.

Li J Y, Zheng B H, He Y Z, et al. 2018a. Antimony contamination, consequences and removal techniques: A review. Ecotoxicology and Environmental Safety, 156: 125-134.

Li W B, Li Z J, Jennings A. 2018b. A standard-value-based comparison tool to analyze U.S. soil regulations for the top 100 concerned pollutants. Science of the Total Environment, 647: 663-675.

Li Y N, Zhang B G, Liu Z Q, et al. 2020. Vanadium contamination and associated health risk of farmland soil near smelters throughout China. Environmental Pollution, 263: 114540.

Luo D, Zheng H F, Chen Y H, et al. 2010. Transfer characteristics of cobalt from soil to crops in the suburban areas of Fujian Province, southeast China. Journal of Environmental Management, 91(11): 2248-2253.

Nishad P A, Bhaskarapillai A. 2021. Antimony, a pollutant of emerging concern: A review on industrial sources and remediation technologies. Chemosphere, 277: 130252.

Tian H Z, Zhou J H, Zhu C Y, et al. 2014. A comprehensive global inventory of atmospheric antimony emissions from anthropogenic activities, 1995–2010. Environmental Science & Technology, 48(17): 10235-10241.

Wu Y H, Zhao W H, Ma J, et al. 2022. Human health risk-based soil environmental criteria (SEC) for park soil in Beijing, China. Environmental Research, 212: 113384.

Yang J, Teng Y G, Wu J, et al. 2017. Current status and associated human health risk of vanadium in soil in China. Chemosphere, 171: 635-643.

Zhang X Q. 2016. The trends, promises and challenges of urbanisation in the world. Habitat International, 54: 241-252.

Zhao W T, Ding L, Gu X W, et al. 2015. Levels and ecological risk assessment of metals in soils from a typical e-waste recycling region in southeast China. Ecotoxicology, 24(9): 1947-1960.

第 14 章　重金属铜和铅的生态毒性归一化及土壤环境基准推导

14.1　国内外研究进展

随着工业化、城市化和农业的发展，土壤重金属污染问题越来越受到关注，在一些矿山开采和金属冶炼地区，存在个别点位重金属含量严重超标的现象（Beyer and Cromartie，1987；王卓和邵泽强，2009；付欢欢等，2014）。铜和铅是常见的有害重金属污染物，它们在土壤中的含量较高且检出率高，相关研究（Athalye et al.，1995）表明全球在过去的几十年约有 100 万 t 的铜和铅被排放进入土壤环境，导致土壤环境出现不同程度的铜或铅污染。过量的铜会造成植物生长缓慢，甚至枯萎死亡，对人体的骨髓、肝脏和脑细胞造成损伤，对土壤中的微生物造成毒害作用（窦薛楷，2017）。过量的铅会在植物中进行累积，阻碍植物生长（Athalye et al.，1995），还会进入农作物通过食物链对人体的各个系统和器官造成伤害，引起人体发育畸形、癌症等(王卓和邵泽强，2009)。

土壤环境基准指土壤中某一物质对所在土壤生态系统的存在生物不产生有害影响的最大剂量（或称无有害效应剂量）或浓度限值（邱荟圆等，2020）。目前国外发达国家已系统地开展了土壤环境基准的研究工作（郑丽萍等，2016），为了保护我国土壤生态环境，也有学者开展了土壤环境基准的研究（Traas，2001；陈苏等，2010；李波，2010；王小庆等，2013;王晓南等，2014；王晓南等，2016；葛峰等，2019；朱侠，2019；Zhang et al.，2020；李星等，2020）。鉴于土壤性质（pH、OC、CEC 和 Clay 等）对污染物的土壤生态毒性的潜在影响，在土壤环境基准的制定中应考虑基于土壤性质的生态毒性值的归一化。王晓南等(2016)开展了保定潮土铅对 11 种土壤生物的生态毒性研究，其中对两种土壤动物（赤子爱胜蚓、曲毛裸长角跳）的毒性值采用荷兰的土壤生物毒性归一化模型进行校正(Traas，2001)，并推导了保定潮土铅的土壤环境基准。陈苏等(2010)以土壤脲酶抑制率为依据，确定了不同抑制条件下铅的土壤环境基准值。Zhang 等(2020)研究了锑在 21 种土壤中对大麦根伸长的毒性研究，并用土壤中总磷、总铝、黏土含量和砂粒做了多元逐步回归模型。李波（2010）建立了铜的毒性值和土壤性质之间的回归模型，提出 pH 是影响土壤中铜毒性大小的最主要控制因子。李星等（2020）构建了我国 9 种典型土壤对白符跳虫的毒性预测模型，提出白符跳虫对铜较为敏感。郑丽萍等（2016）采用 6 种动物、16 种植物和 5 种微生物过程的毒性值，通过求毒性值的几何平均值方法，推导了铅的土壤环境基准。由于不同类型土壤的理化性质有所差异，因此，未对生态毒性数据归一化而推导出的土壤环境基准将不能消除土壤性质差异带来的影响。王小庆等（2013）采用 19 种植物和两种微生物的毒性数据推导了铜在酸性土等土壤类型中的 HC_5 值，但该推导过程未考虑土壤动物。鉴于土壤生态毒性数据比较缺乏的现状，王小庆等（2013）开展了铜和镍对土壤植物毒性的种间外推归一化的可行性分析，发现种间外推归一化方法可以提高土壤金属污染风险评价的准确性，但其缺乏关于土壤动物毒性的归一化研究。综上，现有的研究多集中在一种土壤性质条件下的生物毒性研究或未归一化的土壤基准研究，而基于土壤性质的生态毒性归一化研究和基于归一化数据的土壤环境基准研究相对较少。

鉴于土壤中重金属铜和铅的污染问题，考虑土壤理化性质对污染物生态毒性的潜在影响，期望通过综合采用多元回归归一化模型和种间外推归一化模型方法，构建铜和铅的土壤生态毒性归一化模型，并应用于土壤环境基准的制定。基于土壤生态毒性归一化获得不同类型土壤的环境基准，以期为土壤风险控制和污染修复提供一个科学准确的参考，也为我国铜和铅的基于生态风险的土壤环境管理和治理提供技术支持。

14.2 研 究 方 法

14.2.1 铜和铅的毒性数据的搜集和筛选

1. 毒性数据的搜集

以主题“土壤”“铜”“铅”在中国知网分别搜索铜和铅的生态毒性数据；在美国 ECOTOX 数据库中搜索铜和铅的生态毒性数据；采用 Elsevier 等数据库对外文文献中铜和铅的生态毒性数据进行搜索，查找文献中报道了土壤性质的数据。

2. 毒性数据的筛选

删去未按标准方法开展试验的数据，如无对照组、未设平行组；删去对照组生物生长不符合标准的数据，如对照组发芽率低于 70%，平均存活率低于 90%；删去没有明确毒性终点和没有土壤性质的数据，如毒性终点要明确是根伸长或者是生物量等，土壤性质（pH、OC 等）在文章中要有明确标注；删去水培条件下的数据，保留试验介质为土壤的数据。采用国内分布广泛的物种及具有代表性的标准测试物种推导我国的土壤环境基准。

14.2.2 数据归一化处理

1. 毒性数据足够建立模型

对于有多个毒性值和土壤性质相匹配的物种，足够自身建立回归模型，进行多元线性归一化。土壤是一类高度不均匀的介质，不同的 pH、OC、CEC 和 Clay 会造成土壤中毒性物质被生物吸收的含量的差异，利用 SPSS 软件（SPSS 26）回归分析的 R^2 和显著性大小判断多元回归的效果好坏。将毒性数值和对应土壤性质进行多元线性回归分析，来建立回归模型（如 NOEC=a pH+b OC+c CEC+d Clay+e；a、b、c、d、e 为模型参数），最后将毒性值归一化至中性土壤条件下。

2. 毒性数据不足以建立模型

对于有少数毒性值和土壤性质相匹配的物种，不足以自身建立回归模型，则进行种间外推归一化。因为这些物种数据量较少，无法自身建立多元回归模型，采用种间外推回归模型（王小庆等，2013）进行归一化。种间外推归一化以生物分类学相似的物种建立的回归模型为基础，构建种间外推模型，见式（14-1）。

$$NOEC_p = NOEC_s \times 10^{\left[a\left(pH_p - pH_s\right) + b\log\left(OC_p / OC_s\right)\right]} \tag{14-1}$$

式中，$NOEC_s$ 为归一化前的毒性；$NOEC_p$ 为归一化后的毒性值；pH_s 和 OC_s 分别为原土壤的 pH 和有机碳含量；pH_p 和 OC_p 分别为归一化目标的 pH 和有机碳含量；a 和 b 分别为相近物种的 log 型归一化模型中 pH 和 OC 的模型参数。归一化后有两个以上毒性值的物种再取几何平均值。

3. 建立归一化模型

采用上述构建的归一化模型，通过铜和铅对土壤性质的生态毒性数据进行预测，并与实测值（该实测值未参与归一化模型的构建）进行比较，验证归一化模型的预测效果。

多元线性和种间外推归一化以中性土壤条件（土壤 pH=7.0，CEC=15 cmol/kg，OC=1.5%，Clay=35%）（王小庆等，2013）进行计算，并与未归一化数据进行比较。

14.2.3 土壤生态环境基准推导方法

采用推导土壤环境基准常用的 SSD 法（朱佚，2019），计算铜和铅的 HC_5 值和土壤环境基准。根据多元线性归一化和种间外推归一化后的生态毒性值（EC_{10}、NOEC 和 LOEC），利用 Origin 2018 软件作图，得到铜和铅的 SSD 拟合曲线。具体为将各个毒性数据值从小到大排列，然后 X 轴取毒性值以 10 为底数的对数值，序号编为 1～n（n 为毒性数据个数），Y 轴坐标为序号 1～n 除以 n+1 之后相应的值（范围 0～1），拟合公式如下：

$$Y=1/\left[1+e^{(P_1-X)/P_2}\right] \tag{14-2}$$

式中，P_1 和 P_2 为模型参数。

在 2006 年，欧盟委员会制定的《化学品注册：评估、授权和限制》（Registration, Evaluation, Authorization and Restriction of Chemicals, REACH）法律法规（EU Regulation, 2006）中规定土壤环境基准由 HC_5 除以一个因子（1～5）推出，这个因子的具体取值大小由政府管理部门根据其管理水平高低、数据的综合质量好坏等因素进行综合评价后确定。

14.3　铜和铅的归一化模型和基准推导

14.3.1　铜的归一化模型

1. 毒性数据足够建立模型

本研究对有多个毒性值和土壤性质相匹配的物种进行了多元线性回归分析（表 14-1）。分别构建了 10 个物种或微生物过程的多元回归归一化模型，其中慢性毒性终点归一化模型 8 个，包括赤子爱胜蚓、白符跳虫和线蚓 3 个物种的 NOEC 归一化模型，番茄、大麦、小白菜、青海弧菌（Q67）4 个物种的 EC_{10} 归一化模型，微生物群落 *Protista* 的 LOEC 归一化模型，线蚓的 LC_{50} 归一化模型和线蚓的 EC_{50} 模型。与铜的其他归一化研究相比（李波，2010；李星等，2020），本研究还建立了多种生物分类物种的多元回归模型。除青海弧菌外，各模型 p 值小于 0.05，表明各个物种的多元回归归一化模型可较好地反映铜对 10 种土壤生物或微生物过程的毒性效应与土壤性质的变化规律。

表 14-1　铜的归一化模型

	物种	回归方程	R^2	显著性水平	个数/个
多元回归	赤子爱胜蚓 *Eisenia fetida*	NOEC=−13.868pH−13.444OC+11.16CEC−2.317Clay+167.785	0.63	0.013	17
	白符跳虫 *Folsomia candida*	NOEC=99.477pH+8.918OC+4.343Clay−392.463	0.54	<0.01	19
	番茄 *Solanum lycopersicum*	EC_{10}=38.496pH+89.768OC+7.897CEC−303.466	0.61	0.008	16
	大麦 *Hordeum vulgare*	EC_{10}=42.121pH+124.744OC+5.384CEC−371.523	0.71	<0.0001	24
	小白菜 *Brassica chinensis*	EC_{10}=4.111pH+32.606OC−0.91CEC−18.444	0.73	0.001	17
	微生物群落 *Protista*	LOEC=224.056pH+65.8Clay−56.315CEC−1242.083	1	0	5
	青海弧菌 *Vibrio qinghaiensis*（Q67）	EC_{10}=361.901pH+17.928CEC+18.696Clay−3032.554	0.41	0.072	17
	线蚓 *Enchytraeus crypticus*	NOEC=−749.906pH+267.13OC+5077.787	0.97	0.001	6
	线蚓 *Enchytraeus albidus*	LC_{50}=124.37pH+69.249OC−534.044	0.51	<0.0001	30
	线蚓 *Enchytraeus luxuriosus*	EC_{50}=41.897pH−3.854OC−0.304CEC−141.644	1	0	4
种间外推	秀丽隐杆线虫①*Caenorhabditis elegans*	NOEC=45×10[0.204（pH−8.2）+0.933log（OC/1.4）]			
	安德爱胜蚓①*Eisenia andrei*	NOEC=605×10[0.204（pH−7.45）+0.933log（OC/1.5）]			
	向日葵②*Helianthus annuus*	NOEC=100×10[0.144（pH−7.14）+0.753log（OC/1.5）]			
	茄子②*Solanum melongena*	EC_{10}=213.5×10[0.144（pH−6.9）+0.753log（OC/0.66）]			
	芜青②*Brassica rapa*	EC_{10}=231.6×10[0.144（pH−7.1）+0.753log（OC/1.84）]			
	青椒②*Capsicum annuum*	EC_{10}=33.8×10[0.144（pH−6.57）+0.753log（OC/0.93）]			
	菠菜②*Spinacia oleracea*	EC_{10}=230×10[0.144（pH−8.9）+0.753log（OC/0.69）]			

续表

	物种	回归方程	R^2	显著性水平	个数/个
种间外推	芹菜[②]*Apium graveolens*	EC_{10}=212×10[0.144（pH−8.9）+0.753log（OC/0.69）]			
	水花生[②]*Alternanthera philoxeroides*	EC_{10}=250×10[0.144（pH−7.31）+0.753log（OC/0.789）]			
	芥菜[②]*Brassica juncea*	EC_{10}=25.8×10[0.144（pH−6.87）+0.753log（OC/0.8）]			
	小麦[②]*Triticum aestivum*	EC_{10}=251.7×10[0.144（pH−7.2）+0.753log（OC/1.13）]			
	水稻[②]*Oryza sativa*	EC_{10}=125×10[0.144（pH−6.31）+0.753log（OC/2.61）]			

注：LC_{50}和EC_{50}仅进行归一化，基准推导时未采用。

①用赤子爱胜蚓的 log 模型的系数进行的种间外推归一化；②用大麦的 log 模型的系数进行的种间外推归一化。

2. 毒性数据不足时进行归一化

本研究对毒性数据不足或与土壤性质相匹配数据不足的物种进行了种间外推归一化分析（表 14-1）。依据种间外推归一化方法（王小庆等，2013），采用 pH 和 logOC 作为模型参数归一化其他物种的毒性值时，各物种的固有敏感性会显著降低。有学者研究发现 pH 和 OC 是控制铜的土壤生物毒性的两个重要因子（Oorts et al.，2006；李波，2010；Daoust et al.，2015；曹恩泽等，2017）。本研究建立了基于土壤 pH 和 OC 的赤子爱胜蚓的归一化模型（$\log NOEC = 0.204pH + 0.933\log OC + 0.709$）和大麦 *H. vulgare* 的归一化模型（$\log EC_{10} = 0.144pH + 0.753\log OC + 1.036$），结合获得的实测毒性数据，构建了 12 种土壤生物的种间外推归一化模型，可对 12 种相同生物分类学的土壤生物毒性进行预测。

3. 代表性物种毒性数据归一化

采用代表性动植物（表 14-1），如赤子爱胜蚓的归一化模型，预测实际土壤性质（pH=5.0，CEC=7.9 cmol/kg，OC=2.1%，Clay=7.9%）下铜对赤子爱胜蚓的毒性值，得到 NOEC 预测值为 140.07 mg/kg，与实测值 87.5 mg/kg（Criel et al.，2008）相近。此外，对大麦的归一化模型预测效果进行验证，EC_{10} 预测值（土壤 pH=7.35，OC=1.25%，CEC=8.43 cmol/kg）为 139.38 mg/kg，与实测值 96.8 mg/kg 非常接近，说明构建的铜归一化模型的预测效果较好。

14.3.2 铅的归一化模型

对于有多个毒性值和土壤性质相匹配的物种，进行了多元线性回归分析（表 14-2）。分别构建了 5 个物种的多元回归归一化模型，其中慢性毒性终点归一化模型 4 个，包括赤子爱胜蚓的 NOEC 归一化模型，赤子爱胜蚓、番茄、大麦 3 个物种的 EC_{10} 归一化模型，以及线蚓的 LC_{50} 模型。模型 p 值小于 0.05，反映了各个物种的多元回归归一化模型可较好地反映铅对 5 种土壤生物毒性效应与土壤性质的变化规律，与前人（陈苏等，2010；李宁等，2015）相比，该研究建立的多元回归模型物种分类较全面，采用的模型参数较丰富。其中赤子爱胜蚓的 NOEC 模型比 EC_{10} 模型更显著，在后续归一化取值时采用赤子爱胜蚓的 NOEC 模型。

建立种间外推归一化模型可增加土壤环境基准推导中的物种数量，使得推导出的基准值更加科学可靠，从而能够保护更多的物种。对于毒性数据不足或与土壤性质相匹配数据不足的物种，进行了种间外推归一化分析（表 14-2）。依据种间外推归一化方法（王小庆等，2013），结合铅的土壤生物毒性与 pH 和 OC 的重要相关性（朱侠，2019），本研究建立了基于土壤 pH 和 OC 的赤子爱胜蚓的归一化模型（$\log \text{NOEC} = 0.662\text{pH} + 3.448\log \text{OC} + 2.741$）和大麦的归一化模型（$\log \text{EC}_{10} = 0.116\text{pH} + 0.311\log \text{OC} + 1.74$），结合获得的实测毒性数据，构建了 12 种土壤生物的种间外推归一化模型（表 14-2），可对 12 种相近生物分类学的土壤生物毒性进行预测。

表 14-2　铅的归一化模型

	物种	回归方程	R^2	显著性水平	个数/个
多元回归	赤子爱胜蚓 *Eisenia fetida*	EC_{10}=230.13pH+370.76OC−1954.90	0.80	0.047	6
	赤子爱胜蚓 *Eisenia fetida*	NOEC=455.75pH+841.02OC−4101.73	0.94	0.013	6
	番茄 *Solanum lycopersicum*	EC_{10}=78.35pH-4.76OC−143.15	0.99	<0.001	4
	大麦 *Hordeum vulgare*	EC_{10}=173.877pH+7.63Clay+67.10OC+7.16CEC−1268.2	0.85	0.044	9
	线蚓 *Enchytraeus albidus*	LC_{50}=1539.47pH+906.72OC−8262.93	0.69	<0.001	28
种间外推	红毛枝蚓①*Dendrobaena rubida*	NOEC=129×10[0.662（pH−5.5）+3.448log（OC/5.57）]			
	褐云玛瑙螺①*Achatina fulica*	NOEC=1200×10[0.662（pH−8.1）+3.448log（OC/1.34）]			
	白符跳虫①*Folsomia candida*	EC_{10}=1797×10[0.662（pH−6.0）+3.448log（OC/4.24）]			
	曲毛裸长角跳①*Sinellacurviseta*	NOEC=1029×100.662（pH−8.1）+3.448log（OC/1.34）]			
	小麦②*Triticum aestivum*	NOEC=1300×10[0.116（pH−8.1）+0.311log（OC/1.34）]			
	玉米②*Zea mays*	NOEC=300×10[0.116（pH−8.1）+0.311log（OC/1.34）]			
	莴苣②*Lactuca sativa*	NOEC=100×10[0.116（pH−8.1）+0.311log（OC/1.34）]			
	黄瓜②*Cucumis sativus*	NOEC=800×10[0.116（pH−8.1）+0.311log（OC/1.34）]			
	白菜②*Brassica pekinensis*	NOEC=300×10[0.116（pH−8.1）+0.311log（OC/1.34）]			
	大豆②*Glycine max*	NOEC=500×10[0.116（pH−8.1）+0.311log（OC/1.34）]			
	韭菜②*Allium tuberosum*	NOEC=800×10[0.116（pH−8.1）+0.311log（OC/1.34）]			
	萝卜②*Raphanus sativus*	EC_{10}=245×10[0.116（pH−6.9）+0.311log（OC/0.58）]			

注：LC_{50} 仅进行归一化，基准推导时未采用。

①用赤子爱胜蚓的 log 模型的系数进行的种间外推归一化；②用大麦的 log 模型的系数进行的种间外推归一化。

14.3.3　铜和铅在中性土壤条件下的归一化毒性数据

1. 铜的毒性数据归一化

根据构建的归一化模型，把各土壤条件下铜的生态毒性数据归一化至中性土壤条件下（土壤 pH=7.0，CEC=15 cmol/kg，OC=1.5%，Clay=35%）（王小庆等，2013），归一得到5种土壤动物的毒性值，13种土壤植物的毒性值，共计4门11科18种土壤动(植)物，还获得了两种微生物过程的归一化毒性数据（表14-3）。与王小庆等（2013）推导铜基准时所采用的数据相比，本研究采用的数据均为慢性毒性数据，同时综合考虑土壤动物。对于微生物过程基质诱导呼吸作用，由于缺乏数据无法建立多元回归模型，因此直接采用了其生态毒理学实验数据的几何平均值（Ma et al.，2009）。

表14-3　铜的归一化毒理数据

门	科	物种名称（微生物过程）	试验终点	天数/d	归一化/（mg/kg）	未归一化/（mg/kg）	文献来源
环节动物门	正蚓科	赤子爱胜蚓 *Eisenia fetida*	繁殖NOEC	28	136.85	143.03②	Criel et al.，2008
环节动物门	正蚓科	安德爱胜蚓 *Eisenia andrei*	繁殖NOEC	28	489.73	605.00	Maboeta and Fouché，2014
环节动物门	线蚓科	线蚓 *Enchytraeus crypticus*	繁殖NOEC	28	229.50	229.51②	Maraldo et al.，2006
线虫动物门	小杆科	秀丽隐杆线虫 *Caenorhabditis elegans*	繁殖NOEC	4	27.31	45.00	Huguier et al.，2013
节肢动物门	等节跳科	白符跳虫 *Folsomia candida*	繁殖NOEC	28	469.26	153.56②	Criel et al.，2008；Maraldo et al.，2006
微生物过程	—	微生物群落 *Protista*	繁殖LOEC	70	1825.08	57.42②	Plessis et al.，2005
微生物过程	—	基质诱导呼吸	SIR EC_{10}		75.23②	75.23②	Ma et al.，2009
微生物过程	—	青海弧菌 *Vibrio qinghaiensis*（Q67）	发光量 EC_{10}		424.03	344.16②	Ma et al.，2009
被子植物门	菊科	向日葵 *Helianthus annuus*	生物量 EC_{10}	36	95.46	100.00	Tang et al.，2003
被子植物门	茄科	青椒 *Capsicum annuum*	生物量 EC_{10}	21	55.90①	33.80②	Ma et al.，2009；刘景春等，2003
被子植物门	禾本科	大麦 *Hordeum vulgare*	根伸长 EC_{10}	21	164.28	144.46②	李波，2010；Ma et al.，2009
被子植物门	禾本科	水稻 *Oryza sativa*	根伸长 EC_{10}	60	103.54	125.00	孙权，2008
被子植物门	禾本科	小麦 *Triticum aestivum*	生物量 EC_{10}	21	291.54①	251.70②	张艳丽，2008；李惠英等，1994
被子植物门	藜科	菠菜 *Spinacia oleracea*	生物量 EC_{10}	21	219.82	230.00	Ma et al.，2009
被子植物门	伞形科	芹菜 *Apium graveolens*	生物量 EC_{10}	21	202.62	212.00	Ma et al.，2009

续表

门	科	物种名称（微生物过程）	试验终点	天数/d	归一化/（mg/kg）	未归一化/（mg/kg）	文献来源
被子植物门	苋科	水花生 *Alternanthera philoxeroides*	生物量 EC_{10}	60	365.93	250.00	黄永杰等，2009
被子植物门	十字花科	小白菜 *Brassica chinensis*	生物量 EC_{10}	21	45.60	44.42②	Ma et al.，2009
被子植物门	十字花科	芥菜 *Brassica juncea*	生物量 EC_{10}	21	51.40①	25.80	Ma et al.，2009
被子植物门	十字花科	红菜苔 *Brassica rapa*	生物量 EC_{10}	60	192.10	231.60	戴灵鹏等，2004
被子植物门	茄科	番茄 *Solanum lycopersicum*	生物量 EC_{10}	21	219.11	204.47②	Ma et al.，2009；纳明亮等，2008
被子植物门	茄科	茄子 *Solanum melongena*	产量 EC_{10}	21	409.52	213.50	依艳丽等，2010

①由多个毒性值归一化后取几何平均值。

②取几何平均值，基质诱导呼吸（Substrate Induced Respiration，SIR）的值未进行归一化。

2. 铅的毒性数据归一化

根据构建的归一化模型，把各土壤条件下铅的生态毒性数据同样归一化至中性土壤条件下，归一得到 5 种土壤动物的毒性值，10 种土壤植物的毒性值，共计 5 门 10 科 15 种土壤动（植）物（表 14-4）。与郑丽萍等（2016）所采用的铅毒性数据相比，本研究采用的铅的动（植）物毒性数据均为归一化后的数据。

表 14-4　铅的归一化毒理数据

门	科	物种名称（微生物过程）	试验终点	天数/d	归一化/（mg/kg）	未归一化/（mg/kg）	文献来源
环节动物门	正蚓科	赤子爱胜蚓 *Eisenia fetida*	繁殖 EC_{10}	28	212.15	265.09②	Roman et al.，2019
环节动物门	正蚓科	红毛枝蚓 *Dendrobaena rubida*	繁殖 EC_{10}	100	13.77	129.00	Göran et al.，1986
节肢动物门	等节跳科	白符跳虫 *Folsomia candida*	繁殖 EC_{10}	28	229.38①	1797.00②	Richard et al.，1997；Waegeneers et al.，2004
节肢动物门	等节跳科	曲毛裸长角跳 *Sinellacurviseta*	繁殖 NOEC	28	283.87	1029.00	王晓南等，2016
软体动物门	玛瑙螺科	褐云玛瑙螺 *Achatina fulica*	生长抑制 NOEC	28	331.04	1200.00	王晓南等，2016
被子植物门	茄科	番茄 *Solanum lycopersicum*	根伸长 EC_{10}	21	398.14	238.93②	王晓南等，2016；纳明亮等，2008

续表

门	科	物种名称（微生物过程）	试验终点	天数/d	归一化/（mg/kg）	未归一化/（mg/kg）	文献来源
被子植物门	禾本科	大麦 *Hordeum vulgare*	根伸长 EC_{10}	21	567.24	594.71②	李宁等，2015；张强，2016
被子植物门	禾本科	小麦 *Triticum aestivum*	根伸长 NOEC	28	1003.64	1300.00	王晓南等，2016
被子植物门	禾本科	玉米 *Zea mays*	根伸长 NOEC	28	231.61	300.00	王晓南等，2016
被子植物门	葫芦科	黄瓜 *Cucumis sativus*	根伸长 NOEC	28	617.62	800.00	王晓南等，2016
被子植物门	十字花科	萝卜 *Raphanus sativus*	根伸长 EC_{10}	28	338.15	245.00	Zaman and Zereen，1998
被子植物门	豆科	大豆 *Glycine max*	根伸长 NOEC	28	386.02	500.00	王晓南等，2016
被子植物门	菊科	莴苣 *Lactuca sativa*	根伸长 NOEC	28	77.20	100.00	王晓南等，2016
被子植物门	十字花科	白菜 *Brassica pekinensis*	根伸长 NOEC	28	231.61	300.00	王晓南等，2016
被子植物门	百合科	韭菜 *Allium tuberosum*	根伸长 NOEC	28	617.62	800.00	王晓南等，2016
微生物过程	—	反硝化作用	NOEC	21	250.00②	250.00②	Bollag and Barabasz，1979
微生物过程	—	硝化作用	NOEC	21	337.00②	337.00②	Waegeneers et al.，2004
微生物过程	—	矿化作用	NOEC	28	447.00②	447.00②	Chang et al.，1982；Wilke et al.，1988
微生物过程	—	呼吸作用	NOEC	28	655.00②	655.00②	Doelman et al.，1979；Doelman et al.，1984；Saviozzi et al.，1997；Speir et al.，1999
微生物过程	—	底物诱导作用	NOEC	7	1733.00②	1733.00②	Speir et al.，1999

①由多个毒性值归一化后取几何平均值。

②取几何平均值。

14.3.4 铜和铅的土壤环境基准推导

该研究采用 Log-logistic SSD 模型对铜和铅的土壤环境基准进行推导，此外，依据土壤性质类型的划分[酸性土、中性土、碱性非石灰性土和石灰性土（王小庆等，2013），酸性土 pH=5，CEC=10 cmol/kg，OC=1%，Clay=55%；中性土参数前面已经列出；碱性非石灰性土 pH=7.5，CEC=25 cmol/kg，OC=3%，Clay=35%；石灰性土 pH=8.5，CEC=10 cmol/kg，OC=1%，Clay=20%]，该研究分别拟合了铜和铅在 4 种土壤类型下的 SSD 曲线（图 14-1），并对相应土壤类型的基准值进行计算。分析得出铜在酸性土、中性土、碱性非石灰性土和石灰性土条件下的 HC_5 值分别为 7.94mg/kg、29.73mg/kg、48.3mg/kg 和 21.88 mg/kg；铅的 HC_5 值分别为 35.37mg/kg、115.07mg/kg、98.84mg/kg 和 149.35 mg/kg。该研究在推导铜和铅的 HC_5 值时，采用的土壤生物种类丰富（≥20 种），因此，采用 AF（影响因子）1 计算基准值，即等于相对应的 HC_5 值。酸性土壤条件下，铜和铅的基准值低于另 3 种土壤类型，而中性土壤和石灰性土壤的基准值比较接近（图 14-1）。

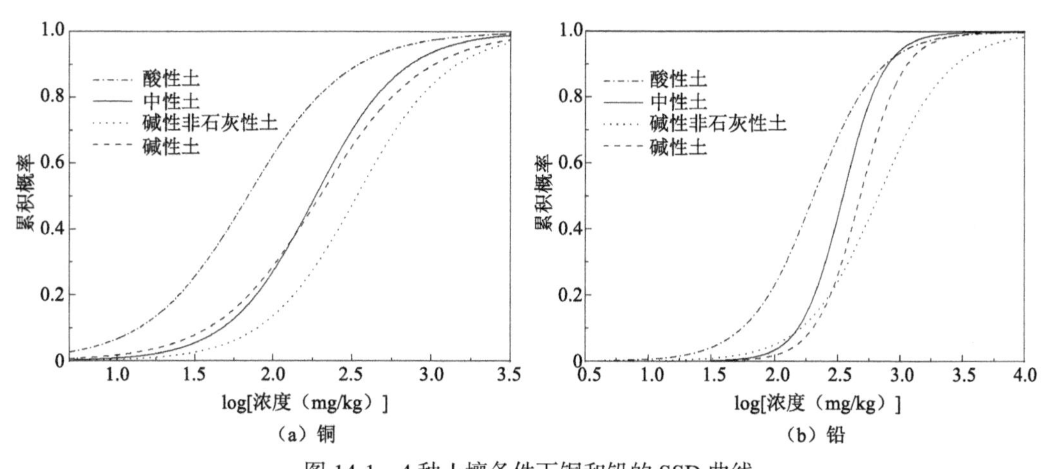

图 14-1　4 种土壤条件下铜和铅的 SSD 曲线

以中性土壤条件下的土壤环境基准值为例（表 14-5），铜的基准值高于我国土壤背景均值（国家环境保护局，1990），低于我国土壤铜的风险筛选值[《土壤环境质量 农用地土壤污染风险管控标准（试行）》（GB 15618—2018）]。荷兰的铜土壤质量目标值和本研究结果相似（VROM，2000），主要因为均采用了 SSD 法，并且考虑的生态受体均包含土壤无脊椎动物、植物和微生物。与加拿大指导值（CCME，1999）和美国筛选值（USEPA，2005）的差异主要表现在计算方法、物种保护水平等的差异。有学者采用 19 种植物和两种微生物过程的毒性值与 SSD 法（Burr III模型）计算得出铜的土壤环境基准为 29.9 mg/kg（王小庆等，2013），而本研究除了采用土壤植物慢性毒性数据和微生物过程的毒性数据，还采用了土壤无脊椎动物的慢性毒性数据，推导出的基准值能更全面地保护土壤生态系统。

表 14-5　铜和铅的土壤环境基准值与标准值的比较

名称	基准值	背景值①	中国②	加拿大③	美国④	荷兰⑤
铜	29.73	20	果园 200，其他 100	63	植物 70，无脊椎动物 80	目标值 36
铅	115.07	23.6	水田 140，其他 120	70	植物 120，无脊椎动物 1700	目标值 85

①参考《中国土壤元素背景值》；②参考《土壤环境质量　建设用地土壤污染风险管控标准（试行）》（GB 36600—2018）；③参考 CCME，1999；④参考 USEPA，2005；⑤参考 VROM，2000。

该研究推导的铅土壤环境基准为 115.07 mg/kg，与我国铅的土壤污染风险筛选值

[《土壤环境质量 农用地土壤污染风险管控标准（试行）》（GB 15618—2018）]接近，高于我国土壤背景均值。前人采用未归一化的 16 种植物、6 种无脊椎动物和 5 个微生物过程的毒性值通过 SSD 法（Weibull 模型）推导出的土壤铅的环境基准为 80.5 mg/kg（郑丽萍等，2016），而本研究对土壤性质进行了归一化。还有学者推导了保定潮土铅的土壤环境基准为 158 mg/kg（王晓南等，2016），与本研究的差异主要为土壤性质的不同；与加拿大土壤质量指导值（CCME，1999）、荷兰土壤质量目标值（VROM，2000）和美国筛选值的差异，主要表现在计算方法、物种分类和数量、物种保护水平等的差异方面。

参 考 文 献

曹恩泽, 李立平, 邢维芹, 等. 2017. 蜂窝煤灰渣对酸性和石灰性污染土壤中重金属的稳定研究. 环境科学学报, 37(8): 3169-3176.

陈苏, 孙丽娜, 晁雷, 等. 2010. 基于土壤酶活性变化的铅污染土壤修复基准. 生态环境学报, 19(7): 1659-1662.

戴灵鹏, 柯文山, 陈建军, 等. 2004. 重金属铜对红菜苔(*Brassica campestris* L. var. purpurea Baileysh)的生态毒理效应. 湖北大学学报(自然科学版), 2: 160-163.

窦薛楷. 2017. 浅谈铜的污染及危害. 科技经济导刊, (8): 126.

付欢欢, 马友华, 吴文革, 等. 2014. 铜陵矿区与农田土壤重金属污染现状研究. 农学学报, 4(6): 36-40.

葛峰, 云晶晶, 徐坷坷, 等. 2019. 重金属铅的土壤环境基准研究进展. 生态与农村环境学报, 35(9): 1103-1110.

黄永杰, 杨集辉, 杨红飞, 等. 2009. 铜胁迫对水花生生长和土壤酶活性的影响. 土壤学报, 46(3): 494-500.

李波. 2010. 外源重金属铜, 镍的植物毒害及预测模型研究. 北京: 中国农业科学院.

李惠英, 陈素英, 王豁. 1994. 铜, 锌对土壤-植物系统的生态效应及临界含量. 农村生态环境, 2: 22-24.

李宁, 郭雪雁, 陈世宝, 等. 2015. 基于大麦根伸长测定土壤 Pb 毒性阈值、淋洗因子及其预测模型. 应用生态学报, 26(7): 2177-2182.

李星, 林祥龙, 孙在金, 等. 2020. 我国典型土壤中铜对白符跳(*Folsomia candida*)的毒性阈值及其预测模型. 环境科学研究, 33(3): 744-750.

刘景春, 李裕红, 晋宏. 2003. 铜污染对辣椒产量、铜累积及叶片膜保护酶活性的影响. 福建农业学报, 4: 254-257.

纳明亮, 徐明岗, 张建新, 等. 2008. 我国典型土壤上重金属污染对番茄根伸长的抑制毒性效应. 生态毒理学报, 1: 81-86.

邱荟圆, 李博, 祖艳群. 2020. 土壤环境基准的研究和展望. 中国农学通报, 36(18): 67-72.

孙权. 2008. 粮-菜轮作系统铜污染的作物和土壤微生物生态效应及诊断指标. 杭州: 浙江大学.

田彪, 卿黎, 罗晶晶, 等. 2022. 重金属铜和铅的生态毒性归一化及土壤环境基准研究. 环境科学学报, 42(3): 431-440.

王小庆, 李波, 韦东普, 等. 2013. 土壤中铜和镍的植物毒性预测模型的种间外推验证. 生态毒理学报, 8(1): 77-84.

王晓南, 陈丽红, 王婉华, 等. 2016. 保定潮土铅的生态毒性及其土壤环境质量基准推导. 环境化学, 35(6): 1219-1227.

王晓南, 刘征涛, 王婉华, 等. 2014. 重金属铬(Ⅵ)的生态毒性及其土壤环境基准. 环境科学, 35(8): 3155-3161.

王卓, 邵泽强. 2009. 土壤铅污染及其治理措施. 农业技术与装备, 158(1): 6-8.

依艳丽, 刘珊珊, 张大庚, 等. 2010. 棕壤中铜对茄子产量及果实中铜积累量的影响. 北方园艺, 5: 47-49.

张艳丽. 2008. Cu、Pb 胁迫对小麦种子萌发及幼苗生长的影响. 成都: 四川师范大学.

郑丽萍, 龙涛, 冯艳红, 等. 2016. 基于生态风险的铅(Pb)土壤环境基准研究. 生态与农村环境学报, 32(6): 1030-1035.

朱侠. 2019. 铅锌矿区及农田土壤中重金属的化学形态与生物有效性研究. 烟台: 中国科学院大学(中国科学院烟台海岸带研究所).

Athalye V V, Ramachandran V, D'Souza T J. 1995. Influence of chelating agents on plant uptake of ^{51}Cr, ^{210}Pb and ^{210}Po. Environmental Pollution, 89(1): 47-53.

Beyer W N, Cromartie E J. 1987. A survey of Pb, Cu, Zn, Cd, Cr, As, and Se in earthworms and soil from diverse sites. Environmental Monitoring and Assessment, 8(1): 27-36.

Bollag J M, Barabasz W. 1979. Effect of heavy metals on the denitrification process in soil. Journal of Environmental Quality (United States), 8: 2(2): 196-201.

CCME. 1999. Canadian Soil Quality Guidelines for the Protection of Environmental and Human Health Summary Table. Canada: Canadian Council of Ministers of the Environment.

Criel P, Lock K, Eeckhout H V, et al. 2008. Influence of soil properties on copper toxicity for two soil invertebrates. Environmental Toxicology and Chemistry, 27(8): 1748-1755.

Daoust C M, Bastien C, Deschênes L. 2015. Influence of soil properties and aging on the toxicity of copper on compost worm and barley. Journal of Environmental Quality, 35(2): 558-567.

EU Regulation. 2006. 1907/2006 of the European, Parliament and the European Council of 18 December, 2006 Concerning the Registration, Evaluation, Authorisation and Restriction of Chemicals (REACH), Establishing a European Chemicals Agency, Amending Regulation1999/45/EC and Repealing Council Regulation (EEC)No 93/793 and Commission Regulation (EC) No 1488/94 As Well As Council Directive 76/769/EEC and Commission Directives 91/155/EEC, 93/677/EEC, 93/105/EEC and 2000/21/EC. Helsinki: Official Joumal of European Union.

Göran B, Gunnarsson T, Rundgren S. 1986. Effects of metal pollution on the earthworm *Dendrobaena rubida* (Sav.) in acidified soils. Water Air and Soil Pollution, 28(3): 361-383.

Huguier P, Manier N, Meline C, et al. 2013. Improvement of the *Caenorhabditis elegans* growth and reproduction test to assess the ecotoxicity of soils and complex matrices. Environmental Toxicology and Chemistry, 32(9): 2100-2108.

Ma Y B, McLaughlin M J, Zhu Y G, et al. 2009. Final Report for Metals in Asia. Beijing: National Natural Science Foundation of China.

Maboeta M, Fouché T. 2014. Utilizing an earthworm bioassay (*Eisenia andrei*) to assess a south African soil screening value with regards to effects from a copper manufacturing industry. Bulletin of Environmental Contamination Toxicology, 93(3): 322-326.

Maraldo K, Christensen B, Strandberg B. 2006. Effects of copper on enchytraeids in the field under differing soil moisture regimes. Environmental Toxicology and Chemistry, 25(2): 604-612.

Office of Science and Technology. 1985. Guidelines for Deriving Numerical National Water Quality Criteria for the Protection of Aquatic Organisms MD Their Uses. Washington DC: United States Environmental Protection Agency.

Oorts K, Ghesquiere U, Swinnen K, et al. 2006. Soil properties affecting the toxicity of $CuCl_2$ and $NiCl_2$ for soil microbial processes in freshly spiked soils. Environmental Toxicology and Chemistry, 25(3): 836-844.

Plessis K, Botha A, Joubert L, et al. 2005. Response of the microbial community to copper oxychloride in acidic sandy loam soil. Journal of Applied Microbiology, 98(4): 901-909.

Roman P L, Koen O, Erik S, et al. 2019. Effects of soil properties on the toxicity and bioaccumulation of lead in soil invertebrates. Environmental Toxicology Chemistry. 38(7): 1486-1494.

Speir T W, Kettles H A, Percival H J, et al. 1999. Is soil acidification the cause of biochemical responses when soils are amended with heavy metal salts?. Soil Biology and Biochemistry, 31(14): 1953-1961.

Tang S, Xi L, Zheng J, et al. 2003. Response to elevated CO_2 of Indian mustard and sunflower growing on copper contaminated soil. Bulletin of Environmental Contamination and Toxicology, 71(5): 988-997.

Traas T P. 2001. Guidance Document on Deriving Environmental Risk Limits. Netherlands: Rijksinstituutvoor Volksgezondheiden Milieu.

USEPA. 2005. Guidelines for Develop Ecological Soil Screening Levels. Washington DC: United States Environmental Protection Agency.

VROM. 2000. Ministerial Circular on Target and Intervention Values. The Hague: Ministry of Housing, Spatial Planning and Environment.

Waegeneers N, Vassilievea E, Smolders E. 2004. Toxicity of Lead in the Terrestrial Environment, Final Report to the International Lead Zinc Research Organization and the Lead Development Association International. Leuven, Belgium: Laboratory for Soil and Water Management, Kathiolique University of Leuven.

Zaman M S, Zereen F. 1998. Growth responses of radish plants to soil cadmium and lead contamination. Bulletin of Environmental Contamination Toxicology, 61(1): 44-50.

Zhang P, Wu T L, Ata-Ul-Karim S T, et al. 2020. Influence of soil properties and aging on antimony toxicity for barley root elongation. Bulletin of Environmental Contamination and Toxicology, 104(5): 714-720.

附录 缩 略 词

ABC	Ambient Background Concentration	环境背景浓度
AC	Assessment Criteria	评估基准
ACE	Anion Exchange Capacity	离子交换能力
ACL	Added Contaminant Limit	添加污染物限值
ACR	Acute-to-Chronic Ratio	可接受致癌风险
ADE	Average Daily Exposure	平均每日暴露量
ADI	Acceptable Daily Intake	可接受每日摄入量
AF	Assessment Factor	评估因子
ALF	Ageing/Leaching Factor	老化/浸出因子
ANZECC	Australian and New Zealand Environment and Conservation Council	澳大利亚和新西兰环境保护理事会
ARMCANZ	Agriculture and Resource Management Council of Australia and New Zealand	澳大利亚和新西兰农业与资源管理委员会
ASTM	American Society of Testing and Materials	美国测试与材料学会
AUF	Area Use Factor	面积使用因子
AW	Achtergrond Waarden	背景值
BAF	Bioaccumulation Factor	生物累积因子
BCF	Bioconcentration Factor	生物浓缩因子
BET	Bedrijfsmatige Effecten Toets	商业影响评估
BGW	Bodemgebruikswaarden	土壤利用值
BMD	Benchmark Doses	基准剂量
BMDL	Benchmark-Dose Lower Bound	基准剂量下限
BMF	Biomagnification Factor	生物放大因子
BMR	Benchmark Response	基准响应
BTAGs	Biological Technical Assistance Groups	生物技术辅助小组
C4SLs	Category 4 Screening Levels	第 4 类筛选值
Cb	Concentrate Background (Achtergrondconcentratie)	背景浓度
CCME	Canadian Council of Ministers of the Environment	加拿大环境部长理事会
CDI	Chronic Daily Intake	慢性每日摄入量
CEC	Cation Exchange Capacity	阳离子交换量

CERCLA	Comprehensive Environmental Response, Compensation, and Liability Act	综合环境反应、赔偿和责任法
CIEH	Chartered Institute of Environment Health	特许环境健康研究所
CL：AIRE	Contaminated Land：Applications in Real Environment	污染土地：在实际环境中的应用
CLEA	Contaminated Land Exposure Assessment	污染场地暴露评估
COPC	Contaminant of Potential Concern	潜在需关注的污染物
CRC CARE	Cooperative Research Centre for Contamination Assessment and Remediation of the Environment	环境污染评估与修复合作研究中心
CR_{inhal}	Carcinogenic Risk via Inhalation	吸入途径的致癌风险
CR_{oral}	Carcinogenic Risk via Oral	经口摄入途径的致癌风险
CSIRO	Commonwealth Scientific and Industrial Research Organization	澳大利亚联邦科学与工业研究组织
CSM	Conceptual Site Model	场地概念模型
DAF	Dilution Attenuation Factor	稀释衰减因子
DAF	Dermal Absorption Factor	皮肤吸收因子
DCLG	Department for Communities and Local Government	社区和地方政府部门
DEFRA	Department for Environment, Food and Rural Affairs	环境、食品和农村事务部
DER	Department of Environment Regulation (Western Australia)	（西澳大利亚）环境管理部
DMIR	Dry Matter Intake Rate	干物质摄入率
DoH	Department of Health (Western Australia)	（西澳大利亚）卫生部
DQO	Data Quality Objective	数据质量目标
DQRA	Detailed Quantitative Risk Assessment	详细定量风险评估
DTA	Direct Toxicity Assessment	直接毒性评估
DTED	Daily Threshold Effects Dose	每日阈值效应剂量
EA	Environment Agency	（英国）环境署
EC_{air}	Exposure Concentration in Air	空气中的暴露浓度
ECB	European Chemicals Bureau	欧洲化学品管理局
ECHA	European Chemical Agency	欧洲化学品管理局
ECL	Effects Concentration-Low	效应浓度-低
Eco-SSLs	Ecological Soil Screening Levels	生态土壤筛选值
EC_X	Effect concentration for the *X*% of the test population	对*X*%测试群体有影响的浓度
EDI	Estimated Daily Intake	估计每日摄入量
EEL	Environmental Exposure Limit	环境暴露限值
EGV	Environmental Guideline Value	环境指导值
EIC	Environment Industries Commission	环境产业委员会
EIL	Ecological Investigation Level	生态调查值
ELCR	Excess Lifetime Cancer Risk	额外的终生致癌风险

enHealth	Environmental Health Committee	环境健康委员会
EQG	Environmental Quality Guideline	环境质量指导值
EqP	Equilibrium Partitioning Method	平衡分配法
EQS	Environmental Quality Standard	环境质量标准
ERA	Ecological Risk Assessment	生态风险评估
ERAGS	Ecological Risk Assessment Guidance for Superfund	超级基金生态风险评估指南
ERE	Ecological Relevant Endpoint	生态相关终点
ERL	Environmental Risk Limit	环境风险限值
$ESSD_X$	Estimated Species Sensitivity Distribution - *X*th Percentile	估计的物种敏感性分布-第 *X* 百分位
ET	Ernstig-risicotoevoeging	严重添加风险
EU	European Union	欧洲联盟（欧盟）
EU-RAR	European Union - Risk Assessment Report	欧盟-风险评估报告
EUSES	European Union System for the Evaluation of Substances	欧盟物质评估系统
FAO	Food and Agriculture Organization of the United Unions	联合国粮食及农业组织
FIR	Food Ingestion Rate	饮食摄入率
GAC	Generic Assessment Criteria	通用评估基准
GQRA	Generic Quantitative Risk Assessment	通用定量风险评估
HAIL	Hazardous Activities and Industries List	危险活动及行业清单
HCVs	Health Criteria Values	健康基准值
HC_X	Hazardous Concentration Calculated for *X*% of Species	对 *X*%物种产生危害的浓度
HHEM	Human Health Evaluation Manual	人体健康评估手册
HHMSSL	Human Health Medium Specific Screening Levels	人体健康介质特定筛选水平
HILs	Health Investigation Levels	健康调查值
HQ	Hazard Quotient	危害商
HSLs	Health Screening Levels	健康筛选值
IC_X	Inhibition Concentration - *X*%	抑制浓度-*X*%
ID	Index Dose	指数剂量
IEUBK	Integrated Exposure Uptake Biokinetic	综合暴露吸收生物动力学
IF	Ingestion Factor	摄入因子
INS	(Inter) Nationale Normstelling Stoffen Vroeger；Integrale Normstelling Stoffen	（国际）国家物质标准：综合物质标准
IOM	Institute of Medicine	医学研究所
IRIS	Integrated Risk Information System	综合风险信息系统
ISO	International Standards Organization	国际标准组织
IVs	Intervention Values (Interventiewaarde)	干预值

JECFA	Joint Expert Committee on Food Additives	食品添加剂联合专家委员会
LCDB	Land Cover Database	土地覆盖数据库
LC_X	Concentration Lethal to X% of Test Population	对 X%的测试群体致死浓度
LENZ	Land Environments of New Zealand	新西兰土地环境
LMW	Local Maximal Waarden	地方最大值
LO(A)EC	Lowest-Observed (Adverse) Effect Concentration	观察到（不良）效应的最低浓度
LOAEC	Lowest-Observed Adverse Effect Concentration	观察到不良效应的最低浓度
LOAEL	Lowest-Observed Adverse Effect Level	观察到不良效应的最低水平
LOEC	Lowest Observed Effects Concentration	观察到效应的最低浓度
LOEL	Lowest Observed Effects Level	观察到最低效应水平
MATC	Maximum Acceptable Toxicant Concentration	最大可接受有毒物浓度
MCLG	Maximum Contaminant Level Goal	最大污染物水平目标
MCLs	Maximum Contaminant Levels	最大污染物水平
MDI	Mean Daily Intake	平均每日摄入量
MET	Milieu Effecten Toets	环境影响评估
MfE	Ministry for the Environment	（新西兰）环境部
MoH	Ministry of Health	（新西兰）卫生部
MOR	Mortality	死亡率
MPC	Maximum Permissible Concentration (Maximaal Toelaatbaar Risiconiveau)	最大允许浓度
MPR	Maximum Permissible Risk Level	最大允许风险水平
MPR_{human}	Maximum Permissible Risk for Human	人体（健康）最大允许风险
MRL	Minimum Risk Level	最低风险水平
MVs	Maximal Values	最大值
NBRP	Australia National Biosolids Research Program	澳大利亚国家生物固体研究计划
NC	Negligible Concentration (Verwaarloosbaar Risiconiveau)	可忽略浓度
NCSCS	National Classification System for Contaminated Sites	国家污染场地分类系统
NCSPR	National Contaminated Sites Remediation Program	国家污染场地修复计划
NEHF	National Environmental Health Forum	国家环境健康论坛
NEN	Netherlands Standardisation Institute	荷兰标准化研究所
NEPC	National Environment Protection Council	国家环境保护委员会
NEPM	National Environment Protection Measure	国家环境保护措施
NES	National Environmental Standard	国家环境标准
NESCS	National Environmental Standard for Assessing and Managing Contaminants in Soil to Protect Human Health	评估和管理土壤污染物以保护人体健康的国家环境标准

NHMRC	National Health and Medical Research Council	国家卫生和医学研究理事会
NOAEC	No Observed Adverse Effects Concentration	未观察到不良效应浓度
NO(A)EL	No Observed (Adverse) Effects Level	未观察到（不良）效应水平
NOAEL	No Observed Adverse Effects Level	未观察到不良效应水平
NOBO	Normstelling en Bodemkwaliteitsbeoordeling	标准制定和土壤质量评估
NOEC	No Observed Effects Concentration	未观察到效应浓度
NPL	National Priorities List (contaminated site)	国家优先清单（污染场地）
OC	Organic Carbon	有机碳
OECD	Organisation for Economic Cooperation and Development	经济合作与发展组织
OERR	Office of Emergency and Remedial Response	应急与补救响应办公室
OM	Organic Matter	有机质
ORNL	Oak Ridge National Laboratory	橡树岭国家实验室
OWPE	Office of Waste Programs Enforcement	废物计划执行办公室
PAF	Potentieel Aangetaste Fractie	潜在影响分数
PC	Protective Concentration	保护浓度
pC4SLs	Provisional Category 4 Screening Levels	临时第 4 类筛选值
PCBs	Polychlorinated Biphenyls	多氯联苯
PCP	Pentachlorophenol	五氯苯酚
PEF	Particulate Emission Factor	颗粒物排放因子
PHC	Petroleum Hydrocarbons	石油碳氢化合物
PHC CWS	Petroleum Hydrocarbons in Soil-Canada-Wide Standard	土壤中石油烃的加拿大标准
PLS	Partial Least Squares	偏最小二乘法
PNEC	Predicted No Effect Concentration	预测无效应浓度
POD	Point of Departure	偏离点
PRA	Preliminary Risk Assessment	初步风险评估
PRGs	Preliminary Remediation Goals	初步修复目标值
PTMI	Provisional Tolerable Monthly Intake	暂定的每月可耐受摄入量
PTWI	Provisional Tolerable Weekly Intake	暂定的每周可耐受摄入量
PUF	Plant Uptake Factor	植物吸收因子
QS	Quality Standard	质量标准
QSAR	Quantitative Structure-Activity Relationship	定量构效关系
RAGS	Risk Assessment Guidance for Superfund	超级基金风险评估指南
RBC	Risk-Based Concentration	基于风险的浓度值
RBCA	Risk-Based Corrective Action	基于风险的矫正行动

RCF	Root Concentration Factor	根浓缩因子
RCRA	Resource Conservation and Recovery Act	资源保护和回收法
REACH	Registration, Evaluation, Authorisation and Restriction of Chemicals	化学物质授权及限制
RfC	Reference Concentration	参考浓度
RfD	Reference Dose	参考剂量
RHAS	Rapid Hazard Assessment System	快速危害评估系统
RHS	Reference Health Standards	参考健康标准
RIVM	Rijks Instituut voor Volksgezondheid en Milieu	国家公共卫生与环境研究所
RMA	Resource Management Act	资源管理法
RME	Reasonable Maximum Exposure	合理的最大暴露
RMLs	Regional Removal Management Levels	区域清除管理水平
RSC	Risk-Specific Concentration	特定风险浓度
RSD	Risk-Specific Dose	特定风险剂量
R-SEA	Regional Strategic Environmental Assessment	区域战略性环境评估
RSLs	Regional Screening Levels	区域筛选值
RSS	Risk Screening System	风险筛选系统
RTB	Risicotoolbox	风险工具箱
RTDI	Residual Tolerable Daily Intake	剩余每日可耐受摄入量
SCEW	Standing Council on Environment and Water	环境和水常务委员会
SCF	Stem Concentration Factor	茎浓缩因子
SCSs	Soil Contaminant Standards	土壤污染物标准
SF	Slope Factors	斜率因子
SGVs	Soil Guideline Values	土壤指导值
SIKB	Stichting Infrastructuur Kwaliteitsborging Bodembeheer	土壤管理质量保证基础设施
SIN	Substrate-Induced Nitrification	基质诱导的硝化
SIR	Soil Ingestion Rate	土壤摄入率
SLs	Screening Levels	筛选值
SMDP	Sample Management Decision Point	样品管理决策点
SOM	Soil Organic Matter	土壤有机质
SQG	Soil Quality Guideline	土壤质量指导值
SQG_E	Soil Quality Guideline - Environmental	土壤质量指导值-环境
SQG_{HH}	Soil Quality Guideline - Human Health	土壤质量指导值-人体健康
SQGTG	Soil Quality Guidelines Task Group	土壤质量指导值工作组
SRC	Serious Risk Concentration (Ernstig Risiconiveau)	严重风险浓度

SRC_{eco}	Ecotoxicological Serious Risk Concentration	生态毒理学严重风险浓度
SRC_{human}	Human-Toxicological Serious Risk Concentration	人体毒理学严重风险浓度
SSAC	Site-Specific Assessment Criteria	特定场地的评估基准
SSD	Species Sensitivity Distribution	物种敏感性分布
SSG	Soil Screening Guidance	土壤筛选指南
SSLs	Soil Screening Levels	（美国）土壤筛选值
SSVs	Soil Screening Values	（英国）土壤筛选值
TC	Tolerable Concentration	可耐受浓度
TCA	Tolerable Concentration in Air	空气中的可容许浓度
TCB	Technische Commissie Bodembescherming	土壤保护技术委员会
TDI	Tolerable Daily Intake	每日可耐受摄入量
TDSI	Tolerable Daily Soil Intake	每日可耐受土壤摄入量
TEC	Threshold Effects Concentration	阈值效应浓度
TEF	Toxicity Equivalence Factor	毒性当量因子
TEL	Tolerable Exposure Limit	容许暴露限值
TEQ	Toxic Equivalent Value	毒性当量
TGD	(European Commission) Technical Guidance Document	（欧盟委员会）技术指导文件
THQ	Target Hazard Quotient	目标危害熵
TIV	Toxicological Intake Value	毒理学摄入量
TRV	Toxicity Reference Value	毒性参考值
TSCA	Toxic Substances Control Act	有毒物质控制法
TV	Trigger Value	触发值
TVs	Target Values (Streefwaarde)	目标值
UF	Uncertainty Factor	不确定因子
UR	Unit Risk	单位风险
USEPA	U.S. Environmental Protection Agency	美国环境保护局
VOCs	Volatile Organic Compounds	挥发性有机化合物
VROM	Volkshuisvesting, Ruimtelijke Ordening en Milieubeheer	住房、空间规划和环境部
VT	Verwaarloosbare Toevoeging	可忽略添加浓度
WFD	Water Framework Directive	（欧盟）水框架指令
WHO	World Health Organization	世界卫生组织
WQG	Water Quality Guideline	（欧盟）水质质量指导值